Einführung in die Stöchiometrie

Paul Nylén, Nils Wigren, Günter Joppien

Einführung in die Stöchiometrie

Kurzes Lehrbuch der allgemeinen
und physikalischen Chemie

19., korrigierte Auflage
mit 516 Aufgaben und Lösungen

Unter Mitarbeit von
H.-D. Hausen und J. Weidlein, Stuttgart

Anschrift des Autors:
Prof. Dr. Günter Joppien
Fachbereich Chemie der
Technischen Hochschule Darmstadt
Institut für Anorganische Chemie
Petersenstraße 18
64287 Darmstadt

Additional material to this book can be downloaded from http://extras.springer.com.

Die Deutsche Bibliothek – CIP-Einheitsaufnahme

Nylén, Paul:
Einführung in die Stöchiometrie : kurzes Lehrbuch der allgemeinen und physikalischen Chemie ; mit 516 Aufgaben und Lösungen / Paul Nylén ; Nils Wigren ; Günter Joppien. Unter Mitarb. von H.-D. Hausen und J. Weidlein. – 19., korr. Aufl. – Darmstadt : Steinkopff, 1995
 Einheitssacht.: Kemiska räkneuppgifter ⟨dt.⟩
ISBN 978-3-7985-1052-4   ISBN 978-3-642-61214-5 (eBook)
DOI 10.1007/978-3-642-61214-5

Dieses Werk ist urheberrechtlich geschützt. Die dadurch begründeten Rechte, insbesondere die der Übersetzung, des Nachdrucks, des Vortrags, der Entnahme von Abbildungen und Tabellen, der Funksendung, der Mikroverfilmung oder der Vervielfältigung auf anderen Wegen und der Speicherung in Datenverarbeitungsanlagen, bleiben, auch bei nur auszugsweiser Verwertung, vorbehalten. Eine Vervielfältigung dieses Werkes oder von Teilen dieses Werkes ist auch im Einzelfall nur in den Grenzen der gesetzlichen Bestimmungen des Urheberrechtsgesetzes der Bundesrepublik Deutschland vom 9. September 1965 in der Fassung vom 24. Juni 1985 zulässig. Sie ist grundsätzlich vergütungspflichtig. Zuwiderhandlungen unterliegen den Strafbestimmungen des Urheberrechtsgesetzes.

© 1996 by Springer-Verlag Berlin Heidelberg
Originally published by Dr. Dietrich Steinkopff Verlag GmbH & Co. KG,Darmstadt in 1996

Verlagsredaktion: Dr. Maria Magdalene Nabbe – Herstellung: Heinz J. Schäfer
Umschlaggestaltung: Erich Kirchner, Heidelberg

Die Wiedergabe von Gebrauchsnamen, Handelsnamen, Warenbezeichnungen usw. in dieser Veröffentlichung berechtigt auch ohne besondere Kennzeichnung nicht zu der Annahme, daß solche Namen im Sinne der Warenzeichen- und Markenschutzgesetzgebung als frei zu betrachten wären und daher von jedermann benutzt werden dürften.

Satzherstellung und Druck: Druckerei Triltsch, Ochsenfurt
Gedruckt auf säurefreiem Papier

Vorwort zur 19. Auflage

Alle Kapitel wurden vom Autor mit großer Sorgfalt auf Unstimmigkeiten im Text und auf Rechenfehler überprüft. Auch wurden alle Zuschriften und Kommentare mit Fehleranmerkungen bei der Überarbeitung berücksichtigt. Gedankt sei herzlich allen bisherigen und zukünftigen Lesern für ihre stets willkommenen Fehlermeldungen, Kommentare und Anregungen zur Verbesserung des Buches. Darüber hinaus gebührt Dank dem Steinkopff Verlag und allen Mitwirkenden bei der Gestaltung der neuen Auflage.

Darmstadt, im Januar 1996   Günter Joppien

Vorwort zur 18. Auflage

Das Stöchiometriebuch von Paul Nylén und Nils Wigren, das zum ersten Mal 1926 in schwedischer Sprache erschien, erfreute sich nicht nur an schwedischen Hochschulen und technischen Lehranstalten großer Beliebtheit. Es erlebte auch in vier anderen Sprachen und darunter insbesondere in der von den Autoren selbst ausgeführten deutschen Übersetzung eine große Anzahl von Auflagen. Dieser Publikationserfolg ist wohl auf die besonders ausgewogene und didaktisch geschickte Verknüpfung von chemischem Rechnen mit allgemein-chemischen und analytischen Themenstellungen zurückzuführen. Dem Leser werden beim Durcharbeiten des Buches nahezu spielerisch stöchiometrisches Grundwissen, Naturgesetze und eine reiche Stoffauswahl aus der anorganischen und physikalischen Chemie nahegebracht und an Hand von Beispielen erläutert. Kapitelweise wird dann noch durch eine Vielzahl von Übungsaufgaben mit dazugehörigen Lösungen die Möglichkeit zur Erprobung und Vertiefung des erlernten Wissens geboten. Die glückliche Verknüpfung von Stoffchemie und Rechnen bewirkt eine anhaltende Nachfrage nach der inzwischen längst veralteten 17. Auflage von Studenten an Universitäten und Fachhochschulen sowie von Schülern der gymnasialen Oberstufe, von Berufsschülern und Fachschülern.
Der Verlag entschloß sich deshalb zur Vorbereitung einer Neuauflage und übergab, bedingt durch den Tod der Erstautoren, die Überarbeitung des Buches an den Berichterstatter. Dieser hat sich bemüht, bei seiner Arbeit einerseits so gründlich wie nötig vorzugehen, andererseits aber auch mit der notwendigen Behutsamkeit einen Großteil des ursprünglichen Charakters des Buches zu erhalten.
Der strukturelle Aufbau des Buches besteht nun aus Gründen der besseren Übersicht nicht mehr aus 16 mehr oder minder beziehungsvoll aneinandergereihten Kapiteln und einer Einleitung, sondern aus den vier eigenständigen Hauptkapiteln „Grundlagen der Stöchiometrie", „Chemie der wäßrigen Lösungen", „Analytische Chemie" und „Spezielle Kapitel der physikalischen Chemie". Unter diesen Hauptthemen finden sich die früheren Kapitel wieder, allerdings teilweise in stark abgeänderter Reihenfolge und textlich verändert oder erweitert. Im Wesentlichen neu konzipiert wurde das Kapitel „Chemie der wäßrigen Lösungen". Das Kapitel „Analytische Chemie" erfuhr sehr starke Veränderungen, um seine Eigenständigkeit hervorzuheben und um seinen Inhalt auch im analytischen Anfängerlabor anwenden zu können. Hinzugekommen ist ein Unterkapitel „Kolorimetrie, Photometrie und Spektrometrie", und vorangestellt ist eine Einführung „Größen und Einheiten und das stöchiometrische Rechnen in der Chemie". Im Anhang ist außerdem ein Kapitel „Meßfehler, Fehlerrechnung und signifikante Zahlenangaben" dazugekommen. Um dem Chemieanfänger das Wiederfinden von Begriffen und Stoffen im Sachverzeichnis zu erleichtern, wurden alle im Text behandelten chemischen Verbindungen in einem gesonderten Verzeichnis gelistet und alle verwendeten physikalischen Größen und Einheiten in einem einführenden Kapitel erläutert.

Ein neues umfangreiches Verzeichnis der Symbole und Abkürzungen, ein Periodensystem der chemischen Elemente und eine Tabelle mit Werten wichtiger Konstanten sollen zusammen mit der bewährten Tabelle der relativen Atommassen einiger häufiger Elemente eine besonders einfache Bearbeitung der mehr als 500 Übungsaufgaben ermöglichen, deren Lösungen, teilweise mit kurzen Lösungshinweisen versehen, im Anhang enthalten sind.

Bei den Übungs- und Aufgabenbeispielen wird vom Rechnen mit Dreisätzen und Proportionen gänzlich abgewichen und stattdessen das chemische Rechnen mit Größengleichungen eingeführt. Ebenso werden ohne Ausnahme die veralteten Größen und Einheiten durch SI-Größen und -Einheiten ersetzt, die sich in tabellarischer Form im Vorspann finden. Auf die alten Größen und Einheiten wird jeweils in Klammern hingewiesen.

Der Verlag hat nach bewährter Weise dieses Buch in ganz neuem und modernem Stil gestaltet und durch Grautonunterlegung die Gesetzmäßigkeiten gegenüber dem Text hervorgehoben. Allen an diesen sorgfältigen Gestaltungsarbeiten beteiligten Verlagsmitarbeitern gebührt für die gute und solide Ausstattung Dank. Genauso gedankt sei Herrn Diplom-Berufsschullehrer Hölig, der die Aufgabenlösungen der Kapitel 1, 2 und 4.1 gerechnet und überprüft hat, und den Herren Dr. H.-D. Hausen und Prof. Dr. J. Weidlein vom Institut für Anorganische Chemie der Universität Stuttgart, die alle anderen Aufgabenlösungen betreuten. Frau Dr. Maria Magdalene Nabbe sei für die Lektoratsbetreuung herzlich gedankt. Ganz besonderer Dank gebührt Frau Heidrun Schoeler, die an der Gestaltung des Buches mit vielen konstruktiven Vorschlägen und besonderem Einsatz mitgewirkt hat.

Zu wünschen bleibt, daß dieses Buch den künftigen Lesern von Nutzen sein wird und ihnen den Zugang zum chemischen Rechnen erleichtert.

Darmstadt, im August 1991   Günter Joppien

Inhaltsverzeichnis

Vorwort zur 19. Auflage V
Vorwort zur 18. Auflage VII
Inhaltsverzeichnis IX
Verzeichnis der Symbole und Abkürzungen XIII
Relative Atommassen A_r einiger häufiger Elemente XVII
Werte wichtiger Konstanten XVIII

Größen und Einheiten und das stöchiometrische Rechnen in der Chemie 1
Das Internationale Einheitensystem 1
Das Rechnen mit Größengleichungen 3

1 Grundlagen der Stöchiometrie 5
1.1 Stöchiometrische Grundbegriffe und Definitionen 5
   Die drei Grundgesetze der Stöchiometrie 5
   Empirische Formel, Molekularformel, einfachste Formel 6
   Relative Atom- und Molekülmasse 8
   Relative Äquivalentmasse der Elemente 10
   Ermittlung relativer Atommassen 11
   Der Molbegriff 13
   Umrechnung von Quantitätsgrößen 14
   Die Absolutmassen der Atome und Moleküle
   und die atomare Masseneinheit 17
   Aufgaben 19
1.2 Berechnung von Formeln und Zusammensetzungen 22
   Berechnung empirischer Formeln aus Analysendaten 22
   Quantitative Zusammensetzung von Verbindungen 26
   Nichtstöchiometrische Verbindungen 30
   Aufgaben 33
1.3 Aufstellung chemischer Reaktionsgleichungen 35
   Edukte, Produkte und Koeffizienten in Reaktionsgleichungen 35
   Redoxreaktionen 39
   Oxidationszahl 47
   Aufgaben 54
1.4 Quantitative Auswertung chemischer Reaktionen 56
   Stoffmengen- und Massenverhältnisse 56
   Umsatz- und Ausbeuteberechnung 62
   Aufgaben 64

2 Chemie der wäßrigen Lösungen	67
2.1 Quantitative Zusammensetzung von Lösungen	67
Definition einer Lösung als homogene Mischphase	67
Die Gehaltsgrößen: Anteile, Konzentrationen, Verhältnisse, Molalität	67
Umrechnung wichtiger Gehaltsgrößen	76
Mischungsrechnen	80
Aufgaben	83
2.2 Reaktionsgleichgewichte in Elektrolytlösungen	86
Das Massenwirkungsgesetz	86
Aktivitäten in Elektrolytlösungen	87
Der Säure-Base-Begriff nach Brönsted und Lowry (1923)	91
Das Ionenprodukt des Wassers und die pH-Skala	95
Säure- und Basekonstanten	97
Das Ostwaldsche Verdünnungsgesetz	102
Protolyse mehrbasiger Säuren	103
Salzprotolyse	105
Pufferlösungen	108
Löslichkeitsprodukte	113
Komplexgleichgewichte	121
Nernstscher Verteilungssatz	124
Aufgaben	124
3 Analytische Chemie	129
3.1 Maßanalyse (Volumetrie)	129
Die Ausführung von Titrationen	129
Der Gehalt von Maßlösungen	133
Säure-Base-Titrationen	135
Redoxtitrationen	144
Fällungstitrationen	149
Komplexometrie	153
Anwendung von Ionenaustauschern in der Analytik	157
Enthärtung von Wasser	162
Aufgaben	163
3.2 Fällungsanalyse (Gravimetrie)	173
Die Ausführung und Auswertung gravimetrischer Bestimmungen	173
Die Löslichkeit schwerlöslicher chemischer Verbindungen	174
Einfluß von Fremdionenzusätzen auf die Löslichkeit	175
Einfluß von Gleichionenzusätzen auf die Löslichkeit	176
Die Abhängigkeit der Löslichkeit vom pH-Wert	178
Beeinflussung der Löslichkeit durch Komplexbildung	183
Experimentelle Bestimmung von Löslichkeitsprodukten	185
Aufgaben	185
3.3 Elementaranalyse organischer Verbindungen	189
C–H-Bestimmung	190
Sauerstoffbestimmung	191

Stickstoffbestimmung ... 191
Halogenbestimmung ... 193
Schwefelbestimmung ... 194
Phosphorbestimmung ... 194
Bestimmung von Doppelbindungen in Alkenen ... 198
Methoxylgruppenbestimmung ... 198
Bestimmung des aktiven Wasserstoffs ... 200
Aufgaben ... 200

4 Spezielle Kapitel der physikalischen Chemie ... 204

4.1 Gasgesetze, Gasvolumina bei chemischen Umsetzungen und Gleichgewichte in gasförmigen Systemen ... 204
Gasgesetze und allgemeine Zustandsgleichung der Gase ... 204
Gasgemische und Partialdrücke ... 210
Relatives Gasdichteverhältnis ... 213
Thermische Dissoziation ... 213
Gasvolumina bei chemischen Umsetzungen ... 220
Gleichgewichte in gasförmigen Systemen –
Zusammenhang zwischen K_c und K_p ... 226
Aufgaben ... 232

4.2 Physikalisch-chemische Eigenschaften von Lösungen ... 241
Osmotischer Druck ... 241
Molare Massen makromolekularer Stoffe ... 243
Dampfdruckerniedrigung ... 244
Siedepunktserhöhung ... 246
Gefrierpunktserniedrigung ... 247
Assoziation ... 248
Elektrolytische Dissoziation ... 249
Starke Elektrolyte ... 250
Aufgaben ... 251

4.3 Elektrochemie ... 254
Elektrolyse ... 254
Die Faradayschen Gesetze der Elektrolyse ... 257
Elektrolytische Leitfähigkeit ... 261
Überführungszahl der Ionen ... 264
Elektrodenpotentiale und Nernstsche Gleichung ... 267
Die Spannungsreihe der Metalle und Nichtmetalle ... 270
Redoxpotentiale ... 272
Aufgaben ... 280

4.4 Thermochemie ... 288
Energieeinheiten in der Thermochemie ... 288
Innere Energie ... 288
Energieänderungen bei konstantem Druck ... 289
Reaktionswärme ... 291
Das Gesetz von Hess ... 292

Lösungswärme 296
Verschiebung des chemischen Gleichgewichts bei Temperaturänderung .. 298
Aufgaben 301

4.5 Chemische Kinetik 304
Die Reaktionsgeschwindigkeit 304
Reaktionen erster Ordnung 306
Reaktionen zweiter Ordnung 308
Reaktionen höherer Ordnung 311
Die Kinetik reversibler Reaktionen 311
Temperaturabhängigkeit der Reaktionsgeschwindigkeit 312
Aufgaben 313

4.6 Kolorimetrie, Photometrie und Spektrometrie 318
Methodenabgrenzung 318
Die Elementarprozesse der Strahlungsabsorption und -emission 318
Das Lambert-Beersche Gesetz 321
Kolorimetrische und photometrische Konzentrationsbestimmungen
gefärbter Lösungen 323
Spektralphotometrie 324
Flammenphotometrie 325
Atomabsorption 326

4.7 Kernchemie 327
Aufbau von Atomkernen 327
Isotope 329
Natürliche Kernumwandlungen und Radioaktivität 330
Aufstellung von Kernreaktionsgleichungen 332
Radioaktive Zerfallsgeschwindigkeit 333
Künstliche Kernumwandlungen 334
Einsteinsche Masse-Energie-Beziehung 337
Massendefekt und Kernbindungsenergie 337
Aufgaben 341

Lösungen der Übungsaufgaben 344

Anhang 441
Meßfehler, Fehlerrechnung und signifikante Zahlenangaben 442
Fehler bei der experimentellen Bestimmung von Meßwerten 442
Fehlerrechnung 442
Die Signifikanz von Kommastellen bei Zahlenangaben 444
Hinweis zur Benutzung der Zahlen in diesem Buch 445
Literatur 447
Verzeichnis chemischer Verbindungen 448
Sachwortverzeichnis 452
Periodensystem der Elemente (Faltblatt)

Verzeichnis der Symbole und Abkürzungen

A	Aktivität einer radioaktiven Substanz
A	Faktor der Arrhenius-Gleichung (Proportionalitätsfaktor)
A	Nukleonenzahl
A	Querschnitt, Fläche
A_r	relative Atommasse
a	chemische Aktivität
$A(C)$	Ausbeute des Endproduktes C
B	Symbol einer Brönsted-Base
b	Molalität (in $mol \cdot kg^{-1}$)
C	Coulomb, Einheit der elektrischen Ladung
C_m	molare Wärmekapazität
c	Konzentration in $mol \cdot l^{-1}$
c	Vakuumlichtgeschwindigkeit
c_B	Basekonzentration
c_s	Säurekonzentration
c_s	spezifische Wärmekapazität
$c(eq)$	Äquivalentkonzentration
E	Elektromotorische Kraft EMK einer galvanischen Kette
E	Energie in der Einsteinschen Masse-Energie-Beziehung
E_a	Aktivierungsenergie
E^0	Normalpotential einer Halbzelle
e^-	Symbol des Elektrons in Redoxgleichungen
$^0e^-$	Symbol des Elektrons in Kernreaktionsgleichungen
$^0e^+$	Symbol des Positrons in Kernreaktionsgleichungen
eq	Symbol des Äquivalents
eV	Elektronvolt
F	Farad, Einheit der elektrischen Kapazität
F	Faraday-Konstante
F	Kraft (in Newton)
f	Aktivitätskoeffizient
f	stöchiometrischer Faktor
G	Elektrischer Leitwert (in Siemens)
H	Enthalpie (in $kJ \cdot mol^{-1}$)
H_m	molare Verdampfungsenthalpie
HAc	Formelsymbol der Essigsäure
H_4Y	Symbol für Ethylendinitrilotetraessigsäure
I	elektrische Stromstärke
I	Ionenstärke
IZ	Iodzahl
K	Gleichgewichtskonstante des Massenwirkungsgesetzes

K_B	Basekonstante
K_c	konzentrationsbezogene Gleichgewichtskonstante
K_L	Löslichkeitsprodukt
K_m	molale Gefrierpunktserniedrigung
K_p	druckbezogene Gleichgewichtskonstante
K_S	Säurekonstante
K_V	Gleichgewichtskonstante bei konstantem Volumen
K_w	Ionenprodukt des Wassers
K_b	molale Siedepunktserhöhung
K^0	thermodynamische Gleichgewichtskonstante
k	konstanter Faktor in einer Formel oder Gleichung
k_x	Zellenkonstante einer Leitfähigkeitsmeßzelle
L	Löslichkeit eines Elektrolyten
l	Länge
Ls	Lösung
Lsm	Lösungsmittel
M	molare Masse
M_r	relative Molekülmasse
m	Masse
$M(\text{eq})$	molare Masse eines Äquivalents, molare Äquivalentmasse
$m_A(X)$	Atommasse
$m_M(X)$	Molekülmasse
N	Newton
N	Neutronenzahl
N	Teilchenanzahl
N_A	Avogadro-Konstante
n	Symbol des Neutrons
n	Stoffmenge (in Mol)
P	Gesamtdruck eines Gasgemisches
P	Leistung
P	Wahrscheinlichkeitsfaktor eines wirksamen Stoßes
p	Symbol des Protons
p	Druck
p_n	Normdruck = 1,01325 bar
pH	negativer dekadischer Logarithmus der Wasserstoffionenaktivität
pK_B	Basenexponent
pK_S	Säureexponent
pK_w	negativer dekadischer Logarithmus des Ionenprodukts des Wassers
pOH	negativer dekadischer Logarithmus der Hydroxidionenaktivität
Q	Ladungsmenge
Q	Wärmeenergie
R	elektrischer Widerstand
R, R_m	molare Gaskonstante
r	Stoffmengenverhältnis
S	Symbol einer Brönsted-Säure
T	thermodynamische Temperatur (früher: absolute Temperatur)
T_n	Normtemperatur

t		Celsiustemperatur
t		Symbol der SI-Basisgröße Zeit
t		Titer
t_a		Überführungszahl der Anionen
t_k		Überführungszahl der Kationen
$t_{1/2}$		Halbwertszeit
U		innere Energie
U		Spannung
u		atomare Masseneinheit
$U(A)$		Umsatz des Eduktes A
V		Volumen
V_m		molares Volumen (in $m^3 \cdot mol^{-1}$)
V_n		Volumen im Normzustand
W		Energie
W_B		Kernbindungsenergie
w		Massenanteil
X		Teilchen im Sinne der Moldefinition. Seine Art wird durch das Symbol oder die Formel angegeben (Atom, Molekül, Ion).
x		Stoffmengenanteil
Z		Ordnungszahl, Protonenzahl
Z		Stoßzahl
z^*		Äquivalentzahl
z_i		Ladungszahl des Ions i
α	(Alpha)	Alphateilchen, Alphastrahlung
α		Dissoziationsgrad, Protolysegrad
β	(Beta)	Betateilchen, Betastrahlung
γ	(Gamma)	Gammaquant, Gammastrahlung
ΔE	(Delta)	Halbzellenpotential
ζ	(Zeta)	Massenverhältnis
ϑ	(Theta)	Celsiustemperatur
$\varkappa$	(Kappa)	Leitfähigkeit
Λ_m	(Lambda)	molare Leitfähigkeit
$\Lambda_\infty(eq)$		molare Leitfähigkeit von Äquivalenten bei unendlicher Verdünnung
λ_a		molare Ionenleitfähigkeit der Anionen
λ_k		molare Ionenleitfähigkeit der Kationen
ν	(Ny)	Anzahl der Ionen, die bei der Dissoziation eines Elektrolytteilchen gebildet werden.
ν		Reaktionskoeffizient
Π	(Pi)	osmotischer Druck
ϱ	(Rho)	Dichte
ϱ		Widerstandszahl
ϱ^*		Massenkonzentration
σ	(Sigma)	Volumenkonzentration
τ	(Tau)	Titrationsgrad
Φ	(Phi)	Osmotischer Koeffizient
φ		Volumenanteil
ψ	(Psi)	Volumenverhältnis

Einige im Text verwendete mathematische Symbole und Zeichen

$\triangleq$	äquivalent
$\approx$	näherungsweise gleich
$<$	kleiner als
$>$	größer als
$\ll$	sehr klein im Vergleich zu
$\gg$	sehr groß im Vergleich zu
$\leq$	kleiner oder gleich
$\geq$	größer oder gleich
log a	dekadischer Logarithmus von a
ln a	natürlicher Logarithmus von a
Σ	Summe

Relative Atommassen A_r einiger häufiger Elemente*

Aluminium	Al	27,0		Magnesium	Mg	24,3
Antimon	Sb	121,8		Mangan	Mn	54,9
Arsen	As	74,9		Molybdän	Mo	95,9
Barium	Ba	137,3		Natrium	Na	23,0
Beryllium	Be	9,0		Nickel	Ni	58,7
Bismut	Bi	209,0		Palladium	Pd	106,4
Blei	Pb	207,2		Phosphor	p	31,0
Bor	B	10,8		Platin	Pt	195,1
Brom	Br	79,9		Quecksilber	Hg	200,6
Cadmium	Cd	112,4		Sauerstoff	O	16,0
Calcium	Ca	40,1		Schwefel	S	32,1
Cer	Ce	140,1		Silber	Ag	107,9
Chlor	Cl	35,5		Silicium	Si	28,1
Chrom	Cr	52,0		Stickstoff	N	14,0
Cobalt	Co	58,9		Strontium	Sr	87,6
Eisen	Fe	55,8		Thallium	Tl	204,4
Fluor	F	19,0		Titan	Ti	47,9
Gold	Au	197,0		Uran	U	238,0
Iod	I	126,9		Vanadium	V	50,9
Kalium	K	39,1		Wasserstoff	H	1,008
Kohlenstoff	C	12,0		Zink	Zn	65,4
Kupfer	Cu	63,5		Zinn	Sn	118,7
Lithium	Li	6,9				

---

* Die Tabelle enthält die auf eine Nachkommastelle gerundeten relativen Atommassen. Bei Mischelementen sind es Mittelwerte der natürlichen Isotopengemische. Nur bei Wasserstoff erfolgt die Angabe mit drei Nachkommastellen.

Werte wichtiger Konstanten

Bezeichnung	Größen-symbol	Zahlenwert	Einheiten-zeichen
Avogadro-Konstante	N_A	$6{,}022\,137 \cdot 10^{23}$	mol^{-1}
elektrische Elementarladung	e	$1{,}602\,177 \cdot 10^{-19}$	C
Faraday-Konstante	F	$9{,}648\,531 \cdot 10^{4}$	$\text{C} \cdot \text{mol}^{-1}$
Gravitationsbeschleunigung	g_n	$9{,}806\,65$	$\text{m} \cdot \text{s}^{-2}$
molare Gaskonstante	R_m	$8{,}314\,510$	$\text{J} \cdot \text{K}^{-1} \text{mol}^{-1}$
molares Volumen des idealen Gases (1 bar, 273,15 K)	V_m	$22{,}711\,08$	$\text{l} \cdot \text{mol}^{-1}$
molares Normvolumen des idealen Gases (1 at, 273,15 K)	$V_{m,n}$	$22{,}414\,09$	$\text{l} \cdot \text{mol}^{-1}$
Nullpunkt der Celsius-Temperaturskala	$T(0\,°\text{C})$	$273{,}15$	K
Plancksches Wirkungsquantum	h	$6{,}626\,076 \cdot 10^{-34}$	$\text{J} \cdot \text{s}$
Ruhemasse des Elektrons	m_e	$9{,}109\,390 \cdot 10^{-31}$	kg
Ruhemasse des Protons	m_p	$1{,}672\,623 \cdot 10^{-27}$	kg
Rydberg-Konstante	R_∞	$10\,973\,731$	m^{-1}
Vakuumlichtgeschwindigkeit	c_o	$299\,792\,458$	$\text{m} \cdot \text{s}^{-1}$

Größen, Einheiten und stöchiometrisches Rechnen in der Chemie

Das Internationale Einheitensystem

Durch das „Gesetz über Einheiten im Meßwesen" ist seit 1978 in der Bundesrepublik Deutschland verbindlich vorgeschrieben, daß nur noch die Einheiten des Internationalen Einheitensystems (SI-Einheiten) und ihre mit den SI-Vorsätzen gebildeten dezimalen Vielfachen und Teile verwendet werden. Dies bringt insbesondere für ein Stöchiometrie-Lehrbuch eine ganze Reihe von Neuerungen mit sich, die an dieser Stelle zusammenfassend vorgestellt und beschrieben werden sollen:
Das SI-Einheitensystem baut auf 7 Basisgrößen auf, die voneinander unabhängig vorgegeben werden. Alle anderen Größen des SI-Einheitensystems lassen sich aus diesen Basisgrößen ableiten. Dazu sind nur einfache Multiplikations- und Divisionsoperationen mit ausgewählten Basisgrößen erforderlich. Jede Basisgröße hat ein Größensymbol und ist durch eine Basiseinheit mit Einheitenzeichen gemäß Tabelle 1 genau festgelegt. Beispielsweise ist eine der Basisgrößen die Länge mit dem Größensymbol l. Der Name der zugehörigen SI-Längeneinheit ist das Meter mit dem Einheitenzeichen m.
Durch ebenfalls genau festgelegte SI-Vorsätze werden nach Tabelle 2 dezimale Vielfache und Teile der SI-Basiseinheiten und der abgeleiteten Einheiten gebildet. So ist der SI-Vorsatz Deka das 10fache einer der 7 Basiseinheiten und trägt das Symbol „da".
Die SI-Basisgröße Masse enthält in ihrer Basiseinheit ausnahmsweise den SI-Vorsatz Kilo und das Einheitenzeichen kg, weil dadurch abgeleitete SI-Einheiten, die die Einheit kg enthalten, keine SI-Vorsätze benötigen. Dezimale Vielfache und Teile der Masse werden jedoch durch den SI-Vorsatz und das Gramm gebildet, z. B. mg und nicht μkg.

Tabelle 1. SI-Basisgrößen und Basiseinheiten mit Größensymbolen und Einheitenzeichen

Basisgröße	Größensymbol	Name der SI-Einheit	Einheitenzeichen
Länge	l	Meter	m
Masse	m	Kilogramm	kg
Zeit	t	Sekunde	s
elektrische Stromstärke	I	Ampere	A
thermodynamische Temperatur	T	Kelvin	K
Stoffmenge	n	Mol	mol
Lichtstärke	I_v	Candela	cd

Tabelle 2. SI-Vorsätze und ihre Symbole

Dezimales Vielfaches	SI-Vorsatz	Symbol
10	Deka	da
10^2	Hekto	h
10^3	Kilo	k
10^6	Mega	M
10^9	Giga	G
10^{12}	Tera	T
10^{15}	Peta	P
10^{18}	Exa	E
Dezimaler Teil		
10^{-1}	Dezi	d
10^{-2}	Zenti	c
10^{-3}	Milli	m
10^{-6}	Mikro	µ
10^{-9}	Nano	n
10^{-12}	Piko	p
10^{-15}	Femto	f
10^{-18}	Atto	a

Tabelle 3. Auswahl wichtiger abgeleiteter SI-Größen mit zugehörigen Größensymbolen, SI-Einheiten, Einheitenzeichen und Ausdrücken in SI-Basiseinheitenzeichen

Name der SI-Größe	Größen-symbol	Name der SI-Einheit	Einheiten-zeichen	Ausdruck in SI-Basisieinheiten
Celsius-temperatur	ϑ, t	Grad Celsius	°C	$K;\ \vartheta/°C = T/K - 273{,}15$
Druck	p, P	Pascal	Pa	$m^{-1} \cdot kg \cdot s^{-2} (= N \cdot m^{-2})$
Elektrische Kapazität	C	Farad	F	$m^{-2} \cdot kg^{-1} \cdot s^4 \cdot A^2 (= C \cdot V^{-1})$
Elektrische Ladung	Q	Coulomb	C	$s \cdot A$
Elektrischer Leitwert	G	Siemens	S	$m^{-2} \cdot kg^{-1} \cdot s^3 \cdot A^2 (= \Omega^{-1})$
Elektrisches Potential	U	Volt	V	$m^2 \cdot kg \cdot s^{-3} \cdot A^{-1} (= J \cdot C^{-1})$
Elektrischer Widerstand	R	Ohm	Ω	$m^2 \cdot kg \cdot s^{-3} \cdot A^{-2} (= V \cdot A^{-1})$
Energie, Arbeit, Wärme	E, A	Joule	J	$m^2 \cdot kg \cdot s^{-2} (= N \cdot m = Pa \cdot m^3)$
Frequenz	ν	Hertz	Hz	s^{-1}
Kraft	F	Newton	N	$m \cdot kg \cdot s^{-2}$
Leistung	L	Watt	W	$m^2 \cdot kg \cdot s^{-3} (= J \cdot s^{-1})$
Radioaktivität	A	Becquerel	Bq	s^{-1}

Tabelle 4. Häufig verwendete Einheiten mit ihren Größen- und Einheitennamen, ihren Einheitenzeichen und ihrer Beziehung zu den SI-Einheiten

Größenname	Einheitenname	Einheitenzeichen	Beziehung zur SI-Einheit
Druck	Bar	bar	1 bar = 10^5 Pa
Masse	Tonne	t	1 t = 10^3 kg
Volumen	Liter	l	1 l = 1 dm^3
Zeit	Minute	min	1 min = 60 s
	Stunde	h	1 h = 60 min
	Tag	d	1 d = 24 h
	Gemeinjahr	a	1 a = 365 d

Tabelle 5. Veraltete Einheiten und ihre Beziehung zu den SI-Einheiten

Größenname	Einheitenname	Einheitenzeichen	Beziehung zur SI-Einheit
Druck	Standardatmosphäre	atm	1 atm = 101325 Pa
	Torr	torr	1 torr = 133,322 Pa
Energie	erg	erg	1 erg = 10^{-7} J
	thermochemische Kalorie	cal_{th}	1 cal_{th} = 4,184 J
Kraft	dyn	dyn	1 dyn = 10^{-5} N

Die Anzahl der abgeleiteten SI-Größen und Einheiten ist recht umfangreich. Nur eine geringe Auswahl kann deshalb in Tabelle 3 vorgestellt werden.

Es gibt nun noch eine Anzahl von abgeleiteten Einheiten außerhalb des Internationalen Einheitensystems und außerdem dezimale Vielfache und Teile der SI-Einheiten, die unter besonderen Namen und Einheitenzeichen verwendet werden. Einige davon finden in der Stöchiometrie laufend Verwendung und sind deshalb in Tabelle 4 aufgelistet.

Damit es dem Leser möglich ist, Einheitenangaben der älteren Literatur richtig zu identifizieren und in SI-Einheiten umzurechnen, werden in Tabelle 5 die wichtigsten früheren Einheiten, jeweils mit der Beziehung zur SI-Einheit, genannt.

Das Rechnen mit Größengleichungen

Bisher wurden in der chemischen Laborpraxis, in älteren Lehrbüchern und auch in den früheren Auflagen dieses Buches bei stöchiometrischen Berechnungen vorzugsweise Dreisätze und Proportionen verwendet. Diese Vorgehensweise ist nicht immer logisch und kann leicht zu Fehlern führen. Um solche Fehler zu vermeiden, soll das Rechnen mit Größengleichungen vorgestellt werden, das die Beziehungen in der Stöchiometrie übersichtlicher macht. In einer Reihe von nachfolgenden Rechenbeispielen und Übungsaufgaben zu den einzelnen Abschnitten des Buches kommt diese in den übrigen naturwissenschaftlichen Disziplinen schon lange geübte Art des Rechnens dann zur Anwendung. Die einfachste Art einer Größengleichung ist die

Angabe einer Größe als Produkt aus Zahlenwert, SI-Vorsatz und Einheit. Beispielsweise bedeutet die Gleichung

$$n = 6 \text{ mmol},$$

daß die Größe „Stoffmenge n" gegeben ist als Produkt aus dem Zahlenwert 6, dem SI-Vorsatz Milli m und der Einheit Mol. In Bezug auf die Einheit ist diese Größengleichung eindeutig, denn es ist nicht erlaubt, „Mol" gegen eine andere Einheit wie Meter, Ohm oder Hertz auszutauschen. Dagegen ist ein Austausch des Zahlenwerts und des SI-Vorsatzes erlaubt, aber nur nach einer eindeutigen mathematischen Regel: Wird der SI-Vorsatz mit einem dezimalen Vielfachen x multipliziert, dann muß der Zahlenwert mit dem dezimalen Teil 1/x multipliziert werden. Diese Gesetzmäßigkeiten gelten ebenso für Größengleichungen, in denen eine Beziehung zwischen mehreren Größen hergestellt wird, vorausgesetzt, diese Größen sind Eigenschaften desselben abgegrenzten Materiebereichs. Beispielsweise bedeutet

$$p = \frac{F}{A} = \frac{25 \text{ kN}}{5 \text{ m}^2} = 5 \text{ kPa},$$

daß der Druck p eines Körpers, der mit der Kraft F auf eine Fläche A einwirkt, den Zahlenwert 5, den SI-Vorsatz k und die Einheit Pascal hat, somit also eindeutig bestimmt ist. Die obige Definitionsgleichung für den Druck als Quotienten aus Kraft und Fläche läßt sich auch leicht und übersichtlich so umformen, daß jeweils eine der drei Größen berechnet werden kann, wenn die anderen beiden bekannt sind. Für alle Größen in der Stöchiometrie lassen sich solche einfachen Definitionsgleichungen aufstellen, in denen eine Beziehung zwischen zwei, drei oder mehr als drei Größen durch Umstellung die Berechnung der jeweils unbekannten Größe erlaubt, damit also mehrfach genutzt werden kann.

1 Grundlagen der Stöchiometrie

1.1 Stöchiometrische Grundbegriffe und Definitionen

Die drei Grundgesetze der Stöchiometrie

Unter Stöchiometrie (aus griech. stoicheion, Grundstoff, und metron, Maß) versteht man im engeren Sinne das Gebiet der Chemie, das die Massen- und Stoffmengenverhältnisse bei chemischen Reaktionen behandelt. Im weiteren Sinne versteht man darunter das chemische Rechnen. Der Ausdruck „Stöchiometrie" wurde im Jahre 1792 von dem Deutschen Richter in die Chemie eingeführt.
Stöchiometrische Berechnungen bedürfen keines aufwendigen mathematischen Rüstzeuges, sondern kommen im wesentlichen mit den vier Grundrechenarten Addition, Subtraktion, Multiplikation und Division aus. Nur gelegentlich kommen auch Wurzelausdrücke, quadratische Gleichungen, Logarithmen, Differentialgleichungen und Exponentialfunktionen vor.
Alle stöchiometrischen Berechnungen stützen sich auf drei wichtige Grundgesetze, die als erstes vorgestellt werden sollen:

> **Gesetz von der Erhaltung der Masse:** Die Masse der Materie ist unveränderlich; Materie kann weder erschaffen noch zerstört werden.

Auf eine vollständig verlaufende chemische Reaktion übertragen bedeutet dies, daß die Gesamtmasse der miteinander reagierenden Stoffe vor Reaktionsbeginn stets gleich der Gesamtmasse der durch die Reaktion entstandenen Stoffe nach Reaktionsende ist.

> **Gesetz von der Unveränderlichkeit der Grundstoffe:** Ein Grundstoff (chemisches Element) kann nicht durch chemische Reaktionen verändert oder in einen anderen Grundstoff überführt werden.

Nach der Atomtheorie sind alle Elemente aus Atomen aufgebaut. Die Unveränderlichkeit der Elemente beruht auf der Unveränderlichkeit der Atome. Hieraus ist der

wichtige Schluß zu ziehen, daß bei chemischen Reaktionen die Anzahl der Atome unverändert bleibt. Die Anzahl der Atome jedes Elements ist also vor und nach einer Reaktion gleich groß.
Diese beiden Gesetze gelten nicht für Prozesse, bei denen sich die Atomkerne in ihrem Aufbau verändern, sog. Kernreaktionen. Bei solchen Reaktionen kann u. a. ein Teil der Masse in Energie umgewandelt werden. Kernreaktionen werden in Kapitel 4.7 behandelt.

> **Gesetz der konstanten Proportionen:** Eine chemische Verbindung hat eine konstante Zusammensetzung, d.h. sie enthält immer dieselben Elemente in bestimmten, für die betreffende Verbindung charakteristischen Massenverhältnissen.

Äußere Bedingungen, wie Temperatur und Druck, sowie Ursprung und Vorgeschichte einer Verbindung, haben keinen Einfluß auf ihre Zusammensetzung. Dagegen sind die äußeren Bedingungen für die Existenzmöglichkeit einer Verbindung von Bedeutung.
Das Gesetz der konstanten Proportionen findet seine einfache theoretische Begründung in der Atomtheorie (Dalton, 1808). Nach dieser Theorie besteht eine chemische Verbindung aus identischen Molekülen, die dieselbe Anzahl Atome jeweils ganz bestimmter chemischer Elemente enthalten. So hat z. B. Wasser eine konstante Zusammensetzung, weil jedes Molekül dieser Verbindung ohne Ausnahme aus 2 Atomen Wasserstoff und 1 Atom Sauerstoff aufgebaut ist. Schwefelsäure besteht aus Molekülen, von denen jedes 2 Atome Wasserstoff, 1 Atom Schwefel und 4 Atome Sauerstoff enthält.
Es gibt jedoch Verbindungen, die im kristallinen Zustand eine variable Zusammensetzung aufweisen. Aus den Kristallgittern solcher Verbindungen können die Atome eines Elementes teilweise entfernt werden. Leere Gitterplätze lassen sich auch mit Atomen eines anderen Elements besetzen. Derartige nichtstöchiometrische Verbindungen werden in Kapitel 1.2 behandelt.

Empirische Formel, Molekularformel, einfachste Formel

Die *empirische Formel* einer chemischen Verbindung gibt das einfachste ganze Zahlenverhältnis der in der Verbindung enthaltenen Atome und die Qualität der einzelnen Atomarten an. Dazu werden die Symbole der in der Verbindung enthaltenen Elemente hintereinandergeschrieben und rechts unten wird an jedem Elementsymbol mit einer arabischen Ziffer, dem Formelindex, die Atomanzahl angeschrieben. Die Ziffer 1 wird dabei weggelassen.
Die Zusammensetzung von Verbindungen, die aus Molekülen als selbständigen, räumlich getrennten Einheiten bestehen, soll durch eine *Molekularformel* angegeben werden. Diese gibt die wirkliche Anzahl der Atome an, die im Molekül enthalten

sind. Die Molekularformel kann mit der empirischen Formel übereinstimmen oder sie ist ein ganzzahliges Vielfaches davon. Der Unterschied zwischen der empirischen Formel und der Molekularformel ergibt sich aus den nachfolgenden Beispielen. Verbindungen mit kovalenten Bindungen, wie die Gase und die meisten organischen Stoffe, bestehen aus Molekülen:

Stoff	Empirische Formel	Molekularformel
Ethanol	C_2H_6O	C_2H_6O
Ethan	CH_3	C_2H_6
Glukose	CH_2O	$C_6H_{12}O_6$

Zur Aufstellung der Molekularformel einer chemischen Verbindung muß man sowohl die Gehalte der Bestandteile in der Verbindung, z. B. ihre Massenanteile (siehe Kapitel 1.2), als auch die molare Masse der Verbindung kennen.
Salze und andere Verbindungen mit Ionenbindungen bestehen nicht aus Molekülen als selbständigen Einheiten. Formeln ionischer Verbindungen sind deshalb *einfachste* Formeln (auch Formeleinheiten). Sie geben das einfachste ganzzahlige Verhältnis der Anzahl der Ionen in einem Ionenkristall an.
Die einfachste Formel von Fe_2O_3 enthält 2 Atome Fe und 3 Atome O. Die einfachste Formel von K_2SO_4 besteht aus 2 Atomen K, 1 Atom S und 4 Atomen O.
Die einfachste Formel des Orthophosphations PO_4^{3-} enthält 1 Atom P und 4 Atome O. Die einfachste Formel des Elementes Natrium Na enthält 1 Atom Na.
Wenn zwei oder mehr Atome in einem Molekül oder einer einfachsten Formel, z. B. bei mehratomigen Ionen oder neutralen Liganden in Komplexsalzen, eine selbständige Gruppe bilden, dann wird die Formel der Gruppe in runde ( ) oder eckige [ ] Klammern gesetzt, und ihre Anzahl wird auch durch eine Ziffer rechts unten angegeben, also:

$Al_2(SO_4)_3$, nicht $Al_2S_3O_{12}$;

$[Cu(NH_3)_4]SO_4$, nicht $CuN_4H_{12}SO_4$;

$K_4[Fe(CN)_6]$, nicht $K_4FeC_6N_6$.

Die Anzahl der Wassermoleküle in Kristallhydraten, z. B. Kristallwasser in Salzen, wird jedoch durch vorangestellte Ziffern und durch einen Punkt (Multiplikationspunkt in der Mitte der Zeile) vor der Ziffer angegeben:

$Na_2CO_3 \cdot 10\ H_2O$, nicht $Na_2CO_3(H_2O)_{10}$.

Wenn die empirische Formel eines Silikates wie diejenige einer Additionsverbindung von Oxiden geschrieben wird, werden auch die Ziffern vor die Formeln der Oxide gesetzt (s. Aufgabe 1.2-9 und Beispiel 1.2-3).

Relative Atom- und Molekülmasse

Die *relative Atommasse* A_r eines Elementes ist die Masse eines Atoms des Elementes im Verhältnis zu 1/12 der Masse eines Atoms des Kohlenstoffisotops ^{12}C, dessen Masse man gleich 12 setzt.
Aus dieser Definition ersieht man, daß die relativen Atommassen A_r relative Zahlen sind. Sie werden als Verhältnisgrößen bezeichnet, die die relative Masse eines bestimmten Atoms im Verhältnis zur relativen Atommasse eines Bezugselementes angeben. Seit 1961 dient das Kohlenstoffisotop ^{12}C gemäß internationaler Vereinbarung als Bezugselement. Vorher wurde als Bezugselement Sauerstoff verwendet. Dies führte in Physik bzw. Chemie zu zwei verschiedenen relativen Massenskalen. Die Bezeichnung relative Atommasse ersetzt den früher gebräuchlichen Begriff „Atomgewicht", der in älteren Lehrbüchern noch zu finden ist.

> Die relative Atommasse ist als Massenverhältnis dimensionslos.

Die meisten in der Natur vorkommenden Elemente sind Mischelemente, d.h. sie bestehen aus zwei oder mehr Atomarten, sog. Isotopen. Die Isotope eines Elementes sind dadurch gekennzeichnet, daß sie dieselbe Kernladungszahl und deshalb dieselben chemischen Eigenschaften, aber verschiedene Massenzahlen haben. Die Massenzahl schreibt man links oben vor das Elementsymbol (näheres über Isotope in Kapitel 4.7).
Die relative Atommasse eines Mischelementes ist gleich dem Mittelwert der relativen Atommassen der Isotope in der natürlichen Isotopenmischung des Elementes.
Ein Element, das keine Isotope in der Natur hat, wird als *mononuklidisch* bezeichnet. Es gibt 21 mononuklidische Elemente.
Auf der Seite XV befindet sich eine Atommassentabelle der häufigsten Elemente mit den auf eine Dezimale gerundeten Werten der relativen Atommassen – mit Ausnahme von Wasserstoff, dessen relative Atommasse mit drei Dezimalstellen angegeben wird. Sie können bei der Lösung der Aufgaben des Buches verwendet werden.
Das Periodensystem am Ende des Anhangs enthält die relativen Atommassen der Elemente mit so vielen Dezimalstellen wiedergegeben, wie sie von der Internationalen Union für Reine und Angewandte Chemie (IUPAC) 1983 veröffentlicht wurden.

Aus dem Gesetz von der Erhaltung der Masse folgt, daß die *relative Molekülmasse* M_r gleich der Summe der relativen Atommassen der im Molekül enthaltenen Atome ist.

Beispiel 1:
Berechnen Sie die relativen Molekülmassen
a) des Wassers H_2O,
b) des Tetraphosphordekaoxids P_4O_{10},

c) des Rohrzuckers $C_{12}H_{22}O_{11}$
aus den relativen Atommassen der in den Formeln dieser Moleküle enthaltenen Elemente.

Lösung:
a) $M_r(H_2O) = 2 \cdot A_r(H) + A_r(O) = 2 \cdot 1{,}0 + 16{,}0 = 18{,}0$;
b) $M_r(P_4O_{10}) = 4 \cdot 31{,}0 + 10 \cdot 16{,}0 = 284{,}0$;
c) $M_r(C_{12}H_{22}O_{11}) = 12 \cdot 12{,}0 + 22 \cdot 1{,}008 + 11 \cdot 16{,}0 = 342{,}2$.

Einfachste Formeln von Ionenverbindungen werden bei der Berechnung ihrer relativen Massen wie Moleküle behandelt. Man vermeidet die Bezeichnung „relative Formelmasse" und schreibt auch hier besser *relative Molekülmasse* der einfachsten Formel.

Beispiel 2:
Berechnen Sie die relativen Molekülmassen der einfachsten Formeln von
a) Kaliumsulfat K_2SO_4,
b) Kupfernitrat $Cu(NO_3)_2$.

Lösung:
a) $M_r(K_2SO_4) = 2 \cdot 39{,}1 + 32{,}1 + 4 \cdot 16{,}0 = 174{,}3$;
b) $M_r(Cu(NO_3)_2) = 63{,}5 + 2 \cdot 14{,}0 + 6 \cdot 16{,}0 = 187{,}5$.

Auch die relative Molekülmasse eines aus mehrerer Atomen aufgebauten Ions oder einer ungeladenen Molekülgruppe (eines Radikals) läßt sich nach dieser Methode ermitteln.

Beispiel 3:
Berechnen Sie die relativen Molekülmassen
a) des Pyrophosphations $P_4O_7^{4-}$,
b) der Ethylgruppe C_2H_5.

Lösung:
a) $M_r(P_4O_7^{4-}) = 2 \cdot 31{,}0 + 7 \cdot 16{,}0 = 174{,}0$;
b) $M_r(C_2H_5) = 2 \cdot 12{,}0 + 5 \cdot 1{,}0 = 29{,}0$.

Bei der Berechnung der relativen Molekülmasse der einfachsten Formel von Verbindungen mit einer größeren Anzahl von Atomen verwendet man möglichst folgende übersichtliche Schreibweise:

a) Chinin: $C_{20}H_{24}O_2N_2$

C_{20}	$20 \cdot 12{,}0$	$= 240{,}0$
H_{24}	$24 \cdot 1{,}008$	$= 24{,}2$
O_2	$2 \cdot 16{,}0$	$= 32{,}0$
N_2	$2 \cdot 14{,}0$	$= 28{,}0$

Relative Molekülmasse $M_r = 324{,}2$;

b) Kaliumhexacyanoferrat(II): $K_4[Fe(CN)_6] \cdot 3\ H_2O$

K_4	$4 \cdot 39{,}1$	$= 156{,}4$
Fe	$55{,}8$	$= 55{,}8$
$(CN)_6$	$6 \cdot 26{,}0$	$= 156{,}0$
$3\ H_2O$	$3 \cdot 18{,}0$	$= 54{,}0$

Relative Molekülmasse $M_r = 422{,}2$.

Wie aus der Berechnung im zweiten Fall hervorgeht, bedeutet der ,,Multiplikationspunkt" vor $3\ H_2O$ in obiger Formel nicht, daß es sich bei der Berechnung der relativen Molekülmasse um eine Multiplikation handelt, stattdessen wird eine Addition durchgeführt: Es wird die relative Masse von $3\ M_r(H_2O) = 54{,}0$ zu den darüberstehenden Zahlen addiert.

Relative Äquivalentmasse der Elemente

Bereits frühzeitig wurde von den Chemikern erkannt, daß die chemischen Elemente unterschiedlich viele Bindungen mit dem Element Wasserstoff eingehen können. Beispiele dafür sind die Verbindungen CH_4, NH_3, OH_2 oder FH. Um dieses unterschiedliche Reaktionsvermögen gegenüber Wasserstoff bei der quantitativen Auswertung chemischer Reaktionen zu berücksichtigen, führte man den Begriff *relative Äquivalentmasse $Äq_r$* ein. Man definierte $Äq_r$ als die relative Masse eines Elementes in g, die befähigt ist, bei einer chemischen Reaktion 1,008 g Wasserstoff zu binden. Mit der Entwicklung der Elektronentheorie der Valenz erfuhr der Begriff der relativen Äquivalentmasse eine Erweiterung. Man verbindet ihn heute mit der Valenz oder Wertigkeit der Elemente.

Als Beispiel für die Wertigkeit eines Elementes wollen wir seine Ionenwertigkeit betrachten. Wenn das Element Elektronen aus seiner Elektronenhülle nach außen abgibt, wandelt es sich in ein positives Ion, ein Kation, um. Die Ionenladung, die mit der Anzahl der abgegebenen Elektronen ansteigt, beschreibt gleichzeitig die Ionenwertigkeit.

Beispielsweise ist das Ion Ag^+ ein einwertiges Kation, das Ion Mg^{2+} ist zweiwertig und Al^{3+} dreiwertig.

Die moderne Definition der relativen Äquivalentmasse mit z^* als Wertigkeit (Äquivalentzahl) ist:

$$\boxed{Äq_r = \frac{A_r}{z^*}.} \qquad (1.1)$$

Viele Elemente sind befähigt, Ionen unterschiedlicher Wertigkeiten zu bilden. Sie haben dann auch unterschiedliche relative Äquivalentmassen.

Ermittlung relativer Atommassen

Die *relativen* Atommassen vieler Elemente waren lange Zeit nur sehr schwer zu ermitteln. Bis zur Erfindung des Massenspektrometers gab man sich schon mit ungefähren Zahlenwerten zufrieden. Wie solche nach heutiger Sicht ungenauen relativen Atommassen auf doch recht elegante Weise erhalten werden konnten, sollen die folgenden chemiegeschichtlich interessanten Beispiele aufzeigen.

1. Methode:
Ermittlung der relativen Atommasse eines bestimmten Elementes aus den bekannten relativen Molekülmassen möglichst vieler chemischer Verbindungen dieses Elementes und den Massenanteilen des Elementes in diesen Verbindungen.

Man geht davon aus, daß ein Atom die kleinste Einheit eines Elementes darstellt, die in einem Molekül einer chemischen Verbindung dieses Elementes enthalten sein kann. Entsprechend bezeichnet man als relative Atommasse des Elementes den Zahlenwert seiner kleinsten relativen Masse in g, die in der relativen Masse eines Moleküls der Verbindung enthalten ist. Als günstig erweist es sich, flüchtige Verbindungen des Elements zu verwenden, weil deren relative Molekülmassen sich einfach bestimmen lassen.

Als Massenanteil $w(X)$ eines Elementes mit den Atomen X in einer Verbindung bezeichnet man den Quotienten aus der Element- und Verbindungsmasse (siehe auch Beispiel 5b auf S. 27)

Beispiel 4:
Bestimmung der relativen Atommasse von Chlor durch eine Massenanalyse von Chlorverbindungen.

Verbindung	relative Molekülmasse $[M_r]$	Massenanteil Chlor in der Verbindung $[w(Cl)]$	Anzahl g Chlor in M_r g Verbindung $[M_r \cdot w(Cl)]$
Chlorwasserstoff	36,0	0,973	35,0
Chloroform	119,5	0,892	106,6 = 3 · 35,5
Tetrachlorkohlenstoff	154,0	0,922	142,0 = 4 · 35,5
Methylchlorid	50,5	0,703	35,5
Bortrichlorid	118,5	0,906	107,4 = 3 · 35,8
Phosphortrichlorid	137,5	0,774	106,4 = 3 · 35,5

Der Mittelwert der relativen Atommasse von Chlor beträgt 35,5.

2. Methode:
Chemische Umsetzung des Elementes, dessen relative Atommasse bestimmt werden soll, mit einem Element bekannter relativer Atommasse.
Diese Methode erfordert sehr präzise Massenbestimmungen der eingesetzten Elemente und der entstandenen Verbindung.

Otto Hönigschmid und Eduard Zintl führten 1923 im Atomlaboratorium der Bayerischen Akademie der Wissenschaften in München eine gravimetrische Revisionsbestimmung der relativen Atommasse von Brom durch. Diese Revisionsbestimmung sollte Unklarheiten über den richtigen Wert der relativen Atommasse des Broms in der Literatur aufklären. Sie erfolgte durch vollständige Synthese des Bromsilbers AgBr unter Zugrundelegung der sehr zuverlässig bekannten relativen Atommasse von Silber $A_r(Ag) = 107,880$.

In einer Hochvakuumapparatur wurde sorgfältig gereinigtes und getrocknetes Brom unter Luftausschluß in Glaskugeln eingeschmolzen. Die Wägung einer solchen Kugel auf einer Mikroskop-Schnellwaage ergab unter Berücksichtigung ihres Luftauftriebs die Massen von Brom und Glas mit einer Empfindlichkeit von mindestens 0,01 mg. Dann wurde die Kugel in einem starkwandigen Erlenmeyerkolben mit präzise eingeschliffenem Stopfen unter einer geeigneten Reduktionsflüssigkeit durch Schütteln zerbrochen und das Brom quantitativ in Bromwasserstoffsäure umgewandelt. Die Glasscherben wurden abgetrennt und ergaben durch Differenzwägung die Masse des Broms. Eine zur vollständigen Fällung der Bromidionen gerade ausreichende Portion reinsten Silbers wurde eingewogen, in HNO_3-Lösung gelöst und die Bromidlösung damit gefällt. Die Masse der benötigten Silberprobe wurde durch Parallelversuche ermittelt.

Analysenergebnisse: $m(Br_2) = 4{,}50795$ g, $m(Ag) = 6{,}08542$ g.
Die relative Atommasse des Broms betrug:

$$A_r(Br) = \frac{m(Br_2)}{m(Ag)} \cdot A_r(Ag) = \frac{4{,}50795 \text{ g}}{6{,}08542 \text{ g}} \cdot 107{,}880 = 79{,}915.$$

Dieser Wert bestätigte das gravimetrische Ergebnis der Harvard-Schule ($A_r(Br) = 79{,}916$) und zeigte die Ungenauigkeit des über das relative Gasdichteverhältnis ermittelten Ergebnisses des Genfer Atominstituts ($A_r(Br) = 79{,}925$) auf.

3. Methode:
Chemische Umwandlung von Verbindungen bekannter relativer Molekülmassen, von denen wenigstens eine das interessierende Element enthält, ineinander.

Beispiel 5:
Die relative Atommasse von Chrom wurde von Baxter und Mitarb. 1909 in folgender Weise bestimmt: Proben von sorgfältig gereinigtem Silberchromat Ag_2CrO_4, gewonnen nach vier verschiedenen Darstellungsverfahren, wurden abgewogen, in verdünnter Salpetersäure gelöst, das Chromation reduziert, und das Silberion dann mit Bromwasserstoffsäure gefällt. Die Masse der gebildeten Probe Silberbromid wurde ermittelt. Alle möglichen Fehlerquellen wurden berücksichtigt und die Wägungen auf Vakuum korrigiert. Als Mittelwert aus 11 Versuchen mit variierenden Ausgangsmassen Silberchromat – 1,77910 bis 7,92313 g – wurde für das Verhältnis der relativen Atommassen $2A_r(AgBr) : A_r(Ag_2CrO_4)$ der Wert 1,13207 ($\pm$ 0,00003) erhalten, hier auf 1,1321 aufgerundet. Berechnen Sie die relative Atommasse von Chrom. $A_r(O) = 16{,}00$; $A_r(Ag) = 107{,}88$; $A_r(Br) = 79{,}92$.

Lösung:
Direktes Einsetzen der Daten ergibt:

$$\frac{2 A_r(AgBr)}{A_r(Ag_2CrO_4)} = \frac{2 \cdot (107{,}88 + 79{,}92)}{2 \cdot 107{,}88 + A_r(Cr) + 4 \cdot 16} = 1{,}1321 \qquad A_r(Cr) = 52{,}01.$$

4. Methode:
Bestimmung über die spezifische Wärmekapazität.
Nach der Regel von Dulong und Petit gilt für viele Elemente im festen Zustand eine empirische Beziehung: Das Produkt aus der spezifischen Wärmekapazität c_p eines Elements und seiner relativen Atommasse in g hat einen konstanten Wert von $26 \text{ J} \cdot \text{g}^{-1} \cdot \text{K}^{-1}$. Unter der spezifischen Wärmekapazität versteht man die Wärmemenge in J, die zur Temperaturerhöhung von 1 g des festen Elementes um 1 °C erforderlich ist. Die bei sehr vielen festen Elementen überprüfte Regel wurde erfolgreich zur Bestimmung unbekannter relativer Atommassen herangezogen. Die Er-

mittlung der Atommasse erfolgte meist durch eine mit größter Präzision ausgeführte Bestimmung der relativen Äquivalentmasse.

Beispiel 6:
Ein Metalliodid hat einen Massenanteil an Iod von 55,86%. Die spezifische Wärmekapazität des Metalls beträgt 0,1338 $J \cdot g^{-1} \cdot K^{-1}$, und die relative Äquivalentmasse des Iods ist 126,9. Berechnen Sie die relative Atommasse des Metalls.

Lösung:
Zunächst wird nach der Regel von Dulong und Petit eine ungefähre relative Atommasse berechnet:

$$A_r = \frac{26{,}0 \text{ J} \cdot g^{-1} \cdot K^{-1}}{0{,}1338 \text{ J} \cdot g^{-1} \cdot K^{-1}}$$

Danach wird die relative Äquivalentmasse $\ddot{A}q_r$ des Metalls nach folgender Gleichung berechnet:

$$\frac{\ddot{A}q_r(\text{Metall})}{\ddot{A}q_r(\text{Iod})} = \frac{w(\text{Metall})}{w(\text{Iod})}$$

Somit ist das Verhältnis der relativen Äquivalentmassen der beiden Elemente in der Verbindung gleich dem Verhältnis ihrer Massenanteile in der Verbindung. Den Massenanteil des Metalls können wir aus dem Massenanteil des Iods berechnen zu $w(\text{Metall}) = 1{,}0000 - 0{,}5586 = 0{,}4414$. Umformung der obigen Gleichung und Einsetzen der Zahlenwerte ergibt:

$$\ddot{A}q_r(\text{Metall}) = \frac{w(\text{Metall})}{w(\text{Iod})} \cdot \ddot{A}q_r(\text{Iod}) = \frac{0{,}4414}{0{,}5586} \cdot 126{,}9 = 100{,}3 \,.$$

Die Wertigkeiten 1, 2, 3 und 4 des Metalls werden nun mit seiner relativen Äquivalentmasse multipliziert:

$1 \cdot 100{,}3 = 100{,}3$
$2 \cdot 100{,}3 = 200{,}6$
$3 \cdot 100{,}3 = 300{,}9$
$4 \cdot 100{,}3 = 401{,}2 \,.$

Von diesen vier Werten liegt 200,6 dem Näherungswert 194 am nächsten, die genaue relative Atommasse des Metalls beträgt deshalb 200,6. Die Wertigkeit des Metalls in der Verbindung mit Iod beträgt 2, und die chemische Formel des Metalliodids ist MeI_2. Me ist das Symbol des Metalls.

Der Molbegriff

Bei stöchiometrischen Berechnungen operiert man äußerst selten mit den außerordentlich kleinen absoluten Massen einzelner Atome oder Moleküle. Damit man bei Berechnungen unmittelbar von Massenangaben ausgehen kann, die unserer gewöhnlichen Massenskala in Gramm angepaßt sind, hat man die SI-Basiseinheit Mol eingeführt. Das Mol wird im Text mit großem Anfangsbuchstaben geschrieben. Wenn es aber als Einheitenzeichen gebraucht wird, um Anzahl Mol anzugeben, schreibt man „mol" (also mit kleinem Anfangsbuchstaben, ohne Punkt; Plural: mol). Das Millimol (Einheitenzeichen mmol) ist der tausendste Teil des Mol: 1 mmol = 0,001 mol.

> 1 mol eines reinen Stoffes ist die Stoffmenge, die aus ebensoviel kleinsten Teilchen besteht wie die Anzahl Kohlenstoffatome in genau 12 g des Kohlenstoffisotops ^{12}C.

Diese Definition des Molbegriffs ersetzt die früher verwendeten Begriffe Grammatom, Grammolekül und Grammion, denn sie gilt für Atome, Moleküle, einfachste Formeln, Ionen, Elektronen, chemische Bindungen bzw. alle als solche identifizierbare Teilchen.

Die Stoffmenge mit der Einheit Mol bezieht sich immer auf einen abgegrenzten Materiebereich, den man früher mit dem allgemeinen Namen „System" benannt hat und der heute besser *Stoffportion* genannt wird (DIN 32629). Beispiele für Stoffportionen sind 0,2 mol Kaliumsulfat oder 40 g Kupfer oder 800 ml Wasserstoffgas im Normzustand (0 °C, 1,01325 bar).

Die Stoffmenge stellt eine Eigenschaft einer bestimmten Stoffportion dar, die aus lauter gleichen Teilchen X besteht. Weitere Eigenschaften der Stoffportion sind ihre Masse in g, ihr Volumen in ml oder ihre Teilchenanzahl. In bestimmten Anwendungsbereichen der Chemie haben Stoffportionen spezielle Namen wie Probe, Einwaage, Auswaage, Niederschlag, Zentrifugat, Rückstand, Destillat usw.

> Die chemische Qualität der Stoffportion beschreibt man durch ihren Namen. Zum Beispiel ist der Name Wasserstoffperoxid eine solche Stoffbezeichnung, denn er sagt aus, daß die Stoffportion aus lauter kleinsten Teilchen H_2O_2 besteht und keine anders aufgebauten Teilchen enthält.
> Die Beschreibung der Quantität einer Stoffportion erfolgt durch die Größen Masse, Volumen, Stoffmenge oder Teilchenanzahl. Wenn es sich um die Stoffportion einer Mischphase handelt, sind außerdem die Gehaltsgrößen zu beachten.

Umrechnung von Quantitätsgrößen

Ein großer Teil der stöchiometrischen Berechnungen besteht in der Umrechnung von Quantitätsgrößen einzelner Stoffportionen ineinander. Um diese Umrechnungen durchführen zu können, müssen Definitions-Größengleichungen aufgestellt und Umrechnungsgrößen eingeführt werden.

Folgende Beziehungen zwischen den Quantitätsgrößen einer Stoffportion sind dabei von Bedeutung:

a) die Beziehung zwischen der Masse und der Stoffmenge,
b) die Beziehung zwischen der Teilchenanzahl und der Stoffmenge,
c) die Beziehung zwischen dem Volumen und der Stoffmenge und
d) die Beziehung zwischen der Masse und dem Volumen einer Stoffportion.

Die Beziehung zwischen der Masse m und der Stoffmenge n einer Stoffportion i ist durch folgende Definitionsgleichung gegeben:

$$M(X) = \frac{m_i(X)}{n_i(X)}. \qquad (1.2)$$

Darin bezeichnet die Umrechnungsgröße M die molare Masse und X ein Teilchen im Sinne der Moldefinition, das die Qualität der Stoffportion kennzeichnet. Beispielsweise kann X ein Atom Fe oder ein Methanmolekül CH_4 bedeuten. Die molare Masse hat als stoffmengenbezogene Größe* die Einheit $g \cdot mol^{-1}$ oder Dalton Da ($1 g \cdot mol^{-1} = 1 Da$).

* Eine Größe, die sich als Quotient aus einer Zählergröße = Ausgangsgröße und einer Nennergröße = Bezugsgröße ergibt, heißt auch „bezogene Größe". Ihr Name setzt sich aus der Bezeichnung der Bezugsgröße als vorangestelltem Adjektiv, dem zugefügten Begriff „bezogen" und dem Namen der Ausgangsgröße als Hauptbegriff in der hier angegebenen Reihenfolge zusammen. Im obigen Fall ist es die stoffmengenbezogene Masse. Andere Beispiele sind die Dichte als volumenbezogene Masse oder der Druck als flächenbezogene Gewichtskraft. Einige bezogene Größen haben spezielle Namen. So kennzeichnet alle stoffmengenbezogenen Größen das Adjektiv „molar", und ihr Größensymbol ist durch den rechts unten angeschriebenen Index „m" als molare Größe kenntlich gemacht (V_m = molares Volumen, R_m = molare Gaskonstante, aber ausnahmsweise M ohne Index = molare Masse). Alle massenbezogenen Größen kennzeichnet das Eigenschaftswort „spezifisch". Hat die Ausgangsgröße einen großen arabischen Buchstaben als Größensymbol, so wird die spezifische Größe in der Regel durch den entsprechenden kleinen Buchstaben gekennzeichnet (V = Volumen, v = spezifisches Volumen).

Hieraus ergibt sich der Bedeutungsunterschied zwischen der molaren Masse als stoffmengenbezogener Masse und der „Molmasse" als Masse eines Mols. Außerdem erkennt man, daß der Begriff „Molarität" als Konzentrationsgröße nach moderner Anschauung unzutreffend ist, weil es sich um eine volumenbezogene Stoffmenge handelt.

Man kann jeweils eine der in der Definitionsgleichung enthaltenen Größen berechnen, wenn die beiden anderen Größen bekannt sind. Dies geschieht durch einfache Auflösung der Definitionsgleichung nach der gesuchten Größe mit nachfolgendem Einsetzen der Zahlenwerte, SI-Vorsätze (Potenzen zur Basis 10) und Einheitenzeichen.

An folgenden drei Beispielen soll dies demonstriert werden.

Beispiel 7:
0,25 mol Wasser enthalten 4,5 g. Berechnen Sie die molare Masse des Wassers.

Lösung:

$$M(H_2O) = \frac{m(H_2O)}{n(H_2O)} = \frac{4,5 \text{ g}}{0,25 \text{ mol}} = 18 \text{ g} \cdot \text{mol}^{-1}.$$

Beispiel 8:
Berechnen Sie die Stoffmenge von 10 g Disauerstoff O_2, dessen molare Masse $32 \text{ g} \cdot \text{mol}^{-1}$ beträgt.

Lösung:

$$n(O_2) = \frac{m(O_2)}{M(O_2)} = \frac{10 \text{ g}}{32 \text{ g} \cdot \text{mol}^{-1}} = 0,31 \text{ mol}.$$

Beispiel 9:
Gegeben sind 0,65 mol Eisessig CH_3COOH (Abkürzung HAc) der molaren Masse 60 g · mol^{-1}. Berechnen Sie die Masse dieser Portion Eisessig.

Lösung:
$m(HAc) = n(HAc) \cdot M(HAc) = 0{,}65 \text{ mol} \cdot 60 \text{ g} \cdot \text{mol}^{-1} = 39 \text{ g}$.

Eine wichtige Beziehung besteht auch zwischen der Stoffmenge n_i und der Teilchenanzahl N_i einer Stoffportion i. Die Umrechnungsgröße heißt hier molare Teilchenanzahl N_A. Nach der Moldefinition ist die molare Teilchenanzahl für alle Stoffe gleich. Deshalb trägt N_A auch den Namen *Avogadro-Konstante*. Der Zusammenhang zwischen n_i und N_i wird definiert durch die Gleichung

$$N_A = \frac{N_i(X)}{n_i(X)}. \qquad (1.3)$$

Die Avogadro-Konstante hat die Einheit Teilchen durch Mol oder mol^{-1}. Ihr Zahlenwert beträgt $N_A = 6{,}022 \cdot 10^{23}$ mol^{-1}. Auch diese Definitionsgleichung gestattet Berechnungen auf dreierlei Weise, wenn jeweils zwei Größen bekannt sind und die dritte gesucht wird. Zwei Berechnungsarten sollen an Beispielen demonstriert werden. Die Berechnung der Avogadro-Konstante aus Teilchenanzahl und Stoffmenge soll hier als trivial entfallen.

Beispiel 10:
Wieviel Aluminiumatome sind in 0,25 mol Aluminium enthalten?

Lösung:
$N(Al) = N_A \cdot n(Al) = 6{,}022 \cdot 10^{23}$ mol^{-1} · 0,25 mol $= 1{,}51 \cdot 10^{23}$.

Die Anzahl der Aluminiumatome ist $1{,}51 \cdot 10^{23}$.

Beispiel 11:
In einem Glaskolben befinden sich $5 \cdot 10^{18}$ Stickstoffmoleküle. Berechnen Sie aus dieser Molekülanzahl die Stoffmenge in Mol.

Lösung:
$$n(N_2) = \frac{N(N_2)}{N_A} = \frac{5 \cdot 10^{18}}{6{,}022 \cdot 10^{23} \text{ mol}^{-1}} = 8{,}303 \cdot 10^{-6} \text{ mol} = 8{,}303 \text{ μmol}.$$

Die Beziehung zwischen der Stoffmenge n_i und dem Volumen V_i einer Stoffportion i wird über die Umrechnungsgröße V_m, das *molare Volumen*, hergestellt. Die Definitionsgleichung lautet in diesem Fall:

$$V_m(X) = \frac{V_i}{n_i(X)}. \qquad (1.4)$$

Auch das molare Volumen ist im Idealfall eine Konstante. Sie hat für ein ideales Gas im sogenannten *Normzustand* (0 °C; 1,01325 bar) den Wert $V_{m,n} = 22{,}414$ l · mol^{-1} (bei 0 °C und 1 bar ist $V_m = 22{,}711$ l · mol^{-1}) und heißt molares Normvolumen.

Übungsbeispiele zur Umrechnung der Volumina gasförmiger Stoffe in die zugehörigen Stoffmengen über das molare Volumen findet man in Kapitel 4.1.
Eine weitere wichtige Beziehung besteht zwischen der Masse m_i einer Stoffportion i und ihrem Volumen V_i. Umrechnungsgröße ist hier die Dichte ϱ. Es gilt

$$\varrho = \frac{m_i}{V_i}. \tag{1.5}$$

ϱ hat die SI-Einheit $kg \cdot m^{-3}$. Die besonders häufig benutzte Einheit ist $g \cdot ml^{-1}$ (oder $g \cdot cm^{-3}$). Ein Übungsbeispiel zur Dichteberechnung ist in Kapitel 2.1, S. 71, zu finden.
Den Molbegriff hat man erweitert, um auch andere Einheiten als Atome, Moleküle oder einfachste Formeln quantitativ beschreiben zu können, z. B. funktionelle Molekülgruppen, Elektronen oder chemische Bindungen. So ist 1 mol Elektronen = N_A Elektronen.

Die Absolutmassen der Atome und Moleküle und die atomare Masseneinheit

Bei Kenntnis von N_A ist es möglich, die absoluten Massen $m_A(X)$ der Atome zu bestimmen. Hierfür wurde eine besondere Einheit eingeführt, die sogenannte atomare Masseneinheit (Zeichen u).
Die atomare Masseneinheit u wird definiert als 1/12 der Masse eines Atoms des Kohlenstoffisotops ^{12}C. Unter Verwendung der molaren Masse $M(^{12}C)$ dieses Kohlenstoffisotopes und der Avogadro-Konstante läßt sich die atomare Masseneinheit u in Gramm berechnen.

$$1\,u = \frac{1}{12} \cdot \frac{M(^{12}C)}{N_A} = \frac{1}{12} \cdot \frac{12\,g \cdot mol^{-1}}{6{,}0220453 \cdot 10^{23}\,mol^{-1}} = 1{,}660566 \cdot 10^{-24}\,g. \tag{1.6}$$

Umgekehrt ist

$$1\,g = 6{,}022045 \cdot 10^{23}\,u. \tag{1.7}$$

Man erkennt, daß die absoluten Atom- oder Molekülmassen in u, die relativen Atom- oder Molekülmassen und die molaren Massen von Atomen und Molekülen in $g \cdot mol^{-1}$ identische Zahlenwerte haben.
Das Wasserstoffisotop ^1H hat z.B. die absolute Masse 1,008 u, die dimensionslose relative Masse 1,008 und die molare Masse $1{,}008\,g \cdot mol^{-1}$.
Um die absolute Masse eines Atoms zu erhalten, muß die relative Atommasse $A_r(X)$ mit der atomaren Masseneinheit u multipliziert werden.

Bei Mischelementen sollte man immer das Isotop angeben, dessen absolute Atommasse berechnet werden soll, denn es ist nicht sinnvoll, bei einer solchen Berechnung von der relativen Atommasse des natürlichen Isotopengemisches auszugehen.

Beispiel 12:
Berechnen Sie die Absolutmasse
a) eines Sauerstoffatoms ^{16}O,
b) eines Chloratoms ^{35}Cl,
c) eines Uranatoms ^{238}U.

Lösung:
a) $m_A(^{16}\text{O}) = A_r(^{16}\text{O}) \cdot u = 16{,}0 \text{ u} = 16{,}0 \cdot 1{,}66 \cdot 10^{-24} \text{ g} = 2{,}66 \cdot 10^{-23}$ g;
b) $m_A(^{35}\text{Cl}) = A_r(^{35}\text{Cl}) \cdot u = 35{,}0 \text{ u} = 5{,}81 \cdot 10^{-23}$ g;
c) $m_A(^{238}\text{U}) = A_r(^{238}\text{U}) \cdot u = 238{,}0 \text{ u} = 3{,}95 \cdot 10^{-22}$ g.

Auf dieselbe Weise erhält man die absolute Masse $m_M(X)$ eines Moleküls oder einer einfachsten Formel durch Multiplikation der relativen Molekülmasse $M_r(X)$ bzw. der relativen Masse der einfachsten Formel mit der atomaren Masseneinheit u.

Beispiel 13:
Berechnen Sie
a) die Absolutmasse eines Moleküls Rohrzucker ^{12}C$_{12}$^{1}H$_{22}$^{16}O$_{11}$,
b) einer einfachsten Formel Kaliumsulfat ^{39}K$_2$^{32}S^{16}O$_4$.

Lösung:
a) $m_M(^{12}\text{C}_{12}{}^1\text{H}_{22}{}^{16}\text{O}_{11}) = M_r(^{12}\text{C}_{12}{}^1\text{H}_{22}{}^{16}\text{O}_{11}) \cdot u = 342{,}2 \text{ u} = 5{,}681 \cdot 10^{-22}$ g;
b) $m_M(^{39}\text{K}_2{}^{32}\text{S}^{16}\text{O}_4) = M_r(^{39}\text{K}_2{}^{32}\text{S}^{16}\text{O}_4) \cdot u = 174{,}0 \text{ u} = 2{,}888 \cdot 10^{-22}$ g.

Liegen N Atome (Moleküle bzw. einfachste Formeln) vor, so ist selbstverständlich deren absolute Masse gleich dem Produkt aus N, der relativen Atommasse (relativen Molekülmasse bzw. relativen Masse der einfachsten Formel) und u.

Beispiel 14:
Berechnen Sie die Absolutmasse von 1000 Molekülen Rohrzucker.

Lösung:
$1000 \cdot 342{,}2 \text{ u} = 5{,}681 \cdot 10^{-19}$ g.

Es ist möglich, über die Teilchenanzahl N die Stoffmenge zu definieren:

$$n_i(X) = \frac{1}{N_A} \cdot N_i(X). \tag{1.8}$$

Dabei ist X ein Teilchen des vorliegenden Reinstoffes. Da das Symbol O ein Sauerstoffatom, O$_2$ ein Sauerstoffmolekül, O$_3$ ein Ozonmolekül bedeutet, ist bei der Bezeichnung des Reinstoffes Sauerstoff immer eine Formelangabe notwendig. Dies gilt entsprechend auch für viele andere Reinstoffe.

Aufgaben

Die für die Lösung der Aufgaben erforderlichen relativen Atommassen können, wenn nichts anderes angegeben wird, der Tabelle auf S. XV entnommen werden.

1.1-1 Wie groß ist die molare Masse der einfachsten Formel von
   a) Kaliumchlorat $KClO_3$?
   b) Kaliumdichromat $K_2Cr_2O_7$?
   c) Kristallsoda $Na_2CO_3 \cdot 10\ H_2O$?

1.1-2 Welchen Wert hat die molare Masse von
   a) Glycerintrinitrat $C_3H_5(NO_3)_3$?
   b) Kokain $C_{17}H_{21}NO_4$?
   c) Chlorophyll a $C_{55}H_{72}MgN_4O_5$?

1.1-3 Berechnen Sie die molare Masse der einfachsten Formel von
   a) Borax $Na_2B_4O_7 \cdot 10\ H_2O$;
   b) Kalialaun $KAl(SO_4)_2 \cdot 12\ H_2O$;
   c) Eisenammoniumsulfat (Mohrsches Salz) $Fe(NH_4)_2(SO_4)_2 \cdot 6\ H_2O$;
   d) Glimmer $K_2O \cdot 3\ Al_2O_3 \cdot 6\ SiO_2 \cdot 2\ H_2O$.

1.1-4 Berechnen Sie die Massen in g von
   a) 0,100 mol Kaliumperchlorat $KClO_4$;
   b) 2,00 mmol Pyrophosphationen $P_2O_7^{4-}$;
   c) 4,65 mol Glukose $C_6H_{12}O_6$.

1.1-5 a) Wie groß ist die Masse in Gramm von 0,0102 mol Chinin $C_{20}H_{24}N_2O_2$;
   b) die Masse in mg von 0,125 mmol Trinitrotoluol $C_7H_5N_3O_6$;
   c) die Masse in kg von 10,52 mol Rohrzucker (Saccharose) $C_{12}H_{22}O_{11}$?

1.1-6 Die einfachste Formel von kristallwasserhaltigem Kupfersulfat ist $CuSO_4 \cdot 5\ H_2O$.
   a) Wieviel Mol enthalten 10,0 g Salz?
   b) Wieviel Mol Schwefel (S) und Sauerstoff (O) sind in 100 g Salz enthalten?
   c) Berechnen Sie die Anzahl Kupfer-, Sauerstoff- und Wasserstoffatome in 1,00 g Salz.

1.1-7 Wieviel Mol Sauerstoffatome (O) enthalten
   a) 12,26 g Kaliumchlorat $KClO_3$;
   b) 125,0 g Tetraphosphordekaoxid P_4O_{10};
   c) 10,25 g Kristallsoda $Na_2CO_3 \cdot 10\ H_2O$?

1.1-8 Welche Anzahl Wasserstoffatome enthalten
   a) 1 g Wasser?
   b) 1 mg Glukose $C_6H_{12}O_6$?
   c) 10,0 g Eisessig?
   d) 1 l Spiritus, der einen Massenanteil w (Ethanol) = 92% hat? Die Dichte des Spiritus beträgt $\varrho = 0{,}817\ g \cdot ml^{-1}$ (auch die Anzahl Wasserstoffatome des Wassers soll mitberechnet werden).

1.1-9 Berechnen Sie die Absolutmasse je eines Moleküls der folgenden Stoffe:
   a) Wasser $^1H_2\,^{16}O$,
   b) Rohrzucker $^{12}C_{12}\,^1H_{22}\,^{16}O_{11}$,
   c) eines makromolekularen Stoffes mit der relativen Molekülmasse $M_r = 10^6$.

1.1-10 0,156 mol einer Verbindung wiegen 28,6 g. Berechnen Sie die molare Masse der Verbindung.

1.1-11 Berechnen Sie aus den folgenden Daten die relative Atommasse des Stickstoffs:

Stoff	Masse in g von 1 l im Normzustand	Massenanteil Stickstoff in %
Stickstoff (N_2)	1,256	100,0
Stickstoffoxid	1,34	46,7
Distickstoffoxid	1,97	63,6
Ammoniak	0,762	82,4

1.1-12 Die relative Atommasse des Chlors wurde von Richards et al. 1905 in folgender Weise bestimmt: Eine Probe reinen Silbers bekannter Masse wurde in verdünnter Salpetersäure gelöst. Die Silberionen wurden dann mit Salzsäure als Silberchlorid gefällt. Nach dem Abfiltrieren, Auswaschen und Trocknen des Chlorids bestimmte man seine Masse. Als Mittelwert aus vielen Versuchen wurde für das Massenverhältnis von AgCl zu Ag der Wert 1,3287 erhalten.
Berechnen Sie die relative Atommasse des Chlors (die relative Atommasse von Silber ist 107,87).

1.1-13 Basisches Berylliumacetat mit der Formel $Be_4O(CH_3COO)_6$ wurde 1904 von Parsons zur Bestimmung der relativen Atommasse von Beryllium verwendet. Zuerst wurde das Acetat durch Sublimation sorgfältig gereinigt. Dann wurde die eingewogene Probe des Acetats vorsichtig zum Oxid BeO geglüht. Als Mittelwert aus 9 Versuchen wurden aus 1,000 g Acetat 0,2470 g BeO erhalten. Vorher wurde eine Korrektur für okkludierte Gase durchgeführt und die Wägung auf Vakuum korrigiert.
Berechnen Sie die relative Atommasse des Berylliums.
($A_r(C) = 12,00$; $A_r(H) = 1,008$; $A_r(O) = 16,00$).

1.1-14 Ein bestimmtes Metall bildet zwei Chloride mit Massenanteilen von 14,81% und 34,24% Chlor.
Berechnen Sie die relative Äquivalentmasse und die relative Atommasse des Metalls und geben Sie die empirischen Formeln der Chloride an, wenn die spezifische Wärmekapazität des Metalls $c = 0,126 \, J \cdot g^{-1} \cdot K^{-1}$ beträgt.

1.1-15 Ein Metallfluorid hat einen Massenanteil an Kristallwasser von 21,00% und an Fluor von 22,14%.
Bestimmen Sie die empirische Formel des Fluorids und die relative Atommasse des Metalls, wenn dessen spezifische Wärmekapazität $c = 0,133 \, J \cdot g^{-1} \cdot K^{-1}$ beträgt.

1.1-16 Kaliumchlorat hat einen Massenanteil von 39,19% Sauerstoff. Zur Ausfällung von 100 g Silber werden 69,1 g Kaliumchlorid verbraucht. Dabei entstehen 132,9 g Silberchlorid.
Berechnen Sie aus diesen Angaben die relativen Atommassen des Silbers und des Chlors.

1.1-17 Die Analyse von Kaliumpermanganat ergibt einen Massenanteil von $w(K) = 24,74\%$ Kalium und $w(Mn) = 34,76\%$ Mangan. Der Rest ist Sauerstoff.
Berechnen Sie die relative Atommasse des Mangans, wenn Kaliumpermanganat isomorph mit Kaliumperchlorat ($KClO_4$) ist.

1.1-18 Bei Dumas' bekanntem Versuch zur Bestimmung der Atommasse des Wasserstoffs – durch Überleiten von Wasserstoff über erhitztes Kupferoxid und Ermittlung des Massenverlustes des Kupferoxids und der Masse des gebildeten Wassers – wurden als Mittelwerte aus 19 Versuchen folgende Zahlen erhalten: Massenverlust des Kupferoxids 44,16 g; Masse des gebildeten Wassers 49,76 g.
Berechnen Sie hieraus die relative Atommasse des Wasserstoffs, wenn $A_r(O) = 16,00$ ist und angenommen wird, daß 0,03000 g Wasserstoff durch das reduzierte Kupfer gebunden werden.

1.1-19 Die relative Atommasse des Natriums wurde von Richards und Wells 1905 in folgender Weise bestimmt: Sorgfältig gereinigtes Natriumchlorid wurde in Wasser gelöst, und die

Chloridionen wurden mit einer verdünnten Lösung sehr reinen Silbernitrats unter sorgfältiger Einhaltung der Analysenvorschrift gefällt. Das Silberchlorid wurde abfiltriert, ausgewaschen, getrocknet und schließlich zum Schmelzen erhitzt. Die durch Wägung ermittelten Massen von Natriumchlorid und Silberchlorid wurden auf Vakuum korrigiert. Als Mittelwert aus 10 Versuchen mit unterschiedlichen Ausgangsproben von Natriumchlorid wurde für das Massenverhältnis $m(AgCl) : m(NaCl)$ der Wert 2,452 erhalten.
Berechnen Sie hieraus die relative Atommasse des Natriums ($A_r(Ag) = 107,87$; $A_r(Cl) = 35,45$).

1.1-20 Die relative Atommasse des Mangans ist seit Anfang des vorigen Jahrhunderts von vielen Forschern bestimmt worden. Hier werden ein paar ausgewählte Untersuchungen vorgestellt.
a) Berzelius ging 1830 von $MnCl_2$ aus, löste das Salz in Wasser und bestimmte, wieviel g AgCl bei der Ausfällung der Chloridionen mit Silbernitrat gebildet werden. Als Mittelwert erhielt er für das Massenverhältnis $m(MnCl_2) : 2m(AgCl) = 0,4395$.
b) v. Hauer führte 1857 MnO, das durch Reduktion von MnO_2 mit Wasserstoff dargestellt worden war, durch Glühen in Mn_3O_4 über. Für das Massenverhältnis $3\ m(MnO) : m(Mn_3O_4)$ ergab sich ein Mittelwert von 0,9301.
c) Die mit großer Sorgfalt ausgeführten Versuche von Dewar und Scott bestanden unter anderem darin, das Verhältnis zwischen der Einwaage an Silberpermanganat und der zur Fällung seines Silbergehaltes gerade notwendigen Probe Kaliumbromid zu bestimmen. Als Mittelwert aus 8 Versuchen erhielten sie das Massenverhältnis $m(AgMnO_4) : m(KBr) = 1,9058$.
d) Die Arbeit von Baxter und Hines 1906 zählt mit zu den erfolgreichsten Untersuchungen über relative Atommassen, die in der Richards-Gruppe seit 1888 im Harvard-Laboratorium ausgeführt worden waren. In einer Versuchsreihe gingen die obigen Autoren von reinem $MnBr_2$ aus und bestimmten die Masse der zur Ausfällung des Broms als $AgBr$ erforderlichen Probe Silber. Die korrigierten und auf Vakuum reduzierten Wägeergebnisse von 15 Versuchen ergaben für das Massenverhältnis $m(MnBr_2) : 2m(Ag) = 0,995389$ (Unsicherheit 0,000018) – in diesem Falle kann auf 0,9954 aufgerundet werden.
Berechnen Sie die relative Atommasse des Mangans in den vier Fällen. Die Werte der benötigten relativen Atommassen der anderen Elemente, auf zwei Nachkommastellen gerundet, sind:
$A_r(O) = 16,00$; $A_r(Ag) = 107,87$; $A_r(K) = 39,10$;
$A_r(Br) = 79,90$; $A_r(Cl) = 35,45$.

1.1-21 Das Element Chlor mit der mittleren relativen Atommasse $A_r(Cl) = 35,453$ besteht in der Natur aus einem Gemisch zweier Isotope mit den relativen Atommassen $A_r(^{35}Cl) = 34,97$ und $A_r(^{37}Cl) = 36,97$.
Berechnen Sie die prozentualen Massenanteile der beiden Isotope im Isotopengemisch. Als Massenanteil $w(Isotop)$ eines Isotops in einem Isotopengemisch bezeichnet man den Quotienten aus der Masse $m(Isotop)$ des Isotops und der Masse $m(Gem)$ des Gemisches, in dem das Isotop enthalten ist (siehe auch S. 329).

1.1-22 Das in der Natur vorkommende Lithium ist ein Isotopengemisch mit der mittleren relativen Atommasse $A_r(Li) = 6,941$. Es besteht aus zwei Isotopen mit den relativen Atommassen $A_r(^6Li) = 6,015$ und $A_r(^7Li) = 7,016$.
Berechnen Sie die Massenanteile der beiden Isotope im Isotopengemisch in %.

1.1-23 Strontium besteht im natürlichen Isotopengemisch aus vier Isotopen mit den folgenden relativen Atommassen und Massenanteilen: $A_r(^{84}Sr) = 83,93$, $w(^{84}Sr) = 0,560\%$; $A_r(^{86}Sr) = 85,91$, $w(^{86}Sr) = 9,86\%$; $A_r(^{87}Sr) = 86,91$, $w(^{87}Sr) = 7,02\%$; $A_r(^{88}Sr) = 87,91$, $w(^{88}Sr) = 82,56\%$.
Berechnen Sie hieraus die mittlere relative Atommasse des natürlichen Isotopengemisches.

1.1-24 Ein Metall mit der spezifischen Wärmekapazität $c = 0,511\ J \cdot g^{-1} \cdot K^{-1}$ bildet ein Oxid mit einem Massenanteil von 63,19% Metall.

Berechnen Sie
a) die relative Äquivalentmasse;
b) die relative Atommasse des Metalls und seine Wertigkeit (zur Berechnung der Wertigkeit siehe die Anleitung in Kapitel 1.3, S. 48).

1.1-25 Das Chlorid eines Elements hat einen Massenanteil von 34,06% Metall. Die spezifische Wärmekapazität des Elementes ist $c = 0{,}477 \text{ J} \cdot \text{g}^{-1} \cdot \text{K}^{-1}$.
Berechnen Sie seine relative Atommasse und seine Wertigkeit.

1.1-26 Der Blutfarbstoff Hämoglobin hat einen Massenanteil von $w(\text{Fe}) = 0{,}0821\%$.
a) Welche Anzahl Eisenatome enthält 1 g Hämoglobin?
b) Berechnen Sie die molare Masse von Hämoglobin, wenn bekannt ist, daß jedes Molekül nur ein Atom Eisen enthält.

1.2 Berechnung von Formeln und Zusammensetzungen

Berechnung empirischer Formeln aus Analysendaten

Eine *chemische* Formel ist ein Ausdruck für die in einer Verbindung enthaltenen Elemente nach Elementarten und Anzahl. Damit beschreibt sie die atomare Zusammensetzung eines einzelnen Moleküls der Verbindung.
Die Formel des Wassers H_2O besagt einmal, daß jedes Molekül dieser chemischen Verbindung aus den Elementen Wasserstoff und Sauerstoff aufgebaut ist. Eine weitere Aussage der Formel ist, daß ein Molekül Wasser aus 2 Atomen Wasserstoff und 1 Atom Sauerstoff besteht.
Die chemischen Formeln geben damit auch über das Verhältnis der Stoffmengen der in einer Verbindung enthaltenen Elemente und über das Stoffmengenverhältnis Element/Verbindung Auskunft. Nach der Definition der Avogadro-Konstante ist die Zahl der Teilchen pro Mol für alle Elemente und für alle Moleküle gleicher Elementzusammensetzung gleich. Daraus folgt für das Wasser, daß 1 mol dieser Verbindung aus 2 mol Wasserstoffatomen und 1 mol Sauerstoffatomen besteht. Das Stoffmengenverhältnis von Wasserstoff zu Sauerstoff beträgt in jeder beliebig großen Probe Wasser

$$\frac{n(\text{H})}{n(\text{O})} = 2.$$

Die ganzen Zahlen rechts unten an den Elementsymbolen in einer chemischen Formel, die Formelindizes, stellen ebenfalls Stoffmengenverhältnisse dar. Sie repräsentieren jeweils die Stoffmenge eines in der Verbindung enthaltenen Elementes, die aus einer gegebenen Stoffmenge der Verbindung gewonnen werden kann. Beispielsweise lautet der Formelindex des Wasserstoffs im Wasser:

$$\frac{n(\text{H})}{n(\text{H}_2\text{O})} = 2.$$

Die Formelindizes der Elemente in der Glucose lauten:

$$\frac{n(C)}{n(C_6H_{12}O_6)} = 6 \quad \frac{n(H)}{n(C_6H_{12}O_6)} = 12 \quad \frac{n(O)}{n(C_6H_{12}O_6)} = 6.$$

Wenn die Massenanteile – gewöhnlich in % ausgedrückt – der in einer Verbindung enthaltenen Elemente bekannt sind, so kann die empirische Formel der Verbindung nach der in den folgenden Beispielen angegebenen Weise berechnet werden. Unter der empirischen Formel versteht man die Summenformel einer Verbindung mit den kleinsten möglichen stöchiometrischen Zahlen (Beispiel: CH ist die empirische Formel der Summenformel C_6H_6). Der Massenanteil eines Elementes in einer Verbindung ist der Quotient aus der Masse des Elementes und der Masse der Verbindung (siehe auch Beispiel 5 b).
Die Berechnung erfordert die Kenntnis der molaren Massen der Elemente, aus denen die Verbindung besteht.

Beispiel 1:
Bei einer Analyse des Minerals Kryolith, das aus den Elementen Natrium, Aluminium und Fluor besteht, wurden folgende Massenanteile in % ermittelt: 32,79% Natrium, 13,02% Aluminium und 54,19% Fluor. Berechnen Sie die empirische Formel von Kryolith.

Lösung:
Die gesuchte empirische Formel kann aufgrund der Angaben der Aufgabenstellung durch Hinschreiben der Elementsymbole mit zunächst noch unbekannten Formelindizes x, y und z als $Na_xAl_yF_z$ ausgedrückt werden.
Die angegebenen Massenanteile bedeuten, daß 100 g der Verbindung 32,79 g Natrium, 13,02 g Aluminium und 54,19 g Fluor enthalten.
Mit Kenntnis von $M(Na) = 23,0$; $M(Al) = 27,0$; $M(F) = 19,0 \text{ g} \cdot \text{mol}^{-1}$ lassen sich die zugehörigen Stoffmengen leicht errechnen:

$$n(Na) = \frac{m(Al)}{M(Al)} = \frac{32,79 \text{ g}}{23,0 \text{ g} \cdot \text{mol}^{-1}} = 1,43 \text{ mol},$$

$$n(Al) = \frac{m(Al)}{M(Al)} = \frac{13,02 \text{ g}}{27,0 \text{ g} \cdot \text{mol}^{-1}} = 0,48 \text{ mol},$$

$$n(F) = \frac{m(F)}{M(F)} = \frac{54,19 \text{ g}}{19,0 \text{ g} \cdot \text{mol}^{-1}} = 2,85 \text{ mol}.$$

Wenn jeder der unbekannten Formelindizes durch das zugehörige Stoffmengenverhältnis ausgedrückt wird, läßt sich folgendes Formelindexverhältnis aufstellen:

$$x : y : z = \frac{n(Na)}{n(Na_xAl_yF_z)} : \frac{n(Al)}{n(Na_xAl_yF_z)} : \frac{n(F)}{n(Na_xAl_yF_z)}.$$

Dieses vereinfacht sich zu

$$x : y : z = n(Na) : n(Al) : n(F),$$

weil die Stoffmenge der Verbindung $n(Na_xAl_yF_z)$ weggekürzt werden kann.

Gemäß dem Gesetz der konstanten Proportionen (S. 6) ist das Verhältnis der Stoffmengen der drei Elemente von der vorliegenden Masse der Verbindung unabhängig. Die für 100 g der Verbindung berechneten Stoffmengen können also in die obige Beziehung eingesetzt werden. Man erhält damit:

x : y : z = 1,43 mol : 0,48 mol : 2,85 mol.

Werden alle Stoffmengen auf der rechten Seite dieser Gleichung durch den Zahlenwert der kleinsten Stoffmenge (0,48) dividiert und die Ergebniszahlen gerundet, so erhält man zwar wiederum dasselbe Stoffmengenverhältnis, jedoch mit ganzzahligen Stoffmengen. Die Zahlenwerte dieser Stoffmengen stimmen mit den Zahlenwerten der Formelindizes überein, nur daß letztere dimensionslose Zahlen sind.

x : y : z = 3 mol : 1 mol : 6 mol.

Die empirische Formel ist Na_3AlF_6.

Führt man die obige Division durch die kleinste Stoffmenge (0,48 mol) durch, dann lassen sich die Einheitenzeichen kürzen, und man erhält direkt die Zahlenwerte der Formelindizes. Bei einer solchen Operation geht aber der Bezug zur Stoffmenge verloren.
Das Ergebnis der obigen Aufgabenlösung läßt sich in Form folgender Merksätze verallgemeinern:

> In einer gegebenen chemischen Verbindung ist immer das Verhältnis der Formelindizes der Elemente gleich dem Verhältnis ihrer Stoffmengen.
> Die Ermittlung der empirischen Formel einer chemischen Verbindung mit unbekannten Formelindices aus den Massenanteilen der Elemente geschieht durch Berechnung des Verhältnisses der kleinsten ganzzahligen Stoffmengen. Die Zahlenwerte dieser Stoffmengen sind identisch mit den Zahlenwerten der Formelindizes. Die Bestimmung der molaren Masse ergibt dann die Summenformel.

Beispiel 2:
Beim Glühen von 0,250 g Calciumcarbonat erhält man 0,140 g Calciumoxid CaO als nichtflüchtigen Rückstand und Kohlendioxid, das als Gas entweicht. Berechnen Sie die empirische Formel von Calciumcarbonat.

Lösung:
Die gesuchte Formel, als Formel einer Additionsverbindung von Oxiden geschrieben, sei $x\,CaO \cdot y\,CO_2$.
Die Masse des Kohlendioxids ist 0,250 g − 0,140 g = 0,110 g. Aus 0,250 g Carbonat erhält man also

$$n(CaO) = \frac{m(CaO)}{M(CaO)} = \frac{0,140 \text{ g}}{56,1 \text{ g} \cdot \text{mol}^{-1}} = 0,0025 \text{ mol} \quad \text{und}$$

$$n(CO_2) = \frac{m(CO_2)}{M(CO_2)} = \frac{0,110 \text{ g}}{44,0 \text{ g} \cdot \text{mol}^{-1}} = 0,0025 \text{ mol}.$$

Daraus resultiert die Verhältnisgleichung

x : y = n(CaO) : n(CO$_2$) = 0,0025 mol : 0,0025 mol = 1 mol : 1 mol = 1 : 1.

Die empirische Formel ist CaO·CO$_2$ oder CaCO$_3$.

Bei Mineralanalysen ist es üblich, die Analysenresultate als Massenanteile in % an in der Analysenprobe enthaltenen Oxiden anzugeben. Die Formel wird dann wie im folgenden Beispiel berechnet.

Beispiel 3:
Ein Mineral (Stilbit) ergab bei der Analyse Massenanteile von: 57,41% SiO$_2$, 16,43% Al, 8,93% CaO und 17,23% H$_2$O. Wie lautet die Formel dieses Minerals?

Lösung:
Die Formel sei x SiO$_2$ · y Al$_2$O$_3$ · z CaO · u H$_2$O.
Wenn man auch hier von 100 g Mineral ausgeht, erhält man folgende Stoffmengen:

n(SiO$_2$) $= \dfrac{m(\text{SiO}_2)}{M(\text{SiO}_2)} = \dfrac{57,41 \text{ g}}{60,1 \text{ g} \cdot \text{mol}^{-1}} = 0,96$ mol,

n(Al$_2$O$_3$) $= \dfrac{m(\text{Al}_2\text{O}_3)}{M(\text{Al}_2\text{O}_3)} = \dfrac{16,43 \text{ g}}{102,0 \text{ g} \cdot \text{mol}^{-1}} = 0,16$ mol,

n(CaO) $= \dfrac{m(\text{CaO})}{M(\text{CaO})} = \dfrac{8,93 \text{ g}}{56,1 \text{ g} \cdot \text{mol}^{-1}} = 0,16$ mol,

n(H$_2$O) $= \dfrac{m(\text{H}_2\text{O})}{M(\text{H}_2\text{O})} = \dfrac{17,23 \text{ g}}{18,0 \text{ g} \cdot \text{mol}^{-1}} = 0,96$ mol,

x : y : z : u = n(SiO$_2$) : n(Al$_2$O$_3$) : n(CaO) : n(H$_2$O)

= 0,96 mol : 0,16 mol : 0,16 mol : 0,96 mol

= 6 mol : 1 mol : 1 mol : 6 mol.

Die empirische Formel ist 6 SiO$_2$ · Al$_2$O$_3$ · CaO · 6 H$_2$O.

Beispiel 4:
Eisen(II)-ammoniumsulfat besteht aus Massenanteilen von 14,23% Fe, 9,20% NH$_4$, 49,00% SO$_4$ und 27,57% H$_2$O. Berechnen Sie seine empirische Formel.

Lösung:
Die Formel sei Fe$_x$(NH$_4$)$_y$(SO$_4$)$_z$ · u H$_2$O.

n(Fe) $= \dfrac{m(\text{Fe})}{M(\text{Fe})} = \dfrac{14,23 \text{ g}}{55,8 \text{ g} \cdot \text{mol}^{-1}} = 0,255$ mol,

n(NH$_4$) $= \dfrac{m(\text{NH}_4)}{M(\text{NH}_4)} = \dfrac{9,20 \text{ g}}{18,0 \text{ g} \cdot \text{mol}^{-1}} = 0,510$ mol,

n(SO$_4$) $= \dfrac{m(\text{SO}_4)}{M(\text{SO}_4)} = \dfrac{49,00 \text{ g}}{96,1 \text{ g} \cdot \text{mol}^{-1}} = 0,510$ mol,

n(H$_2$O) $= \dfrac{m(\text{H}_2\text{O})}{M(\text{H}_2\text{O})} = \dfrac{27,57 \text{ g}}{18,0 \text{ g} \cdot \text{mol}^{-1}} = 1,53$ mol.

Daraus folgt:

x : y : z : u = n(Fe) : n(NH$_4$) : n(SO$_4$) : n(H$_2$O)
= 0,255 mol : 0,510 mol : 0,510 mol : 0,153 mol
= 1 mol : 2 mol : 2 mol : 6 mol.

Die empirische Formel ist Fe(NH$_4$)$_2$(SO$_4$)$_2$ · 6 H$_2$O.

Quantitative Zusammensetzung von Verbindungen

So wie man aus den Massenanteilen der Elemente in einer Verbindung die empirische Formel berechnen kann, ist es auch umgekehrt möglich, bei bekannter Formel die Massenzusammensetzung zu berechnen. Die folgende Berechnung soll dies demonstrieren:
Aus der chemischen Formel des Wassers – H$_2$O – geht hervor, daß 1 mol Wasser 2 mol H-Atome und 1 mol O-Atome enthält. Es läßt sich nun auch berechnen, wieviel g Wasserstoff und Sauerstoff in einer Wasserprobe beliebiger Masse enthalten sind.
Dazu benötigt man den Ausdruck für das stöchiometrische Massenverhältnis Element/Verbindung,

$$\frac{m_1}{m_2} = \frac{n_1 \cdot M_1}{n_2 \cdot M_2}, \tag{1.9}$$

in dem die gesuchte Masse m_1 des Elementes durch die gegebene Masse m_2 der Verbindung dividiert wird. Rechts vom Gleichheitszeichen stehen die Produkte aus der Stoffmenge und der molaren Masse von Element und Verbindung, wie sie sich zwanglos aus Gleichung (1.2) ergeben. Die Beziehung wird nach der gesuchten Masse m_1, in diesem Falle m(H), aufgelöst und die gegebenen Zahlenwerte und Einheiten dann auf der rechten Seite der Gleichung eingesetzt:

$$m(\text{H}) = \frac{n(\text{H}) \cdot M(\text{H})}{n(\text{H}_2\text{O}) \cdot M(\text{H}_2\text{O})} \cdot m(\text{H}_2\text{O}) = \frac{2M(\text{H})}{M(\text{H}_2\text{O})} \cdot m(\text{H}_2\text{O}).$$

In der weiteren Berechnung läßt sich dann eine abgekürzte Schreibweise benutzen, etwa:

1 g Wasser enthält:

$$m(\text{H}) = \frac{2M(\text{H})}{M(\text{H}_2\text{O})} \cdot m(\text{H}_2\text{O}) \text{ g Wasserstoff und}$$

$$m(\text{O}) = \frac{M(\text{O})}{M(\text{H}_2\text{O})} \cdot m(\text{H}_2\text{O}) \text{ g Sauerstoff.}$$

25 g Wasser enthalten:

$$m(\text{H}) = \frac{2 \cdot 25\, M(\text{H})}{M(\text{H}_2\text{O})}\, \text{g Wasserstoff und}$$

$$m(\text{O}) = \frac{25\, M(\text{O})}{M(\text{H}_2\text{O})}\, \text{g Sauerstoff}.$$

Einsetzen der molaren Massen und Division ergibt für 25 g Wasser:

$$m(\text{H}) = \frac{2 \cdot 25\, \text{g} \cdot 1{,}008\, \text{g} \cdot \text{mol}^{-1}}{18{,}016\, \text{g} \cdot \text{mol}^{-1}} = 2{,}80\, \text{g Wasserstoff und}$$

$$m(\text{O}) = \frac{25\, \text{g} \cdot 16{,}00\, \text{g} \cdot \text{mol}^{-1}}{18{,}016\, \text{g} \cdot \text{mol}^{-1}} = 22{,}20\, \text{g Sauerstoff}.$$

Beispiel 5:
Die Formel des Kaliumsulfats ist K_2SO_4. Berechnen Sie
a) wieviel g der drei Elemente in 1 g Kaliumsulfat enthalten sind;
b) die Massenanteile der in Kaliumsulfat enthaltenen Elemente in %;
c) wieviel g Kalium in 20 g einer Lösung von Kaliumsulfat mit 10 % Massenanteil enthalten sind;
d) die Masse des Sauerstoffs in 1 t technischem Kaliumsulfat, das einen Massenanteil von 98 % reinen Kaliumsulfats hat;
e) die Masse einer Stoffportion Kaliumsulfat, in der 20 g Kalium enthalten sind.

Lösung:
a) Aus der Formel des Kaliumsulfats kann man entnehmen, daß 1 mol dieser Verbindung 2 mol Kalium (K), 1 mol Schwefel (S) und 4 mol Sauerstoffatome (O) enthält. 1 g Kaliumsulfat enthält deshalb auch

$$m(\text{K}) = \frac{2\, M(\text{K}) \cdot 1\, \text{g}}{M(\text{K}_2\text{SO}_4)} = \frac{2 \cdot 39{,}1\, \text{g} \cdot \text{mol}^{-1}}{174{,}3\, \text{g} \cdot \text{mol}^{-1}}\, \text{g} = 0{,}499\, \text{g Kalium},$$

$$m(\text{S}) = \frac{M(\text{S}) \cdot 1\, \text{g}}{M(\text{K}_2\text{SO}_4)} = \frac{32{,}1\, \text{g} \cdot \text{mol}^{-1}}{174{,}3\, \text{g} \cdot \text{mol}^{-1}}\, \text{g} = 0{,}184\, \text{g Schwefel und}$$

$$m(\text{O}) = \frac{4\, M(\text{O}) \cdot 1\, \text{g}}{M(\text{K}_2\text{SO}_4)} = \frac{4 \cdot 16{,}00\, \text{g} \cdot \text{mol}^{-1}}{174{,}3\, \text{g} \cdot \text{mol}^{-1}}\, \text{g} = 0{,}367\, \text{g Sauerstoff}.$$

Kontrollieren Sie, ob die Summe der Massen der drei Elemente 1 g beträgt:

$0{,}449\, \text{g} + 0{,}184\, \text{g} + 0{,}367\, \text{g} = 1{,}000\, \text{g}.$

b) Zur Berechnung der Massenanteile der Elemente in einer gegebenen Verbindung benutzt man die Beziehung:

$$w(\text{X}) = \frac{m(\text{X})}{m(\text{XYZ})} = \frac{n(\text{X}) \cdot M(\text{X})}{n(\text{XYZ}) \cdot M(\text{XYZ})}.$$

Darin ist $w(\text{X})$ der Massenanteil des Elementes – bestehend aus den Teilchen X –, $m(\text{X})$ seine Masse, $n(\text{X})$ ist seine Stoffmenge und $M(\text{X})$ seine molare Masse. Die Verbindung, die sich aus den Elementen XYZ zusammensetzt, ist in obiger Gleichung durch die Masse $m(\text{XYZ})$, die

Stoffmenge $n(XYZ)$ und durch die molare Masse $M(XYZ)$ vertreten (siehe auch die ausführliche Darstellung des Massenanteils als Gehaltsgröße einer Lösung in Kapitel 2.1).

Im gegebenen Beispiel braucht man nur das Massenverhältnis Element/Verbindung zu bilden: Die Massenanteile der drei Elemente im Kaliumsulfat betragen 0,449 für Kalium, 0,184 für Schwefel und 0,367 für Sauerstoff. Die Massenanteile sind hier Quotienten zweier Masseneinheiten, die man wegkürzen kann. Alternativ kann man die Massenanteile auch in % angeben. Dabei erhält man die folgenden Zahlenwerte: 44,9% Kalium, 18,4% Schwefel und 36,7% Sauerstoff. Eine Umrechnung des um die Masseneinheiten gekürzten Massenanteils als SI-Vorsatz in % ergibt sich so ganz zwanglos.

Die Multiplikation mit dem Faktor 100, wie früher vielfach üblich, kann entfallen, denn ein Massenanteil von beispielsweise 0,5 ist gleich 50/100 = 50%. Die Summe der Massenanteile aller Atomsorten einer chemischen Verbindung muß 100% betragen.

c) Die unter b) vorgestellte Beziehung, die den Massenanteil von Elementen in Verbindungen definiert, kann auch auf Stoffgemische angewandt werden, deren Komponenten nicht aus gleichen Teilchen bestehen. Dann entfallen allerdings alle Berechnungen mit Stoffmengen und molaren Massen.

Im vorliegenden Fall lautet die Beziehung:

$$w(\text{Ko}) = \frac{m(\text{Ko})}{m(\text{Gem})},$$

worin Ko den Bestandteil des Gemisches und Gem das Gemisch bedeuten.

20 g einer Kaliumsulfatlösung mit 10% Massenanteil enthalten:
$m(K_2SO_4) = m(\text{Lösung}) \cdot w(K_2SO_4) = 20\,g \cdot 10\% = 20\,g \cdot 0{,}1 = 2\,g$ Kaliumsulfat. Darin befinden sich

$$m(K) = \frac{2 M(K) \cdot 2\,g}{M(K_2SO_4)} = 0{,}898\,g \text{ Kalium}.$$

d) 1 t Kaliumsulfat enthält 980 kg reines K_2SO_4. Darin sind

$$\frac{4 M(O) \cdot 980\,kg}{M(K_2SO_4)} = 360\,kg \text{ Sauerstoff enthalten}.$$

e) Die gesuchte Probe Kaliumsulfat habe die Masse m_x g. Darin

sind $\dfrac{2 M(K)}{M(K_2SO_4)} \cdot m_x$ g Kalium enthalten. Folglich gilt die

Gleichung: $\dfrac{2 M(K)}{M(K_2SO_4)} \cdot m_x\,g = 20\,g;\ m_x = 44{,}6\,g.$

44,6 g Kaliumsulfat enthalten 20 g Kalium.

Beispiel 6:
Mohrsches Salz hat die Formel $Fe(NH_4)_2(SO_4)_2 \cdot 6\,H_2O$.
a) Berechnen Sie die Masse des Schwefeltrioxids SO_3, das man aus 5 g des Salzes gewinnen könnte.
b) Berechnen Sie die Massenanteile an Ammonium NH_4, Sulfat SO_4 und Kristallwasser.

Lösung:
a) Aus der Formel des Salzes folgt, daß aus 1 mol Mohrschem Salz 2 mol SO₃ erhalten werden können. Auf 1 g Salz entfallen also

$$m(SO_3) = \frac{2\,M(SO_3)}{M(Fe(NH_4)_2(SO_4)_2 \cdot 6\,H_2O)} \cdot 1\,g\;Schwefeltrioxid.$$

Aus 5 g Salz können damit

$$m(SO_3) = \frac{2\,M(SO_3)}{M(Fe(NH_4)_2(SO_4)_2 \cdot 6\,H_2O)} \cdot 5\,g = 2{,}04\,g\;Schwefeltrioxid\;gewonnen\;werden.$$

b) Die Massenanteile $w(X)$ errechnen sich folgendermaßen:

$$w(NH_4) = \frac{2\,M(NH_4)}{M(Fe(NH_4)_2(SO_4)_2 \cdot 6\,H_2O)} = \frac{36{,}1\,g \cdot mol^{-1}}{392{,}1\,g \cdot mol^{-1}} = 0{,}0921 = 9{,}21\%$$

$$w(SO_4) = \frac{2\,M(SO_4)}{M(Fe(NH_4)_2(SO_4)_2 \cdot 6\,H_2O)} = \frac{192{,}1\,g \cdot mol^{-1}}{392{,}1\,g \cdot mol^{-1}} = 0{,}4899 = 48{,}99\%$$

$$w(H_2O) = \frac{6\,M(H_2O)}{M(Fe(NH_4)_2(SO_4)_2 \cdot 6\,H_2O)} = \frac{108{,}1\,g \cdot mol^{-1}}{392{,}1\,g \cdot mol^{-1}} = 0{,}2757 = 27{,}57\%$$

Die Summe dieser Massenanteile ist kleiner als 100%, weil der Massenanteil des Eisens nicht darin enthalten ist.

Beispiel 7:
Die Formel des Malachits ist $Cu(OH)_2 \cdot CuCO_3$. Bestimmen Sie die Zusammensetzung dieses Minerals durch Berechnung der Massenanteile $w(X)$ in %
a) der darin enthaltenen Elemente,
b) der darin enthaltenen Elementoxide.

Lösung:
a) $w(Cu) = \dfrac{2\,M(Cu)}{M(Cu(OH)_2 \cdot CuCO_3)} = \dfrac{2 \cdot 63{,}5\,g \cdot mol^{-1}}{221{,}1\,g \cdot mol^{-1}} = 0{,}574 = 57{,}4\%;$

$w(O) = \dfrac{5\,M(O)}{M(Cu(OH)_2 \cdot CuCO_3)} = \dfrac{5 \cdot 16{,}0\,g \cdot mol^{-1}}{221{,}1\,g \cdot mol^{-1}} = 0{,}362 = 36{,}2\%;$

$w(H) = \dfrac{2\,M(H)}{M(Cu(OH)_2 \cdot CuCO_3)} = \dfrac{2 \cdot 1{,}0\,g \cdot mol^{-1}}{221{,}1\,g \cdot mol^{-1}} = 0{,}0090 = 0{,}90\%;$

$w(C) = \dfrac{M(C)}{M(Cu(OH)_2 \cdot CuCO_3)} = \dfrac{12{,}0\,g \cdot mol^{-1}}{221{,}1\,g \cdot mol^{-1}} = 0{,}0543 = 5{,}43\%.$

b) Die Formel des Malachits, ausgedrückt und aufgeschrieben als Formel einer stöchiometrischen Verbindung der Elementoxide, lautet: $2\,CuO \cdot H_2O \cdot CO_2$.

$w(CuO) = \dfrac{2\,M(CuO)}{M(Cu(OH)_2 \cdot CuCO_3)} = \dfrac{2 \cdot 79{,}5\,g \cdot mol^{-1}}{221{,}1\,g \cdot mol^{-1}} = 0{,}719 = 71{,}9\%;$

$$w(\text{H}_2\text{O}) = \frac{M(\text{H}_2\text{O})}{M(\text{Cu(OH)}_2 \cdot \text{CuCO}_3)} = \frac{18{,}0 \text{ g} \cdot \text{mol}^{-1}}{221{,}1 \text{ g} \cdot \text{mol}^{-1}} = 0{,}0814 = 8{,}14\,\%\,;$$

$$w(\text{CO}_2) = \frac{M(\text{CO}_2)}{M(\text{Cu(OH)}_2 \cdot \text{CuCO}_3)} = \frac{44{,}0 \text{ g} \cdot \text{mol}^{-1}}{221{,}1 \text{ g} \cdot \text{mol}^{-1}} = 0{,}199 = 19{,}9\,\%\,.$$

Beispiel 8:
Wieviel g Chlor sind in 100 g Trichlorethylen (Fettlösemittel, Trivialbezeichnung „Tri") enthalten, das durch einen Massenanteil von 1,5 % fremder Stoffe verunreinigt ist?

Lösung:
Die Molekularformel von Trichlorethylen ist C_2HCl_3. 100 g der technischen Verbindung enthalten 98,5 g C_2HCl_3. Aus der Molekularformel geht auch hervor, daß 1 mol Trichlorethylen 3 mol Chlor Cl enthält. Auf 98,5 g der Verbindung entfallen also

$$m(\text{Cl}) = \frac{3\,M(\text{Cl})}{M(\text{C}_2\text{HCl}_3)} \cdot m(\text{C}_2\text{HCl}_3) = \frac{3 \cdot 35{,}5 \text{ g} \cdot \text{mol}^{-1}}{131{,}5 \text{ g} \cdot \text{mol}^{-1}} \cdot 98{,}5 \text{ g} = 79{,}8 \text{ g Chlor}.$$

Beispiel 9:
Welches Produkt ist unter Berücksichtigung seines Gehaltes an wirksamer Substanz Na_2CO_3 im Einkauf preiswerter: Kalzinierte Soda Na_2CO_3 zu 2,25 DM pro kg oder kristallwasserhaltige Soda $\text{Na}_2\text{CO}_3 \cdot 10\,\text{H}_2\text{O}$ zu 1,10 DM pro kg?

Lösung:
1 kg Kristallsoda enthält

$$m(\text{Na}_2\text{CO}_3) = \frac{M(\text{Na}_2\text{CO}_3)}{M(\text{Na}_2\text{CO}_3 \cdot 10\,\text{H}_2\text{O})} \cdot m(\text{Na}_2\text{CO}_3 \cdot 10\,\text{H}_2\text{O}) =$$

$$= \frac{106{,}0 \text{ g} \cdot \text{mol}^{-1}}{286{,}1 \text{ g} \cdot \text{mol}^{-1}} \cdot 1 \text{ kg} = 0{,}370 \text{ kg Na}_2\text{CO}_3.$$

Danach enthält 1 kg $\text{Na}_2\text{CO}_3 \cdot 10\,\text{H}_2\text{O}$ zu 1,10 DM nur 0,370 kg Na_2CO_3. 1 kg Na_2CO_3 kostet demnach

$$x \text{ DM} \cdot \text{kg}^{-1} \text{ Na}_2\text{CO}_3 = \frac{1{,}00 \text{ kg}}{0{,}370 \text{ kg}} \cdot 1{,}10 \text{ DM} \cdot \text{kg}^{-1} \text{ Na}_2\text{CO}_3 \cdot 10\,\text{H}_2\text{O}$$

$$= 2{,}97 \text{ DM} \cdot \text{kg}^{-1} \text{ Na}_2\text{CO}_3.$$

Die kalzinierte Soda ist demnach 2,97 DM $\cdot$ kg^{-1} Na$_2$CO$_3$ − 2,25 DM $\cdot$ kg^{-1} Na$_2$CO$_3$ = 0,72 DM $\cdot$ kg^{-1} Na$_2$CO$_3$ preiswerter als Kristallsoda, entsprechend 0,72 DM $\cdot$ kg^{-1}/2,97 DM $\cdot$ kg^{-1} = 0,32 = 32 %.

Nichtstöchiometrische Verbindungen

Diese Verbindungen werden nach Berthollet (um 1800) auch Berthollide oder nichtdaltonide Verbindungen genannt. Sie sind dadurch gekennzeichnet, daß sie homogene kristalline Phasen mit variabler Phasenzusammensetzung ausbilden. Das vorliegende Verhältnis der einzelnen Atomsorten in diesen Verbindungen entspricht nicht mehr dem idealen, durch die chemische Formel wiedergegebenen Atomsortenverhältnis, das bei stöchiometrischen Verbindungen immer durch ganzzahlige Formelindices charakterisiert ist.

Der feste Zustand der Materie ist durch die Ausbildung von Kristallgittern gekennzeichnet, die sehr unterschiedliche Gitterstrukturen haben. Man unterscheidet außerdem zwischen Atomgittern, Molekülgittern und Ionengittern. Bei letzteren sind die einzelnen Gitterpunkte in symmetrischer Anordnung von Kationen und Anionen besetzt, wobei die Ionenladungen sich im Gesamtkristall nach außen aufheben. Reale Ionengitter zeigen immer Abweichungen vom idealen Gitteraufbau, die auf Gitterfehlordnungen wie Leerstellen oder mit Ionen besetzten Zwischengitterplätzen beruhen. Im Falle der nichtstöchiometrischen Ionenkristalle bewirken Leerstellen oder Ionen auf Zwischengitterplätzen entweder einen Unterschuß von Kationen oder einen Unterschuß von Anionen im Gitter. Die Ladungsneutralität eines nichtstöchiometrischen Ionenkristalls wird erreicht, indem entweder Elektronen zum Ladungsausgleich im Gitter verbleiben (Nichtmetallmangel) oder Kationen ihre Ionenladung erhöhen (Metallmangel). Kationen oder Anionen eines Gitters können auch vielfach in weiten Grenzen durch andere Kationen oder Anionen ersetzt werden, ohne daß sich der Gittertyp dabei verändert. Man spricht dann von „isomorpher Substitution".

Als allgemeine Bezeichnung nichtstöchiometrischer Verbindungen setzt man vor die Verbindungsformel das Zeichen „∼" (gelesen „ungefähr"). Die Richtung der Abweichung von der stöchiometrischen Zusammensetzung kann man, wenn erforderlich, folgendermaßen angeben: FeO (Eisenunterschuß).

Bei einer Phase, deren veränderliche Zusammensetzung durch isomorphe Substitution bedingt ist, werden die Atome oder Atomgruppen, die sich in der Verbindung gegenseitig vertreten, durch Kommas getrennt und gemeinsam in Klammern gesetzt. Beispiele: Die Formel K(Br, Cl) bedeutet isomorphe Substitution von KBr durch KCl. Die Formel $(Li_2, Mg) Cl_2$ gibt eine homogene Phase von LiCl und $MgCl_2$ an. Bei jeder Substitution von zwei Li^+-Ionen durch ein Mg^{2+}-Ion tritt eine Leerstelle im Kationenteilgitter auf.

Wenn man den Homogenitätsbereich kennt, kann man auf folgende Weise die Homogenitätsgrenzen angeben:

$Fe_{1-x}O$ $0,05 < x < 0,12$

$KBr_x Cl_{1-x}$ $0 < x < 1$ Diese Angaben zeigen, daß hier der ganze Homogenitätsbereich vom reinen KBr bis zum reinen KCl vertreten ist.

$Li_{2(1-x)} Mg_x Cl_2$ $0 < x < 1$ Auch hier gibt es eine homogene Phase vom reinen LiCl bis zum reinen $MgCl_2$.

Beispiel 10:
Eisen(II)-sulfid FeS ist ein typischer Vertreter von Verbindungen mit Metallunterschuß. Berechnen Sie für die Metallunterschußverbindung Eisen(II)-sulfid mit $x = 0,18$
a) die Massenanteile an Eisen und Schwefel in %;
b) den Massenanteil der Eisenionen in %, die zur Erfüllung des Prinzips der Ladungsneutralität in der Wertigkeitsstufe $+3$ vorliegen.

Lösung:
a) Die Formel der obigen Verbindung lautet $Fe_{0,82}O$. Aus dieser Formel kann abgelesen werden, daß das Stoffmengenverhältnis $n(Fe)/n(S) = 0,82$ beträgt. Die Massenanteile lassen sich folgendermaßen errechnen, wenn die Stoffmenge $n(S)$ willkürlich gleich 1 mol gesetzt wird:

$$w(Fe) = \frac{m(Fe)}{m(Fe) + m(S)} = \frac{n(Fe) \cdot M(Fe)}{n(Fe) \cdot M(Fe) + n(S) \cdot M(S)}$$

$$= \frac{0,82 \text{ mol} \cdot 55,8 \text{ g} \cdot \text{mol}^{-1}}{0,82 \text{ mol} \cdot 55,8 \text{ g} \cdot \text{mol}^{-1} + 1 \text{ mol} \cdot 32,1 \text{ g} \cdot \text{mol}^{-1}} = 0,588 = 58,8\,\%;$$

$$w(S) = \frac{m(S)}{m(Fe) + m(S)} = \frac{n(S) \cdot M(S)}{n(Fe) \cdot M(Fe) + n(S) \cdot M(S)}$$

$$= \frac{1 \text{ mol} \cdot 32,1 \text{ g} \cdot \text{mol}^{-1}}{0,82 \text{ mol} \cdot 55,8 \text{ g} \cdot \text{mol}^{-1} + 1 \text{ mol} \cdot 32,1 \text{ g} \cdot \text{mol}^{-1}} = 0,412 = 41,2\,\%;$$

b) Am besten rechnet man mit 100 einfachsten Formeln $Fe_{0,82}S$, denen die hypothetische Formel $Fe_{82}S_{100}$ zugeschrieben werden kann. Die in dieser Formel enthaltenen 100 S^{2-}-Ionen haben insgesamt die Ladung $100 \cdot (-2) = -200$, ausgedrückt in Elementarladungen als Einheit. Damit das Kristallgitter nach außen elektrisch neutral ist, müssen die 82 Eisenionen die Ladung der Anionen vollständig kompensieren, d. h. sie müssen 200 positive Elementarladungen aufweisen. Dies ist nur möglich, wenn im Ionengitter eine Anzahl von Fe^{3+}-Ionen vorhanden ist. Angenommen, diese Anzahl sei y. Die Anzahl Fe^{2+}-Ionen ist dann $82 - y$. Die Gesamtladung der beiden Ionenarten ist somit

$y \cdot 3 + (82 - y) \cdot 2 = 200; y = 32$.

Der Massenanteil an Fe^{3+}-Ionen beträgt:

$$w(Fe^{3+}) = \frac{32}{82} = 0,44 = 44\,\%.$$

In vielen Mineralen können verwandte, sogenannte isomorph substituierbare Elemente, einander in weiten Grenzen ersetzen, ohne daß sich der Gittertyp wesentlich ändert. Einige in Mineralen vorkommende Elemente, in isomorphen Reihen geordnet, sind
    die einwertigen Elemente Na, K, Rb;
    die zweiwertigen Elemente Ca, Sr, Ba, Mg, Zn, Mn, Fe;
    die dreiwertigen Elemente Fe, Al, Cr.
Die Berechnung des Formeltyps von Mineralen, in denen isomorpher Ersatz von Ionen vorliegt, erfolgt gemäß folgendem Beispiel.

Beispiel 11:
Eine Analyse des Minerals Spinell ergab neben geringfügigen Verunreinigungen folgende Massenanteile der darin enthaltenen Elementoxide in %:

Al_2O_3	64,27%	MgO	19,94%
Fe_2O_3	4,07%	FeO	11,30%.

Berechnen Sie die empirische Formel des Spinells.

Lösung:

Al und Fe sowie Mg und Fe sind isomorph ersetzbar. Die gesuchte empirische Formel kann deshalb durch folgende Formelschreibweise $x(Al, Fe)_2O_3 \cdot y(Mg, Fe)O$ ausgedrückt werden, in der x und y die unbekannten Koeffizienten bedeuten. Der Lösungsansatz dieser Aufgabe läßt sich besonders einfach formulieren, wenn man von 100 g Spinell ausgeht. Er lautet dann:

100 g Verbindung enthalten:

64,27 g Al_2O_3 mit $M(Al_2O_3) = 102,0$ g · mol^{-1} und
4,07 g Fe_2O_3 mit $M(Fe_2O_3) = 159,7$ g · mol^{-1} sowie
19,94 g MgO mit $M(MgO) = 40,3$ g · mol^{-1} und
11,30 g FeO mit $M(FeO) = 71,8$ g · mol^{-1}.

Die beiden Stoffmengenberechnungen erfolgen gemäß:

$$n(Al_2O_3 + Fe_2O_3) = \frac{m(Al_2O_3)}{M(Al_2O_3)} + \frac{m(Fe_2O_3)}{M(Fe_2O_3)}$$

$$= \frac{64,27 \text{ g}}{102,0 \text{ g} \cdot \text{mol}^{-1}} + \frac{4,07 \text{ g}}{159,7 \text{ g} \cdot \text{mol}^{-1}} = 0,630 \text{ mol} + 0,025 \text{ mol} = 0,655 \text{ mol}.$$

$$n(MgO + FeO) = \frac{m(MgO)}{M(MgO)} + \frac{m(FeO)}{M(FeO_3)}$$

$$= \frac{19,94 \text{ g}}{40,3 \text{ g} \cdot \text{mol}^{-1}} + \frac{11,30 \text{ g}}{71,8 \text{ g} \cdot \text{mol}^{-1}} = 0,495 \text{ mol} + 0,157 \text{ mol} = 0,652 \text{ mol}.$$

x : y = 1 : 1

Die gesuchte Formel lautet $(Al, Fe)_2O_3 \cdot (Mg,Fe)O$.

Aufgaben

1.2-1 Berechnen Sie die empirischen Formeln der Verbindungen mit nachstehenden Massenanteilen der darin enthaltenen Elemente oder Elementgruppen in %:

   a) 28,25% K; 25,64% Cl. Der Rest der Verbindung ist Sauerstoff.
   b) 35,56% K; 17,00% Fe; 47,44% Cyangruppen CN.
   c) 18,54% Na; 25,81% S; 19,36% O; 36,29% H_2O.
   d) 16,78% Na; 13,16% NH_4; 0,74% H; 69,32% PO_4.
   e) 29,59% CaO; 22,19% MgO; 48,22% CO_2.
   f) 39,4% Al_2O_3; 46,6% SiO_2; 14,0% H_2O.

1.2-2 1,63 g Chromoxid ergeben bei der Analyse 1,12 g Chrom. Berechnen Sie die empirische Formel des Chromoxids.

1.2-3 Welche Formel hat ein Doppelsalz, wenn 8,00 g dieses Salzes beim Erhitzen 3,46 g Kristallwasser abgeben und 1,40 g des Rückstandes aus Kaliumsulfat K_2SO_4 sowie der Rest aus Chrom(III)-sulfat $Cr_2(SO_4)_3$ bestehen?

1.2-4 Berechnen Sie die Formel von Kalifeldspat (Orthoklas) mit folgender Zusammensetzung (als Massenanteile in %):

SiO_2	65,74 %
Al_2O_3	18,31 %
K_2O	15,90 %
Summe	99,95 %

1.2-5 Berechnen Sie die Massenanteile der Elemente in folgenden Verbindungen:
 a) Bleimennige Pb_3O_4;
 b) Kaliumdichromat $K_2Cr_2O_7$;
 c) kristallwasserhaltigem Borax $Na_2B_4O_7 \cdot 10\ H_2O$;
 d) den ersten drei Vertretern der Carbonsäurereihe mit der allgemeinen Formel C_nH_{2n+1}-COOH und n = 0, 1, 2.

1.2-6 Die einfachste Formel von Magnesiumdiphosphat lautet $Mg_2P_2O_7$.
 Berechnen Sie die Massenanteile in Prozent
 a) der in dieser Verbindung enthaltenen Elemente;
 b) der in der Verbindung enthaltenen Elementoxide MgO und P_2O_5.

1.2-7 Welche Massenanteile an Stickstoff in % enthalten
 a) Glycerintrinitrat (Nitroglycerin) $C_3H_5N_3O_9$;
 b) Cellulosedinitrat mit der empirischen Formel $C_6H_8N_2O_9$?

1.2-8 Welche Massenanteile Kristallwasser in Prozent enthalten die folgenden Verbindungen?
 a) Kristallsoda $Na_2CO_3 \cdot 10\ H_2O$;
 b) Dinatriumhydrogenphosphat $Na_2HPO_4 \cdot 12\ H_2O$;
 c) Cadmiumsulfat 3 $CdSO_4 \cdot 8\ H_2O$ (Die Ziffer 3 vor der Formel von kristallwasserhaltigem Cadmiumsulfat bezieht sich nur auf $CdSO_4$, nicht auf H_2O).

1.2-9 Berechnen Sie die Massenanteile der in folgenden Mineralen enthaltenen Elementoxide in %:
 a) Grossular $Al_2O_3 \cdot 3\ CaO \cdot 3\ SiO_2$;
 b) Epistilbit 2 $Al_2O_3 \cdot 2\ CaO \cdot 11\ SiO_2 \cdot 10\ H_2O$.

1.2-10 Wieviel kg Wasserstoff sind in 1 t Schwefelsäure mit 98 % Massenanteil an H_2SO_4 und 2 % H_2O enthalten, wenn auch der Wasserstoff des Wassers in die Berechnung mit einbezogen wird?

1.2-11 Welcher Massenanteil an Schwefel in % ist in 40%iger Schwefelsäure enthalten?

1.2-12 Welche Massen haben die Hydroxidionen in Proben von jeweils 1 g der folgenden Basen: NaOH; KOH; $Ca(OH)_2$; $Ba(OH)_2$?

1.2-13 Ein bestimmtes Mineral hat einen Massenanteil von 90 % Kupfersulfid CuS. Wieviel g des Minerals enthalten 100 g Kupfer?

1.2-14 Ein Erz hat Massenanteile von 90 % Schwefelkies FeS_2 und 10 % Arsenkies FeAsS. Wieviel g Schwefel sind in 1 kg Erz enthalten?

1.2-15 Welchen Massenanteil an Chlor in % hat eine aus gleichen Massenanteilen Natriumchlorid und Kaliumchlorid bestehende Salzmischung?

1.2-16 Wieviel kg Bleioxid PbO sind in 5 kg eines Gemisches enthalten, das aus Massenanteilen von 10 % PbO und 90 % Bleimennige Pb_3O_4 besteht?

1.2-17 Wieviel kg Phosphor enthält das menschliche Skelett, wenn seine Masse im Mittel 11 kg beträgt und sein Massenanteil an Calciumphosphat $Ca_3(PO_4)_2$ 58 % ist?

1.2-18 Welche Massenanteile an Stickstoff haben folgende Stickstoffdüngemittel?
 a) Chilesalpeter mit einem Massenanteil an $NaNO_3$ von 94 %;
 b) Norwegischer Kalksalpeter, ein Doppelsalz aus Ammonium- und Calciumnitrat mit der einfachsten Formel $NH_4Ca_5(NO_3)_{11} \cdot 11\ H_2O$;
 c) Harnstoff $CO(NH_2)_2$.

1.2-19 Die Formel des Chininsulfates ist $(C_{20}H_{24}N_2O_2)_2 \cdot H_2SO_4 \cdot x\,H_2O$. Bei einer Analyse wurde ein Massenanteil an Kristallwasser von 16,15% gefunden. Berechnen Sie den Zahlenwert von x.

1.2-20 Die nichtstöchiometrische Verbindung Eisen(II)-oxid kann eine lückenlose Reihe von festen Lösungen bilden. Der kleinste und der größte Massenanteil an Eisen in dieser Reihe ist $w(Fe) = 75,4\%$ bzw. 76,8%.
a) Berechnen Sie die Formeln der zugehörigen Oxide, ausgedrückt als Fe_xO.
b) Wie groß sind die Massenanteile der Fe^{3+}-Ionen in beiden Oxiden in Prozent?

1.2-21 Das Berthollid Titanmonoxid bildet eine kontinuierliche Phase aus, deren Phasenbreite durch die Massenanteile an Titan von $w(Ti) = 81,0$ bzw. 70,5% an der oberen und unteren Phasengrenze charakterisiert ist. Berechnen Sie die formelmäßige Zusammensetzung der Oxide an den Phasengrenzen, ausgedrückt als TiO_x.

1.2-22 In einem homogenen Mischkristall, bestehend aus LiCl und $MgCl_2$, sind die Elemente mit folgenden Massenanteilen vertreten: 2,96% Li, 20,85% Mg und 76,19% Cl. Berechnen Sie den Zahlenwert von x in der allgemeinen Formel $Li_{2(1-x)}Mg_xCl_2$. Wie groß ist der Anteil der Leerstellen im Kationenteilgitter in %?

1.2-23 Berechnen Sie die Formel des Minerals, das aus folgenden Elementoxiden mit den dahinter angegebenen Massenanteilen besteht:

SiO_2	37,03%	MnO	2,14%
Al_2O_3	20,83%	MgO	0,97%
FeO	36,15%	CaO	2,73%
Summe			99,85%

1.3 Aufstellung chemischer Reaktionsgleichungen

Edukte, Produkte und Koeffizienten in Reaktionsgleichungen

Die *chemische Reaktionsgleichung* erläutert kurz und anschaulich die Veränderung der Stoffe, die bei einer chemischen Reaktion erfolgt. Bei der Aufstellung einer Reaktionsgleichung schreibt man nach international üblichem Brauch links von einem Pfeil die chemischen Formeln der Ausgangsstoffe, der *Edukte*, und rechts vom Pfeil die Formeln der bei der Reaktion gebildeten Stoffe, der *Produkte*, auf. Einfache Reaktionspfeile dürfen bei allen vollständig verlaufenden Reaktionen verwendet werden. Bei unvollständig verlaufenden, umkehrbaren Reaktionen sind Doppelpfeile ⇌ vorgeschrieben.

> Zum Aufstellen einer Reaktionsgleichung muß man im voraus folgendes kennen:
> Die Edukte und ihre chemischen Formeln,
> die Produkte und ihre Formeln.

Kenntnis davon kann man nur auf experimentellem Wege erhalten, beispielsweise durch systematische Laborversuche und chemische Analysen der an einer Reaktion beteiligten Stoffe. Die Ergebnisse solcher Untersuchungen findet man in Lehr- und Handbüchern und in der chemischen Fachliteratur. Ausschließlich durch Formelschreibweise kann man den Verlauf einer chemischen Reaktion nicht kennenlernen. In Abhängigkeit vom jeweiligen Reaktionsverlauf, der Reaktionstemperatur, dem Reaktionsdruck und der Anwesenheit spezifischer Reaktionsbeschleuniger, der Katalysatoren, können auch Produkte unterschiedlichen chemischen Aufbaus entstehen.

Eine chemische Reaktionsgleichung dient aber nicht nur zur Beurteilung des Reaktionsverlaufs, sondern auch zur Berechnung der Massenverhältnisse der daran beteiligten Stoffe, der Reaktionsumsätze und der Reaktionsausbeuten, wozu allerdings noch weitere Angaben erforderlich sind (siehe Kapitel 1.4).

Im folgenden wird vorausgesetzt, daß die oben genannten Bedingungen für die Aufstellung einer Reaktionsgleichung erfüllt sind. Die Aufgabe beim schriftlichen Formulieren der Reaktionsgleichung beschränkt sich in diesem Kapitel darauf, die Zahlenwerte zu finden, mit denen die durch ihre Formeln dargestellten Moleküle an der Reaktion teilnehmen. Diese Zahlenwerte werden als *stöchiometrische Koeffizienten* (stöchiometrische Zahlen) einer chemischen Reaktion bezeichnet. Das Verhältnis dieser dimensionslosen Zahlen ist gleich dem stöchiometrischen Stoffmengenverhältnis der an einer chemischen Reaktion beteiligten Stoffe.

Eine für den Anfänger nur scheinbar vorteilhafte Methode der Koeffizientenermittlung ist die sogenannte *algebraische Methode*. Bei dieser können durch Aufstellung eines Diophantischen Gleichungssystems (Griech. Mathematiker Diophantos) die Koeffizienten auf algebraischem Wege berechnet werden.

Dieses formale Verfahren sagt jedoch dem chemischen Denken wenig zu, da es leicht zur Unkenntnis der wirklichen Bedeutung der chemischen Formeln führt und außerdem nicht immer eindeutige, sondern bisweilen sogar fehlerhafte Resultate liefert. Von der Darstellung der algebraischen Methode soll deshalb hier abgesehen werden. In vielen Fällen kann man die Koeffizienten durch einfache Überlegungen finden, die auf dem Gesetz von der Unveränderlichkeit der Grundstoffe (Elemente) basieren (S. 5). Danach muß die Anzahl der Atome jedes Elementes auf beiden Seiten des Reaktionspfeiles gleich sein. Es bereitet im allgemeinen keine Schwierigkeiten, die Reaktionsgleichungen von z. B. Neutralisationsprozessen, sog. doppelten Umsetzungen und gleichartigen Reaktionen, bei denen sich die Oxidationszahlen (S. 47) der beteiligten Elemente nicht verändern, aufzustellen.

Die folgenden Beispiele 1 und 2 sollen den Gedankengang aufzeigen, den man verfolgen muß, um die richtigen Koeffizienten aufzufinden.

Beispiel 1:
Stellen Sie die Reaktionsgleichung für die Neutralisationsreaktion von Aluminiumhydroxid $Al(OH)_3$ mit Schwefelsäure H_2SO_4 auf, wobei Aluminiumsulfat $Al_2(SO_4)_3$ und Wasser entstehen.

Lösung:
Zuerst wird eine schematische Reaktionsgleichung ohne Koeffizienten aufgeschrieben.

$$Al(OH)_3 + H_2SO_4 \rightarrow Al_2(SO_4)_3 + H_2O.$$

Man erkennt sofort, daß diese noch nicht die oben genannten Bedingungen erfüllt, wonach die Anzahl der Atome jedes Elementes auf beiden Seiten des Reaktionspfeiles gleich sein muß. Die Reaktionsgleichung ist noch nicht ausgeglichen.

Der Ausgleich (die Bilanzierung) wird schrittweise durchgeführt, wobei man mit dem Element anfängt, das in den einzelnen Formeln und in der Gesamtgleichung in der geringsten Anzahl vorkommt, in diesem Fall also mit Al. Es ist unzweckmäßig, mit Sauerstoff zu beginnen, der in allen vier Formeln enthalten ist oder mit Wasserstoff, der in drei Formeln vorkommt.

Auf der rechten Seite der schematischen Gleichung steht Aluminiumsulfat mit 2 Al-Atomen und 3 S-Atomen. Um dieselbe Anzahl Atome auf der linken Seite zu erhalten, müssen dort 2 Moleküle $Al(OH)_3$ und 3 Moleküle H_2SO_4 eingesetzt werden. Diese Koeffizienten werden am besten unter die Formeln in der unbilanzierten Gleichung geschrieben. 2 $Al(OH)_3$ und 3 H_2SO_4 enthalten zusammen 12 H-Atome. Werden 6 H_2O auf der rechten Seite eingesetzt, so ist die Anzahl der H-Atome ausgeglichen.

Wenn die Atomanzahl von dreien der vier Elemente links und rechts vom Reaktionspfeil übereinstimmt, dann muß auch die Atomanzahl des vierten Elementes, Sauerstoff, bilanziert sein. Eine Kontrollrechnung sollte jedoch immer durchgeführt werden:

Links vom Reaktionspfeil stehen $2 \cdot 3 + 3 \cdot 4 = 18$ Sauerstoffatome, auf der rechten Seite $3 \cdot 4 + 6 = 18$. Die Reaktionsgleichung lautet also:

$2\ Al(OH)_3 + 3\ H_2SO_4 \rightarrow Al_2(SO_4)_3 + 6\ H_2O$.

Beispiel 2:
Bestimmen Sie die Koeffizienten der Zersetzungsreaktion von Natriumtetrathioantimonat („Schlippeschem Salz") mit Salzsäure, die durch die schematische Reaktionsgleichung

$Na_3SbS_4 + HCl \rightarrow Sb_2S_5 + HCl + NaCl$

beschrieben wird.

Lösung:
Bei der Bilanzierung ist es am besten, mit 1 Sb_2S_5 anzufangen, das 2 Na_3SbS_4 mit 8 S fordert. Nach Abzug von 5 S für Sb_2S_5 sind noch 3 S übrig, die 3 H_2S ergeben. 3 H_2S enthalten 6 H und fordern 6 HCl, die 6 NaCl ergeben. Die ausgeglichene Reaktionsgleichung lautet also:

$2\ Na_3SbS_4 + 6\ HCl \rightarrow Sb_2S_5 + 3\ H_2S + 6\ NaCl$.

Für den im Aufstellen komplizierterer Reaktionsgleichungen noch ungeübten Chemiker hat sich auch folgende didaktische Methode gut bewährt, die mit der schon beschriebenen Methode gewisse Ähnlichkeiten besitzt:

Es werden die Ausgangsstoffe links vom Reaktionspfeil und die Produkte rechts vom Reaktionspfeil aufgeschrieben. Dann bestimmt man in mehrstufiger Verfahrensweise die Reaktionskoeffizienten. Dazu wählt man ein Leitelement (oder eine Leitgruppe) aus und bilanziert für dieses die Gleichung. Als solches Leitelement wählt man zweckmäßigerweise ein Element, das auf jeder Seite der Reaktionsgleichung nur einmal vertreten ist. Dafür eignet sich beispielsweise ein Metallatom, ein Metallion oder ein Zentralatom eines Komplexes, nicht dagegen Sauerstoff oder Wasserstoff.

Beispiel 3:
Natronlauge NaOH reagiert mit Phosphorpentachlorid PCl_5 unter Bildung von Natriumchlorid NaCl, Natriumpyrophosphat $Na_4P_2O_7$ und Wasser. Wie lautet die bilanzierte Reaktionsgleichung?

Lösung:
Die noch nicht bilanzierte Gleichung lautet:

$NaOH + PCl_5 \rightarrow NaCl + Na_4P_2O_7 + H_2O$

Als Leitelement wird der Phosphor ausgewählt, denn er ist auf jeder Seite des Reaktionspfeiles nur in einer Formel vertreten.
Die nun folgenden Suchoperationen startet man zweckmäßigerweise von der Formel aus, in der der Phosphor mit größerer Atomanzahl vertreten ist, und teilt dieser Formel den Koeffizienten 1 zu.

Suchschritt 1:	$Na_4P_2O_7$ rechts ergibt 2 PCl_5 links.
Suchschritt 2:	2 · 5 Cl in 2 PCl_5 links fordern 10 NaCl rechts.
Suchschritt 3:	10 Na aus NaCl und 4 Na aus $Na_4P_2O_7$ rechts fordern 14 NaOH links.
Suchschritt 4:	14 H aus 14 NaOH links fordern 7 H_2O rechts.
Kontrolle	Zum Schluß wird die Anzahl der einzelnen Atomsorten links und rechts vom Reaktionspfeil verglichen:

linke Seite: rechte Seite:
14 Na, 14 O, 14 H, 2 P, 10 Cl   14 Na, 10 Cl, 2 P, 14 O, 14 H.

Die einzelnen Suchschritte 1–4 sind an der Reaktionsgleichung durch eingekreiste arabische Ziffern und die jeweiligen Suchrichtungen als Pfeile gekennzeichnet.

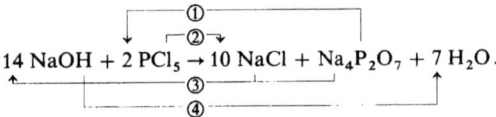

$14\ NaOH + 2\ PCl_5 \rightarrow 10\ NaCl + Na_4P_2O_7 + 7\ H_2O.$

Die Reaktionsgleichungen bei Verbrennungsprozessen mit Sauerstoff können in ganz analoger Weise ausgeglichen werden. Nur ist es oftmals zweckmäßig, den Sauerstoff in der noch nicht bilanzierten Gleichung in atomarer Form zu schreiben. Man vermeidet dann das Auftreten gebrochener Reaktionskoeffizienten.

Beispiel 4:
Benzol C_6H_6 wird durch Disauerstoff O_2 zu Wasser und Kohlendioxid CO_2 oxidiert. Wie lautet die Reaktionsgleichung?

Lösung:

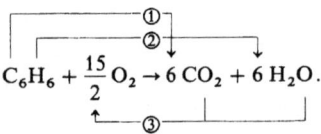

$C_6H_6 + \dfrac{15}{2} O_2 \rightarrow 6\ CO_2 + 6\ H_2O.$

Als Leitelement kann Kohlenstoff ausgewählt werden.

Suchschritt 1:	6 C aus C_6H_6 links ergeben 6 CO_2 rechts.
Suchschritt 2:	6 H aus C_6H_6 links ergeben auch 6 H_2O rechts.
Suchschritt 3:	6 · 2 O aus 6 CO_2 und 3 O aus 3 H_2O rechts ergeben $\frac{15}{2} O_2$ links.

Um ganzzahlige Koeffizienten zu erhalten, muß die Reaktionsgleichung nun noch mit dem Faktor 2 multipliziert werden:

Gleichung $2\,C_6H_6 + 15\,O_2 \rightarrow 12\,CO_2 + 6\,H_2O$.
Kontrolle   12 C, 12 H, 30 O   12 C, 12 H, 30 O
             links   rechts

Beispiel 5:
Beim Rösten von Schwefelkies FeS_2 (Erhitzen des Minerals an der Luft oder unter Sauerstoffzufuhr) wird das Eisen in Eisen(III)-oxid und der Schwefel in Schwefeldioxid SO_2 umgewandelt. Geben Sie die Reaktionsgleichung an.

Lösung:

$$2\,FeS_2 + 11\,O \rightarrow Fe_2O_3 + 4\,SO_2.$$

mit Suchschritten ①, ②, ③.

Leitelement ist hier Fe, und man beginnt die Suchoperationen ausgehend von Fe_2O_3.

Suchschritt 1:   2 Fe aus Fe_2O_3 rechts ergeben 2 FeS_2 links.
Suchschritt 2: $2 \cdot 2$ S aus 2 FeS_2 links fordern 4 SO_2 rechts.
Suchschritt 3:   3 O aus Fe_2O_3 und $4 \cdot 2$ O aus 4 SO_2 rechts ergeben 11 O links.

Werden alle Koeffizienten verdoppelt, so erhält man die endgültige Reaktionsgleichung mit molekularem Sauerstoff:

$4\,FeS_2 + 11\,O_2 \rightarrow 2\,Fe_2O_3 + 8\,SO_2$.

Bei der in Beispiel 5 beschriebenen chemischen Reaktion handelt es sich um eine typische Oxidations-Reduktions-Reaktion oder Redoxreaktion. Für solche Reaktionen gelten besondere Gesetzmäßigkeiten, die im folgenden behandelt werden sollen.

Redoxreaktionen

Die klassische Chemie versteht unter einer *Oxidation* die Umsetzung eines Elementes oder einer Verbindung mit Sauerstoff. Entsprechend bedeutet *Reduktion* die Umsetzung eines Elementes (einer Verbindung) mit Wasserstoff.
Dieser klassische Redoxbegriff ist von den Elementen Sauerstoff und Wasserstoff losgelöst worden und hat durch die Elektronentheorie der Valenz eine moderne, erweiterte Bedeutung erlangt. Danach ist ein Redoxprozeß durch Elektronenübertragungen von einem chemischen Stoff auf einen anderen in folgender Weise gekennzeichnet:

> Bei der Oxidation werden Elektronen von dem Stoff abgegeben, der oxidiert wird.
> Bei der Reduktion werden Elektronen von dem Stoff aufgenommen, der reduziert wird.
> Der Stoff, der Elektronen aufnimmt, wird *Oxidationsmittel*, der Elektronen abgebende Stoff wird *Reduktionsmittel* genannt.

Bezeichnet man mit Red und Ox die reduzierende bzw. oxidierende Form eines Stoffes, so kann man den Zusammenhang zwischen beiden durch folgende Gleichung

$$\text{Red} \underset{\text{Reduktion}}{\overset{\text{Oxidation}}{\rightleftharpoons}} \text{Ox} + z^* \text{e}^- \tag{1.10}$$

beschreiben. Darin bedeutet z^* die Anzahl der an dem Prozeß beteiligten Elektronen, die Redoxäquivalentzahl (Kap. 2.1). Als Symbol für das freie Elektron wird das Zeichen e^- verwendet. Red- und Ox-Form ein- und desselben Stoffes werden als korrespondierendes *Redoxpaar* bezeichnet.

Beispiele für korrespondierende Redoxpaare:

$\text{Fe}^{2+} \rightleftharpoons \text{Fe}^{3+} + \text{e}^-$
$2\,\text{Cl}^- \rightleftharpoons \text{Cl}_2 + 2\,\text{e}^-$

Die Gleichungen, durch die die beiden Partner eines korrespondierenden Redoxpaars miteinander gekoppelt sind und in denen der Ladungsausgleich durch Hinzufügen von Elektronen auf der richtigen Seite erfolgt, nennt man auch Oxidationsmittel- oder Reduktionsmittel-Teilgleichungen.
Weitere korrespondierende Redoxpaare sind auch in den folgenden Beispielen 6–11 enthalten.
Wenn die Red-Form eines korrespondierenden Redoxpaars Elektronen leicht abgibt, also ein starkes Reduktionsmittel ist, so nimmt die Ox-Form dieses Paares Elektronen schwer auf, ist also ein schwaches Oxidationsmittel. Um die Richtung eines Reaktionsablaufs aufzuzeigen, kann man sich beispielsweise bei der Formulierung einer Reduktionsmittel- oder Oxidationsmittel-Teilgleichung der Richtungsbezeichnung durch einen Reaktionspfeil bedienen:

$\text{Red} \rightarrow \text{Ox} + z^* \cdot \text{e}^-$ für ein starkes Reduktionsmittel

$\text{Ox} + z^* \cdot \text{e}^- \rightarrow \text{Red}$ für ein starkes Oxidationsmittel

Genauere Auskünfte über die Stärke eines Oxidations- oder Reduktionsmittels erhält man anhand des elektrochemischen Normalpotentials des korrespondierenden Redoxpaars (siehe Kapitel 4.3).
Bei bestimmten Reaktionen, die als Redoxprozesse angesehen werden müssen, ist es nicht immer zweifelsfrei klar, ob und in welcher Richtung eine Elektronenübertragung erfolgt. Das ist häufig der Fall, wenn kovalente Verbindungen an den Reaktionen beteiligt sind, wie bei den folgenden Beispielen:

$\text{CH}_4 + 2\,\text{O}_2 \rightarrow \text{CO}_2 + 2\,\text{H}_2\text{O}$ oder $4\,\text{NH}_3 + 3\,\text{O}_2 \rightarrow 2\,\text{N}_2 + 6\,\text{H}_2\text{O}$.

Elektronen können in nachweisbaren Mengen auch in einer Lösung oder Schmelze existieren. Man denke z. B. an die kurzlebigen hydratisierten Elektronen in Wasser, die durch Pulsradiolyse erzeugt werden. Für die hier behandelten Redoxreaktionen haben sie keine Bedeutung. Damit die Oxidation eines bestimmten Stoffes erfolgen kann, muß man immer einen anderen Stoff zuführen, der die freigesetzten Elektronen aufnimmt, d. h. ein Oxidationsmittel. Eine wichtige Bedingung für den Ablauf eines Redoxprozesses ist deshalb die Kopplung zweier Teilprozesse, der Reduktionsmittel-Teilreaktion und der Oxidationsmittel-Teilreaktion. Um diese Bedingung zu erfüllen, benötigt man immer zwei verschiedene Redoxpaare.
Ein Oxidationsverlauf zwischen den Partnern eines korrespondierenden Redoxpaares muß also immer mit einem Reduktionsverlauf zwischen den Partnern des anderen Redoxpaares gekoppelt sein.

$$Ox_1 + Red_2 \rightleftharpoons Red_1 + Ox_2$$

Beispiel 6:
Die Reduktion von Eisen(III)-Ionen durch Zinn(II)-Ionen oder, anders ausgedrückt, die Oxidation von Zinn(II)-Ionen durch Eisen(III)-Ionen in wäßriger Lösung soll im folgenden durch die Kopplung zweier Teilgleichungen beschrieben werden. Für den Oxidationsprozeß gilt die Teilgleichung

$$Sn^{2+} \rightarrow Sn^{4+} + 2\,e^-,$$

bei der Elektronen freigesetzt werden. Diese Elektronen werden beim Reduktionsprozeß

$$e^- + Fe^{3+} \rightarrow Fe^{2+}$$

verbraucht. Die Sn^{2+}-Ionen liefern hier als Reduktionsmittel Elektronen, die wiederum von den Fe^{3+}-Ionen als Oxidationsmittel verbraucht werden. Stellen Sie die Reaktionsgleichung für den vollständigen Redoxprozeß auf.

Lösung:
Um die Gesamtgleichung des Redoxprozesses zu erhalten, werden die beiden Teilreaktionsgleichungen addiert. Vorher muß aber noch durch Multiplikationsoperationen Sorge dafür getragen werden, daß auch wirklich alle freigesetzten Elektronen vollständig verbraucht werden. Bei unserem Beispiel gelingt dies mühelos durch Multiplikation aller Koeffizienten der zweiten Teilgleichung mit dem Faktor 2.

$$Sn^{2+} \rightarrow Sn^{4+} + 2\,e^-$$
$$2\,e^- + 2\,Fe^{3+} \rightarrow 2\,Fe^{2+}$$
$$\overline{Sn^{2+} + 2\,Fe^{3+} \rightarrow Sn^{4+} + 2\,Fe^{2+}}.$$

Erhalten wird eine Reaktionsgleichung in Ionenform, in der nur die am Redoxprozeß beteiligten Stoffe aufgeführt sind. Man unterscheidet sie von der Bruttoreaktionsgleichung, in der auch alle übrigen Stoffe aufgeführt werden. Die Bruttoreaktionsgleichung für den obigen Redoxprozeß könnte beispielsweise die Form

$$SnCl_2 + 2\,FeCl_3 \rightarrow SnCl_4 + 2\,FeCl_2$$

haben.

Beispiel 7:
Beim Verbrennen von Magnesiummetall in Chlorgasatmosphäre wird Magnesiumchlorid $MgCl_2$ gebildet.
Stellen Sie die Raktionsgleichung dieser Redoxreaktion auf.

Lösung:
Auch diese Reaktion ist ein Redoxprozeß, denn elementares Magnesium wird zu Magnesium-Kationen oxidiert (Redoxpaar 1), und Chlorgas wird zu Chloridionen reduziert (Redoxpaar 2):

Redoxpaar 1	$Mg \rightarrow Mg^{2+} + 2\,e^-$
Redoxpaar 2	$2\,e^- + Cl_2 \rightarrow 2\,Cl^-$
Gesamtreaktion	$Mg + Cl_2 \rightarrow MgCl_2$.

Möchte man zum Ausdruck bringen, daß das entstandene Magnesiumchlorid eine aus Ionen aufgebaute Verbindung ist, so kann man die Schreibweise $Mg^{2+}Cl_2^{2-}$ (s) wählen, in der (s) für lateinisch solidus = fest steht.

Die Teilreaktionsgleichung für jedes Redoxpaar muß zwei Bedingungen erfüllen:

1. Die Anzahl der Atome eines jeden Elementes muß auf beiden Seiten des Reaktionspfeiles gleich sein.
2. Die Summe der Ionen- und Elektronenladungen muß ebenfalls auf beiden Seiten des Reaktionspfeiles gleich sein.

Bei der Aufstellung von „Elektronengleichungen" für Redoxpaare, bei denen das Oxidations- oder das Reduktionsmittel Sauerstoff- oder Wasserstoffatome enthält und seinen Sauerstoff- oder Wasserstoffgehalt ändert, muß noch folgendes beachtet werden:
Die Gleichung wird bei Ablauf der Reaktion in saurer wäßriger Lösung durch Hinzufügen von Wasserstoffionen H^+, Wassermolekülen und Elektronen bilanziert. Beim Aufschreiben der Teilreaktionsgleichung für ein Redoxpaar mit einem sauerstoffhaltigen Oxidationsmittel werden auf der Ox-Seite H^+-Ionen und Elektronen, auf der Red-Seite Wassermoleküle hinzugefügt.
In alkalischer Lösung wird die Teilreaktionsgleichung mit Hilfe von Wassermolekülen und Elektronen auf der Ox-Seite und Hydroxidionen auf der Red-Seite ausgeglichen.
Beide Teil-Reaktionsgleichungen sind in allgemeiner Form unter Angabe des Milieus (sauer oder basisch) und der Seite des Oxidationsmittels bzw. Reduktionsmittels in folgendem Schema zusammengefaßt:

Milieu	Seite des Oxidationsmittels	Seite des Reduktionsmittels
sauer	$Ox + m\,H^+ + z^*e^-$	$\rightleftharpoons Red + n\,H_2O$
basisch	$Ox + n\,H_2O + z^*e^-$	$\rightleftharpoons Red + p\,OH^-$

m, z^*, n und p sind die Koeffizienten der an den beiden Teilreaktionen beteiligten H^+-Ionen, Elektronen, Wassermoleküle und OH^--Ionen.

Die einzelnen Teilschritte bei der Aufstellung einer vollständigen Redoxgleichung mit chemisch einfach aufgebautem Reduktionsmittel sind dann:
1. Aufstellung der Ionengleichung für das Reduktionsmittel und seinen korrespondierenden Partner.
2. Aufstellung der unvollständigen Ionengleichung nur für das Oxidationsmittel und seinen korrespondierenden Partner.
3. Stoffbilanzierung durch Hinzufügen von H^+-Ionen (H_2O-Molekeln) links und H_2O-Molekeln (OH^--Ionen) rechts vom Reaktionspfeil für das Oxidationsmittel.
4. Ladungsbilanzierung durch Hinzufügen von Elektronen links vom Reaktionspfeil für das Oxidationsmittel.
5. Addition der Teilgleichungen nach vorheriger Multiplikation mit Faktoren, die beide Teilgleichungen auf gleiche Elektronenanzahl bringen.
6. Hinzufügen von fehlenden Kationen und Anionen, um die Ionengleichung in eine Bruttoreaktionsgleichung umzuwandeln.

Wie der Ausgleich im Einzelfall ausgeführt wird, sollen die Beispiele 8 bis 13 erläutern.

Die Oxidation bestimmter organischer Verbindungen ist mit einer Abspaltung von Wasserstoff, einer sogenannten Dehydrierung verbunden. In solchen Fällen setzt man auf der Ox-Seite, wie oben aufgeführt, H^+-Ionen und Elektronen ein. Auf der Red-Seite bedarf es jedoch keiner Wassermoleküle. Die Oxidation von Ethanol zu Ethanal (Acetaldehyd) ist ein typisches Beispiel für eine oxidative Dehydrierung und wird folgendermaßen formuliert:

$$CH_3-CH_2-OH \rightarrow CH_3-CHO + 2\,H^+ + 2\,e^-.$$

Beispiel 8:
Stellen Sie die Reaktionsgleichung für den Redoxprozeß zwischen metallischem Kupfer und Salpetersäure auf, bei dem als Produkte Kupfernitrat $Cu(NO_3)_2$, Stickstoffmonoxid NO und Wasser gebildet werden.

Lösung:
Die Oxidation des elementaren Kupfers zu Kupfer(II)-Ionen ergibt die Teilgleichung:

$$Cu \rightarrow Cu^{2+} + 2\,e^-. \tag{I}$$

Oxidationsmittel ist das Nitration NO_3^-, das bei der Teilreaktion zu NO reduziert wird. Die Teilgleichung erhält man durch folgende Schritte:

Schritt 1: $NO_3^- \rightarrow NO$

Bei diesem ersten Schritt werden links und rechts vom Reaktionspfeil die beiden Partner des korrespondierenden Redoxpaars der Oxidationsmittel-Teilreaktion hingeschrieben. Man erkennt bereits, daß die Stickstoffatome bilanziert sind.

Schritt 2: $+ 4\,H^+ \rightarrow + 2\,H_2O$

Beim zweiten Schritt werden H^+-Ionen links und H_2O-Molekeln rechts vom Reaktionspfeil hinzugefügt. Unschwer ist auch die Ermittlung der Koeffizienten, denn da das NO_3^--Ion bei der Umwandlung in NO zwei Sauerstoffatome abgibt, sind vier H^+-Ionen erforderlich, um daraus zwei Wassermolekeln zu bilden.

Schritt 3: $+ 3\,e^- \rightarrow$

Zum Ladungsausgleich müssen schließlich 3 e⁻ auf der linken Seite zugefügt werden. Die Oxidationsmittel-Teilreaktionsgleichung (II) ergibt sich jetzt einfach durch Addition der drei schrittweise entwickelten, unvollständigen Gleichungen:

$$NO_3^- + 4\,H^+ + 3\,e^- \rightarrow NO + 2\,H_2O. \tag{II}$$

Die vollständige Gleichung in Ionenform für den Redoxprozeß erhält man durch Kombination von (I) und (II) in der Weise, daß die bei der Teilreaktion (I) abgegebenen Elektronen bei der Teilreaktion (II) vollständig verbraucht werden. Dazu müssen die Koeffizienten von (I) mit dem Faktor 3 und diejenigen von (II) mit dem Faktor 2 multipliziert werden. Danach addiert man beide Gleichungen.

$$\begin{array}{l} 3\,Cu \rightarrow 3\,Cu^{2+} + 6\,e^- \\ \underline{2\,NO_3^- + 8\,H^+ + 6\,e^- \rightarrow 2\,NO + 4\,H_2O} \\ 3\,Cu + 2\,NO_3^- + 8\,H^+ \rightarrow 3\,Cu^{2+} + 2\,NO + 4\,H_2O. \end{array} \tag{III}$$

Soll die Endgleichung zum Ausdruck bringen, daß Salpetersäure ein Ausgangsstoff und Kupfernitrat ein Reaktionsprodukt ist, so braucht man nur auf jeder Seite des Reaktionspfeils 6 NO_3^- hinzuzufügen. Die Bruttoreaktionsgleichung, mit beiden Elektrolyten in undissoziierter Form geschrieben, lautet dann:

$$3\,Cu + 8\,HNO_3 \rightarrow 3\,Cu(NO_3)_2 + 2\,NO + 4\,H_2O.$$

Die Bruttoreaktionsgleichung, in der alle Stoffe durch einfachste Formeln ungeladener Teilchen repräsentiert werden, heißt auch *stöchiometrische* oder *molekulare* Reaktionsgleichung. Sie unterscheidet sich von der *Ionengleichung*, in der die meisten Stoffe in Ionenform enthalten sind.

Nach der endgültigen Aufstellung einer Reaktionsgleichung muß man immer kontrollieren, ob das Massenerhaltungsgesetz, das Gesetz von der Unveränderlichkeit der Grundstoffe und das Elektroneutralitätsprinzip eingehalten werden. Auf beiden Seiten des Reaktionspfeiles müssen gleich viele Atome von jedem an der Reaktion beteiligten Element und gleich viele Ladungen desselben Ladungsvorzeichens vorliegen. Diese Forderung gilt für Teilgleichungen, vollständige Ionengleichungen und Bruttoreaktionsgleichungen in gleicher Weise.

Beispiel 9:
Stellen Sie die Reaktionsgleichung für die Oxidation von Eisen(II)-sulfat zu Eisen(III)-sulfat mit Kaliumpermanganat in verdünnter Schwefelsäure auf. Das Permanganat wird in diesem Fall zu Mangan(II)-Salz reduziert.

Lösung:
Die Teilgleichung für die Oxidation des Eisen(II)-Ions zum Eisen(III)-Ion lautet:

$$Fe^{2+} \rightarrow Fe^{3+} + e^- \tag{I}$$

Die Teilgleichung für die Reduktion des Permanganations zum Mangan(II)-Ion kann man durch schrittweise Ausbilanzierung, analog dem vorangehenden Beispiel, erhalten. Man kann aber auch so vorgehen, daß man zunächst die Teilgleichung für die Reduktion des Permanganations gemäß der Regel für ein sauerstoffhaltiges Oxidationsmittel (S. 42), jedoch ohne Koeffizienten, aufschreibt:

$$MnO_4^- + H^+ + \quad + e^- \rightarrow Mn^{2+} + H_2O.$$

Die Koeffizienten findet man am einfachsten durch folgende Überlegung: Die beim reduktiven Abbau des Permanganations freigesetzten 4 Sauerstoffatome geben 4 H_2O auf der rechten Seite der Teilgleichung, was wiederum 8 H^+ auf der linken Seite erfordert. Die Anzahl Ionenladungen auf der linken Seite beträgt dann $-1 + 8 = +7$ und rechts $+2$. Damit die Ladungssumme auf beiden Seiten gleich wird, müssen links noch 5 Elektronen hinzugefügt werden. Die bilanzierte Teilgleichung für das Oxidationsmittel lautet dann:

$$MnO_4^- + 8\,H^+ + 5\,e^- \rightarrow Mn^{2+} + 4\,H_2O. \qquad (II)$$

Die Gesamtgleichung ergibt sich schließlich durch Multiplikation von Gl. (I) mit dem Faktor 5 und anschließende Addition beider Teilgleichungen:

$$5\,Fe^{2+} \rightarrow 5\,Fe^{3+} + 5\,e^-$$
$$\underline{MnO_4^- + 8\,H^+ + 5\,e^- \rightarrow Mn^{2+} + 4\,H_2O}$$
$$MnO_4^- + 5\,Fe^{2+} + 8\,H^+ \rightarrow Mn^{2+} + 5\,Fe^{3+} + 4\,H_2O. \qquad (III)$$

Nicht aufgenommen in diese Endgleichung in Ionenform sind die beiden Ionenarten, die sich bei der Reaktion nicht verändern, d. h. das Kalium- und das Sulfation. In den meisten Fällen genügt es, nur die Ionen und Atomgruppen in die Gleichung aufzunehmen, die sich bei der Reaktion wirklich verändern.
Um die Bruttoreaktionsgleichung zu erhalten, die $FeSO_4$, $KMnO_4$ und H_2SO_4 als Edukte und $Fe_2(SO_4)_3$, $MnSO_4$ sowie K_2SO_4 als Produkte enthält, multipliziert man am besten Gl. (III) mit dem Faktor 2, was ganzzahlige Koeffizienten ergibt. Auf der linken Gleichungsseite erhält man dann 10 Fe^{2+} und 16 H^+, die zusammen $10 + 8 = 18$ SO_4^{2-} erfordern. 2 MnO_4^- binden 2 K^+. Die Bruttoreaktionsgleichung lautet folglich:

$$10\,FeSO_4 + 2\,KMnO_4 + 8\,H_2SO_4 \rightarrow 5\,Fe_2(SO_4)_3 + 2\,MnSO_4 + K_2SO_4 + 8\,H_2O.$$

Beispiel 10:
Anthracen $C_{14}H_{10}$ wird von Natriumdichromat in verdünnter Schwefelsäure zu Anthrachinon $C_{14}H_8O_2$ oxidiert. Stellen Sie die Reaktionsgleichung auf.

Lösung:
Bei der Umwandlung von Anthracen in Anthrachinon ändert sich die Anzahl der Sauerstoffatome. In der Teilgleichung für die Oxidation sollen deshalb gemäß der Anleitung auf S. 42 auf der linken Gleichungsseite Wassermolekeln und auf der rechten Seite H^+-Ionen und Elektronen hinzugefügt werden. Die unbilanzierte Teilgleichung kann man deshalb folgendermaßen niederschreiben:

$$C_{14}H_{10} + H_2O \rightarrow C_{14}H_8O_2 + H^+ + e^-$$

Da auf der rechten Gleichungsseite zwei Sauerstoffatome hinzugekommen sind, muß die Anzahl der Wassermolekeln links 2 betragen. Das ergibt auf der rechten Seite $10 + 4 - 8 = 6$ H^+-Ionen. Zum Ladungsausgleich sind dann 6 e^- erforderlich. Als Teilgleichung für die Oxidation des Anthracens ergibt sich also:

$$C_{14}H_{10} + 2\,H_2O \rightarrow C_{14}H_8O_2 + 6\,H^+ + 6\,e^-. \qquad (I)$$

Die unbilanzierte Elektronengleichung für die Reduktion des Dichromats lautet:

$$Cr_2O_7^{2-} + H^+ + e^- \rightarrow 2\,Cr^{3+} + H_2O.$$

Die aus dem Dichromation bei der Reduktion abgespaltenen 7 Sauerstoffatome ergeben auf der rechten Gleichungsseite 7 H_2O, die links mit 14 H^+ ausgeglichen werden müssen. Der Ladungsausgleich erfordert $14 - 2 - 2 \cdot 3 = 6$ Elektronen. Als Teilgleichung erhält man demnach:

$$Cr_2O_7^{2-} + 14\,H^+ + 6\,e^- \rightarrow 2\,Cr^{3+} + 7\,H_2O. \qquad (II)$$

Durch Addition von (I) und (II) erhält man die Endgleichung

$$C_{14}H_{10} + Cr_2O_7^{2-} + 8\,H^+ \rightarrow C_{14}H_8O_2 + 2\,Cr^{3+} + 7\,H_2O. \tag{III}$$

Beispiel 11:
Ethanol C_2H_5OH wird von Permanganationen in saurer Lösung zu Essigsäure CH_3COOH oxidiert. Stellen Sie die Reaktionsgleichung in Ionenform auf.

Lösung:
Nach Beispiel 9 lautet die Teilgleichung für die Reduktion des Permanganations:

$$MnO_4^- + 8\,H^+ + 5\,e^- \rightarrow Mn^{2+} + 4\,H_2O. \tag{I}$$

Die Teilgleichung für die Oxidation des Ethanols zu Essigsäure wird nach der Anleitung auf S. 42 aufgestellt, indem man auf der linken Seite des Reaktionspfeils (Red-Seite) Wassermolekeln, auf der rechten Seite H^+-Ionen sowie Elektronen hinzufügt:

$$C_2H_5OH + H_2O \rightarrow CH_3COOH + H^+ + e^-.$$

In dieser Gleichung ist die Anzahl der Sauerstoffatome bereits auf beiden Seiten gleich. Für die Bilanzierung der Wasserstoffatome benötigt man $4\,H^+$ auf der rechten Gleichungsseite. Um die Ladungen auszugleichen, fügt man 4 Elektronen auf der rechten Seite hinzu. Die Teilgleichung für die Oxidation des Ethanols lautet dann:

$$C_2H_5OH + H_2O \rightarrow CH_3COOH + 4\,H^+ + 4\,e^-. \tag{II}$$

Nachdem (I) mit dem Faktor 4 und (II) mit dem Faktor 5 multipliziert worden ist, können die beiden Teilgleichungen zur Endgleichung addiert werden.

$$5\,C_2H_5OH + 4\,MnO_4^- \rightarrow 5\,CH_3COOH + 4\,Mn^{2+} + 11\,H_2O. \tag{III}$$

Beispiel 12:
Methanol CH_3OH läßt sich durch das Oxidationsmittel Wasserstoffperoxid H_2O_2 zu Ameisensäure $HCOOH$ oxidieren. H_2O_2 wird dabei zu Wasser reduziert. Wie lautet die Reaktionsgleichung für den Ablauf dieser Reaktion in alkalischem Medium?

Lösung:
Bei der Entwicklung der Reduktionsmittel-Teilreaktion empfiehlt sich wieder schrittweises Vorgehen.

Schritt 1: $CH_3OH \rightarrow HCOOH$

Schritt 2: $+ x\,OH^- \rightarrow + y\,H_2O$

Die Ermittlung der Koeffizienten x und y ist hier schwieriger, weil H-Atome und O-Atome sowohl auf der linken als auch auf der rechten Seite der Teilgleichung in jeweis zwei Stoffen vorkommen. Wir lösen die beiden Gleichungen mit den Unbekannten x und y in folgender Weise:

Für H gilt: $4 + x = 2 + y$;   d.h. $x + 2 = 2y$
für O gilt: $1 + x = 2 + y$;   d.h. $x = y + 1$
    $y = 3$ $x = 4$

Schritt 3: $CH_3OH + 4\,OH^- \rightarrow HCOOH + 3\,H_2O + 4\,e^-. \tag{I}$

Für das Oxidationsmittel gilt:

Schritt 1: $H_2O_2 \rightarrow H_2O$

Hinzufügen von 1 H_2O links und 2 OH^--Ionen rechts:

Schritt 2: $+ H_2O \rightarrow + 2\, OH^-$

Ladungsausgleich und Kürzen der H_2O-Molekeln links und rechts:

Schritt 3: $H_2O_2 + 2\,e^- \rightarrow 2\, OH^-$. (II)

Nach Multiplikation von (II) mit dem Faktor 2 und anschließender Addition von (I) und (II) resultiert die Gesamtreaktionsgleichung in Ionenform,

$$CH_3OH + 2\,H_2O_2 + 4\, OH^- \rightarrow HCOOH + 4\, OH^- + 3\,H_2O,$$

die sich noch durch Kürzen der 4 OH^--Ionen links und rechts vereinfachen läßt zu:

$$CH_3OH + 2\,H_2O_2 \rightarrow HCOOH + 3\,H_2O.$$

Findet ein Redoxprozeß in alkalischer Lösung statt, so kann es sich manchmal als vorteilhaft erweisen, die Teilgleichungen zunächst so zu formulieren, als würde die Reaktion in saurer Lösung ablaufen. Anschließend eliminiert man die H^+-Ionen durch Hinzufügen einer äquivalenten Anzahl von OH^--Ionen, die mit den H^+-Ionen Wasser bilden.

Beispiel 13:
Bei der Reduktion von Kaliumchromat K_2CrO_4 mit Sulfitionen SO_3^{2-} in alkalischer Lösung bilden sich Tetrahydroxochromat(III)-Ionen („Chromite") mit der Formel $[Cr(OH)_4]^-$. Stellen Sie die Reaktionsgleichung auf.

Lösung:
Wenn man nach der vorgenannten Lösungsanweisung annimmt, daß der Redoxprozeß in saurer Lösung abläuft, ergibt sich als Teilgleichung für die Oxidation von Sulfit zu Sulfat:

$$SO_3^{2-} + H_2O \rightarrow SO_4^{2-} + 2\,H^+ + 2\,e^-,$$ (I)

und als Teilgleichung für die Reduktion des Chromats

$$CrO_4^{2-} + 4\,H^+ + 3\,e^- \rightarrow [Cr(OH)_4]^-.$$ (II)

Die Gesamtgleichung erhält man wie gewöhnlich durch Addition der beiden Teilgleichungen, nachdem man (I) mit dem Faktor 3 und (II) mit dem Faktor 2 multipliziert hat.

$3\,SO_3^{2-} + 2\,CrO_4^{2-} + 2\,H^+ + 3\,H_2O \rightarrow 3\,SO_4^{2-} + 2\,Cr(OH)_4^-$
$2\,OH^-$ werden auf jeder Seite addiert $+ 2\,OH^- \rightarrow + 2\,OH^-$
$3\,SO_3^{2-} + 2\,CrO_4^{2-} + 5\,H_2O \rightarrow 3\,SO_4^{2-} + 2\,Cr(OH)_4^- + 2\,OH^-$.

Oxidationszahl

Um die Änderung der Elektronenverteilung zwischen den einzelnen Atomen in einem Molekül, einem Ion, einer einfachsten Formel oder einer Molekülgruppe bei einem Redoxprozeß besser charakterisieren zu können, hat man den Begriff *Oxidationszahl* eingeführt. Die Oxidationszahl (auch Oxidationsstufe, Oxidationsgrad oder elektrochemische Wertigkeit, im folgenden mit z_{ox} abgekürzt) ist eine formale Rechengröße in der Chemie, die nach bestimmten Regeln ermittelt wird. Man definiert sie auch als Formalladung, die ein Atom in einem Molekül besitzt, wenn man das Molekül fiktiv in Ionen (Heterolyse) oder ungeladene Molekülbruchstücke (Homolyse) zerlegt.

Bei einer chemischen Verbindung wird die Oxidationszahl in römischen Ziffern über das Symbol des jeweiligen Elementes geschrieben, wobei das Ladungszeichen vor der Ziffer steht (zum Unterschied von der Ladungszahl z_l eines Ions, bei der eine arabische Ziffer vor dem Ladungszeichen steht).

Folgende Regeln gelten für die Ermittlung der Oxidationszahlen einzelner Elemente in einem Molekül oder Molekülion bekannter Konstitution:

1. Die ungeladenen Atome eines Elementes haben die Oxidationszahl $z_{ox} = 0$.
2. Die Summe der Oxidationszahlen aller in einem Molekül enthaltenen Atome ist Null.
3. Die Oxidationszahl eines Atomions ist gleich der Ladungszahl.
4. Die Summe der Oxidationszahlen aller Atome eines Komplexions ist gleich der Ladungszahl.
5. Bindende Elektronenpaare zwischen ungleichen Atomen werden entsprechend dem Elektronegativitätsunterschied heterolytisch gespalten. Beispielsweise $H-O-H \rightarrow 2H^+ + O^{2-}$.
6. Bindende Elektronenpaare zwischen gleichen Atomen werden homolytisch gespalten. $H-H \rightarrow 2H$, $H-O-O-H \rightarrow 2H^+ + 2O^-$.
7. Wasserstoff hat gewöhnlich in seinen chemischen Verbindungen die Oxidationszahl $z_{ox} = + I$.
8. Sauerstoff hat gewöhnlich in seinen chemischen Verbindungen die Oxidationszahl $z_{ox} = - II$.

Kennt man die chemische Formel eines Stoffes, der ein bestimmtes Element enthält, und die Oxidationszahlen aller übrigen darin enthaltenen Atome, so kann man die Oxidationszahl des Elementes nach den obigen Regeln sehr einfach berechnen.

Beispiel 14:
Berechnen Sie die Oxidationszahl des Elementes Chrom in der Verbindung Kaliumdichromat $K_2Cr_2O_7$ mit $z_{ox}(K) = + I$.

Lösung:
Nach Regel 2 gilt: $2 \cdot z_{ox}(K) + 2 \cdot z_{ox}(Cr) + 7 \cdot z_{ox}(O) = 0$. $z_{ox}(Cr) = + VI$.

Beispiel 15:
Berechnen Sie die Oxidationszahl des Elementes Bor im Tetraboration $B_4O_7^{2-}$.

Lösung:
Hier wird Regel 4 angewandt: $4 \cdot z_{ox}(B) + 7 \cdot z_{ox}(O) = -2$. $z_{ox}(B) = + III$.

Bei organischen Verbindungen, in denen Kohlenstoffatome direkt aneinander gebunden sind, verfährt man zur Ermittlung der Oxidationszahl folgendermaßen: Nach Regel 2 berechnet man die Summe der Oxidationszahlen aller Kohlenstoffatome im Molekül und teilt sie durch die Anzahl der Kohlenstoffatome.

Als Einführung in die Methodik, die Oxidationszahl als Hilfsmittel bei der Aufstellung einer Redoxgleichung einzusetzen, soll die Reaktionsgleichung für die Reaktion von elementarem Magnesium mit Chlor betrachtet werden. Sie verläuft gemäß folgendem Reaktionsschema:

$$z_{ox} \quad \overset{0}{Mg} + \overset{0}{Cl_2} \rightarrow \overset{+II\ -I}{MgCl_2}$$

Aus dieser Gleichung geht hervor, daß ein Magnesiumatom zwei Elektronen abgibt, die von den Chloratomen des Moleküls Cl_2 aufgenommen werden. Dadurch erhöht sich $z_{ox}(Mg)$ von 0 auf $+II$ und vermindert sich $z_{ox}(Cl)$ von 0 auf $-I$. Magnesium und Chlor verwandeln sich hierbei in Ionen, die die Bauelemente der Magnesiumchlorid-Gitterstruktur sind. Bei diesem Redoxprozeß ist also Chlor das Oxidationsmittel und Magnesium das Reduktionsmittel.

> Ein Oxidationsmittel ist ein Elektronenempfänger (Elektronenakzeptor) und vermindert durch Elektronenaufnahme seine Oxidationszahl.
> Ein Reduktionsmittel ist ein Elektronenspender (Elektronendonator) und erhöht durch Elektronenabgabe seine Oxidationszahl.

Da freie Ladungen bei einer Redoxreaktion zwar entstehen können, hier aber keine Bedeutung haben, gilt folgende allgemeine Regel zur Auffindung der Reaktionskoeffizienten:
Die Gesamtzunahme von z_{ox} bei den oxidierten Elementen muß gleich der Gesamtabnahme von z_{ox} bei den reduzierten Elementen sein. Daraus folgt, wie leicht einzusehen ist, daß der Koeffizient des Oxidationsmittels gleich der Erhöhung der Oxidationszahl des Reduktionsmittels ist; umgekehrt ist der Koeffizient des Reduktionsmittels gleich der Erniedrigung der Oxidationszahl des Oxidationsmittels.

Beispiel 16:
Ermitteln Sie aus den Oxidationszahlen die Koeffizienten der Oxidationsreaktion von Kupfer mit verdünnter Salpetersäure, die unter Entwicklung von Stickstoffmonoxid abläuft.

Lösung:
Aus folgender unbilanzierter Reaktionsgleichung mit den für alle Elemente angegebenen z_{ox}

$$z_{ox} \quad \overset{0}{Cu} + \overset{+I\ +V\ -II}{HNO_3} \rightarrow \overset{+II\ +V\ -II}{Cu(NO_3)_2} + \overset{+II\ -II}{NO} + \overset{+I\ -II}{H_2O}$$

geht hervor, daß durch die Reaktion nur z_{ox} von Kupfer und Stickstoff verändert werden. z_{ox} von Wasserstoff und Sauerstoff bleiben unverändert. Vom Stickstoff wird nur der Anteil verändert, der zu NO reduziert wird. Der Teil der Salpetersäure, der die in der Formel des Kupfernitrats enthaltenen Nitrationen liefert, hat nur als Säure und nicht als Oxidationsmittel gewirkt. Es ist zweckmäßig, zunächst nur mit den Stoffen zu operieren, deren z_{ox} verändert wird, d.h. den Redoxpaaren $Cu \rightarrow Cu^{2+}$ und $NO_3^- \rightarrow NO$. Da Salpetersäure in Form freier Ionen vorliegt, werden nur Nitrationen berücksichtigt. Somit lautet die vorläufige Reaktionsgleichung:

$$z_{ox} \quad \overset{0}{Cu} + \overset{+V}{NO_3^-} \to \overset{+II}{Cu^{2+}} + \overset{+II}{NO} \qquad (I)$$

$$\Delta z_{ox} \qquad 2 \qquad 3$$

Hieraus ist ersichtlich, daß z_{ox} des Kupfers um 2 erhöht und z_{ox} des Stickstoffs um 3 vermindert wird. Die Differenz der Oxidationszahlen schreibt man zweckmäßig in Kursivschrift unter das Symbol des entsprechenden Elementes in der Gleichung. Nach den oben aufgestellten Regeln findet man die Koeffizienten in (I):

$$3\,Cu + 2\,NO_3^- \to 3\,Cu^{2+} + 2\,NO.$$

Die Sauerstoffatome bilanziert man durch Addition von $4\,H_2O$ auf der rechten Seite und den Wasserstoff anschließend durch Addition von $8\,H^+$ auf der linken Seite der Gleichung. Die Reaktionsgleichung in Ionenform lautet dann:

$$3\,Cu + 2\,NO_3^- + 8\,H^+ \to 3\,Cu^{2+} + 2\,NO + 4\,H_2O.$$

Kontrollieren Sie, ob die Ladungssumme auf beiden Seiten der Gleichung gleich ist. Die stöchiometrische Reaktionsgleichung erhält man durch Addition von $6\,NO_3^-$ zu beiden Seiten der Gleichung:

$$3\,Cu + 8\,HNO_3 \to 3\,Cu(NO_3)_2 + 2\,NO + 4\,H_2O.$$

Beispiel 17:
Das Nitration kann durch Erhitzen mit Aluminiumpulver in alkalischer Lösung zu Ammoniak reduziert werden, wobei das Aluminium in Tetrahydroxoaluminationen $[Al(OH)_4]^-$ überführt wird. Stellen Sie die Reaktionsgleichung auf.

Lösung:
Zunächst formuliert man die Reaktionsgleichung ohne Koeffizienten, aber unter Angabe der z_{ox} aller Elemente, die bei der Reaktion Veränderungen ihrer z_{ox} erfahren (die z_{ox} von Wasserstoff und Sauerstoff verändern sich nicht):

$$z_{ox} \quad \overset{+V}{NO_3^-} + \overset{0}{Al} + OH^- \to \overset{-III}{NH_3} + \overset{+III}{[Al(OH)_4]^-}$$

$$\Delta z_{ox} \qquad 8 \qquad 3$$

Aus dieser Gleichung geht hervor, daß sich die z_{ox} des Stickstoffs von $+V$ auf $-III$ vermindert und die des Aluminiums von 0 auf $+III$ erhöht. Die Veränderung Δz_{ox} pro N-Atom ist also 8 und Δz_{ox} pro Al-Atom 3. Hieraus ergeben sich nach den Regeln auf S. 48 die Koeffizienten 3 für NO_3^- und 8 für Al.
Einsetzen der so gefundenen Koeffizienten auf beiden Seiten der Gleichung und nachfolgendes Hinzufügen so vieler OH^--Ionen auf der linken Seite, daß die Anzahl der Ladungen auf beiden Seiten gleich wird, ergibt:

$$3\,NO_3^- + 8\,Al + 5\,OH^- \to 3\,NH_3 + 8\,Al(OH)_4^-.$$

In dieser Gleichung stimmt die Anzahl der Wasserstoff- und Sauerstoffatome noch nicht; auf der linken Seite hat man 5 H und 14 O, auf der rechten Seite 41 H und 32 O. Um gleich viele H- und O-Atome rechts und links zu erhalten, müssen links $18\,H_2O$ hinzugefügt werden. Dies ergibt die Gesamtgleichung:

$$3\,NO_3^- + 8\,Al + 5\,OH^- + 18\,H_2O \to 3\,NH_3 + 8\,Al(OH)_4^-.$$

Beispiel 18:
Stellen Sie die Reaktionsgleichung für die Reaktion auf, die beim Erhitzen von Arsentrisulfid mit Natriumnitrat und Soda abläuft, wenn sich dabei Natriumarsenat Na_3AsO_4, Natriumsulfat, Kohlendioxid und Natriumnitrit bilden.

Lösung:
Die Gleichung ohne Koeffizienten, aber mit den z_{ox} der betreffenden Elemente angegeben, ist:

$$z_{ox} \quad \overset{+III\;-II}{As_2S_3} + \overset{+V}{NaNO_3} + Na_2CO_3 \rightarrow \overset{+V}{Na_3AsO_4} + \overset{+VI}{Na_2SO_4} + \overset{+III}{NaNO_2} + CO_2.$$

Die z_{ox} des Stickstoffs vermindert sich also um 2 Einheiten pro Atom.

Zunahme von z_{ox} bei 2 Atomen As ist $2 \cdot 2 = 4$ Einheiten
Zunahme von z_{ox} bei 3 Atomen S ist $3 \cdot 8 = 24$ Einheiten
$\phantom{Zunahme von z_{ox} bei 3 Atomen S ist 3 \cdot }$ Summe $= 28$ Einheiten

Da die Gesamterhöhung von z_{ox} des Reduktionsmittels As_2S_3 ebenso groß ist wie die Abnahme von z_{ox} des Oxidationsmittels, benötigt man

28 $NaNO_3$ für die Oxidation von 2 $As_2S_3 \rightarrow$ oder
14 $NaNO_3$ für die Oxidation von 1 As_2S_3.

Hat man auf diese Weise die Koeffizienten des Oxidations- und Reduktionsmittels erhalten, so lassen sich die Koeffizienten der übrigen an der Reaktion beteiligten Stoffe leicht durch Ausprobieren ermitteln. Die vollständige Bruttoreaktionsgleichung lautet:

$$As_2S_3 + 14\,NaNO_3 + 6\,Na_2CO_3 \rightarrow 2\,Na_3AsO_4 + 3\,Na_2SO_4 + 14\,NaNO_2 + 6\,CO_2.$$

Beispiel 19:
Ethylbenzol $C_6H_5-C_2H_5$ kann unter Einwirkung von Kaliumpermanganat in verdünnter Schwefelsäure zu Benzoesäure C_6H_5-COOH oxidiert werden. Dabei entstehen noch Kohlendioxid und Wasser. Stellen Sie die Reaktionsgleichung auf.

Lösung:
Man schreibt zunächst eine unbilanzierte Reaktionsgleichung auf, in der die z_{ox} für das Element Mangan links und rechts vom Reaktionspfeil angegeben sind:

$$z_{ox} \quad C_6H_5-C_2H_5 + \overset{+VII}{KMnO_4} + H_2SO_4 \rightarrow C_6H_5-COOH + CO_2 + \overset{+II}{MnSO_4} + K_2SO_4$$

Die Summe der z_{ox} aller Kohlenstoffatome in Ethylbenzol sei x, aller Kohlenstoffatome in Benzoesäure y und der Kohlenstoffatome in Kohlendioxid z. Nach Regel 2 auf S. 48 erhält man dann

$$x + 10 \cdot 1 = 0; \qquad x = -10$$
$$y + 6 \cdot 1 + 2 \cdot (-2) = 0; \quad y = -2$$
$$z + 2 \cdot (-2) = 0; \qquad z = +4.$$

Die Zunahme der Oxidationszahl von Kohlenstoff beträgt also

$$\Delta z_{ox}(C) = -2 + 4 - (-10) = 12$$

und die Abnahme der Oxidationszahl von Mangan

$$\Delta z_{ox}(Mn) = 7 - 2 = 5.$$

Nach Regel 2 auf S. 48 sind also 12 $KMnO_4$ erforderlich, um 5 $C_6H_5-C_2H_5$ zu oxidieren. Durch Einsetzen dieser Koeffizienten in die schematische Reaktionsgleichung und stufenweisen Ausgleich der übrigen Koeffizienten erhält man die vollständige Bruttoreaktionsgleichung:

$$5\,C_6H_5-C_2H_5 + 12\,KMnO_4 + 18\,H_2SO_4 \rightarrow 5\,C_6H_5-COOH + 5\,CO_2 + 12\,MnSO_4 + 6\,K_2SO_4 + 28\,H_2O.$$

Zum Vergleich wird hier auch noch die Herleitung der Koeffizienten nach Methode I durchgeführt.

Aus den beiden Ionengleichungen für das Oxidationsmittel

$$MnO_4^- + 8\,H^+ + 5\,e^- \rightarrow Mn^{2+} + 4\,H_2O$$

und für das Reduktionsmittel

$$C_6H_5-C_2H_5 + 4\,H_2O \rightarrow C_6H_5-COOH + CO_2 + 12\,H^+ + 12\,e^-$$

geht hervor, daß die Koeffizienten der ersten Gleichung mit dem Faktor 12 und die Koeffizienten der zweiten Gleichung mit dem Faktor 5 multipliziert werden müssen.

Beispiel 20:
Durch Einwirkenlassen von höherkonzentrierter Salpetersäure auf Rohrzucker $C_{12}H_{22}O_{11}$ gelang Scheele im Jahre 1776 die Erstdarstellung der Oxalsäure $C_2H_2O_4$. Stellen Sie die Gleichung für diese Reaktion auf, wenn außer der Oxalsäure als Produkte noch Stickstoffmonoxid und Stickstoffdioxid im Volumenverhältnis 1 sowie Wasser entstehen.

Lösung:
Die Reaktionsgleichung ohne Koeffizienten lautet:

$$C_{12}H_{22}O_{11} + HNO_3 \rightarrow C_2O_4H_2 + NO + NO_2 + H_2O.$$

Es ist zweckmäßig, die Gleichung so zu schreiben, daß die Anzahl der Kohlenstoff- und Stickstoffatome auf beiden Seiten gleich ist. Mit den z_{ox} für den Stickstoff im Edukt HNO_3 und in den Produkten NO und NO_2 angegeben, lautet die Gleichung dann:

$$z_{ox} \quad \overset{+V}{C_{12}H_{22}O_{11} + 2\,HNO_3} \rightarrow 6\,C_2H_2O_4 + \overset{+II}{NO} + \overset{+IV}{NO_2} + H_2O:$$

Die Summe der Oxidationszahlen der Kohlenstoffatome im Rohrzucker sei x und z_{ox} der Kohlenstoffatome in Oxalsäure sei y. Nach Regel 2 auf S. 48 gilt dann

$$x + 22 + 11 \cdot (-2) = 0; \quad x = 0$$
$$y + 4 \cdot (-2) + 2 = 0; \quad y = 6.$$

Die Erhöhung der Oxidationszahl für 12 Kohlenstoffatome ist also

$$\Delta z_{ox}(C) = 6y - x = 6 \cdot 6 - 0 = 36.$$

(Da y sich auf die beiden Kohlenstoffatome der Oxalsäure bezieht, muß man y mit dem Faktor 6 multiplizieren).
Die Verminderung der Oxidationszahl der beiden Stickstoffatome beträgt

$$\Delta z_{ox}(2\,N) = 2 \cdot 5 - (2 + 4) = 4$$

und für ein Stickstoffatom $\Delta z_{ox}(N) = 2$.

Hieraus ergeben sich gemäß Regel 2 auf S. 48 der Koeffizient für Rohrzucker zu 2 und der Koeffizient für Salpetersäure zu 36. Vereinfacht kann man schreiben, daß 1 $C_{12}H_{22}O_{11}$ auf 18 HNO_3 entfällt. Einfache Bilanzierungsschritte für die übrigen Koeffizienten ergeben die vollständige Bruttoreaktionsgleichung:

$$C_{12}H_{22}O_{11} + 18\,HNO_3 \rightarrow 6\,C_2H_2O_4 + 9\,NO + 9\,NO_2 + 14\,H_2O.$$

Zwei spezielle Redoxreaktionen sollen hier wegen ihrer großen Bedeutung in der Chemie noch kurz behandelt werden, die *Disproportionierung* und die *Symproportionierung*.

Bei der Disproportionierung (auch Redox-Disproportionierung genannt) geht ein bestimmtes Element, das an der stöchiometrisch formulierten Redoxreaktion mit mehreren Vertretern teilnimmt, von einer mittleren Oxidationsstufe sowohl in eine höhere als auch in eine niedrigere Oxidationsstufe über. Ein Teil der Atome des Elements gibt somit Elektronen ab, welche von dem anderen Teil aufgenommen werden.

Beispiel 21:
Elementares Iod disproportioniert in alkalischer wäßriger Lösung zu Iodid- und Iodationen I^- bzw. IO_3^-. Formulieren Sie die Reaktionsgleichung.

Lösung:
Für I_2 als Reduktionsmittel kann formuliert werden:

Schritt 1: $I_2 \rightarrow IO_3^-$

Schritt 2: $+\,x\,OH^- \rightarrow +\,y\,H_2O$.

Da Sauerstoffatome in beiden Produkten vorkommen, reicht die Kenntnis des Koeffizienten für IO_3^- zur Berechnung des Koeffizienten für OH^- nicht aus. Aus den beiden folgenden Gleichungen müssen – in analoger Vorgehensweise wie bei Beispiel 12 – die unbekannten Koeffizienten x und y für OH^- und H_2O ermittelt werden.

Für O gilt: $x = y + 6$;
für H gilt: $x = 2y$
$x = 12 \quad y = 6$

Schritt 3: $\overset{z_{ox}}{}\overset{0}{I_2} + 12\,OH^- \rightarrow 2\,\overset{+V}{IO_3^-} + 6\,H_2O + 10\,e^-$. \hfill (I)

Für die Oxidationsmittel-Teilreaktion läßt sich schreiben:

$\overset{z_{ox}}{}\overset{0}{I_2} + 2\,e^- \rightarrow 2\,\overset{-1}{I^-}$. \hfill (II)

Nach Multiplikation von (II) mit dem Faktor 5 und Addition von (I) und (II) erhält man:

$\overset{z_{ox}}{}\overset{0}{3\,I_2} + 6\,OH^- \rightarrow 5\,\overset{-1}{I^-} + \overset{+V}{IO_3^-} + 3\,H_2O$.

Bei der Symproportionierung geht ein Element von einer höheren und einer niedrigeren Oxidationsstufe in eine gemeinsame mittlere Oxidationsstufe über. Die Symproportionierung stellt somit die Gegenreaktion zur Disproportionierung dar. Beispielsweise reagieren Iodationen mit Iodidionen in saurer Lösung unter Bildung von elementarem Iod. Ein weiteres, analytisch wichtiges Beispiel einer Symproportionierungsreaktion wird in Kapitel 3.1 (Gl. IV auf S. 149) gegeben.

Aufgaben

1.3-1 Berechnen Sie die Ionenladung des
    a) Heptamolybdations $[\overset{+VI}{Mo}_7O_{24}]$,
    b) Dodekamolybdatophosphations $[\overset{+V}{P}(\overset{+VI}{Mo}_3O_{10})_4]$,
    c) Oktacyanowolframat(IV)-Ions $[\overset{+IV}{W}(CN)_8]$.

1.3-2 Wie lauten die Oxidationszahlen der Elemente Pt, I und W in folgenden Verbindungen:
    a) Kaliumhexachloroplatinat $K_2[PtCl_6]$;
    b) Orthoperiodsäure $H_5[IO_6]$;
    c) Metawolframsäure $H_8[W_{12}O_{40}]$?

1.3-3 In saurer wäßriger Lösung bildet sich aus dem Molybdation MoO_4^{2-} durch Kondensationsreaktionen das Heptamolybdation $[Mo_7O_{24}]^{6-}$ gemäß folgender schematischer Reaktionsgleichung:
$$MoO_4^{2-} + H^+ \rightarrow [Mo_7O_{24}]^{6-} + H_2O.$$
Bestimmen Sie die Koeffizienten der Gleichung.

1.3-4 Bei der katalytischen Verbrennung von Ammoniakgas mit Sauerstoff am Platinkontakt werden Stickstoffmonoxid und Wasser gebildet. Geben Sie die Reaktionsgleichung an.

1.3-5 Bei der Oxidation von Iod mit Salpetersäure werden Iodsäure HIO_3, Stickstoffmonoxid und Wasser gebildet. Stellen Sie die Reaktionsgleichung auf.

1.3-6 Geben Sie die Reaktionsgleichung für die Darstellung von Orthophosphorsäure H_3PO_4 durch Einwirkenlassen von verdünnter Salpetersäure auf weißen Phosphor in der Siedehitze an, wenn als Nebenprodukt Stickstoffmonoxid gebildet wird.

1.3-7 Bestimmen Sie die Koeffizienten in folgenden Ionengleichungen:
    a) $MnO_4^- + Sn^{2+} + H^+ \rightarrow Mn^{2+} + Sn^{4+} + H_2O$;
    b) $BrO_3^- + H^+ + Fe^{2+} \rightarrow Br^- + H_2O + Fe^{3+}$;
    c) $Cr_2O_7^{2-} + H^+ + I^- \rightarrow Cr^{3+} + H_2O + I_2$;
    d) $Fe(CN)_6^{3-} + Cr^{3+} + OH^- \rightarrow Fe(CN)_6^{4-} + CrO_4^{2-} + H_2O$.

1.3-8 Phosphor wird durch Erhitzen von Tricalciumphosphat mit Quarzsand (Siliciumdioxid) und Kohle dargestellt. Stellen Sie die Reaktionsgleichung auf, wenn Calciumsilikat und Kohlenmonoxid als Nebenprodukte erhalten werden.

1.3-9 Iodwasserstoff wird durch Bromwasser zu Iodsäure oxidiert, wobei das Brom zu Bromwasserstoff reduziert wird. Geben Sie die Reaktionsgleichung an.

1.3-10 Bestimmen Sie die Koeffizienten in folgenden Bruttoreaktionsgleichungen:
    a) $KMnO_4 + HCl \rightarrow KCl + MnCl_2 + Cl_2 + H_2O$;
    b) $KMnO_4 + KNO_2 + H_2SO_4 \rightarrow K_2SO_4 + MnSO_4 + KNO_3 + H_2O$;
    c) $KMnO_4 + H_2C_2O_4 + H_2SO_4 \rightarrow K_2SO_4 + MnSO_4 + CO_2 + H_2O$;
    d) $KMnO_4 + H_2O_2 + H_2SO_4 \rightarrow K_2SO_4 + MnSO_4 + O_2 + H_2O$.

1.3-11 Toluol $C_6H_5-CH_3$ wird von Kaliumpermanganat in neutraler wäßriger Lösung zu Kaliumbenzoat C_6H_5-COOK oxidiert, wobei das Permanganat zu MnO_2 reduziert wird. Im Verlaufe der Reaktion wird die Lösung alkalisch. Stellen Sie die Reaktionsgleichung auf.

1.3-12 Nitrobenzol $C_6H_5-NO_2$ kann mit metallischem Zink (in granulierter Form) und Salzsäure zu Anilin $C_6H_5-NH_2$ reduziert werden. Stellen Sie die Reaktionsgleichung auf, wenn das Zink nach der Redoxreaktion als $SnCl_4$ vorliegt.

1.3-13 Stellen Sie die Reaktionsgleichung in Ionenform für die Oxidation von Ethanol zu Essigsäure CH_3COOH auf, wenn als Oxidationsmittel Dichromationen in saurer Lösung eingesetzt werden.

1.3-14 Naphthalin $C_{10}H_8$ kann durch katalytische Umsetzung mit Luftsauerstoff (ca. 450 °C, Vanadiumpentoxid als Katalysator) zu Phthalsäureanhydrid $C_6H_4(CO)_2O$, Kohlendioxid und Wasser oxidiert werden.
Wie lautet die Reaktionsgleichung?

1.3-15 Stellen Sie die Reaktionsgleichung für den explosionsartigen Zerfall von Glycerintrinitrat $C_3H_5N_3O_9$ auf, wenn sich dabei Kohlendioxid, Wasser, Stickstoff und Sauerstoff bilden (siehe auch Aufgabe 1.2-7).

1.3-16 Stellen Sie die allgemeine Reaktionsgleichung für die vollständige Verbrennung eines Kohlenwasserstoffs der allgemeinen Formel C_nH_{2n+2} mit Sauerstoff auf.

1.3-17 Wie lautet die Reaktionsgleichung für die Oxidation von n-Butanol C_4H_9-OH zu Butanal (Butyraldehyd) C_3H_7CHO mit Kaliumdichromat in verdünnter schwefelsaurer Lösung?

1.3-18 Aceton $CH_3-CO-CH_3$ wird von Iod I_2 in alkalischer wäßriger Lösung (Gegenwart von OH^--Ionen) in Iodoform CHI_3 überführt. Dabei werden auch Acetat- und Iodidionen gebildet.
Wie lautet die Reaktionsgleichung?

1.3-19 Hydrazin H_2N-NH_2 wird von Metavanadationen VO_3^- in saurer Lösung zu Stickstoff oxidiert, wobei die Reduktion der Metavanadationen zu Vanadylionen VO^{2+} erfolgt. Stellen Sie die Reaktionsgleichung auf.

1.3-20 Natriumborhydrid $Na[BH_4]$ reagiert in wäßriger Lösung quantitativ mit Iodationen IO_3^-, wobei Borationen $H_2BO_3^-$, Iodidionen und Wasser gebildet werden. Ermitteln Sie die Reaktionsgleichung.

1.3-21 a) Bei der Behandlung einer ungesättigten organischen Verbindung $R'-CH=CH-R''$ mit Kaliumpermanganat in alkalischer Lösung wird eine Hydroxylgruppe an jedes der beiden Kohlenstoffatome der Doppelbindung addiert.
b) Wenn die Oxidation mit Permanganat in saurer Lösung erfolgt, wird die Kohlenstoffkette an der Doppelbindung gespalten, und man erhält als Endprodukte die Carbonsäuren $R'-COOH$ und $R''-COOH$.
Stellen Sie für beide Reaktionen die Reaktionsgleichungen auf. Bei der Reaktion im alkalischen Milieu entsteht MnO_2, bei der Reaktion im sauren Milieu $MnSO_4$. Die organischen Gruppen R' und R'' werden durch die Reaktion nicht verändert.

1.4 Quantitative Auswertung chemischer Reaktionen

Stoffmengen- und Massenverhältnisse

Eine chemische Reaktionsgleichung hat nicht nur eine *qualitative*, sondern auch eine *quantitative* Bedeutung. Sie gibt an,
1. welche Stoffe an der Reaktion teilnehmen,
2. mit wieviel Atomen oder Molekülen jeder Stoff an der Reaktion beteiligt ist und
3. in welchen stöchiometrischen Stoffmengenverhältnissen die Stoffe miteinander reagieren.
4. Bei bekannten stöchiometrischen Stoffmengenverhältnissen kann man dann auch die Massenverhältnisse berechnen, in denen die Stoffe miteinander reagieren.

Die Reaktionsgleichung

$$4\,Al + 3\,O_2 \rightarrow 2\,Al_2O_3$$

bedeutet nicht nur, daß Aluminium und Sauerstoff sich miteinander zu Aluminiumoxid umsetzen, sondern auch, daß vier Atome Aluminium mit drei Molekülen Disauerstoff reagieren und zwei einfachste Formeln Aluminiumoxid bilden. Quantitativ besagt die Reaktionsgleichung, daß 4 mol Aluminium = 108 g und 3 mol Disauerstoff = 96 g 2 mol Aluminiumoxid = 204 g bilden. Das stöchiometrische Stoffmengenverhältnis, in dem die Stoffe miteinander reagieren, ist also durch die Reaktionskoeffizienten eindeutig festgelegt.

> Das stöchiometrische Stoffmengenverhältnis zweier Edukte, eines Edukts und eines Produkts oder zweier Produkte bei einer chemischen Reaktion ist gleich dem Verhältnis ihrer Reaktionskoeffizienten.
> Bei einer vollständig verlaufenden Reaktion werden zwei Edukte vollständig verbraucht, wenn sie im stöchiometrischen Stoffmengenverhältnis vorliegen und miteinander reagieren.

Als Beispiele sollen die Masse der Stoffportion Disauerstoff, die zur Oxidation von 9 g Aluminium benötigt wird, und die Masse des gebildeten Oxids berechnet werden. Dazu stellt man zunächst eine allgemeingültige Größengleichung für das stöchiometrische Massenverhältnis zweier Reaktionspartner 1 und 2 auf, die an einer chemischen Reaktion beteiligt sind. Diese Gleichung erhält man, wenn links und rechts von einem Gleichheitszeichen das Massenverhältnis m_1/m_2 aufgeschrieben und unter Verwendung von Gleichung (1.2) auf der rechten Seite die Massen durch die Produkte aus molarer Masse und Stoffmenge ersetzt werden. Dabei spielt es keine Rolle, ob es sich bei den beiden Reaktionspartnern um zwei Edukte, ein Edukt und ein Produkt oder um zwei Produkte handelt. Wichtig ist nur, daß beide Stoffe durch eine gemeinsame Reaktionsgleichung zueinander in Beziehung stehen. Die gesuchte Größengleichung lautet:

$$\boxed{\frac{m_1}{m_2} = \frac{n_1 \cdot M_1}{n_2 \cdot M_2}}\,. \tag{1.11}$$

Mit dieser Gleichung kann man prinzipiell jede der darin enthaltenen Größen berechnen, wenn die anderen fünf bekannt sind. Benutzt wird sie allerdings fast ausschließlich zur Berechnung von m_1 bei gegebenem m_2, denn das stöchiometrische Stoffmengenverhältnis n_1/n_2 läßt sich direkt aus der Reaktionsgleichung entnehmen (es ist gleich dem Verhältnis der Koeffizienten), und die molaren Massen der Reaktionspartner sind normalerweise bekannt. Da m_1 gesucht wird, löst man (1.11) nach m_1 auf:

$$m_1 = \frac{n_1 \cdot M_1}{n_2 \cdot M_2} \cdot m_2\,.$$

Im konkreten Falle lauten die Berechnungen für das obige Beispiel

$$m(O_2) = \frac{n(O_2) \cdot M(O_2)}{n(Al) \cdot M(Al)} \cdot m(Al) = \frac{3\,M(O_2)}{4\,M(Al)} \cdot m(Al)$$

$$= \frac{3\text{ mol} \cdot 32\text{ g} \cdot \text{mol}^{-1}}{4\text{ mol} \cdot 27\text{ g} \cdot \text{mol}^{-1}} \cdot 9\text{ g} = 8\text{ g}\,.$$

$$m(Al_2O_3) = \frac{n(Al_2O_3) \cdot M(Al_2O_3)}{n(Al) \cdot M(Al)} \cdot m(Al) = \frac{2\,M(Al_2O_3)}{4\,M(Al)} \cdot m(Al)$$

$$= \frac{2\text{ mol} \cdot 102\text{ g} \cdot \text{mol}^{-1}}{4\text{ mol} \cdot 27\text{ g} \cdot \text{mol}^{-1}} \cdot 9\text{ g} = 17\text{ g}\,.$$

Der in der Bestimmungsgleichung auftauchende Faktor

$$f(X/Y) = \frac{n_1 \cdot M_1}{n_2 \cdot M_2} \tag{1.12}$$

wird auch stöchiometrischer oder analytischer Faktor genannt. Er läßt sich bei wiederholten Massenberechnungen eines Reaktionspartners und bei Umsetzungen nach derselben Reaktionsgleichung zeitsparend heranziehen und ist auch in analytischen Tabellenwerken für viele chemische Reaktionen zu finden.
Wie man leicht erkennt, ist $f(X/Y)$ gleich dem stöchiometrischen Massenverhältnis zweier durch eine Reaktionsgleichung miteinander verbundener Stoffe, die aus den Teilchen X und Y bestehen.

Um bei der Bezeichnung von f die Übersicht zu behalten, empfiehlt es sich, in einem Klammerausdruck hinter f die Koeffizienten und Formeln der beiden Reaktanden*) anzugeben, deren Massenverhältnis f darstellt.

Beispiel 1:
Wieviel g Disauerstoff sind zur oxidativen Überführung von 80 g Aluminium in Aluminiumoxid erforderlich? Berechnen Sie die Masse des erforderlichen Disauerstoffs unter Verwendung des stöchiometrischen Faktors $f(O_2/Al)$.

Lösung:
Zunächst wird der stöchiometrische Faktor berechnet:

$$f(O_2/Al) = \frac{n(O_2) \cdot M(O_2)}{n(Al) \cdot M(Al)} = \frac{3 \text{ mol} \cdot 32 \text{ g} \cdot \text{mol}^{-1}}{4 \text{ mol} \cdot 27 \text{ g} \cdot \text{mol}^{-1}} = 0{,}889.$$

Die gesuchte Masse Disauerstoff ergibt sich dann durch Multiplikation des stöchiometrischen Faktors mit der gegebenen Aluminiummasse:

$$m(O_2) = f(O_2/Al) \cdot m(Al) = 0{,}889 \cdot 80 \text{ g} = 71{,}1 \text{ g}.$$

Beispiel 2:
Wieviel g Al_2O_3 lassen sich durch Oxidation von 16 g Al gewinnen? Lösen Sie auch diese Aufgabe unter Verwendung des stöchiometrischen Faktors $f(Al_2O_3/Al)$.

Lösung:

$$f(Al_2O_3/Al) = \frac{n(Al_2O_3) \cdot M(Al_2O_3)}{n(Al) \cdot M(Al)} = \frac{2 \text{ mol} \cdot 102 \text{ g} \cdot \text{mol}^{-1}}{4 \text{ mol} \cdot 27 \text{ g} \cdot \text{mol}^{-1}} = 1{,}889.$$

$$m(Al_2O_3) = f(Al_2O_3/Al) \cdot m(Al) = 1{,}889 \cdot 16 \text{ g} = 30{,}2 \text{ g}.$$

Immer wenn Massenberechnungen bei einer chemischen Reaktion durchgeführt werden sollen und die Reaktanden nicht in reiner Form in die Reaktion eingehen, ist eine zusätzliche Umrechnung erforderlich. Entweder wird vor der Massenberechnung über eine Gehaltsberechnung die Masse des Reaktanden in der Mischphase berechnet, oder es wird nach der Massenberechnung über eine Gehaltsberechnung die Gesamtmasse der Mischphase ausgerechnet, in der der betreffende Stoff vorliegt.

Beispiel 3:
Wieviel g Schwefelsäure mit 98% Massenanteil sind zur Darstellung von Salpetersäure aus 20 g Kaliumnitrat erforderlich und wieviel g HNO_3 entstehen bei der Reaktion, wenn die Edukte im stöchiometrischen Stoffmengenverhältnis eingesetzt werden und die Reaktion vollständig verläuft? Außer Salpetersäure entsteht noch Kaliumhydrogensulfat $KHSO_4$.

Lösung:
Zunächst muß die Bruttoreaktionsgleichung für die Schwefelsäuredarstellung aufgestellt werden. Dies ist leicht möglich, weil alle Edukte und Produkte in der Aufgabenstellung genannt sind.

$KNO_3 + H_2SO_4 \rightarrow KHSO_4 + HNO_3$.

---

*) Reaktanden stehen hier als Sammelbegriff für Ausgangsstoffe = Edukte und entstandene Stoffe = Produkte.

Nun setzt man die in der Aufgabenstellung gegebenen oder daraus ableitbaren Zahlenwerte in die Gleichung für das stöchiometrische Massenverhältnis ein:

$M(KNO_3) = 101,1 \text{ g} \cdot \text{mol}^{-1}; M(H_2SO_4) = 98,1 \text{ g} \cdot \text{mol}^{-1}; M(HNO_3) = 63,0 \text{ g} \cdot \text{mol}^{-1}$.

$$m(H_2SO_4) = f(H_2SO_4/KNO_3) \cdot m(KNO_3) = \frac{98,1}{101,1} \cdot 20,0 \text{ g} = 19,4 \text{ g}.$$

Der Massenanteil einer Komponente in einer Mischphase, hier der 98%igen Schwefelsäure, ist gemäß Gleichung (1.11) gegeben als

$$w(H_2SO_4) = \frac{m(H_2SO_4)}{m(\text{Ls})} = 0,98,$$

und die Auflösung nach der Masse der Mischphase $m(\text{Ls})$ ergibt

$$m(\text{Ls}) = \frac{m(H_2SO_4)}{0,98} = \frac{19,4 \text{ g}}{0,98} = 19,8 \text{ g}.$$

Die Massenberechnung der entstandenen Salpetersäure erfolgt gemäß:

$$m(HNO_3) = f(HNO_3/KNO_3) \cdot m(KNO_3) = \frac{63,0}{101,1} \cdot 20,0 \text{ g} = 12,5 \text{ g}.$$

Für die Reaktion benötigt man also 19,8 g Schwefelsäure mit 98% Massenanteil H_2SO_4, und es entstehen 12,5 g reine Salpetersäure.

Beispiel 4:
Wieviel g Borsäure H_3BO_3 kann man aus 200 g kristallwasserhaltigem Borax $Na_2B_4O_7 \cdot 10 H_2O$ gewinnen?

Lösung:
Hier ist es nicht notwendig, die vollständige Reaktionsgleichung aufzuschreiben, denn das stöchiometrische Stoffmengenverhältnis $n(H_3BO_3)/n(Na_2B_4O_7 \cdot 10 H_2O) = 4$ ergibt sich aus der Anzahl der Boratome in beiden Verbindungen.

$$m(H_3BO_3) = \frac{4 M(H_3BO_3)}{M(Na_2B_4O_7 \cdot 10 H_2O)} \cdot m(Na_2B_4O_7 \cdot 10 H_2O) = \frac{247,2}{381,4} \cdot 200 \text{ g} = 130 \text{ g}.$$

Beispiel 5:
Wieviel g Calciumcarbonat und Salzsäure mit einem Massenanteil an HCl von 20% sind zur Darstellung von 50,0 g kristallwasserhaltigem Calciumchlorid $CaCl_2 \cdot 6 H_2O$ erforderlich?

Lösung:
Die Reaktionsgleichung lautet:

$CaCO_3 + 2 HCl + 5 H_2O \rightarrow CaCl_2 \cdot 6 H_2O + CO_2$.

Die benötigte Masse an Calciumcarbonat erhält man gemäß:

$$m(\text{CaCO}_3) = \frac{n(\text{CaCO}_3) \cdot M(\text{CaCO}_3)}{n(\text{CaCl}_2 \cdot 6\,\text{H}_2\text{O}) \cdot M(\text{CaCl}_2 \cdot 6\,\text{H}_2\text{O})} \cdot m(\text{CaCl}_2 \cdot 6\,\text{H}_2\text{O})$$

$$= \frac{100{,}1}{219{,}1} \cdot 50{,}0\,\text{g} = 22{,}8\,\text{g}.$$

Aus der Massenanteilsbeziehung

$$\frac{m(\text{HCl})}{m(\text{Ls})} = 0{,}2$$ ergibt sich $m(\text{HCl}) = 0{,}2\,m(\text{Ls})$, und man kann den letzten Ausdruck direkt in Gleichung (1.11) einsetzen:

$$0{,}2\,m(\text{Ls}) = \frac{n(\text{HCl}) \cdot M(\text{HCl})}{n(\text{CaCl}_2 \cdot 6\,\text{H}_2\text{O}) \cdot M(\text{CaCl}_2 \cdot 6\,\text{H}_2\text{O})} \cdot m(\text{CaCl}_2 \cdot 6\,\text{H}_2\text{O})$$

$$= \frac{2 \cdot 36{,}5}{219{,}1} \cdot 50\,\text{g} = 16{,}7\,\text{g}$$

$$m(\text{Ls}) = 5 \cdot 0{,}2\,m(\text{Ls}) = 83{,}5\,\text{g}.$$

Es werden 22,8 g Calciumcarbonat und 83,3 g Salzsäure mit 20% Massenanteil an HCl benötigt.

Beispiel 6:
Aus 1000 kg verdünnter Schwefelsäure, die Arsen mit einem Massenanteil von 0,01 % als Verunreinigung enthalten, soll das Arsen mit Schwefelwasserstoff als Arsensulfid As_2S_3 ausgefällt werden. Wieviel g Eisensulfid mit einem Massenanteil an FeS von 80% sind zur Darstellung der benötigten Probe Schwefelwasserstoff erforderlich?

Lösung:
Wenn man annimmt, daß das Arsen in der Schwefelsäure in Form von arseniger Säure H_3AsO_3 vorliegt, so können die chemischen Vorgänge durch folgende Reaktionsgleichungen ausgedrückt werden:

$$\text{FeS} + \text{H}_2\text{SO}_4 \rightarrow \text{H}_2\text{S} + \text{FeSO}_4 \tag{I}$$

$$3\,\text{H}_2\text{S} + 2\,\text{H}_3\text{AsO}_3 \rightarrow \text{As}_2\text{S}_3 + 6\,\text{H}_2\text{O} \tag{II}$$

Man könnte zunächst die Masse der Stoffportion der arsenigen Säure berechnen, die der gegebenen Arsenprobe entspricht, dann aus (II) die der Probe arseniger Säure entsprechende Probe Schwefelwasserstoff und schließlich aus (I) die der Probe Schwefelwasserstoff entsprechende Probe Eisensulfid. Dieses Verfahren wäre jedoch unpraktisch. Deshalb wird folgende Verfahrensweise vorgezogen:

Gleichung (I) wird mit dem Faktor 3 multipliziert, so daß das Zwischenprodukt H_2S in (I) und (II) die gleichen Koeffizienten hat. Man erhält dann:

$$3\,\text{FeS} + 3\,\text{H}_2\text{SO}_4 \rightarrow 3\,\text{H}_2\text{S} + 3\,\text{FeSO}_4$$

$$3\,\text{H}_2\text{S} + 2\,\text{H}_3\text{AsO}_3 \rightarrow \text{As}_2\text{S}_3 + 6\,\text{H}_2\text{O}.$$

In der Schwefelsäure sind $1000 \cdot 10^3 \text{ g} \cdot 10^{-4} \text{ g} \cdot \text{g}^{-1} = 100 \text{ g}$ Arsen enthalten. Die Größengleichung zur Massenberechnung lautet nun

$$0{,}8 \, m(\text{Eisensulfid}) = \frac{n(\text{FeS}) \cdot M(\text{FeS})}{n(\text{As}) \cdot M(\text{As})} \cdot m(\text{As}) = \frac{3 \, M(\text{FeS})}{2 \, M(\text{As})} \cdot 100 \text{ g} = \frac{3 \cdot 87{,}9}{2 \cdot 74{,}9} \cdot 100 \text{ g} = 176 \text{ g}.$$

$$m(\text{Eisensulfid}) = \frac{176 \text{ g}}{0{,}8} = 220 \text{ g}.$$

Es sind also $m(\text{Eisensulfid}) = 220$ g für die Ausfällung des Arsens als Arsensulfid erforderlich.

Beispiel 7:
Zur Bestimmung der Massenanteile an Natriumhydrogencarbonat $NaHCO_3$ und Natriumcarbonat Na_2CO_3 in einer technischen Bicarbonatprobe wurden 0,9985 g Substanz eingewogen, in Wasser gelöst und mit Schwefelsäure im Überschuß versetzt. Das dabei freigesetzte Kohlendioxid wurde in Kalilauge absorbiert. Dazu wurde das gasförmige Produkt durch einen mit Kalilauge gefüllten Absorptionsapparat geleitet. Ermittelt wurde eine Massenzunahme des Absorptionsapparates um 0,5003 g. Die schwefelsäurehaltige Lösung wurde entwässert. Der Rückstand wog nach Glühen 0,8362 g. Berechnen Sie die Massenanteile an $NaHCO_3$ und Na_2CO_3 in der Mischphase in Prozent.

Lösung:
Zunächst stellt man die Reaktionsgleichungen auf. Sie lauten:

$Na_2CO_3 + H_2SO_4 \rightarrow Na_2SO_4 + CO_2 + H_2O$, (I)

$2 \, NaHCO_3 + 2 \, H_2SO_4 \rightarrow 2 \, NaHSO_4 + 2 \, CO_2 + 2 \, H_2O$ und (II)

$2 \, NaHSO_4 \rightarrow Na_2SO_4 + H_2SO_4$. (III)

Für die Entstehung von CO_2 und Na_2SO_4 aus $NaHCO_3$ und Na_2CO_3 lassen sich vier Größengleichungen formulieren:

$$m_1(CO_2) = \frac{n_1(CO_2) \cdot M(CO_2)}{n_1(Na_2CO_3) \cdot M(Na_2CO_3)} \cdot m(Na_2CO_3) = \frac{44{,}0}{106{,}0} \cdot m(Na_2CO_3)$$

und

$$m_2(CO_2) = \frac{n_2(CO_2) \cdot M(CO_2)}{n_2(NaHCO_3) \cdot M(NaHCO_3)} \cdot m(NaHCO_3) = \frac{44{,}0}{84{,}0} \cdot m(NaHCO_3)$$

mit

$m_1(CO_2) + m_2(CO_2) = 0{,}5003$ g

sowie

$$m_1(Na_2SO_4) = \frac{n_1(Na_2SO_4) \cdot M(Na_2SO_4)}{n_1(Na_2CO_3) \cdot M(Na_2CO_3)} \cdot m(Na_2CO_3) = \frac{142{,}0}{106{,}0} \cdot m(Na_2CO_3)$$

und

$$m_3(Na_2SO_4) = \frac{n_3(Na_2SO_4) \cdot M(Na_2SO_4)}{n_2(NaHCO_3) \cdot M(NaHCO_3)} \cdot m(NaHCO_3) = \frac{142{,}0}{2 \cdot 84{,}0} \cdot m(NaHCO_3)$$

mit

$m_1(Na_2SO_4) + m_3(Na_2SO_4) = 0{,}8362$ g.

Die Indizes an den Massensymbolen m und Stoffmengensymbolen n bezeichnen die zugehörigen Reaktionsgleichungen. Umformung liefert nun zwei Bestimmungsgleichungen für die beiden Unbekannten $m(Na_2CO_3)$ und $m(NaHCO_3)$:

$$\frac{44,0}{106,0} \cdot m(Na_2CO_3) + \frac{44,0}{84,0} \cdot m(NaHCO_3) = 0{,}5003 \text{ g}$$

und

$$\frac{142,0}{106,0} \cdot m(Na_2CO_3) + \frac{142,0}{2 \cdot 84,0} \cdot m(NaHCO_3) = 0{,}8362 \text{ g}.$$

$m(Na_2CO_3) = 0{,}0433$ g;

$m(NaHCO_3) = 0{,}9208$ g.

$w(Na_2CO_3) = \dfrac{m(Na_2CO_3)}{m(\text{Substanz})} = 0{,}0434 = 4{,}34\%$;

$w(NaHCO_3) = \dfrac{m(NaHCO_3)}{m(\text{Substanz})} = 0{,}9222 = 92{,}22\%$.

Umsatz- und Ausbeuteberechnung

Bei den meisten chemisch-technischen Prozessen, aber auch bei Reaktionen im chemischen Laboratorium lassen sich Massen- und Stoffmengenberechnungen nicht in der bisher veranschaulichten Weise durchführen. Die drei Hauptgründe dafür sind:
a) Die Edukte liegen nicht in den Stoffmengenverhältnissen vor, in denen sie nach der stöchiometrischen Reaktionsgleichung miteinander reagieren.
b) Der Reaktionsablauf ist nicht vollständig. Es stellt sich irgendwann ein Gleichgewichtszustand ein, in dem Edukte und Produkte im Reaktionsansatz in sehr unterschiedlichen Massenverhältnissen nebeneinander vorliegen.
c) Durch Nebenreaktionen und unvermeidbare Verluste werden die Produktausbeuten, die bei idealem Reaktionsablauf zu erwarten wären, erheblich unterschritten.
Berechnungen in solchen Fällen haben die Bestimmung des Reaktionsumsatzes und/ oder der Reaktionsausbeute zum Ziel.
Als Umsatz $U(A)$ bezeichnet man den verbrauchten Massen- oder Stoffmengenanteil eines Eduktes (Ausgangsstoffes) A. Dieser ist durch folgende Gleichung definiert:

$$\boxed{U(A) = \frac{m_o(A) - m(A)}{m_o(A)} = \frac{n_o(A) - n(A)}{n_o(A)}} \qquad (1.13)$$

mit $m_o(A)$ = Masse der Stoffportion von A vor Reaktionsbeginn,

$m(A)$ = Masse der Stoffportion von A nach Ablauf der Reaktionszeit t bzw. nach Erreichen des Reaktionsgleichgewichts,

$n_o(A)$ = Stoffmenge einer Stoffportion von A vor Reaktionsbeginn,
$n(A)$ = Stoffmenge einer Stoffportion von A nach Reaktionsablauf.

Beispiel 8:
Berechnen Sie den Reaktionsumsatz von Ethanol EtOH bei der Veresterungsreaktion mit Essigsäure, wenn von 38,0 g EtOH nach Reaktionsablauf noch 9,5 g im Reaktionsgemisch vorliegen.

Lösung:
$$U(\text{EtOH}) = \frac{m_o(\text{EtOH}) - m(\text{EtOH})}{m_o(\text{EtOH})} = \frac{38,0 \text{ g} - 9,5 \text{ g}}{38,0 \text{ g}} = 0,75 = 75\%.$$

Beispiel 9:
Die Auflösung von Zink in verdünnter Schwefelsäure erfolgt unter Wasserstoffentwicklung. Außerdem entsteht Zinksulfat. Sind nach einer Auflösungszeit von 12 min von ursprünglich 18,0 mmol Zn noch 5,76 mmol unverbraucht, so beträgt der Umsatz an Zink:

$$U(\text{Zn}) = \frac{n_o(\text{Zn}) - n(\text{Zn})}{n_o(\text{Zn})} = \frac{18,00 \text{ mmol} - 5,76 \text{ mmol}}{18,00 \text{ mmol}} = 0,68 = 68\%.$$

Die Ausbeute $A(C)$ gibt an, welcher Massen- oder Stoffmengenanteil der maximal möglichen Masse oder Stoffmenge eines Endprodukts C tatsächlich gebildet worden ist. Auch hier kann eine einfache Definitionsgleichung aufgestellt werden:

$$\boxed{A(C) = \frac{m(C)}{m_{max}(C)} = \frac{n(C)}{n_{max}(C)}} \tag{1.14}$$

mit $m(C)$ = Masse des gebildeten Produktes C,

$m_{max}(C)$ = Masse des Produktes C, die aus den vorgegebenen Massen der Ausgangsstoffe theoretisch bei maximalem Umsatz gebildet werden kann,

$n(C)$ = Stoffmenge des gebildeten Produktes C,

$n_{max}(C)$ = Stoffmenge des Produktes C, die bei maximalem Umsatz gebildet werden kann.

Zu beachten ist hier folgendes:
Wenn die Edukte nicht in dem stöchiometrischen Massen- oder Stoffmengenverhältnis eingesetzt werden, in dem sie miteinander reagieren, so muß man bei der Ausbeuteberechnung m_{max} bzw. n_{max} auf die jeweils im Unterschuß vorliegende Ausgangssubstanz beziehen.

Beispiel 10:
Beim Erhitzen von 46 g Ameisensäure HCOOH und 48 g Methanol CH_3OH entstehen 30 g Ameisensäuremethylester $HCOOCH_3$ und Wasser. Berechnen Sie Umsatz und Ausbeute.

Lösung:
Die Reaktionsgleichung lautet:

$$HCOOH + CH_3OH \rightleftharpoons HCOOCH_3 + H_2O$$
$$46{,}0 \quad\quad 32{,}0 \quad\quad 60{,}0 \quad\quad\quad 18{,}0 \text{ g} \cdot \text{mol}^{-1}$$

Um $30 \text{ g}/60 \text{ g} \cdot \text{mol}^{-1} = 0{,}5$ mol des Esters zu bilden, werden jeweils 0,5 mol Methanol und Ameisensäure verbraucht, denn die stöchiometrischen Koeffizienten aller Reaktanden sind gleich 1.

$$\text{Umsatz } U(HCOOH) = \frac{n_o(HCOOH) - n(HCOOH)}{n_o(HCOOH)} = \frac{1{,}0 \text{ mol} - 0{,}5 \text{ mol}}{1{,}0 \text{ mol}} = 0{,}50 = 50\%.$$

$$\text{Umsatz } U(CH_3OH) = \frac{n_o(CH_3OH) - n(CH_3OH)}{n_o(CH_3OH)} = \frac{1{,}5 \text{ mol} - 1{,}0 \text{ mol}}{1{,}5 \text{ mol}} = 0{,}33 = 33\%.$$

Maximal kann 1 mol Ester entstehen, da 1,5 mol Methanol, aber nur 1 mol Ameisensäure eingesetzt werden, Ameisensäure also im Unterschuß vorhanden ist.

$$\text{Ausbeute } A(HCOOCH_3) = \frac{n(HCOOCH_3)}{n_{max}(HCOOCH_3)} = \frac{0{,}5 \text{ mol}}{1{,}0 \text{ mol}} = 0{,}50 = 50\%.$$

Auch die Ausbeute an Wasser beträgt 0,50 = 50%. Allgemein gilt, daß die Ausbeute an Produkten gleich dem Umsatz des im Unterschuß vorhandenen Eduktes ist.

Aufgaben

1.4-1 Chromtrioxid Cr_2O_3 läßt sich durch eine Oxidationsschmelze in einem Gemisch von Natriumcarbonat Na_2CO_3 und Kaliumnitrat KNO_3 zu Natriumchromat Na_2CrO_4 oxidieren. Dabei entstehen noch Kaliumnitrit KNO_2 und Kohlendioxid CO_2.
Wieviel mg CO_2 werden bei der vollständigen Umsetzung von 70,0 mg KNO_3 gebildet?

1.4-2 Wieviel g festes Eisen(III)-chlorid $FeCl_3$ lassen sich aus 75 g Fe_2O_3 durch chemische Umsetzung mit Salzsäure HCl darstellen?

1.4-3 Wieviel g Chilesalpeter $NaNO_3$ und Schwefelsäure mit 96% Massenanteil benötigt man zur Darstellung von 1 kg Salpetersäure mit 65% Massenanteil, wenn die Ausgangsstoffe im Stoffmengenverhältnis 1:1 zur Reaktion gebracht werden?

1.4-4 Wieviel g metallischen Antimons können im günstigsten Fall aus 1 kg Grauspießglanzerz mit 90% Massenanteil Diantimontrisulfid Sb_2S_3 gewonnen werden?

1.4-5 Wieviel kg kristallwasserhaltigen Bariumhydroxids $Ba(OH)_2 \cdot 8 H_2O$ können theoretisch aus 10 kg Schwerspat $BaSO_4$ hergestellt werden?

1.4-6 Berechnen Sie das Massenverhältnis der bei der Verbrennung von Proben gleicher Massen der Elemente Zinn, Aluminium und Phosphor darstellbaren Oxide SnO_2, Al_2O_3 und P_4O_{10}.

1.4-7 Beim Erhitzen eines Gemisches von Ammoniumsulfat $(NH_4)_2SO_4$ und Calciumcarbonat $CaCO_3$ werden Ammoniumcarbonat $(NH_4)_2CO_3$ und Calciumsulfat $CaSO_4$ gebildet. Wieviel kg Ammoniumsulfat benötigt man zur Darstellung von 3,5 kg Ammoniumcarbonat, wenn dessen Massenanteil an NH_3 35,0% beträgt?

1.4-8 Es sollen 500 g Fluorwasserstoffsäure mit 40% Massenanteil dargestellt werden. Wieviel g Flußspat CaF_2 und Schwefelsäure (98% Massenanteil) sind einzusetzen?

1.4-9 Wieviel g Schwefelsäure mit 10% Massenanteil sind zur Darstellung von 30 g kristallwasserhaltigem Zinksulfat $ZnSO_4 \cdot 7 H_2O$ aus metallischem Zink erforderlich?

1.4-10 2,25 g Natrium werden mit 50 g Wasser umgesetzt. Berechnen Sie den prozentualen Massenanteil des gebildeten Natriumhydroxids in der Reaktionsmischung.

1.4-11 a) Berechnen Sie den Massenverlust beim Glühen von 0,5362 g Dinatriumhydrogenphosphat $Na_2HPO_4 \cdot 12 H_2O$.
b) Wieviel g Natriummetaphosphat $(NaPO_3)$ werden beim Kalzinieren von 1,5 g Phosphorsalz $NaNH_4HPO_4 \cdot 4 H_2O$ gebildet?

1.4-12 Wieviel g Kaliumbromid, Mangandioxid mit 95% Massenanteil und Schwefelsäure mit 30% Massenanteil sind zur Darstellung von 15 g freiem Brom erforderlich?

1.4-13 Wieviel g Wasser und Kohlendioxid werden bei der Verbrennung von 0,342 g Rohrzucker $C_{12}H_{22}O_{11}$ erhalten?

1.4-14 Ein Gemisch von Calciumoxid und Calciumcarbonat verliert beim Glühen 15% seiner Masse. Berechnen Sie die prozentualen Massenanteile der beiden Verbindungen im Gemisch.

1.4-15 Wieviel g Schwefelsäure mit 96% Massenanteil und Salpetersäure mit 64% Massenanteil sind zur vollständigen Umsetzung von 30 g Eisen(II)-sulfat $(FeSO_4 \cdot 7 H_2O)$ in Eisen(III)-sulfat $Fe_2(SO_4)_3$ erforderlich? Bei der Reaktion soll Stickstoffdioxid gebildet werden.

1.4-16 Wieviel g kristallwasserhaltige Soda $Na_2CO_3 \cdot 10 H_2O$, Quarzsand SiO_2 und Kreide $CaCO_3$ sind zur Darstellung von 1 kg einer Glassorte erforderlich, deren Zusammensetzung der Formel $Na_2O \cdot CaO \cdot 6 SiO_2$ entspricht?

1.4-17 Das Düngemittel Superphosphat, das ein Gemisch von in Wasser leicht löslichem Calciumdihydrogenphosphat $Ca(H_2PO_4)_2$ und Calciumsulfat $CaSO_4$ ist, wird durch Aufschluß des Minerals Apatit $3 Ca_3(PO_4)_2 \cdot CaF_2$ mit 65%iger Schwefelsäure dargestellt.
Wieviel kg dieser Säure sind zur Darstellung von Superphosphat aus 1 t Apatit einzusetzen, wenn der Apatit einen Massenanteil von 65% an tertiärem Calciumphosphat $Ca_3(PO_4)_2$ hat?

1.4-18 Wieviel kg konzentrierter Schwefelsäure mit 98% Massenanteil sind zur Darstellung von 2,00 t Chlorwasserstoff aus Natriumchlorid erforderlich, wenn 2% des Produktes verlorengehen?

1.4-19 4,90 g Kaliumchlorat $KClO_3$ werden in einem Reagenzglas mit Braunstein MnO_2 gemischt, und das Gemisch wird gewogen. Das Reagenzglas wird dann eine bestimmte Zeit lang erhitzt, wobei ein Teil des Kaliumchlorats unter der katalytischen Wirkung des Braunsteins in Kaliumchlorid und Sauerstoff umgewandelt wird. Nach Reaktionsende wird das Reagenzglas erneut gewogen. Die Massenabnahme beträgt 0,384 g. Welcher Massenanteil des Kaliumchlorats in % ist zersetzt worden?

1.4-20 Berechnen Sie die Masse der zur Darstellung von 10 kg Salzsäure mit 36% Massenanteil benötigten Kochsalzprobe, wenn 1% Kochsalz bei der Reaktion verlorengeht.

1.4-21 Wieviel g kristallwasserhaltiges Kupfersulfat $CuSO_4 \cdot 5 H_2O$ erhält man beim Einwirkenlassen von 200 g Schwefelsäure mit 98% Massenanteil auf reines Kupfer, wenn die Ausbeute 85% beträgt?

1.4-22 Aus 100 kg Kochsalz erhält man beim Sodaverfahren nach Leblanc 72 kg wasserfreie Soda. Berechnen Sie die Produktausbeute in Prozent.

1.4-23 Es sollen 25 g kristallwasserhaltiges Magnesiumsulfat $MgSO_4 \cdot 7\,H_2O$ dargestellt werden. Von wieviel g Magnesia alba $3\,MgCO_3 \cdot Mg(OH)_2 \cdot 3\,H_2O$ ist auszugehen, wenn die Ausbeute an kristallwasserhaltigem Produkt 80% beträgt?

1.4-24 Wieviel kg Phosphor werden aus 2 t eines Phosphoritminerals mit 60,3% Massenanteil an Tricalciumphosphat $Ca_3(PO_4)_2$ bei der Umsetzung mit Quarzsand und Kohle im elektrischen Ofen gewonnen, wenn die Ausbeute an Phosphor 97,8% beträgt?

1.4-25 Braunstein MnO_2 gibt beim Glühen einen Teil seines Sauerstoffs ab und wandelt sich allmählich in Mn_2O_3 um.
Zu wieviel % ist diese Umsetzung verlaufen, wenn nach dem Glühen der Rückstand aus Massenanteilen von 68,0% Mn und 32,0% O besteht?

2 Chemie der wäßrigen Lösungen

2.1 Quantitative Zusammensetzung von Lösungen

Definition einer Lösung als homogene Mischphase

> Eine *Lösung* ist eine homogene Mischphase, bestehend aus zwei oder beliebig vielen Stoffen, den *Komponenten*. Lösungen können flüssig oder auch fest sein. Bei flüssigen Lösungen wird oft eine Komponente als *Lösungsmittel* bezeichnet. Die übrigen Komponenten nennt man dann *gelöste Stoffe*.

Bei Lösungen mit höheren Konzentrationen wird der Unterschied zwischen Lösungsmittel und gelöstem Stoff willkürlich. So kann z. B. konzentrierte Salpetersäure ebensogut als Lösung von Wasser in Salpetersäure wie als Lösung von Salpetersäure in Wasser betrachtet werden. Sind feste Stoffe in einer Flüssigkeit gelöst, z. B. Salze in Wasser, so bezeichnet man selbst dann die Flüssigkeit als Lösungsmittel, wenn die Masse des gelösten Stoffs die Masse der Flüssigkeit erheblich überschreitet.

Die auf reine Stoffe angewandten Eigenschaftsgrößen Masse m, Stoffmenge n und Volumen V verwendet man auch zur Beschreibung der Quantität einer Lösung, entweder bezogen auf die gesamte Lösung oder auf die in ihr enthaltenen Komponenten. Außerdem benötigt man zur Beschreibung der quantitativen Zusammensetzung von Lösungen sogenannte *Gehaltsgrößen*, von denen wir eine, den Massenanteil $w(Ko)$ bereits früher bei der Berechnung stofflicher Zusammensetzungen von Element-Isotopengemischen und Verbindungen kennenlernten.

Die Gehaltsgrößen: Anteile, Konzentrationen, Verhältnisse, Molalität

Früher wurden Gehaltsangaben mit recht unterschiedlichen Bezeichnungen verwendet, denen man oftmals keine Einheitenzeichen zuordnen konnte (z. B. „Gewichtsprozent", „Volumenprozent", „Milligrammprozent" usw.). Dies erschwerte oder verhinderte das Rechnen mit Größengleichungen.
Zwischenzeitlich erfolgte die Einführung einheitlicher Definitionen, Namen und Zeichen für die Gehaltsgrößen (DIN 1310 von 1979 sowie die Empfehlungen der

IUPAC). In diesem Buch werden nur noch die neuen Namen und Zeichen verwendet. Um jedoch den Bezug zur älteren Literatur herzustellen, werden (in Klammern) auch die alten Namensbezeichnungen erwähnt.

Man kann die Gehaltsgrößen des besseren Überblicks wegen in drei Gruppen aufteilen: Anteile, Konzentrationen und Verhältnisse (Lit 17). Jede dieser Gruppen besteht aus drei Gehaltsgrößen, nämlich je einer Massen-, einer Stoffmengen- und einer Volumengehaltsgröße. Als zehnte Gehaltsgröße tritt noch die Molalität hinzu.

Bevor die einzelnen Gehaltsgrößen definiert werden, sei noch auf folgendes hingewiesen: Masse, Stoffmenge und Volumen sind extensive Größen. Sie kommen einer Stoffportion als Ganzes zu, Teilen der Stoffportion jedoch nur mit bestimmten Bruchteilen. Die Gehaltsgrößen hingegen sind intensive Größen, die allen Teilen einer Probe mit gleichem Betrag zukommen. Für jede beliebig große Teilportion ein- und derselben Lösung hat eine Gehaltsgröße immer den gleichen Wert. Unterschiede zwischen den einzelnen Gehaltsgrößen bestehen hinsichtlich der Temperaturabhängigkeit. Verschiedene Gehaltsgrößen erfordern Reinstoffe, andere nicht.

Gehaltsanteile

Massenanteil $w(\text{Ko})$ ist der Quotient aus der Masse m einer Komponente und der Summe der Massen aller Komponenten einer Lösung. Die Definitionsgleichung lautet:

$$w(\text{Ko}_1) = \frac{m(\text{Ko}_1)}{m(\text{Ko}_1) + m(\text{Ko}_2) + \cdots + m(\text{Ko}_n)} \qquad (2.1)$$

Der Massenanteil kann als Einheit

a) die Quotienten aus zwei Masseneinheiten, nämlich $g \cdot g^{-1}$, $dg \cdot g^{-1}$, $cg \cdot g^{-1}$, $mg \cdot g^{-1}$, $\mu g \cdot g^{-1}$, $ng \cdot g^{-1}$ oder $pg \cdot g^{-1}$ besitzen.

b) Es ist auch erlaubt zu kürzen, wonach dann nur der Zahlenwert mit einer Zehnerpotenz zurückbleibt, z. B. $cg \cdot g^{-1} = 10^{-2} = \%$; $mg \cdot g^{-1} = 10^{-3} = \permil$; $\mu g \cdot g^{-1} = 10^{-6}$ = ppm (parts per million); $ng \cdot g^{-1} = 10^{-9}$ = ppb (parts per billion[*]); $pg \cdot g^{-1} = 10^{-12}$ = ppt (parts per trillion[*]).

(Die früheren, heute nicht mehr gültigen Bezeichnungen lauteten „Massenbruch", „Prozentgehalt" oder „Gewichtsprozent").

Als Gehaltsgröße findet der Massenanteil nicht nur auf Lösungen, sondern auch auf feste, weniger jedoch auf gasförmige Mischphasen Anwendung.

Beispiel 1:
30 g Kochsalz NaCl werden in 170 g Wasser aufgelöst. Berechnen Sie den Massenanteil $w(\text{NaCl})$ des Kochsalzes in der Lösung.

---

[*] Beachten Sie bitte, daß das angelsächsische Wort „billion" die Potenz 10^9 und das Wort „trillion" die Potenz 10^{12} bezeichnet. Die deutschen Bezeichnungen lauten dagegen „Billion" für 10^{12} und „Trillion" für 10^{15}.

Lösung:
$$w(NaCl) = \frac{m(NaCl)}{m(NaCl) + m(H_2O)} = \frac{30\text{ g}}{30\text{ g} + 170\text{ g}} = 0{,}15\text{ g} \cdot \text{g}^{-1}.$$

Beispiel 2:
Eine wäßrige Ammoniaklösung hat die Masse 354 g und enthält 17,7 g gelöstes Ammoniak. Berechnen Sie den Massenanteil an Ammoniak in Prozent.

Lösung:
$$w(NH_3) = \frac{m(NH_3)}{m(Ls)} = \frac{17{,}7\text{ g}}{354\text{ g}} = \frac{5\text{ g}}{100\text{ g}} = 0{,}05\text{ g} \cdot \text{g}^{-1} = 5\%.$$

Beispiel 3:
Eine Tonne Nordseewasser enthält 0,006 mg Gold. Berechnen Sie den Massenanteil des Goldes in ppt (parts per trillion).

Lösung:
$$w(Au) = \frac{m(Au)}{m(Ls)} = \frac{6 \cdot 10^{-3}\text{ mg}}{10^9\text{ mg}} = 6 \cdot 10^{-12}\text{ mg} \cdot \text{mg}^{-1} = 6\text{ ppt}.$$

Beispiel 4:
Eine wäßrige Bariumchloridlösung hat die Masse $m(Ls) = 228$ g und einen Massenanteil von 6,5 % $BaCl_2$. Berechnen Sie die Masse des gelösten $BaCl_2$.

Lösung:
Zur Berechnung wird die Definitionsgleichung (2.1) umgeformt, und man erhält:

$m(BaCl_2) = w(BaCl_2) \cdot m(Ls) = 0{,}065 \cdot 228\text{ g} = 14{,}8\text{ g}.$

Stoffmengenanteil $x(X)$ (früher „Molenbruch") ist der Quotient aus der Stoffmenge eines Reinstoffes – bestehend aus den Teilchen X – als Komponente einer Lösung und den Stoffmengen aller Reinstoffe, die sich aus jeweils identischen Teilchen X, Y und Z zusammensetzen und die Lösung bilden:

$$x(X) = \frac{n(X)}{n(X) + n(Y) + n(Z)} \quad (2.2)$$

Für die Einheiten gelten dieselben Grundsätze, wie sie bei den Massenanteilen diskutiert wurden, d.h. man gibt
a) entweder den ungekürzten Einheitenquotienten an, z.B. $\text{mol} \cdot \text{mol}^{-1}$, $\text{mmol} \cdot \text{mol}^{-1}$, $\mu\text{mol} \cdot \text{mol}^{-1}$ bzw. $\text{nmol} \cdot \text{mol}^{-1}$
b) oder man kürzt die Einheiten fort und erhält dann lediglich eine Zehnerpotenz, die auch
c) alternativ durch die Zeichen %, ‰, ppm usw. angegeben werden kann.

Beispiel 5:
Eine wäßrige Lösung von Ethanol EtOH enthält 0,21 mol EtOH und 0,79 mol H_2O. Berechnen Sie den Stoffmengenanteil EtOH in der Lösung und geben Sie ihn auf unterschiedliche Weise an:

Lösung:

$$x(\text{EtOH im EtOH/}H_2O\text{-Gemisch}) = \frac{n(\text{EtOH})}{n(\text{EtOH}) + n(H_2O)} = \frac{0{,}21 \text{ mol}}{0{,}21 \text{ mol} + 0{,}79 \text{ mol}}$$

$$= 0{,}21 \text{ mol} \cdot \text{mol}^{-1} = 0{,}21 = 21\,\%.$$

Aus der Definitionsgleichung ergibt sich, daß die Summe der Stoffmengenanteile aller Reinstoffe einer Lösung gleich 1 ist.
Die Gehaltsgröße Stoffmengenanteil findet Anwendung bei allen Aufgabenstellungen aus den Bereichen der chemischen Thermodynamik von Mischphasen, d.h. bei der Siedepunktserhöhung, Dampfdruckerniedrigung, bei Siedediagrammen, beim osmotischen Druck usw..

Der *Volumenanteil* $\varphi(\text{Ko})$ ist der Quotient aus dem Volumen einer Komponente und der Summe der Volumina aller Komponenten einer Lösung. Die Definitionsgleichung lautet:

$$\boxed{\varphi(\text{Ko}_1) = \frac{V(\text{Ko}_1)}{V(\text{Ko}_1) + V(\text{Ko}_2) + \cdots + V(\text{Ko}_n)}.} \qquad (2.3)$$

Für die Einheiten des Volumenanteils gilt entsprechendes wie für diejenigen des Massenanteils, wenn man einfach die Einheit g durch die Einheit l ersetzt bzw. mg durch ml usw. (frühere Bezeichnungen waren „Volumenbruch" oder „Volumprozent"). Mit den Volumenanteilen wird auch die quantitative Zusammensetzung von Gasgemischen charakterisiert.
Es gibt auch hier drei Möglichkeiten der Bezeichnung, nämlich durch den Zahlenwert und
a) den Quotienten aus zwei Volumeneinheiten,
b) den Dezimalfaktor,
c) die Zeichen %, ‰, ppm usw.
Beispielsweise beträgt der Volumenanteil des Stickstoffs in der Luft

$$\varphi(N_2) = 0{,}78 \text{ l} \cdot \text{l}^{-1} = 0{,}78 = 78\,\%.$$

Selbstverständlich ist es notwendig, bei der Angabe von Gehaltsanteilen die Gehaltsbezeichnung immer mit zu nennen.
Beim Mischen mancher Flüssigkeiten treten Volumenverringerungen (bekanntestes Beispiel: Gemische von Ethanol und Wasser) oder Volumenvergrößerungen auf. In solchen Fällen ist es nicht sinnvoll, den Volumenanteil als charakteristische Gehaltsgröße zu verwenden.

Gehaltskonzentrationen

Als *Massenkonzentration* ϱ^* bezeichnet man den Quotienten aus der Masse m einer gelösten Komponente und dem Volumen V der Lösung:

$$\varrho^*(\text{Ko}) = \frac{m(\text{Ko})}{V(\text{Ls})}. \tag{2.4}$$

Diese Bestimmungsgleichung hat auffallende Ähnlichkeit mit der Definitionsgleichung der Dichte. Läge die Komponente als reiner Stoff vor, so ergäbe sich ihre Dichte als Quotient aus Masse und Volumen gemäß obiger Gleichung. Massenkonzentration und Dichte sind folglich Größen gleicher Art und haben daher die gleiche Einheit. Die Einheit ist jeweils der Quotient aus einer Masseneinheit und einer Volumeneinheit. Die Massenkonzentration wird, weil sie die Dichte einer Komponente der Mischphase darstellt, auch Partialdichte genannt und hat das Größenzeichen der Dichte ϱ mit dem Stern als zusätzlichem Unterscheidungsindex.

Beispiel 6:
In einem chemischen Labor von 150 m³ Rauminhalt dürfen nach den Richtlinien einer Kommission der Deutschen Forschungsgemeinschaft nicht mehr als 390 g gasförmiges Chlorethan C_2H_5Cl enthalten sein, um die Gesundheit des Laborpersonals bei achtstündigem ununterbrochenem Aufenthalt nicht zu gefährden. Berechnen Sie aus obigen Angaben den MAK-Wert (Maximale Arbeitsplatzkonzentration) als Massenkonzentration von Chlorethan C_2H_5Cl in Luft.

Lösung:
$$\varrho^*(C_2H_5Cl) = \frac{m(C_2H_5Cl)}{V(\text{Labor})} = \frac{390 \cdot 10^3 \text{ mg}}{150 \text{ m}^3} = 2\,600 \text{ mg} \cdot \text{m}^{-3}.$$

Die *Stoffmengenkonzentration* trägt als besonders wichtige Gehaltsgröße auch die Kurzbezeichnung Konzentration und hat das Größenzeichen c (die frühere Bezeichnung war „Molarität").

Ihre Definitionsgleichung lautet:

$$c(X) = \frac{n(X)}{V(\text{Ls})}, \tag{2.5}$$

d. h. die Konzentration $c(X)$ eines gelösten Stoffes in Bezug auf seine Teilchen X ist der Quotient aus der Stoffmenge $n(X)$ und dem Volumen der fertigen Lösung $V(\text{Ls})$, in dem die angegebene Stoffprobe gelöst ist.

Die SI-Einheit der Stoffmengenkonzentration ist $mol \cdot m^{-3}$. In der Praxis werden die Einheiten $mol \cdot l^{-1}$, $mol \cdot dm^{-3}$, $mmol \cdot l^{-1}$ bzw. mol/l, mmol/l usw. am häufigsten verwendet.

Beispiel 7:
In 150 ml einer wäßrigen Ammoniaklösung sind 36 mmol NH_3 enthalten. Berechnen Sie die NH_3-Konzentration $c(NH_3)$.

Lösung:

$$c(NH_3) = \frac{n(NH_3)}{V(Ls)} = \frac{36 \text{ mmol}}{150 \text{ ml}} = 0{,}24 \text{ mmol} \cdot ml = 0{,}24 \text{ mol} \cdot l^{-1}.$$

Eine große Bedeutung hat auch die Berechnung und das Arbeiten mit der Stoffmengenkonzentration von Äquivalenten, kurz der *Äquivalentkonzentration* $c(eq)$, (früher „Normalität", Größenbezeichnung „Val"). Sie wird aus der Stoffmengenkonzentration über das Äquivalentteilchen oder kurz *Äquivalent* hergeleitet. Das Äquivalentteilchen ist nach der erweiterten Moldefinition (DIN 32625) der Bruchteil $1/z^*$ eines Teilchens X, das ein Atom, Molekül, Ion oder eine Atomgruppe in einem Molekül sein kann. z^* ist die *Äquivalentzahl*, und für X/z^* sowie für z^* gelten folgende Regeln:
a) Bei einer Neutralisationsreaktion ist X/z^* das Neutralisationsäquivalent; z^* gibt an, wieviel Protonen ein Teilchen X bei dieser Reaktion liefert oder verbraucht.
b) Bei einer Redoxreaktion ist X/z^* das Redoxäquivalent; z^* gibt hier an, wieviel Elektronen ein Teilchen X bei der Reaktion auf ein anderes Teilchen überträgt.
c) Wenn X ein Ion mit z^* Elementarladungen ist, heißt X/z^* das Ionenäquivalent. Es kann an einer Reaktion unter Ladungsabgabe (elektrochemisches Äquivalent) oder unter Beibehaltung seiner Ladung (Ionenaustauschäquivalent) teilnehmen.
d) Ein Äquivalent läßt sich auch über die Stöchiometrie einer Reaktionsgleichung oder eines Adsorptionsverlaufes definieren.

Die Stoffmengenkonzentrationen von Äquivalenten, auch Äquivalentkonzentrationen, gewinnen ihre Bedeutung dadurch, daß die unter a)–d) angegebenen Reaktionen, die fast immer in wäßriger Lösung ablaufen, in der quantitativen Analytik weite Anwendung finden. Bei analytisch verwendbaren Umsetzungen reagieren Stoffe gleicher Äquivalentkonzentrationen immer im Volumenverhältnis 1. Folgende Beispiele sollen das erläutern.

Beispiel 8:
Bei der Neutralisationsreaktion von Schwefelsäure mit Natronlauge in wäßriger Lösung gemäß

$$H_2SO_4 + 2\, NaOH \rightarrow Na_2SO_4 + 2\, H_2O$$

besteht das Molekül H_2SO_4 aus 2 Äquivalenten $1/2\, H_2SO_4$, von denen jedes ein Proton liefert.

$$eq(H_2SO_4) = 1/z^* \, H_2SO_4 = 1/2 \, H_2SO_4, \quad z^* = 2.$$

Für die Äquivalentkonzentration $c(eq)$ gilt

$$c(eq) = z^* \cdot c(X) = 2\, c(H_2SO_4) = c(1/2\, H_2SO_4).$$

Andererseits besteht die Atomgruppe NaOH nur aus einem Äquivalent, weil sie nur 1 OH$^-$-Ion zur Neutralisationsreaktion beisteuert. Deshalb gilt

$$c(\text{eq}) = z^* \cdot c(X) = c(\text{NaOH}).$$

Aus den beiden letzten Beziehungen und der Reaktionsgleichung kann hergeleitet werden, daß bei der Neutralisationsreaktion einer Säure mit einer Lauge gleiche Volumina beider Reaktionspartner verbraucht werden, wenn sie in gleichen Äquivalentkonzentrationen vorliegen (S. 134).

Beispiel 9:
Die Redoxreaktion zwischen Permanganat- und Eisen(II)-Ionen in saurer wäßriger Lösung kann man durch eine Oxidationsmittel- und eine Reduktionsmittel-Teilgleichung beschreiben. Wenn man durch richtige Wahl der Koeffizienten dafür sorgt, daß die bei der Teilreaktion des Reduktionsmittels freigesetzten Elektronen bei der Oxidationsmittel-Teilreaktion vollständig verbraucht werden, erhält man die Gesamtgleichung in Ionenform durch einfache Addition:

Oxidation: $\quad MnO_4^- + 5\,e^- + 8\,H^+ \rightarrow Mn^{2+} + 4\,H_2O$
Reduktion: $\quad\qquad\qquad\qquad 5\,Fe^{2+} \rightarrow 5\,Fe^{3+} + 5\,e^-$
Gesamt: $\quad MnO_4^- + 5\,Fe^{2+} + 8\,H^+ \rightarrow Mn^{2+} + 5\,Fe^{3+} + 4\,H_2O$

Ein Permanganation nimmt bei dieser Reaktion 5 Elektronen auf, die Äquivalentzahl ist $z^* = 5$, eq = $1/z^*$ MnO_4^- = $1/5$ MnO_4^-, und die Äquivalentkonzentration ist

$$c(\text{eq}) = c(1/5\ MnO_4^-) = z^* \cdot c(MnO_4^-) = 5\,c(MnO_4^-).$$

Die Äquivalentkonzentration der Eisen(II)-Ionen ist, wie man unschwer erkennt, gleich der Stoffmengenkonzentration. Auch hier gilt, daß beim Vorliegen der Oxidationsmittellösung und der Reduktionsmittellösung in gleichen Äquivalentkonzentrationen gleiche Volumina beider Lösungen vollständig miteinander reagieren. Deshalb spielen Äquivalentkonzentrationen bei Titrationen eine Rolle, wo sie die rechnerische Auswertung erleichtern.

Die bei Titrationen verwendeten Maßlösungen haben oftmals Konzentrationen, die Abweichungen von einfachen Zahlenwerten, z.B. 0,01 mol·l^{-1}, aufweisen. Man bezeichnet die Konzentrationen dieser Lösungen einfachheitshalber trotzdem mit den gerundeten Zahlenwerten $\tilde{c}(X)$ und dem Zusatz ungefähr und berücksichtigt bei der Berechnung der dezimalgenauen Konzentrationen $c(X)$ die Abweichung durch Multiplikation mit einem Korrekturfaktor, der nach DIN 32625 *Titer t* genannt wird:

$$c(X) = \tilde{c}(X) \cdot t. \tag{2.6}$$

Als *Volumenkonzentration* wird der Quotient aus dem Volumen einer Komponente und dem Volumen der Mischphase (Lösung) bezeichnet,

$$\sigma(\text{Ko}) = \frac{V(\text{Ko})}{V(\text{Ls})}. \tag{2.7}$$

Wie unschwer erkennbar ist, hat diese Gehaltsgröße dieselbe Einheit wie der Volumenanteil, nämlich den Quotienten zweier Volumina. Der Unterschied der beiden

Größen ist dadurch gegeben, daß beim Volumenanteil auf die Summe der Volumina der Gemischkomponenten vor der Herstellung des Gemisches Bezug genommen wird. Bei der Volumenkonzentration besteht hingegen der Bezug zum Volumen des fertigen Gemisches. Wenn beim Vermischen mehrerer Komponenten keine Volumenveränderung eintritt, ist die Volumenkonzentration mit dem Volumenanteil identisch.

Von der Definitions-Größengleichung ausgehend lassen sich problemlos drei Arten von Berechnungen ausführen:
a) Die Berechnung der Volumenkonzentration bei bekannten Volumina der Komponente und der Lösung.
b) Die Berechnung des Volumens der Komponente aus ihrer Volumenkonzentration und dem Volumen der Lösung.
c) Die Berechnung des Lösungsvolumens aus der Volumenkonzentration und dem Volumen der gelösten Komponente.

Eine exakte Angabe eines Volumenkonzentrationswertes erfordert die Nennung des Größennamens oder des vereinbarten Größenzeichens.

Beispiel 9:
450 ml eines Autoreparaturlacks enthalten 421,7 g Titandioxidpigment der Dichte 4,260 g · ml^{-1}. Berechnen Sie die Pigmentvolumenkonzentration und geben Sie sie auf drei Arten an.

Lösung:

$$V(TiO_2) = \frac{m(TiO_2)}{\varrho(TiO_2)} = \frac{421,7 \text{ g}}{4,260 \text{ g} \cdot \text{ml}^{-1}} = 99 \text{ ml}$$

$$\sigma(TiO_2) \text{ im Reparaturlack} = \frac{99 \text{ ml}}{450 \text{ ml}} = 0,22 \text{ ml} \cdot \text{ml}^{-1} = 0,22 = 22\%.$$

Gehaltsverhältnisse

Unter den Gehaltsgrößen spielen die Gehaltsverhältnisse eine vergleichsweise geringe Rolle und sollen deshalb nur kurz behandelt werden.

Das *Massenverhältnis* zweier Komponenten einer Mischphase ist definiert als

$$\zeta = \frac{m(Ko_1)}{m(Ko_2)}. \tag{2.8}$$

Üblicherweise schreibt man statt des Größenzeichens ζ den Quotienten m_1/m_2, z. B für das Massenverhältnis von Sauerstoff und Stickstoff in der Luft

$$\frac{m(O_2)}{m(N_2)} = 0,304.$$

Die Angabe von Massenverhältnissen beschränkt sich keinesfalls auf Mischphasen, sondern findet auch Anwendung auf zwei Elemente in einer Verbindung oder zwei Edukte in einer chemischen Reaktion.

Die Definitionsgleichung für das *Stoffmengenverhältnis* wird

$$r = \frac{n(X)}{n(Y)} \qquad (2.9)$$

geschrieben.

Für das *Volumenverhältnis* zweier Komponenten in einer Mischphase lautet die entsprechende Gleichung:

$$\psi = \frac{V(Ko_1)}{V(Ko_2)}. \qquad (2.10)$$

Wie beim Massenverhältnis werden in der Praxis statt der Größenzeichen in den Definitionsgleichungen häufig die Größenquotienten zur Bezeichnung verwendet, z. B. für das Stoffmengenverhältnis von O_2 und N_2 in der Luft:

$$\frac{n(O_2)}{n(N_2)} = 0{,}269.$$

Ideale Gase sind dadurch ausgezeichnet, daß ihr Volumenverhältnis gleich dem Stoffmengenverhältnis ist, wenn Temperatur und Druck übereinstimmen.

Molalität

Nach der Definitionsgleichung

$$\boxed{b(X) = \frac{n(X)}{m(Lsm)}} \qquad (2.11)$$

ist die *Molalität* $b(X)$ einer Lösung der Quotient aus der *Stoffmenge* $n(X)$ des gelösten Stoffes, bestehend aus den *Teilchen* X, und der *Masse* m des Lösungsmittels. Diese Gehaltsangabe wird nur auf Lösungen angewendet und hat im Vergleich mit den anderen Gehaltskonzentrationen den Vorteil, daß sie temperaturunabhängig ist. Anwendung findet die Molalität bei physikalisch-chemischen Berechnungen, z. B. der molaren Masse eines gelösten Stoffes aus der Gefrierpunktserniedrigung, Siedepunktserhöhung oder Dampfdruckerniedrigung des Lösungsmittels.

Beispiel 10:
In 300 g Wasser werden 0,075 mol Traubenzucker gelöst. Berechnen Sie die Molalität der Lösung.

Lösung:

$$b(C_6H_{12}O_6) = \frac{n(C_6H_{12}O_6)}{m(\text{Lsm})} = \frac{0{,}075 \text{ mol}}{0{,}3 \text{ kg}} = 0{,}25 \text{ mol} \cdot \text{kg}^{-1}.$$

Umrechnung wichtiger Gehaltsgrößen

Die Angabe der Quantität einer Stoffportion durch ihre Masse m, ihr Volumen V oder ihre Stoffmenge n und die Umrechnung dieser Größen ineinander ist bereits in Kapitel 1.1 erläutert worden. Auf den dabei beschriebenen grundlegenden stöchiometrischen Rechenoperationen aufbauend, lassen sich ebenso einfach Gehaltsangaben von Mischphasen in unterschiedlichen Gehaltseinheiten ausdrücken und von einer Einheit in eine andere umrechnen. Wegen der praktischen Bedeutung solcher Umrechnungen im chemischen Laboratorium sollen von den 45 theoretisch möglichen Umrechnungsbeziehungen zwischen den zehn behandelten Gehaltsgrößen die sechs wichtigsten im folgenden beschrieben werden. Als Grundlage dienen dabei die Definitionsgleichungen der Gehaltsgrößen.

I. Für die Beziehung zwischen der Massenkonzentration und der Stoffmengenkonzentration eines Reinstoffes, bestehend aus den Teilchen X, kann man schreiben:

$$\varrho^*(X) = \frac{m(X)}{V(\text{Ls})} = \frac{n(X) \cdot M(X)}{V(\text{Ls})} = c(X) \cdot M(X). \tag{2.12a}$$

Zur Herleitung dieser Beziehung schreibt man die Definitionsgleichung der Massenkonzentration (2.4) auf, wobei es für einen Reinstoff zulässig ist, (Ko) durch (X) zu substituieren. Danach ersetzt man $m(X)$, die Masse der aus den Teilchen X bestehenden Stoffportion im Zähler des zweiten Gliedes, durch das Produkt aus der Stoffmenge und der molaren Masse (1.1). Der Quotient aus der Stoffmenge und dem Volumen der Lösung im dritten Glied der Gleichung ergibt durch Kürzen die Konzentration. Nach Weglassen des 2. und 3. Gliedes der ausführlichen Gleichung erhält man die vereinfachte Umrechnungsbeziehung:

$$\varrho^*(X) = M(X) \cdot c(X). \tag{2.12b}$$

Beispiel 11:
Berechnen Sie die Konzentration einer Schwefelsäurelösung mit 30 g $\cdot$ l^{-1} Massenkonzentration.

Lösung:

$$c(H_2SO_4) = \frac{30 \text{ g} \cdot \text{l}^{-1}}{98{,}1 \text{ g} \cdot \text{mol}^{-1}} = 0{,}306 \text{ mol} \cdot \text{l}^{-1}.$$

Beispiel 12:
Welche Massenkonzentration hat eine Glucoselösung mit $c(C_6H_{12}O_6) = 0{,}389$ mol $\cdot$ l^{-1}?

Lösung:

$\varrho^*(C_6H_{12}O_6) = 180 \text{ g} \cdot \text{mol}^{-1} \cdot 0{,}389 \text{ mol} \cdot \text{l}^{-1} = 70 \text{ g} \cdot \text{l}^{-1}.$

II. Die Stoffmengenkonzentration eines Reinstoffes in einer Mischphase läßt sich in den zugehörigen Massenanteil folgendermaßen umrechnen:

$$w(X) = \frac{m(X)}{m(Ls)} = \frac{M(X) \cdot n(X)}{\varrho(Ls) \cdot V(Ls)} = \frac{M(X)}{\varrho(Ls)} \cdot c(X). \tag{2.13a}$$

X sind hier wiederum die Teilchen der Komponente Ko. Entwickelt wird durch Einsetzen von (1.2) in den Zähler und von (1.5) in den Nenner des ersten Bruches der geringfügig modifizierten Gleichung (2.1). Die vereinfachte Gleichung lautet:

$$w(X) = \frac{M(X)}{\varrho(Ls)} \cdot c(X). \tag{2.13b}$$

Beispiel 13:
Berechnen Sie die Konzentration einer wäßrigen Lösung von Ammoniumchlorid, die einen Massenanteil von 15% und die Dichte $1{,}0447 \text{ g} \cdot \text{ml}^{-1}$ hat.

Lösung:

$$c(NH_4Cl) = \frac{0{,}15 \text{ g} \cdot \text{g}^{-1} \cdot 1{,}0447 \text{ g} \cdot \text{ml}^{-1}}{53{,}5 \text{ g} \cdot \text{mol}^{-1}} = 0{,}00293 \text{ mol} \cdot \text{ml}^{-1} = 2{,}93 \text{ mol} \cdot \text{l}^{-1}$$

Beispiel 14:
Welchen Massenanteil an H_2SO_4 hat eine Schwefelsäurelösung mit $c(H_2SO_4) = 2{,}32 \text{ mol} \cdot \text{l}^{-1}$ und der Dichte $1{,}139 \text{ g} \cdot \text{ml}^{-1}$?

Lösung:

$$w(H_2SO_4) = \frac{98{,}1 \text{ g} \cdot \text{mol}^{-1} \cdot 2{,}32 \text{ mol} \cdot \text{l}^{-1}}{1139 \text{ g} \cdot \text{l}^{-1}} = 0{,}200 \text{ g} \cdot \text{g}^{-1} = 0{,}200 = 20\%.$$

III. Zwischen dem Massenanteil und der Massenkonzentration besteht folgende Beziehung:

$$w(Ko) = \frac{m(Ko)}{m(Ls)} = \frac{m(Ko)}{\varrho(Ls) \cdot V(Ls)} = \frac{1}{\varrho(Ls)} \cdot \varrho^*(Ko), \tag{2.14a}$$

Hier wird zur Entwicklung Gleichung (1.4) nach Umformung in den Nenner des zweiten Gleichungsgliedes von (2.1) eingesetzt. Nach Umformung folgt in abgekürzter Schreibweise:

$$\varrho^*(\text{Ko}) = w(\text{Ko}) \cdot \varrho(\text{Ls}). \tag{2.14b}$$

Beispiel 15:
Berechnen Sie die Massenkonzentration einer Schwefelsäure mit 15% Massenanteil und einer Dichte von 1,104 g · ml^{-1}.

Lösung:

$$\varrho^*(\text{H}_2\text{SO}_4) = 0{,}15 \text{ g} \cdot \text{g}^{-1} \cdot 1{,}104 \text{ g} \cdot \text{ml}^{-1} = 0{,}1656 \text{ g} \cdot \text{ml}^{-1}.$$

Beispiel 16:
Welchen Massenanteil hat eine wäßrige Lösung von kristallwasserhaltigem Natriumthiosulfat Na$_2$S$_2$O$_3$ · 5 H$_2$O mit 74 g · l^{-1} Massenkonzentration und der Dichte 1,0587 g · ml^{-1}?

Lösung:

$$w(\text{Na}_2\text{S}_2\text{O}_3 \cdot 5\,\text{H}_2\text{O}) = \frac{74 \text{ g} \cdot \text{l}^{-1}}{1058{,}7 \text{ g} \cdot \text{l}^{-1}} = 0{,}07 = 7\%.$$

IV. Zur Umrechnung des Stoffmengenanteils in den Massenanteil dient folgende Beziehung:

$$w(\text{Ko}_1) = \frac{m(\text{Ko}_1)}{m(\text{Gem.})} = \frac{n(\text{X}) \cdot M(\text{X})}{(n(\text{X}) + n(\text{Y})) \cdot \bar{M}(\text{X},\text{Y})} \tag{2.15}$$

mit $m(\text{Gem.}) = m(\text{Ko}_1) + m(\text{Ko}_2)$

bzw.

$$w(\text{Ko}_1) = x(\text{X}) \cdot \frac{M(\text{X})}{\bar{M}(\text{X},\text{Y})}. \tag{2.16}$$

Hier wird also ein Gemisch der Komponente Ko$_1$ mit den Teilchen X sowie der Komponente Ko$_2$ mit den Teilchen Y betrachtet. Es ist notwendig, zuerst einen Mittelwert der molaren Massen $\bar{M}(\text{X}, \text{Y})$ beider Komponenten gemäß

$$\bar{M}(\text{X}, \text{Y}) = x(\text{X}) \cdot M(\text{X}) + x(\text{Y}) \cdot M(\text{Y}) \tag{2.17}$$

zu berechnen. Damit läßt sich die Umrechnung dann leicht bewerkstelligen.

Beispiel 17:
Berechnen Sie den Massenanteil des Sauerstoffs in der Luft mit $x(\text{O}_2) = 21\%$, $x(\text{N}_2) = 78\%$ und $x(\text{Ar}) = 1\%$. $M(\text{O}_2) = 32{,}00$; $M(\text{N}_2) = 28{,}01$; $M(\text{Ar}) = 39{,}95$ g · mol^{-1}.

Lösung:

$$w(\text{O}_2) = x(\text{O}_2) \cdot \frac{M(\text{O}_2)}{\bar{M}(\text{N}_2, \text{O}_2, \text{Ar})} = 0{,}21 \cdot \frac{32{,}00 \text{ g} \cdot \text{mol}^{-1}}{28{,}97 \text{ g} \cdot \text{mol}^{-1}} = 0{,}232 = 23{,}2\%.$$

V. Eine relativ häufig vorkommende Aufgabenstellung ist auch die Umrechnung der Molalität einer Lösung in den Massenanteil. Man verwendet dazu folgende Beziehung:

$$w(X) = \frac{b(X) \cdot M(X)}{1 + b(X) \cdot M(X)}. \tag{2.18}$$

Hier erfolgt die Herleitung unter Anwendung der Gleichungen (1.1), (2.1) und (2.11).

Beispiel 18:
Berechnen Sie den Massenanteil einer Lösung von Natriumnitrat mit $b = 1\ mol \cdot kg^{-1}$. $M(NaNO_3) = 85{,}0\ g \cdot mol^{-1}$.

Lösung:

$$w(NaNO_3) = \frac{1\ mol \cdot kg^{-1} \cdot 0{,}0850\ kg \cdot mol^{-1}}{1 + 1\ mol \cdot kg^{-1} \cdot 0{,}0850\ kg \cdot mol^{-1}} = \frac{0{,}0850}{1 + 0{,}0850} = 0{,}0783 = 7{,}83\%.$$

VI. Als letzte Aufgabenstellung soll die Umrechnung des Volumenanteils in den Massenanteil einer Komponente 1 in einer Lösung 2 beschrieben werden. Es gilt folgende Beziehung:

$$w_1 = \frac{\varrho_1 \cdot \varphi_1}{\varrho_1 \cdot \varphi_1 + \varrho_2 \cdot (1 - \varphi_1)}. \tag{2.19}$$

$\varrho_{1,2}$ = Dichten der Komponenten 1 und 2,
$\varphi_{1,2}$ = Volumenanteile der Komponenten 1 und 2.

Diese Beziehung wird mit Hilfe der Gleichungen (2.1), (2.2) und (2.4) erhalten.

Beispiel 19:
Berechnen Sie den Massenanteil $w(Ko_1)$ der Komponente 1 aus ihrem Volumenanteil $\varphi_1 = 0{,}4$, wenn die Dichten beider Komponenten des Gemisches mit $\varrho_1 = 0{,}7\ g \cdot ml^{-1}$ und $\varrho_2 = 1{,}3\ g \cdot ml^{-1}$ gegeben sind.

Lösung:

$$w(Ko_1) = \frac{0{,}7\ g \cdot ml^{-1} \cdot 0{,}4}{0{,}7\ g \cdot ml^{-1} \cdot 0{,}4 + 1{,}3\ g \cdot ml^{-1} \cdot 0{,}6} = 0{,}264.$$

So wie an den sechs Umrechnungsbeispielen demonstriert, lassen sich mit den beschriebenen einfachen stöchiometrischen Rechenmethoden auch andere Wechselbeziehungen zwischen den Gehaltsgrößen in Form von Bestimmungsgleichungen quantitativ formulieren.

Mischungsrechnen

In der chemischen Laborpraxis kommt es sehr häufig vor, daß aus zwei Lösungen mit bekannten Gehaltsgrößen eine neue Lösung mit ganz bestimmter, gewünschter Gehaltsgröße durch Mischung hergestellt werden soll. Die Bewältigung derartiger Aufgabenstellungen kann durch Mischungsrechnung erfolgen, und zwar für alle in diesem Abschnitt definierten Gehaltsgrößen. Es werden dazu jeweils Größengleichungen aufgestellt und nach der gesuchten Größe aufgelöst. In den folgenden Beispielen von Mischungsrechnungen werden stellvertretend für alle Gehaltsgrößen der Massenanteil und die Stoffmengenkonzentration herangezogen.

Bei Mischungsrechnungen mit dem *Massenanteil* geht es immer darum, zwei Lösungen der Massen m_1 und m_2 zu einer Mischung M mit der Masse m_M zusammenzugeben. Dabei gilt die Massenbilanzgleichung

$$m_1 + m_2 = m_M \qquad (2.20)$$

in Kombination mit der *Mischungsgleichung*

$$\boxed{w_1 \cdot m_1 + w_2 \cdot m_2 = w_M \cdot m_M .} \qquad (2.21)$$

Darin sind $w_{1,2}$ die Massenanteile der gelösten Komponente in den Ausgangslösungen, w_M der Massenanteil der gelösten Komponente im Gemisch, $m_{1,2}$ die Massen der Ausgangslösungen und m_M die Masse des Gemisches.

Fünf häufige Anwendungsfälle werden im folgenden beschrieben:

A. Gegeben sind die Größen m_1, w_1, m_2 und w_2, gesucht ist w_m.
   Gleichung (2.21) wird zur Lösung nach der gesuchten Größe w_M aufgelöst, und man erhält unter Einsetzen von Gl. (2.20) den Ausdruck:

$$w_M = \frac{w_1 \cdot m_1 + w_2 \cdot m_2}{m_1 + m_2}. \qquad (2.22)$$

Beispiel 20:
Gegeben sind zwei Schwefelsäurelösungen mit $w_1 = 50\%$ und $w_2 = 80\%$. 1 kg der Lösung 1 wird mit 4 kg der Lösung 2 gemischt. Berechnen Sie den Massenanteil an Schwefelsäure im Gemisch.

Lösung:
$$w_M = \frac{0{,}50 \cdot 1\,\text{kg} + 0{,}80 \cdot 4\,\text{kg}}{5\,\text{kg}} = 0{,}74 = 74\%.$$

B. Gegeben sind die Größen w_1, w_2, w_M und m_2, gesucht ist m_1.

Man erhält durch Auflösung der Mischungsgleichung nach m_1

$$m_1 = \frac{m_2 \cdot (w_M - w_2)}{w_1 - w_M}. \tag{2.23}$$

Beispiel 21:
Wieviel kg Schwefelsäure mit Massenanteil $w_1 = 98\%$ sind mit 2 kg Schwefelsäure mit $w_2 = 80\%$ zu mischen, um eine Säure mit $w_M = 90\%$ zu erhalten?

Lösung:
$$m_1 = \frac{2 \text{ kg} \cdot (0{,}90 - 0{,}80)}{0{,}98 - 0{,}90} = 2{,}5 \text{ kg}.$$

C. Wenn nur drei Größen gegeben sind, z. B. w_1, w_2 und w_M, dann kann die Mischungsaufgabe nicht vollständig gelöst werden. Berechnet werden kann aber in diesem Fall das Massenverhältnis m_1/m_2 nach folgender Gleichung:

$$\frac{m_1}{m_2} = \frac{w_M - w_2}{w_1 - w_M}. \tag{2.24}$$

Beispiel 22:
In welchem Massenverhältnis ist eine Kochsalzlösung mit $w_1 = 26\%$ mit einer zweiten Kochsalzlösung mit $w_2 = 18\%$ zu mischen, um ein Gemisch mit $w_M = 22\%$ zu erhalten?

Lösung:
$$\frac{m_1}{m_2} = \frac{0{,}22 - 0{,}18}{0{,}26 - 0{,}22} = \frac{0{,}04}{0{,}04} = \frac{1}{1}.$$

D. Häufig kommt es vor, daß eine gegebene Lösung durch Zugabe des reinen Lösungsmittels auf einen kleineren Gehalt verdünnt werden soll. Die Mischungsgleichung (2.21) vereinfacht sich wegen $w_2 = 0$ durch Fortfall des zweiten Gliedes zu:

$$w_1 \cdot m_1 = w_M \cdot m_M. \tag{2.25}$$

Außerdem läßt sich m_M durch die Summe $m_1 + m_2$ ersetzen.

Beispiel 23:
Berechnen Sie die Masse der Wasserprobe, die zur Verdünnung von 2 kg Kaliumhydroxidlösung mit 40% Massenanteil auf 5% benötigt wird.

Lösung:
$$m_2 = \frac{w_1 - w_M}{w_M} \cdot m_1 = \frac{0{,}40 - 0{,}05}{0{,}05} \cdot 2 \text{ kg} = 7 \text{ kg}.$$

E. Ein ähnlicher Fall liegt vor, wenn eine verdünnte Lösung durch Zugabe der reinen flüssigen Komponente konzentrierter gemacht werden soll. Es ist dann $w_2 = 100\% = 1$, und die Mischungsgleichung lautet:

$$w_1 \cdot m_1 + m_2 = w_M \cdot m_M. \tag{2.26}$$

Beispiel 24:
Berechnen Sie die Masse an Eisessig*, die zur Erhöhung des Massenanteils von 3 kg 20%iger Essigsäure auf 35% notwendig ist.

Lösung:
Die Bestimmungsgleichung, nach m_2 aufgelöst, lautet:

$$m_2 = \frac{m_1 \cdot (w_M - w_1)}{1 - w_M} = \frac{3 \text{ kg} \cdot (0{,}35 - 0{,}20)}{1 - 0{,}35} = 0{,}692 \text{ kg}.$$

Mischungsrechnungen mit anderen Gehaltsgrößen erfolgen analog zu den vorgestellten Rechenbeispielen. Rechnet man beispielsweise mit der *Stoffmengenkonzentration*, dann lauten die anzuwendenden Bestimmungsgleichungen:

$$V_1 + V_2 = V_M \tag{2.27}$$

und

$$c_1 \cdot V_1 + c_2 \cdot V_2 = c_M \cdot V_M. \tag{2.28}$$

Das Mischungskreuz

Es handelt sich hierbei um eine Hilfskonstruktion, die das Mischungsrechnen erleichtern soll, aber den Nachteil hat, nicht auf Größen und Einheiten aufgebaut zu sein. Deshalb sind unter modernen stöchiometrischen Gesichtspunkten Rechnungen mit dem Mischungskreuz entbehrlich geworden. Wegen der noch immer sehr starken Verbreitung dieser Rechenmethode soll sie trotzdem kurz vorgestellt werden.

1. Gegeben sind zwei Lösungen desselben Stoffes mit 96% und 75% Massenanteil, die zu einer Lösung mit 80% Massenanteil vermischt werden sollen. Nach dem Mischungskreuz

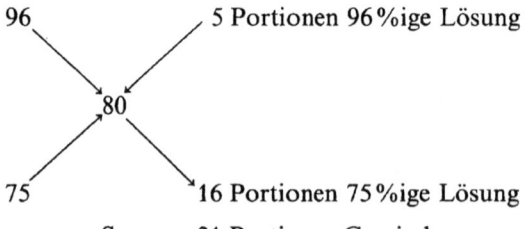

Summe 21 Portionen Gemisch

---

* Essigsäure mit 100% Massenanteil, die bereits bei 16,6 °C kristallisiert und vom eisartigen Aussehen im festen Zustand ihren Namen hat.

sind 5 Portionen gleicher Massen 96%iger Lösung mit 16 Portionen 75%iger Lösung zu mischen. Man erkennt, daß an die linken Ecken eines Quadrates die Ausgangs-Massenanteile der vorgelegten Lösungen und in die Quadratmitte der Massenanteil der gewünschten Lösung geschrieben werden. Man zieht dann in diagonaler Richtung jeweils den niedrigeren vom höheren Zahlenwert ab und erhält so an den rechten Ecken des Quadrates die Anzahl der Portionen gleicher Massen der Lösungen, die zu vermischen sind, mit den waagerecht gegenüberliegenden Massenanteilen. Durch Summation der rechten Zahlenwerte wird auch noch die Summe der Teilportionen im Gemisch erhalten.

2. Gegeben ist eine Lösung mit 96% Massenanteil des gelösten Stoffes, die mit reinem Lösungsmittel auf 40% verdünnt werden soll.

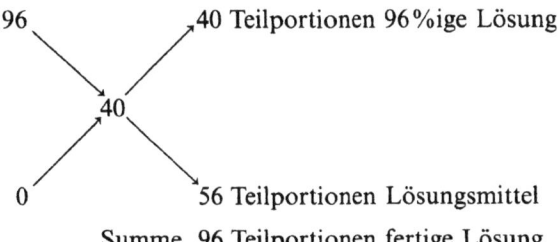

Summe 96 Teilportionen fertige Lösung

Hier benötigt man 40 Teilportionen Lösung und 56 Teilportionen Lösungsmittel jeweils gleicher Massen.

Statt Teilportionen gleicher Massen können in einem Mischungskreuz auch Teilportionen gleicher Volumina mit den zugehörigen Konzentrationen vertreten sein. Auch mit anderen Gehaltsgrößen kann das Mischungskreuz angewendet werden. Jedoch dürfen in einem Mischungskreuz niemals zwei verschiedene Gehaltsgrößen vertreten sein.

Aufgaben

2.1-1 Wieviel g Schwefelsäure mit 96% Massenanteil werden zur Herstellung von 150 g Säure mit $w(H_2SO_4) = 15\%$ benötigt?

2.1-2 Wieviel ml Ammoniaklösung mit 25% Massenanteil und der Dichte 0,907 g · ml^{-1} sind zur Präparation folgender Lösungen notwendig:
a) 2 l Lösung der Konzentration 0,1 mol · l^{-1};
b) 250 g Lösung mit 5% Massenanteil?

2.1-3   1 l Salzsäure mit 35% Massenanteil und der Dichte von 1,18 g · ml^{-1} soll so verdünnt werden, daß die gewünschte Lösung einen Massenanteil von 20% hat.
Mit welchem Volumen Wasser muß die Ausgangslösung verdünnt werden?

2.1-4   Welches Volumen Natronlauge mit 15% Massenanteil erhält man beim Verdünnen von 1 l 50%iger Natronlauge mit der Dichte 1,526 g · ml^{-1}?

2.1-5   Beim Versuch der Herstellung einer Kalilauge mit 50% Massenanteil durch Auflösen von festem technischem Kaliumhydroxid mit $w(KOH) = 90\%$ wurde versehentlich zu viel Wasser verwendet, so daß eine 45%ige Kalilauge entstand.
Wieviel g des technischen Kaliumhydroxids sind 200 g dieser Lauge zuzusetzen, um die gewünschte Konzentration doch noch zu erreichen?

2.1-6   Wieviel kg Salpetersäure mit den Massenanteilen von 85% und 20% benötigt man, um 3 kg 30%iger Säure herzustellen?

2.1-7   Welches Volumen Ethanol mit 95% Volumenkonzentration benötigt man zur Herstellung von 1 l Ethanol mit 50% Volumenanteil?

2.1-8   Absoluter Alkohol (100% Ethanol) hat bei 15 °C die Dichte von 0,794 g · ml^{-1}. Alkohol mit einer Volumenkonzentration von 95% hat bei dieser Temperatur die Dichte 0,817 g · ml^{-1}.
Berechnen Sie den Massenanteil von Ethanol in der 95%igen Lösung in Prozent.

2.1-9   Es sollen 500 ml Salzsäure mit einer Konzentration von 4 mol · l^{-1} hergestellt werden.
Wieviel g HCl-Gas und wieviel l HCl-Gas im Normzustand sind zur Herstellung erforderlich?

2.1-10 Schwefelsäure mit 10% Massenanteil hat die Dichte 1,07 g · ml^{-1}.
Berechnen Sie die in 25 ml dieser Lösung enthaltenen Massen an H_2SO_4, SO_3 und S.

2.1-11 Berechnen Sie die Konzentrationen* folgender gesättigter Lösungen aus ihren Massenanteilen und Dichten:

Gelöster Stoff	Massenanteil (%)	Dichte (g · ml^{-1})
a) $Ba(OH)_2 \cdot 8 H_2O$	5,4	1,03
b) $CuSO_4 \cdot 5 H_2O$	25,3	1,19
c) $KMnO_4$	5,0	1,04

2.1-12 Gegeben sind die folgenden konzentrierten Säuren:
   a) Schwefelsäure mit 98% Massenanteil und der Dichte 1,84 g · ml^{-1};
   b) Salzsäure mit 38% Massenanteil und der Dichte 1,19 g · ml^{-1};
   c) Salpetersäure mit 68% Massenanteil und der Dichte 1,41 g · ml^{-1}.
Welche Volumina jeder dieser Säuren werden benötigt, um durch Verdünnen mit Wasser jeweils 5 l Säure der Konzentration 2 mol · l^{-1} zu erhalten?

2.1-13 Auf welches Volumen sind 100 ml Kochsalzlösung mit 15% Massenanteil und der Dichte 1,10 g · ml^{-1} zu verdünnen, wenn daraus eine Lösung der Konzentration 0,9 mol · l^{-1} hergestellt werden soll?

2.1-14 In 100 g Wasser werden 5 g Natriumchlorid und 2 g Kaliumchlorid gelöst, wodurch die Dichte von 1,00 auf 1,06 g · ml^{-1} ansteigt.
Berechnen Sie den Massenanteil und die Konzentration der Chloridionen in der Lösung.

2.1-15 Eine wäßrige Salzsäurelösung siedet unter einem Druck von 1013 mbar bei 110 °C. Das bei diesem Druck und dieser Temperatur überdestillierende azeotrope Gemisch von Chlorwasserstoff und Wasser hat einen konstanten Massenanteil an HCl von 20,2%.
Berechnen Sie das Stoffmengenverhältnis von HCl zu H_2O.

---

* Wenn eine Konzentration nicht näher spezifiziert ist, ist immer die Stoffmengenkonzentration gemeint.

2.1-16 Aus 200 g Mangansulfat $MnSO_4 \cdot 7\,H_2O$ soll eine wäßrige Lösung mit 30% Massenanteil an kristallwasserfreiem Mangansulfat hergestellt werden.
Wieviel ml Wasser werden benötigt?

2.1-17 10 g kristallwasserhaltiges Kupfersulfat $CuSO_4 \cdot 5\,H_2O$ werden in 100 g Wasser gelöst. Berechnen Sie den Massenanteil des kristallwasserfreien Salzes in der Lösung in % und die Molalität der Lösung.

2.1-18 Wenn man den Massenanteil an H_2SO_4 in konzentrierter Schwefelsäure noch weiter erhöhen will, so erreicht man dies am besten durch Zugabe von rauchender Schwefelsäure „Oleum", die eine Lösung von Schwefeltrioxid in Schwefelsäure darstellt.
Wieviel g „Oleum" mit einem Massenanteil von w_1 % SO_3 müssen 100 g Schwefelsäure mit w_2 % Massenanteil zugesetzt werden, damit der Massenanteil des Gemisches w_3 % beträgt?

2.1-19 Rauchende Schwefelsäure mit w_1 % freiem SO_3 soll mit konzentrierter Schwefelsäure, die einen Massenanteil an H_2SO_4 von w_2 % hat, so weit verdünnt werden, daß der Massenanteil an SO_3 auf w_3 % zurückgeht.
Wieviel g konzentrierte Schwefelsäure müssen 100 g rauchender Schwefelsäure zugesetzt werden?

2.1-20 25 ml einer Bariumchloridlösung enthalten 2,51 g $BaCl_2 \cdot 2\,H_2O$. Ihre Dichte ist 1,07 g·ml^{-1}.
Berechnen Sie die Gehalte der Lösung in den Größen a) Massenanteil, b) Konzentration und c) Molalität.

2.1-21 Eine Substanz A mit der Masse $m(A)$ und der molaren Masse $M(A)$ wird in einem Lösungsmittel mit der Masse $m(Lsm)$ gelöst.
Stellen Sie Größengleichungen zur Berechnung a) der Stoffmengenkonzentration und b) der Molalität der Lösung auf. Ihre Dichte ist $\varrho(A)$ g·ml^{-1}.

2.1-22 Berechnen Sie a) die Stoffmengenkonzentration und b) den Stoffmengenanteil einer Lösung, die in 1000 g Wasser $n(A)$ mol eines Stoffes A mit der molaren Masse $M(A)$ g·mol^{-1} enthält und die Dichte $\varrho(A)$ hat.

2.1-23 Ein Gemisch besteht aus drei Stoffen A, B und C mit den molaren Massen $M(A)$, $M(B)$ und $M(C)$ und mit Massenanteilen $w(A)$, $w(B)$ und $w(C)$.
Stellen Sie für Stoff A die Größengleichung zur Berechnung des Stoffmengenanteils im Gemisch auf.

2.1-24 50 ml Natriumsulfatlösung der Konzentration 0,1 mol·l^{-1} werden mit 100 ml Aluminiumsulfatlösung der Konzentration 0,02 mol·l^{-1} gemischt.
Berechnen Sie die Masse des Schwefels in der Mischung.

2.1-25 100 ml Dinatriumhydrogenphosphatlösung Na_2HPO_4 der Konzentration 0,1 mol·l^{-1} werden mit dem gleichen Volumen 0,04 mol·l^{-1} Natriumdiphosphatlösung $Na_4P_2O_7$ gemischt.
Wieviel mmol Natrium und Phosphor sind in 100 ml des Lösungsgemisches enthalten?

2.1-26 Stellen Sie die Größengleichung auf, nach der die Massenkonzentration einer Substanz A in einer Mischphase in die Volumenkonzentration umgerechnet wird.

2.1-27 Die maximale Arbeitsplatzkonzentration (MAK-Wert) von Kohlenmonoxid ist $\varrho^*(CO) = 55$ mg·m^{-3}, seine Normdichte $\varrho_n(CO) = 1,25$ g·l^{-1}.
Berechnen Sie mit Hilfe der Gleichung aus 2.1-26 den MAK-Wert von CO als Volumenkonzentration mit der Einheit ml·m^{-3}.

2.1-28 Die durchschnittliche Massenkonzentration an Phosphor in einem kommunalen Abwasser beträgt 8 mg·l^{-1}. Der Phosphor stammt aus Waschmittelrückständen und liegt zum überwiegenden Anteil als hochpolymeres Metaphosphat $(NaPO_3)_n$ vor. Bei der biologischen Abwasserreinigung wird das Polyphosphat weitgehend enzymatisch zu Orthophosphat hydrolysiert und kann anschließend durch Zugabe von Aluminiumsulfat $Al_2(SO_4)_3$ als tertiäres Aluminiumphosphat $AlPO_4$ ausgefällt werden.
Wieviel g eines technischen, kristallwasserhaltigen Aluminiumsulfats, das einen Massenanteil von 94% $Al_2(SO_4)_3 \cdot 18\,H_2O$ hat, sind erforderlich, um die Massenkonzentration von Phosphor in 1 m^3 Abwasser auf 0,4 mg·l^{-1} zu erniedrigen?

2.1-29 Königswasser wird beim Mischen von Salzsäure und Salpetersäure erhalten.
Berechnen Sie das Massenverhältnis, in dem Salzsäure mit 20% Massenanteil und Salpetersäure mit 60% Massenanteil gemischt werden müssen, damit das Stoffmengenverhältnis im Königswasser 3 mol HCl pro 1 mol HNO_3 beträgt.

2.1-30 Wieviel g Königswasser der obigen Zusammensetzung benötigt man zur vollständigen Auflösung von 20 g Quecksilber?

2.2 Reaktionsgleichgewichte in Elektrolytlösungen

Das Massenwirkungsgesetz

Wir nehmen an, daß eine *umkehrbare (reversible)* chemische Reaktion nach folgender chemischer Reaktionsgleichung abläuft:

$$v_1 \cdot A_1 + v_2 \cdot A_2 + \cdots \rightleftharpoons v_3 \cdot A_3 + v_4 \cdot A_4 + \cdots$$

In dieser allgemeinen Gleichung bedeuten A_1 und A_2 die Moleküle der miteinander reagierenden Stoffe, der Edukte, und A_3 sowie A_4 die Moleküle der bei der Reaktion entstehenden Stoffe, der Produkte. Der Doppelpfeil in der Mitte bedeutet, daß die Reaktion in beiden Richtungen ablaufen kann und sich ein Reaktionsgleichgewicht einstellt, bei dem sowohl Edukte als auch Produkte nebeneinander vorliegen. Die Symbole v_1, v_2, v_3 und v_4 nennt man die Reaktionskoeffizienten. Sie geben an, wieviel Moleküle (oder Mol) eines bestimmten Stoffes an der Reaktion beteiligt sind. Zur Bezeichnung der Konzentration eines an einer Reaktion beteiligten Stoffes wurde früher die chemische Formel des Stoffes in eckige Klammern gesetzt. Heute verwendet man das Größenzeichen c und in Klammern dahinter das Symbol des jeweiligen Stoffes.
Wenn im obigen Reaktionssystem das Gleichgewicht erreicht ist, wird für eine in Lösung ablaufende Reaktion das Verhältnis der Konzentrationen der an der Reaktion beteiligten Stoffe durch das *Massenwirkungsgesetz* von Guldberg und Waage (1867) beschrieben:

$$\boxed{\frac{c^{v_3}(A_3) \cdot c^{v_4}(A_4)}{c^{v_1}(A_1) \cdot c^{v_2}(A_2)} = K.} \qquad (2.29)$$

Da die an der Reaktion beteiligten Stoffe im Verhältnis ihrer Konzentrationen (oder Stoffmengen) auf die Lage des Gleichgewichts einwirken, ist die Bezeichnung Massenwirkungsgesetz (MWG) eigentlich nicht korrekt. Sie wird aber aus historischen Gründen beibehalten.
Wie das Massenwirkungsgesetz zeigt, sind die Konzentrationen der Stoffe in Potenzen zu erheben, bei denen der jeweilige Exponent gleich dem Koeffizienten der

Bruttoreaktionsgleichung ist. Zur Aufstellung der Massenwirkungsbeziehung muß also die Reaktionsgleichung bekannt sein. Man muß auch beachten, daß die Konzentrationen der Produkte in den Zähler, die Konzentrationen der Edukte in den Nenner geschrieben werden. K ist eine für die betreffende Reaktion charakteristische Konstante, die sog. *Gleichgewichtskonstante*, die jedoch von der Temperatur und vom Medium (z. B. der Art des Lösungsmittels und anwesenden Elektrolytsalzen) abhängig ist. Wenn die Anzahl der Moleküle sich bei der Reaktion verändert, hängt der Zahlenwert der Konstanten außerdem von den Einheiten ab, in denen die Konzentration angegeben wird. Die Konstante hat die Einheit der Konzentration, wobei sich deren Exponent aus den Exponenten der Einzelkonzentrationen im MWG durch Kürzen ermitteln läßt. Normalerweise wird die Stoffmengenkonzentration oder die Molalität verwendet, letztere aber nur bei Lösungen. Die Gleichgewichtskonstante wird dann mit K_c bzw. K_b bezeichnet. Bei gasförmigen Systemen wird jedoch die Konzentration oft durch den ihr proportionalen Partialdruck angegeben; die Gleichgewichtskonstante wird in diesem Fall mit K_p bezeichnet.

In vielen Fällen, besonders wenn die Koeffizienten v_1 und v_2 Werte größer als 1 haben, kann angenommen werden, daß die Reaktion in Wirklichkeit in mehreren Teilprozessen über Zwischenprodukte abläuft. Bei einem echten Gleichgewicht führt dies jedoch für die Bruttoreaktion zu keiner Änderung im Aussehen der Gleichgewichtsgleichung. Dies läßt sich dadurch beweisen, daß man die Gleichgewichtsgleichungen für alle Teilreaktionen aufstellt und dann die darin enthaltenen Ausdrücke für die Zwischenprodukte wegkürzt.

Wenn K einen großen Zahlenwert hat, ist der Zähler der Massenwirkungsgleichung groß im Vergleich zum Nenner. Das bedeutet, daß die Konzentrationen der Produkte hoch sind im Vergleich zu denen der Edukte. Man sagt dann, daß das Gleichgewicht nach rechts verschoben ist. Ist K sehr groß ($> 10^3$), so erfolgt die Umsetzung der Edukte (vorausgesetzt, sie liegen im stöchiometrischen Konzentrationsverhältnis vor) praktisch vollständig. Entsprechend bedeutet ein kleiner Wert von K, daß das Gleichgewicht nach links verschoben ist. Für K-Werte $< 10^{-3}$ ist die Umsetzung der Edukte sehr gering.

Die Einheit der Konstanten K_c ist durch den Ausdruck $(\text{mol} \cdot l^{-1})^{\Delta v}$ gegeben, wobei $\Delta v = v_3 + v_4 + \cdots - (v_1 + v_2 + \cdots)$.

Da man bei einem gasförmigen Mehrkomponentensystem den Partialdruck in bar angibt, gilt für die Einheit der Konstanten K_p der Ausdruck $\text{bar}^{\Delta v}$.

Wenn ein an einer Reaktion beteiligter Stoff zusätzlich in fester Form vorliegt, kann die Konzentration des Stoffes in der homogenen Phase (Gasphase oder Lösung) als konstant angesehen werden. Dies betrifft beispielsweise die konstante Konzentration einer gesättigten Lösung im Gleichgewicht mit dem Bodenkörper.

Aktivitäten in Elektrolytlösungen

Es muß nun noch darauf hingewiesen werden, daß man bei der Anwendung des Massenwirkungsgesetzes auf Lösungen, in denen Ionen in höheren Konzentrationen vorliegen, die elektrostatischen Kräfte zwischen den elektrischen Ladungen der Ionen nicht unberücksichtigt lassen darf. Für einen Elektrolyten AB, der nach der

Reaktionsgleichung

$$AB \rightleftharpoons A^+ + B^-$$

in Ionen zerfällt, hat die Gleichgewichtsgleichung folgendes Aussehen:

$$\frac{c(A^+) \cdot c(B^-)}{c(AB)} = K_c. \tag{2.30}$$

$c(AB)$, $c(A^+)$ und $c(B^-)$ sind hier Stoffmengenkonzentrationen in mol·l^{-1}. Die Gleichgewichtskonstante K_c ist keine allgemeingültige, sondern eine stöchiometrische Konstante, d. h. sie ist von der Art und den Konzentrationen der in der Lösung anwesenden Ionen abhängig. Ersetzt man die Konzentrationen durch Aktivitäten, dann kann die Gleichgewichtsgleichung folgendermaßen formuliert werden:

$$\frac{a_{A^+} \cdot a_{B^-}}{a_{AB}} = K^0, \tag{2.31}$$

wobei a_{A^+} die Aktivität von A^+ und a_{B^-} die Aktivität von B^- bedeuten. Wenn der Elektrolyt bei seiner Dissoziation beispielsweise m A^+-Ionen liefert, muß deren Konzentration in (2.30) und deren Aktivität in (2.31) in die m-te Potenz erhoben werden.

K^0 ist zum Unterschied von K_c eine echte Konstante, deren Zahlenwert konzentrationsunabhängig ist und nur von der Temperatur abhängt. Andere Bezeichnungen sind Aktivitätskonstante für K^0 und Konzentrationskonstante für K_c. Die Aktivität a_i einer Ionenart i hängt mit ihrer Konzentration c_i gemäß folgender Beziehung zusammen:

$$a_i = f_i \cdot c_i. \tag{2.32}$$

Die Proportionalitätskonstante f_i in dieser Beziehung heißt Aktivitätskoeffizient des Ions i. Es läßt sich zeigen, daß f eine relativ einfache Funktion der Ionenstärke I ist, welche durch den Ausdruck

$$I = \tfrac{1}{2} \cdot (c_A \cdot z_A^2 + c_B \cdot z_B^2 + \cdots) = \tfrac{1}{2} \cdot \sum c_i \cdot z_i^2 \tag{2.33}$$

definiert ist. Darin ist c_i die Konzentration des Ions i und z_i seine Ionenladung. Im folgenden ist c_i immer die Stoffmengenkonzentration in mol·l^{-1} (bei thermodynamischen Berechnungen wird oft die Molalität benutzt, weil sie im Gegensatz zur volumenbezogenen Gehaltsgröße Konzentration nicht von der Temperatur abhängig ist).

Der Zusammenhang zwischen f_i und I kann durch die Gleichung

$$\log f_i = - \frac{0{,}5 \cdot z_i^2 \cdot \sqrt{I}}{1 + \sqrt{I}} \tag{2.34}$$

beschrieben werden. Diese Gleichung basiert auf theoretischen Berechnungen des Einwirkens der elektrostatischen Kräfte auf die Ionenaktivität und gilt näherungsweise bis zu Ionenstärken von etwas mehr als $0{,}1 \text{ mol} \cdot l^{-1}$. In stark verdünnten Lösungen, in denen $I < 0{,}01 \text{ mol} \cdot l^{-1}$ beträgt, kann man bei Näherungsberechnungen das zweite Glied im Nenner von Gleichung (2.34) vernachlässigen und erhält dann die vereinfachte Beziehung

$$\log f_i = -0{,}5 \cdot z_i^2 \cdot \sqrt{I}. \tag{2.35}$$

Der Faktor 0,5 in den Gleichungen (2.34) und (2.35) bezieht sich auf Wasser als Lösungsmittel und eine Temperatur von 18 °C; bei 25 °C beträgt der Faktor 0,508. Aus den Gleichungen geht hervor, daß im Falle einer ungeladenen Molekülart bei nicht allzu hoher Konzentration $f = 1$ gesetzt werden kann. Für Stoffe im festen oder flüssigen Zustand gelten folgende Regeln:
a) Der Aktivitätskoeffizient des reinen Lösungsmittels ist $f = 1$.
b) Auch in stark verdünnten Lösungen gilt $f = 1$.
c) Der Aktivitätskoeffizient eines schwerlöslichen Feststoffes im Gleichgewicht mit seiner gesättigten Lösung beträgt $f = 1$.

Tabelle 2.1 zeigt einige Werte von f_i, die nach Gleichung (2.34) berechnet wurden, für verschiedene Ionenstärken I und Ionen mit den Ionenladungen $z = 1$, 2 und 3:

Tabelle 2.1. Aktivitätskoeffizienten f_i von Ionen mit den Ionenladungen $z = 1$, 2 und 3 als Funktion der Ionenstärke I

I	$z = 1$	$z = 2$	$z = 3$
0	1,00	1,00	1,00
0,001	0.97	0.87	0,73
0,005	0,93	0,74	0,51
0.01	0,90	0,66	0,40
0,05	0,81	0,43	0,15
0,10	0,76	0,33	0,10

Die Tabellenwerte zeigen, daß der Aktivitätskoeffizient mit steigender Ionenstärke stark abfällt, und zwar umso stärker, je höher die Ionenladung ist. Beim Vorliegen verdünnter wäßriger Lösungen – Ionenstärke $< 0{,}01 \text{ mol} \cdot l^{-1}$ – kann man für einwertige Ionen bei Näherungsberechnungen $f_i = 1$ setzen und mit Konzentrationen statt mit Aktivitäten rechnen. Soweit nicht anders angegeben, gilt für alle folgenden Berechnungen $f_i = 1$.

Beispiel 1:
a) Berechnen Sie die Ionenstärken der Lösungen von Chlorwasserstoffsäure, Magnesiumsulfat und Eisen(III)-chlorid mit den Konzentrationen $c \text{ mol} \cdot l^{-1}$.
b) Berechnen Sie mit Hilfe der Gleichung (2.35) die Aktivitätskoeffizienten der Ionen H^+, Mg^{2+} und Fe^{3+} in Lösungen der Konzentrationen 0,01, 0,001 und 0,0001 $\text{mol} \cdot l^{-1}$.

Lösung:
a) Einsetzen in Gleichung (2.33) ergibt
für HCl: $I = \frac{1}{2} \cdot (c \cdot 1^2 + c \cdot 1^2) = c$,
für $MgSO_4$: $I = \frac{1}{2} \cdot (c \cdot 2^2 + c \cdot 2^2) = 4c$,
für $FeCl_3$: $I = \frac{1}{2} \cdot (c \cdot 3^2 + 3c \cdot 1^2) = 6c$.

b) Durch Einsetzen der Werte von I und z in Gleichung (2.35) erhält man für die Konzentrationen

	0,01 mol·l^{-1}	0,001 mol·l^{-1}	0,0001 mol·l^{-1}
für f_{H^+}	0,89	0,96	0,99
für $f_{Mg^{2+}}$	0,40	0,75	0,91
für $f_{Fe^{3+}}$	0,08	0,45	0,78

Nachfolgendes Beispiel soll demonstrieren, um welchen Betrag K_c in einigen Elektrolytlösungen von K^0 abweicht.

Beispiel 2:
Berechnen Sie den Quotienten K_c/K^0 für einen schwachen einwertigen Elektrolyten AB in folgenden Salzlösungen:

a) In 0,001, 0,01 und 0,1 mol·l^{-1} NaCl-Lösungen;
b) in 0,01 und 0,001 mol·l^{-1} K$_2$SO$_4$-Lösungen.

Bei der Berechnung der Aktivitätskoeffizienten soll Gleichung (2.34) verwendet werden. Außerdem soll angenommen werden, daß AB, welches in die Ionen A$^+$ und B$^-$ dissoziiert, in relativ niedriger Konzentration vorliegt.

Lösung:
Bei Anwendung der Gleichungen (2.30), (2.31) und (2.32) erhält man

$$K^0 = \frac{a_{A^+} \cdot a_{B^-}}{a_{AB}} = \frac{f_{A^+} \cdot c(A^+) \cdot f_{B^-} \cdot c(B^-)}{f_{AB} \cdot c(AB)} = \frac{f_{A^+} \cdot f_{B^-}}{f_{AB}} \cdot K_c.$$

Weil einwertige Ionen vorliegen, ist $f_{A^+} = f_{B^-} = f_1$, und für f_{AB}, den Aktivitätskoeffizienten des ungeladenen Moleküls, nimmt man den Wert 1 an.

$$\frac{K_c}{K^0} = \frac{1}{f_1^2}.$$

Aufgrund der Angabe, daß AB ein schwacher Elektrolyt ist und in relativ kleiner Konzentration vorliegt, ist es gerechtfertigt, bei der Berechnung der Ionenstärke die von AB stammenden Ionen unberücksichtigt zu lassen. Die Ionenstärke I, berechnet nach Gleichung (2.33), ist in den fünf Fällen:

	0,001 mol·l^{-1}	0,01 mol·l^{-1}	0,1 mol·l^{-1}
a) I(NaCl)	0,001	0,01	0,1
b) I(K$_2$SO$_4$)	0,003	0,03	

Die Berechnung von f_1 mit Gleichung (2.34) und Einsetzen der Werte in obige Gleichung ergibt die Zahlenwerte der Quotienten K_c/K^0, die in Tabelle 2.2 zusammengestellt sind:

Tabelle 2.2. Aktivitätskoeffizienten und Zahlenwerte K_c/K^0 für NaCl- und K$_2$SO$_4$-Lösungen unterschiedlicher Konzentrationen

Konzentration in mol·l^{-1}	NaCl		K$_2$SO$_4$	
	f_1	K_c/K^0	f_1	K_c/K^0
0,001	0,97	1,06	0,94	1,13
0,01	0,90	1,23	0,84	1,42
0,1	0,76	1,73		

Der Säure-Base-Begriff nach Brönsted und Lowry (1923)

> Definition: Eine Säure ist ein Stoff, der Protonen abgeben, eine Base ein Stoff, der Protonen aufnehmen kann.

Eine Säure oder Base kann als Molekül oder als Ion vorliegen.
Zu jeder Säure gehört eine aus ihr durch die Protonenabgabe hervorgehende (korrespondierende) Base und umgekehrt. Der Zusammenhang zwischen einer Säure und ihrer korrespondierenden Base kann durch die Reaktionsgleichung

$$S \rightleftharpoons B + H^+$$
Säure   Base Proton

dargestellt werden. Eine Säure und deren korrespondierende Base bilden zusammen ein *Säure-Base-Paar*.
Freie Protonen können in einer Lösung in meßbaren Konzentrationen nicht existieren. Sie können von einer Säure nur dann abgegeben werden, wenn sie von einer Base eines anderen in der Lösung befindlichen Säure-Base-Paars aufgenommen werden können. Der dabei ablaufende Protonenaustausch zwischen den beiden Säure-Base-Paaren S_1/B_1 und S_2/B_2 kann durch das Schema

$$S_1 \rightleftharpoons B_1 + H^+$$
$$H^+ + B_2 \rightleftharpoons S_2$$
$$\overline{S_1 + B_2 \rightleftharpoons B_1 + S_2}$$

veranschaulicht werden. Das Säure-Base-Gleichgewicht in einer Lösung ist also das Ergebnis einer Protonenverteilung zwischen mindestens zwei Säure-Base-Paaren. Eine Reaktion, bei welcher Protonen zwischen Säure-Base-Paaren ausgetauscht werden, wird als Protolysereaktion oder *Protolyse* bezeichnet. Säuren und Basen werden gemeinsam Protolyte genannt.
In einem Lösungsmittel, dem basische Eigenschaften völlig fehlen, z. B. wasserfreiem Benzol, kann eine Säure wie Chlorwasserstoff keine freien Ionen bilden; in Benzol ist deshalb Chlorwasserstoff nur in Form nichtionisierter Moleküle gelöst. Die Eigenschaft einer Säure, Protonen abgeben zu können, kann erst bei Anwesenheit einer Base zur Auswirkung gelangen.
Das wichtigste aller Lösungsmittel ist das Wasser, und im folgenden werden nur Säure-Base-Gleichgewichte in wäßrigen Lösungen behandelt. Wird eine Säure in Wasser gelöst, so kann das Wasser Protonen aufnehmen, das heißt als Base reagieren. Es werden hydratisierte Protonen gebildet. Nimmt man an, daß jedes Wassermolekül ein Proton aufnehmen kann, dann erhält man das Ion $H(H_2O)^+$ oder abgekürzt H_3O^+.
Das Ion H_3O^+ wird Oxoniumion genannt. Es besteht Grund zu der Annahme, daß in nicht allzu konzentrierten wäßrigen Lösungen höher hydratisierte Protonen wie

beispielsweise die Hydroniumionen $H_9O_4^+$ gegenüber den Oxoniumionen vorherrschen. Dies führt jedoch zu keiner Änderung der Gleichgewichtsgleichung für die Protolyse, zumindest nicht in ausreichend verdünnten Lösungen. In Protolysereaktionsgleichungen wird der Einfachheit halber nur das Oxoniumion H_3O^+ verwendet.

Bei der Auflösung von Essigsäure HAc in Wasser läuft folgende Säureprotolysereaktion ab:

$$HAc + H_2O \rightleftharpoons Ac^- + H_3O^+ .$$
$$\;\;S_1 \quad\;\; B_2 \quad\;\; B_1 \quad\;\; S_2$$

Wird eine Base, beispielsweise Ammoniak, in Wasser gelöst, so ist die Protolysereaktion

$$NH_3 + H_2O \rightleftharpoons NH_4^+ + OH^- .$$
$$\;\;B_1 \quad\;\; S_2 \quad\;\; S_1 \quad\;\; B_2$$

Das Wasser und das Ammoniumion reagieren hier als Säuren.

Stoffe, die wie Wasser sowohl als Säuren als auch als Basen reagieren können, nennt man *Ampholyte*.

Unter einer starken Säure versteht man einen Protonenspender, dessen Moleküle (Ionen) so gut wie vollständig ihre Protonen abgeben. Eine starke Base kann durch Aufnahme von Protonen aus einem anderen Säure-Base-Paar so gut wie vollständig in die korrespondierende Säure übergehen. Je stärker eine Säure ist, desto schwächer ist deren korrespondierende Base und umgekehrt. Ein Maß für die Stärke einer Säure oder einer Base stellen die im folgenden Abschnitt abgeleiteten Säure- und Basekonstanten K_S und K_B dar.

In Tabelle 2.3 sind einige Säuren und die mit ihnen korrespondierenden Basen aufgeführt. Es fehlen dort die sehr starken Säuren HCl, HNO_3 und H_2SO_4. Diese Säuren sind auch in mäßig verdünnten Lösungen praktisch vollständig protolysiert, entsprechend der Gleichgewichtsbeziehung

$$HX + H_2O \rightleftharpoons X^- + H_3O^+ .$$

Die Ionen Cl^-, NO_3^- und HSO_4^- haben somit in wäßriger Lösung praktisch keine basischen Eigenschaften. Eine andere sehr starke Säure ist die Perchlorsäure $HClO_4$. Aus Tabelle 2.3 ist ersichtlich, daß Protolyte sowohl Neutralteilchen als auch Ionen sein können. Im letzteren Fall bezeichnen wir die Protolyte nach ihrem Ladungsvorzeichen als Kationsäuren, Kationbasen oder Anionsäuren bzw. Anionbasen. Das negative Ion einer mehrwertigen Säure, welches noch Wasserstoff enthält, kann entweder als Säure oder als Base reagieren, ist also ein Ampholyt. Von der Säure NH_4^+ kann nur ein Proton abgegeben werden. Neben Wasser enthält Tabelle 2.3 die Ampholyte HSO_4^-, HSO_3^-, HCO_3^- und OH^- (O^{2-} kommt in wäßrigen Lösungen nicht in meßbaren Konzentrationen vor). Andere Beispiele für Ampholyte sind bestimmte Metallhydroxide wie $Zn(OH)_2$ und Aminosäuren.

Tabelle 2.3. Beispiele für korrespondierende Säure-Base-Paare, aufgereiht nach ihrer Stärke

		Säure		Base	
sehr starke Säure	H_3O^+	Oxoniumion	H_2O	Wasser	sehr schwache Base
	H_2SO_3	Schweflige Säure	HSO_3^-	Hydrogensulfition	
	HSO_4^-	Hydrogensulfation	SO_4^{2-}	Sulfation	
	H_3PO_4	Orthophosphorsäure	$H_2PO_4^-$	Dihydrogenphosphation	
	HAc	Essigsäure	Ac^-	Acetation	
(1)	H_2CO_3	Kohlensäure	HCO_3^-	Hydrogencarbonation	(2)
	HSO_3^-	Hydrogensulfition	SO_3^{2-}	Sulfition	
	NH_4^+	Ammoniumion	NH_3	Ammoniak	
	HCO_3^-	Hydrogencarbonation	CO_3^{2-}	Carbonation	
sehr schwache Säure	H_2O	Wasser	OH^-	Hydroxidion	sehr starke Base
	OH^-	Hydroxidion	O^{2-}	Oxidion	

Die Stärke der Säure nimmt in Pfeilrichtung ab (1)   Die Stärke der Base nimmt in Pfeilrichtung zu (2)

Ein Säure-Base-Paar hat zweierlei Reaktionsmöglichkeiten mit Wasser:

$$S + H_2O \rightleftharpoons B + H_3O^+ \qquad B + H_2O \rightleftharpoons S + OH^-$$

z.B
$$HAc + H_2O \rightleftharpoons Ac^- + H_3O^+ \qquad Ac^- + H_2O \rightleftharpoons HAc + OH^- \qquad (II)$$
$$NH_4^+ + H_2O \rightleftharpoons NH_3 + H_3O^+ \quad (I) \qquad NH_3 + H_2O \rightleftharpoons NH_4^+ + OH^-.$$

Reaktionen vom Typ (I) und (II), bei denen ein positives bzw. negatives Ion protolysiert wird, trugen früher auch die Bezeichnung Hydrolyse. Die modernen Bezeichnungen sind aber Säureprotolyse und Baseprotolyse. Unter Hydrolyse im eigentlichen Sinne versteht man die Aufspaltung kovalenter Bindungen in einem Molekül durch Wasser.

Ein anderer wichtiger Typ protolytischer Reaktionen ist die *Neutralisation*. Die Verbindungen NaOH, KOH und Ca(OH)$_2$ gehören zur Verbindungsklasse der Hydroxide, deren Basewirkung auf die im Wasser gebildeten OH$^-$-Ionen zurückzuführen ist, die mit Wassermolekeln Protonenübertragungsreaktionen

$$OH^- + H_2O \rightleftharpoons H_2O + OH^-$$

eingehen.

Früher pflegte man die Neutralisationsreaktion von z. B. Natriumhydroxid mit Salzsäure durch folgende Bruttoreaktionsgleichung

$$NaOH + HCl \rightarrow NaCl + H_2O$$

zu formulieren. Diese Reaktionsgleichung läßt aber den wahren Charakter des Neutralisationsprozesses gar nicht erkennen. Danach reagieren die HCl-Moleküle zunächst mit Wassermolekülen unter Ausbildung von Oxoniumionen, die dann mit den aus NaOH gebildeten Hydroxidionen der Base unter Bildung von Wasser weiterreagieren. Die Natrium- und Chloridionen sind an der Neutralisationsreaktion nicht beteiligt und verbleiben unverändert in Lösung. Der Neutralisationsprozeß ist daher folgendermaßen zu beschreiben

$$Na^+ + OH^- + H_3O^+ + Cl^- \rightarrow Na^+ + Cl^- + 2\,H_2O$$

oder nach Wegkürzen der am Neutralisationsprozeß nicht beteiligten Ionen

$$OH^- + H_3O^+ \rightleftharpoons 2\,H_2O.$$

Wird eine schwache Säure wie z. B. die Essigsäure mit der starken Base OH^- neutralisiert, dann kann der wesentliche Prozeß durch folgende Gleichung veranschaulicht werden:

$$HAc + OH^- \rightleftharpoons Ac^- + H_2O. \tag{I}$$

Auch für die Reaktion einer schwachen Base wie Ammoniak mit einer starken Säure kann man den wesentlichen Prozeßablauf durch die Gleichung

$$H_3O^+ + NH_3 \rightleftharpoons H_2O + NH_4^+ \tag{II}$$

beschreiben. Bei Reaktion (I) ist das Kation der Base OH^- und bei Reaktion (II) das Anion der Säure unberücksichtigt geblieben. Diese Ionen treten jedoch mit der jeweils auf der rechten Gleichungsseite vorhandenen Ionenart zu einem Salzkristall zusammen, wenn das Lösungsmittel Wasser entfernt wird.

Wenn schließlich eine schwache Säure wie Essigsäure mit einer schwachen Base wie Ammoniak neutralisiert wird, lautet die Reaktionsgleichung

$$HAc + NH_3 \rightleftharpoons Ac^- + NH_4^+. \tag{III}$$

Auch die Anionen und Kationen auf der rechten Seite von Gleichung (III) treten nach Entfernung des Lösungsmittels Wasser zu einem Salzkristall zusammen.

> Definition eines Salzes: Ein Salz ist im festen Zustand aus Ionen entgegengesetzter Ladungsvorzeichen aufgebaut, die ein Kristallgitter ausbilden. Der Salzkristall ist nach außen elektrisch neutral, und die Ionen werden im Kristallverband durch elektrostatische Feldkräfte zusammengehalten. Beim Auflösen des Ionenkristalls in Wasser werden die Ionen wieder freigesetzt, ohne daß andere Stoffe durch Protonenaustausch mitwirken. Den Auflösungsvorgang unter Ausbildung von Ionen nennt man *elektrolytische Dissoziation.*

Wenn die Ionen eines Salzes nach ihrer Entstehung durch Dissoziation ganz oder teilweise mit anderen Ionen oder Molekülen weiterreagieren, so ist das für den Salzcharakter ohne Belang. Natriumacetat ist ein Salz, weil es beim Auflösen in Wasser die Ionen Na^+ und Ac^- bildet. Daß die Ac^--Ionen unmittelbar nach ihrer Entstehung wegen ihres basischen Charakters Protonen aufnehmen und HAc ausbilden, ist eine sekundäre Reaktion, eine Salzprotolyse.

Das Ionenprodukt des Wassers und die pH-Skala

Das Wasser als Ampholyt enthält auch im reinsten Zustand immer sehr kleine Konzentrationen von Oxonium- und Hydroxidionen, die durch die Autoprotolysereaktion des Wassers gebildet werden. Dabei kann Wasser sowohl als Säure als auch als Base reagieren. Nach Gl. (I) ist Wasser ein Protonendonator, also eine Säure. Gemäß Gl. (II) hat es Protonenakzeptoreigenschaften, verhält sich also als Base. Die Reaktionsgleichung (III) zeigt schließlich das Vorliegen eines echten Protolysegleichgewichts auf, wobei ein Proton von einem Wassermolekül auf ein zweites übertragen wird.

$$H_2O \rightleftharpoons H^+ + OH^- \qquad (I)$$
$$H^+ + H_2O \rightleftharpoons H_3O^+ \qquad (II)$$

$$H_2O + H_2O \rightleftharpoons H_3O^+ + OH^- \qquad (III)$$
$$S_1 \quad B_2 \quad\quad S_2 \quad\quad B_1$$

Das Gleichgewicht befindet sich ganz weit auf der linken Seite der Reaktionsgleichung. Die Konzentration des Wassers ist also im Verhältnis zu den Konzentrationen der H_3O^+- und OH^--Ionen sehr groß. In Wasser gelöste Ionen haben, wenn ihre Konzentrationen niedrig sind, praktisch keinen Einfluß auf die Wasserkonzentration und das Autoprotolysegleichgewicht. Deshalb kann die Wasserkonzentration als konstant angesehen und in die Gleichgewichtskonstante der Massenwirkungsbeziehung einbezogen werden.
Die Massenwirkungsbeziehung

$$\frac{c(H_3O^+) \cdot c(OH^-)}{c^2(H_2O)} = K_c$$

kann deshalb zu

$$c(H_3O^+) \cdot c(OH^-) = K_c \cdot c^2(H_2O) = K_w \qquad (2.36)$$

vereinfacht werden.
Diese Gleichung gilt für jede verdünnte wäßrige Lösung. K_w nennt man das *Ionenprodukt des Wassers*. Wie die folgenden Zahlen zeigen, ist dessen Zahlenwert stark von der Temperatur abhängig.

Temperatur in °C	K_w^0 in $mol^2 \cdot l^{-2}$
0	$0{,}12 \cdot 10^{-14}$
20	$0{,}68 \cdot 10^{-14}$
25	$1{,}01 \cdot 10^{-14}$

Diese Zahlen beziehen sich auf das thermodynamische Ionenprodukt, definiert durch die Gleichung

$$a(H_3O^+) \cdot a(OH^-) = K_w^0. \qquad (2.37)$$

Das stöchiometrische Ionenprodukt in Gleichung (2.36), in dem die Konzentrationen der Ionen in mol $\cdot$ l^{-1} angegeben werden, ist außer von der Temperatur auch von der Art und den Konzentrationen der in der Lösung enthaltenen Elektrolyte abhängig. Dasselbe gilt auch für andere stöchiometrische Gleichgewichtskonstanten von Elektrolyten.
Methoden zur Bestimmung von K_w findet man in den Aufgaben 4.3-21 und 4.3-43.
Die Oxoniumionenkonzentration (manchmal auch einfach als Wasserstoffionenkonzentration bezeichnet, eigentlich genau genommen die Wasserstoffionenaktivität) spielt bei einer Vielzahl chemischer Prozesse eine wichtige Rolle. Aus Zweckmäßigkeitsgründen gibt man in der Regel nicht die Oxoniumionenaktivität selbst an, sondern ihren mit -1 multiplizierten dekadischen Logarithmus, den pH-Wert. Dies hat den Vorteil, daß komplizierte Exponentialausdrücke durch einfache positive Zahlenwerte ersetzt werden können. Der pH-Wert ist folgendermaßen definiert:

$$\boxed{p\text{H} = -\log a(\text{H}_3\text{O}^+)} \qquad (2.38)$$

$$\Rightarrow a(\text{H}_3\text{O}^+) = 10^{-p\text{H}}$$

In verdünnten Lösungen kann die Aktivität näherungsweise der Konzentration gleichgesetzt werden. Im folgenden wird also, soweit nicht anders angegeben, der Aktivitätskoeffizient $f_i = 1$ angenommen.
Tabelle 2.4 gibt einen Überblick über die pH-Werte verschiedener wäßriger Lösungen von Basen, Salzen und Säuren sowie den pH-Wert des Wassers. In manchen der Beispiele handelt es sich um angenäherte pH-Werte.

Tabelle 2.4. pH-Werte von Wasser und wäßrigen Lösungen von Basen, Salzen und Säuren

	pH-Wert	Elektrolyt
Stark alkalisch	14	1 mol $\cdot$ l^{-1} NaOH
	13	0,1 mol $\cdot$ l^{-1} NaOH
	12	0,01 mol $\cdot$ l^{-1} NaOH
Schwach alkalisch	11	0,1 mol $\cdot$ l^{-1} NH$_3$
	10	Borat-Puffer
	9	0,1 mol $\cdot$ l^{-1} NH$_3$ + 0,1 mol $\cdot$ l^{-1} NH$_4$Cl
	8	NaHCO$_3$
Neutral	7	Wasser
Schwach sauer	6	Prim. Phosphat + sek. Phosphat
	5	0,1 mol $\cdot$ l^{-1} HAc + 0,1 mol $\cdot$ l^{-1} NaAc
	4	Citrat-Puffer
	3	0,1 mol $\cdot$ l^{-1} HAc
Stark sauer	2	0,01 mol $\cdot$ l^{-1} HCl
	1	0,1 mol $\cdot$ l^{-1} HCl
	0	1 mol $\cdot$ l^{-1} HCl

Die geeignetste Verfahrensweise zur Umrechnung einer Konzentration in den zugehörigen pH-Wert und umgekehrt wird in folgenden Beispielen angewendet.

Beispiel 3:
Welchen pH-Wert hat eine Lösung, deren Wasserstoffionenkonzentration $3{,}7 \cdot 10^{-5}\,\text{mol}\cdot\text{l}^{-1}$ beträgt?

Lösung:
$$p\text{H} = -\log 3{,}7 \cdot 10^{-5} = -\log 3{,}7 + 5 = -0{,}568 + 5 = 4{,}43.$$

Beispiel 4:
Eine Lösung hat den pH-Wert von 8,65. Berechnen Sie ihre Wasserstoffionenkonzentration.

Lösung:
$$\log c(\text{H}^+) = -8{,}65 = 0{,}35 - 9$$
$$c(\text{H}^+) = 2{,}24 \cdot 10^{-9}\,\text{mol}\cdot\text{l}^{-1}$$

Für die Hydroxidionenaktivität gilt entsprechend*

$$p\text{OH} = -\log a(\text{OH}^-) \tag{2.39}$$

Beim Logarithmieren von (2.37) erhält man

$$p\text{H} + p\text{OH} = -\log K_w^0 = pK_w^0 \tag{2.40}$$

Säure- und Basekonstanten

Wie schon früher (S. 92) dargelegt, kann ein Säure-Base-Paar S/B in wäßriger Lösung auf zwei verschiedenen Wegen protolysiert werden:

$$\text{S} + \text{H}_2\text{O} \rightleftharpoons \text{B} + \text{H}_3\text{O}^+$$

und

$$\text{B} + \text{H}_2\text{O} \rightleftharpoons \text{S} + \text{OH}^-.$$

Für die Säure wird die Protolysekonstante durch Aufstellung der Massenwirkungsgleichung zu

$$\frac{c(\text{H}_3\text{O}^+)\cdot c(\text{B})}{c(\text{S})\cdot c(\text{H}_2\text{O})} = K$$

definiert.

---

* In der Chemie wird der Operator p vor einer Größe A als negativer dekadischer Logarithmus der Größe A bezeichnet.

In verdünnten Lösungen kann $c(H_2O)$ als konstant angesehen werden und beträgt bei 20 °C 55,4 mol·l^{-1} ($M(H_2O) = 18,0$ g·mol^{-1}; $n(H_2O) = 998$ g·l^{-1}/18,0 g·mol^{-1} = 55,4 mol·l^{-1}). Bezieht man diesen Wert mit in die Gleichgewichtskonstante ein, dann erhält man

$$\frac{c(H_3O^+) \cdot c(B)}{c(S)} = K \cdot c(H_2O) = K_S. \tag{2.41}$$

K_S wird Säurekonstante genannt.
Auf entsprechende Weise erhält man für die Basekonstante K_B der korrespondierenden Base den Ausdruck

$$\frac{c(S) \cdot c(OH^-)}{c(B)} = K \cdot c(H_2O) = K_B. \tag{2.42}$$

Die Konstanten K_S und K_B haben die Einheit mol·l^{-1}. Der Zahlenwert von K_S ist ein Maß für die Stärke (Ausmaß der Protolysereaktion) einer Säure. Ist $K_S < 10^{-4}$ mol·l^{-1}, dann nennt man sie schwach. Ist $K_B < 10^{-4}$ mol·l^{-1}, dann nennt man die Base schwach.
Multipliziert man Gleichung (2.41) mit (2.42), dann erhält man die Beziehung

$$c(H_3O^+) \cdot c(OH^-) = K_S \cdot K_B$$

und nach dem Einsetzen des Ionenproduktes des Wassers für die Konzentrationen auf der linken Gleichungsseite

$$K_w = K_S \cdot K_B \tag{2.43}$$

K_S und K_B sind also einander umgekehrt proportional. Durch Logarithmieren von Gleichung (2.43) folgt unmittelbar

$$pK_w = pK_S + pK_B. \tag{2.44}$$

Wenn die Gesamtkonzentration einer einbasigen Säure und der korrespondierenden Säurerestanionen mit c_S gegeben ist und die Säure sehr stark ist, läßt sich ihre Oxoniumionenkonzentration leicht nach der Beziehung

$$c(H_3O^+) = c_S \tag{2.45}$$

berechnen. Wenn bei einer sehr starken zweibasigen Säure beide Säurekonstanten sehr groß sind, gilt bei großer Verdünnung jedoch näherungsweise

$$c(H_3O^+) = 2 \cdot c_S. \tag{2.46}$$

Für starke einwertige Basen kann man die Beziehungen

$$c(\text{OH}^-) = c_\text{B} \tag{2.47}$$

und

$$c(\text{H}_3\text{O}^+) = K_\text{w}/c_\text{B} \tag{2.48}$$

verwenden, in denen c_B die Ausgangskonzentration der Base ist.
Bei einer mittelschwachen einbasigen Säure der Ausgangskonzentration c_S kann man zur Berechnung der Oxoniumionenkonzentration Gleichung (2.41) nach geringfügiger Umformung verwenden.

$$\frac{c^2(\text{H}_3\text{O}^+)}{c_\text{S} - c(\text{H}_3\text{O}^+)} = K_\text{S} \tag{2.49}$$

Die Basekonzentration wird durch die H_3O^+-Konzentration ersetzt, weil auf jedes entstehende H_3O^+-Ion ein Baseteilchen entfällt, und für die Säure-Gleichgewichtskonzentration wird die Differenz der Ausgangskonzentration und H_3O^+-Konzentration geschrieben. Die Lösung dieser Gleichung ergibt eine quadratische Gleichung.
Liegt eine schwache Säure in nicht zu geringer Konzentration vor, so daß ein geringerer Anteil als ca. 3% davon im Gleichgewichtszustand protolysiert ist, dann kann die kleine H_3O^+-Ionenkonzentration im Nenner der obigen Beziehung wegfallen, und man erhält

$$c^2(\text{H}_3\text{O}^+) = c_\text{S} \cdot K_\text{S} \quad \text{und} \quad c(\text{H}_3\text{O}^+) = \sqrt{c_\text{S} \cdot K_\text{S}}, \tag{2.50}$$

was nach dem Logarithmieren zu folgender Beziehung führt:

$$p\text{H} = \tfrac{1}{2} \cdot (pK_\text{S} - \log c_\text{S}). \tag{2.51}$$

Ähnliche Ausdrücke können für eine schwache Base abgeleitet werden. Gemäß der Protolysereaktionsgleichung folgt

$$c(\text{S}) = c(\text{OH}^-); c(\text{B}) = c_\text{B} - c(\text{OH}^-). \tag{2.52}$$

Setzt man diese Ausdrücke in Gleichung (2.42) ein, dann ergibt sich

$$\frac{c^2(\text{OH}^-)}{c_\text{B} - c(\text{OH}^-)} = K_\text{B}. \tag{2.53}$$

Liegt eine schwache Base in nicht zu geringer Konzentration vor, so kann $c(\text{OH}^-)$ gegenüber c_B vernachlässigt werden. Man erhält dann

$$c^2(\text{OH}^-) = c_\text{B} \cdot K_\text{B} \quad \text{und} \quad c(\text{OH}^-) = \sqrt{c_\text{B} \cdot K_\text{B}}, \tag{2.54}$$

was nach dem Logarithmieren

$$p\text{OH} = \tfrac{1}{2} \cdot (pK_\text{B} - \log c_\text{B}) \tag{2.55}$$

ergibt.
Oft ist man mehr am pH-Wert als am pOH-Wert interessiert. Setzt man die oben angegebenen Ausdrücke für pOH und pK_B in die letztgenannte Gleichung ein, so erhält man

$$pK_\text{w} - p\text{H} = \tfrac{1}{2} \cdot (pK_\text{w} - pK_\text{S} - \log c_\text{B}) \tag{2.56}$$

und umgeformt

$$p\text{H} = \tfrac{1}{2} \cdot (pK_\text{w} + pK_\text{S} + \log c_\text{B}). \tag{2.57}$$

Bei Raumtemperatur kann in der Praxis $pK_\text{w} = 14$ gesetzt werden.

$$p\text{H} = 7 + \tfrac{1}{2} \cdot (pK_\text{S} + \log c_\text{B}). \tag{2.58}$$

Bei der Lösung komplizierter Gleichgewichtsprobleme ist es manchmal zweckmäßig, mehrere Gleichungen aufzustellen. Außer Gleichungen für protolytische, Löslichkeits- und Komplexbildungsgleichgewichte stellt man auch Gleichungen auf, die die Massen- oder Konzentrationsbilanz und die Ladungsbilanz berücksichtigen, und somit auch die Erhaltungssätze.
Die Konzentrationsbilanzbedingung verlangt, daß die Gesamtkonzentration eines in Lösung befindlichen Stoffes gleich der Summe der Konzentrationen der Ionen und der ungeladenen Moleküle ist, auf die sich der Stoff verteilt.
Die Ladungs- oder Elektroneutralitätsbedingung verlangt, daß eine Elektrolytlösung nach außen elektrisch neutral ist. Deshalb muß die Summe der Ladungen der Kationen gleich der Summe der Ladungen der Anionen sein. Bei der Summierung ist zu beachten, daß die Stoffmengenkonzentration eines n-wertigen Ions mit n zu multiplizieren ist. Sind ein Kation A mit der Ladung m und ein Anion B mit der Ladung n gegeben, so kann man die Elektroneutralitätsbedingung allgemein durch die Gleichung

$$\sum m \cdot c(\text{A}^{m+}) = \sum n \cdot c(\text{B}^{n-}) \tag{2.59}$$

darstellen.
Bei der rechnerischen Behandlung von Elektrolyt-Problemen kann die Vernachlässigung bestimmter unbedeutender Glieder in den Bestimmungsgleichungen oft zu erheblichen Vereinfachungen führen. So kann man in saurer Lösung $c(\text{OH}^-)$ gegenüber $c(\text{H}_3\text{O}^+)$ vernachlässigen und umgekehrt in alkalischer Lösung $c(\text{H}_3\text{O}^+)$ gegenüber $c(\text{OH}^-)$. Wenn das Endergebnis einer Berechnung vorliegt, sollte man kontrollieren, ob die vorgenommenen Vereinfachungen auch erlaubt waren.

Beispiel 5:
Berechnen Sie die Oxoniumionenkonzentration sowie den pH-Wert einer Essigsäurelösung der Konzentration $0{,}05\ \text{mol} \cdot \text{l}^{-1}$. Die Säurekonstante der Essigsäure soll $1{,}8 \cdot 10^{-5}\ \text{mol} \cdot \text{l}^{-1}$ betragen.

Lösung:
Essigsäure protolysiert gemäß

$$HAc + H_2O \rightleftharpoons Ac^- + H_3O^+.$$

Aus der Reaktionsgleichung folgt, daß aus jedem protolysierenden HAc-Molekül je 1 Ac^-- und 1 H_3O^+-Ion entstehen. Sieht man von der durch die Autoprotolyse des Wassers gebildeten geringen Konzentration von Oxoniumionen ab, so gilt

$$c(Ac^-) = c(H_3O^+).$$

Jedes gebildete Oxoniumion führt zum Verbrauch eines Moleküls HAc, d.h. die Gleichgewichtskonzentration von HAc beträgt $0{,}05 - c(H_3O^+)$ mol $\cdot$ l^{-1}. Einsetzen dieser Werte für $c(Ac^-)$ und $c(HAc)$ in Gleichung (2.40) ergibt

$$\frac{c^2(H_3O^+)}{0{,}05 - c(H_3O^+)} = 1{,}8 \cdot 10^{-5} \text{ mol} \cdot \text{l}^{-1}. \tag{I}$$

Diese quadratische Gleichung kann auf übliche Weise gelöst werden, wenn man als Lösung ihrer allgemeinen Form

$$x^2 + ax + b = 0$$

den Ansatz

$$x_{1,2} = -\tfrac{1}{2} \cdot a + \sqrt{(a/2)^2 - b} \tag{II}$$

verwendet. Dies ergibt dann

$$c^2(H_3O^+) + 1{,}8 \cdot 10^{-5} c(H_3O^+) - 0{,}05 \cdot 1{,}8 \cdot 10^{-5} = 0$$

und

$$c(H_3O^+) = -0{,}9 \cdot 10^{-5} + \sqrt{(0{,}9 \cdot 10^{-5})^2 + 0{,}09 \cdot 10^{-5}}$$
$$= 0{,}000940 \text{ mol} \cdot \text{l}^{-1};$$
$$pH = 3{,}03.$$

Die Lösung einer quadratischen Gleichung mit kleinen Zahlenwerten für das zweite und dritte Glied kann manchmal recht umständlich sein. Es ist in solchen Fällen bequemer, durch wiederholtes Einsetzen von Näherungswerten eine annehmbare Oxoniumionenkonzentration zu errechnen: Ein sehr kleiner Wert von K_S bedingt, daß $c(H_3O^+)$ im Vergleich mit der Ausgangskonzentration von 0,05 mol $\cdot$ l^{-1} sehr klein wird. Vernachlässigt man $c(H_3O^+)$ in Gleichung (I), so erhält man in erster Näherung

$$c(H_3O^+) = \sqrt{0{,}05 \cdot 1{,}8 \cdot 10^{-5} \text{ mol}^2 \cdot \text{l}^{-2}} = 0{,}000949 \text{ mol} \cdot \text{l}^{-1}.$$

Setzt man diesen Konzentrationswert in den Nenner von Gleichung (I) ein, so erhält man

$$\frac{c^2(H_3O^+)}{0{,}05 - 0{,}000949} = 1{,}8 \cdot 10^{-5}; c(H_3O^+) = 0{,}000940 \text{ mol} \cdot \text{l}^{-1}.$$

Erneutes Einsetzen ergibt, wie man voraussehen kann, den gleichen Zahlenwert.

$$pH = -\log 0{,}000940 = 3{,}03.$$

Da Essigsäure eine schwache Säure ist ($K_S < 10^{-4}$ mol·l^{-1}), kann man bei Näherungsberechnungen Gleichung (2.50) benutzen:

$$c(H_3O^+) = \sqrt{0{,}05 \cdot 1{,}8 \cdot 10^{-5} \text{ mol}^2 \cdot l^{-2}}; \quad c(H_3O^+) = 9{,}5 \cdot 10^{-4} \text{ mol} \cdot l^{-1}.$$

Die Prüfung, ob das Ausmaß der Protolyse bei der vorliegenden Ausgangskonzentration der Essigsäure gering genug war, um die Anwendung des Näherungsverfahrens zu rechtfertigen, ergibt

$$\frac{c(H_3O^+)}{c_S} = \frac{9{,}5 \cdot 10^{-4}}{0{,}05} \simeq 2\%.$$

Wenn H_3O^+-Konzentrationen mit der stark vereinfachten Gleichung (2.50) berechnet worden sind, ist es sehr ratsam, immer zur Überprüfung das Ausmaß der Protolysereaktion zu berechnen, das kleiner als 3% sein muß. Beachten Sie auch, daß die schwache Säure nicht in zu geringer Konzentration vorliegen darf, weil sie sonst gemäß dem Ostwaldschen Verdünnungsgesetz (s. nächster Abschnitt) in erheblichem Umfang protolysiert. Die gleichen Überlegungen gelten natürlich auch für OH^--Konzentrationsberechnungen schwacher Basen.

Das Ostwaldsche Verdünnungsgesetz

Die Säurekonstanten schwacher, einbasiger Säuren lassen sich berechnen, wenn die Ausgangskonzentrationen c_S (bzw. die Gesamtkonzentrationen von Säure und korrespondierender Base) und die Protolysegrade bei diesen Konzentrationen bekannt sind. Der Protolysegrad einer Säure wird hier nach der Brönstedschen Terminologie mit α_S und der Baseprotolysegrad mit α_B bezeichnet. Vernachlässigt man die sehr geringen Konzentrationen der Oxonium- und Hydroxidionen, die von der Autoprotolyse des Wassers herstammen, dann ergeben sich für die Säure HA folgende Konzentrationen vor und nach der Protolyse:

$$HA \quad + H_2O \rightleftharpoons A^- \quad + H_3O^+$$

Konz. vor der Protolyse $\quad c_S \qquad\qquad\qquad 0 \qquad\qquad 0$
Konz. im Gleichgewicht $\quad c_S(1-\alpha_S) \qquad c_S \cdot \alpha_S \quad c_S \cdot \alpha_S (= c(H_3O^+))$

Einsetzen der Gleichgewichtskonzentrationen in Gleichung (2.41) liefert

$$\frac{c_S \cdot \alpha^2}{1 - \alpha} = K_S. \tag{2.60}$$

Aus dieser Gleichung geht hervor, daß α wächst, wenn c_S abnimmt und daß der Protolysegrad dem Grenzwert 1 zustrebt, wenn sich c_S dem Wert Null nähert.
Ein ähnlicher Ausdruck gilt für die Basekonstante K_B schwacher einwertiger Basen vom Typ des Ammoniak. In Gleichung (2.60) wird c_S durch c_B und K_S durch K_B ersetzt.

Das klassische Verfahren zur Bestimmung des Protolysegrades ist die Messung der molaren Leitfähigkeit als Funktion der Konzentration (s. Kapitel 4.3, S. 261 f.).
Das Ostwaldsche Verdünnungsgesetz gilt nur für schwache Elektrolyte. Bei mittelstarken Elektrolyten nimmt der Wert von K_S bzw. K_B zu, wenn die Gesamtkonzentration erhöht wird.
Eine Anwendung des Ostwaldschen Verdünnungsgesetzes ist in Aufgabe 2.2-10 zu finden.
Nach Gleichung (2.50) gilt für eine schwache Säure in nicht allzu verdünnter Lösung näherungsweise

$$c(H_3O^+) = \sqrt{c_S \cdot K_S}$$

und somit

$$\alpha_S = \frac{c(H_3O^+)}{c_S} = \frac{\sqrt{c_S \cdot K_S}}{c_S} = \sqrt{\frac{K_S}{c_S}}. \tag{2.61}$$

Entsprechend erhält man nach Gleichung (2.54)

$$\alpha_B = \frac{c(OH^-)}{c_B} = \frac{\sqrt{c_B \cdot K_B}}{c_B} = \sqrt{\frac{K_B}{c_B}}. \tag{2.62}$$

Dies gilt aber nur für α_S- und α_B-Werte $\leq 3\%$.

Protolyse mehrbasiger Säuren

Mehrbasige Säuren protolysieren schrittweise. Für Phosphorsäure gelten beispielsweise drei Gleichgewichte, und jedes für sich ist durch seine Säurekonstante bestimmt:

$$H_3PO_4 + H_2O \rightleftharpoons H_2PO_4^- + H_3O^+ \qquad K_{S1} = K_1 \cdot c(H_2O) = \frac{c(H_3O^+) \cdot c(H_2PO_4^-)}{c(H_3PO_4)} \tag{I}$$

$$H_2PO_4^- + H_2O \rightleftharpoons HPO_4^{2-} + H_3O^+ \qquad K_{S2} = K_2 \cdot c(H_2O) = \frac{c(H_3O^+) \cdot c(HPO_4^{2-})}{c(H_2PO_4^-)} \tag{II}$$

$$HPO_4^{2-} + H_2O \rightleftharpoons PO_4^{3-} + H_3O^+ \qquad K_{S3} = K_3 \cdot c(H_2O) = \frac{c(H_3O^+) \cdot c(PO_4^{3-})}{c(HPO_4^{2-})} \tag{III}$$

Beispiel 6:
Berechnen Sie die Konzentrationen der Phosphorsäure und ihrer Protolyseformen, die in einer Lösung von Phosphorsäure der Ausgangskonzentration 0,1 mol·l^{-1} enthalten sind. $K_{S1} = 7,5 \cdot 10^{-3}$ mol·l^{-1}, $K_{S2} = 6,2 \cdot 10^{-8}$ mol·l^{-1} und $K_{S3} = 4,8 \cdot 10^{-13}$ mol·l^{-1}.

Lösung:
Da $K_{S1} \gg K_{S2} \gg K_{S3}$, wird (I) die vorherrschende Protolysereaktion sein. Die von (I) stammende H$_3$O$^+$-Ionenkonzentration ist im Vergleich zu der aus (II) und (III) stammenden groß, so daß man die beiden letzteren nicht zu berücksichtigen braucht. Danach wird gemäß (I) $c(H_2PO_4^-) = c(H_3O^+)$ und $c(H_3PO_4) = 0,1 - c(H_3O^+)$. Einsetzen dieser Werte in den Ausdruck für K_{S1} ergibt

$$\frac{c^2(H_3O^+)}{0,1 - c(H_3O^+)} = 7,5 \cdot 10^{-3} \text{ mol·l}^{-1}.$$

In erster Näherung vernachlässigen wir im Nenner dieses Ausdrucks $c(H_3O^+)$ gegenüber 0,1 mol·l^{-1}, wodurch sich $c^2(H_3O^+) = 0,75 \cdot 10^{-3}$ mol^2·l^{-2} und $c(H_3O^+) = 0,027$ mol·l^{-1} ergeben. Wird der letztere Wert in den Nenner eingesetzt, so erhält man $c^2(H_3O^+) = 0,073 \cdot 7,5 \cdot 10^{-3}$ mol^2·l^{-2}, woraus sich mit ausreichender Genauigkeit $c(H_3O^+) = 0,024$ mol·l^{-1} ergibt.

$c(H_3O^+) = c(H_2PO_4^-) = 0,024$ mol·l^{-1} und $c(H_3PO_4) = 0,076$ mol·l^{-1}.

Aus dem Ausdruck (II) für K_2 ergibt sich

$$c(HPO_4^{2-}) = \frac{6,2 \cdot 10^{-8} \cdot 0,076}{0,024} \text{ mol·l}^{-1} = 1,96 \cdot 10^{-7} \text{ mol·l}^{-1}$$

und aus dem Ausdruck (III) für K_3

$$c(PO_4^{3-}) = \frac{4,8 \cdot 10^{-13} \cdot 1,96 \cdot 10^{-7}}{0,024} \text{ mol·l}^{-1} = 10^{-18} \text{ mol·l}^{-1}.$$

Beispiel 7:
Berechnen Sie den pH-Wert einer 0,01 mol·l^{-1} Schwefelsäurelösung. $K_S(HSO_4^-) = 10^{-2}$ mol·l^{-1}. Die Säureprotolyse der ersten Protolysestufe soll vollständig erfolgt sein.

Lösung:
Die primäre Protolysereaktion ist

$$H_2SO_4 + H_2O \rightleftharpoons HSO_4^- + H_3O^+$$

Konz. vor der Protolyse (mol·l^{-1})	0,01	0	0
Konz. im Gleichgewicht (mol·l^{-1})	0	0,01	0,01

Die sekundäre Protolysereaktion ist

$$HSO_4^- + H_2O \rightleftharpoons SO_4^{2-} + H_3O^+$$

Konz. vor der Protolyse (mol·l^{-1})	0,01	0	0,01
Konz. im Gleichgewicht (mol·l^{-1})	0,01 − c_x	c_x	0,01 + c_x

Die Gleichgewichtsgleichung der sekundären Protolyse ergibt

$$\frac{c_x \cdot (0{,}01 + c_x)}{0{,}01 - c_x} = 10^{-2}; \quad c_x = 0{,}41 \cdot 10^{-2} \text{ mol} \cdot \text{l}^{-1}$$

$c(\text{H}_3\text{O}^+) = (0{,}01 + 0{,}41 \cdot 10^{-2}) \text{ mol} \cdot \text{l}^{-1} = 1{,}41 \cdot 10^{-2} \text{ mol} \cdot \text{l}^{-1}$

$p\text{H} = 1{,}85$.

Salzprotolyse

Salze dissoziieren nach Auflösung in Wasser im allgemeinen vollständig in Kationen und Anionen. Wenn das bei der Dissoziation eines Salzes KA entstehende Anion A^- eine schwache Base ist, das Kation K^+ aber keine Säureeigenschaften hat, erfolgt nur eine Reaktion des Anions mit dem Wasser. Im umgekehrten Falle einer schwachen Kationsäure und eines Anions ohne Basecharakter reagiert nur das Kation mit dem Wasser. Bei der erstgenannten Reaktion wird ein Überschuß an OH^--Ionen erzeugt, d. h. die Salzlösung wird alkalisch. Bei der zweiten Reaktion werden Oxoniumionen im Überschuß erzeugt und die Salzlösung wird sauer. Reaktionen dieser Art werden *Salzprotolyse* genannt.

Beispielbetrachungen sollen die Reaktionsgleichgewichte verdeutlichen, die sich in einer wäßrigen Natriumacetatlösung der Konzentration $c = 0{,}1 \text{ mol} \cdot \text{l}^{-1}$ bei der Salzprotolyse einstellen und zur Blaufärbung von in die Lösung hineingetauchtem Lackmuspapier (zur alkalischen Reaktion) führen.

In der Lösung liegen vier verschiedene Reaktionsgleichgewichte vor:

I $\text{NaAc} \rightleftharpoons \text{Na}^+ + \text{Ac}^-$ III $\text{HAc} + \text{H}_2\text{O} \rightleftharpoons \text{H}_3\text{O}^+ + \text{Ac}^-$

II $\text{NaOH} \rightleftharpoons \text{Na}^+ + \text{OH}^-$ IV $\text{H}_2\text{O} + \text{H}_2\text{O} \rightleftharpoons \text{H}_3\text{O}^+ + \text{OH}^-$.

Die Gleichgewichte der Reaktionen (I) und (II) liegen auf der Seite der Produkte, denn das Salz NaAc dissoziiert bei der angegebenen Konzentration vollständig (I), und NaOH liegt quantitativ in Form von Na^+- und OH^--Ionen (II) vor. Bei den Reaktionen (III) und (IV) stellen sich jedoch Gleichgewichte ein, die im Falle (III) zur Bildung von HAc aus Ac^--Ionen unter Verbrauch von H_3O^+-Ionen führen. Dadurch wird auch das Gleichgewicht der Reaktion (IV) beeinflußt. Die Gleichgewichtslage kann durch das Massenwirkungsgesetz beschrieben werden:

$$K_S(\text{HAc}) = \frac{c(\text{H}_3\text{O}^+) \cdot c(\text{Ac}^-)}{c(\text{HAc})} \quad \text{und} \quad K_w = c(\text{H}_3\text{O}^+) \cdot c(\text{OH}^-).$$

Die Kombination beider Beziehungen ergibt:

$$\frac{K_S(\text{HAc})}{K_w} = \frac{c(\text{H}_3\text{O}^+) \cdot c(\text{Ac}^-)}{c(\text{HAc}) \cdot c(\text{H}_3\text{O}^+) \cdot c(\text{OH}^-)} = \frac{c(\text{Ac}^-)}{c(\text{HAc}) \cdot c(\text{OH}^-)} = \frac{c(\text{Ac}^-)}{c^2(\text{HAc})}.$$

Das letzte Glied der obigen Gleichung erhält man durch die Überlegung, daß die Anionbase Ac^- bei der Reaktion mit den H_3O^+-Ionen des Wassers das Protolysegleichgewicht des Wassers so verschiebt, daß ein OH^--Ionen-Überschuß entsteht. Es muß die Bedingung $c(\text{OH}^-) = c(\text{HAc})$ Gültigkeit haben, d. h. die Natriumacetatlösung wird alkalisch.

Anders ausgedrückt: Die wäßrige Lösung eines Salzes, das durch Neutralisation einer schwachen Säure mit einer starken Base dargestellt wurde, reagiert aufgrund der Salzprotolyse alkalisch.

Entsprechend reagiert die wäßrige Lösung eines Salzes aus einer starken Säure und einer schwachen Base wegen der Salzprotolyse sauer.

Beispiel 8:
Berechnen Sie den pH-Wert und die Oxoniumionenkonzentration einer $0{,}1 \text{ mol} \cdot \text{l}^{-1}$ Lösung von Natriumacetat. $K_S(\text{HAc}) = 1{,}8 \cdot 10^{-5} \text{ mol} \cdot \text{l}^{-1}$ und $K_w = 10^{-14} \text{ mol}^2 \cdot \text{l}^{-2}$.

Der pH-Wert wird hauptsächlich durch die Protolyse der Base, d. h. des Acetations, bestimmt:

$$\text{Ac}^- + \text{H}_2\text{O} \rightleftharpoons \text{HAc} + \text{OH}^-.$$

Lösung 1:
Direktes Einsetzen von $pK_S = 4{,}74$ und $c_B = 0{,}1$ in Gleichung (2.58) ergibt

$$p\text{H} = 7 + \tfrac{1}{2} \cdot (4{,}74 + \log 0{,}1) = 8{,}87; \ c(\text{H}_3\text{O}^+) = 1{,}35 \cdot 10^{-9} \text{ mol} \cdot \text{l}^{-1}.$$

Lösung 2:
Sie läßt sich aus der Konzentrations- und Elektroneutralitätsbedingung herleiten. Danach liegt die Acetatgruppe zum Teil als Ion Ac^-, zum Teil auch als Molekül HAc vor, und für die Gesamtkonzentration gilt

$$c(\text{Ac}^-) + c(\text{HAc}) = 0{,}1 \text{ mol} \cdot \text{l}^{-1}.$$

Die Elektroneutralitätsbedingung fordert, daß

$$c(\text{Na}^+) + c(\text{H}_3\text{O}^+) = c(\text{Ac}^-) + c(\text{OH}^-)$$

ist.
$c(\text{Na}^+) = 0{,}1 \text{ mol} \cdot \text{l}^{-1}$. In alkalischer Lösung, die ja hier vorliegt, kann $c(\text{H}_3\text{O}^+)$ gegenüber $0{,}1 \text{ mol} \cdot \text{l}^{-1}$ vernachlässigt werden.

$$c(\text{HAc}) = c(\text{OH}^-) = K_w/c(\text{H}_3\text{O}^+) \quad \text{und} \quad c(\text{Ac}^-) = 0{,}1 - c(\text{OH}^-) = 0{,}1 - K_w/c(\text{H}_3\text{O}^+).$$

Einsetzen in Gleichung (2.41) ergibt

$$\frac{c^2(\text{H}_3\text{O}^+) \cdot (0{,}1 - K_w/c(\text{H}_3\text{O}^+))}{K_w} = K_S.$$

In diesem besonderen Fall kann $K_w/c(\text{H}_3\text{O}^+)$ im Vergleich zu $0{,}1 \text{ mol} \cdot \text{l}^{-1}$ vernachlässigt werden. Es folgt dann:

$$c(\text{H}_3\text{O}^+) = \frac{K_S \cdot K_w}{0{,}1}.$$

Nach Einsetzen der Zahlenwerte für K_S und K_w erhält man

$p\text{H} = 8{,}87.$

Wenn in bestimmten Fällen die letztere Näherungsannahme nicht erlaubt ist, dann kann durch wiederholtes Einsetzen von Näherungswerten für $c(H_3O^+)$ eine Lösung iterativ erhalten werden.

Beispiel 9:
Berechnen Sie den pH-Wert einer wäßrigen Lösung von Ammoniumchlorid der Konzentration $0,1 \text{ mol} \cdot l^{-1}$. $K_B(NH_3) = 1,8 \cdot 10^{-5} \text{ mol} \cdot l^{-1}$.

Lösung:
Wenn näherungsweise angenommen wird, daß $c_0(NH_4^+) \simeq c(NH_4^+)$, dann gilt

$$\frac{K_w}{K_B(NH_3)} = \frac{1 \cdot 10^{-14} \text{ mol}^2 \cdot l^{-2}}{1,8 \cdot 10^{-5} \text{ mol} \cdot l^{-1}} = \frac{c(NH_3) \cdot c(H_2O)}{c(NH_4^+)} = \frac{c(H_3O^+)^2}{c(NH_4^+)}.$$

Daraus folgt für den pH-Wert:

$$p\text{H} = -\log c(H_3O^+) = -\log 7,45 \cdot 10^{-6} = 5,13.$$

Beispiel 10:
Berechnen Sie den pH-Wert einer $0,05 \text{ mol} \cdot l^{-1}$ Lösung von Trinatriumphosphat Na_3PO_4. Die zur Berechnung benötigte Säurekonstante ist dem Beispiel 2-6 zu entnehmen. $K_w = 10^{-14} \text{ mol}^2 \cdot l^{-2}$.

Lösung:
Bei dieser Berechnung braucht man nur die Protolyse des PO_4^{3-}-Ions zu berücksichtigen, da PO_4^{3-} eine starke Base ist. Die Reaktionsgleichung lautet:

$$PO_4^{3-} + H_2O \rightleftharpoons HPO_4^{2-} + OH^-$$

Konz. vor der Protolyse	0,05	0	0
Konz. im Gleichgewicht	$0,05 - c_x$	c_x	c_x

Die Gleichgewichtsgleichung ergibt

$$\frac{c_x^2}{0,05 - c_x} = K_B = \frac{K_w}{K_S} = \frac{10^{-14}}{4,8 \cdot 10^{-13}};$$

$$c_x = c(OH^-) = 2,35 \cdot 10^{-2} \text{ mol} \cdot l^{-1};$$

$$p\text{H} = 12,37.$$

Beispiel 11:
Eine wäßrige Lösung von Anilinhydrochlorid $C_6H_5NH_3^+Cl^-$ der Konzentration $0,02 \text{ mol} \cdot l^{-1}$ hat bei 25 °C den pH-Wert von 3,13. Berechnen Sie die Basekonstante von Anilin $C_6H_5NH_2$ und die Säurekonstante des Aniliniumions. $pK_w = 14$.

Lösung 1:
Das Säure-Base-Paar ist Aniliniumion (Säure)/Anilin (Base). Der pH-Wert wird durch die Protolyse des Aniliniumions bestimmt:

$$C_6H_5NH_3^+ + H_2O \rightleftharpoons C_6H_5NH_2 + H_3O^+.$$

Die Säurekonstante K_S berechnet man gemäß Gleichung (2.51):

$3{,}13 = \frac{1}{2} \cdot (pK_S - \log 0{,}02)$

$pK_S = 4{,}56; K_S = 2{,}75 \cdot 10^{-5}$ mol $\cdot$ l^{-1}.

Nach Gleichung (2.44) erhält man

$pK_B = 14 - 4{,}56 = 9{,}44;$

$K_B = 3{,}6 \cdot 10^{-10}$ mol $\cdot$ l^{-1}.

Lösung 2:
Dieser Weg mit nur einer, mit genügender Sicherheit gestatteter Näherungsannahme führt zu genaueren Werten. Aus der Konzentrationsbedingung folgt

$c(C_6H_5NH_3^+) + c(C_6H_5NH_2) = 0{,}02$ mol $\cdot$ l^{-1}

und aus der Elektroneutralitätsbedingung

$c(C_6H_5NH_3^+) + c(H_3O^+) = c(Cl^-) + c(OH^-)$.

In der letzten Gleichung kann $c(OH^-)$ gegenüber $c(Cl^-)$ vernachlässigt werden, d.h. $c(Cl^-) \approx 0{,}02$ mol $\cdot$ l^{-1}. Wir erhalten somit

$c(C_6H_5NH_2) = c(H_3O^+) = 10^{-3,13} = 7{,}41 \cdot 10^{-4}$ mol $\cdot$ l^{-1};

$c(C_6H_5NH_3^+) = 0{,}02 - c(H_3O^+) = 1{,}93 \cdot 10^{-4}$ mol $\cdot$ l^{-1}.

Einsetzen in Gleichung (2.50) ergibt

$K_S = \dfrac{(7{,}41 \cdot 10^{-4})^2}{1{,}93 \cdot 10^{-4}} = 2{,}84 \cdot 10^{-5}$ mol $\cdot$ l^{-1}.

$K_B = 3{,}52 \cdot 10^{-10}$ mol $\cdot$ l^{-1}

Pufferlösungen

Bei Reaktionen, die von der Oxoniumionenkonzentration (Oxoniumionenaktivität) der Lösung abhängen, benötigt man oft Lösungen, deren pH-Werte sich bei Zugabe mäßig großer Stoffmengen von starken Säuren oder Basen relativ wenig verändern. Solche Lösungen werden Pufferlösungen genannt. Eine Pufferlösung enthält ein korrespondierendes Säure-Base-Paar, wobei beide Partner in gleicher Konzentration vertreten sind, z.B. in einer Mischung der Lösung einer schwachen Säure mit der Lösung ihres Alkalisalzes oder eines Lösungsgemisches von schwacher Base und einem Salz der Base.
Solche pH-stabilen Mischungen sind z.B. die Kombinationen HAc + NaAc, NH_3 + NH_4Cl oder KH_2PO_4 + Na_2HPO_4. Für die Praxis ist es bedeutungsvoll, daß auch Mischungen von schwachen Säuren oder Basen mit einer sehr starken Base (OH^-) bzw. Säure (H_3O^+) Pufferwirkung haben.

Wenn man von einer verdünnten Lösung einer schwachen Säure HA ausgeht und dieser ein lösliches Alkalisalz der Säure zusetzt, stellt das durch elektrolytische Dissoziation des Salzes gebildete Anion die korrespondierende Base dar.

Um die in einem Puffergemisch ablaufende Protolysereaktion, die für die pH-Konstanz verantwortlich ist, näher zu erfassen, bezeichnen wir die Ausgangskonzentration der Säure mit c_S und die Gesamtkonzentration des Anions der Base vor dem Beginn der Protolyse mit c_B.

Die Protolysegleichung lautet	HA	$+ H_2O \rightleftharpoons A^-$	$+ H_3O^+$
Konz. vor der Protolyse	c_S	c_B	0
Konz. im Gleichgewicht	$c_S - c(H_3O^+)$	$c_B + c(H_3O^+)$	$c(H_3O^+)$

Nach Einsetzen der Gleichgewichtskonzentrationen in Gleichung (2.49) erhält man

$$K_S = \frac{(c_B + c(H_3O^+)) \cdot c(H_3O^+)}{c_S - c(H_3O^+)}. \tag{2.63}$$

Wenn $K_S < 10^{-4}$ mol $\cdot$ l^{-1} und c_S sowie $c_B > 0{,}01$ mol $\cdot$ l^{-1} sind, kann $c(H_3O^+)$ in der Regel gegenüber c_B und c_S vernachlässigt werden. Man erhält dann folgende vereinfachte Beziehung:

$$c(H_3O^+) = \frac{c_S}{c_B} \cdot K_S. \tag{2.64}$$

Logarithmieren ergibt

$$p\text{H} = pK_S + \log c_B/c_S. \tag{2.65}$$

Wenn $c(H_3O^+)$ gegenüber c_S und c_B nicht vernachlässigt werden kann, dann kann man durch wiederholtes Einsetzen von Näherungswerten für $c(H_3O^+)$ in die folgende Beziehung

$$p\text{H} = pK_S + \log \frac{c_B + c(H_3O^+)}{c_S - c(H_3O^+)} \tag{2.66}$$

einen annehmbaren pH-Wert berechnen.

Beispiel 12:
In 200 ml Essigsäurelösung der Konzentration 0,1 mol $\cdot$ l^{-1} werden 2 g wasserfreies Natriumacetat gelöst. Die dadurch bedingte geringfügige Volumenvergrößerung soll bei den folgenden Berechnungen unberücksichtigt bleiben.
a) Berechnen Sie den pH-Wert der Lösung.
b) Berechnen Sie den pH-Wert der Lösung nach Zugabe von 5 ml Natronlauge der Konzentration 0,2 mol $\cdot$ l^{-1}.
c) Berechnen Sie den pH-Wert der Lösung nach Zugabe von 5 ml Salzsäure der Konzentration 0,2 mol $\cdot$ l^{-1}.

Die Säurekonstante der Essigsäure soll $1{,}8 \cdot 10^{-5}$ mol $\cdot$ l^{-1} betragen. Die Beeinflussung des K_S-Wertes durch die zugesetzten Elektrolyte soll unberücksichtigt bleiben.

Lösung:

a) $c_S = 0{,}1$ mol $\cdot$ l^{-1}; $c_B = \dfrac{2\text{ g} \cdot 1000\text{ ml} \cdot \text{l}^{-1}}{82{,}0\text{ g} \cdot \text{mol}^{-1} \cdot 200\text{ ml}} = 0{,}122$ mol $\cdot$ l^{-1};

$pK_S = 4{,}74$

Einsetzen in Gleichung (2.65) ergibt

$$p\text{H} = 4{,}74 + \log\frac{0{,}122}{0{,}1} = 4{,}83.$$

b) Wenn Lauge zugegeben wird, neutralisiert jedes Mol der darin enthaltenen Hydroxidionen 1 mol Säure, und es wird 1 mol Acetationen gebildet.

	OH$^-$ +	HAc	$\rightleftharpoons$ H$_2$O +	Ac$^-$
Konzentration nach Laugenzusatz vor der Reaktion in mol $\cdot$ l^{-1}	$\dfrac{0{,}2 \cdot 5}{205}$	$\dfrac{200 \cdot 0{,}1}{205}$		$\dfrac{0{,}122 \cdot 200}{205}$
Konzentration im Gleichgewicht in mol $\cdot$ l^{-1}	0	$\dfrac{20-1}{205}$		$\dfrac{24{,}4+1}{205}$

Gleichung (2.65) ergibt

$$p\text{H} = 4{,}74 + \log\frac{25{,}4}{19} = 4{,}74 + 0{,}13 = 4{,}87.$$

c) Beim Zusatz von Salzsäure, d. h. von Oxoniumionen, verschwindet 1 mol Acetationen pro mol Oxoniumionen, und es entsteht 1 mol unprotolysierte Essigsäure.

	H$_3$O$^+$ +	Ac$^-$	$\rightleftharpoons$ H$_2$O +	HAc
Konzentration nach Säurezugabe von der Reaktion in mol $\cdot$ l^{-1}	$\dfrac{0{,}2 \cdot 5}{205}$	$\dfrac{0{,}122 \cdot 200}{205}$		$\dfrac{200 \cdot 0{,}1}{205}$
Konzentration im Gleichgewicht in mol $\cdot$ l^{-1}	0	$\dfrac{24{,}4-1}{205}$		$\dfrac{20+1}{205}$

$$p\text{H} = 4{,}74 + \log\frac{23{,}4}{21} = 4{,}74 + 0{,}05 = 4{,}79.$$

Eine wichtige Eigenschaft einer Pufferlösung ist die geringe Veränderung ihres pH-Werts beim Verdünnen. Deshalb kann man c_S und c_B gegen entsprechende Stoffmengen in mol oder mmol vertauschen und Gleichung (2.65) folgendermaßen schreiben:

$$pH = pK_S + \log \frac{n(\text{Base}) \text{ in mol (mmol)}}{n(\text{Säure}) \text{ in mol (mmol)}} \tag{2.67}$$

Beispiel 13:
a) Wieviel ml Natronlauge der Konzentration $0{,}5 \text{ mol} \cdot l^{-1}$ muß man mit 200 ml Essigsäure der Konzentration $1 \text{ mol} \cdot l^{-1}$ vermischen, damit der pH-Wert 5,00 erreicht wird?
b) Wieviel ml Salzsäure der Konzentration $0{,}5 \text{ mol} \cdot l^{-1}$ muß man mit 200 ml Natriumacetatlösung der Konzentration $1 \text{ mol} \cdot l^{-1}$ vermischen, damit der pH-Wert 5,00 beträgt?
$K_S(\text{HAc}) = 1{,}8 \cdot 10^{-5} \text{ mol} \cdot l^{-1}$.

Lösung:
a) Das benötigte Volumen Natronlauge soll V_x ml und die benötigte Stoffmenge Natriumhydroxid soll $0{,}5\, n_x$ mmol betragen. Danach ist der Zahlenwert des gesuchten Volumens gleich dem Zahlenwert der gesuchten Stoffmenge.

Die Reaktionsgleichung lautet $\quad \text{OH}^- + \text{HAc} \quad \rightleftharpoons \text{H}_2\text{O} + \text{Ac}^-$

Anzahl mmol vor der Reaktion $\quad 0{,}5\, n_x \quad 200 \qquad\qquad\qquad 0$

Anzahl mmol im Gleichgewicht $\quad 0 \qquad\; 200 - 0{,}5\, n_x \qquad 0{,}5\, n_x$

Nach (2.67) ergibt sich

$$5{,}00 = 4{,}74 + \log \frac{0{,}5\, n_x}{200 - 0{,}5\, n_x}$$

$n_x = 258 \text{ mmol}; V_x = 258 \text{ ml}$.

b) Das benötigte Volumen Salzsäure soll V_x und die benötigte Stoffmenge HCl $0{,}5\, n_x$ betragen. Auch hier stimmen die Zahlenwerte von gesuchtem Volumen und gesuchter Stoffmenge überein.

Die Reaktionsgleichung lautet $\quad \text{H}_3\text{O}^+ + \text{Ac}^- \quad \rightleftharpoons \text{H}_2\text{O} + \text{HAc}$

Anzahl mmol vor der Reaktion $\quad 0{,}5\, n_x \quad 200 \qquad\qquad\qquad 0$

Anzahl mmol im Gleichgewicht $\quad 0 \qquad\; 200 - 0{,}5\, n_x \qquad 0{,}5\, n_x$

Nach Gleichung (2.67) ergibt sich

$$5{,}00 = 4{,}74 + \log \frac{200 - 0{,}5\, n_x}{0{,}5\, n_x}$$

$n_x = 142 \text{ mmol}; V_x = 142 \text{ ml}$.

Beispiel 14:
Berechnen Sie den pH-Wert für den Fall, daß 50 ml Essigsäure mit $c(\text{HAc}) = 0{,}1 \text{ mol} \cdot l^{-1}$ mit
a) dem gleichen Volumen $0{,}1 \text{ mol} \cdot l^{-1}$ Natronlauge,
b) einem Überschuß von 2 ml der Natronlauge vermischt werden. $pK_S(\text{HAc}) = 4{,}74, pK_w = 14$.

Lösung:
a) Die durch Neutralisation erhaltene Lösung ist identisch mit 100 ml einer $0{,}05 \text{ mol} \cdot l^{-1}$ Lösung von Natriumacetat in Wasser. Ihr pH-Wert ist durch die Protolyse der Ac^--Ionen in reinem Wasser gegeben:

$\text{Ac}^- + \text{H}_2\text{O} \rightleftharpoons \text{HAc} + \text{OH}^-$

Einsetzen der obigen Werte in Gleichung (2.58) ergibt

$pH = 7 + \frac{1}{2} \cdot (4{,}74 + \log 0{,}05) = 8{,}72$.

b) Bei Basenüberschuß kann man annehmen, daß die Protolyse der Ac$^-$-Ionen vollständig zurückgedrängt wird. Der pH-Wert hängt allein vom Überschuß der Lauge ab. Setzt man, wie in diesem Beispiel, 2 ml Lauge einem Volumen von 100 ml zu, so beträgt

$$c(\text{OH}^-) = \frac{2 \text{ ml} \cdot 0{,}1 \text{ mmol} \cdot \text{ml}^{-1}}{102 \text{ ml}} = 1{,}96 \cdot 10^{-3} \text{ mol} \cdot \text{l}^{-1}; \quad p\text{OH} = 2{,}71$$

$p\text{H} = 14 - 2{,}71 = 11{,}29$.

Beispiel 15:
Berechnen Sie den pH-Wert einer nicht allzu verdünnten Lösung von Natriumhydrogencarbonat NaHCO$_3$. Die Protolysekonstanten betragen $K_{S1} = 3{,}5 \cdot 10^{-7}$ mol·l^{-1} und $K_{S2} = 5 \cdot 10^{-11}$ mol·l^{-1}.

Lösung 1:
Es werden folgende Protolyse-Gleichgewichtsreaktionen zu berücksichtigen sein:

$$\text{H}_2\text{CO}_3 + \text{H}_2\text{O} \rightleftharpoons \text{HCO}_3^- + \text{H}_3\text{O}^+ \quad K_{S1} = \frac{c(\text{H}_3\text{O}^+) \cdot c(\text{HCO}_3^-)}{c(\text{H}_2\text{CO}_3)} = K_1 \cdot c(\text{H}_2\text{O}) \tag{I}$$

$$\text{HCO}_3^- + \text{H}_2\text{O} \rightleftharpoons \text{CO}_3^{2-} + \text{H}_3\text{O}^+ \quad K_{S2} = \frac{c(\text{H}_3\text{O}^+) \cdot c(\text{CO}_3^{2-})}{c(\text{HCO}_3^-)} = K_2 \cdot c(\text{H}_2\text{O}) \tag{II}$$

Bilanzierung der H-Atome in NaHCO$_3$:
Die Gesamtkonzentration des Salzes NaHCO$_3$ sei c. Diese Konzentration muß gleich der Konzentration der H$_3$O$^+$-Ionen + der Konzentration der Wasserstoffatome in allen vorhandenen HCO$_3^-$-Ionen + der Konzentration aller Wasserstoffatome in den vorhandenen H$_2$CO$_3$-Molekülen sein, also

$$c(\text{H}_3\text{O}^+) + c(\text{HCO}_3^-) + 2c(\text{H}_2\text{CO}_3) = c = c(\text{NaHCO}_3). \tag{III}$$

Eine ähnliche Bilanzierung für die CO$_3$-Gruppen führt zur Beziehung:

$$c(\text{CO}_3^{2-}) + c(\text{HCO}_3^-) + c(\text{H}_2\text{CO}_3) = c = c(\text{NaHCO}_3). \tag{IV}$$

Eliminiert man $c(\text{H}_2\text{CO}_3)$, $c(\text{HCO}_3^-)$ und $c(\text{CO}_3^{2-})$ aus den Gleichungen (I) bis (IV), dann erhält man eine kubische Gleichung folgender Form:

$$c^3(\text{H}_3\text{O}^+) + (c + K_{S1}) \cdot c^2(\text{H}_3\text{O}^+) + K_{S1} \cdot K_{S2} \cdot c(\text{H}_3\text{O}^+) = K_{S1} \cdot K_{S2} \cdot c.$$

Ausklammern von $c^2(\text{H}_3\text{O}^+)$ aus den beiden linken Gliedern liefert die Gleichung

$$c^2(\text{H}_3\text{O}^+) \cdot (c(\text{H}_3\text{O}^+) + c + K_{S1}) + K_{S1} \cdot K_{S2} \cdot c(\text{H}_3\text{O}^+) = K_{S1} \cdot K_{S2} \cdot c,$$

die nach Umformung

$$c^2(\text{H}_3\text{O}^+) = \frac{K_{S1} \cdot K_{S2} \cdot (c - c(\text{H}_3\text{O}^+))}{c + K_{S1} + c(\text{H}_3\text{O}^+)}$$

ergibt.
c soll laut Aufgabenstellung nicht zu klein sein. In den meisten Fällen können dann $c(\text{H}_3\text{O}^+)$ im Klammerausdruck des Zählers und K_{S1} sowie $c(\text{H}_3\text{O}^+)$ im Nenner gegenüber c vernachlässigt werden. Die letzte Beziehung vereinfacht sich dann zu

$$c^2(\text{H}_3\text{O}^+) = K_{S1} \cdot K_{S2}.$$

Die Logarithmierung ergibt

$$pH = \tfrac{1}{2} \cdot (pK_{S1} + pK_{S2}).$$

Der pH-Wert ist somit unabhängig von der Konzentration dieses Salzes. Für die Hydrogencarbonatlösung erhält man nach Einsetzen der Zahlenwerte für K_{S1} und K_{S2}

$$pH = 8{,}4.$$

Natürlich gilt die hier abgeleitete allgemeine Beziehung auch für andere Hydrogensalze zweibasiger Säuren, wenn sie entsprechende pK-Werte besitzen.

Lösung 2:
Das Ion HCO_3^- ist ein Ampholyt, d.h. es hat gleichzeitig sowohl Säure- als auch Basefunktion. Außer den im Lösungsweg 1 erwähnten Protolysereaktionen (I) und (II) müssen wir damit rechnen, daß eine Autoprotolyse von HCO_3^- erfolgt:

$$HCO_3^- + HCO_3^- \rightleftharpoons CO_3^{2-} + H_2CO_3 \qquad \frac{c(CO_3^{2-}) \cdot c(H_2CO_3)}{c^2(HCO_3^-)} = K_x. \qquad (V)$$

Säure   Base

Wir dividieren (II) durch (I) und erhalten

$$K_x = \frac{K_{S2}}{K_{S1}}.$$

Wenn K_x viel größer als K_{S1} und K_{S2} ist, spielen die Reaktionen (I) und (II) im Vergleich zu (V) eine geringe Rolle.
Die Reaktionsgleichung (V) zeigt, daß auf jedes Mol CO_3^{2-}-Ionen 1 mol H_2CO_3 entfällt. Unter der Voraussetzung, daß (V) gegenüber (I) und (II) vorherrscht, gilt also in guter Näherung $c(CO_3^{2-}) = c(H_2CO_3)$. Wenn man die letztere Beziehung in das Produkt der Gleichungen (I) und (II) einsetzt, erhält man

$$\frac{c^2(H_3O^+) \cdot c(HCO_3^-) \cdot c(CO_3^{2-})}{c(H_2CO_3) \cdot c(HCO_3^-)} = K_{S1} \cdot K_{S2} \quad \text{und somit} \quad c^2(H_3O^+) = K_{S1} \cdot K_{S2}.$$

$$pH = \tfrac{1}{2} \cdot (pK_{S1} + pK_{S2}).$$

Für eine Lösung von $NaHCO_3$ ist $K_x = 5 \cdot 10^{-11}/3{,}5 \cdot 10^{-7} \approx 1{,}2 \cdot 10^{-4}$ und somit viel größer als K_{S1} und K_{S2}. Die Näherungsannahme ist folglich erlaubt, und für den pH-Wert erhält man denselben Zahlenwert wie in Aufgabenlösung 1.
Auch wenn der Ampholyt einer mehr als zweibasigen Säure entstammt, kann man die hier vorgestellten Lösungswege einschlagen (siehe Aufgabe 2.2-21). Weitere Aufgaben zum Thema Pufferlösungen sind in 2.2-13 bis 2.2-17 zu finden.

Löslichkeitsprodukte

Wir nehmen an, daß eine gesättigte wäßrige Lösung eines Elektrolyten $A_m B_n(s)$, der nach der Reaktionsgleichung

$$A_m B_n(s) \rightleftharpoons m A^+ + n B^-$$

in die Ionen A^+ und B^- dissoziiert, mit dem festen Bodenkörper im Gleichgewicht steht. Da die Aktivität des festen Elektrolyten gleich 1 ist, kann die Massenwirkungsgleichung für das Lösungsgleichgewicht vereinfacht in folgender Form geschrieben werden:

$$a_{A^+}^m \cdot a_{B^-}^n = K_L^0 \tag{2.68}$$

K_L^0 nennt man das *thermodynamische Löslichkeitsprodukt*. Es ist eine für den (schwerlöslichen) Elektrolyten charakteristische Stoffkonstante, deren Zahlenwert nur von der Temperatur, nicht aber von den Konzentrationen der gelösten Elektrolytionen abhängt.
Die Aktivitäten in Gleichung (2.68) kann man durch Konzentrationen ersetzen und erhält dann

$$c^m(A^+) \cdot c^n(B^-) = K_L. \tag{2.69}$$

K_L (ohne den Index ^{0} rechts oben) wird *stöchiometrisches Löslichkeitsprodukt* genannt. Dieses hängt außer von der Temperatur auch noch von der Ionenstärke der Lösung ab. Werden schwerlösliche Elektrolyte bis zur Einstellung des Sättigungsgleichgewichts in reinem Wasser gelöst, so ist die Ionenstärke niedrig, und man kann dann $K_L = K_L^0$ setzen.
Die Einheit von K_L und K_L^0 ist jeweils $(mol \cdot l^{-1})^{m+n}$.
Aus Gleichung (2.69) können zwei für die analytische Chemie wichtige Schlüsse gezogen werden:

1. Wenn in einer bestimmten Lösung das Ionenprodukt, d. h. der vorliegende Wert des Konzentrationsproduktes $c^m(A^+) \cdot c^n(B^-)$ kleiner als K_L ist, dann ist die Lösung nicht gesättigt. Eine zusätzliche Portion des festen Elektrolyten $A_m B_n$ wird in Lösung gehen, wenn dieser Elektrolyt als Bodenkörper vorliegt oder der Lösung zugeführt wird.
2. Ist dagegen das Ionenprodukt größer als K_L, so ist die Lösung übersättigt. Die Ionen A^+ und B^- fallen dann als festes $A_m B_n$ aus, bis das Ionenprodukt auf den Wert K_L gesunken ist.

Beispiel 16:
Das Löslichkeitsprodukt von Calciumfluorid CaF_2 ist bei 25 °C $K_L = 3{,}2 \cdot 10^{-11}\ mol^3 \cdot l^{-3}$. Wieviel g CaF_2 sind in 100 ml einer gesättigten wäßrigen Lösung enthalten?

Lösung:
Die gesättigte Lösung enthalte $c_x\ mol \cdot l^{-1}\ CaF_2$. Die Dissoziationsgleichung

$$CaF_2(s) \rightleftharpoons Ca^{2+} + 2\ F^-$$

zeigt, daß aus jedem Mol CaF_2, das in Lösung geht, 1 mol Ca^{2+}- und 2 mol F^--Ionen gebildet werden. Einsetzen in Gleichung (2.69) ergibt

$c_x \cdot (2c_x)^2 = 3{,}2 \cdot 10^{-11}\ mol^3 \cdot l^{-3}$.
$c_x = 2{,}00 \cdot 10^{-4}\ mol\ CaF_2 \cdot l^{-1} = 2{,}00 \cdot 10^{-5}\ mol\ CaF_2 \cdot (100\ ml)^{-1}$.

Einsetzen von c_x und $M(CaF_2)$ in Gleichung (2.12) ergibt die Massenkonzentration:

$2{,}00 \cdot 10^{-5}$ mol $CaF_2 \cdot (100$ ml$)^{-1} \cdot 78{,}1$ g $\cdot$ mol$^{-1} = 1{,}56 \cdot 10^{-3}$ g $CaF_2 \cdot (100$ ml$)^{-1}$.

Beispiel 17:
Die Massenkonzentration von Silberchlorid in einer gesättigten wäßrigen Lösung beträgt bei Raumtemperatur 0,200 mg/100 ml.
a) Berechnen Sie das Löslichkeitsprodukt von Silberchlorid.
b) Wie groß ist die Konzentration der Chloridionen in einer mit Silberchlorid gesättigten Lösung, in der durch Zugabe eines Überschusses von Silbernitrat eine Silberionenkonzentration von 10^{-2} mol $\cdot$ l^{-1} eingestellt wurde. Bitte verwenden Sie bei der Berechnung das in a) berechnete stöchiometrische Löslichkeitsprodukt.
c) Berechnen Sie die Chloridionenkonzentration gemäß Aufgabenstellung b), aber unter Berücksichtigung der interionischen Kräfte. Zur Berechnung der Aktivitätskoeffizienten soll Gleichung (2.35) verwendet werden.

Lösung:
a) Zunächst wird die Massenkonzentration des gelösten Silberchlorids mit Gleichung (2.12b) in die Stoffmengenkonzentration umgerechnet:

$$c(AgCl) = \frac{\varrho^*(AgCl)}{M(AgCl)} = \frac{0{,}200 \cdot 10^{-3} \text{ g} \cdot 1000 \text{ ml} \cdot \text{l}^{-1}}{143{,}3 \text{ g} \cdot \text{mol}^{-1} \cdot 100 \text{ ml}} = 1{,}40 \cdot 10^{-5} \text{ mol} \cdot \text{l}^{-1}.$$

Außerdem gilt

$c(AgCl) = c(Ag^+) = c(Cl^-)$,

und nach Einsetzen in Gleichung (2.69) erhält man

$K_L = c(Ag^+) \cdot c(Cl^-) = 1{,}40 \cdot 10^{-5}$ mol $\cdot$ l$^{-1} \cdot 1{,}40 \cdot 10^{-5}$ mol $\cdot$ l$^{-1} = 1{,}96 \cdot 10^{-10}$ mol$^2 \cdot$ l^{-2}.

b) Die Chloridionenkonzentration soll nach dem Zusatz von $AgNO_3$ c_x mol $\cdot$ l^{-1} betragen. Dann gilt für die Silberionenkonzentration:

$c(Ag^+) = (0{,}01 + c_x)$ mol $\cdot$ l^{-1}.

Einsetzen der Konzentrationswerte in Gleichung (2.69) ergibt

$(0{,}01 + c_x) \cdot c_x = K_L(AgCl) = 1{,}96 \cdot 10^{-10}$ mol$^2 \cdot$ l^{-2}.

Da c_x im Vergleich zu 0,01 mol $\cdot$ l^{-1} sehr klein ist, kann es im Klammerausdruck wegfallen.

$c_x = 1{,}96 \cdot 10^{-8}$ mol $\cdot$ l^{-1}; $\varrho^* = 6{,}8 \cdot 10^{-5}$ mg/100 ml.

Wenn man die Massenkonzentrationen der Chloridionen in a) und b) vergleicht, kann man erkennen, daß der Überschuß von Silbernitrat eine sehr starke Verringerung der Chloridionenkonzentration um den Faktor 10^{-3} bewirkt hat. Dies ist ein Beispiel für den Effekt des gleichionigen Zusatzes. Durch Zusatz eines Stoffes, der eines der Ionen des schwerlöslichen Salzes enthält, wird dessen Lösungskonzentration beträchtlich vermindert. Dieser Effekt erklärt die aus der analytischen Chemie bekannte Regel, zur quantitativen Ausfällung eines schwerlöslichen Elektrolytsalzes einen Überschuß an Fällungsmittel zu verwenden.
Ein allzu großer Überschuß sollte jedoch vermieden werden, da die Lösungskonzentration, nachdem sie ein Minimum durchlaufen hat, mit zunehmendem Überschuß an Fällungsmittel wieder ansteigt. Diese Zunahme der Löslichkeit beruht auf:
1. der Abnahme der Werte der Aktivitätskoeffizienten (Tabelle 6) und
2. der Bildung von Komplexverbindungen.

c) Für die Konzentrationen von Ag^+ und Cl^- gelten dieselben Werte wie in b). Nach Gleichung (2.32) hat man $a(Ag^+) = f(Ag^+) \cdot (0{,}01 + c_x)$; $a(Cl^-) = f(Cl^-) \cdot c_x$. Einsetzen dieser Ausdrücke für die Aktivitäten in Gleichung (2.68) ergibt

$$K_L^0(AgCl) = f(Ag^+) \cdot (0{,}01 + c_x) \cdot f(Cl^-) \cdot c_x = 1{,}96 \cdot 10^{-10}\, mol^2 \cdot l^{-2}. \qquad (I)$$

Die Ionenstärke I beträgt

$$I = \tfrac{1}{2} \cdot [c(Ag^+) \cdot 1^2 + c(Cl^-) \cdot (-1)^2 + c(NO_3^-) \cdot (-1)^2] = \tfrac{1}{2} \cdot (0{,}01 + c_x + 0{,}01)\, mol \cdot l^{-1}. \qquad (II)$$

Das Ergebnis von b) zeigt, daß c_x ohne Bedenken gegenüber $0{,}01\, mol \cdot l^{-1}$ vernachlässigt werden kann.

$$I = 0{,}01.$$
$$-\log f(Ag^+) = -\log f(Cl^-) = 0{,}5 \cdot I = 0{,}005$$
$$f(Ag^+) \quad\quad = f(Cl^-) = 0{,}89.$$

Einsetzen in (I) ergibt

$$0{,}89 \cdot (0{,}01 + c_x) \cdot 0{,}89 \cdot c_x = 1{,}96 \cdot 10^{-10}\, mol^2 \cdot l^{-2}.$$

Vernachlässigt man c_x im Klammerausdruck gegenüber $0{,}01\, mol \cdot l^{-1}$, so erhält man:
$c_x = 2{,}39 \cdot 10^{-8}\, mol \cdot l^{-1}$, entsprechend $8{,}5 \cdot 10^{-5}\, mg\, Cl^-/100\, ml$.

Beispiel 18:
Eine Lösung von 50 ml Magnesiumchlorid der Konzentration $0{,}1\, mol \cdot l^{-1}$ wird mit 50 ml Ammoniaklösung der Konzentration $1\, mol \cdot l^{-1}$ versetzt. Wieviel g festes Ammoniumchlorid müssen der Lösung zugesetzt werden, damit eine Ausfällung von Magnesiumhydroxid $Mg(OH)_2$ gerade verhindert wird? $K_L(Mg(OH)_2) = 10^{-11}\, mol^3 \cdot l^{-3}$, $K_B(NH_3) = 1{,}8 \cdot 10^{-5}\, mol \cdot l^{-1}$. Es sei angenommen, daß das Endvolumen 100 ml betrage.
Außerdem wird angenommen, daß so viel Ammoniumchlorid zugesetzt werden muß, bis seine Konzentration $c_x\, mol \cdot l^{-1}$ beträgt. Die Konzentration der OH^--Ionen im Gleichgewicht sei $c_y\, mol \cdot l^{-1}$.

Lösung:
Die Protolysereaktions-
gleichung lautet: $\quad\quad\quad\quad NH_3 + H_2O \rightleftharpoons NH_4^+ + OH^-$
Konzentration im
Gleichgewicht in $mol \cdot l^{-1} \quad\quad 0{,}5 - c_y \quad\quad c_x + c_y \quad c_y$

Durch den Zusatz von NH_4Cl wird die Protolyse von NH_3 so weit zurückgedrängt, daß c_y im Vergleich zu $0{,}5\, mol \cdot l^{-1}$ und zu c_x vernachlässigt werden kann.

Die Gleichgewichtsgleichung für die Protolyse kann folglich als

$$\frac{c_x \cdot c_y}{0{,}5} = 1{,}8 \cdot 10^{-5}\, mol \cdot l^{-1} \qquad (I)$$

geschrieben werden.
Um die Ausfällung von $Mg(OH)_2$ zu verhindern, muß das Ionenprodukt

$$c(Mg^{2+}) \cdot c_y^2 \leq 10^{-11}\, mol^3 \cdot l^{-3} \text{ sein.} \qquad (II)$$

Aus den gegebenen Daten folgt $c(Mg^{2+}) = \dfrac{50 \cdot 0{,}1}{100}$ mol $\cdot$ l^{-1} = 0,05 mol $\cdot$ l^{-1} und 0,05 $c_y^2 \leqslant 10^{-11}$ mol $\cdot$ l^{-1}. Deshalb ist $c_y \leqslant 1{,}411 \cdot 10^{-5}$ mol $\cdot$ l^{-1}.

Einsetzen in (I) ergibt

$$c_x \geqslant \frac{0{,}5 \cdot 1{,}8 \cdot 10^{-5}}{1{,}41 \cdot 10^{-5}} \text{ mol} \cdot \text{l}^{-1} = 0{,}636 \text{ mol} \cdot \text{l}^{-1},$$

was mindestens 3,4 g NH$_4$Cl/100 ml entspricht.
Kontrolle, ob die vorgenommenen Vereinfachungen zulässig sind:

$c_y \approx 10^{-5}$ mol $\cdot$ l^{-1}; $c_x \approx 0{,}6$ mol $\cdot$ l^{-1}.

Es ist also gerechtfertigt, c_y gegenüber 0,5 mol $\cdot$ l^{-1} und gegenüber c_x zu vernachlässigen.

Beispiel 19:
a) In eine wäßrige Lösung, die bei Raumtemperatur unter einem Luftdruck von 1 bar steht, wird Schwefelwasserstoffgas bis zur Sättigung eingeleitet. Die H$_2$S-Konzentration beträgt dann 0,1 mol $\cdot$ l^{-1}. Berechnen Sie die Konzentrationen der Sulfidionen S^{2-} in dieser Lösung bei den pH-Werten 2,00 und 9,00.
b) In zwei salzsaure Lösungen von Kupfer(II)-chlorid bzw. Mangan(II)-chlorid der Konzentrationen 0,01 mol $\cdot$ l^{-1}, die jeweils die pH-Werte 1,00 haben, wird Schwefelwasserstoff bis zur Sättigung eingeleitet. Aus welcher der Lösungen wird schwerlösliches Metallsulfid ausfallen? Die Säureexponenten des Schwefelwasserstoffs sind $pK_{S1} = 7$ und $pK_{S2} = 14$. Die Löslichkeitsprodukte der beiden Metallsulfide sind $K_L(CuS) = 10^{-36}$ mol$^2 \cdot$ l^{-2} und $K_L(MnS) = 10^{-10}$ mol$^2 \cdot$ l^{-2}.

Lösung:
a) Schwefelwasserstoff ist eine sehr schwache zweibasige Säure, deren Protolyse in zwei Stufen verläuft:

$$H_2S + H_2O \rightleftharpoons HS^- + H_3O^+ \qquad K_{S1} = \frac{c(H_3O^+) \cdot c(HS^-)}{c(H_2S)} = 10^{-7} \text{ mol} \cdot \text{l}^{-1} \qquad \text{(I)}$$

$$HS^- + H_2O \rightleftharpoons S^{2-} + H_3O^+ \qquad K_{S2} = \frac{c(H_3O^+) \cdot c(S^{2-})}{c(HS^-)} = 10^{-14} \text{ mol} \cdot \text{l}^{-1} \qquad \text{(II)}$$

Durch Multiplikation von (I) mit (II) erhält man

$$\frac{c^2(H_3O^+) \cdot c(S^{2-})}{c(H_2S)} = 10^{-21} \text{ mol}^2 \cdot \text{l}^{-2}.$$

$c(H_2S)$ ist aber laut Aufgabenstellung 0,1 mol $\cdot$ l^{-1}. Deshalb gilt:

$$c(S^{2-}) = \frac{0{,}1 \cdot 10^{-21}}{c^2(H_3O^+)} = \frac{10^{-22}}{c^2(H_3O^+)}. \qquad \text{(III)}$$

Für die Lösung mit pH = 2 gilt also

$c(S^{2-}) = 10^{-22}/10^{-4}$ mol $\cdot$ l^{-1} = 10^{-18} mol $\cdot$ l^{-1},

und in der Lösung mit pH = 9 beträgt

$c(S^{2-}) = 10^{-22}/10^{-18}$ mol · l^{-1} = 10^{-4} mol · l^{-1}.

b) Wenn $c(H_3O^+) = 0{,}1$ mol · l^{-1}, folgt für die Sulfidionenkonzentration gemäß (III)

$c(S^{2-}) = 10^{-22}/10^{-2}$ mol · l^{-1} = 10^{-20} mol · l^{-1}.

Die Ionenprodukte der Sulfide werden in beiden Salzlösungen zu $0{,}01 \cdot 10^{-20}$ mol^2 · l^{-2} = 10^{-22} mol^2 · l^{-2} berechnet. Sie sind demnach größer als das Löslichkeitsprodukt $K_L(CuS)$ aber kleiner als das Löslichkeitsprodukt $K_L(MnS)$. CuS wird deshalb ausfallen, MnS aber nicht.

Als *Löslichkeit L* eines (schwerlöslichen) Elektrolytsalzes wird die Stoffmengenkonzentration des gelösten Stoffes in der gesättigten Lösung in Abwesenheit von gleichionigen Zusätzen definiert. L hat deshalb die Einheit der Konzentration, mol · l^{-1}. Der Zusammenhang zwischen der Löslichkeit und dem Löslichkeitsprodukt ist oft ziemlich kompliziert. Nur unter bestimmten Voraussetzungen erhält man eine einfache Beziehung zwischen den beiden Größen.

Nach allgemeiner Formulierung setzt sich die Löslichkeit eines Elektrolyten $A_m B_n(s)$ aus zwei Anteilen additiv zusammen. Der erste Anteil ist die Sättigungskonzentration $c(A_m B_n)$ des undissoziierten Elektrolyten in der Lösung. Der zweite Anteil ist die Sättigungskonzentration des Kations A^+, dividiert durch seinen Formelindex m oder des Anions B^-, dividiert durch seinen Formelindex n. Für die Gesamtlöslichkeit können wir dann schreiben:

$$L = c(A_m B_n) + \frac{c(A^+)}{m} = c(A_m B_n) + \frac{c(B^-)}{n} \quad \text{in mol} \cdot l^{-1}. \tag{2.70}$$

Wenn der Elektrolyt vollständig in Ionen dissoziiert, was bei schwerlöslichen Salzen praktisch immer der Fall ist, kann $c(A_m B_n)$ wegfallen, und man erhält

$$L = \frac{c(A^+)}{m} = \frac{c(B^-)}{n}. \tag{2.71}$$

Einsetzen der Werte von $c(A^+)$ und $c(B^-)$ in Gleichung (2.69) ergibt die allgemeine Beziehung

$$K_L = (m \cdot L)^m \cdot (n \cdot L)^n = m^m \cdot n^n \cdot L^{m+n}, \tag{2.72}$$

bzw. in anderer Schreibweise

$$L = \sqrt[m+n]{\frac{K_L}{m^m \cdot n^n}}. \tag{2.73}$$

Die häufigsten Umrechnungen von Löslichkeiten in Löslichkeitsprodukte und umgekehrt werden für Ionenverbindungen mit den einfachen stöchiometrischen Formeln AB oder AB$_2$ durchgeführt. Die Gleichungen (2.72) und (2.73) vereinfachen sich dann stark, denn für ein Salz AB gilt

$$K_L(AB) = L^2(AB)$$

und $\qquad L(AB) = \sqrt[2]{K_L(AB)}\qquad$ (2.74)

und für ein Salz $AB_2\quad K_L(AB_2) = 4\,L^2(AB_2)$

und $\qquad L(AB_2) = \sqrt[3]{\dfrac{K_L(AB_2)}{4}}.\qquad$ (2.75)

Bei der Berechnung der Löslichkeit nach Gleichung (2.73) muß man beachten, daß die Ionen des Elektrolyten $A_m B_n$ mit dem Wasser oder mit zugesetzten Stoffen chemisch reagieren können. Wenn der Elektrolyt z. B. das Salz einer schwachen Säure ist, kann Salzprotolyse erfolgen. Die Löslichkeit ist dann vom pH-Wert der Lösung abhängig (s. Beispiel 19 und Aufgabe 2.2-40). In bestimmten Fällen kann die Löslichkeit auch durch Komplexbildung erhöht werden (s. Aufgabe 2.2-45).

Beispiel 20:
Wie groß ist die Löslichkeit von Calciumcarbonat $CaCO_3$
a) in reinem Wasser, wenn angenommen wird, daß in der Lösung nur Calciumionen Ca^{2+} und Carbonationen CO_3^{2-} vorliegen,
b) in Pufferlösungen mit den pH-Werten 5 und 7, wobei die Protolyse der CO_3^{2-}-Ionen berücksichtigt werden soll.
$K_L(CaCO_3) = 1,1 \cdot 10^{-8}\ mol^2 \cdot l^{-2}$. Die Säurekonstanten der Kohlensäure sind $K_1 = 4,0 \cdot 10^{-7}\ mol \cdot l^{-1}$ und $K_2 = 5,0 \cdot 10^{-11}\ mol \cdot l^{-1}$.
Weil $CaCO_3$ praktisch vollständig dissoziiert, läßt sich Gleichung (2.71) anwenden.

Lösung:
a) Da in diesem Fall keine Protolysereaktion abläuft, gilt nach der Elektroneutralitätsbedingung, daß $c(Ca^{2+}) = c(CO_3^{2-})$. Nach Gleichung (2.71) gilt für die Löslichkeit $L = c(Ca^{2+})$.

$K_L(CaCO_3) = c(Ca^{2+}) \cdot c(CO_3^{2-}) = c^2(Ca^{2+})\quad$ und
$L(CaCO_3)\ = c(Ca^{2+}) = \sqrt{K_L(CaCO_3)} = 1,0 \cdot 10^{-4}\ mol \cdot l^{-1}$.

b) Die Löslichkeit von $CaCO_3$ in einer Pufferlösung mit bekanntem pH-Wert sei $c_x\ mol \cdot l^{-1}$. Die Ca^{2+}-Ionen unterliegen keiner Protolyse. Somit gilt für diese Ionen nach Gleichung (2.71):

$c(Ca^{2+}) = c_x$.

Die folgenden Protolysereaktionsgleichungen mit dazugehörigen Gleichgewichtsbeziehungen müssen berücksichtigt werden:

$CO_3^{2-} + H_3O^+ \rightleftharpoons HCO_3^- + H_2O;\quad \dfrac{c(HCO_3^-)}{c(CO_3^{2-}) \cdot c_x} = \dfrac{1}{K_2}\qquad$ (I)

$HCO_3^- + H_3O^+ \rightleftharpoons H_2CO_3 + H_2O;\quad \dfrac{c(H_2CO_3)}{c(HCO_3^-) \cdot c_x} = \dfrac{1}{K_1}.\qquad$ (II)

Wenn 1 mol CO_3^{2-}-Ionen mit H_3O^+-Ionen gemäß (I) reagiert, wird 1 mol HCO_3^--Ionen gebildet. Gleichfalls entsteht gemäß (II) 1 mol H_2CO_3 aus 1 mol HCO_3^--Ionen. Wenn man davon ausgeht, daß vor der Protolyse $c(CO_3^{2-}) = c(Ca^{2+})$ ist, gilt für das Gleichgewicht unter Berücksichtigung der beiden letzten Befunde die Konzentrationsbedingung

$c(CO_3^{2-}) + c(HCO_3^-) + c(H_2CO_3) = c(Ca^{2+}) = c_x.\qquad$ (III)

Umformung von (I) und (II) ergibt:

$$c(\text{HCO}_3^-) = \frac{c(\text{H}_3\text{O}^+) \cdot c(\text{CO}_3^{2-})}{K_2} \quad \text{und} \quad c(\text{H}_2\text{CO}_3) = \frac{c(\text{H}_3\text{O}^+) \cdot c(\text{CO}_3^{2-})}{K_1 \cdot K_2}$$

Einsetzen dieser Ausdrücke für $c(\text{HCO}_3^-)$ und $c(\text{H}_2\text{CO}_3)$ in (III) gibt

$$c_x = c(\text{CO}_3^{2-}) + \frac{c(\text{H}_3\text{O}^+) \cdot c(\text{CO}_3^{2-})}{K_2} + \frac{c(\text{H}_3\text{O}^+) \cdot c(\text{CO}_3^{2-})}{K_1 \cdot K_2}$$

$$c_x = c(\text{CO}_3^{2-}) \cdot \left(1 + \frac{c(\text{H}_3\text{O}^+)}{K_2} + \frac{c(\text{H}_3\text{O}^+)}{K_1 \cdot K_2}\right).$$

Aus a) ergibt sich $\quad c(\text{CO}_3^{2-}) = \dfrac{K_S}{c(\text{Ca}^{2+})} = \dfrac{K_S}{c_x}$

$$c_x^2 = K_S \cdot \left(1 + \frac{c(\text{H}_3\text{O}^+)}{K_2} + \frac{c^2(\text{H}_3\text{O}^+)}{K_1 \cdot K_2}\right)$$

Einsetzen der gegebenen Werte für K_L, K_1 und K_2 ergibt für

$p\text{H} = 7 \quad c_x = 5{,}3 \cdot 10^{-3}\ \text{mol} \cdot \text{l}^{-1} \quad$ und für $p\text{H} = 5 \quad c_x = 2{,}3 \cdot 10^{-1}\ \text{mol} \cdot \text{l}^{-1}$.

In der Pufferlösung mit $p\text{H} = 7$ ist somit die Löslichkeit von CaCO_3 ca. 50fach größer und in der Pufferlösung mit $p\text{H} = 5$ ca. 2000fach größer als in reinem Wasser.

Beispiel 21:
Die Löslichkeit der Benzoesäure in Wasser ist bei 25 °C $L = 0{,}0278\ \text{mol} \cdot \text{l}^{-1}$. Berechnen Sie
a) das Löslichkeitsprodukt der Säure,
b) die Löslichkeit der Säure in Salzsäure der Konzentration $0{,}01\ \text{mol} \cdot \text{l}^{-1}$,
c) die Löslichkeit der Säure, wenn der Lösung Natronlauge zugesetzt wird, bis der $p\text{H}$-Wert der Lösung $p\text{H} = 4{,}60$ beträgt. Die Säurekonstante bei 25 °C ist $K_S = 6{,}6 \cdot 10^{-5}\ \text{mol} \cdot \text{l}^{-1}$.

Lösung:
a) In einer gesättigten Lösung steht die Säure im Gleichgewicht mit ihrer festen Phase als Bodenkörper. Die Konzentration der gelösten Säure muß somit bei gegebener Temperatur eindeutig bestimmt sein. Für die gesättigte wäßrige Lösung gelten nach Gleichung (2.41) folgende Bedingungen (a ist hier die unprotolysierte Benzoesäure und b ihr Säureanion):

$$\frac{c(\text{H}_3\text{O}^+) \cdot \text{b}}{\text{a}} = 6{,}6 \cdot 10^{-5}\ \text{mol} \cdot \text{l}^{-1};$$

$c(\text{a}) + c(\text{b}) = 0{,}0278\ \text{mol} \cdot \text{l}^{-1} \quad$ und $\quad c(\text{H}_3\text{O}^+) = c(\text{b})$.

Hieraus ergibt sich

$c(\text{H}_3\text{O}^+) = 0{,}00132\ \text{mol} \cdot \text{l}^{-1}$
und $\quad c(\text{a}) = 0{,}0278\ \text{mol} \cdot \text{l}^{-1} - 0{,}00132\ \text{mol} \cdot \text{l}^{-1} = 0{,}0265\ \text{mol} \cdot \text{l}^{-1}$.

Das Löslichkeitsprodukt der Säure ist

$K_L = c(\text{H}_3\text{O}^+) \cdot c(\text{b}) = K_S \cdot c(\text{a}) = 6{,}6 \cdot 10^{-5}\ \text{mol} \cdot \text{l}^{-1} \cdot 0{,}0265\ \text{mol} \cdot \text{l}^{-1} = 1{,}75 \cdot 10^{-6}\ \text{mol}^2 \cdot \text{l}^{-2}$.

b) Für Lösungen, deren $c(H_3O^+)$-Werte bekannt sind, ist die Löslichkeit L der Säure in $mol \cdot l^{-1}$ gegeben durch

$$L = c(a) + c(b) = c(a) \cdot \frac{K_L}{c(H_3O^+)}.$$

In $0,01 \, mol \cdot l^{-1}$ Salzsäure ist somit

$$L = 0,0265 + \frac{1,75 \cdot 10^{-6}}{10^{-2}} \, mol \cdot l^{-1} = 0,0267 \, mol \cdot l^{-1}.$$

c) Die Löslichkeit der Säure in einer Lösung mit $pH = 4,60$ ist

$$L = 0,0265 + \frac{1,75 \cdot 10^{-6}}{2,51 \cdot 10^{-5}} \, mol \cdot l^{-1} = 0,0962 \, mol \cdot l^{-1}.$$

Aufgaben zur Löslichkeit und zum Löslichkeitsprodukt findet man in 2.2-28 bis 2.2-31.

Komplexgleichgewichte

In Wasser schwerlösliche Metallsalze können in vielen Fällen durch Zusatz eines Stoffes in Lösung gebracht werden, der mit den Metall-Kationen leicht lösliche komplexe Ionen bildet. Der Stoff, der mit einem Metallion als Zentralatom das komplexe Ion bildet, wird Ligand genannt. Der Ligand kann ein ungeladenes Molekül wie H_2O oder NH_3 sein oder aber ein Ion wie CN^- bzw. Cl^-. Meistens sind mehrere Liganden an ein Metallatom gebunden, wie z. B. in den Komplexionen $[Cr(H_2O)_6]^{3+}$, $[Cu(NH_3)_4]^{2+}$, $[Fe(CN)_6]^{4-}$ oder $[PtCl_6]^{2-}$. Es ließ sich nachweisen, daß die Komplexbildungsreaktion in derartigen Fällen schrittweise erfolgt. Jeder Schritt kann durch eine Gleichgewichtsreaktion beschrieben werden.
So bildet Ammoniak mit Silberionen zwei Komplexionen, entsprechend den folgenden Komplexbildungsgleichungen und Gleichgewichtsbeziehungen:

$$Ag^+ + NH_3 \rightleftharpoons [Ag(NH_3)]^+; \quad \frac{c([Ag(NH_3)]^+)}{c(Ag^+) \cdot c(NH_3)} = K_1,$$

$$Ag(NH_3)^+ + NH_3 \rightleftharpoons [Ag(NH_3)_2]^+; \quad \frac{c([Ag(NH_3)_2]^+)}{c([Ag(NH_3)]^+) \cdot c(NH_3)} = K_2.$$

Die Gleichgewichtskonstanten K_1 und K_2 werden Stabilitätskonstanten oder auch Komplexbildungskonstanten genannt. Die Reziprokwerte von K_1 und K_2 heißen Zerfallskonstanten oder Dissoziationskonstanten der Komplexe.

Beispiel 22:
Berechnen Sie die Konzentrationen der Silber-, Chlorid- und Bromidionen in einer Lösung, die durch Auflösen eines Gemisches von Silberchlorid und Silberbromid in einer Ammoniaklösung

gewonnen wurde. Nach Erreichen der Sättigung betrug die Ammoniakkonzentration $0,1 \text{ mol} \cdot \text{l}^{-1}$. Die Stabilitätskonstanten der Komplexionen sind gegeben zu $K_1([Ag(NH_3)]^+) = 10^{3,3} \text{ mol} \cdot \text{l}^{-1}$ und $K_2([Ag(NH_3)_2]^+) = 10^{3,9} \text{ mol} \cdot \text{l}^{-1}$. Die Werte der Löslichkeitsprodukte von AgCl und AgBr können aus Aufgabe 2.2-30 entnommen werden.

Das Halogenidion wird mit X^- bezeichnet. Die voneinander abhängigen Konzentrationen der Ag^+- und X^--Ionen werden durch den Ausdruck

$$c(Ag^+) \cdot c(X^-) = K_L \tag{I}$$

kontrolliert. Die Ladungsneutralitätsbedingung fordert

$$c(X^-) + c(OH^-) = c(Ag^+) + c([Ag(NH_3)]^+) + c([Ag(NH_3)_2]^+) + c(NH_4^+).$$

Hier werden die durch die Autoprotolyse des Wassers gebildeten Ionen nicht berücksichtigt. Da bei der Protolyse von NH_3 gleich viele NH_4^+- wie OH^--Ionen gebildet werden, kann $c(NH_4^+)$ gleich $c(OH^-)$ gesetzt werden. Die letztgenannte Gleichung vereinfacht sich dann zu

$$c(X^-) = c(Ag^+) + c([Ag(NH_3)]^+) + c([Ag(NH_3)_2]^+).$$

Einsetzen des Wertes für $c(Ag^+)$ aus (I) und der Werte von $c([Ag(NH_3)]^+)$ und $c([Ag(NH_3)_2]^+)$ aus den auf S. 121 für die Komplexbildung aufgestellten Gleichungen ergibt

$$c(X^-) = \frac{K_L}{c(X^-)} + K_1 \cdot c(Ag^+) \, c(NH_3) + K_2 \cdot c([Ag(NH_3)]^+) \cdot c(NH_3).$$

Nach erneutem Ersetzen von $c(Ag^+)$ und $c([Ag(NH_3)]^+)$ in den beiden letzten Gliedern der letzten Gleichung durch die beschriebenen Ausdrücke und Umformung erhält man

$$c^2(X^-) = K_L \cdot (1 + K_1 \cdot c(NH_3) + K_1 \cdot K_2 \cdot c^2(NH_3)).$$

Der erste und zweite Ausdruck in der Klammer kann in diesem Fall wegfallen, so daß man den vereinfachten Ausdruck

$$c(X^-) = K_L \cdot K_1 \cdot K_2 \cdot c^2(NH_3)$$

erhält.
Die bei der Protolyse der schwachen Base NH_3 gebildeten NH_4^+-Ionen haben eine Konzentration von etwa $10^{-3} \text{ mol} \cdot \text{l}^{-1}$ und können deshalb vernachlässigt werden: $c(NH_3)$ = gesamter Ammoniaküberschuß = $0,1 \text{ mol} \cdot \text{l}^{-1}$. Einsetzen der Zahlenwerte für K_L, K_1 und K_2 ergibt für

AgCl: $c(Cl^-) = 5,6 \cdot 10^{-3} \text{ mol} \cdot \text{l}^{-1}$ und $c(Ag^+) = 3,6 \cdot 10^{-8} \text{ mol} \cdot \text{l}^{-1}$;

AgBr: $c(Br^-) = 3,1 \cdot 10^{-4} \text{ mol} \cdot \text{l}^{-1}$ und $c(Ag^+) = 2,0 \cdot 10^{-9} \text{ mol} \cdot \text{l}^{-1}$.

Beispiel 23:
Berechnen Sie die Löslichkeit von Silberchlorid in einer Ammoniaklösung der Ausgangskonzentration $0,1 \text{ mol} \cdot \text{l}^{-1}$. Die Werte der Gleichgewichtskonstanten sollen aus Beispiel 21 übernommen werden.

Lösung:
Wenn Silberchlorid in Lösung geht, werden die Ionen Ag^+, Cl^-, $[Ag(NH_3)]^+$ und $[Ag(NH_3)_2]^+$ gebildet. Vernachlässigt man die geringen Konzentrationen der Ionen NH_4^+ und OH^-, die bei der Protolyse der schwachen Base Ammoniak entstehen, so gilt aufgrund der Ladungsneutralitätsbedingung

$$c(Cl^-) = c(Ag^+) + c([Ag(NH_3)]^+) + c([Ag(NH_3)_2]^+).$$

Aus den Werten für K_1 und K_2 sowie aus der hohen NH$_3$-Ausgangskonzentration von 0,1 mol · l^{-1} kann auf überwiegendes Vorliegen des Silbers als Komplex [Ag(NH$_3$)$_2$]$^+$ geschlossen werden. Deshalb kann c(Ag$^+$) und c([Ag(NH$_3$)]$^+$) im Vergleich zu c([Ag(NH$_3$)$_2$]$^+$) vernachlässigt werden. Damit vereinfacht sich die letztgenannte Beziehung zu

$$c(\text{Cl}^-) = c([\text{Ag(NH}_3)_2]^+).$$

Die Chloridionenkonzentration im Gleichgewicht soll hier mit c_x bezeichnet werden. Dann ist es auch möglich, für die beim Auflösen von AgCl überwiegend ablaufende Reaktion nicht nur die Reaktionsgleichung, sondern auch Ausdrücke für die Gleichgewichtskonzentrationen der Reaktanden anzugeben:

$$\text{AgCl(s)} + 2\,\text{NH}_3 \rightleftharpoons \text{Ag(NH}_3)_2^+ + \text{Cl}^- \qquad (\text{I})$$

Konz. im Gleichgewicht $0{,}1 - 2\,c_x$ c_x c_x

Wenn die Ausdrücke für K_1 und K_2 Glied für Glied miteinander multipliziert werden, erhält man

$$\frac{c([\text{Ag(NH}_3)_2]^+)}{c(\text{Ag}^+) \cdot c^2(\text{NH}_3)} = K_1 \cdot K_2.$$

Die Chloridionenkonzentration wird bestimmt durch den Ausdruck

$$c(\text{Ag}^+) \cdot c(\text{Cl}^-) = K_L(\text{AgCl}).$$

Multipliziert man die beiden letzten Gleichungen, so erhält man die Gleichgewichtsgleichung für (I):

$$\frac{c([\text{Ag(NH}_3)_2]^+) \cdot c(\text{Cl}^-)}{c^2(\text{NH}_3)} = K_1 \cdot K_2 \cdot K_L(\text{AgCl}).$$

Setzt man hier die unter der Reaktionsgleichung (I) angegebenen Konzentrationen ein, so erhält man

$$\frac{c_x^2}{(0{,}1 - 2\,c_x)^2} = K_1 \cdot K_2 \cdot K_L(\text{AgCl}).$$

Diese quadratische Gleichung wird am besten nach c_x^2 aufgelöst und in die zugehörige Wurzelbeziehung umgewandelt:

$$c_x = \frac{0{,}1 \cdot \sqrt{K_1 \cdot K_2 \cdot K_L(\text{AgCl})}}{1 + 2\,\sqrt{K_1 \cdot K_2 \cdot K_L(\text{AgCl})}}.$$

Nach Einsetzen der Zahlenwerte für die Konstanten erhält man

$$c_x = 0{,}0051\ \text{mol} \cdot l^{-1}.$$

Die Konzentration der Chloridionen in der ammoniakalischen Lösung ist nach Gleichung (2.71) gleich der Löslichkeit des Silberchlorids. Diese beträgt somit $L(\text{AgCl}) = 0{,}005$ mol · l^{-1}.

Nernstscher Verteilungssatz

Verteilt sich ein Stoff zwischen zwei verschiedenen Phasen, z. B. zwischen zwei miteinander nicht mischbaren Flüssigkeiten oder einer Flüssigkeit und einem überstehenden Gas, so gilt für das Verteilungsgleichgewicht der *Nernstsche Verteilungssatz* (Walter Nernst 1891):

> Das Verhältnis der Konzentrationen eines Stoffes in zwei aneinandergrenzenden Phasen ist bei gegebener Temperatur konstant und unabhängig von den Absolutwerten der Konzentrationen.

Ist die Konzentration einer bestimmten Molekülart in der einen Phase c_1 und in der anderen Phase c_2, so gilt folgende Beziehung

$$\frac{c_1}{c_2} = k, \qquad (2.76)$$

in der k den *Verteilungskoeffizienten* darstellt.

Ist die eine Phase ein Gas, dann kann es vorteilhaft sein, die Konzentration der Molekülart in der Gasphase durch ihren Partialdruck p auszudrücken. Wird beispielsweise angenommen, daß Phase 1 eine Flüssigkeit und Phase 2 ein Gas ist, dann kann die Verteilung eines Stoffes zwischen diesen Phasen durch die Gleichung

$$c_1 = k_1 \cdot p \qquad (2.77)$$

ausgedrückt werden. Diese Gleichung bedeutet, daß die Löslichkeit eines Gases in einer Flüssigkeit dem Partialdruck des Gases proportional ist. (Henry-Daltonsches Absorptionsgesetz 1803 und 1807). Der Proportionalitätsfaktor k_1 nimmt gewöhnlich mit steigender Temperatur recht stark ab.

Aufgaben zum Nernstschen Verteilungssatz findet man in 2.2-47 bis 2.2-52.

Aufgaben

2.2-1   Ethanol und Essigsäure reagieren miteinander unter Bildung des Esters Ethylacetat (auch Essigsäureethylester oder Essigester) und Wasser nach der Gleichung

$C_2H_5OH + HOOC\text{-}CH_3 \rightleftharpoons C_2H_5OOC\text{-}CH_3 + H_2O$.

Geht man von 1 mol Ethanol und 1 mol Essigsäure aus, so wird das Gleichgewicht erreicht, wenn 2/3 mol Ester und 2/3 mol Wasser gebildet sind.
a) Berechnen Sie die Gleichgewichtskonstante dieser Veresterungsreaktion.
b) Welche Gleichgewichtskonstante erhält man, wenn man von 1 mol Ester und 1 mol Wasser ausgeht?

2.2-2 Berechnen Sie unter Zuhilfenahme der Angaben der vorigen Aufgabe, welche Stoffmenge an Ester in Mol nach Erreichen des Gleichgewichts vorhanden ist, wenn man
a) von 3 mol Ethanol und 1 mol Essigsäure,
b) von 1 mol Essigester, 10 mol Wasser und 1 mol Ethanol ausgeht.

2.2-3 Zwischen zwei Stoffen A und B, die sich in Lösung befinden, besteht das Reaktionsgleichgewicht $2\,A \rightleftharpoons B$. Nach Erreichen des Gleichgewichts sind die Konzentrationen der beiden Stoffe gleich, d.h. $c(A) = c(B)$.
Welches neue Konzentrationsverhältnis $c(A)/c(B)$ stellt sich im Gleichgewichtszustand ein, wenn bei unveränderter Temperatur durch Zusatz des reinen Lösungsmittels das Volumen der Lösung verdoppelt wird?

2.2-4 Berechnen Sie die Massenkonzentrationen in $g \cdot l^{-1}$ und die Stoffmengenkonzentrationen in $mol \cdot l^{-1}$ der H^+- und OH^--Ionen in neutralem Wasser bei 25 °C und 37 °C. Das Ionenprodukt des Wassers hat bei diesen Temperaturen Zahlenwerte von $1,0 \cdot 10^{-14}$ und $2,6 \cdot 10^{-14}\ mol^2 \cdot l^{-2}$.

2.2-5 Berechnen Sie die pH-Werte des Wassers in 2.2-4 bei den dort angegebenen Temperaturen.

2.2-6 Welche pH-Werte haben die folgenden wäßrigen Lösungen?
a) $0,001\ mol \cdot l^{-1}$ Salzsäure;
b) Salpetersäure mit einem Massenanteil von 0,0063 % und der Dichte von $1,00\ g \cdot ml^{-1}$.

2.2-7 Wie groß sind die Wasserstoffionenkonzentration und der pH-Wert in
a) wäßriger Ameisensäurelösung mit 1 % Massenanteil?
b) Ameisensäurelösung mit 0,01 % Massenanteil?
Die Säurekonstante der Ameisensäure soll $2,1 \cdot 10^{-4}\ mol \cdot l^{-1}$ betragen, und ihre Molekularformel ist HCOOH. Die Dichten beider Lösungen sollen $1,00\ g \cdot ml^{-1}$ betragen.

2.2-8 Berechnen Sie die OH^--Ionen-Konzentration und den pH-Wert einer $0,2\ mol \cdot l^{-1}$ Ammoniaklösung, wenn der Ammoniak zu 1 % in Ammonium- und Hydroxidionen protolysiert ist. Das Ionenprodukt des Wassers sei zu $1 \cdot 10^{-14}\ mol^2 \cdot l^{-2}$ angenommen.

2.2-9 Bei der Bestimmung der elektrolytischen Leitfähigkeit von $0,1\ mol \cdot l^{-1}$ Ammoniaklösung findet man, daß 1,3 % des Ammoniaks protolysiert sind.
Berechnen Sie aus diesen Angaben die Basekonstante $K_B(NH_3)$ von Ammoniak.

2.2-10 Die Protolysegrade von Essigsäurelösungen, die jeweils 1 mol Säure in 13,57 l, 217,1 l bzw. 1737,0 l Lösung enthalten, wurden durch Leitfähigkeitsmessungen zu 1,57 %, 6,14 % bzw. 16,41 % bestimmt.
Berechnen Sie für die drei Lösungen die Säurekonstante der Essigsäure.

2.2-11 Wäßrige Lösungen von Eisen(III)-Salzen reagieren sauer, weil das Hexaquoeisen(III)-Ion $[Fe(H_2O)_6]^{3+}$ gemäß folgender Reaktionsgleichung

$$[Fe(H_2O)_6]^{3+} + H_2O \rightleftharpoons [Fe(H_2O)_5OH]^{2+} + H_3O^+$$

protolysiert. Berechnen Sie den pH-Wert einer $0,01\ mol \cdot l^{-1}$ Lösung von Eisen(III)-chlorid $[Fe(H_2O)_6]Cl_3$ auf eine Dezimalstelle genau. Die Säurekonstante des Ions $Fe(H_2O)_6^{3+}$ ist $6 \cdot 10^{-3}\ mol \cdot l^{-1}$. Die Autoprotolysereaktion des Wassers soll vernachlässigt werden.

2.2-12 Wäßrige Lösungen von Aluminiumsalzen zeigen saure Reaktion, weil das Hexaquoaluminiumion $[Al(H_2O)_6]^{3+}$ gemäß folgender Reaktionsgleichung protolysiert:

$$[Al(H_2O)_6]^{3+} + H_2O \rightleftharpoons [Al(H_2O)_5OH]^{2+} + H_3O^+.$$

Eine Aluminiumperchloratlösung mit $c = 0{,}005$ mol $\cdot$ l^{-1} hat einen pH-Wert von 3,52.
Berechnen Sie die Säurekonstante des Hexaquoaluminiumions.

2.2-13 In 200 ml einer Essigsäurelösung mit c(HAc) $= 0{,}1$ mol $\cdot$ l^{-1} ($K_S = 1{,}8 \cdot 10^{-5}$ mol $\cdot$ l^{-1}) werden 5 g kristallwasserfreies, festes Natriumacetat aufgelöst. Das Volumen der Lösung soll dadurch nicht verändert werden.
Wie werden die Oxoniumionenkonzentration und der pH-Wert durch den Salzzusatz verändert?

2.2-14 1,36 g kristallwasserhaltiges Natriumacetat $CH_3COONa \cdot 3\ H_2O$ werden in Wasser gelöst, die Lösung mit 25 ml 0,1 mol $\cdot$ l^{-1} Salzsäurelösung versetzt und mit destilliertem Wasser auf ein Gesamtvolumen von 100 ml aufgefüllt.
Berechnen Sie unter Zuhilfenahme der Angaben in 2.2-13 die Oxoniumionenkonzentration der Lösung.

2.2-15 Wie ändert sich der pH-Wert, wenn 1 ml Salzsäure der Konzentration 1 mol $\cdot$ l^{-1}
   a) 100 ml Essigsäure der Konzentration 0,1 mol $\cdot$ l^{-1};
   b) 100 ml Pufferlösung, bestehend aus Essigsäure und Natriumacetat der Konzentrationen 0,1 mol $\cdot$ l^{-1} zugesetzt werden?

2.2-16 10 ml Ammoniaklösung mit einem NH_3-Massenanteil von 25% und der Dichte 0,910 g $\cdot$ ml^{-1} werden mit 5 g Ammoniumchlorid versetzt und auf ein Gesamtvolumen von 100 ml verdünnt.
Berechnen Sie die Hydroxidionenkonzentration und den pH-Wert der Lösung. Die Basekonstante des Ammoniaks ist $K_B = 1{,}8 \cdot 10^{-5}$ mol $\cdot$ l^{-1}, und das Ionenprodukt des Wassers beträgt $K_w = 10^{-14}$ mol$^2 \cdot$ l^{-2}.

2.2-17 Zur Herstellung von 1 l Pufferlösung werden 500 ml Essigsäure der Äquivalentkonzentration 2 mol $\cdot$ l^{-1} mit einem bestimmten Volumen Natronlauge der Äquivalentkonzentration 2 mol $\cdot$ l^{-1} versetzt und die Mischung anschließend mit Wasser auf 1 l aufgefüllt.
Wieviel ml Natronlauge muß man zusetzen, um den pH-Wert 5,00 zu erhalten? pK_S(HAc) $= 4{,}74$.

2.2-18 Aus dem primären Kaliumsalz KHA einer zweibasigen Säure H_2A soll durch Zugabe von Salzsäure eine Pufferlösung hergestellt werden.
Welches Stoffmengenverhältnis von Salzsäure zu KHA muß man einstellen, um einen pH-Wert von 3,00 zu erhalten? $pK_S(H_2A) = 2{,}88$.

2.2-19 50 ml einer Essigsäurelösung der Konzentration c(HAc) $= 0{,}1$ mol $\cdot$ l^{-1} ($K_S = 1{,}8 \cdot 10^{-5}$ mol $\cdot$ l^{-1}) werden mit Natronlauge der Konzentration 0,1 mol $\cdot$ l^{-1} titriert.
Berechnen Sie die pH-Werte
   a) in der Ausgangslösung,
   b) nach Zugabe von 25 ml Natronlauge,
   c) nach Zugabe von 50 ml Natronlauge und
   d) nach Zugabe von 51 ml Natronlauge.

2.2-20 50 ml Ammoniaklösung der Konzentration 0,1 mol $\cdot$ l^{-1} ($K_B = 1{,}8 \cdot 10^{-5}$ mol $\cdot$ l^{-1}) werden mit 0,1 mol $\cdot$ l^{-1} Salzsäure titriert.
Berechnen Sie die pH-Werte
   a) in der Ausgangslösung,
   b) nach Zugabe von 25 ml Säure,
   c) nach Zugabe von 50 ml Säure und
   d) nach Zugabe von 51 ml Säure.

2.2-21 Berechnen Sie die pH-Werte wäßriger Lösungen von
   a) KH_2PO_4,
   b) Na_2HPO_4 und
   c) eines Gemisches von KH_2PO_4 und Na_2HPO_4 mit dem Stoffmengenverhältnis 1.
Die Säureexponenten der Phosphorsäure sind $pK_{S1} = 2{,}2$, $pK_{S2} = 7{,}2$ und $pK_{S3} = 12{,}4$.

2.2-22 10 ml einer Essigsäurelösung der Konzentration 0,2 mol $\cdot$ l^{-1} wurden mit 10 ml Natronlauge mit c(NaOH) $= 0{,}1$ mol $\cdot$ l^{-1} versetzt. Der pH-Wert dieser Lösung ist 4,65.
Berechnen Sie die Säurekonstante der Essigsäure.

2.2-23 Berechnen Sie mit Hilfe von Gleichung (2.34) die thermodynamische Säurekonstante K_S^0 der Essigsäure.

2.2-24 Das thermodynamische Ionenprodukt K_W^0 des Wassers bei 20 °C ist $0{,}68 \cdot 10^{-14}$ mol$^2 \cdot$ l^{-2}. Berechnen Sie mit Hilfe der Gleichung (2.34) das stöchiometrische Ionenprodukt des Wassers in Lösungen von
a) 0,1 mol $\cdot$ l^{-1} KCl und
b) 0,1 mol $\cdot$ l^{-1} BaCl$_2$.

2.2-25 Durch Titration mit Natronlauge soll die Stoffmenge einer schwachen Säure mit der Säurekonstante $K_S = 10^{-5}$ mol $\cdot$ l^{-1} bestimmt werden. Bis zu welchem pH-Wert muß die Titration durchgeführt werden, wenn am Äquivalenzpunkt der Titration die Konzentration der zugesetzten Natriumionen 0,4 mol $\cdot$ l^{-1} beträgt?

2.2-26 Bis zu welchen pH-Werten muß die wäßrige Lösung des Alkalisalzes einer einbasigen Säure HA (K_S(HA) $= 10^{-5}$ mol $\cdot$ l^{-1}) angesäuert werden, damit Massenanteile von 99,0% bzw. 99,9% der unprotolysierten Säure gebildet werden?

2.2-27 Berechnen Sie die stöchiometrische Säurekonstante K_S des H$_2$PO$_4^-$-Ions in einer Pufferlösung, die durch Vermischung gleicher Volumina von 0,05 mol $\cdot$ l^{-1} NaH$_2$PO$_4$ und 0,05 mol $\cdot$ l^{-1} Na$_2$HPO$_4$ erhalten wird. Die thermodynamische Säurekonstante des H$_2$PO$_4^-$-Ions ist $K_S^0 = 6{,}2 \cdot 10^{-8}$ mol $\cdot$ l^{-1}. Die zur Aufgabenlösung benötigten Aktivitätskoeffizienten können aus Tabelle 2.1 auf S. 89 entnommen werden.

2.2-28 Das thermodynamische Löslichkeitsprodukt K_L^0 des Silberbromids ist bei Raumtemperatur $10^{-12{,}2}$ mol$^2 \cdot$ l^{-2}.
Berechnen Sie die Konzentration der Silberionen
a) in reinem Wasser,
b) in einer KBr-Lösung mit $c = 0{,}01$ mol $\cdot$ l^{-1}.
Zur Berechnung der Aktivitätskoeffizienten des Aufgabenteils b) kann die Grenzformel (2.35) benutzt werden.

2.2-29 Die Massenkonzentration von Silberphosphat Ag$_3$PO$_4$ in einer gesättigten wäßrigen Lösung beträgt $6{,}5 \cdot 10^{-3}$ g $\cdot$ l^{-1}.
Berechnen Sie das stöchiometrische und das thermodynamische Löslichkeitsprodukt von Ag$_3$PO$_4$. Zur Berechnung des thermodynamischen Löslichkeitsproduktes kann die Grenzformel (2.35) benutzt werden.

2.2-30 Die stöchiometrischen Löslichkeitsprodukte der Silberhalogenide sind K_L(AgCl) $= 2 \cdot 10^{-10}$ mol$^2 \cdot$ l^{-2}, K_L(AgBr) $= 6{,}3 \cdot 10^{-13}$ mol$^2 \cdot$ l^{-2} und K_L(AgI) $= 1 \cdot 10^{-16}$ mol$^2 \cdot$ l^{-2}.
Berechnen Sie die Sättigungskonzentrationen der Silberionen in Lösungen der Halogenwasserstoffsäuren HCl, HBr und HI mit einer Konzentration von 0,1 mol $\cdot$ l^{-1}.

2.2-31 1 l Wasser mit 2 g darin gelöstem Iod wird mit Schwefelkohlenstoff versetzt und ausgeschüttelt, bis sich das Verteilungsgleichgewicht zwischen den beiden Phasen eingestellt hat. Welche Massenanteile an Iod enthält die wäßrige Phase
a) nach einmaligem Ausschütteln mit 100 ml Schwefelkohlenstoff,
b) nach dreimaligem Ausschütteln mit jeweils 20 ml Schwefelkohlenstoff?
Der Verteilungskoeffizient von Iod im CS$_2$/H$_2$O-System, bezogen auf das Volumenverhältnis 1, beträgt $k = 588$.

2.2-32 Berechnen Sie die Gleichgewichtskonstante für das Triiodidgleichgewicht

$$I_2 + I^- \rightleftharpoons I_3^-$$

aus folgenden Daten: Eine wäßrige Lösung von Iod in 0,02995 mol $\cdot$ l^{-1} Kaliumiodid wird mit Tetrachlorkohlenstoff versetzt und ausgeschüttelt. Nach Einstellung des Verteilungsgleichgewichtes werden beide Phasen mit Thiosulfatlösung titriert, wobei gefunden wird, daß die Tetrachlorkohlenstofflösung eine Iod-Äquivalentkonzentration $c(\text{eq}) = 0{,}04457$ mol $\cdot$ l^{-1} und die Dichte $\varrho = 1{,}5942$ g $\cdot$ ml^{-1} und die wäßrige Lösung eine Iod-Äquivalentkonzentration $c(\text{eq}) = 0{,}01123 \text{ mol} \cdot l^{-1}$ hat. Der Verteilungskoeffizient von Iod im System CCl_4/H_2O beträgt 52,5.

2.2-33 Eine Lösung von Chlorgas in Tetrachlorkohlenstoff wird mit reinem Wasser ausgeschüttelt. Nach Einstellung des Verteilungsgleichgewichtes enthalten 100 ml der Wasserphase 0,06102 g Chlor (als Cl_2, HCl und HOCl) und 10 ml der CCl_4-Phase 0,02722 g Chlor (nur als Cl_2). Berechnen Sie die Gleichgewichtskonstante der Disproportionierungsreaktion

$$Cl_2 + 3\,H_2O \rightleftharpoons 2\,H_3O^+ + Cl^- + OCl^-.$$

2.2-34 Benzoesäure liegt in benzolischer Lösung teils in monomerer Form C_6H_5COOH, teils als dimeres $(C_6H_5COOH)_2$ vor. Die Stoffmengenanteile der beiden Formen können durch Untersuchung des Verteilungsgleichgewichts der Benzoesäure zwischen Wasser und Benzol bestimmt werden. Bei einem derartigen Versuch wurde gefunden, daß die wäßrige Phase 0,1124 g Benzoesäure in 200 g Lösung und die Benzolphase 0,8843 g Benzoesäure in 200 g Benzollösung enthielt. Der aus der elektrischen Leitfähigkeit berechnete elektrolytische Dissoziationsgrad in der wäßrigen Lösung war 10,4%. Der Verteilungskoeffizient zwischen Benzol und Wasser für die undissoziierten Monomermoleküle ist 0,700.
Berechnen Sie die Gleichgewichtskonstante für die Dissoziation der Dimeren in Monomere und drücken Sie den Gehalt als Molalität aus.

2.2-35 Zur Bestimmung des Verteilungskoeffizienten von Iod zwischen Wasser und Tetrachlorkohlenstoff wurde eine verdünnte Lösung von Iod in Tetrachlorkohlenstoff mit Wasser geschüttelt. Danach bestimmte man in beiden Phasen durch Titration mit $0{,}05 \text{ mol} \cdot l^{-1}$ Thiosulfatlösung den Iodgehalt. 400 ml wäßrige Phase verbrauchten dabei 18,83 ml Thiosulfatlösung. 14,50 g Tetrachlorkohlenstoffphase verbrauchten 35,84 ml Thiosulfatlösung.
Berechnen Sie den Verteilungskoeffizienten (bezogen auf 1000 g Tetrachlorkohlenstoffphase und 1 l wäßrige Phase).

3 Analytische Chemie

3.1 Maßanalyse (Volumetrie)

Die Ausführung von Titrationen

Maßanalyse ist der Teilbereich der quantitativen anorganischen Analytik, in dem unbekannte Konzentrationen gelöster Stoffe durch *Titration* bestimmt werden. Titration bedeutet die kontrollierte Zugabe einer *Maßlösung* (Titratorlösung) bekannten Gehaltes zu einem genau abgemessenen Volumen der *Analysenlösung* (des Titranden) unbekannten Gehaltes. Das Ziel der Titration ist immer die Ermittlung des Volumens an Maßlösung, das durch quantitative chemische Reaktion den vollständigen Verbrauch des zu bestimmenden Stoffes in der Analysenlösung herbeiführt.
Bei der praktischen Ausführung der Titration läßt man die Maßlösung aus einem graduierten Glasrohr, der *Bürette*, ausfließen. Den *Äquivalenzpunkt* der chemischen Reaktion mit der Analysenlösung kann man an einem Farbumschlag eines der gelösten Stoffe oder aber eines der Lösung in geringer Konzentration zugesetzten *Indikators* erkennen. Der Farbumschlag erfolgt innerhalb eines Umschlagsbereiches am sog. „Umschlagspunkt". Dieser muß möglichst nahe am Äquivalenzpunkt liegen (s. weitere Details zur Wirkung von Farbindikatoren auf S. 137). Durch Ablesen des Flüssigkeitsniveaus in der Bürette vor und nach der Titration erfährt man das verbrauchte Volumen Maßlösung und kann daraus bei bekanntem Titratorgehalt die unbekannte Konzentration oder Masse des Titranden berechnen. Der Schellbachstreifen an der Rückwand der Bürette erleichtert die Niveauablesung unter Vermeidung des Parallaxenfehlers.
Maßlösungen mit vierstellig dezimalgenauen Titratorgehalten kann man für viele volumetrische Bestimmungen fertig im Chemikalienhandel erwerben. Oder aber der Inhalt vorgefertigter käuflicher Ampullen (z. B. Merck Titrisol®) wird nach Herstellervorschrift mit destilliertem Wasser in einen *Meßkolben* gespült. Anschließend wird der Meßkolben bei 20 °C bis zur Eichmarke mit destilliertem Wasser aufgefüllt und der Kolbeninhalt durch Umschütteln homogenisiert. Auch diese Vorgehensweise ergibt eine gebrauchsfertige Maßlösung mit dezimalgenauer Äquivalentkonzentration, z. B. 0,01000 mol $\cdot$ l^{-1} HCl-Lösung.
Maßlösungen kann man aber auch selbst herstellen, indem man Probelösungen der gewünschten Substanzen ansetzt und anschließend ihre Konzentrationen bestimmt. Dazu verwendet man *Urtitersubstanzen*. Als solche kommen hauptsächlich Feststoffe zum Einsatz, die in sehr reinem Zustand mit wohldefinierter Zusammensetzung dargestellt werden können und mit der interessierenden Substanz vollständig

im ganzzahligen stöchiometrischen Stoffmengenverhältnis reagieren. Sie müssen außerdem gut wägbar sein und dürfen sich beim Kontakt mit der Laborluft nicht verändern. Bei der Urtiterbestimmung wird eine geeignete Probe der Urtitersubstanz auf 0,1 mg genau eingewogen, in Lösung gebracht und unter geeigneten Bedingungen mit der Maßlösung zunächst nur ungefähr bekannter Konzentration bis zum Endpunkt titriert. Aus dem Verbrauch an Maßlösung und der Einwaage an Urtitersubstanz wird dann die genaue Konzentration der Maßlösung berechnet. Man sagt in diesem Fall, daß man die Maßlösung gegen die Urtitersubstanz einstellt. Beispiele solcher Titerstellungen, aus denen sich die Äquivalentkonzentrationen der Maßlösungen in mol · l^{-1} ergeben, findet man in den Aufgaben 3.1-1 und 3.1-2 für Säuren und Basen, 3.1-18 für die Manganometrie, 3.1-26 für die Iodometrie und 3.1-40 für die Cerimetrie. Der Titer t ist der Normalfaktor, der durch Multiplikation mit der Äquivalentkonzentration der Maßlösung ihre dezimalgenaue Äquivalentkonzentration ergibt (s. S. 73).

In der Maßanalyse werden außer Büretten und Meßkolben auch noch *Pipetten* und ein Pelaeusball verwendet (Abb. 3.1).

Pipetten dienen zur Entnahme genau abgemessener Flüssigkeitsvolumina aus Meßkolben. Vollpipetten sind nach unten zur Spitze ausgezogene Glasrohre mit bauchartigen Erweiterungen in der Mitte. Im oberen Bereich haben sie eine Eichmarke. Beim Abpipettieren wird die Pipette mit ihrem unteren Ende in die Lösung getaucht und durch Ansaugen bis zur oberen Eichmarke mit Flüssigkeit gefüllt. Die Ablesung erfolgt richtig, wenn der nach unten durchhängende Bauch des Flüssigkeitsmeniskus bei senkrecht gehaltener Pipette das gleiche Niveau wie der Eichstrich auf dem Glasrohr hat. Angesaugt wird nicht mit dem Mund, sondern mit dem Pelaeusball

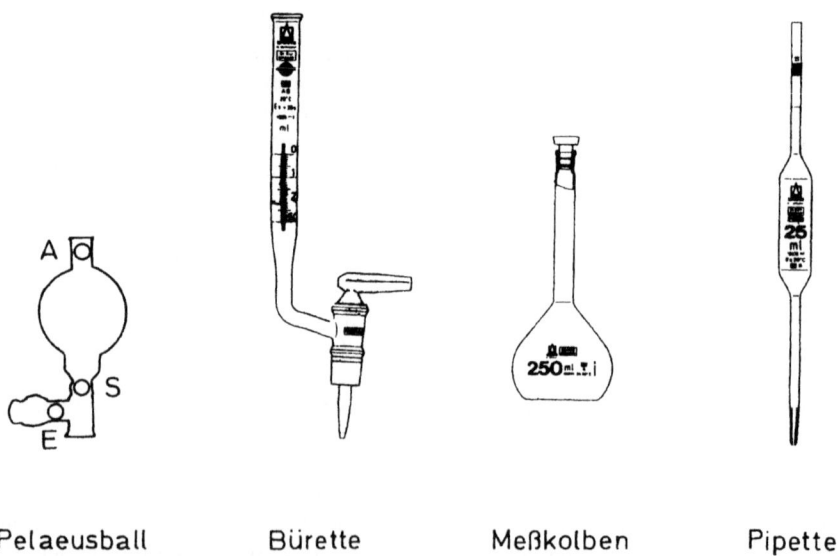

Pelaeusball   Bürette   Meßkolben   Pipette

Abb. 3.1. Die wichtigsten Arbeitsgeräte zur Ausführung von Maßanalysen (Symbole am Pelaeusball: A Ausblasventil, S Saugventil, E Entleerungsventil)

(Gummiball mit drei Druckventilen, Abb. 3.1), der auf das obere Ende der Pipette aufgesetzt und durch Zusammendrücken evakuiert wird. Anschließend wird durch den Unterdruck die Flüssigkeit angesaugt. Man läßt den Pipetteninhalt dann vollständig in das Analysengefäß auslaufen, wartet noch 15 s und streift auch noch den am Kapillarende austretenden, nachgelaufenen Flüssigkeitstropfen ab (Hineinblasen in die Pipette ist nicht erlaubt).

Um Fehler bei Volumenabmessungen mit Büretten, Meßkolben und Pipetten zu vermeiden, sollte man nicht nur die darauf angegebenen Volumina in ml, sondern auch folgendes beachten:

1. Die Volumeneichungen gelten für eine Umgebungstemperatur von 20,0 °C. Diese ist auf den Glasgefäßen eingraviert.
2. Pipetten und Büretten sind „auf Auslauf" (Symbol Ex) geeicht. Das auf dem Gefäß angegebene Volumen strömt aus, der an der Glaswand haften bleibende Flüssigkeitsfilm ist in diesem Volumen nicht mit enthalten.
3. Meßkolben sind „auf Einlauf" (Symbol In) geeicht. Der bei Entleerung an den Glaswandungen haften bleibende Flüssigkeitsfilm gehört anteilig mit zum Volumen, das auf dem Gefäß angegeben ist. Dies hat zur Folge, daß z. B. aus einem 250-ml-Meßkolben mit einer 50-ml-Vollpipette nur viermal eine 50 ml-Analysenprobe entnommen werden kann.

Eine für die Maßanalyse verwendbare Reaktion muß folgende Bedingungen erfüllen:

1. Sie muß quantitativ und stöchiometrisch in der Richtung verlaufen, wie sie die zugrundeliegende Reaktionsgleichung angibt. Nebenreaktionen dürfen nicht ablaufen. Die in den Lehrbüchern der klassischen Maßanalyse beschriebenen Reaktionen erfüllen diese Bedingung.
2. Die Reaktionsgeschwindigkeit muß hoch sein. Dies ist bei allen protolytischen Reaktionen und den Reaktionen der Komplexometrie erfüllt. Auch die meisten Fällungsreaktionen, bei denen sich Ionen in einer Lösung zu einem schwerlöslichen Feststoff vereinigen, haben für die Maßanalyse genügend große Reaktionsgeschwindigkeiten. Redoxreaktionen weisen dagegen oft Reaktionshemmungen auf. Eine Erhöhung der Reaktionsgeschwindigkeit kann man in bestimmten Fällen durch Temperaturerhöhung oder durch Zusatz eines geeigneten Katalysators erreichen.
3. Der Äquivalenzpunkt (Endpunkt) der Reaktion muß scharf zu erkennen sein. Zu seiner Auffindung gibt es außer dem Farbumschlag eines der reagierenden Stoffe oder dem Farbumschlag eines zugesetzten Farbindikators, die bereits erwähnt wurden, auch die instrumentelle Endpunktsindikation durch einen Potentialsprung bei der Potentiometrie oder einen Sprung der elektrischen Leitfähigkeit in der Konduktometrie.

Über die einzelnen Endpunktsbestimmungsmethoden wird bei der Behandlung der Titrationsverfahren berichtet.

Die häufigsten Titrationsfehler

Bei der Ausführung von Titrationen kann eine ganze Reihe von systematischen Fehlern auftreten. Diese unterscheidet man von den zufälligen Fehlern bei der Ausführung einer Analyse nach folgenden Kriterien:

1. *Indikatorfehler*
Dieser Fehler tritt bei der Titration schwacher Säuren oder Basen auf, wenn der Indikator-Umschlagsbereich und der Äquivalenzpunkt nicht zusammenfallen.
2. *Gehaltsfehler der verwendeten Maßlösung*
Dieser Fehler tritt besonders häufig bei titerunbeständigen Maßlösungen auf, die über längere Zeiträume aufbewahrt werden (z. B. $KMnO_4$-Lösungen) oder bei Maßlösungen, die mit dem Kohlendioxid der Laborluft (z. B. NaOH-Lösungen) oder dem darin enthaltenen Sauerstoff (z. B. Eisen(II)-salz-Lösungen) chemisch reagieren.
3. *Nachlauffehler*
Nach dem Abpipettieren oder nach einer schnell durchgeführten Titration benötigt der an den Gefäßwandungen hängende Flüssigkeitsfilm noch 15 s bei Pipetten, 30 s bei Büretten, um unter der Wirkung der Gravitationskraft nachzulaufen.
4. *Temperaturfehler*
Büretten, Pipetten und Meßkolben sind auf 20 °C geeicht. In schlecht klimatisierten Räumen mit starken Temperaturschwankungen müssen thermostatisierte Lösungen verwendet werden, sonst macht man einen systematischen Temperaturfehler. Oder man muß über Korrekturfaktoren die temperaturabhängige Volumenänderung des Wassers berücksichtigen. Bei von 20 °C abweichender, aber konstanter Umgebungstemperatur gleichen sich Temperaturfehler größtenteils aus.
5. *Benetzungsfehler*
Wenn die Oberflächen der für volumetrische Messungen verwendeten Glasgefäße nicht fettfrei sind, können die wäßrigen Lösungen sie nicht richtig benetzen. An den Wandungen bleiben unkontrollierbar Flüssigkeitstropfen hängen und verfälschen die Volumenablesung. Die Glasgefäße sollten deshalb immer mit Detergenslösungen wie Extran® gereinigt werden. Reinigung mit Chromschwefelsäure ist wegen deren Kanzerogenität nicht mehr erlaubt.
6. *Fehler durch falsche Volumina der kalibrierten Glasgeräte*
Die vom Hersteller volumenkalibrierten Glasgeräte können sich bei starkem Erhitzen irreversibel ausdehnen oder verformen. Es ist deshalb z. B. nicht ratsam, sie im Trockenschrank bei 120 °C zu trocknen.

Neben diesen sechs systematischen Fehlern gibt es eine ganze Reihe zufälliger Fehler bei Titrationen, die man größtenteils durch Mittelwertbildung aus mindestens drei Meßwerten verringern kann. Der zufällige Fehler, der bei der Verwendung zu kleiner Flüssigkeitsvolumina auftritt, sollte jedoch vermeidbar sein.

Der Gehalt von Maßlösungen

Gewöhnlich wird der Gehalt einer Maßlösung als Äquivalentkonzentration angegeben. Die Äquivalentkonzentration ersetzt die nicht mehr zulässige Gehaltsgröße „Normalität" (Einheit der Normalität war val $\cdot$ l^{-1}).
Für die Äquivalentkonzentration $c(\text{eq})$ (siehe auch die ausführliche Darstellung in Kapitel 2.1) gilt:

$$c(\text{eq}) = z^* \cdot c(X), \qquad (3.1)$$

wobei das Äquivalent eq gemäß

$$\text{eq} = 1/z^* \cdot X, \qquad (3.2)$$

gleich dem Bruchteil $1/z^*$ des kleinsten Teilchens X einer Reinstoffprobe ist und $c(X)$ die Konzentration des gelösten Reinstoffes in Bezug auf seine Teilchen X darstellt.
Der Bezug zwischen der Stoffmengenkonzentration und der Äquivalentkonzentration wird immer durch Angabe der Äquivalentzahl z^* eindeutig festgelegt. Die Äquivalentzahl ergibt sich eindeutig aus einer chemischen Reaktionsgleichung, z. B. als Ionenäquivalentzahl bei einer Neutralisationsreaktion oder als Redoxäquivalentzahl bei einer Redoxreaktion.

Beispiel 1:
Bestimmen Sie a) die Ionenäquivalentzahl der Schwefelsäure H_2SO_4 bei einer Säure-Base-Reaktion und b) die Redoxäquivalentzahl des Permanganations MnO_4^- bei einer Redoxreaktion in saurem Milieu. Berechnen Sie auch die Äquivalentkonzentrationen der beiden Ionenarten, wenn die Stoffmengenkonzentrationen 0,01 mol $\cdot$ l^{-1} betragen.

Lösung:
a) Die Ionenäquivalentzahl von H_2SO_4 ist $z^* = 2$, weil ein H_2SO_4-Teilchen zwei H^+-Ionen bei acidimetrischen Titrationen abspalten und auf eine Base übertragen kann. Deshalb ist eq = $\frac{1}{2}$ H_2SO_4. Eine gegebene Schwefelsäureprobe der Konzentration $c(X) = c(H_2SO_4) = 0,01$ mol $H_2SO_4 \cdot$ l^{-1} hat die Äquivalentkonzentration $c(\text{eq}) = c(\frac{1}{2} H_2SO_4) = 0,02$ mol $\frac{1}{2} H_2SO_4 \cdot$ l^{-1}.
b) Die Redoxäquivalentzahl des Ions MnO_4^- in saurem Milieu ist 5, weil jedes Permanganation bei einer Redoxtitration in saurer Lösung 5 Elektronen aufnimmt. Deshalb ist eq = $\frac{1}{5} MnO_4^-$. Eine gegebene Permanganatlösung der Konzentration $c(X) = c(MnO_4^-) = 0,01$ mol $MnO_4^- \cdot$ l^{-1} hat die Äquivalentkonzentration $c(\text{eq}) = c(\frac{1}{5} MnO_4^-) = 0,05$ mol $\frac{1}{5} MnO_4^- \cdot$ l^{-1}.

Ältere Tabellen mit Konzentrationsangaben in val $\cdot$ l^{-1} oder mval $\cdot$ l^{-1} können problemlos mit den gleichen Zahlenwerten übernommen werden, wenn man nur Sorge dafür trägt, daß man für die nicht mehr gültigen Einheiten die Bezeichnung Äquivalentkonzentration einsetzt.
Früher wurde bei stöchiometrischen Berechnungen mit dem Ausdruck Äquivalentmasse (Val) operiert, worunter man die Masse eines Äquivalentes in g mit der Einheit g $\cdot$ mol^{-1} oder nur g verstand. Diese Bezeichnungsweise ist nicht mehr zulässig.

Stattdessen wird heute immer die molare Masse einer Teilchenart X (wobei als Teilchenarten Atome, Moleküle, Ionen, Atomgruppen, Elektronen oder chemische Bindungen in Frage kommen) in Form einer Größengleichung angegeben. Hinter das Größenzeichen M (= molare Masse) wird in Klammern die Teilchenart gesetzt. Für die Angabe der molaren Massen von Äquivalenten (der molaren Äquivalentmassen) wird die molare Masse der Teilchenart durch die Äquivalentzahl z^* dividiert. Dies ergibt dann z. B. $M(\frac{1}{2} H_2SO_4) = 49{,}0 \text{ g} \cdot \text{mol}^{-1}$ oder $M(\frac{1}{5} KMnO_4) = 31{,}6 \text{ g} \cdot \text{mol}^{-1}$. Beachten Sie, daß auch noch die relative Äquivalentmasse als Verhältniszahl mit der Einheit „eins" existiert (s. S. 10), jedoch nur von geringer Bedeutung ist.

Jede Teilchenart hat, wenn man vom Vorliegen verschiedener Isotope absieht, immer nur eine molare Masse, unter Umständen aber mehrere molare Äquivalentmassen. Letzteres ist immer dann gegeben, wenn ein Atom, Molekül oder Ion dieser Teilchenart z. B. bei bestimmten Protolysereaktionen unterschiedlich viele Protonen oder bei bestimmten Redoxreaktionen unterschiedlich viele Elektronen übertragen kann. Auf diese Mehrfachreaktivität wird unter den Einzelkapiteln zur Maßanalyse noch besonders hingewiesen.

Sind die molaren Äquivalentmassen der Reaktionspartner einer maßanalytischen Reaktion bekannt, so sind alle stöchiometrischen Berechnungen in der Maßanalyse in einfachster Weise zu lösen. Es gelten dann folgende Regeln:

Regeln zur Auswertung von Titrationsergebnissen

1. Am Äquivalenzpunkt einer Titration ist das Verhältnis der Stoffmengen der Äquivalente von Titrator und Titrand gleich eins.

2. Das Verhältnis der umgesetzten Volumina von Titrator und Titrand ist am Äquivalenzpunkt einer Titration gleich dem Reziprokwert des Verhältnisses ihrer Äquivalentkonzentrationen.

Sind an einer Neutralisationsreaktion mehrere Säuren oder Basen beteiligt, so gilt:

Anzahl Äquivalente Säure = Anzahl Äquivalente Base. (3.3)

Entsprechend gilt für einen Redoxprozeß

Anzahl Äquivalente Ox = Anzahl Äquivalente Red, (3.4)

wobei die Symbole Ox das Oxidationsmittel (den elektronenaufnehmenden Stoff) und Red das Reduktionsmittel (den elektronenabgebenden Stoff) bezeichnen.

Die gleichen Beziehungen gelten auch für die noch zu behandelnden Fällungs- und Komplexbildungsreaktionen.

Berechnungen von Titrationsergebnissen bestehen fast immer aus Umrechnungen von Quantitätsgrößen einer in einer Analysenlösung enthaltenen Stoffportion ineinander, z. B. der Berechnung der Stoffmenge eines Äquivalentes aus der Masse oder bei gasförmigen Stoffen aus dem Normvolumen und umgekehrt.

In der Maßanalyse wird zwischen vier Hauptverfahrensgruppen unterschieden, wobei jeder dieser Verfahrensgruppen eine spezielle Reaktionsart zugrundeliegt:
1. *Säure-Base-Titrationen,*
2. *Redoxtitrationen,*
3. *Fällungstitrationen* und
4. *komplexometrische Titrationen.*

In den folgenden Abschnitten wird dargestellt, wie die molaren Äquivalentmassen und die Äquivalentkonzentrationen bei diesen Verfahren ermittelt werden und welche besonderen Titrationsverfahren man kennt.

Säure-Base-Titrationen

Bei den Säure-Base-Titrationen, auch Neutralisationsanalysen genannt, werden die unbekannten Gehalte von Säuren titrimetrisch mit Hilfe von Basen bekannter Gehalte bestimmt (Alkalimetrie). Umgekehrt werden die unbekannten Gehalte von Basen mit Hilfe von Säuren bekannter Gehalte bestimmt (Acidimetrie).
Eine einbasige Säure, z. B. Salzsäure HCl, enthält pro Teilchen ein reaktionsfähiges Wasserstoffatom. Die molare Äquivalentmasse ist gleich der molaren Teilchenmasse, $M(\text{eq}) = M(X)$.
Eine mehrbasige Säure kann mehrere molare Äquivalentmassen besitzen, je nach der Anzahl der Wasserstoffatome, die pro Teilchen in Reaktion treten. So kann z. B. die schweflige Säure H_2SO_3 bei niedrigem pH-Wert mit der Base H_2O nur als einbasige Säure reagieren:

$$H_2SO_3 + H_2O \rightleftharpoons HSO_3^- + H_3O^+$$
$$\underline{H_3O^+ + OH^- \rightleftharpoons 2\,H_2O}$$
$$H_2SO_3 + OH^- \rightleftharpoons HSO_3^- + H_2O \qquad M(\text{eq}) = M(H_2SO_3).$$

Sie kann aber auch bei höherem pH-Wert in einer Reaktion mit OH^--Ionen (mit anderem Indikator) als zweibasige Säure wirken:

$$H_2SO_3 + 2\,OH^- \rightleftharpoons SO_3^{2-} + 2\,H_2O \qquad M(\text{eq}) = M(\tfrac{1}{2} H_2SO_3).$$

Für ein festes Hydroxid, das pro Teilchen z^* Hydroxidionen liefern kann (Base mit der Äquivalentzahl z^*), ist im allgemeinen (da ein OH^--Ion durch ein H^+-Ion neutralisiert wird)

$$M(\text{eq}) = \frac{1}{z^*} \cdot M(X). \tag{3.5}$$

Für Salze ist ebenfalls $M(\text{eq}) = 1/z^* \cdot M(X)$, wobei z^* die Metall-Äquivalentzahl bedeutet, die pro Teilchen in Reaktion tritt.
Bei Hydrogensalzen hängt im allgemeinen $M(\text{eq})$ von der Anzahl der Wasserstoffatome ab, die pro Teilchen in Reaktion treten.

Bei Oxidverbindungen, die Säureanhydride oder wasserfreie Formen von Basen sind, wird $M(\text{eq})$ im allgemeinen aus der Protolysegleichung der zugehörigen Mineralsäure oder Base bestimmt, z. B. liefert die Reaktion eines Moleküls SO_3 mit einem Wassermolekül ein Molekül Schwefelsäure, das bei einer Protolysereaktion zwei H^+-Ionen übertragen kann:

$$SO_3 + H_2O \rightarrow H_2SO_4 \quad z^* = 2 \quad M(\text{eq}) = M(\tfrac{1}{2} SO_3)$$

Entsprechend ergibt sich für

$$CaO + H_2O \rightarrow Ca(OH)_2 \quad z^* = 2 \quad M(\text{eq}) = M(\tfrac{1}{2} CaO)$$

und

$$CO_2 + H_2O \rightarrow H_2CO_3 \quad z^* = 2 \quad M(\text{eq}) = M(\tfrac{1}{2} CO_2).$$

Bei Kohlendioxid kann auch $M(\text{eq}) = M(CO_2)$ sein, wenn beispielsweise folgende Reaktion abläuft:

$$HCO_3^- + H_3O^+ \rightarrow CO_2 + 2 H_2O.$$

Die Stoffmenge von Äquivalenten (Äquivalentmenge, Äquivalent-Stoffmenge) wird in Abhängigkeit von der gewählten Quantitätseinheit für die Stoffportion auf verschiedene Weise berechnet:
Ist die Masse einer Stoffportion gegeben, so erhält man daraus die Stoffmenge von Äquivalenten, indem man sie durch die molare Äquivalentmasse dividiert.

Beispiel 2:
Berechnen Sie die Stoffmengen der Ionenäquivalente von
a) 6 g Schwefelsäure mit 97% Massenanteil,
b) 15 ml Salzsäure mit 18% Massenanteil und einer Dichte von 1,09 g · ml^{-1}.

Lösung:
a) $m(H_2SO_4) = m(97\%\text{ige Säure}) \cdot w(97\%\text{ige Säure}) = 6 \text{ g} \cdot 0,97 = 5,82 \text{ g}$.
$M(\text{eq}) = M(\tfrac{1}{2} H_2SO_4) = 49,0 \text{ g} \cdot \text{mol}^{-1}$.

$$n(\text{eq}) = n(\tfrac{1}{2} H_2SO_4) = \frac{m(H_2SO_4)}{M(\tfrac{1}{2} H_2SO_4)} = \frac{5,82 \text{ g}}{49,0 \text{ g} \cdot \text{mol}^{-1}} = 0,119 \text{ mol } \tfrac{1}{2} H_2SO_4.$$

b) $n(\text{eq}) = n(HCl) = \dfrac{V(\text{Säure}) \cdot \varrho(\text{Säure}) \cdot w(\text{Säure})}{M(\text{eq})}$

$= \dfrac{15,0 \text{ ml} \cdot 1,09 \text{ g} \cdot \text{ml}^{-1} \cdot 0,18}{36,5 \text{ g} \cdot \text{mol}^{-1}} = 0,0806 \text{ mol HCl}.$

Ist dagegen das Volumen der Stoffportion eines gasförmigen Stoffes bei bekannter Temperatur und bekanntem Druck gegeben, dann verwendet man zur Berechnung der Stoffmenge von Äquivalenten das molare Volumen eines Äquivalentes im Normzustand und, sofern erforderlich, die ideale Gasgleichung (4.7) aus Kapitel 4.1.

Beispiel 3:
Berechnen Sie die Stoffmengen von Äquivalenten von Portionen folgender gasförmiger Stoffe:
a) 2 l Kohlendioxid bei 18 °C unter einem Druck von 990 mbar,
b) 40 l Ammoniakgas im Normzustand.

Lösung:
a) CO_2 ist das Anhydrid der zweibasigen Kohlensäure H_2CO_3 mit $z^* = 2$.

$$V_n(CO_2) = \frac{p \cdot V \cdot T_n}{p_n \cdot T} = \frac{990 \text{ mbar} \cdot 2{,}00 \text{ l} \cdot 273 \text{ K}}{1000 \text{ mbar} \cdot 291 \text{ K}} = 1{,}86 \text{ l}.$$

$$n(\text{eq}) = n(\tfrac{1}{2} CO_2) = \frac{V_n(CO_2)}{V_{m,n}(\tfrac{1}{2} CO_2)} = \frac{1{,}86 \text{ l}}{11{,}2 \text{ l} \cdot \text{mol}^{-1}} = 0{,}166 \text{ mol } \tfrac{1}{2} CO_2.$$

b) NH_3 ist eine einwertige Base mit $z^* = 1$.

$$n(\text{eq}) = n(NH_3) = \frac{V_n(NH_3)}{V_{m,n}(NH_3)} = \frac{40{,}0 \text{ l}}{22{,}4 \text{ l} \cdot \text{mol}^{-1}} = 1{,}79 \text{ mol } NH_3.$$

Endpunktsindikation bei Säure-Base-Titrationen

Einsatz von Säure-Base-Indikatoren

Zur Bestimmung des Äquivalenzpunkts einer acidimetrischen oder alkalimetrischen Titration bedient man sich häufig eines Farbindikators, d. h. einer wasserlöslichen organischen Substanz, die bei einer Veränderung des pH-Werts der wäßrigen Lösung einen Farbumschlag zeigt. Solche Farbindikatoren sind meistens schwache organische Brönsted-Säuren, die bei der Protolysereaktion eine Veränderung ihrer Elektronenstruktur erfahren. Die Veränderung der Elektronenstruktur bewirkt eine spektrale Verschiebung der Absorptionsbande im sichtbaren Teil des elektromagnetischen Spektrums beim Durchtritt von Licht durch die Indikatorlösung und damit einhergehend eine dem menschlichen Auge sichtbare Farbveränderung. Der gefärbte Indikator absorbiert dabei seine Komplementärfarbe. Man unterscheidet in der analytischen Chemie zwischen zweifarbigen und einfarbigen Indikatoren sowie Mischindikatoren.
Die Wirkungsweise von Indikatoren läßt sich am besten anhand folgender Reaktionsgleichung beschreiben:

$$\text{Indikatorsäure Indikatorbase} \qquad \qquad$$
$$InH^+ + H_2O \rightleftharpoons In + H_3O^+; \quad \frac{c(H_3O^+) \cdot c(In)}{c(InH^+)} = K_{In}. \qquad (3.6)$$

Danach geht die Indikatorsäure „InH^+" (protoniertes organisches Molekül) in einer Gleichgewichtsreaktion in die korrespondierende Indikatorbase „In" über, und die zugehörige Gleichgewichtskonstante ist K_{In}. Gemäß der Beziehung

$$pK_{In} = pH + \log\frac{c(InH^+)}{c(In)} \qquad (3.7)$$

ist das Konzentrationsverhältnis Indikatorsäure zu Indikatorbase vom pH-Wert der Lösung abhängig. Bei einem zweifarbigen Indikator und gleicher Farbintensität von „InH$^+$" und „In" sollte der Farbwechsel theoretisch bei pH $= pK_{In}$ auftreten. Oftmals kann das Auge jedoch den Farbwechsel nur dann sicher erkennen, wenn sich das Farbintensitätsverhältnis wenigstens von 10:1 nach 1:10 verändert. Aus dem zugehörigen Konzentrationsverhältnis ergibt sich nach Gleichung (3.7) ein Umschlagsintervall von 2 pH-Einheiten, denn pH $= pK_{In} \pm 1$. Bei unterschiedlichen Farbintensitäten von „InH$^+$" und „In" ist der Umschlagsbereich unsymmetrisch in Bezug auf pH $= pK_{In}$.

Jeder Farbindikator beeinflußt aufgrund seines Säure-Base-Charakters auch den pH-Wert einer Analysenlösung während einer acidimetrischen oder alkalimetrischen Titration. Dieser Effekt ist aber bei sparsamer Indikatorzugabe sehr gering. Wichtig für zweifarbige Indikatoren ist, daß ihr Umschlagsbereich von der Indikatorkonzentration unabhängig ist. Unterschiedliche Indikatormengen in Parallelproben bei einer acidimetrischen oder alkalimetrischen Bestimmung haben deshalb keine voneinander abweichenden Titrationsergebnisse zur Folge.

Einfarbige Indikatoren sind bei niedrigem pH-Wert farblos, bei höherem pH-Wert gefärbt. Das bekannteste Beispiel ist Phenolphthalein, ein Phthaleinfarbstoff, der bei pH ≈ 10 von farblos nach rot umschlägt. Beim Durchschreiten eines pH-Bereichs ändert sich dort nur die Farbintensität. Wenn man den Umschlagsbereich von der sauren Seite erreicht und c_{In}^* die vom Auge geforderte Minimalkonzentration zur Auslösung der Sinneswahrnehmung „rot" ist, dann gilt:

$$pH = pK_{In} - \log \frac{c(\text{InH}^+)}{c(\text{In})} = pK_{In} - \log \frac{c_0 - c^*(\text{In})}{c^*(\text{In})} \qquad (3.8)$$

mit c_0 als der Indikator-Ausgangskonzentration. Ist nun $c_0 > c^*(\text{In})$, dann erhält man näherungsweise pH $= pK_{In} - \log c_0 + \log c^*(\text{In})$.

Die untere Grenze des Umschlagsbereichs ist also von der Ausgangskonzentration des Indikators abhängig. Bei einer Verzehnfachung der Phenolphthaleinkonzentration erscheint der rote Farbton schon bei einem um eine Einheit niedrigeren pH-Wert. Bei Verwendung einfarbiger Indikatoren muß diese Fehlerquelle berücksichtigt werden, indem man sich zur Regel macht, immer mit gleichen Indikatorkonzentrationen zu arbeiten.

Die Wirkungsweise von Mischindikatoren richtet sich nach ihrem Systemaufbau. Man setzt entweder das Gemisch zweier Indikatoren ein, die im selben pH-Umschlagsbereich einen Farbwechsel erfahren, oder das Gemisch eines Indikators mit einem indifferenten Farbstoff. Das Wirkungsprinzip ist, daß die Farben beider Komponenten im Umschlagsintervall zueinander komplementär sein sollen. Nach den Gesetzen der Farbmetrik nimmt dann die Mischung beim Vorliegen der beiden komplementären Farbkomponenten in gleichen Intensitäten einen neutral grauen Farbton an. Das menschliche Auge ist gegen Farbabweichungen von neutralgrau hochempfindlich. Die beiderseits anschließenden Farben kontrastieren nun sehr stark gegen das graue Umschlagsgebiet und sind mit hoher Empfindlichkeit wahrnehmbar.

Beispiele:

Gemisch der beiden Indikatoren Bromkresolgrün und Methylrot

pH-Wert	4	4–6	6
Bromkresolgrün	gelb	grün	blau
Methylrot	rot	orange	gelb
Mischung	orange	grau	grün

Gemisch des Indikators Dimethylgelb mit dem Farbstoff Methylenblau

pH-Wert	3	3–4	4
Dimethylgelb	rot	orange	gelb
Methylenblau	blau	blau	blau
Mischung	violett	grau	grün

Tabelle 3.1 enthält ein paar Beispiele häufig verwendeter Säure-Base-Indikatoren mit ihren Umschlagsbereichen und Farbtönen.

Tabelle 3.1. Häufig verwendete Säure-Base-Indikatoren mit Umschlagsbereichen und Farbtönen

Indikator	Umschlagsbereich in pH-Einheiten	Farbumschlag
Dimethylgelb	2,9– 4,1	rot-gelb
Methylorange	3,1– 4,4	rot-orange
Bromkresolgrün	3,8– 5,4	gelb-blau
Methylrot	4,4– 6,2	rot-gelb
Bromthymolblau	6,2– 7,6	gelb-blau
Phenolrot	6,4– 8,2	gelb-rot
Thymolblau	8,0– 9,6	gelb-blau
Phenolphthalein	8,0– 9,8	farblos-rot
Thymolphthalein	9,3–10,5	farblos-blau

Potentiometrische Endpunktsindikation

Eine elektrochemische Methode zur Endpunktsindikation ist die Potentiometrie. Bei potentiometrischen Titrationen wird der Äquivalenzpunkt der Reaktion durch eine sprunghafte Änderung des Potentials einer in die Lösung tauchenden Elektrode von geeigneter Beschaffenheit angezeigt. Für Säure-Base-Titrationen ist eine Elektrode zu wählen, deren Potential von der Wasserstoffionenaktivität abhängt, z. B. die Wasserstoffelektrode, die Chinhydronelektrode oder die in der Praxis besonders bequem handhabbare Glaselektrode. Die Meßelektrode muß über eine Salzbrücke mit einer Bezugselektrode konstanten Potentials, wie z. B. einer Kalomel- oder einer Silber/Silberchlorid-Elektrode, kombiniert werden. Besonders gern werden Einstabmeßketten verwendet, die eine Kombination der Meßelektrode mit einer Bezugselektrode bekannten konstanten Potentials darstellen. Der Äquivalenzpunkt bei Titrationen kann auch in bestimmten Fällen durch eine sprunghafte Änderung der elektrischen Leitfähigkeit der Lösung während der konduktometrischen Titration erkannt werden.

Anwendungsbeispiele von Säure-Base-Titrationen

Aus den aufgeführten Daten über Indikatoren und ihre Umschlagsgebiete kann man leicht erkennen, daß es praktisch für jede Säure-Base-Titration einen geeigneten Indikator gibt. Geeignet ist ein Indikator immer dann, wenn in seinen Umschlagsbereich der Äquivalenzpunkt des interessierenden Säure-Base-Systems fällt. Fallen nämlich Indikator-Umschlagsbereich und Äquivalenzpunkt nicht zusammen, dann erhält man einen fehlerhaften Analysenwert, der durch den Indikatorfehler (S. 132) bedingt ist.

Titration starker Säuren oder Basen

Wenn starke Säuren mit starken Basen titriert werden oder umgekehrt, dann bilden sich Salze, die selbst keine Protolysereaktionen mit dem Lösungsmittel Wasser eingehen. Eine wäßrige Lösung, die äquivalente Stoffmengen Säure und Base enthält, reagiert deshalb neutral, und der Äquivalenzpunkt der Titration ist mit dem Neutralpunkt bei $pH = 7$ identisch. Der Titrationsverlauf läßt sich am besten in einem Diagramm darstellen, in dem auf der Ordinate der pH-Wert und auf der Abszisse eine der Konzentrationsveränderung der Reaktanden proportionale Größe aufgetragen wird. Man wählt dafür entweder als Relativgröße den Titrationsgrad τ, der definiert ist als

$$\tau = \frac{\text{Anzahl ml zugesetzte Maßlösung}}{\text{Anzahl ml Maßlösung am Äquivalenzpunkt}} \qquad (3.9)$$

oder als Absolutgröße die Anzahl ml zugesetzter Maßlösung. Eine solche graphische Auftragung heißt Titrationskurve. Ihr Verlauf läßt sich für die Titration einer starken ein- oder mehrbasigen Säure mit einer starken ein- oder mehrwertigen Base berechnen, wenn man die Äquivalentkonzentrationen von Säure und Base kennt. Aus den Äquivalentkonzentrationen berechnet man mit nachfolgend dargestellter, vereinfachter Vorgehensweise die im Titrationssystem vorliegenden Stoffmengen von Äquivalenten der Reaktionspartner. Dann ermittelt man durch Differenzbildung die Äquivalent-Stoffmenge $n(\text{eq})$ des im Überschuß vorliegenden Reaktanden, dividiert diese durch das Titrationsvolumen $V_{\text{ges.}}$ und erhält auf diesem Wege die H_3O^+-Ionenkonzentration vor dem Äquivalenzpunkt bzw. die OH^--Ionenkonzentration nach dem Äquivalenzpunkt.

Für die Titration einer starken Säure mit einer starken Base gilt dann:

1. Vor dem Äquivalenzpunkt:

$$c(\mathrm{H_3O^+}) = \frac{n(\mathrm{eq, Säure}) - n(\mathrm{eq, Base})}{V_{\mathrm{ges.}}}, \quad p\mathrm{H} = -\log c(\mathrm{H_3O^+}). \tag{3.10}$$

2. Am Äquivalenzpunkt:

$$c(\mathrm{H_3O^+}) = c(\mathrm{OH^-}) = \tfrac{1}{2} pK_\mathrm{w}. \tag{3.11}$$

3. Nach dem Äquivalenzpunkt:

$$c(\mathrm{OH^-}) = \frac{n(\mathrm{eq, Base}) - n(\mathrm{eq, Säure})}{V_{\mathrm{ges.}}}, \quad p\mathrm{H} = pK_\mathrm{w} - \log c(\mathrm{OH^-}). \tag{3.12}$$

Die erhaltenen pH-Werte werden dann gegen den Titrationsgrad τ aufgetragen und liefern eine Kurve mit sehr flachem Anfangsanstieg ab $\tau = 0$, einem sehr steilen Anstieg mit Wendepunkt um $\tau = 1$ und daran anschließender Abflachung. Die Vereinfachung bei der Berechnung der Titrationskurve liegt darin, daß die sich im pH-Bereich von pH = 5 bis pH = 9 bemerkbar machende Autoprotolysereaktion des Wassers bei der pH-Wert-Berechnung nicht berücksichtigt wird.

Bei der Titration von starken Säuren mit starken Basen und umgekehrt, wie z. B. von verdünnter Salzsäure mit 0,1 mol $\cdot$ l^{-1} Natronlauge, kann prinzipiell jeder Indikator von Methylrot bis Thymolphthalein verwendet werden.

Titration einer schwachen Säure mit einer starken Base

In einem solchen Titrationssystem müssen folgende Gleichgewichte betrachtet werden:

$$\mathrm{HS + H_2O \rightleftharpoons H_3O^+ + S^-} \quad \text{mit dem zugehörigen } pK_\mathrm{s}\text{-Wert} \tag{I}$$

und

$$\mathrm{H_3O^+ + OH^- \rightleftharpoons 2\,H_2O} \quad \text{mit dem } pK_\mathrm{w}\text{-Wert}. \tag{II}$$

Durch Basenzugabe wird in diesem System das Gleichgewicht (I) nach rechts und zu Gunsten von S$^-$ verschoben, weil die Protonen dieser Reaktion im Gleichgewicht (II) abgefangen werden. In nicht allzu verdünnten Lösungen ist der Protolysegrad einer schwachen Säure klein, d. h. $c_{\mathrm{S}^-} < c_{\mathrm{HS}}$. Durch Zugabe von Base wird die entsprechende Stoffmenge an S$^-$ gebildet, so daß also $c_{\mathrm{S}^-} \approx c_{\mathrm{OH}^-}$ mmol $\cdot$ l^{-1}. Der pH-Wert-Verlauf vor Erreichen des Äquivalenzpunktes wird dann durch die Pufferungskurve beschrieben. Wir erhalten in der Titrationskurve einen zweiten Wendepunkt, nämlich beim Punkte pH = pK_s. Der Äquivalenzpunkt liegt nicht mehr bei pH = 7. Am Äquivalenzpunkt liegt die Lösung des Salzes der schwachen Säure vor. Diese reagiert je nach pK_s-Wert und Konzentration in unterschiedlichem Maße alkalisch, da ja die Protolysereaktion der Anionbase erfolgt:

$$S^- + H_2O \rightleftharpoons HS + OH^-$$

$$\frac{c_{OH^-} \cdot c_{HS}}{c_{S^-}} = K_B. \qquad (3.13)$$

Zur Festlegung der Titrationskurve berechnet man folgende pH-Werte:

A: den pH-Wert der reinen Säurelösung, $pH = \frac{1}{2} \cdot (pK_S - \log c_0(eq))$ für $\tau = 0$, wobei c_0(eq) die Ausgangs-Äquivalentkonzentration ist,
B: $pH = pK_S$, wenn die Hälfte der zur Neutralisationsreaktion benötigten Äquivalent-Stoffmenge Base zugesetzt ist, für $\tau = 0{,}5$,
C: den pH-Wert am Äquivalenzpunkt, der berechnet wird gemäß $pOH = \frac{1}{2} \cdot (pK_B - \log c_0(eq))$, $pH = 14 - pOH$ für $\tau = 1$,
D: den pH-Wert nach Zugabe eines Baseüberschusses, gegeben durch $pOH = -\log c(OH^-) = -\log(n(eq, Base) - n(eq, Säure)/V_{ges.})$, $pH = 14 - pOH$.

Beispiel 4:
50 ml Ameisensäure der Äquivalentkonzentration $0{,}1$ mol $\cdot$ l^{-1} mit $pK_S = 3{,}7$ werden mit $0{,}2$ mol $\cdot$ l^{-1} NaOH titriert. Berechnen Sie die charakteristischen Punkte A, B, C und D der Titrationskurve.

Lösung:
A: $pH = \frac{1}{2} \cdot (3{,}7 - \log 0{,}1) = 2{,}35$ vor Basenzugabe.
B: $pH = pK_S = 3{,}7$ nach Zugabe von $12{,}5$ ml NaOH.
C: Am Äquivalenzpunkt sind 25 ml NaOH zu den 50 ml Ameisensäure zugegeben. Die Salzkonzentration beträgt $5 \cdot \frac{1}{75} = 0{,}0667$ mmol $\cdot$ ml^{-1}, $pOH = \frac{1}{2} \cdot (14 - 3{,}7 - \log 0{,}0667) = 5{,}75$; $pH = 14 - pOH = 8{,}35$.
D: Nach Zugabe von 50 ml $0{,}2$ mol $\cdot$ l^{-1} NaOH, von denen 25 ml bis zum Erreichen des Äquivalenzpunktes verbraucht wurden, ist

$$c_{OH^-} = \frac{25 \cdot 0{,}1}{50} = 0{,}05 \text{ mmol} \cdot \text{ml}^{-1}.$$

$pOH = -\log 0{,}05 = 1{,}3$
$pH = 12{,}7$.

Wenn man die berechneten Punkte in ein pH/τ-Diagramm einträgt, erhält man die Titrationskurve des betreffenden Titrationssystems. Abbildung 3.2 zeigt neben der konstruierten Titrationskurve noch weitere Titrationskurven für jeweils 50 ml schwacher einbasiger Säuren mit größeren pK_S-Werten, die mit $0{,}2$ mol $\cdot$ l^{-1} NaOH titriert werden. Man erkennt beim Kurvenvergleich recht deutlich, daß der pH-Sprung am Äquivalenzpunkt mit zunehmendem pK_S-Wert der Säure immer geringer wird. Außerdem verschiebt sich der Äquivalenzpunkt mit zunehmendem pK_S-Wert zunehmend ins Alkalische.

Die Abbildung zeigt auf, daß es durchaus Einschränkungen in der Indikatorauswahl gibt, wenn eine schwache Säure mit einer starken Base titriert werden soll oder umgekehrt. Nehmen wir z. B. eine Essigsäurelösung unbekannter Konzentration, die

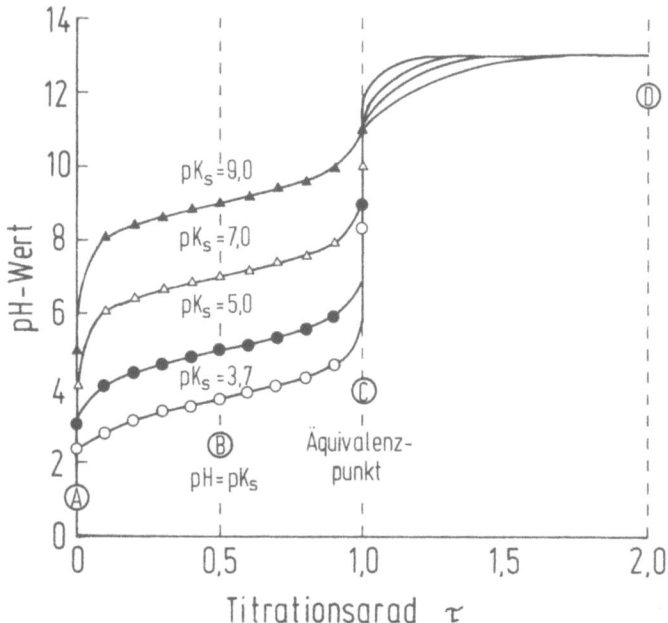

Abb. 3.2. Titrationskurven mehrerer schwacher Säuren mit den angegebenen pK_s-Werten und den Anfangskonzentrationen $c(eq) = 0{,}1$ mol $\cdot$ l^{-1}, die mit NaOH-Lösung von $c = 0{,}2$ mol $\cdot$ l^{-1} titriert werden. A, B, C und D sind die berechneten charakteristischen Punkte. Die linken Kurvenverläufe wurden mit der Näherungsformel (2.65) berechnet.

mit 0,1 mol $\cdot$ l^{-1} Natronlauge titriert werden soll. Der Äquivalenzpunkt der Titration ist etwas von der Ausgangskonzentration der Essigsäure abhängig und liegt etwa bei pH $= 8{,}8$. Der pH-Sprung ist viel flacher und erfolgt in einem viel engeren pH-Bereich als bei einer starken Säure, nämlich bei pH $= 7{,}7 - 10{,}0$. Es eignen sich für eine fehlerfreie Titration nur die Indikatoren von Thymolblau bis Phenolphthalein.

Noch problematischer wird es bei der Titration der Blausäure, einer überaus schwachen einbasigen Säure mit Äquivalenzpunkt bei pH ≈ 11 und einem sehr flachen und engen pH-Sprung zwischen 10,9 und 11,1. Für dieses Titrationsproblem gibt es überhaupt keinen Farbindikator.

Titration von mehrbasigen Säuren und Säuregemischen

Mehrbasige Säuren, deren einzelne Protolysestufen stark sind, werden wie einbasige Säuren titriert. Ein Beispiel dafür ist die zweibasige Schwefelsäure mit den Protolysegleichgewichten

$$H_2SO_4 + H_2O \rightleftharpoons HSO_4^- + H_3O^+, \quad pK_{S1} \text{ ist negativ}$$

und

$$HSO_4^- + H_2O \rightleftharpoons SO_4^{2-} + H_3O^+, \quad pK_{S2} = 1{,}92.$$

Bei schwächeren Säuren lassen sich die einzelnen Stufen nacheinander titrieren, vorausgesetzt, daß die pK_S-Werte weit genug auseinander liegen. Ein Beispiel dafür ist die dreibasige Phosphorsäure H_3PO_4. Sie kann in drei aufeinanderfolgenden Prozessen protolysieren, und die dabei gebildeten Ionen $H_2PO_4^-$ und HPO_4^{2-} sind echte Ampholyte, denn sie können sowohl als Säure wie als Base reagieren. Die Gleichgewichte können folgendermaßen formuliert werden:

$$\frac{c(H_3O^+) \cdot c(H_2PO_4^-)}{c(H_3PO_4)} = K_{S1} = 7{,}41 \cdot 10^{-3}\, mol \cdot l^{-1} = 10^{-2{,}13}\, mol \cdot l^{-1},$$

$$\frac{c(H_3O^+) \cdot c(HPO_4^{2-})}{c(H_2PO_4^-)} = K_{S2} = 6{,}31 \cdot 10^{-8}\, mol \cdot l^{-1} = 10^{-7{,}2}\, mol \cdot l^{-1},$$

$$\frac{c(H_3O^+) \cdot c(PO_4^{3-})}{c(HPO_4^{2-})} = K_{S3} = 4{,}37 \cdot 10^{-13}\, mol \cdot l^{-1} = 10^{-12{,}36}\, mol \cdot l^{-1}.$$

Berechnung der Titrationskurve:

Für das Gleichgewicht $H_3PO_4/H_2PO_4^-$ berechnet man den pH-Wert nach der Näherungsgleichung $pH = \frac{1}{2} \cdot (pK_S - \log c_0(eq))$.

A: $H_3PO_4 + H_2O \rightleftharpoons H_2PO_4^- + H_3O^+$, $c(H_3PO_4) = c(H_3O^+)$,
B: $pH = pK_{S1}$, $c(H_3PO_4) = c(H_2PO_4^{2-})$,
C: $H_2PO_4^- + H_2PO_4^- \rightleftharpoons H_3PO_4 + HPO_4^{2-}$, $c(H_3PO_4) = c(HPO_4^{2-})$,
D: $pH = pK_{S2}$, $c(H_2PO_4^-) = c(HPO_4^{2-})$,
E: $HPO_4^{2-} + HPO_4^{2-} \rightleftharpoons H_2PO_4^- + PO_4^{3-}$, $c(H_2PO_4^-) = c(PO_4^{3-})$,
F: $pH = pK_{S3}$, $c(HPO_4^{2-}) = c(PO_4^{3-})$.
G: $PO_4^{3-} + H_2O \rightleftharpoons HPO_4^{2-} + OH^-$, $c(HPO_4^{2-}) = c(OH^-)$.

Für Phosphorsäure ist (Abb. 3.3):
der 1. Äquivalenzpunkt bei pH = 4,5 (Bildung von NaH_2PO_4),
der 2. Äquivalenzpunkt bei pH = 9,7 (Bildung von Na_2HPO_4),
der 3. Äquivalenzpunkt bei pH = 12,6 (Bildung von Na_3PO_4).
Man titriert entweder bis zum ersten Äquivalenzpunkt unter Verwendung von Methylorange als Indikator oder in einer zweiten separaten Analysenprobe gleichen Volumens bis zum zweiten Äquivalenzpunkt mit Phenolphthalein als Indikator. Der dritte Äquivalenzpunkt ist der direkten titrimetrischen Bestimmung nicht zugänglich, weil es zum einen keinen geeigneten Farbindikator gibt und andererseits der pH-Sprung zu gering ausfällt. Hier muß auf die potentiometrische Methode zurückgegriffen werden.

Redoxtitrationen

Zur Ermittlung der molaren Äquivalentmasse eines Oxidations- oder Reduktionsmittels gibt es zwei Methoden, die im folgenden vorgestellt werden sollen.

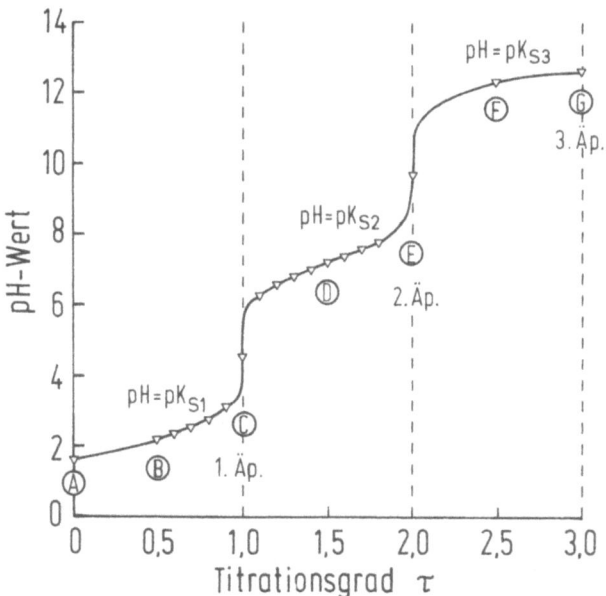

Abb. 3.3. Titrationskurve der Phosphorsäure mit den berechneten charakteristischen Punkten A bis G(c_0 = 0,1 mol · l^{-1}).

Methode I:

Die in der molaren Äquivalentmasse eines Oxidationsmittels (Reduktionsmittels) enthaltene Stoffmenge ist gerade die Stoffmenge des Reagenzes, die beim Redoxprozeß 1 mol Elektronen aufnimmt (abgibt). Deshalb kann man die molare Äquivalentmasse aus der Anzahl der aufgenommenen oder abgegebenen Elektronen pro Teilchen X des Reagens ermitteln. Bezeichnen wir die molare Masse des Oxidationsmittels (Reduktionsmittels) mit $M(X)$ und die Anzahl der pro Teilchen X aufgenommenen (abgegebenen) Elektronen auch hier mit der Äquivalentzahl z^*, so ist die molare Äquivalentmasse $M(eq) = 1/z^* \cdot M(X)$.

Die Äquivalentzahl z^* wird aus der Redox-Teilgleichung des betreffenden korrespondierenden Redoxpaars abgeleitet. Die Regeln für das Aufstellen solcher Oxidationsmittel- und Reduktionsmittel-Teilgleichungen wurden in Kapitel 1.3 vorgestellt, so daß wir hier bei der Demonstration von Beispielen fertige Teilgleichungen verwenden können.

Zinn(II)-chlorid ist ein starkes Reduktionsmittel, weil die Sn^{2+}-Ionen sich leicht nach folgender Reduktionsmittel-Teilgleichung zu Sn^{4+}-Ionen oxidieren lassen:

$Sn^{2+} \rightarrow Sn^{4+} + 2\,e^-$.

Dabei werden pro Teilchen 2 Elektronen abgegeben. Hier ist also $z^* = 2$. Die molare Äquivalentmasse von $SnCl_2$ ist $M(eq) = \frac{1}{2} M(SnCl_2) = M(\frac{1}{2} SnCl_2)$.

Wirkt die schweflige Säure als Reduktionsmittel, so ist die molare Äquivalentmasse gleich der Hälfte ihrer molaren Masse, unabhängig vom Ladungszustand:

$$SO_3^{2-} + 3\,H_2O \rightarrow SO_4^{2-} + 2\,H_3O^+ + 2\,e^-; \quad M(\text{eq}) = M(\tfrac{1}{2} SO_3^{2-}).$$

Die Oxidationsmittel-Teilgleichung für das Permanganation in saurer Lösung ist

$$MnO_4^- + 8\,H_3O^+ + 5\,e^- \rightarrow Mn^{2+} + 12\,H_2O; \quad z^* = 5,\ M(\text{eq}) = \tfrac{1}{5} M(KMnO_4).$$

Im schwach sauren, neutralen oder schwach alkalischen Milieu wird das Permanganation nur zu Mangandioxid reduziert:

$$MnO_4^- + 4\,H_3O^+ + 3\,e^- \rightarrow MnO_2 + 6\,H_2O; \quad z^* = 3,\ M(\text{eq}) = \tfrac{1}{3} M(KMnO_4).$$

Man erkennt daraus, daß das Permanganation zwei verschiedene Äquivalentzahlen besitzt und daß diese vom pH-Wert abhängen, bei dem das Permanganation als Oxidationsmittel eingesetzt wird.

Das Dichromation reagiert nach folgender Teilgleichung als Oxidationsmittel:

$$Cr_2O_7^{2-} + 14\,H_3O^+ + 6\,e^- \rightarrow 2\,Cr^{3+} + 21\,H_2O;$$

$$z^* = 6,\ M(\text{eq}) = \tfrac{1}{6} M(K_2Cr_2O_7).$$

Als Iodometrie bezeichnet man Redoxreaktionen, bei welchen I_2 (in Form des gut wasserlöslichen Komplexions I_3^-) freigesetzt oder verbraucht wird. Grundlage für die Iodometrie sind die beiden folgenden Redox-Teilgleichungen, die durch Addition die ebenfalls aufgeführte Gesamtgleichung in Ionenform ergeben:

Oxidationsmittel:	$I_2 + 2\,e^- \rightarrow 2\,I^-$	(umkehrbar)
Reduktionsmittel:	$2\,S_2O_3^{2-} \rightarrow S_4O_6^{2-} + 2\,e^-$	(nicht umkehrbar)
Ionengleichung:	$I_2 + 2\,S_2O_3^{2-} \rightarrow 2\,I^- + S_4O_6^{2-}$	

oder statt in Ionenform als Bruttoreaktionsgleichung formuliert:

$$I_2 + 2\,Na_2S_2O_3 \rightarrow 2\,NaI + Na_2S_4O_6.$$

Das Reduktionsmittel Natriumthiosulfat $Na_2S_2O_3$ wird dabei in das Natriumtetrathionat $Na_2S_4O_6$ überführt. Es gilt $M(\text{eq}) = \tfrac{1}{2} M(I_2) = M(Na_2S_2O_3)$.

Zur Ausführung der Titration wählt man zweckmäßigerweise eine neutrale oder schwach saure Lösung, weil dort die Reaktion mit sehr großer Reaktionsgeschwindigkeit abläuft. In stark saurer Lösung zerfallen die Thiosulfationen langsam in Sulfitionen und elementaren Schwefel gemäß $S_2O_3^{2-} \rightarrow SO_3^{2-} + S$. In alkalischer Lösung (pH > 9) wird I_2 allmählich in Hypoiodit- IO^- und Iodationen IO_3^- gemäß folgenden Disproportionierungsreaktionen umgewandelt:

$$I_2 + 2\,OH^- \rightarrow I^- + IO^- + H_2O,$$
$$3\,IO^- \rightarrow 2\,I^- + IO_3^-.$$

Thiosulfatlösung kann auch bei der iodometrischen Titration anderer Oxidationsmittel als Maßlösung eingesetzt werden. Bei diesen Verfahren der Rücktitration setzt man den Oxidationsmittellösungen unbekannter Konzentrationen jeweils einen Überschuß von Kaliumiodidlösung bekannter Konzentration zu. Dabei wird eine der Oxidationsmittelprobe äquivalente Portion I_2 freigesetzt und mit der Thiosulfatlösung zurücktitriert.

Methode II:

Die molare Äquivalentmasse kann auch aus der mit dem Redoxprozeß verbundenen Änderung der Oxidationszahl des Oxidationsmittels oder Reduktionsmittels abgeleitet werden, wie aus folgenden Beispielen hervorgeht:
Bei der Titration mit Kaliumpermanganat in stark saurer Lösung
wird das Permanganation $\overset{+VII}{Mn}O_4^-$ in das $\overset{+II}{Mn}{}^{2+}$-Ion umgewandelt.
Die Änderung der Oxidationszahl von Mangan beträgt 5 Einheiten.

$M(\text{eq}) = \frac{1}{5} M(KMnO_4)$.

Ein Dichromation $\overset{+VI}{Cr_2}O_7^{2-}$ wird zu zwei $\overset{+III}{Cr}{}^{3+}$-Ionen reduziert. Die Änderung der Oxidationszahl beträgt $2 \cdot 3 = 6$ Einheiten,

$M(\text{eq}) = \frac{1}{6} M(K_2Cr_2O_7)$.

Bei der Oxidation von Arsentrioxid zu Arsensäure

$$\overset{+III}{As_2}O_3 + 5 H_2O \to \overset{+V}{H_3AsO_4} + 4 H^+ + 4 e^-$$

nimmt die Oxidationszahl bei 2 As-Atomen um $2 \cdot 2 = 4$ Einheiten zu,

$M(\text{eq}) = \frac{1}{4} M(As_2O_3)$.

Beispiel 5:
Berechnen Sie die Stoffmengen der Redoxäquivalente von
a) 4 g kristallwasserhaltiger Oxalsäure $C_2H_2O_4 \cdot 2 H_2O$,
b) 4,904 g Kaliumdichromat.

Lösung:
a) Das Oxalation der Oxalsäure wirkt bei Redoxreaktionen als Reduktionsmittel, z.B. bei der Manganometrie:

$C_2O_4^{2-} \to 2 CO_2 + 2 e^-, z^* = 2$.

$$n(\text{eq}) = n(\tfrac{1}{2} C_2H_2O_4 \cdot 2 H_2O) = \frac{m(C_2H_2O_4 \cdot 2 H_2O)}{M(\tfrac{1}{2} C_2H_2O_4 \cdot 2 H_2O)}$$

$$= \frac{4{,}00 \text{ g}}{63{,}0 \text{ g} \cdot \text{mol}^{-1}} = 0{,}0635 \text{ mol } \tfrac{1}{2} C_2H_2O_4 \cdot 2 H_2O.$$

b) Das Dichromation $Cr_2O_7^{2-}$ ist Oxidationsmittel bei Redoxreaktionen:

$$Cr_2O_7^{2-} + 14\,H_3O^+ + 6\,e^- \rightarrow 2\,Cr^{3+} + 21\,H_2O, \; z^* = 6.$$

$$n(eq) = n(\tfrac{1}{6}K_2Cr_2O_7) = \frac{m(K_2Cr_2O_7)}{M(\tfrac{1}{6}K_2Cr_2O_7)} = \frac{4{,}904\,g}{49{,}0\,g\cdot mol^{-1}} = 0{,}100\,mol\,\tfrac{1}{6}K_2Cr_2O_7.$$

Ist das Volumen der Stoffportion eines gasförmigen Stoffes bei bekannter Temperatur und bekanntem Druck gegeben, dann berechnet man die Stoffmenge von Äquivalenten über das molare Volumen eines Äquivalentes im Normzustand.

Beispiel 6:
Berechnen Sie die Stoffmenge von Äquivalenten von 32 ml Schwefelwasserstoffgas im Normzustand.

Lösung:
Das S^{2-}-Ion der schwachen zweibasigen Säure H_2S kann als Reduktionsmittel angesehen werden, das pro Teilchen 2 Elektronen überträgt. Es gilt $z^* = 2$.

$$n(eq) = n(\tfrac{1}{2}H_2S) = \frac{V_n(H_2S)}{V_{m,n}(\tfrac{1}{2}H_2S)} = \frac{32{,}0\,ml}{11\,207\,ml\cdot mol^{-1}} = 0{,}00286\,mol\,\tfrac{1}{2}H_2S.$$

Redoxindikatoren

Die Anzahl der zur Verfügung stehenden Redoxindikatoren ist erheblich geringer als die Anzahl verfügbarer Säure-Base-Indikatoren. Redoxindikatoren sind organische Farbstoffe, die aus der reduzierten Form unter Elektronenabgabe in die oxidierte Form übergehen und dabei einen Farbumschlag aufweisen. Fast alle analytisch eingesetzten Redoxindikatoren sind einfarbig, d. h. ihre reduzierte Form ist farblos. Der Farbumschlag ist durch ein Umschlagspotential E_u in Volt gekennzeichnet (Tabelle 3.2):

Tabelle 3.2. Beispiele von Redoxindikatoren mit Umschlagspotentialen und den am Umschlagspunkt wechselnden Farbtönen

Indikator	Umschlagspotential	Farbe
		$In_{Red} \rightleftharpoons In_{Ox} + e^-$
Safranin T	− 0,29 V	farblos rot
Thymol-Indophenol	+ 0,18 V	farblos blau
Diphenylaminsulfonsäure	+ 0.13 V	farblos violett

Eine besondere Farbreaktion macht man sich bei der Titration von Eisen(II)-salzlösungen mit Cer(IV)-sulfatlösungen zunutze. Als Farbindikator wird dabei Orthophenanthrolin (abgekürzt Ophen) zugesetzt.

Orthophenanthrolin hat folgende Strukturformel:

Der Redoxindikator bildet sich erst durch chemische Reaktion des Orthophenanthrolins mit dem Redoxpaar Fe^{2+}/Fe^{3+} nach folgender Gleichung:

$[Fe(Ophen)_3]^{2+} \rightleftharpoons [Fe(Ophen)_3]^{3+} + e^-$.
schwach blau   tief rot

Das Umschlagspotential des Indikators liegt bei $\sim 1{,}14$ V, das Redoxpotential der Reaktion $Fe^{2+} + Ce^{4+} \rightleftharpoons Ce^{3+} + Fe^{3+}$ am Äquivalenzpunkt bei 1,11 V.
Der Endpunkt der Reaktion zwischen Iod und Thiosulfat kann schon an dem Verschwinden der braunen Farbe der I_3^--Ionen erkannt werden. Wesentlich schärfer läßt er sich durch die intensive Blaufärbung mit Stärkelösung beobachten, die man bei iodometrischen Titrationen als Indikator einsetzt. Stärkelösung ist ein sehr spezifisches Reagenz auf freies Iod. In Wasser gelöste Stärkemoleküle bilden bereits bei geringer Iodkonzentration (ca. 10^{-6} mol $\cdot$ l^{-1}) eine intensiv blaue Iod-Einlagerungsverbindung (vergl. Aufgabe 3.1-26), deren Farbintensität um ein Vielfaches höher ist als die Intensität der braunen Farbe der I_3^--Ionen.

Endpunktsindikation bei der Bromatometrie

Die Verfahrensvariante der Titration mit Bromationen BrO_3^- wird zur Bestimmung der Äquivalentkonzentrationen von $\overset{+II}{Sn}$, $\overset{+III}{Sb}$, $\overset{+III}{As}$ und $\overset{+III}{Bi}$ herangezogen. Die Reaktionsgleichung in Ionenform für die Reaktion der Bromationen mit AsO_3^{3-}-Ionen läßt sich aus den Teilgleichungen des Reduktions- und Oxidationsmittels folgendermaßen herleiten:

$3\ AsO_3^{3-} + 9\ H_2O \quad\quad \rightarrow 3\ AsO_4^{3-} + 6\ H_3O^+ + 6\ e^-$ I
$BrO_3^- + 6\ H_3O^+ + 6\ e^- \rightarrow Br^- + 9\ H_2O$ II
___
$3\ AsO_3^{3-} + BrO_3^- \quad\quad\quad \rightarrow 3\ AsO_4^{3-} + Br^-$ III

Zur Endpunktsbestimmung setzt man die Symproportionierungsreaktion überschüssiger Bromationen mit den in der Lösung nach Erreichen des Äquivalenzpunktes vorhandenen Bromidionen gemäß

$BrO_3^- + 5\ Br^- + 6\ H_3O^+ \rightarrow 3\ Br_2 + 9\ H_2O$ IV

ein, wobei man der Analysenlösung ein paar Tropfen Methylorange zusetzt. Dieser Indikator wird durch das freie Brom bromiert und in eine farblose Verbindung überführt.

Fällungstitrationen

Der Verlauf der Titrationskurve bei einer einfachen Fällungstitration läßt sich berechnen, wenn man die Konzentrationen des Titranden und des Titrators kennt.

Beispiel:

Titration von Cl^-- mit Ag^+-Ionen (Abb. 3.4). Man kann die Titrationskurve anhand von fünf charakteristischen Punkten konstruieren:

A. Vor Beginn der Zugabe von Maßlösung ist $c(Cl^-) = c_0$, der Ausgangskonzentration bei $\tau = 0$.
B. Im Anfangsbereich der Titrationskurve bis $\tau \approx 0{,}7$ werden die zugegebenen Ag^+-Ionen praktisch vollständig ausgefällt, denn die Cl^--Ionen liegen im Überschuß vor, und das Fällungsgleichgewicht wird vom Löslichkeitsprodukt K_L bestimmt. Für $\tau = 0{,}5$ gilt deshalb z. B.:

$$c(Cl^-) = \frac{n_0(Cl^-) - n(Ag^+)}{V_{ges.}} = \frac{n_0(Cl^-)}{2\, V_{ges.}}$$

mit $n_0(Cl^-)$ = Ausgangsstoffmenge Chloridionen in der Analysenlösung,
$n(Ag^+)$ = Stoffmenge der insgesamt zugegebenen Silberionen und
$V_{ges.}$ = Titrationsvolumen.

C. Am Äquivalenzpunkt gilt $c(Cl^-) = c(Ag^+) = \frac{1}{2}\, pK_L$.
D, E. Für $\tau = 1{,}5$ und 2 berechnet man $c(Cl^-)$ nach folgender Gleichung:

$$c(Ag^+) = \frac{n(Ag^+) - n_0(Cl^-)}{V_{ges.}}, \quad c(Cl^-) = \frac{K_L}{c(Ag^+)}.$$

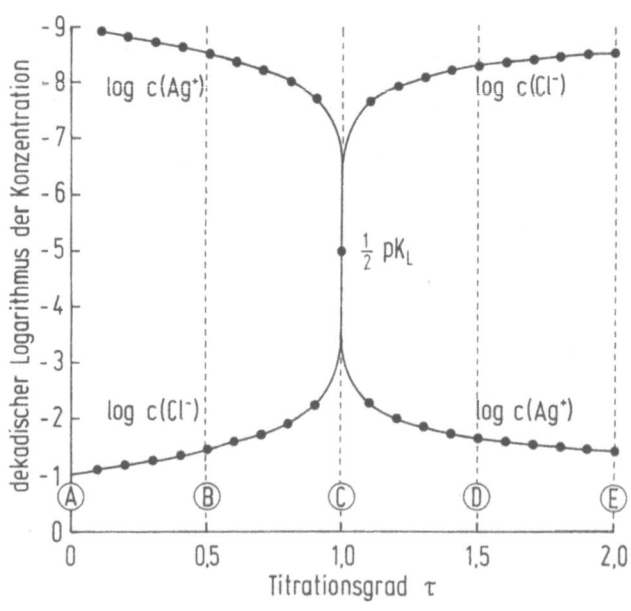

Abb. 3.4. Fällungstitrationskurve einer Chloridionenlösung der Konzentration $c = 0{,}1$ mol $\cdot$ l^{-1} mit einer Silberionenlösung der gleichen Konzentration und den berechneten Punkten A bis E

Bei der graphischen Auftragung resultiert eine Fällungstitrationskurve mit steilem Verlauf im Bereich des Äquivalenzpunktes und Wendepunkt am Äquivalenzpunkt. Konzentrationsberechnungen der in Lösung befindlichen Ionen in der Nähe des Äquivalenzpunktes erfordern die Berücksichtigung der Eigendissoziation von AgCl. Es gibt vier verschiedene Arten der Endpunktsindikation bei Fällungstitrationen, die im folgenden beschrieben werden sollen:

1. Titration ohne Indikator

Bei der Fällung von Silberhalogeniden mit einem Fällungsreagenz beobachtet man vor dem Erreichen des Äquivalenzpunktes zunächst eine Kolloidbildung, d. h. die abgeschiedenen Mikrokristalle bleiben in der Schwebe, es bildet sich kein makroskopisch sichtbarer Niederschlag. Erst am Äquivalenzpunkt erfolgt die Abscheidung des Niederschlags in Form von großen Koagulatstrukturen. Zurückzuführen ist die Kolloidbildung auf eine elektrostatische Aufladung der gebildeten Mikrokristalle durch Ladungsträger gleichen Ladungsvorzeichens. Die Silberhalogenidkristalle adsorbieren vor dem Äquivalenzpunkt die in der Lösung im Überschuß vorliegenden Silberionen, die auch Bestandteile ihres Gitters sind, und laden sich positiv auf. Die mikrokristallinen Kolloidteilchen stoßen sich dann gegenseitig ab und können in der Schwebe bleiben. Am Äquivalenzpunkt wird die Aufladung aufgehoben, sodaß sich die Mikrokristalle zu einem hochvoluminösen, käsigen Niederschlag zusammenlagern können, der im Fällungsgefäß dann rasch absedimentiert.

Bei der Silberbestimmung nach Gay-Lussac dient der Eintritt der Koagulationsreaktion zur Endpunktsbestimmung. Die Titration der Silberionenlösung unbekannten Gehaltes mit einer Chloridionen-Maßlösung erfolgt dabei unter ständigem Umschütteln des Titrationsgemisches. Es ist eine in Silbererzlaboratorien wegen ihrer hohen Genauigkeit (Fehler $\pm$ 0,01% Massenanteile Ag) geschätzte Methode.

In vielen anderen Fällen ist der Koagulationseffekt zur Endpunktsindikation zu ungenau. Recht gut zu erkennen ist jedoch der Endpunkt bei der Fällung aus einem löslichen Komplex.

Ein bekanntes Beispiel dafür ist die Cyanidbestimmung nach Liebig. Ihr liegt folgende Reaktionsgleichung zugrunde:

$$2\,CN^- + Ag^+ \rightarrow [Ag(CN)_2]^- \xrightarrow{+Ag^+} 2\,[AgCN]_s$$
$$ \text{gelöst} \text{fest}$$

Man kann zwei Teilreaktionen unterscheiden, die Komplexbildungsreaktion

$$Ag^+ + 2\,CN^- \rightarrow [Ag(CN)_2]^- \text{ mit } K_B = 10^{21}\,mol^{-2} \cdot l^2$$

und die Fällungsreaktion

$$Ag^+ + Ag(CN)_2^- \rightarrow 2\,[AgCN]_s \text{ mit } K_L = 2{,}5 \cdot 10^{11}\,mol^2 \cdot l^{-2}.$$

Aus den Zahlenwerten der beiden Gleichgewichtskonstanten, der Komplexbildungskonstante K_B und dem Löslichkeitsprodukt K_L, erkennt man, daß die Komplexbildung begünstigt ist, solange das Stoffmengenverhältnis $n(CN^-)/n(Ag^+) \geq 2$ ist. Nach Unterschreiten dieses Verhältnisses beginnt [AgCN] auszufallen. Bei dieser Titrationsmethode wird so lange Fällungsreagenz zugesetzt, bis der erste Anflug einer Trübung der Analysenlösung gerade sichtbar wird. Der Trübungspunkt entspricht dem Ladungsnullpunkt der Kolloidoberfläche. Dort ist das Verhältnis der Stoffmengen von Äquivalenten gleich 1.

2. Endpunktsindikation durch Bildung eines farbigen Niederschlages

Ein bekanntes Beispiel hierfür ist die Chloridbestimmung nach Mohr. Sie kann durch folgende drei Reaktionsgleichungen beschrieben werden:

$Cl^- + Ag^+ \rightleftharpoons [AgCl]_s$, $K_L = 10^{-10}$ mol$^2 \cdot l^{-2}$ I
$Cr_2O_7^{2-} + 3 H_2O \rightleftharpoons 2 CrO_4^{2-} + 2 H_3O^+$ II
$CrO_4^{2-} + 2 Ag^+ \rightleftharpoons [Ag_2CrO_4]_s$, $K_L = 4 \cdot 10^{-12}$ mol$^3 \cdot l^{-3}$ III

Man titriert die Chloridionen enthaltende Lösung, die Chromationen als Indikator enthält, mit Silbernitratlösung. Nach Durchschreiten des Äquivalenzpunktes steigt die Silberionenkonzentration an, und es fällt rotbraunes Silberchromat aus. Die zur genauen Endpunktsindikation erforderliche Chromationenkonzentration läßt sich folgendermaßen errechnen:

$pAg = pCl = 5$; $pc_0 = pK_L(Ag_2CrO_4) - 2 pAg = 1{,}4$; $c_0 = 4 \cdot 10^{-2}$ mol $\cdot l^{-1}$.

3. Endpunktsindikation durch Bildung einer gefärbten löslichen Verbindung

Das bekannteste Beispiel hierfür ist die Silberbestimmung nach Volhard-Wolff, die durch folgende Reaktionsgleichungen beschrieben werden kann:

$Ag^+ + SCN^- \rightleftharpoons [AgSCN]_s$ I
farblos, schwerlöslich
$Fe^{3+} + 3 SCN^- \rightleftharpoons Fe(SCN)_3$ II
tiefrot, löslich

Man titriert die mit dem Indikator $NH_4Fe(SO_4)_2$ versetzte Silberionenlösung mit einer Chloridionenlösung bekannten Gehaltes. Unmittelbar nach Überschreiten des Äquivalenzpunktes wird der farbige Indikatorkomplex gebildet.
Ebenfalls möglich ist die direkte Halogenidtitration nach Volhard. Man fällt dabei alles Chlorid mit überschüssiger Silbernitratlösung, filtriert den Silberhalogenidniederschlag ab und titriert mit einer Rhodanidlösung zurück.

4. Endpunktsindikation durch Anfärben des Fällungsprodukts

Bekannt ist die Adsorptionsindikatormethode nach Fajans. Schwerlösliche kolloidale Stoffe adsorbieren bevorzugt überschüssige Ionen aus der Lösung, und zwar vor dem Äquivalenzpunkt die Ionen des Titranden, nach Durchschreiten des Äquivalenzpunktes die Ionen des Titrators. Am Äquivalenzpunkt erfolgt bei der Titration von Chlorid-, Bromid-, Iodid- oder Rhodanidionen mit Silberionen eine elektrostatische Umladung der Oberfläche des Niederschlages vom negativen zum positiven Ladungsvorzeichen. Die Anionen eines organischen Farbindikators werden wegen der Coulomb-Wechselwirkungen vor dem Äquivalenzpunkt von der Niederschlagsoberfläche abgestoßen, nach Durchschreiten des Äquivalenzpunktes jedoch angezogen und an der Oberfläche adsorbiert. Dieser Adsorptionseffekt verleiht dem Niederschlag eine charakteristische Färbung. Zusätzlich erfahren Fluoreszenzfarbstoffe durch die Adsorption eine Veränderung ihrer Fluoreszenzeigenschaften durch Wechselwirkungen ihrer Elektronenhüllen mit der Oberfläche. Als Adsorptionsindikatoren werden deshalb die Fluoreszenzfarbstoffe Eosin für Br^--, I^-- und SCN^--Ionen sowie Fluorescein für Cl^--Ionen eingesetzt.

Komplexometrie

Bei komplexometrischen Titrationen werden die unbekannten Konzentrationen von Metallkationen in wäßrigen Lösungen durch kontrollierte Zugabe von Komplexbildnern quantitativ bestimmt. Als Komplexbildner kommen sog. Chelatliganden zum Einsatz, die pro Ligandenteilchen mehrere Koordinationsstellen des interessierenden Metallkations gleichzeitig besetzen können. Ein Chelatligand ist ein organisches Ion oder Molekül, über dessen Molekülstruktur in bestimmten Abständen mehrere elektronegative Atome mit freien Elektronenpaaren verteilt sind. Diese elektronegativen Atome können mit den Elektronenpaaren in Richtung zur ungesättigten Koordinationssphäre des Zentralions sog. koordinative Bindungen ausbilden und die Koordinationssphäre des Zentralions absättigen, wenn sie dazu begünstigte Positionen in der Umgebung des Zentralions einnehmen können. Diese günstigen Positionen sind nach Anzahl und Abstand durch das Koordinationspolyeder des Zentralions (besonders häufig ist dies ein Oktaeder mit sechs zu besetzenden Eckpositionen) festgelegt. Die Chelatliganden umschlingen die Zentralionen bei der Ausbildung solcher Bindungen scherenartig, woher auch der Name der Chelatkomplexe herrührt (chele = griech. Schere). Komplexliganden werden nach der Anzahl von Atomen pro Molekül, die eine koordinative Bindung ausbilden können, als ein- oder mehrzähnig bezeichnet. Chelatliganden haben immer eine höhere Zähnigkeit. Am häufigsten sind sechszähnige Liganden. Bei der Ausbildung der Chelatbindungen werden Wassermoleküle aus den Hydrathüllen der Zentralionen verdrängt, deren Sauerstoffatome mit ihren freien Elektronenpaaren dort die Koordinationsplätze vorher einnahmen. Diese Verdrängung ist möglich, weil beispielsweise ein sechszähniger Chelatligand bei geeigneter Molekülstruktur die vorher von sechs Wassermolekülen eingenommenen Koordinationsplätze gleichzeitig besetzt, dadurch einen geringeren Ordnungszustand des Titrationssystems herbeiführt, woraus nach dem 2. Hauptsatz der chemischen Thermodynamik ein Entropiegewinn resultiert. Auf diesem Entropiegewinn als wichtigstem Beitrag zur Abnahme der freien Enthalpie des Gesamtsystems bei der Bildung von Chelatkomplexen beruht ganz wesentlich deren große Stabilität und die Triebkraft ihrer Ausbildung. Daneben ist die Ausbildung von Fünf- oder Sechsringen mit geringer Ringspannung von Bedeutung. Abbildung 3.5 zeigt als Beispiel einen Chelatkomplex des Ions Ni^{2+} mit einem sechszähnigen, Aminogruppen und Carboxylgruppen enthaltenden Chelatliganden.

Die heute in der Komplexometrie fast ausschließlich eingesetzten Chelatliganden, die mit den verschiedensten Metallkationen stabile Komplexe ausbilden, tragen neben ihren chemischen Bezeichnungen auch geschützte Handelsnamen wie Titriplex®, Komplexon® oder Idranal®.

Titriplex I = Nitrilotriessigsäure

$$HOOC-CH_2-N\begin{smallmatrix}CH_2-COOH\\CH_2-COOH\end{smallmatrix}$$

Titriplex II = Ethylendinitrilotetraessigsäure EDTA

$$\begin{smallmatrix}HOOC-CH_2\\HOOC-CH_2\end{smallmatrix}N-CH_2-CH_2-N\begin{smallmatrix}CH_2-COOH\\CH_2-COOH\end{smallmatrix}$$

Titriplex III = Dinatriumsalz von EDTA
Titriplex IV = Cyclohexylen(1,2)-dinitrilotetraessigsäure

Titriplex V = Diethylentriaminpentaessigsäure

$$\begin{smallmatrix}HOOC-CH_2\\HOOC-CH_2\end{smallmatrix}N-CH_2-CH_2-N-CH_2-CH_2-N\begin{smallmatrix}CH_2-COOH\\CH_2-COOH\end{smallmatrix}$$
$$|$$
$$CH_2-COOH$$

Titriplex VI = Bis(aminoethyl)-glycolether-N,N,N,N,-tetraessigsäure

$$\begin{smallmatrix}HOOC-CH_2\\HOOC-CH_2\end{smallmatrix}N-CH_2-CH_2-O-CH_2-CH_2-O-CH_2-CH_2-N\begin{smallmatrix}CH_2-COOH\\CH_2-COOH\end{smallmatrix}$$

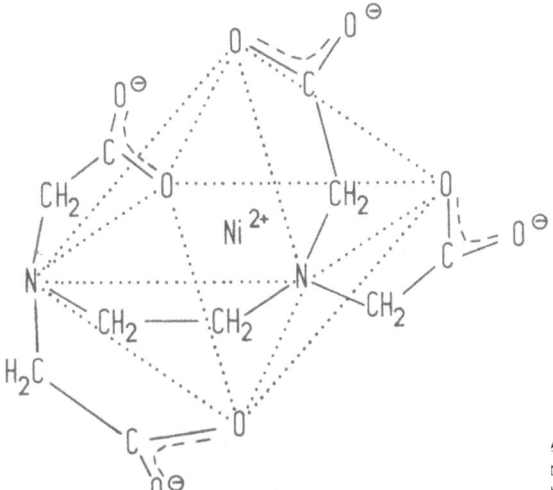

Abb. 3.5. Chelatkomplex eines Ni^{2+}-Ions mit einem sechszähnigen Liganden in oktaedrischer Anordnung

Die Wirkungsweise der Chelatbildner soll am Beispiel des EDTA etwas näher erläutert werden. EDTA ist eine vierbasige Säure mit den folgenden pK_s-Werten:
$pK_{S1} = 2,07$, $pK_{S2} = 2,75$, $pK_{S3} = 6,24$, $pK_{S4} = 10,34$.
EDTA bildet mit verschiedenen zweiwertigen Kationen stabile Chelatkomplexe bei pH-Werten um pH = 10. Dort liegt der Chelatbildner noch nicht in vollständig protolysierter Form vor. Gemäß folgender Reaktionsgleichung

$$H_2Y^{2-} + Zn^{2+} \rightarrow (ZnY)^{2-} + 2\,H^+$$

werden bei der Chelatbildung H$^+$-Ionen freigesetzt, sodaß die Analysenlösung während der komplexometrischen Titration immer saurer wird. Diesen Abfall des pH-Wertes muß man durch Pufferung der Lösung vermeiden, um einen scharfen Farbumschlag des Metallindikators zu gewährleisten. Als Metallindikatoren werden organische Farbstoffe wie Eriochromschwarz T oder Murexid eingesetzt.

Der Indikator wird der die Metallkationen enthaltenden Analysenlösung vor Beginn der Metalltitration in geringer Konzentration zugesetzt. Er bildet mit den Metallionen einen sehr instabilen Metall-Indikator-Komplex. Dieser hat eine andere Farbe als der freie Indikator. Die Indikatorwirkung beruht auf dem Farbumschlag, den der Indikator erfährt, wenn er vom Chelatbildner EDTA kurz vor Erreichen des Äquivalenzpunktes der Titration aus dem Metall-Indikator-Komplex verdrängt wird.

Die vier Haupttitrationsverfahren der Komplexometrie:

Die von Schwarzenbach 1945 in die Analytik eingeführte Komplexometrie hat sich besonders wegen ihrer vielseitigen Verwendbarkeit schnell verbreitet. Die vier wichtigsten komplexometrischen Titrationsverfahren sollen im folgenden kurz dargestellt werden:

1. Direkte Titration

Die wäßrige Metallionenlösung wird vorgelegt und in Gegenwart eines Metallindikators direkt mit einer Titriplex III-Normallösung bis zum Farbumschlag des Indikators titriert. EDTA bildet mit einwertigen Metallkationen keine stabilen Chelatkomplexe. Die Chelatbildung mit zweiwertigen Kationen erfolgt rasch und quantitativ im stöchiometrischen Stoffmengenverhältnis 1, wenn die Titration im pH-Bereich 8 − 10 ausgeführt wird. Es muß für jedes Kation der optimale pH-Wert eingestellt und durch Pufferung stabilisiert werden. Außerdem ist die Auswahl des richtigen Metallindikators wichtig.

Beispiele:

Mg^{2+}- und Zn^{2+}-Ionen werden bei pH = 10 titriert (Indikatorpuffertablette), Pb^{2+}-Ionen ebenfalls bei pH = 10, aber in Gegenwart von Kalium-natriumtartrat, Ammoniak und Erio T. Die Titration von Mn^{2+}-Ionen wird am besten bei 70 − 80 °C mit Indikatorpuffertablette ausgeführt. Ein Zusatz von Ascorbinsäure soll die Oxidation der Mn^{2+}-Ionen durch den Luftsauerstoff verhindern. Für die Titration von Ca^{2+}-Ionen mit Calconcarbonsäure bei pH = 12 ist die Gegenwart von Mg^{2+}-Ionen notwendig. Die Titration von Ni^{2+}-Ionen (pH = 11) und Cu^{2+}-Ionen (pH = 8) wird mit Murexid als Indikator ausgeführt.
Mit dreiwertigen Metallkationen bildet EDTA stabile Chelatkomplexe im sauren pH-Bereich. Ein Beispiel ist die Fe^{3+}-Bestimmung mit 5-Sulfosalicylsäure als Indikator bei pH = 2,5.

2. Verdrängungstitration (Substitutionstitration)

Wenn man Kationen titrieren will, die stärkere Chelatkomplexe bilden als Mg^{2+} oder Zn^{2+} und für sie kein geeigneter Indikator zur Verfügung steht, dann gibt man zu ihren Lösungen Mg-Titriplex oder Zn-Titriplex. Die aus ihren Komplexen verdrängten Mg^{2+}- oder Zn^{2+}-Ionen werden dann mit Titriplex III titriert. Verwenden kann man diese Titrationstechnik auch, wenn das zu bestimmende Kation beim einzuhaltenden pH-Wert einen schwerlöslichen Niederschlag bildet.
Beispiele sind Bestimmungen der Kationen der Elemente Pb, Mn, Ca, Sr und Ba mit EDTA und Erio T als Indikator.

3. Rücktitration (indirekte Titration)

Man gibt zu Kationenlösungen, die sehr stabile Chelatkomplexe bilden, einen Überschuß von Titriplex III-Lösung und titriert danach das freie Titriplex III mit $MgSO_4$- oder $ZnSO_4$-Normallösung zurück. Auch diese Technik verwendet man, wenn für das zu bestimmende Kation kein geeigneter Indikator vorhanden ist oder wenn das Kation einen Niederschlag bildet. Beispiele sind die Bestimmungen der Elemente Al und Hg. Bei der Al-Bestimmung erfolgt die Rücktitration bei pH = 4 − 6 gegen Dithizon oder bei pH = 5 − 6 gegen Xylenolorange. Bei der

Hg-Bestimmung wird mit ZnSO$_4$-Normallösung gegen Erio T (Indikatorpuffertablette) titriert.

4. Indirekte Titration

Diese Technik wird eingesetzt, um die Konzentrationen von Anionen zu bestimmen. Man fällt beispielsweise Sulfationen mit einem Überschuß von Bariumionenlösung bekannten Gehaltes, filtriert den Bariumsulfatniederschlag ab und titriert im Filtrat den Überschuß von Bariumionen zurück. Eine andere Verfahrensvariante ist die vollständige Ausfällung der zu bestimmenden Anionen durch Zusatz von Fällungsmittel, Abfiltrieren des Niederschlags, Auflösen und Titration der im Niederschlag enthaltenen Kationen mit EDTA. Beispiele sind die Bestimmungen von Fluorid durch Fällung als CaF$_2$ und Titration der Ca^{2+}-Ionen nach Auflösung des Niederschlags oder Bestimmungen von Molybdationen MoO$_4^{2-}$ nach Fällung als PbMoO$_4$ sowie Phosphationen nach Fällung als MgNH$_4$PO$_4$.

Anwendung von Ionenaustauschern in der Analytik

Ionenaustauscher werden in der analytischen Chemie eingesetzt, um störende Kationen oder Anionen aus einer Analysenprobe auf elegante Weise abzutrennen, ohne daß Fremdsubstanzen in die Analysenprobe eingeschleppt werden. Ein Beispiel dafür ist die Abtrennung von Phosphationen aus einer Analysenprobe, wenn diese dort die Durchführung des Kationentrennungsganges stören würden. Die voneinander getrennten Ionen können danach separat analytisch bestimmt werden.

Ein Ionenaustauschexperiment kann folgendermaßen durchgeführt werden: In die Austauschersäule, ein senkrecht an einem Stativ aufgehängtes Glasrohr mit unterer Verengung und Hahn, füllt man eine Aufschlämmung des festen Ionenaustauschers in Wasser. Dann wird die Analysensubstanz in den oberen Bereich der Säule portionsweise eingefüllt und durch Zugabe einer geeigneten Elutionslösung durch die Säule gespült. Am unteren Säulenende tritt die Lösung als Eluat aus. Sie enthält nur noch eine der Ausgangskomponenten, während die andere Komponente an der Oberfläche des Ionenaustauschers festgehalten worden ist.

Ionenaustauscher bestehen aus hochpolymeren Netzwerken, die meistens aus organischem, ab und an auch aus anorganischem Material gebildet werden und zum Teil vom Lösungsmittel Wasser durchspült werden können. An ihren Oberflächen tragen diese Netzwerke eingebaute Kationen oder Anionen als Ankergruppen. In der angrenzenden wäßrigen Lösung befinden sich Gegenionen mit entgegengesetztem Ladungsvorzeichen, die die Ladungen der Ankergruppen kompensieren. Die Gegenionen stehen in relativ schwacher elektrostatischer Wechselwirkung mit den Ankergruppen und werden deshalb in deren Nähe festgehalten. Die Wirkungsweise der Austauscherharze besteht nun darin, daß die Gegenionen im elektrostatischen Anziehungsfeld der geladenen Ankergruppen gegen Ionen der wäßrigen Lösung austauschbar sind, wenn letztere im aktiven Zustand des Austauschers an den Ankergruppen stärker festgehalten werden.

Der Austauschvorgang läßt sich an folgendem Zellenmodell (Abb. 3.6) demonstrieren:

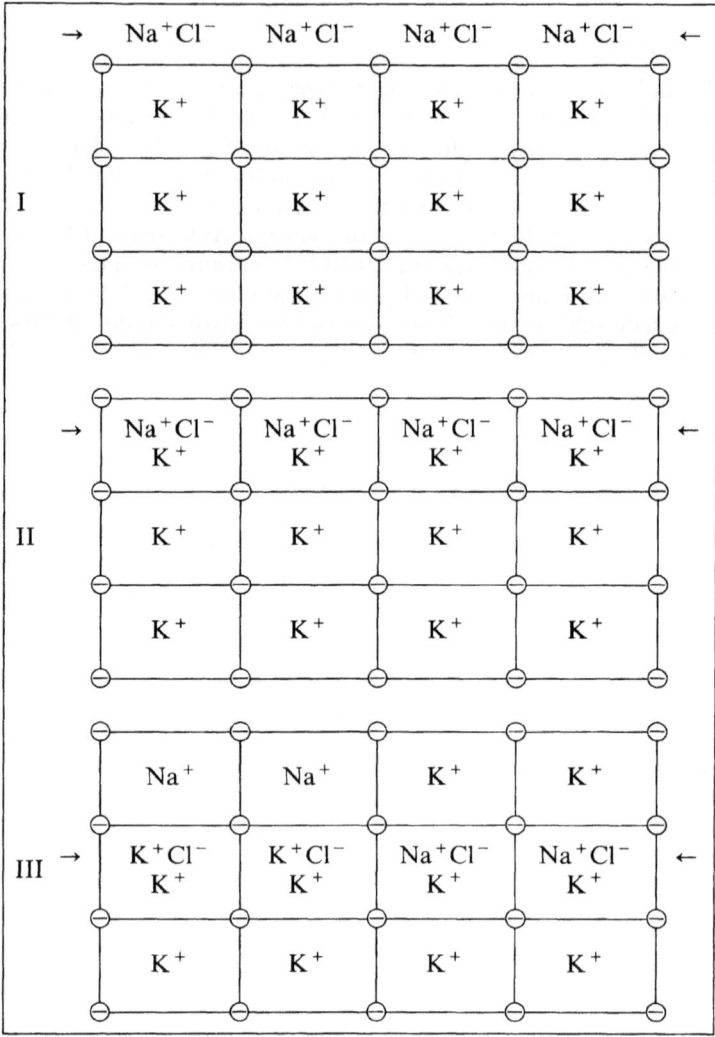

Abb. 3.6. Zellenmodell zur Veranschaulichung des Kationenaustausches in einem Ionenaustauscherharz. Die Abbildungsteile I, II und III zeigen drei Austausch-Gleichgewichtszustände mit der durch waagerechte Pfeile gekennzeichneten Position der Lösungsfront

Ist das Austauscherharz z. B. ein Polyanion mit K^+-Ionen als Gegenionen, und Ionenaggregate Na^+Cl^- dringen in die oberste Schicht seiner Zellen ein, dann kann ein Austausch der K^+-Ionen gegen Na^+-Ionen erfolgen. Angenommen, die Durchlaufwahrscheinlichkeit w pro durchlaufener Zelle betrage 50%, dann ist die Bindung von K^+- und Na^+-Ionen an die Gegenionen gleich stark. Bei bekannter Anzahl n der durchwanderten Zellenanordnungen beträgt die Wahrscheinlichkeit, daß am Ende der Säule Na^+-Ionen austreten, $w^n = (\frac{1}{2})^n$, d. h. es ist nur eine äußerst geringe Konzentration von Na^+-Ionen am Säulenausgang zu erwarten. Ist $w = 1$, dann ist $w^n = 1$, d. h. ein Austausch ist nicht möglich, weil die K^+-Ionen bevorzugt an den Ankergruppen festgehalten werden.

w muß also kleiner als 1 sein, damit ein quantitativer Austausch erfolgen kann, aber bereits $w = 0{,}95$ würde bei genügend langer Säule für einen solchen quantitativen Austausch ausreichen.

Beim Austausch spielt sich folgende chemische Reaktion ab:

$$m\, Na^+ + [(K^+)_n(A^{n-})]_s \rightarrow m\, K^+ + [(Na^+)_m(K^+)_{n-m}(A^{n-})]_s$$
$$m\, Cl^- \qquad\qquad\qquad \rightarrow m\, Cl^-.$$

Die Na^+-Kationen werden gegen K^+-Gegenionen ausgetauscht, wogegen Cl^--Ionen den Anionenaustauscher $[(K^+)_n(A^{n-})]_s$ ungehindert durchlaufen. Der Koeffizient m von Na^+Cl^- muß um ein Vielfaches kleiner sein als der Koeffizient n des Austauschers, damit die Reaktion quantitativ ablaufen kann. Bei der Ionenaustauschreaktion handelt es sich um eine echte chemische Reaktion, und der Austauschprozeß erfolgt immer im stöchiometrischen Ladungsverhältnis 1 der daran beteiligten Ionen. Das Prinzip der Ladungsneutralität wird in der Austauschersäule streng befolgt.

Technische Ionenaustauscher

Kationenaustauscher bestehen immer aus hochpolymeren Anionen, Anionenaustauscher aus hochpolymeren Kationen.
a) Natürliche Kationenaustauscher sind die Zeolithe und andere Silikatmineralien wie z. B. Natrolith $(Al_2Si_3O_{10})_n^{2n-}$. Auf ein $(Al_2Si_3O_{10})^{2-}$-Anion kommen 2 n A^+-Ionen.
b) Künstliche Kationenaustauscher sind die anorganischen Permutite (Silikatmassen), die bei der Wasserenthärtung zum Einsatz kommen.
c) In der anorganischen Analytik werden bevorzugt organische Ionenaustauscherharze eingesetzt. Es handelt sich dabei um Polymerisationsprodukte der Monomeren Styrol und Divinylbenzol mit elektrisch geladenen Ankergruppen:

Styrol   p-Divinylbenzol

Ein Beispiel für einen Teilausschnitt aus einer hochpolymeren dreidimensionalen Gerüststruktur eines organischen Austauscherharzes ist das im folgenden abgebildete Polystyrol-divinylbenzol-polysulfonation mit Na$^+$-Gegenionen:

[Strukturformel: Polystyrol-divinylbenzol mit $SO_3^- Na^+$-Gruppen]

Die wichtigsten Ankergruppen in derartigen Polymernetzwerken sind die Gruppen:

- $-SO_3H$ Sulfonsäuregruppe
- $-COOH$ Carboxylgruppe
- $-NH_2$ Aminogruppe
- $-N(CH_3)_2$ Dimethylaminogruppe
- $-N(CH_3)_3^+$ Trimethylammoniumgruppe

Handelsnamen dieser Harze sind Lewatit®, Amberlit® und Dowex®.
Die Fähigkeit der Ionenaustauscher, zwischen verschiedenen Ionen zu differenzieren, wird durch den Trennfaktor T charakterisiert.

$$T = \frac{x_2/x_1}{c_2/c_1} = \frac{x_2 \cdot c_1}{x_1 \cdot c_2}. \tag{3.14}$$

Darin ist x_2/x_1 das Verhältnis der Stoffmengenanteile der Ionenarten 1 und 2, die an den Austauscher gebunden sind, und c_2/c_1 das Konzentrationsverhältnis der Ionen nach Einstellung des Austauschgleichgewichts in der wäßrigen Phase, die die Austauschersäule verläßt. Ein Trennproblem läßt sich durch Ionenaustausch nur dann lösen, wenn $K_s \neq 1$ ist.
Die Affinität des Austauschers für ein bestimmtes Ion genügt folgenden gesetzmäßigen Zusammenhängen:
a) Sie nimmt mit der Ionenladung zu, z. B. in der Reihenfolge

$$Na^+ < Ca^{2+} < Al^{3+} < Th^{4+}.$$

b) Innerhalb einer Reihe von Ionen gleicher Wertigkeiten erfolgt die Affinitätszunahme proportional zur anwachsenden molaren Masse bzw. zum anwachsenden Radius des hydratisierten Ions gemäß folgenden Reihen:

$Li^+ < Na^+ < K^+ < Rb^+ < Cs^+$
$Be^{2+} < Mg^{2+} < Ca^{2+} < Sr^{2+} < Ba^{2+}$.

Unter Belegungskapazität eines Austauscherharzes versteht man die Stoffmenge von Äquivalenten einer Ionenart, die von 1 kg trockener Austauschersubstanz zurückgehalten werden kann, angegeben in den Einheiten $mol \cdot kg^{-1}$ oder $mmol \cdot g^{-1}$. Die analytisch nutzbare Austauschkapazität ist immer kleiner als die maximale Belegungskapazität, weil in der Analytik eine quantitative Trennung angestrebt wird.

Anwendungen von Ionenaustauscherharzen in der chemischen Analytik:

a) Entionisieren von Wasser.
b) Stofftrennungen, wie z. B. Trennungen der Stoffpaare Cr^{2+}/Fe^{3+} oder Ni^{2+}/Fe^{3+} oder Fe^{3+}/Zn^{2+} mit einem Kationenaustauscher oder Cu^{2+}/CrO_4^{2-} mit einem Anionenaustauscher.
c) Maßanalytische Bestimmung der Konzentration eines Neutralsalzes durch Verwendung eines Kationenaustauschers in der H-Form und Titration der im Eluat freigesetzten Säure.
d) Regeneration von Austauschern.

Beispiele:

1. Trennung von Kupfer- und Chromationen an einem Silicagelaustauscher. Da aus einer Cu^{2+}- und CrO_4^{2-}-Ionen enthaltenden Lösung schwerlösliches $CuCrO_4$ ausfällt, wird zu der Lösung so viel Ammoniak gegeben, bis der Niederschlag vollständig in Lösung gegangen ist. Die Cu^{2+}-Ionen bilden den gut löslichen, tief blau gefärbten Tetramminkomplex $Cu(NH_3)_4^{2+}$. Diese Lösung wird langsam auf die Kationenaustauschersäule gegeben. Beim Hindurchlaufen der Lösung durch die Säule werden nur die Kationen zurückgehalten, während die Chromationen am Säulenende wieder austreten. Nachdem die gesamte Lösung aufgegeben ist, wird mit schwach ammoniakalischem Wasser so lange gewaschen, bis alles Chromat eluiert ist. Danach wird mit schwach schwefelsaurem Wasser der Kupfertetramminkomplex in der Säule zerstört und das Kupfer eluiert. Danach wird der Austauscher mit dest. Wasser neutral gewaschen. Die anschließende Bestimmung von Kupfer und Chromat erfolgt iodometrisch.
2. Trennung von Eisen(III)- von Zink(II)-Ionen an einem Dowex-Anionenaustauscher. Die Fe^{3+}- und Zn^{2+}-Ionen enthaltende Lösung wird durch Zugabe von $0,5 \, mol \cdot l^{-1}$ HCl angesäuert und auf $pH = 0 - 1$ gebracht. Der Austauscher wird ebenfalls vor der Verwendung mit HCl der Konzentration $0,5 \, mol \cdot l^{-1}$ gespült, bis die auslaufende Lösung einen pH-Wert von 0 bis 1 hat. Anschließend wird die Analysenlösung in das Vorratsgefäß gegeben und langsam in die Austauschersäule überführt. Sowohl die Eisen- als auch die Zinkionen bilden Chlorokomplexe unterschiedlicher Stabilitäten. Der Chlorokomplex des Zinks wird auf der Säule festgehalten, während die Fe^{3+}-Ionen mit der aufgegebenen verdünnten Salzsäu-

relösung eluiert werden können. Es wird mit 0,5 mol · l^{-1} HCl gewaschen, bis alle Fe^{3+}-Ionen aus der Säule gespült sind. Die Nachweisreaktion mit Ammoniumrhodanid kann zur Überprüfung der Vollständigkeit des Elutionsprozesses benutzt werden. Im Anschluß kann nach Wechsel der Vorlage das Zink mit 0,005 mol · l^{-1} HCl oder mit dest. Wasser aus der Säule eluiert werden. Vollständigkeit der Elution kann durch Zugabe einiger Tropfen der wäßrigen Lösung einer aufgelösten Indikatorpuffertablette zu einer Probe des Eluats überprüft werden. Die anschließende Eisenbestimmung führt man dann titanometrisch, die Zinkbestimmung komplexometrisch durch.

Enthärtung von Wasser

Trinkwasser enthält hauptsächlich gelöste Calcium- und Magnesiumsalze in unterschiedlichen Konzentrationen als Verunreinigungen, die man als Härte des Wassers bezeichnet. Unterschieden wird zwischen der permanenten (bleibenden) Härte und der temporären (vorübergehenden) Härte. Die permanente Wasserhärte beruht auf der Gegenwart von Calcium- und Magnesiumsalzen starker Mineralsäuren wie Schwefelsäure oder Salzsäure. Wird Wasser zum Sieden erhitzt, so bleiben diese Salze unverändert in Lösung. Die temporäre Wasserhärte wird durch gelöstes Calciumhydrogencarbonat Ca(HCO$_3$)$_2$ und Magnesiumhydrogencarbonat Mg(HCO$_3$)$_2$ verursacht. Beim Erhitzen wird daraus schwerlösliches CaCO$_3$ und MgCO$_3$ gebildet, weshalb die temporäre Härte durch Ausfällung größtenteils verschwindet.
Die Wasserhärte wurde bisher in den Ländern Europas und in den USA in unterschiedlich definierten Härtegraden angegeben. In der Bundesrepublik war die Angabe in deutschen Härtegraden üblich. Ein deutscher Härtegrad, 1° DH, entsprach 1 mg CaO pro 100 ml Wasser. Zur Angabe der Wasserhärte in ° DH mußten die Massenkonzentrationen aller im Wasser gelösten Salze, auch der Magnesiumsalze, in äquivalente Massenkonzentrationen von CaO umgerechnet werden.
Durch die DIN-Norm 19640 soll in Zukunft die Wasserhärte als Summe der Konzentrationen von Magnesium-, Calcium-, Strontium- und Bariumionen in einem Trinkwasser definiert werden. Vorgeschlagen wird die Angabe der Summe der Konzentrationen dieser zweiwertigen Ionen in mmol · l^{-1}.
Zur Wasserhärtebestimmung wird außer der acidimetrischen Titration auch die Komplexometrie eingesetzt.
Leitungswasser wird enthärtet, indem man es durch Säulen fließen läßt, die mit Ionenaustauscherharzen gefüllt sind. Zunächst werden durch Hindurchleiten des Leitungswassers durch eine Kationenaustauschersäule die störenden Kationen entfernt.
Ein aktiver Kationenaustauscher in der H-Form kann beispielsweise R-SO$_3^-$-Ankergruppen (R = organischer Rest des Harzes) und H$^+$-Gegenionen enthalten. Zwei solche Ankergruppen können ihre H$^+$-Gegenionen gegen ein Ca^{2+}-Ion aus dem zu enthärtenden Wasser austauschen. Wie leicht einzusehen ist, nimmt der pH-Wert des Wassers bei einem solchen Austauschprozeß allmählich ab.
Um auch störende Anionen zu entfernen, benötigt man anschließend einen Anionenaustauscher in der OH-Form, z. ein Harz mit R-$\overset{+}{\text{N}}$(CH$_3$)$_3$-Ankergruppen und OH$^-$-

Gegenionen. Zwei solche Ankergruppen tauschen die OH^--Ionen gegen ein SO_4^{2-}-Ion des zu enthärtenden Wassers aus, und da H^+- und OH^--Ionen sich gegenseitig neutralisieren, erhält man schließlich neutrales, deionisiertes Wasser.

Wenn die Austauscherkapazitäten der Ionenaustauscher erschöpft sind, müssen diese durch Hindurchleiten von höherkonzentrierten Mineralsäuren (Kationenaustauscher) oder Laugen (Anionenaustauscher) regeneriert werden.

Aufgaben

Neutralisationsanalyse

3.1-1 Zur Einstellung von Salzsäure als Maßlösung verwendet man wasserfreie Soda Na_2CO_3 als Urtitersubstanz. Sie ist in hoher Reinheit im Handel erhältlich. Eine Sodaprobe geeigneter Masse wird nach dem Trocknen bei 110 °C bis auf 0,1 mg genau in einen Erlenmeyerkolben eingewogen und in ca. 25 ml Wasser gelöst. Man fügt einige Tropfen Methylrotlösung als Indikator hinzu und läßt unter Umschwenken die Salzsäure aus einer Bürette zufließen, bis die gelbe Farbe des Indikators gerade eben nach rosa umschlägt. Die Lösung wird dann einige Minuten zum Sieden erhitzt, wobei CO_2 entweicht und der Indikator wieder nach gelb umschlägt. Zur heißen Lösung gibt man dann tropfenweise nochmals Salzsäure hinzu, bis wiederum der Farbumschlag nach rot erfolgt. Eine Einwaage von 0,2229 g Soda verbrauchte bei einer solchen Titration 42,70 ml Salzsäure.
Berechnen Sie die Äquivalentkonzentration der Salzsäure.

3.1-2 Zur Titerstellung von Natronlauge als Maßlösung ist Kaliumhydrogenphthalat $KHC_8H_4O_4$ als Urtitersubstanz sehr geeignet. Die im Handel in sehr reiner Form erhältliche Substanz wird zuerst bei ca. 110 °C getrocknet, um anhaftendes Wasser zu beseitigen. Dann wird eine geeignete Probe des Salzes eingewogen, in ca. 50 ml Wasser gelöst, mit ein paar Tropfen Phenolphthaleinlösung als Indikator versetzt und dann mit der Natronlauge aus einer Bürette titriert. Wenn der Indikator gerade nach rot umschlägt und diese Farbe nicht wieder verblaßt, sondern sichtbar bleibt, ist die Titration beendet. Einwaage: 0,7360 g $KHC_8H_4O_4$. Verbrauch an NaOH nach Erreichen des Endpunktes: 35,46 ml.
Berechnen Sie die Äquivalentkonzentration der Lauge.

3.1-3 Zur Neutralisation von 20 ml einer Natronlauge der Dichte $1,072$ g $\cdot$ ml^{-1} wurden 34,8 ml Salzsäure der Äquivalentkonzentration $c(HCl) = 1$ mol $\cdot$ l^{-1} verbraucht.
Welchen Massenanteil an NaOH hatte die Lauge?

3.1-4 112 ml Schwefelsäure der Dichte 1,84 g $\cdot$ ml^{-1} werden auf 2 l verdünnt. 5 ml dieser verdünnten Säure verbrauchen bis zur vollständigen Neutralisation 19,4 ml Natronlauge der Äquivalentkonzentration $c(NaOH) = 0,5$ mol $\cdot$ l^{-1}.
Welchen Massenanteil H_2SO_4 in % enthält die unverdünnte Säure?

3.1-5 1 ml einer Natronlauge neutralisiert 0,045 g Schwefelsäure mit 10% Massenanteil.
Wieviel g 90%iges Natriumhydroxid müssen in 1,5 l dieser Natronlauge aufgelöst werden, damit man eine Lösung mit der Äquivalentkonzentration $c(NaOH) = 0,1$ mol $\cdot$ l^{-1} erhält?

3.1-6 5,55 g rauchende Schwefelsäure wurden mit Wasser auf 250 ml verdünnt. 25 ml der verdünnten Lösung erforderten zur vollständigen Neutralisation 26,0 ml Natronlauge der Äquivalentkonzentration $c(NaOH) = 0,5$ mol $\cdot$ l^{-1}.
Welchen Massenanteil an gelöstem SO_3 enthielt die rauchende Schwefelsäure?

3.1-7 0,123 g verunreinigte Soda erfordern zur vollständigen Neutralisation unter Verdrängung des Kohlendioxids 18,4 ml Schwefelsäure unbekannter Konzentration. 10 ml dieser Schwefelsäure neutralisieren 12,0 ml Natronlauge der Äquivalentkonzentration $c(eq, NaOH) = 0,1$ mol $\cdot$ l^{-1}.
Berechnen Sie den Massenanteil an reinem Natriumcarbonat in der verunreinigten Soda.

3.1-8 Gegeben sind zwei NaOH-Lösungen mit den Konzentrationen c_1 und c_2. 23 ml der ersten Lösung neutralisieren 0,100 g kristallwasserhaltige Oxalsäure $C_2H_2O_4 \cdot 2\,H_2O$. 11,5 ml der zweiten Lösung neutralisieren eine zweite Oxalsäureprobe gleicher Masse.
Wieviel ml der beiden NaOH-Lösungen sind miteinander zu vermischen, um 1 l Natronlauge der Konzentration $c(NaOH) = 0{,}1\,mol \cdot l^{-1}$ zu erhalten?

3.1-9 Wieviel ml beträgt der Mehrverbrauch bei der Neutralisation von 1 g Natriumhydrogensulfat $NaHSO_4$ mit Natronlauge der Konzentration $c(NaOH) = 1\,mol \cdot l^{-1}$ im Vergleich zum Verbrauch von Kalilauge derselben Konzentration bei der Neutralisation von 1 g Kaliumhydrogensulfat $KHSO_4$?

3.1-10 0,500 g verunreinigten Salmiaks (Trivialname für Ammoniumchlorid NH_4Cl) werden in einer geschlossenen Glasapparatur mit Natronlauge erhitzt und das gebildete Ammoniakgas in 100 ml Salzsäure der Äquivalentkonzentration $c(HCl) = 0{,}1\,mol \cdot l^{-1}$ geleitet. Zur Neutralisation der überschüssigen Salzsäure werden 7,00 ml Natronlauge der Äquivalentkonzentration $c(NaOH) = 0{,}2\,mol \cdot l^{-1}$ verbraucht.
Berechnen Sie den Massenanteil reinen Ammoniumchlorids im Salmiak in %.

3.1-11 Wieviel ml Natronlauge der Äquivalentkonzentration $c(NaOH) = 1\,mol \cdot l^{-1}$ sind erforderlich, um 40,0 ml Orthophosphorsäure der Konzentration $c(H_3PO_4) = 0{,}75\,mol \cdot l^{-1}$ vollständig in tertiäres Natriumphosphat Na_3PO_4 zu überführen?
Wieviel g Na_3PO_4 werden dabei gebildet?

3.1-12 1 g phosphorhaltiger Stahl wird in einem Gemisch von Schwefelsäure und Salpetersäure in Lösung gebracht und die entstandene Phosphorsäure mit Ammoniummolybdat als Ammoniummolybdatophosphat $(NH_4)_3PO_4 \cdot 12\,MoO_3 \cdot 2\,HNO_3$ gefällt. Nach dem Auswaschen wird der Niederschlag in 10 ml Natronlauge der Äquivalentkonzentration $c(NaOH) = 0{,}1021\,mol \cdot l^{-1}$ gelöst. Zur Rücktitration der überschüssigen Natronlauge werden 5,60 ml Schwefelsäure der Äquivalentkonzentration $c(\tfrac{1}{2} H_2SO_4) = 0{,}1005\,mol \cdot l^{-1}$ verbraucht.
Berechnen Sie den Massenanteil des Phosphors im Stahl in %. Bei der Auflösung des Niederschlags in Natronlauge wird MoO_3 in Molybdat umgewandelt. Das Phosphat liegt am Endpunkt der Titration als $NaNH_4HPO_4$ vor.

3.1-13 4,500 g festes technisches NaOH werden in Wasser gelöst und die Lösung auf ein Volumen von 1 l gebracht. 20 ml dieser Lösung verbrauchen bei der Titration bis zum Neutralpunkt 20,75 ml Salzsäure der Äquivalentkonzentration $c(HCl) = 0{,}1\,mol \cdot l^{-1}$.
Wieviel ml Wasser sind der restlichen Natronlauge zuzusetzen, damit sie die Äquivalentkonzentration $c(NaOH) = 0{,}1\,mol \cdot l^{-1}$ annimmt?
Berechnen Sie auch den Massenanteil an reinem NaOH in der Ausgangsprobe.

3.1-14 50 g eines Gemisches von verdünnter Schwefelsäure und Salpetersäure werden mit Wasser auf ein Volumen von 1 l verdünnt. 10 ml dieser Lösung werden mit Bariumchloridlösung im Überschuß versetzt, wobei 0,709 g $BaSO_4$-Niederschlag entstehen. Zur Neutralisation von weiteren 25 ml des verdünnten Säuregemisches werden 19,8 ml Natronlauge der Äquivalentkonzentration $c(NaOH) = 0{,}980\,mol \cdot l^{-1}$ verbraucht.
Berechnen Sie die Massenanteile an H_2SO_4 und HNO_3 im Ausgangsgemisch in %.

3.1-15 Eine Probe von 0,200 g festem Natriumhydroxid, die außer Wasser auch etwas Natriumcarbonat enthält, wird in Wasser gelöst und durch Zugabe von 47,5 ml Salzsäure der Äquivalentkonzentration $c(HCl) = 0{,}1\,mol \cdot l^{-1}$ bis zum Äquivalenzpunkt titriert. Zur Beseitigung des vorhandenen Natriumcarbonats wird eine weitere Probe von 0,200 g des Hydroxids in Wasser gelöst und mit einem Überschuß von Bariumchloridlösung versetzt. Der Niederschlag wird abfiltriert und mit Wasser ausgewaschen. Das Filtrat wird anschließend durch Zugabe von 4,6 ml Salzsäure der Äquivalentkonzentration $c(HCl) = 0{,}1\,mol \cdot l^{-1}$ genau neutralisiert.
Welche Massenanteile NaOH und Na_2CO_3 enthält die Ausgangsprobe?

3.1-16 Zur Bestimmung des Kohlendioxidgehaltes von Luft werden 5 l Luft durch 100 ml Barytwasser der Äquivalentkonzentration $c(\tfrac{1}{2} Ba(OH)_2) = 0{,}02261\,mol \cdot l^{-1}$ geleitet. 25 ml des Barytwassers werden nach vollständigem Absetzenlassen des entstandenen Bariumcarbonatniederschlags abpipettiert und mit Salzsäure der Äquivalentkonzentration $c(HCl) =$

0,0225 mol · l⁻¹ bis zum Äquivalenzpunkt titriert, wobei 23,41 ml HCl verbraucht werden. Berechnen Sie den Volumenanteil Kohlendioxid in der Luft in %.

3.1-17 Bei bestimmten in der Industrie verwendeten großvolumigen Gefäßen wie Rührkesseln und Reaktoren können Volumenbestimmungen manchmal recht schwierig sein. Mit zufriedenstellender Genauigkeit gelingt eine solche Volumenbestimmung durch eine leicht ausführbare Titration gemäß folgendem Beispiel: In das Gefäß unbekannten Volumens wird 1 kg wasserfreie Soda hineingegeben und das Gefäß anschließend mit Wasser vollständig gefüllt. Nachdem die Soda durch Rühren in Lösung gegangen und homogen verteilt ist, werden 500 ml Lösung entnommen und in der Siedehitze mit Salzsäure der Äquivalentkonzentration $c(HCl) = 1$ mol · l⁻¹ bis zum Farbumschlag des zugesetzten Indikators Phenolphthalein titriert. Bei einer Titration nach obiger Ausführungsweise wurden 27,7 ml HCl verbraucht. Der HCl-Verbrauch bei der Titration einer Blindprobe des Wassers von 500 ml unter den gleichen Bedingungen betrug 0,4 ml. Berechnen Sie das Gefäßvolumen in l.

Manganometrie

3.1-18 Bei der Titerstellung einer Kaliumpermanganatlösung werden 154,0 mg Natriumoxalat $Na_2C_2O_4$ eingewogen und in Wasser gelöst. Die Lösung wird mit verdünnter Schwefelsäure angesäuert und nach dem Erwärmen mit der Permanganatlösung bis zur gerade bleibenden Violettfärbung des ersten Überschusses unverbrauchter MnO_4^--Ionen titriert. Dabei werden 22,50 ml Permanganatlösung verbraucht.
Welche Äquivalentkonzentration hat die Permanganatlösung?

3.1-19 Der Calciumionengehalt im Leitungswasser kann folgendermaßen bestimmt werden: Eine 200 ml-Probe Wasser wird mit Natriumoxalatlösung im Überschuß versetzt, wobei die Ca^{2+}-Ionen als schwerlösliches Calciumoxalat CaC_2O_4 quantitativ ausfallen. Der Niederschlag wird abfiltriert, mit Wasser ausgewaschen und dann mit verdünnter Schwefelsäure wieder in Lösung gebracht. Die in dieser Lösung vorliegende freie Oxalsäure wird nach dem Erwärmen der Lösung mit Kaliumpermanganatlösung bis zum Äquivalenzpunkt titriert. Bei einer solchen Wasseranalyse betrug der Verbrauch 12,0 ml Permanganatlösung der Äquivalentkonzentration $c(\frac{1}{5}KMnO_4) = 0,1$ mol · l⁻¹.
Berechnen Sie den Calciumgehalt des Leitungswassers in mmol Ca^{2+} · l⁻¹.

3.1-20 1,01 g Wasserstoffperoxidlösung werden abgewogen, mit Schwefelsäure angesäuert und mit Kaliumpermanganatlösung in der Wärme titriert. Verbrauch: 18,1 ml Permanganatlösung der Äquivalentkonzentration $c(\frac{1}{5}KMnO_4) = 0,05$ mol · l⁻¹.
Welchen Massenanteil H_2O_2 enthält die Wasserstoffperoxidlösung?

3.1-21 Ein Gemisch von Fe_2O_3 und ZnO wiegt 0,0920 g. Es wird in Schwefelsäure gelöst und das Eisen(III)-sulfat zu Eisen(II)-sulfat reduziert. Bei der anschließenden Titration werden 18,00 ml Kaliumpermanganatlösung der Äquivalentkonzentration $c(\frac{1}{5} KMnO_4) = 0,05$ mol · l⁻¹ bis zum Erreichen des Äquivalenzpunktes verbraucht.
Berechnen Sie die Massenanteile Fe_2O_3 und ZnO im Ausgangsgemisch.

3.1-22 0,25 g einer Eisenerzprobe wurden durch Aufschluß in Lösung gebracht und die Eisenionen im Cadmiumreduktor zu Fe^{2+} reduziert. Bei der Titration dieser Lösung mit $KMnO_4$-Lösung der Äquivalentkonzentration $c(\frac{1}{5}KMnO_4) = 0,1$ mol · l⁻¹ wurde versehentlich übertitriert. Zur Korrektur dieses Fehlers wurden der Lösung 0,500 g Mohrsches Salz $(NH_4)_2Fe(SO_4)_2 \cdot 6 H_2O$ zugesetzt. Dann wurde mit der Permanganatlösung weitertitriert. Der Verbrauch am Äquivalenzpunkt betrug 33,3 ml.
Welchen Massenanteil an Eisen in % enthielt das Eisenerz?

3.1-23 Zur Bestimmung des Gehalts an Mangandioxid in einer Braunsteinprobe werden 0,238 g der Probe mit einer Lösung von Natriumarsenit Na_3AsO_3 behandelt, die sich durch Auflösen von 0,25 g As_2O_3 in Natronlauge herstellen läßt. Das Mangan wird dabei quantitativ in Mn^{2+}-Ionen überführt. Die Reaktionsmischung wird dann mit etwa 10 ml Schwefelsäure der Konzentration 1 mol · l⁻¹ versetzt und der Überschuß an Arsenitionen mit Permanganatlösung titriert. Um die Oxidationsreaktion zum Arsenat AsO_4^{3-} zu beschleunigen, wird eine Spur Osmiumtetroxid OsO_4 als Katalysator zugesetzt. Der Verbrauch einer Kaliumpermanganatlösung der Äquivalentkonzentration $c(\frac{1}{5}KMnO_4) = 0,1025$ mol·l^{-1} beträgt 10,80 ml. Berechnen Sie den Mangandioxid-Massenanteil des Braunsteins in %.

3.1-24 Zur Bestimmung des Gehaltes an Eisen und Aluminium in einer Legierungsprobe wurde eine Masse m_1 der Probe eingewogen, in Lösung gebracht und mit Wasserstoffperoxid versetzt, so daß beide Metalle als dreiwertige Ionen vorlagen. Die Lösung wurde dann in zwei gleich große Proben geteilt. Aus beiden Lösungsproben wurden die Eisen-und Aluminiumionen mit Ammoniak ausgefällt und die Niederschläge getrennt ausgewaschen. Der eine Niederschlag wurde bis zur Massenkonstanz geglüht und gewogen. Seine Masse betrug m_2. Der andere Niederschlag wurde in verdünnter Schwefelsäure gelöst und die Lösung nach Reduktion des Eisens zur Wertigkeitsstufe Fe^{2+} mit einer Permanganatlösung der Äquivalentkonzentration $c(\frac{1}{5}KMnO_4) = a$ titriert, wobei der Verbrauch am Äquivalenzpunkt V betrug.
Stellen Sie eine Gleichung zur Berechnung der Massenanteile von a) Eisen und b) Aluminium in der Probe auf, m_1 und m_2 sollen in mg eingesetzt werden.

3.1-25 Der Mangangehalt von Stahl läßt sich nach der Methode von Volhard-Wolff manganometrisch folgendermaßen bestimmen: Eine abgewogene Probe Stahl wird in Säure gelöst und die überschüssige Säure durch Abdampfen entfernt. Der Rückstand wird in Wasser gelöst und in einen Meßkolben überführt. Dann wird unter Umschwenken eine Aufschlämmung von Zinkoxid zugesetzt, bis alles Eisen gefällt und ein geringer Überschuß von Zinkoxid vorhanden ist. Man füllt den Meßkolben bis zur Eichmarke mit Wasser auf, mischt gut durch und gießt die Suspension durch ein trockenes Papierfilter. Ein aliquoter Volumenanteil des Filtrats wird mit etwas Zinkoxid versetzt, zum Sieden erhitzt und dann direkt mit KMnO$_4$-Lösung titriert. In der schwach alkalischen Lösung erfolgt eine Umsetzung nach der Reaktionsgleichung

$$3 Mn^{2+} + 2 MnO_4^- + 4 OH^- \rightarrow 5 MnO_2 + 2 H_2O.$$

Bei einer solchen Mangananalyse betrug die Stahleinwaage 19,55 g. $\frac{1}{5}$ des erhaltenen Filtrats wurde der manganometrischen Titration unterworfen. Der Verbrauch an Kaliumpermanganatlösung der Äquivalentkonzentration $c(\frac{1}{5}KMnO_4) = 0,05$ mol·l^{-1} betrug 28,50 ml. Berechnen Sie den Massenanteil des Mangans im Stahl in %.

Iodometrie

3.1-26 Zur Titerstellung von Natriumthiosulfatlösung verwendet man oft Kaliumdichromat als Urtitersubstanz. Bei der Titerstellung einer bestimmten Thiosulfatlösung wurden 0,1281 g Kaliumdichromat eingewogen, in Wasser gelöst, mit Kaliumiodidlösung in geringem Überschuß versetzt und dann mit verdünnter Salzsäure angesäuert. Das freigesetzte I$_2$ wurde mit der Thiosulfatlösung titriert. Kurz vor Erreichen des Endpunkts der Titration wurde Stärkelösung als Indikator zugesetzt. Verbrauch: 25,02 ml.
Welche Äquivalentkonzentration hatte die Natriumthiosulfatlösung?

3.1-27 Zur Herstellung einer Iodlösung der Äquivalentkonzentration $c(\frac{1}{2}I_2) = 0,1$ mol·l^{-1} löst man ca. 20 g iodatfreies Kaliumiodid in einem 1-l-Meßkolben in wenig destilliertem Wasser auf, gibt 12,75 g festes Iod p.a. dazu und schüttelt so lange, bis alles Iod als I$_3^-$-Ionen in Lösung gegangen ist. Dann füllt man den Meßkolben mit destilliertem Wasser bis zur Eichmarke auf und schüttelt den Inhalt gründlich. 20 ml dieser Iodlösung werden entnommen und in Gegenwart von Stärkelösung mit Natriumthiosulfatlösung der Äquivalentkonzentration $c(Na_2S_2O_3) = 0,1$ mol·l^{-1} bis zum Verschwinden der blauen Farbe der Iodstärkeverbindung titriert. Bei einer solchen Titration beträgt der Verbrauch 20,85 ml.
Wieviel ml Wasser müssen den restlichen 980 ml Lösung zugesetzt werden, damit sie eine Äquivalentkonzentration von $c(\frac{1}{2}I_2) = 0,1$ mol·l^{-1} erreicht?

3.1-28 Eine Kaliumiodidlösung wird mit 0,200 g Brom versetzt, in dem sich ein geringer Anteil Chlor als Verunreinigung befindet. Zur Titration des ausgeschiedenen Iods werden 25,5 ml Natriumthiosulfatlösung der Äquivalentkonzentration $c(Na_2S_2O_3) = 0,1$ mol·l^{-1} verbraucht.
Welchen Massenanteil Chlor in % enthält das Brom?

3.1-29 Als Maß für den Gehalt an ungesättigten Fettsäuren in Fetten und Ölen benutzt man die Iodzahl, worunter die von 100 g Substanz aufgenommene Stoffmenge Iod verstanden wird. Zur Bestimmung der Iodzahl wird eine abgewogene Portion Öl mit wäßriger Iodlösung im Überschuß versetzt und zur Reaktion gebracht. Das unverbrauchte Iod wird dann mit Thiosulfatlösung zurücktitriert. Nebenher bestimmt man in einer Blindprobe mit demselben Volumen Iodlösung deren Titer.
Stellen Sie die Formel für die Berechnung der Iodzahl auf, wenn m g Öl eingesetzt werden, der Verbrauch an Thiosulfatlösung der Äquivalentkonzentration $c(eq)$ in der Analysenprobe V_1 ml und der Verbrauch bei Titration der Blindprobe V_2 ml beträgt.

3.1-30 2,00 l ozonhaltige Luft werden durch Kaliumiodidlösung geleitet. Zur Titration des freigesetzten Iods werden 45,0 ml Natriumthiosulfatlösung der Äquivalentkonzentration $c(Na_2S_2O_3) = 0,1$ mol $\cdot$ l^{-1} verbraucht.
Berechnen Sie den Volumenanteil des Ozons in der Luft in %.

3.1-31 Der Gehalt an Arsenwasserstoff (Monoarsan) in einem Gasgemisch wurde folgendermaßen bestimmt: 3,00 l der Gasmischung im Normzustand wurden durch ein erhitztes Glasrohr geleitet. Das elementar abgeschiedene Arsen wurde dann in Arsenitionen AsO_3^{3-} umgewandelt und mit Iodlösung titriert. Verbrauch: 30,0 ml Iodlösung mit $c(\frac{1}{2}I_2) = 0,1$ mol $\cdot$ l^{-1}.
Berechnen Sie den Volumenanteil an Monoarsan im Gasgemisch in %.

3.1-32 Zur Bestimmung des Gehalts an Kaliumiodat KIO_3 und Kaliumchromat K_2CrO_4 in einer wäßrigen Lösung wurden zwei 10-ml-Proben der Lösung abpipettiert. Die erste Probe wurde mit einem Überschuß Kaliumiodidlösung versetzt, mit verdünnter Salzsäure angesäuert und das ausgeschiedene Iod mit einer Thiosulfatlösung der Äquivalentkonzentration $c(Na_2S_2O_3) = 0,1$ mol $\cdot$ l^{-1} zurücktitriert. Der Verbrauch betrug 70,05 ml. In der zweiten Probe wurden mit schwefliger Säure die Iodationen zu Iodidionen und die Chromationen zu Chrom(III)-Ionen reduziert. Dann wurde die Lösung mit Salpetersäure angesäuert und mit einem Überschuß an Silbernitratlösung versetzt. Der Silberiodidniederschlag wog nach dem Auswaschen und Trocknen 0,1961 g.
Berechnen Sie die Massenkonzentrationen an Kaliumiodat und Kaliumchromat in der Ausgangslösung.

3.1-33 Aus 50 ml acetonhaltigem Harn wurde das Aceton abdestilliert. Das Destillat wurde mit 40 ml Iodlösung der Äquivalentkonzentration $c(\frac{1}{2}I_2) = 0,1$ mol $\cdot$ l^{-1} versetzt und alkalisch gemacht, wobei das Aceton quantitativ in Iodoform überführt wurde. Ein Molekül Aceton verbrauchte dabei 6 Atome Iod. Nach Ansäuern wurde das bei der Reaktion nicht verbrauchte, überschüssige Iod mit Thiosulfatlösung der Äquivalentkonzentration $c(Na_2S_2O_3) = 0,1$ mol $\cdot$ l^{-1} zurücktitriert, wobei der Verbrauch 22,3 ml betrug.
Berechnen Sie die Massenkonzentration von Aceton im Harn.

3.1-34 Iodhaltiges Tischsalz, sog. Iodsalz, enthält kleine Zusätze von Kaliumiodid. Zur Bestimmung des Kaliumiodidgehalts verfährt man folgendermaßen: 5 g Salz werden in Wasser gelöst. Die Lösung wird mit Schwefelsäure schwach angesäuert und mit einem Überschuß von Bromwasser versetzt. Dadurch wird das Iod quantitativ zu Iodsäure oxidiert. Das überschüssige Brom wird durch Kochen entfernt. Nach dem Abkühlen der Lösung wird sie mit einem Überschuß Kaliumiodidlösung versetzt und das freigesetzte Iod mit einer Thiosulfatlösung der Äquivalentkonzentration $c(Na_2S_2O_3) = 0,005$ mol $\cdot$ l^{-1} titriert.
Berechnen Sie den Massenanteil an Kaliumiodid im Iodsalz in %, wenn bei der Titration 7,23 ml Thiosulfatlösung verbraucht werden.

3.1-35 0,521 g Phenol C_6H_5OH werden mit 3,86 g Brom umgesetzt, wobei eine Verbindung von Phenol mit Brom gebildet wird. Das überschüssige Brom setzt aus KI-Lösung eine Iodportion frei, die bei der Titration 30,02 ml Thiosulfatlösung der Äquivalentkonzentration $c(Na_2S_2O_3) = 0,5$ mol $\cdot$ l^{-1} verbraucht.
Welche Formel hat die Bromverbindung?

3.1-36 25 ml einer Lösung, die ein Gemisch von Arsenitionen AsO_3^{3-} und Arsenationen AsO_4^{3-} enthält, verbrauchen nach Zusatz von Natriumhydrogencarbonat 32,10 ml einer Iodlösung der Äquivalentkonzentration $c(\frac{1}{2}I_2) = 0,1$ mol $\cdot$ l^{-1}. Eine zweite 25 ml-Probe dieser Lösung

wird mit Schwefeldioxidlösung versetzt und zum Sieden erhitzt. Nach der Entfernung des überschüssigen SO_2 wird mit Iodlösung der Äquivalentkonzentration $c(\frac{1}{2}I_2) = 0,1$ mol·l^{-1} titriert, wobei der Verbrauch 43,70 ml beträgt.
Berechnen Sie die Massenkonzentrationen der Arsenit- und Arsenationen in der Ausgangslösung.

3.1-37 Zur Bestimmung des Chromgehalts im Mineral Chromeisenstein FeO·Cr_2O_3 wird eine Mineralprobe von 0,188 g durch Schmelzen mit Natriumperoxid Na_2O_2 aufgeschlossen (das Mineral ist in Säuren nicht löslich). Die Schmelze wird mit Wasser etwa 10 min zum Sieden erhitzt, um das überschüssige Peroxid zu zersetzen. Danach liegt das Eisen als Oxidhydratniederschlag, das Chrom als gelöstes Natriumchromat Na_2CrO_4 vor. Der Niederschlag wird abfiltriert und ausgewaschen. Dem mit Salzsäure neutralisierten Filtrat werden ca. 2 g Kaliumiodid und 15 ml Salzsäure mit $c(HCl) = 2$ mol·l^{-1} zugesetzt. Das gebildete Iod wird mit einer Thiosulfatlösung der Äquivalentkonzentration $c(Na_2S_2O_3) = 0,1056$ mol·l^{-1} zurücktitriert, wobei bis zum Erreichen des Endpunkts 33,75 ml verbraucht werden.
Berechnen Sie den Massenanteil an Cr_2O_3 im Mineral.

3.1-38 Messing ist eine Legierung von Kupfer und Zink, die auch etwas Blei enthält. Daneben können noch Spuren von Nickel und Eisen vorliegen. Die folgende iodometrische Methode eignet sich gut zur Bestimmung des Kupfers im Messing, vorausgesetzt, daß der Massenanteil an Eisen weniger als 2% beträgt. Die Methode basiert auf folgender Reaktionsgleichung:

$$2\,Cu^{2+} + 4\,I^- \to 2\,CuI(s) + I_2.$$

Die Cu^{2+}-Ionen wirken hier als Oxidationsmittel gegenüber den Iodidionen, obwohl sie eigentlich geringe oxidative Eigenschaften haben und deshalb das Reaktionsgleichgewicht auf der linken Seite der Reaktionsgleichung liegen sollte. Da jedoch die Iodidionen mit den entstandenen Cu^+-Ionen einen schwerlöslichen Niederschlag bilden, verringert sich die Cu^+-Konzentration auf der rechten Gleichungsseite so stark, daß die Reaktion praktisch quantitativ von links nach rechts verläuft. Der Iodid-Massenanteil muß durch Zusatz von KI ausreichend hoch gehalten werden, mindestens jedoch bei 4%. Um zu verhindern, daß anwesende Fe^{3+}-Ionen die I^--Ionen zu I_2 oxidieren, bindet man sie in komplexer Form an H_3PO_4.
Bei einer Messinganalyse wird die eingewogene Probe in ca. 5 ml Salpetersäure mit $c(HNO_3) = 6$ mol·l^{-1} durch Erwärmen in Lösung gebracht. Dann werden ca. 10 ml konz. H_2SO_4 hinzugegeben und die Lösung eingeengt, bis weiße Dämpfe von SO_3 entweichen. Nach dem Abkühlen verdünnt man mit ca. 40 ml Wasser und erhitzt einige Zeit zum Sieden, um Stickoxide restlos zu entfernen. Die abgekühlte Lösung neutralisiert man mit Ammoniak und setzt 2 ml H_3PO_4-Lösung mit 85% Massenanteil zu. Nach dem Erkalten wird eine Lösung von 4 g KI in 10 ml Wasser zugesetzt. Das gebildete I_2 wird mit Thiosulfatlösung bis zum Verblassen der Eigenfarbe des Iods titriert. Dann setzt man ein paar ml Stärkelösung zu und titriert weiter, bis die blaue Farbe der Iodstärkeverbindung gerade verschwunden ist.
Bei einer solchen Analyse werden 0,2717 g Messing eingewogen. Der Verbrauch an Thiosulfatlösung der Äquivalentkonzentration $c(Na_2S_2O_3) = 0,1005$ mol·l^{-1} beträgt 35,04 ml. Wie groß ist der Massenanteil des Kupfers im Messing in %?

Bromatometrie

3.1-39 10,0 g einer arsenhaltigen Substanz werden in Wasser gelöst und anschließend mit Kaliumbromatlösung titriert. Bei der Titration erfolgt die Oxidation des dreiwertigen zum fünfwertigen Arsen. Das Bromat wird dabei quantitativ zu Bromid reduziert. Der Verbrauch an Kaliumbromatlösung der Massenkonzentration 2,80 g·l^{-1} beträgt 22,5 ml.
Berechnen Sie den Massenanteil an Arsen in der Ausgangsprobe in %.

Cerimetrie

3.1-40 Das vierwertige Cerion wirkt als starkes Oxidationsmittel gemäß folgender Oxidationsmittel-Teilgleichung:

$$Ce^{4+} + e^- \to Ce^{3+}.$$

Eine Eisen(II)-salzlösung kann auch in Gegenwart von Chloridionen mit Cer(IV)-Lösung titriert werden, nicht dagegen mit Permanganatlösung, die anwesende Chloridionen zu Hypochloritionen OCl^- und Chlor oxidiert. Dies hat dann einen Mehrverbrauch an Kaliumpermanganatlösung von bis zu einigen % zur Folge. Außerdem ist die hohe Titerbeständigkeit der Ce^{4+}-Lösungen im Gegensatz zu den viel unbeständigeren Permanganatlösungen ein weiterer Vorteil.

Zur Titerstellung von Cer(IV)-sulfatlösung der Äquivalentkonzentration $c(Ce(SO_4)_2) = 0,1 \text{ mol} \cdot l^{-1}$ in etwa $1 \text{ mol} \cdot l^{-1}$ Schwefelsäure kann man As_2O_3 als Urtitersubstanz einsetzen, weil dieses Oxid in hoher Reinheit im Handel erhältlich ist. Nach dem Vortrocknen bei ca. 110 °C wird eine geeignete Probe As_2O_3 eingewogen, in Natronlauge gelöst und die Lösung mit etwa 20 ml Schwefelsäure der Konzentration $4 \text{ mol} \cdot l^{-1}$ versetzt. Die Mischung wird auf 100 ml verdünnt und auf Raumtemperatur abgekühlt. Da die Redoxreaktion in Abwesenheit eines geeigneten Katalysators zu langsam verläuft, setzt man 3 Tropfen $0,01 \text{ mol} \cdot l^{-1}$ Osmiumtetroxidlösung hinzu, da OsO_4 die Reaktion katalytisch beschleunigt. Außerdem benötigt man einen Redoxindikator. Ein vorzüglicher Indikator für viele Redoxprozesse ist der Eisen(II)-Komplex mit Orthophenanthrolin, der zu Eisen(III)-Orthophenantrolin oxidiert wird und dabei einen Farbumschlag erfährt:

$Fe(C_{12}H_8N_2)_3^{2+} \rightleftharpoons Fe(C_{12}H_8N_2)_3^{3+} + e^-$
stark rot   schwach blau

Man titriert mit der Cer(IV)-Lösung von rot bis nahezu farblos. Bei einer solchen Titration verbrauchen $0,1809$ g As_2O_3 36,40 ml Cer(IV)-Lösung.
Berechnen Sie die Äquivalentkonzentration dieser Lösung.

3.1-41 Zur Bestimmung des Gesamteisengehalts in einer Probe Eisenerz Magnetit Fe_3O_4 wägt man etwa 0,3 g Magnetit ein, bringt die Probe durch Erhitzen mit 20 %iger Salzsäure in Lösung und verdünnt dann mit Wasser auf etwa das dreifache Volumen. Um das dreiwertige Eisen zu reduzieren, setzt man der erhitzten Lösung tropfenweise $SnCl_2$-Lösung zu, bis sie farblos geworden ist. Dann gibt man noch einen kleinen Überschuß der $SnCl_2$-Lösung dazu, kühlt die Lösung gut ab und versetzt sie mit etwa 10 ml $HgCl_2$-Lösung, die einen Massenanteil von 5 % hat. Die Hg^{2+}-Ionen oxidieren alle nicht verbrauchten Sn^{2+}-Ionen zu Sn^{4+}-Ionen. Dabei entsteht ein weißer Niederschlag von Hg_2Cl_2. Man setzt 300 ml HCl der Konzentration $1 \text{ mol} \cdot l^{-1}$ und einen Tropfen Orthophenanthrolinlösung zu und titriert mit der Ce(IV)-Lösung bis zum Verschwinden der roten Farbe des Indikators. Bei einer solchen Analyse war die Einwaage von Magnetit 0,297 g, und der Verbrauch an Ce(IV)-Salzlösung der Äquivalentkonzentration $c(Ce(SO_4)_2) = 0,1005 \text{ mol} \cdot l^{-1}$ betrug 33,6 ml.
Berechnen Sie den Massenanteil an Eisen im Magnetit.

Hexacyanoferrattitration

3.1-42 Zur Bestimmung des Zinkgehalts einer Probe werden 0,500 g in Schwefelsäure gelöst. Der Säureüberschuß wird weitgehend neutralisiert und die Lösung danach mit einer Kaliumhexacyanoferrat(II)-Lösung titriert, die 12,0 g wasserfreies $K_4[Fe(CN)_6]$ pro Liter enthält. Dabei werden 39,80 ml dieser Maßlösung verbraucht. Die Zn^{2+}-Ionen reagieren mit $K_4[Fe(CN)_6]$ unter Bildung von $K_2Zn_3[Fe(CN)_6]_2$.
Welchen Massenanteil an Zink in % enthält die Ausgangsprobe?

Komplexometrische Titration

3.1-43 Die volumetrische Bestimmung von Aluminium in Gegenwart von Mangan, Magnesium und Kupfer ist durch komplexometrische Rücktitration mit Bismutnitratlösung bei $pH = 3,5$ möglich. Bei diesem pH-Wert bilden Mangan und Magnesium so unbeständige Komplexe mit EDTA, daß diese die Titration nicht stören. Kupferionen werden mit Thioharnstoff maskiert, der gleichzeitig durch Bildung des gelben Bismutkomplexes als Indikator wirkt.
Bei der Analyse verfährt man in folgender Weise: Die mit HNO_3 aufgeschlossene Probe wird mit Hexamethylentetramin (Urotropin) auf $pH = 2$ gebracht, 2 g Thioharnstoff hinzugefügt, mit 10 ml EDTA-Lösung der Konzentration $0,1 \text{ mol} \cdot l^{-1}$ versetzt und mit Ameisensäurelösung auf $pH = 3,5$ eingestellt. Nach einer Wartezeit von 10 min wird mit einer Bismutnitrat-

lösung der Konzentration 0,1 mol · l^{-1} langsam bis zum Farbumschlag farblos nach lichtgelb zurücktitriert. Bei einer solchen Analyse betrug die Einwaage 0,0120 g und der Verbrauch an Bismutnitratlösung 4,16 ml.
Welchen Massenanteil an Aluminium enthielt die analysierte Probe?

3.1-44 Rosesches Metall ist eine bei niedriger Temperatur schmelzende Legierung aus Bismut, Blei und Zinn. Die beiden erstgenannten Metalle lassen sich nach vorheriger Auflösung einer Legierungsprobe nacheinander in derselben Probelösung durch komplexometrische Titration mit EDTA-Maßlösung bestimmen. Das störende Zinn muß allerdings vorher entfernt werden. Der EDTA-Komplex mit Sn^{2+}-Ionen hat nämlich eine Stabilitätskonstante gleicher Größe wie der EDTA-Komplex mit Bi^{3+}-Ionen, und es gibt noch kein bewährtes, selektives Maskierungsmittel für Sn^{2+}-Ionen. Man kann aber die Sn^{2+}-Ionen durch eine in der Gravimetrie seit langem bekannte Methode ausfällen. Dazu wird die Legierung mit rauchender Salpetersäure und heißem Wasser behandelt, wobei das Zinn in wasserunlösliche ß-Zinnsäure überführt wird. Diese wird abfiltriert und mit heißem Wasser ausgewaschen. Im Filtrat liegen nur noch die Kationen Bi^{3+} und Pb^{2+} vor, die mit EDTA-Maßlösung titriert werden können.
Bei einer Analyse von Roseschem Metall werden 0,1737 g Legierung eingewogen, das Zinn wie oben in ß-Zinnsäure überführt, diese abfiltriert und ausgewaschen. Das Filtrat wird auf pH = 1–1,5 eingestellt, Xylenolorange als Indikator hinzugefügt und dann zur Bismutbestimmung mit einer EDTA-Lösung der Konzentration 0,025 mol · l^{-1} bis zum Farbumschlag von rotviolett nach gelb titriert. Verbrauch: 17,32 ml. Danach stellt man mit einer Pufferlösung wie z. B. Acetatpuffer den pH-Wert auf pH = 5,2 ein und titriert zur Bleibestimmung mit der Maßlösung weiter bis zum erneuten Farbumschlag von rotviolett nach gelb. Verbrauch: 10,78 ml.
Berechnen Sie die Massenanteile an Bismut und Blei in der Legierung in %.

3.1-45 Messing, das sich leicht drehen und fräsen läßt, ist eine Legierung von Kupfer und Zink, die auch einen geringen Massenanteil Blei enthält. Der Gehalt der drei Metalle läßt sich durch Titration mit EDTA-Lösung ermitteln. Man bereitet zuerst eine Probelösung, indem man eine geeignete Portion der Legierung in einem möglichst geringen Volumen Salpetersäure löst, anschließend die nitrosen Gase verkocht, dann die Lösung in einen Meßkolben überführt und nach dem Erkalten auf Raumtemperatur den Kolbeninhalt mit Wasser bis zur Eichmarke auffüllt. Aus dieser Lösung werden mit einer Pipette geeignete Probevolumina entnommen. Bei einer solchen Analyse beträgt die Messingeinwaage 0,747 g, und die Lösung wird in einem 100 ml-Meßkolben mit Wasser bis zur Eichmarke aufgefüllt. Die einzelnen Probevolumina werden dann auf folgende Weise analysiert:

A. Die erste Probe ergibt den Gehalt an Blei. 50 ml der Probelösung werden mit 10 ml Ammoniaklösung der Konzentration 5 mol · l^{-1} versetzt, wobei der intensiv blaue Kupfertetramminkomplex Cu(NH$_3$)$_4^{2+}$ gebildet wird. Dann setzt man festes Kaliumcyanid zu, bis die Lösung vollständig entfärbt ist. Das Cyanidion bildet sehr stabile Komplexe mit den Kationen Cu^{2+} und Zn^{2+}, nicht dagegen mit dem Pb^{2+}-Ion. Es maskiert deshalb die beiden erstgenannten Ionen. Man setzt nun 10,00 ml EDTA-Lösung der Konzentration 0,0250 mol · l^{-1} und Methylthymolblau als Indikator zu. Der Überschuß an EDTA wird mit Calciumchloridlösung der Konzentration 0,02105 mol · l^{-1} bis zum Auftreten der intensiv blauen Farbe des Indikators zurücktitriert. Verbrauch an Calciumchloridlösung: 9,40 ml.

B. Die zweite Probe ergibt die Gehalte an Zink und Blei. 10,00 ml der Probelösung werden mit Thioharnstoff versetzt, bis die Lösung farblos ist. Thioharnstoff dient hier als Maskierungsmittel für Kupfer, weil diese organische Verbindung mit Cu^{2+}-Ionen einen sehr stabilen Komplex bildet und diese Komplexbildung selektiv für Kupfer ist. Dann setzt man 25,00 ml EDTA-Lösung der Konzentration 0,0250 mol · l^{-1} und Xylenolorange als Indikator zu und stellt, z. B. mit Acetatpuffer, den pH-Wert auf pH = 5,0 – 5,5 ein. Bei der Rücktitration mit Bleinitratlösung der Konzentration 0,0200 mol · l^{-1} bis zum Farbumschlag von gelb nach rotviolett werden 8,40 ml verbraucht.

C. Die dritte Probe ergibt den Gesamtgehalt der drei Metalle. 10,00 ml Probelösung werden mit einem Überschuß von EDTA-Lösung versetzt, in diesem Fall mit 50,00 ml der Konzentration 0,0250 mol · l^{-1}. Als Indikator fügt man Xylenolorange hinzu und stellt

den pH-Wert auf pH = 5,0–5,5 ein. Dann wird mit Bleinitratlösung der Konzentration 0,0200 mol·l^{-1} bis zum Farbumschlag von gelb nach rotviolett titriert. Verbrauch an Bleinitratlösung: 5,55 ml.
Berechnen Sie aus den Analysendaten die Massenanteile der drei Metalle im Messing in %.

Wasserhärtebestimmung

3.1-46 Ein Leitungswasser enthält 0,164 g Calciumhydrogencarbonat und 0,120 g Calciumsulfat pro Liter.
Berechnen Sie die Gesamthärte des Wassers
a) in mmol Ca^{2+}-Ionen·l^{-1},
b) in mg Ca^{2+}-Ionen·l^{-1},
c) in der früher verwendeten Einheit °DH.

3.1-47 Die temporäre Härte eines Wassers wurde durch Titration einer 100 ml-Probe mit Salzsäure der Äquivalentkonzentration 0,1 mol·l^{-1} bestimmt. Der HCl-Verbrauch betrug 4,00 ml.
Berechnen Sie die temporäre Wasserhärte in mmol Ca^{2+}-Ionen·l^{-1}.

3.1-48 Ein bestimmtes Leitungswasser hat eine Gesamthärte von 5,65 mmol Ca^{2+}- + Mg^{2+}-Ionen·l^{-1}. Davon entfallen 2,10 mmol Ca^{2+}- + Mg^{2+}-Ionen·l^{-1} auf die permanente Härte. Wieviel g Kalk $Ca(OH)_2$ und Soda Na_2CO_3 müssen 1 m^3 Wasser zur vollständigen Enthärtung zugesetzt werden?

3.1-49 Ein Leitungswasser mit einer permanenten Wasserhärte von 6,30 mmol Ca^{2+}·l^{-1} soll durch Seifenzugabe enthärtet werden. Die Seife, ein Gemisch von Natriumsalzen gesättigter Monocarbonsäuren unterschiedlicher Molekülgrößen, bildet mit den Ca^{2+}-Ionen einen schwerlöslichen Niederschlag.
Wieviel g Natronseife mit einem Massenanteil an Fettsäureanionen von 75% und der mittleren molaren Masse der Fettsäureanionen von 275 g·mol^{-1} sind zur Ausfällung der Ca^{2+}-Ionen aus 1 m^3 Wasser erforderlich?

3.1-50 1 l Leitungswasser enthielt folgende gelöste Stoffe: 109,7 mg $Ca(HCO_3)_2$, 25,8 mg $Mg(HCO_3)_2$, 8,7 mg $CaSO_4$ und 3,0 mg $MgSO_4$.
a) Berechnen Sie die permanente und temporäre Wasserhärte in mmol Ca^{2+}- + Mg^{2+}-Ionen·l^{-1}.
b) Berechnen Sie auch die Massen der zur Enthärtung von 1 m^3 Wasser benötigten $Ca(OH)_2$- und Na_2CO_3-Salze.

3.1-51 Ein bei der Enthärtung von Wasser in der Praxis oft verwendeter Ionenaustauscher besteht aus einem sulfonierten Polystyrolharz mit den Monomereinheiten $C_8H_7SO_3Na$. Die Ionenaustauschreaktion kann durch die Reaktionsgleichung

$$2\,C_8H_7SO_3Na + Ca^{2+} \rightarrow (C_8H_7SO_3)_2Ca + 2\,Na^+$$

veranschaulicht werden.
a) Berechnen Sie die maximale Austauscherkapazität des Harzes in mg aufgenommener Ca^{2+}-Ionen pro g Austauscherharz.
b) Wieviel m^3 Leitungswasser mit einer Gesamthärte von 4,5 mmol Ca^{2+}-Ionen·l^{-1} können von 1 kg Ionenaustauscherharz enthärtet werden, wenn 93% aller SO_3Na-Gruppen austauschwirksam sind?

3.1-52 Aus 0,5 l calciumsulfathaltigem Brunnenwasser werden die Calciumionen durch Zugabe von Natriumcarbonatlösung quantitativ gefällt. Der ausgewaschene Niederschlag wird dann in 30 ml Salzsäurelösung der Äquivalentkonzentration 0,1 mol·l^{-1} gelöst. Zur Rücktitration der überschüssigen Salzsäure werden 9,8 ml Natronlauge der Äquivalentkonzentration 0,1 mol·l^{-1} verbraucht.
Wieviel mg Calciumsulfat sind in 1 l Brunnenwasser enthalten?

3.1-53 Zur Bestimmung der Gesamthärte eines Leitungswassers wird aus einem größeren Volumen eine Probe von 100 ml entnommen. Um Störungen durch mögliche Chlorzusätze zu vermei-

den, fügt man ca. 0,1 g Natriumthiosulfat hinzu. Störungen durch Spuren von Schwermetallen wie Kupfer und Eisen werden durch Zusatz von ca. 0,1 g KCN als Maskierungsmittel verhindert. Mit Pufferlösung NH_3/NH_4Cl oder einer Indikatorpuffertablette wird der pH-Wert auf $pH = 10$ eingestellt. Im ersten Fall setzt man noch den Indikator Eriochromschwarz T zu und titriert mit EDTA-Lösung der Äquivalentkonzentration $0,01$ mol $\cdot$ l^{-1} bis zum Farbumschlag von rot nach blau. Bei der Analyse einer Wasserprobe betrug der Verbrauch 28,54 ml. Berechnen Sie die Gesamthärte des Wassers in mmol Mg^{2+}- + Ca^{2+}-Ionen $\cdot$ l^{-1}.
Um einen scharfen Farbumschlag des Indikators zu erzielen, sollte der Massenanteil an Magnesium in der Probe wenigstens 5% des Massenanteils an Calcium betragen. Da dies nicht bei allen Wässern der Fall ist, ist es angeraten, der Wasserprobe vor der Titration 1 ml MgY_2-Lösung der Konzentration $0,1$ mol $\cdot$ l^{-1} zuzusetzen.

Fällungstitrationen

3.1-54 10 ml einer Salzsäure unbekannter Konzentration werden mit Silbernitratlösung im Überschuß versetzt. Die Masse des AgCl-Niederschlags beträgt 0,693 g. Zur vollständigen Neutralisation von 25 ml einer Natriumcarbonatlösung werden 22,5 ml dieser Salzsäure verbraucht.
Berechnen Sie die Na^+-Ionenkonzentration der Sodalösung.

3.1-55 Zur Bestimmung des Silbergehalts einer Silberprobe wurden 1,105 g abgewogen und in Salpetersäure gelöst. Zur vollständigen Ausfällung der Silberionen waren 10,00 ml Natriumchloridlösung mit $c(NaCl) = 1$ mol $\cdot$ l^{-1} und 0,8 ml Natriumchloridlösung mit $c(NaCl) = 0,1$ mol $\cdot$ l^{-1} erforderlich.
Berechnen Sie den Massenanteil Silber in der Probe in %.

3.1-56 0,2000 g eines Gemisches von NaCl und KCl wurden in Wasser gelöst, die Lösung mit Salpetersäure angesäuert und die Chloridionen durch Zugabe von 28,75 ml einer Silbernitratlösung der Äquivalentkonzentration $0,1$ mol $\cdot$ l^{-1} bis zum Äquivalenzpunkt der Fällungsreaktion titriert.
Berechnen Sie die Massenanteile der beiden Alkalichloride im Gemisch.

3.1-57 Eine wäßrige Lösung von Chlorwasserstoff und Natriumchlorid wurde in folgender Weise analysiert: 1 g Lösung wurde mit Natronlauge der Äquivalentkonzentration $0,1$ mol $\cdot$ l^{-1} bis zum Neutralpunkt titriert. Der Verbrauch betrug 27,4 ml. Die Chloridionen in der neutralen Lösung wurden dann mit Silbernitratlösung der Äquivalentkonzentration $0,1$ mol $\cdot$ l^{-1} bis zum Äquivalenzpunkt titriert, wobei der Verbrauch 36,5 ml betrug.
Berechnen Sie die Massenanteile an Chlorwasserstoff und Natriumchlorid in der Ausgangslösung.

3.1-58 Bei der Chloridbestimmung nach Mohr wird die neutrale Chloridionenlösung in Gegenwart von Kaliumchromat als Indikator mit Silbernitrat-Maßlösung titriert, wobei das Kaliumchromat am Endpunkt der Titration nach Ausfällung aller Chloridionen mit überschüssigem Silbernitrat einen roten Silberchromatniederschlag bildet.
Berechnen Sie die theoretisch günstigste Chromationenkonzentration im Titrationssystem. $K_L(AgCl) = 10^{-10}$ mol$^2 \cdot$ l^{-2}, $K_L(Ag_2CrO_4) = 2 \cdot 10^{-12}$ mol$^3 \cdot$ l^{-3}.

3.1-59 Die Gleichgewichtskonstante der analytisch wichtigen Redoxreaktion von arseniger Säure mit Iodlösung nach der Gleichung

$$H_3AsO_3 + I_3^- + 3 H_2O \rightarrow H_3AsO_4 + 2 H_3O^+ + 3 I^-$$

ist $1,1 \cdot 10^{-2}$ (die Konzentration des Wassers ist in die Gleichgewichtskonstante mit einbezogen).
Welches ist der niedrigste pH-Wert, bei dem die Reaktion ausgeführt werden kann, ohne daß der durch unvollständige Umsetzung bedingte Fehler 0,1 % übersteigt? Es sei angenommen, daß die Konzentration der Iodidionen am Endpunkt der Titration $0,1$ mol $\cdot$ l^{-1} beträgt. Als Indikator wird Stärke verwendet. Die Blaufärbung der Stärke mit Iod ist ab einer Triiodidionenkonzentration von $1,0 \cdot 10^{-6}$ mol $\cdot$ l^{-1} sichtbar.

3.2 Fällungsanalyse (Gravimetrie)

Die Ausführung und Auswertung gravimetrischer Bestimmungen

Bei der Gravimetrie (Fällungsanalyse mit anschließender Massenbestimmung durch Wägung) werden die zu bestimmenden Ionen in einer wäßrigen Lösung bekannten Volumens, aber unbekannter Konzentration mit einem Überschuß an Fällungsmittel versetzt. Dieses überführt die Ionen quantitativ in einen schwerlöslichen Stoff mit genau bekannter stöchiometrischer Zusammensetzung, der als Niederschlag ausfällt. Der Niederschlag wird durch Abfiltrieren von der Mutterlauge getrennt, ausgewaschen, getrocknet und gewogen. Bei bestimmten gravimetrischen Analysen wird der getrocknete Niederschlag auch durch Glühen in eine andere Wägeform (chemische Verbindung mit anderer, wiederum aber genau bekannter, stöchiometrischer Zusammensetzung) überführt.
Eine andere Variante der Gravimetrie ist die Elektrogravimetrie. Mit ihrer Hilfe werden die Kationen bestimmter Metalle durch Elektrolyse entweder an einer Kathode quantitativ zum Metall reduziert oder an einer Anode als festes Oxid bekannter stöchiometrischer Zusammensetzung abgeschieden. Die Massenbestimmung erfolgt hier durch Wägung der Elektrode vor und nach der Elektrolyse.
Es gibt auch gravimetrische Analysen, bei denen ein fester Stoff durch Verbrennung oder durch Einwirkung von Reagenzien in eine oder mehrere flüchtige Verbindungen überführt wird. Diese werden anschließend von geeigneten Absorptionsmitteln selektiv und quantitativ aufgenommen (siehe als Beispiel die C-H-Bestimmung, Kapitel 3.3). Auch hier erfolgt die Massenbestimmung durch Wägung des Absorptionsmittels vor und nach der Analyse.
Bei chemischen Umsetzungen, die sich als gravimetrische Bestimmungen eignen, müssen folgende Voraussetzungen erfüllt sein:

1. Das Gleichgewicht der Fällungsreaktion muß nahezu vollständig auf der Seite der Reaktionsprodukte liegen.
2. Der Niederschlag muß eine stöchiometrische Zusammensetzung haben.
3. Der Niederschlag muß gut wägbar sein und darf sich chemisch nicht verändern.
4. Das Fällungsreagenz soll möglichst selektiv sein.

Die Auswertung gravimetrischer Bestimmungen beinhaltet die Berechnung der Masse m oder des Massenanteils w des zu analysierenden Stoffs in der Ausgangsprobe aus der Masse der Probe in der Wägeform, die auch Auswaage $m(A)$ heißt. Dazu benutzt man folgende einfache Gleichungen:

$$m(\text{Ausgangsprobe}) = m(A) \cdot F \qquad (3.14)$$

oder

$$w(\text{Ausgangsprobe}) = \frac{m(A) \cdot F}{m(E)} \qquad (3.15)$$

mit der Einwaage $m(E)$ und dem analytischen Faktor F. Als Einwaage bezeichnet man die Masse der in die Analyse eingehenden Probe. Der analytische Faktor ist nach der Gleichung für das stöchiometrische Massenverhältnis eines Elementes X in der Verbindung X_iY_k, in der i und k die Formelindizes sind,

$$m(X) = \frac{i \cdot M(X)}{M(X_iY_k)} \cdot m(X_iY_k) = F(i \cdot X/X_iY_k) \cdot m(X_iY_k), \qquad (3.16)$$

gegeben durch den Quotienten

$$F(i \cdot X/X_iY_k) = \frac{i \cdot M(X)}{M(X_iY_k)}. \qquad (3.17)$$

Beispiel 1:
Aus einer wäßrigen Analysenprobe wurden die darin enthaltenen Zn^{2+}-Ionen durch Zugabe von Diammoniumhydrogenphosphatlösung bei $pH = 6,6$ als schwerlösliches $ZnNH_4PO_4$ ausgefällt, abfiltriert und durch Glühen bei 450 °C in die Wägeform Zinkdiphosphat $Zn_2P_2O_7$ überführt. Die Auswaage betrug 106 mg. Berechnen Sie die Masse des Zinks in der Analysenlösung.

Lösung:

$$F(2\,Zn/Zn_2P_2O_7) = \frac{2\,M(Zn)}{M(Zn_2P_2O_7)} = \frac{65,4\,g \cdot mol^{-1}}{304,7\,g \cdot mol^{-1}} = 0,215$$

$$m(Zn) = F(2\,Zn/Zn_2P_2O_7) \cdot m(Zn_2P_2O_7) = 0,215 \cdot 106\,mg = 22,8\,mg.$$

Beispiel 2:
Zur gravimetrischen Bestimmung des Silbergehalts einer Münze wurde eine 0,687 g schwere Probe in verdünnter Salpetersäure in Lösung gebracht und das Silber durch Zugabe eines Überschusses von Chloridionen quantitativ als Silberchlorid ausgefällt. Der abfiltrierte Niederschlag wog nach der Trocknung bei 110 °C 350,5 mg. Berechnen Sie den Massenanteil an Silber in der Münze in %.

Lösung:

$$F(Ag/AgCl) = \frac{M(Ag)}{M(AgCl)} = \frac{107,9\,g \cdot mol^{-1}}{143,3\,g \cdot mol^{-1}} = 0,753.$$

$$w(Ag\text{ in der Münze}) = \frac{m(AgCl) \cdot F(Ag/AgCl)}{m(\text{Münze})} = \frac{350,5\,mg \cdot 0,753}{687\,mg} = 0,384 = 38,4\,\%.$$

Die Löslichkeit schwerlöslicher chemischer Verbindungen

Die Löslichkeiten L schwerlöslicher Verbindungen, genaugenommen die Stoffmengenkonzentrationen der in den gesättigten Lösungen befindlichen Substanzen in $Mol \cdot l^{-1}$, lassen sich aus den tabellierten Löslichkeitsprodukten K_L nach einfachen Beziehungen (Kapitel 2.2, S. 119) herleiten. So gilt für ein schwerlösliches Salz der stöchiometrischen Zusammensetzung AB die Beziehung

$$L = \sqrt{K_L} \tag{3.18}$$

und für ein Salz der Zusammensetzung AB_2 die Beziehung

$$L = \sqrt[3]{K_L/4} . \tag{3.19}$$

Man muß beachten, daß sich die obigen einfachen Berechnungsformeln für die Löslichkeiten immer auf Stoffsysteme beziehen, die durch Auflösung der festen Salze in Wasser bis zum Erreichen der Sättigungskonzentration entstehen. In Stoffsystemen, deren Ionenkonzentrationen sich beispielsweise durch Zugabe eines Fällungsmittels zu einem zu fällenden Stoff ständig verändern, gelten andere Gesetzmäßigkeiten.

Beispiel 3:
Berechnen Sie die Löslichkeit von Bariumsulfat, dessen Löslichkeitsprodukt $K_L(BaSO_4) = 1 \cdot 10^{-10}$ mol$^2 \cdot$ l^{-2} beträgt.

Lösung:
$Ba^{2+} + SO_4^{2-} \rightleftharpoons BaSO_4(s)$
$c(Ba^{2+}) \cdot c(SO_4^{2-}) = K_L(BaSO_4) = 1 \cdot 10^{-10}$ mol$^2 \cdot$ l^{-2}
$\quad c(BaSO_4) = c(Ba^{2+}) = c(SO_4^{2-})$
$\quad c(BaSO_4) = \sqrt{K_L} = 1 \cdot 10^{-5}$ mol $\cdot$ l$^{-1} \triangleq 2,3$ mg $\cdot$ l^{-1}.

Beispiel 4:
Berechnen Sie a) die Löslichkeit von Silberchromat, dessen Löslichkeitsprodukt $K_L = 2 \cdot 10^{-12}$ mol$^3 \cdot$ l^{-3} beträgt und b) die Löslichkeit der Silberionen.

Lösung:
a) $2 Ag^+ + CrO_4^{2-} \rightleftharpoons Ag_2CrO_4(s)$
$\quad c^2(Ag^+) \cdot c(CrO_4^{2-}) = K_L(Ag_2CrO_4) = 2 \cdot 10^{-12}$ mol$^3 \cdot$ l^{-3}
$\quad c(Ag_2CrO_4) = c(CrO_4^{2-}) = \frac{1}{2}c(Ag^+) = \sqrt[3]{(2 \cdot 10^{-12}/4)}$ mol$^3 \cdot$ l$^{-3} = 0,8 \cdot 10^{-4}$ mol $\cdot$ l^{-1}.
b) $c(Ag^+) = 2c(CrO_4^{2-}) = 1,6 \cdot 10^{-4}$ mol $\cdot$ l^{-1}.

Einfluß von Fremdionenzusätzen auf die Löslichkeit

Setzt man einer gesättigten wäßrigen Lösung eines schwerlöslichen Salzes mit Bodenkörper Fremdionen zu, dann hat dies eine Verstärkung der interionischen Wechselwirkung und eine Erhöhung der Löslichkeit zur Folge. Der Aktivitätskoeffizient wird kleiner als 1, und statt mit dem stöchiometrischen Löslichkeitsprodukt muß mit dem thermodynamischen Löslichkeitsprodukt gerechnet werden. Da für ein Salz AB, das in wäßriger Lösung in die Ionen A^+ und B^- dissoziiert, folgende Beziehung zwischen der Konzentration c und der Aktivität a gilt,

$$c \cdot f = a, \tag{3.20}$$

in der die Proportionalitätskonstante f der Aktivitätskoeffizient ist (s. S. 88), kann man für das thermodynamische Löslichkeitsprodukt dieses Salzes

$$K_L^a = c(A^+) \cdot f(A^+) \cdot c(B^-) \cdot f(B^-) \tag{3.21}$$

schreiben. Für die Löslichkeit L des Salzes gilt dann mit

$$L = c(A^+) = c(B^-) \tag{3.22}$$

und

$$f(A^+) = f(B^-) = f(a^\pm) \tag{3.23}$$
$$K_L^a = L^2 \cdot f^2(a^\pm) \quad \text{und} \quad L = \sqrt{K_L^a/f^2(a^\pm)}. \tag{3.24}$$

Die Ionenstärke I berechnet man gemäß der Beziehung

$$I = \tfrac{1}{2} \cdot \sum z_i^{*2} \cdot c_i \tag{3.25}$$

(vgl. (2.33)), und der Aktivitätskoeffizient ergibt sich für große Ionenstärken zu

$$\log f_i = \frac{-0,5 \cdot z_i^{*2} \cdot \sqrt{I}}{1 + \sqrt{I}} \tag{3.26}$$

oder für kleine Ionenstärken unter Vernachlässigung von $\sqrt{I}$ im Nenner der obigen Beziehung zu

$$\log f_i = -0,5 \, z_i^{*2} \cdot \sqrt{I}. \tag{3.27}$$

Beispiel 5:
Berechnen Sie die Löslichkeit von Bariumsulfat in einer Kochsalzlösung der Konzentration $0,01 \text{ mol} \cdot l^{-1}$.

Lösung:

$$I = \tfrac{1}{2} \cdot (0,01 \text{ mol} \cdot l^{-1} + 0,01 \text{ mol} \cdot l^{-1}) = 0,01 \text{ mol} \cdot l^{-1}.$$

Da der Beitrag der Ionen des Bariumsulfats zur Ionenstärke der Lösung wegen ihrer geringen Konzentration vernachlässigt werden kann, gilt:

$$\log f(\text{Ba}^{2+}) = \log f(\text{SO}_4^{2-}) = -0,5 \cdot z_i^{*2} \cdot \sqrt{I} = -0,5 \cdot 4 \cdot 0,1 = -0,2.$$
$$f(a^\pm) = 0,63.$$
$$c(\text{BaSO}_4) = c(\text{Ba}^{2+}) = c(\text{SO}_4^{2-}) = \sqrt{\frac{K_L^a}{f^2(a^\pm)}} = \sqrt{\frac{1 \cdot 10^{-10} \text{ mol}^2 \cdot l^{-2}}{0,63 \cdot 0,63}}$$
$$= \sqrt{2,5 \cdot 10^{-10} \text{ mol}^2 \cdot l^{-2}} = 1,58 \cdot 10^{-5} \text{ mol} \cdot l^{-1}.$$

Einfluß von Gleichionenzusätzen auf die Löslichkeit

Ein ganz anderer Fall liegt vor, wenn einer gesättigten Lösung eines schwerlöslichen Salzes AB, das mit seinem Bodenkörper in Kontakt ist, ein gleichioniges Salz AC oder BC zugesetzt wird. Als gleichionig bezeichnet man ein Salz, das bei der Dissoziation entweder die gleichen Kationen A^+ oder Anionen B^- wie das Vergleichssalz ausbildet. Für das Löslichkeitsprodukt in einer Lösung des Salzes AB, die außerdem den Gleichionenzusatz AC enthält, gilt dann:

$$K_L^c = c(A^+) \cdot c(B^-) = [c(AB) + c(AC)] \cdot c(AB). \tag{3.28}$$

In praxisnahen Fällungssystemen ist $c(AC)$ üblicherweise sehr viel größer als $c(AB)$, so daß der erste Ausdruck in der eckigen Klammer vernachlässigt werden kann, und man erhält dann die vereinfachte Beziehung

$$c(AB) = \frac{K_L^c}{c(AC)}. \tag{3.29}$$

Beispiel 6:
Zur gravimetrischen Bestimmung der Sulfationen in einer wäßrigen Lösung wird so viel Fällungsreagenz Bariumchlorid zugesetzt, daß seine Konzentration schließlich 0,01 mol $\cdot$ l^{-1} beträgt. Berechnen Sie die Sättigungskonzentration der Sulfationen (bzw. die Löslichkeit von BaSO$_4$) in der Lösung a) über das stöchiometrische Löslichkeitsprodukt, b) über das thermodynamische Löslichkeitsprodukt. $K_L^a(BaSO_4) = 1 \cdot 10^{-10}$ mol$^2 \cdot$ l^{-2}.

Lösung a:
Der Aktivitätskoeffizient in der Lösung wird als 1 angenommen. Dann erhält man $K_L^c(BaSO_4) = K_L^a(BaSO_4)$ und

$$c(SO_4^{2-}) = c(BaSO_4) = \frac{K_L^c}{c(Ba^{2+})} = \frac{1 \cdot 10^{-10} \text{ mol}^2 \cdot \text{l}^{-2}}{1 \cdot 10^{-2} \text{ mol} \cdot \text{l}} = 1 \cdot 10^{-8} \text{ mol} \cdot \text{l}^{-1}.$$

Lösung b:
Während die geringe Konzentration der Sulfationen von 10^{-8} mol $\cdot$ l^{-1} sich auf die interionische Wechselwirkung und damit auf den Aktivitätskoeffizienten allein nicht auswirkt, ist die hohe Konzentration des Bariumchloridzusatzes von 10^{-2} mol $\cdot$ l^{-1} sehr wohl zu berücksichtigen. Man erhält für die Ionenstärke der Lösung

$$I = 0,5 \cdot [c(Ba^{2+}) \cdot z^*(Ba^{2+}) + c(Cl^-) \cdot z^*(Cl^-)] = 0,5 \cdot (0,01 \cdot 2^2 + 0,02 \cdot 1^2) = 0,03;$$
$$f(Ba^{2+}) = f(Cl^-) = 0,52;$$
$$K_L^c(BaSO_4) = \frac{K_L^a(BaSO_4)}{f(Ba^{2+}) \cdot f(Cl^-)} = \frac{1 \cdot 10^{-10} \text{ mol}^2 \cdot \text{l}^{-2}}{(0,52)^2} = 3,7 \cdot 10^{-10} \text{ mol}^2 \cdot \text{l}^{-2}.$$

Die unter Berücksichtigung des Aktivitätskoeffizienten berechnete genaue Konzentration der Sulfationen beträgt demnach $3,7 \cdot 10^{-8}$ mol $\cdot$ l^{-1}, entsprechend einer Massenkonzentration von 0,0086 mg $\cdot$ l^{-1}. Demgegenüber ist die Löslichkeit von Bariumsulfat in reinem Wasser, umgerechnet in die Massenkonzentration, mit 2,3 mg $\cdot$ l^{-1} sehr viel höher.
Durch Gleichionenzusatz wird somit die Löslichkeit eines Niederschlages verringert, vorausgesetzt, daß die Konzentration der zugesetzten Ionen nicht zu hoch ist. Dieser Effekt der Löslichkeitsverringerung ist umso größer, je schwerer löslich ein Salz ist. Direkte Anwendung findet diese Gesetzmäßigkeit in vielen Arbeitsvorschriften zur

gravimetrischen Fällung von Niederschlägen, in denen die Waschflüssigkeiten Gleichionenzusätze enthalten. Besonders praktisch ist die Verwendung von Ammoniumsalzen als Gleichionenzusätze, weil diese sich beim nachfolgenden Trocknen oder Kalzinieren der Niederschläge durch Sublimation leicht verflüchtigen lassen. Das Anion des Ammoniumsalzes muß dann entsprechend auf das Anion des Niederschlages abgestimmt sein.

Die Abhängigkeit der Löslichkeit vom pH-Wert

Die Auflösung mancher schwerlöslicher Stoffe in Säuren, die beispielsweise nach folgenden Reaktionsgleichungen abläuft,

$$H_3O^+ + NO_3^- + AgOH(s) \rightarrow Ag^+ + NO_3^- + 2H_2O,$$
$$2H_3O^+ + 2Cl^- + ZnS(s) \rightarrow Zn^{2+} + 2Cl^- + H_2O + H_2S,$$
$$H_3O^+ + Ac^- + CaHPO_4(s) \rightarrow Ca^{2+} + H_2PO_4^- + Ac^- + H_2O,$$

zeigt bereits qualitativ die Abhängigkeit der Löslichkeit vom pH-Wert auf. Die Wirkung der Säuren auf das Löslichkeitsverhalten beruht darauf, daß mit den Anionen der schwerlöslichen Salze Säure-Base-Reaktionen erfolgen. Diese Lösungsreaktionen lassen sich in allgemeiner Form darstellen, wenn man beispielsweise das Anion des aufzulösenden Salzes mit A^-, sein Kation mit Me^+ und die einwirkende Säure mit HA^* bezeichnet. Dann gelten nämlich folgende einfache Teilgleichungen der Lösungsreaktion, aus denen durch einfache Addition die Gesamtgleichung erhalten werden kann (in Klammern hinter den Reaktionsgleichungen ist jeweils die zugehörige Gleichgewichtskonstante angegeben):

$$\begin{array}{ll} MeA(s) \rightleftharpoons Me^+ + A^- & (K_L) \quad\quad (I) \\ HA^* + A^- \rightleftharpoons A^{-*} + HA & \quad\quad\quad\quad (II) \\ \hline HA^* + MeA(s) \rightleftharpoons Me^+ + A^{-*} + HA & (K) \quad\quad (III) \end{array}$$

Die Reaktion (II) kann zur Ermittlung der Gleichgewichtskonstanten in die Teilreaktionen

$$HA^* \rightleftharpoons A^{-*} + H^* \qquad (K_S^*) \qquad\qquad (IIa)$$

und

$$A^- + H^+ \rightleftharpoons HA \qquad (1/K_S) \qquad\qquad (IIb)$$

zerlegt werden. Man erkennt aus diesen Gleichungen, daß die Lösungs- bzw. Fällungsreaktion (I) und die Lösungsreaktion in Gegenwart von Säure (III) nicht unabhängig voneinander verlaufen, sondern durch das gemeinsame Reaktionsprodukt Me^+ miteinander gekoppelt sind.

Will man vorausberechnen, wie eine gegebene Säure HA* mit einem Niederschlag reagieren wird, dann kann man dies durch Berechnung der Gleichgewichtskonstante der Gesamtreaktion (III) aus den Gleichgewichtskonstanten der Teilreaktionen (I) und (II) tun und diese mit dem Löslichkeitsprodukt K_L vergleichen:

$$K = K_L \cdot K_S^*/K_S \quad \text{oder} \quad pK = pK_L + pK_S^* - pK_S. \tag{3.30}$$

Die beiden obigen Ausdrücke können folgendermaßen interpretiert werden:
a) Reaktion (III) gewinnt gegenüber der Teilreaktion (I) an Einfluß, wenn $K > K_L$ wird.
b) Dominiert die Gesamtreaktion (III) gegenüber der Teilreaktion (I) sehr stark, dann ist $K \gg K_L$, und Gleichung (I) spielt praktisch keine Rolle mehr.

Berechnet man z. B. für K Werte > 1, so kann man ohne Einschränkung davon ausgehen, daß sich das Salz in einer genügend großen Menge zugesetzter Säure vollständig auflösen wird. Diese Gleichgewichtskonstante der Bruttoreaktion (III) wird aber nur dann $> K_L$, wenn $K_S^* > K_S$ wird. Dies wiederum bedeutet, daß die Säure, die zur Auflösung des Salzes eingesetzt wird, stärker sein muß als die im Anion des Salzes vertretene Säure, d. h. HA* muß stärker sein als HA.
Aus dem Gleichungssystem kann auch abgeleitet werden, daß ein schwerlösliches Salz sich um so leichter auflöst, je größer seine Löslichkeit in reinem Wasser ist, d. h. je größer K_L, je stärker die lösende und je schwächer die salzbildende Säure ist. Ist die salzbildende Säure schwach oder sehr schwach, so kann bereits das Wasser einen merkbaren Einfluß auf die Löslichkeit haben. Die Löslichkeit von Salzen sehr starker Säuren wird durch Zusatz anderer starker oder schwächerer Säuren in der Regel nicht beeinflußt, weil die Anionen der Salze sehr schwache Basen sind.
Mit den oben hergeleiteten Zusammenhängen kann man die pH-Abhängigkeit der Löslichkeiten schwerlöslicher Salze vom Typ MeA sehr gut erklären, bei denen Me^{2+} ein zweiwertiges Kation, A^{2-} das Anion der zweiten Protolysestufe einer zweibasigen Neutralsäure ist und die Protolysestufe HA^- im interessierenden pH-Bereich nur in verschwindend geringer Konzentration auftritt. Dies trifft besonders häufig auf die schwerlöslichen Sulfate, Sulfite, Carbonate und Oxalate zweiwertiger Schwermetallkationen zu.
Komplexere Verhältnisse herrschen bei der Beschreibung der pH-Abhängigkeit der Löslichkeiten von $Me^{2+}A^{2-}$-Salzen, wenn sich bei der Salzauflösung das Ion HA^-, d. h. der Ampholyt zwischen der Säure H_2A und der Base A^{2-}, ausbildet. Man kann zur Veranschaulichung der dann vorliegenden Situation folgendes Gleichungssystem benutzen:

$$\text{MeA(s)} \rightleftharpoons \text{Me}^{2+} + \text{A}^{2-} \quad (K_L) \tag{I}$$
$$\text{A}^{2-} + \text{H}_3\text{O}^+ \rightleftharpoons \text{HA}^- + \text{H}_2\text{O} \quad (1/K_{S2}) \tag{II}$$
$$\text{HA}^- + \text{H}_3\text{O}^+ \rightleftharpoons \text{H}_2\text{A} + \text{H}_2\text{O} \quad (1/K_{S1}) \tag{III}$$

mit K_{S1} als der ersten und K_{S2} als der zweiten Säurekonstante und K_L als dem Löslichkeitsprodukt.

Die Löslichkeit ist in diesem Falle

$$L(\text{MeA}) = c(\text{MeA}) = c(\text{Me}^{2+}). \tag{3.31}$$

Daneben gilt aber auch folgende Konzentrationsbedingung:

$$L(\text{MeA}) = c(\text{MeA}) = c(\text{H}_2\text{A}) + c(\text{HA}^-) + c(\text{A}^{2-}), \tag{3.32}$$

weil ja in der Lösung auf jedes Teilchen Me^{2+} ein Teilchen A^{2-} oder HA^- oder H_2A kommen muß. Die Gleichgewichtskonzentrationen aller interessierender Teilchen und daraus dann die Löslichkeit von MeA kann man mit Kenntnis der drei Gleichgewichtskonstanten K_L, K_{S1} und K_{S2} sowie der H_3O^+-Ionenkonzentration über folgende Gleichgewichte berechnen:

$$K_L = c(\text{A}^{2-}) \cdot c(\text{Me}^{2+}), \tag{3.33}$$

$$K_{S2} = \frac{c(\text{A}^{2-}) \cdot c(\text{H}_3\text{O}^+)}{c(\text{HA}^-)} \tag{3.34}$$

und

$$K_{S1} = \frac{c(\text{HA}^-) \cdot c(\text{H}_3\text{O}^+)}{c(\text{H}_2\text{A})} \tag{3.35}$$

Diese Berechnungen lassen sich sehr stark vereinfachen, wenn man den interessierenden pH-Bereich in drei Teilbereiche unterteilt, für die folgende vereinfachte Konzentrationsbedingungen gültig sind:
1. Teilbereich: $p\text{H} < pK_{S1}$, es überwiegt H_2A und deshalb gilt $c(\text{MeA}) \simeq c(\text{H}_2\text{A})$;
2. Teilbereich: $pK_{S1} < p\text{H} < pK_{S2}$, es überwiegt HA^-, und deshalb gilt $c(\text{MeA}) \simeq c(\text{HA}^-)$;
3. Teilbereich: $pK_{S2} < p\text{H}$, es überwiegt A^{2-}, weshalb man auch $c(\text{MeA}) \simeq c(\text{A}^{2-})$ schreiben kann.

Beispiel 7:
Berechnen Sie für das Ampholytsystem H_2A, HA^- und A^{2-} die Löslichkeit des schwerlöslichen Salzes MeA in den pH-Bereichen $p\text{H} < pK_{S1}$, $pK_{S1} < p\text{H} < pK_{S2}$ und $pK_{S2} < p\text{H}$ und zeichnen Sie ein logarithmisches Löslichkeitsdiagramm.

Lösung:
1. pH-Teilbereich
Es gilt $c(\text{MeA}) = c(\text{H}_2\text{A}) = K_L/c(\text{A}^{2-})$, weil
$c(\text{MeA}) = c(\text{Me}^{2+}) = K_L/c(\text{A}^{2-})$.

Zur Lösung dieser Gleichungen benötigt man einen Ausdruck für die Konzentration $c(\text{A}^{2-})$. Dieser lautet

$$K_{S2} = \frac{c(\text{A}^{2-}) \cdot c(\text{H}_3\text{O}^+)}{c(\text{HA}^-)}$$

und ergibt umgeformt

$$c(A^{2-}) = \frac{K_{S2} \cdot c(HA^-)}{c(H_3O^+)}. \tag{1}$$

Aus diesem Ausdruck muß die Konzentration $c(HA^-)$ eliminiert werden. Dies gelingt mit Hilfe der Gleichung

$$K_{S1} = \frac{c(HA^-) \cdot c(H_3O^+)}{c(H_2A)},$$

umgeformt nach

$$c(HA^-) = \frac{K_{S1} \cdot c(H_2A)}{c(H_3O^+)} \tag{2}$$

und eingesetzt in (1):

$$c(A^{2-}) = \frac{K_{S2} \cdot K_{S1} \cdot c(H_2A)}{c^2(H_3O^+)}$$

bzw.

$$c(MeA) = c(H_2A) = \frac{K_L \cdot c^2(H_3O^+)}{K_{S2} \cdot K_{S1} \cdot c(H_2A)}$$

bzw.

$$c(MeA) = c(H_2A) = c(H_3O^+) \cdot \frac{K_L}{K_{S2} \cdot K_{S1}}$$

oder

$$\log c(MeA) = -pH + \tfrac{1}{2} \cdot (pK_{S2} + pK_{S1} - pK_L).$$

$$\frac{d \log c(MeA)}{dpH} = -1.$$

2. *pH-Teilbereich*

$pK_{S1} < pH < pK_{S2}$

$c(MeA) = c(HA^-) = \dfrac{K_L}{c(A^{2-})}$ und wiederum $c(MeA) = c(Me^{2+}) = \dfrac{K_L}{c(A^{2-})}.$

$c(A^{2-}) = \dfrac{K_{S2} \cdot c(HA^-)}{c(H_3O^+)}$

$c(MeA) = c(HA^-) = c(H_3O^+) \cdot \dfrac{K_L}{K_{S2}}$

sowie

$$\log c(\text{MeA}) = \tfrac{1}{2} \cdot (pK_{S2} - pK_L - p\text{H})$$

$$\frac{d \log c(\text{MeA})}{d\,p\text{H}} = -\tfrac{1}{2}.$$

3. *pH-Teilbereich*

$p\text{H} < pK_{S2}$
$c(\text{MeA}) = c(\text{A}^{2-}) = K_L/c(\text{A}^{2-})$
$c(\text{MeA}) = c(\text{A}^{2-}) = K_L$

$\log c(\text{MeA}) = \tfrac{1}{2} pK_L$

$$\frac{d \log c(\text{MeA})}{d\,p\text{H}} = 0.$$

Trägt man jetzt zur besseren Veranschauung die erhaltenen Daten für die *p*H-Teilbereiche in ein logarithmisches Löslichkeitsdiagramm ein, d.h. in eine graphische Darstellung mit dem *p*H-Wert auf der Abszisse und $\log L$ auf der Ordinate, dann kann man für das Salz einer zweibasigen schwachen Säure mit beispielsweise $pK_{S1} = 6$, $pK_{S2} = 10$ und $pK_L = 8$ folgenden graphischen Verlauf erkennen:

Bei *p*H-Werten $> pK_{S2}$ ist die Löslichkeit *p*H-unabhängig, erhalten wird eine Gerade parallel zur Abszisse mit $\log c = -\tfrac{1}{2} pK_L$. Bei $p\text{H} = pK_{S2}$ geht die Löslichkeitskurve in eine Gerade mit der Steigung $-\tfrac{1}{2}$ über, deren Verlauf bis zu $p\text{H} = pK_{S1}$ reicht. Dort setzt eine weitere Gerade mit der Steigung -1 ein.

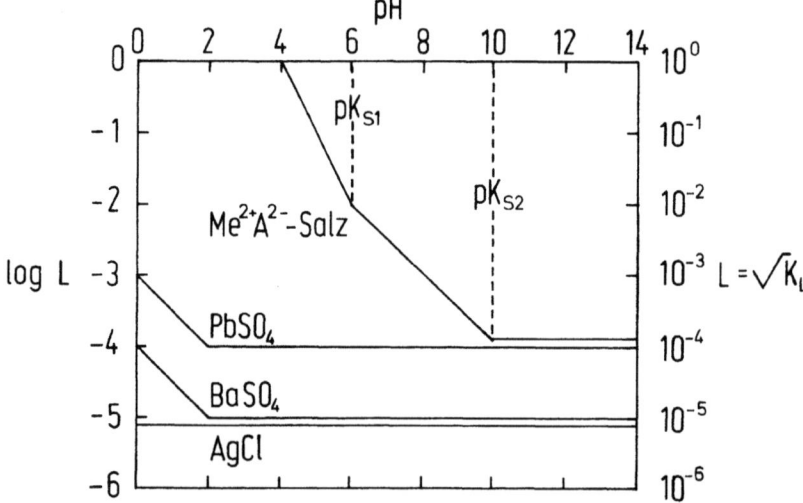

Abb. 3.7. Darstellung der Löslichkeit a) des Salzes einer zweibasigen schwachen Säure, b) von Bleisulfat PbSO$_4$, c) von Bariumsulfat BaSO$_4$ und d) von Silberchlorid AgCl als Funktion des *p*H-Werts der wäßrigen Lösung im logarithmischen Löslichkeitsdiagramm

Das Resümee aus dieser Betrachtung ist, daß die Löslichkeit eines solchen Salzes mit fallendem pH-Wert kräftig ansteigt.
Ebenfalls eingetragen in Abb. 3.7 ist die Löslichkeits-pH-Kurve von $PbSO_4$ mit $K_L = 10^{-8}$ $mol^2 \cdot l^{-2}$, $pK_{S2} = 2$ und $pK_{S1} = -3$. Der Bereich pH $< pK_{S1}$ kann hier gar nicht mehr messend erfaßt werden, weshalb die Kurve aus zwei Geraden mit den Steigungen 0 und $-\frac{1}{2}$ besteht und den Knickpunkt bei $pH = pK_{S2}$ aufweist.
Den gleichen Verlauf findet man auch für die Löslichkeits-pH-Kurve von $BaSO_4$ mit $pK_{S2} = 2$ und $K_L = 10^{-10}$ $mol^2 \cdot l^{-2}$, d.h. die Löslichkeit dieses Salzes steigt in stark sauren Lösungen aufgrund der Reaktion

$$BaSO_4 + H_3O^+ \rightleftharpoons HSO_4^- + Ba^{2+} + H_2O$$

recht stark an.
Das Salz einer starken einbasigen Säure wie z. B. Silberchlorid zeigt überhaupt keine pH-Abhängigkeit der Löslichkeit.

Beeinflussung der Löslichkeit durch Komplexbildung

Setzt man einer Aufschlämmung von Silberchlorid in wäßriger Lösung Ammoniaklösung zu, dann löst sich der Silberchloridniederschlag teilweise oder auch ganz auf. Der Auflösungsvorgang wird durch die folgenden Gleichgewichtsreaktionen (I) und (II) und die durch Addition der Reaktionsgleichungen resultierende Bruttoreaktion (III) mit zugehörigen pK-Werten bestimmt:

$$\begin{array}{lll}
AgCl(s) \rightleftharpoons Ag^+ + Cl^- & pK_L = 10 & (I) \\
Ag^+ + 2\,NH_3 \rightleftharpoons [Ag(NH_3)_2]^+ & -pK_D = -7 & (II) \\
\hline
AgCl(s) + 2\,NH_3 \rightleftharpoons [Ag(NH_3)_2]^+ + Cl^- & pK = 3 & (III)
\end{array}$$

Das Gleichgewicht läßt sich auch durch die Massenwirkungsbeziehung

$$K = \frac{K_L}{K_D} = 10^{-3}\ mol \cdot l^{-1} = \frac{c([Ag(NH_3)_2]^+) \cdot c(Cl^-)}{c^2(NH_3)}$$

ausdrücken, die man auch für Konzentrationsberechnungen in Komplexgleichgewichtssystemen einsetzen kann. Darin ist K_L das Löslichkeitsprodukt, K_D die Komplexdissoziationskonstante und K, der Quotient aus beiden Konstanten, die Gleichgewichtskonstante des Auflösungsvorgangs des schwerlöslichen Salzes durch den Komplexbildner. Entsprechendes gilt für die negativen dekadischen Logarithmen dieser Konstanten.
Bei der Bildungsreaktion eines Komplexes aus dem Metallkation und dem Komplexbildner, wie beispielsweise in Reaktionsgleichung (II), wird das Reaktionsgleichgewicht thermodynamisch durch die Bildungskonstante K_B, bei der Dissoziationsreaktion durch die Dissoziationskonstante K_D beschrieben. Es gilt die Beziehung

$$K_D = 1/K_B \qquad (3.36)$$

und für die negativen dekadischen Logarithmen gilt

$$pK_D = -pK_B. \tag{3.37}$$

Wenn einem Silberchloridniederschlag so viel Ammoniak zugesetzt wird, daß sich der gesamte Niederschlag gerade eben auflöst, so gilt für dieses Lösungsgleichgewicht die Konzentrationsbedingung

$$c[Ag(NH_3)_2]^+ = c(Cl^-),$$

denn es gilt auch

$$c(Ag^+) \ll c([Ag(NH_3)_2]^+).$$

Durch einfaches Einsetzen erhält man den Ausdruck

$$\frac{c^2(Cl^-)}{c^2(NH_3)} = K = \frac{K_L}{K_D} \quad \text{oder} \quad c(NH_3) = c(Cl^-) \cdot \sqrt{\frac{K_D}{K_L}},$$

der die Berechnung der erforderlichen Ammoniakkonzentration erlaubt, wenn man näherungsweise die durch Komplexbildung verbrauchte Ammoniakmenge vernachlässigt.

Da bei der AgCl-Auflösung pro entstehendem Cl^--Ion 2 NH_3-Moleküle zur Komplexbildung verbraucht werden, müßte die exakte Form des Massenwirkungsgesetzes eigentlich

$$\frac{c^2(Cl^-)}{(c(NH_3) - 2c(Cl^-))^2} = K$$

lauten. Die Löslichkeiten der Silberhalogenide in Ammoniaklösungen sind jedoch so gering, daß man die NH_3-Ausgangskonzentrationen einsetzen kann.

Beispiel 8:
Berechnen Sie die Ammoniakkonzentrationen, die zur Auflösung von Silberhalogenidniederschlägen der folgenden angegebenen Stoffmengen in jeweils 1 l Ammoniaklösung erforderlich sind,
a) 0,01 mol AgCl
b) 0,01 mol AgBr und
c) 0,01 mol AgI
und
d) die Löslichkeit von AgCl in einer NH_3-Lösung der Konzentration $0,1 \text{ mol} \cdot l^{-1}$.
Vernachlässigen Sie dabei die geringe Konzentrationserniedrigung des Ammoniaks durch die Komplexbildungsreaktion. $K_L(AgCl) = 10^{-10}$, $K_L(AgBr) = 10^{-12,3}$ und $K_L(AgI) = 10^{-16} \text{ mol}^2 \cdot l^{-2}$.

Lösung:

a) $c(NH_3) = c(Cl^-) \cdot \sqrt{\frac{K_D}{K_L}} = 0,01 \text{ mol} \cdot l^{-1} \cdot \sqrt{10^3} = 0,32 \text{ mol} \cdot l^{-1}.$

b) $c(NH_3) = 0,01 \text{ mol} \cdot l^{-1} \cdot \sqrt{\frac{10^{-7}}{10^{-12,3}}} = 0,01 \text{ mol} \cdot l^{-1} \cdot \sqrt{10^{5,3}} \approx 4,5 \text{ mol} \cdot l^{-1}.$

c) $c(NH_3) = 0{,}01 \text{ mol} \cdot l^{-1} \cdot \sqrt{\dfrac{10^{-7}}{10^{-16}}} = 0{,}01 \text{ mol} \cdot l^{-1} \cdot \sqrt{10^9} = 10^{2{,}5} \text{ mol} \cdot l^{-1}$.

Festes Silberiodid ist in Ammoniaklösung nicht vollständig löslich, weil die zur vollständigen Auflösung erforderliche Lösungskonzentration $c(NH_3)$ in Wasser nicht erreicht werden kann.

d) $c(AgCl) = c(NH_3) \cdot \sqrt{\dfrac{K_L}{K_D}} = 0{,}1 \text{ mol} \cdot l^{-1} \cdot \sqrt{10^{-3}} \approx 3 \cdot 10^{-3} \text{ mol} \cdot l^{-1} \triangleq 0{,}45 \text{ g} \cdot l^{-1}$.

Experimentelle Bestimmung von Löslichkeitsprodukten

Wenn in Einzelfällen die Bestimmung von Löslichkeitsprodukten experimentell notwendig ist, dann bieten sich dafür folgende Methoden an:
1. Man bestimmt die Konzentration des in Lösung befindlichen Stoffes im Gleichgewicht mit dem Bodenkörper mit hochempfindlichen Element-Nachweismethoden, wie z. B. der Atomabsorptionsspektroskopie oder der Polarographie.
2. Alternativ können auch *EMK*-Messungen mit Feststoffelektroden 2. Art, z. B. der Silber-Silberchloridelektrode oder der Kalomelelektrode durchgeführt werden.
3. Möglich ist auch die potentiometrische Bestimmung der fällungsanalytischen Titrationskurve, aus der dann das Löslichkeitsprodukt ermittelt werden kann.

Aufgaben

3.2-1 Zur Bestimmung des Massenanteils an Schwefel in einem Sulfidmineral werden 0,2170 g des Minerals mit konzentrierter Salpetersäure erhitzt. Die gebildete Schwefelsäure wird mit einem Überschuß von Bariumchloridlösung versetzt. Dabei werden die Sulfationen quantitativ in schwerlösliches Bariumsulfat $BaSO_4$ überführt. Der trockene Niederschlag hat eine Masse von 0,3571 g.
Wie groß ist der Massenanteil an Schwefel im Mineral in %?

3.2-2 0,3 g einer Probe von Calciumchlorid werden in Wasser gelöst und die Chloridionen durch Zugabe von Silbernitratlösung quantitativ ausgefällt. Der trockene AgCl-Niederschlag wiegt 0,7 g.
Welchen Massenanteil an wasserfreiem Calciumchlorid in % enthält die Ausgangsprobe?

3.2-3 Zur Bestimmung des Massenanteils an Schwefel in einer Heizölprobe werden 1,005 g der Probe in einem Quarzrohr im Sauerstoffstrom verbrannt und das entstandene Schwefeldioxid durch Hindurchleiten des Gasstroms durch eine wäßrige H_2O_2-Lösung quantitativ in Schwefelsäure überführt. Die Sulfationen werden dann durch Zugabe von Bariumchloridlösung quantitativ gefällt und liefern 0,2156 g $BaSO_4$.
Berechnen Sie den Massenanteil an Schwefel im Heizöl in %.

3.2-4 Zur Bestimmung des Aluminiumgehalts in kristallwasserhaltigem Aluminiumsulfat $Al_2(SO_4)_3 \cdot x H_2O$ wird eine Probe des Salzes von 0,630 g in Wasser gelöst und mit einem

Überschuß an wäßriger Ammoniaklösung versetzt. Der gebildete $Al(OH)_3$-Niederschlag wird abfiltriert, ausgewaschen, getrocknet und durch Glühen in Al_2O_3 überführt. Die Masse des Glührückstands ist 0,100 g.
Welchen Massenanteil an Aluminium enthält das Sulfat?

3.2-5 Messing ist eine Legierung von Kupfer und Zink mit sehr unterschiedlicher Zusammensetzung. Zur Bestimmung des Gehalts einer Messingprobe wurde diese zunächst durch Einwirken von Salpetersäure in eine Lösung von Kupfernitrat und Zinknitrat überführt. Aus dieser Lösung wurden die Kupferionen elektrolytisch als metallisches Kupfer an einer Platinkathode abgeschieden und gewogen. Die Zinkionen wurden danach als schwerlösliches Zinkammoniumphosphat $ZnNH_4PO_4$ ausgefällt, abfiltriert, ausgewaschen und durch Glühen in Zinkdiphosphat $Zn_2P_2O_7$ überführt. Aus der Messingprobe von 0,9012 g wurden bei dieser Analyse 0,7300 g Kupfer und 0,3982 g Zinkdiphosphat erhalten.
Berechnen Sie die Massenanteile Kupfer und Zink in der Messingprobe in %.

3.2-6 Bei der gravimetrischen Bestimmung von Metallkationen werden häufig organische Fällungsreagenzien mit relativ großen molaren Massen eingesetzt. Ein solches Reagens ist 8-Hydroxychinolin C_9H_6NOH, das die Kurzbezeichnung Oxin trägt. Die Anionen dieser einbasigen organischen Säure bilden mit Aluminiumionen bei pH 5 einen schwerlöslichen Niederschlag mit der Zusammensetzung $Al(C_9H_6NO)_3$. 0,1 g eines Aluminiumsalzes ergaben nach Auflösung in Wasser und Ausfällung mit Oxin einen Niederschlag von 0,255 g.
Berechnen Sie den Massenanteil des Aluminiums im Salz.

3.2-7 Die alten deutschen Nickelmünzen bestanden aus einer Legierung von Kupfer und Nickel. Zur Analyse wurde eine Münzprobe von 0,2 g in Salpetersäure in Lösung gebracht. Die Kupferionen wurden dann elektrolytisch an einer Platinkathode als Metall abgeschieden, wobei die Massenzunahme der Elektrode 0,15 g betrug. Aus der restlichen Lösung wurden die Nickelionen durch Zugabe von Diacetyldioximlösung ausgefällt. Der rote Niederschlag mit der Zusammensetzung $Ni(C_4H_7N_2O_2)_2$ wog nach Auswaschen und Trocknen bei 115 °C 0,246 g.
Berechnen Sie die Massenanteile von Kupfer und Nickel.

3.2-8 Eine wäßrige Lösung von Natriumsulfat und Kaliumsulfat unbekannter Gehalte wird der quantitativen Analyse unterworfen. Zur Sulfatbestimmung werden 10 ml der Lösung mit Bariumchloridlösung im Überschuß versetzt und ergeben einen Bariumsulfatniederschlag von 1,602 g. Zur Kaliumbestimmung wird weiteren 10 ml der Lösung Natriumtetraphenylboratlösung zugegeben, wobei die Kaliumionen als schwerlösliche Verbindung $KB(C_6H_5)_4$ quantitativ ausfallen. Dieser Niederschlag wiegt nach dem Trocknen 0,752 g.
Berechnen Sie die Massenkonzentrationen der Natrium-, Kalium- und Sulfationen in der Ausgangslösung.

3.2-9 0,8 g eines Gemisches von Natriumchlorid und Kaliumbromid unbekannten Mischungsverhältnisses werden in Wasser gelöst, mit etwas Salpetersäure angesäuert und mit Silbernitratlösung versetzt. Dabei werden die Chlorid- und Bromidionen quantitativ als AgCl und AgBr ausgefällt. Der Silberhalogenidniederschlag wiegt nach dem Trocknen 1,51 g.
Berechnen Sie die Massenanteile an NaCl und KBr im Ausgangsgemisch in %.

3.2-10 Das Mineral Schönit ist ein Doppelsalz, bestehend aus Kaliumsulfat, Magnesiumsulfat und Kristallwasser. Eine Probe des Minerals von 0,805 g erfährt beim Erhitzen unter Abspaltung des Kristallwassers einen Massenverlust von 0,216 g. Der Rückstand wird zur Sulfatbestimmung in Wasser gelöst und mit Bariumchloridlösung im Überschuß versetzt. Erhalten werden 0,934 g Bariumsulfatniederschlag.
Berechnen Sie die empirische Formel des Schönits.

3.2-11 Bleiweiß, ein basisches Bleicarbonat, war früher trotz seiner Giftigkeit ein weitverbreitetes Weißpigment. Es besteht aus Bleicarbonat $PbCO_3$ und Bleihydroxid $Pb(OH)_2$. Zur Gehaltsbestimmung einer Bleiweißprobe wurden 1,551 g der Probe in verdünnter Essigsäure in Lösung gebracht und dieser Lösung in der Hitze ein Überschuß von Kaliumdichromatlösung zugegeben. Der ausgefallene, schwerlösliche Niederschlag von Bleichromat wurde abfiltriert und wog nach Trocknung 1,939 g. Eine weitere Bleiweißprobe von 10,776 g wurde in einer

geschlossenen Glasapparatur mit verdünnter Salpetersäure versetzt und das entwickelte CO_2-Gas volumetrisch bestimmt. Erhalten wurden nach Umrechnung des Gasvolumens in die CO_2-Stoffmenge 0,002 mol CO_2.
Berechnen Sie die empirische Formel der Bleiweißprobe.

3.2-12 Bleimennige, ein wichtiges Korrosionsschutzpigment, enthält einen großen Massenanteil von Pb_3O_4 neben PbO und Verunreinigungen. Der Gehalt an PbO, der für die Anwendung von Mennige als Pigment von Bedeutung ist, kann nicht direkt bestimmt werden. Er kann jedoch bei Kenntnis der analytisch bestimmbaren Massenanteile an Pb_3O_4 und Gesamtblei berechnet werden.
Stellen Sie die Gleichung zur Berechnung des Massenanteils an PbO auf, wenn der Massenanteil an Pb_3O_4 $w(Pb_3O_4)$ in % und der Massenanteil an Gesamtblei $w(Pb)$ in % beträgt.

3.2-13 Aus 107 t Uranerz mit 0,82% Massenanteil an elementarem Uran wurden 1260 kg Rohuranat hergestellt und einer chemischen Gehaltsbestimmung unterworfen. Dazu wurden 9,76 g des Rohuranats in Salpetersäure gelöst und die Lösung mit Wasser auf ein Volumen von 1 l verdünnt. Aus 50 ml dieser Lösung wurde nach Entfernung störender Verunreinigungen das Uran als Oxychinolat ausgefällt, abfiltriert, ausgewaschen, getrocknet und zur Wägeform U_3O_8 kalziniert. Die U_3O_8-Auswaage betrug 172,8 mg.
Berechnen Sie den Massenanteil an Uran, der aus dem Uranerz in das Rohuran überführt werden konnte.

3.2-14 Ein Mineral hatte einen Massenanteil an Schwefel von 10%. Bei der Schwefelbestimmung betrug der errechnete Massenanteil jedoch nur 9,9%, weil ein geringer Anteil des ausgefällten Bariumsulfats beim Veraschen des Filters zu Bariumsulfid reduziert worden war.
Berechnen Sie den Massenanteil an Bariumsulfid im Bariumsulfat.

3.2-15 Bei der Ausfällung von Bariumsulfatniederschlägen aus wäßrigen Lösungen werden leicht Fremdelektrolyte in Hohlräumen des Niederschlags eingeschlossen und mitgefällt. Dieses bei der quantitativen Sulfatbestimmung recht störende Phänomen wird Okklusion genannt.
a) Bei einer bestimmten Sulfatanalyse wurde einer Natriumsulfatlösung Bariumnitrat-Fällungslösung im Überschuß zugesetzt. 1 g Bariumsulfatniederschlag enthielt 4,1 mg okkludiertes Natriumsulfat. b) Bei einer weiteren Sulfatanalyse wurde verdünnte Schwefelsäure mit Bariumchloridlösung versetzt, und der gefällte Bariumsulfatniederschlag enthielt 8,7 mg okkludiertes $BaCl_2$ pro g.
Berechnen Sie für beide Analysen die relativen Fehler bei der Bestimmung der Schwefelgehalte.

3.2-16 Bei der quantitativen Bestimmung der Phosphorsäure wird diese als Magnesiumammoniumphosphat $MgNH_4PO_4$ gefällt und durch nachfolgendes Glühen in Magnesiumdiphosphat $Mg_2P_2O_7$ umgewandelt.
Wie groß wird der relative Fehler des Analysenwertes für Phosphor, wenn bei einer Analyse der erhaltene Niederschlag aufgrund ungeeigneter Fällungsbedingungen außer Magnesiumammoniumphosphat noch einen Massenanteil von 5% tertiäres Magnesiumphosphat $Mg_3(PO_4)_2$ enthält?

3.2-17 Aus der Lösung eines wasserlöslichen Sulfats soll das Sulfation als festes Bariumsulfat $BaSO_4$ ($K_L = 10^{-10}$ $mol^2 \cdot l^{-2}$) so ausgefällt werden, daß die Sättigungskonzentration der Sulfationen 10^{-6} $mol \cdot l^{-1}$ unterschreitet.
Um wieviel % muß das Volumen an Bariumchloridlösung der Konzentration 0,1 $mol \cdot l^{-1}$, das zum Erreichen des Äquivalenzpunktes der Fällungsreaktion erforderlich ist, überschritten werden, um die gewünschte Sulfationenkonzentration zu erreichen?

3.2-18 Ein Niederschlag von $BaSO_4$ wird mit Na_2CO_3-Lösung digeriert, bis sich das Lösungsgleichgewicht eingestellt hat.
Berechnen Sie
a) das Konzentrationsverhältnis $c(SO_4^{2-})/c(CO_3^{2-})$ in der Lösung,
b) die Masse des im Gleichgewichtszustand in Lösung gegangenen $BaSO_4$.
Im Gleichgewichtszustand beträgt $c(CO_3^{2-}) = 2$ $mol \cdot l^{-1}$. Das Volumen der Lösung ist

100 ml. $K_L(BaSO_4) = 1{,}1 \cdot 10^{-10}\,mol^2 \cdot l^{-2}$ und $K_L(BaCO_3) = 8{,}1 \cdot 10^{-9}\,mol^2 \cdot l^{-2}$ bei 25 °C.

3.2-19 Niederschläge von Bariumsulfat werden einmal mit 100 ml destilliertem Wasser, das andere Mal mit 100 ml Schwefelsäure der Äquivalentkonzentration $c(eq) = 0{,}01\,mol \cdot l^{-1}$ ausgewaschen.
Wieviel mg Niederschlag gehen bei den beiden Waschprozeduren jeweils in Lösung, wenn angenommen wird, daß die Waschflüssigkeiten nach dem Auswaschen gesättigt sind? $K_L(BaSO_4) = 10^{-10}\,mol^2 \cdot l^{-2}$.

3.2-20 Mit wieviel ml Wasser darf ein Calciumoxalatniederschlag ausgewaschen werden, wenn höchstens 0,2 mg CaC_2O_4 in Lösung gehen dürfen? $K_L(CaC_2O_4) = 1{,}8 \cdot 10^{-9}\,mol^2 \cdot l^{-2}$.

3.2-21 Bei 25 °C haben Thalliumrhodanid TlSCN und Thalliumchlorid TlCl Löslichkeiten von $0{,}0149\,mol \cdot l^{-1}$ und $0{,}0161\,mol \cdot l^{-1}$.
Welche Stoffzusammensetzung hat eine mit beiden Salzen gesättigte Lösung?

3.2-22 Die Löslichkeit einer sehr schwachen, einbasigen organischen Säure beträgt $2{,}48 \cdot 10^{-6}\,mol \cdot l^{-1}$ in reinem Wasser und $6{,}62 \cdot 10^{-3}\,mol \cdot l^{-1}$ in $0{,}0107\,mol \cdot l^{-1}$ Natronlauge.
Berechnen Sie die Säurekonstante der Säure. $K_w = 10^{-14}\,mol^2 \cdot l^{-2}$.

3.2-23 Berechnen Sie die Sättigungskonzentration an Magnesiumionen Mg^{2+} in einer Lösung, die aus 90 ml Wasser und 10 ml Ammoniaklösung mit 25% Massenanteil NH_3 und der Dichte $0{,}910\,g \cdot ml^{-1}$ besteht und außerdem 1 g gelöstes Ammoniumchlorid NH_4Cl enthält. $K_L(Mg(OH)_2) = 10^{-11}\,mol^3 \cdot l^{-3}$. $K_B(NH_3) = 1{,}8 \cdot 10^{-5}\,mol \cdot l^{-1}$.

3.2-24 Berechnen Sie die Konzentrationen an Sulfidionen S^{2-} in folgenden mit Schwefelwasserstoff H_2S gesättigten Lösungen:
a) einer Lösung, die in 100 ml 1 ml Salzsäure mit 40% Massenanteil HCl und der Dichte $1{,}20\,g \cdot ml^{-1}$ enthält,
b) einer Lösung, die Essigsäure und Natriumacetat in gleichen Konzentrationen enthält.
$pK_S(HAc) = 4{,}74$. Die übrigen zur Aufgabenlösung erforderlichen Angaben können aus Beispiel 2.2-19 entnommen werden.

3.2-25 Aus einer Lösung, die in 100 ml 0,2 g $Pb(NO_3)_2$ enthält und eine Äquivalentkonzentration an Salpetersäure von $0{,}1\,mol \cdot l^{-1}$ hat, soll das Blei durch Einleiten von Schwefelwasserstoff bis zur Sättigung als schwerlösliches PbS ausgefällt werden.
Wieviel mg Blei und welcher Massenanteil Blei bleiben in Lösung? $K_L(PbS) = 10^{-28}\,mol^2 \cdot l^{-2}$.

3.2-26 Das Löslichkeitsprodukt von Calciumoxalat ist $1{,}8 \cdot 10^{-9}\,mol^2 \cdot l^{-2}$. Die Säurekonstanten der Oxalsäure betragen $K_{S1}(H_2C_2O_4) = 6{,}5 \cdot 10^{-2}\,mol \cdot l^{-1}$ und $K_{S2}(H_2C_2O_4) = 6 \cdot 10^{-5}\,mol \cdot l^{-1}$.
Berechnen Sie die Löslichkeit von Calciumoxalat
a) in reinem Wasser,
b) in Acetat-Pufferlösung mit $pH = 4$ und
c) in Salzsäure der Konzetration $0{,}1\,mol \cdot l^{-1}$.

3.2-27 Silberiodidniederschläge sind in Ammoniaklösung schwerlöslich, lösen sich jedoch in Kaliumcyanidlösung auf. Geben Sie eine rechnerische Interpretation dieses Lösungsverhaltens unter Verwendung des Löslichkeitsproduktes $K_L(AgI) = 10^{-16}\,mol^2 \cdot l^{-2}$ und der Stabilitätskonstanten der Komplexe $K([Ag(NH_3)_2]^+) = 10^{7{,}2}\,mol \cdot l^{-1}$ sowie $K([Ag(CN)_2]^-) = 10^{21}\,mol \cdot l^{-1}$. Das Iodid wird als leichtlöslich betrachtet, wenn seine Lösungskonzentration $0{,}1\,mol \cdot l^{-1}$ überschreitet.

3.2-28 Berechnen Sie die Silberionenkonzentration in einer Lösung, die durch Mischen von 100 ml $0{,}04\,mol \cdot l^{-1}$ Silbernitratlösung mit dem gleichen Volumen von $0{,}2\,mol \cdot l^{-1}$ Ammoniaklösung erhalten wird. Angaben über das beim Mischen gebildete Komplexion können aus Aufgabe 3.2-27 entnommen werden.

3.2-29 Eine Cadmiumsalzlösung wird mit Kaliumcyanidlösung im Überschuß versetzt, wobei das Komplexion $[Cd(CN)_4]^{2-}$ gebildet wird. Ihr Gehalt beträgt dann 0,04 mol·l^{-1} und die Konzentration der Cyanidionen 0,2 mol·l^{-1}. Danach wird eine so große Portion Natriumsulfid Na$_2$S zugesetzt, daß die Konzentration der Sulfidionen S^{2-} 0,001 mol·l^{-1} beträgt. Wird Cadmiumsulfid ausgefällt oder nicht? Die Stabilitätskonstante des Cadmiumtetracyanokomplexes ist $K([Cd(CN)_4]^{2-}) = 10^{19}$ mol·l^{-1}. $K_L(CdS) = 10^{26}$ mol^2·l^{-2}.

3.2-30 Wenn aus einer Silbersalzlösung die Silberionen mit Salzsäure gefällt werden, darf man keinen zu großen Überschuß an Salzsäure zusetzen, weil die Löslichkeit von AgCl sich wegen der Bildung von Komplexionen zwischen Silber- und Chloridionen erhöht.
Wie groß ist die Löslichkeit von AgCl in 0,1 mol·l^{-1} HCl-Lösung
a) unter der Voraussetzung, daß keine Komplexionen entstehen,
b) unter Berücksichtigung der Bildung von Komplexionen der stöchiometrischen Zusammensetzung $[AgCl_2]^-$?
$K_L(AgCl) = 1,8 \cdot 10^{-10}$ mol^2·l^{-2}. Die Stabilitätskonstante der Komplexbildungsreaktion $Ag^+ + 2Cl^- \rightleftharpoons [AgCl_2]^-$ ist $K([AgCl_2]^-) = 1,8 \cdot 10^5$ mol·l.

3.3 Elementaranalyse organischer Verbindungen

Als *Elementaranalyse* wird gewöhnlich die quantitative Bestimmung der in einer organischen Verbindung enthaltenen Elemente bezeichnet. Die organischen Verbindungen enthalten außer Kohlenstoff noch Wasserstoff und oft Sauerstoff sowie Stickstoff, Halogene, Phosphor und andere Elemente. Ziel der organischen Elementaranalyse ist in der Regel die Ermittlung der Massenanteile der Elemente in einer bestimmten Verbindung. Wenn diese bekannt sind, kann mittels der in Kapitel 1.2 beschriebenen stöchiometrischen Berechnungen die empirische Formel der Verbindung ermittelt werden. Zur Aufstellung der Molekularformel muß die molare Masse der Verbindung bekannt sein. Sie wird gewöhnlich mit einer der folgenden physikalisch-chemischen oder analytisch-chemischen Methoden bestimmt:
1. Bei gasförmigen Stoffen mit Hilfe der Gasgesetze, s. Kapitel 4.1;
2. aus der Gefrierpunktserniedrigung oder Siedepunktserhöhung eines Lösungsmittels, in dem der interessierende Stoff mit bekannter Konzentration im gelösten Zustand enthalten ist, s. Kapitel 4.2;
3. durch Titration, wenn es sich bei der chemischen Verbindung um eine Säure mit bekannter Wertigkeit handelt, und anschließender Berechnung der molaren Masse aus der durch Titration bestimmten molaren Äquivalentmasse;
4. aus der Zusammensetzung der Alkali- oder Silbersalze der Säurefunktionen enthaltenden Verbindung;
5. bei organischen Basen aus der Zusammensetzung bestimmter Salze, wie der Hydrochloride oder der Chloroplatinate;

6. bei verschiedenen anderen organischen Verbindungen durch ihre Überführung in geeignete Derivate, meist Halogenderivate.

Im folgenden sollen die Grundlagen der wichtigsten elementaranalytischen Bestimmungen dargestellt und in einigen Fällen auch Hinweise zur stöchiometrischen Auswertung gegeben werden.

C-H-Bestimmung

Die Bestimmung der Elemente Kohlenstoff und Wasserstoff in einer chemischen Verbindung erfolgt als Doppelbestimmung nach der klassischen Verbrennungsmethode von Liebig (1831), die von Pregl (1912) zu einer mikroanalytischen Methode ausgearbeitet wurde und mit Substanzproben von nur 3 bis 5 mg auskommt. Eine abgewogene Probe der Substanz wird dazu mit einem Sauerstoff abgebenden Stoff – CuO, CuO/PbCrO$_4$-Gemisch, Co$_3$O$_4$/AgMnO$_4$-Gemisch oder AgMnO$_4$ – vermischt und in ein Porzellanschiffchen gefüllt. Das Schiffchen mit der Reaktionsmischung wird in einem von Sauerstoff durchströmten Glasrohr durch Wärmezufuhr von außen zur Rotglut erhitzt. Dabei erfolgt die vollständige Verbrennung von Kohlenstoff und Wasserstoff unter Bildung von Kohlendioxid und Wasser. Aus dem Sauerstoffstrom werden die beiden gasförmigen Reaktionsprodukte durch Absorption quantitativ abgeschieden. Dazu leitet man die Verbrennungsgase nach dem Verlassen des Verbrennungsrohrs zunächst durch ein mit einem wasserbindenden Stoff (CaCl$_2$ oder MgClO$_4$) gefülltes Absorptionsgerät (U-Rohr mit zwei Schliffhähnen) und danach durch ein zweites, das mit Kalilauge oder Natronasbest beschickt ist und das Kohlendioxid aufnimmt. Aus der durch Differenzwägung bestimmten Massenzunahme der Absorptionsgefäße kann man die Massenanteile $w(C)$ an Kohlenstoff und $w(H)$ an Wasserstoff nach folgenden Gleichungen berechnen:

$$w(C) = \frac{m(C)}{m(E)} = \frac{m(CO_2)}{m(E)} \cdot \frac{M(C)}{M(CO_2)} = \frac{m(CO_2)}{m(E)} \cdot \frac{3}{11} \qquad (3.38)$$

und

$$w(H) = \frac{m(H)}{m(E)} = \frac{m(H_2O)}{m(E)} \cdot \frac{2\,M(H)}{M(H_2O)} = \frac{m(H_2O)}{m(E)} \cdot \frac{2{,}016}{18{,}016}. \qquad (3.39)$$

$m(E)$ ist darin die Einwaage an Analysensubstanz, d. h. die Masse der zu analysierenden Substanzprobe. Die Gleichungen (3.48) und (3.49) lassen sich über den Ausdruck für das stöchiometrische Massenverhältnis, Gleichung (1.9), herleiten.

Beispiel 1:
4,5254 mg eines gesättigten aliphatischen Kohlenwasserstoffs werden zur Bestimmung seiner empirischen Formel in einer C-H-Bestimmungsapparatur im Sauerstoffstrom verbrannt. Die Reaktionsprodukte Kohlendioxid und Wasser werden quantitativ in Absorptionsröhrchen zurückgehalten. Die Massenzunahme des CaCl$_2$-Absorptionsrohrs beträgt 6,1254 mg. Im Natronasbest-Absorptionsrohr nimmt die Masse um 14,079 mg zu. Berechnen Sie die Massenanteile von Kohlenstoff und Wasserstoff in der Probe in % und daraus die empirische Formel der Verbindung.

Lösung:

$$w(C) = \frac{m(CO_2)}{m(E)} \cdot \frac{M(C)}{M(CO_2)} = \frac{14{,}079 \text{ mg}}{4{,}5254 \text{ mg}} \cdot \frac{3}{11} = 0{,}84848 = 84{,}848\,\%;$$

$$w(H) = \frac{m(H_2O)}{m(E)} \cdot \frac{2\,M(H)}{M(H_2O)} = \frac{6{,}1254 \text{ mg}}{4{,}5254 \text{ mg}} \cdot \frac{2{,}016}{18{,}016} = 0{,}15146 = 15{,}146\,\%.$$

Wenn man 100 g der organischen Verbindung zugrundelegt, bedeuten die angegebenen Massenanteile die in dieser Stoffportion enthaltenen Elementmassen in g. Durch folgende Rechenoperation erhält man dann die empirische Formel der Verbindung:

$$n(C) : n(H) = \frac{84{,}848 \text{ g}}{12 \text{ g} \cdot \text{mol}^{-1}} : \frac{15{,}146 \text{ g}}{1{,}008 \text{ g} \cdot \text{mol}^{-1}} = 7{,}0707 : 15{,}026 = 1 : 2{,}125 = 8 : 17.$$

Die empirische Formel lautet also C_8H_{17}. Gesättigte aliphatische Kohlenwasserstoffverbindungen bilden eine homologe Reihe der allgemeinen Formel C_nH_{2n+2}, in der die Anzahl der Wasserstoffatome geradzahlig sein muß. Deshalb muß die Molekularformel $C_{16}H_{34}$ lauten oder ein ganzzahliges Vielfaches der dort aufgeführten Atomanzahlen enthalten.

Sauerstoffbestimmung

Der Sauerstoffgehalt einer organischen Verbindung wird gewöhnlich nicht direkt bestimmt, sondern indirekt aus der Differenz der durch quantitative Analyse erhaltenen Summe der Massenanteile aller anderen darin enthaltenen Elemente zu 100 % Massenanteil der Probe. Seit einigen Jahren gibt es jedoch auch bewährte Methoden zur direkten Sauerstoffbestimmung. Ein Beispiel dafür ist die Methode nach Unterzaucher. Eine genau eingewogene Substanzprobe wird im Stickstoffstrom durch Erhitzen zersetzt und verflüchtigt und die entstandenen Gase bzw. Dämpfe über einen auf 1100 °C erhitzten Kontakt aus platinierter Kohle geleitet. Dort bildet sich eine der Sauerstoffmenge der Probe äquivalente Stoffmenge Kohlenmonoxid. Das Kohlenmonoxid wird anschließend gemäß der folgenden Reaktionsgleichung bei 110 °C mit Diiodpentoxid quantitativ zu Kohlendioxid umgesetzt:

$$5\,CO + I_2O_5 \rightarrow 5\,CO_2 + I_2.$$

Das bei dieser Redoxreaktion gebildete elementare Iod wird in Alkalilauge aufgefangen und iodometrisch bestimmt.

Stickstoffbestimmung

Zur Stickstoffbestimmung lassen sich alternativ zwei verschiedene Verfahren einsetzen, die volumetrische Methode nach Dumas (1830) oder die acidimetrische Methode nach Kjeldahl (1883). Bei der Methode nach Dumas wird eine genau abgewogene Probe der stickstoffhaltigen organischen Substanz mit Kupferoxid vermischt und im CO_2-Strom geglüht. Durch das CuO wird die Substanz aufgeschlossen und in Kohlendioxid, Wasser und Distickstoffgas überführt. Ein geringer Anteil von entstandenen Stickoxiden wird anschließend durch Überleiten des Gasstroms über eine glühende Kupferspirale zu Stickstoff reduziert. Schließlich wird der Gasstrom in einen umgekehrten, mit Kalilauge gefüllten graduierten Glaszylinder, das Azotometer, eingeleitet. Das Kohlendioxid löst sich in der Kalilauge auf, und der Stickstoff bleibt im Azotometer zurück. Nach vollständiger Absorption des Kohlendioxids und beendeter Stickstoffentwicklung wird das Flüssigkeitsniveau in einer mit dem Azotometer kommunizierenden, zur Atmosphäre geöffneten Nivellierbirne auf gleiche Höhe mit dem Sperrflüssigkeitsniveau im Azotometer gebracht. Das Distickstoffgas im Azotometer steht dann unter Atmosphärendruck, und sein Volumen wird an der Graduierung abgelesen. Mit Hilfe der idealen Gasgleichung (4.7) läßt sich bei bekanntem Atmosphärendruck und bekannter Meßtemperatur das Stickstoffvolumen auf Normbedingungen umrechnen. Bei gegebener Dichte läßt sich dann der Massenanteil an Stickstoff in der Probe berechnen. Dafür kann folgende Beziehung verwendet werden:

$$w(N) = \frac{p_{korr.} \cdot V_t}{p_n \cdot (1 + \alpha t)} \cdot \frac{\varrho(N_2)}{m(E)} = F \cdot V_t \cdot \frac{\varrho(N_2)}{m(E)} = V_{n,\ korr.} \cdot \frac{\varrho(N_2)}{m(E)} \qquad (3.40)$$

Darin bedeuten:
$p_{korr.}$: den korrigierten Stickstoffdruck in mbar, ermittelt bei der Meßtemperatur t °C,
V_t : das gemessene Stickstoffvolumen bei t °C und $p_{korr.}$ mbar,
p_n : den Normdruck 1013,25 mbar,
α : den thermischen Ausdehnungskoeffizienten von Stickstoffgas (0,003671 t^{-1}),
$\varrho(N_2)$: die Dichte des trockenen Stickstoffs unter Normbedingungen (1,2505 mg · ml^{-1}),
$m(E)$: die Substanzeinwaage in mg,
F : den Gasreduktionsfaktor,
$V_{n,\ korr.}$: das korrigierte Normvolumen Stickstoff.

Den korrigierten Stickstoffdruck $p_{korr.}$ bei der Meßtemperatur t erhält man aus dem barometrisch gemessenen Luftdruck p_{bar} nach Subtraktion des Sättigungsdampfdrucks p_{H_2O} des Wassers über der KOH-Lösung. Außerdem muß noch der Barometerkorrekturwert p_k in Abzug gebracht werden, der die Volumenausdehnung der Barometerflüssigkeit und die lineare Ausdehnung des Barometer-Skalenmaterials auf die Normtemperatur umrechnet:

$$p_{korr.} = p_{bar} - p_{H_2O} - p_k.$$

p_{H_2O}, p_k und den Gasreduktionsfaktor F kann man analytischen Tabellen (z.B. Küster-Thiel, [13]) entnehmen.

Beispiel 2:
Zur volumetrischen Stickstoffbestimmung nach Dumas wurden 17,28 mg einer stickstoffhaltigen organischen Substanz eingewogen, mit Kupferoxid gemischt und im CO_2-Strom erhitzt. Das Volumen des in einem Azotometer über Kalilauge mit 30% Massenanteil aufgefangenen Distickstoffgases betrug 25,68 ml bei 22,0 °C und einem barometrisch gemessenen Luftdruck von 1012,5 mbar. Das verwendete Quecksilberbarometer hatte eine Glasskala. Berechnen Sie
a) das korrigierte Normvolumen des Distickstoffgases und
b) den Massenanteil des Stickstoffs in der organischen Probe in %.

Lösung:
a) Berechnung des korrigierten Normvolumens:
Unkorrigierter Barometerstand: p_{bar} = 1012,5 mbar. Sättigungsdampfdruck des Wasserdampfs über 30%-iger Kalilauge bei 22,0 °C gemäß Tabelle Küster-Thiel: p_{H_2O} = 16,3 mbar.
Korrekturwert des Barometers für 22,0 °C gemäß Tabelle Küster-Thiel: p_k = 3,7 mbar.
$p_{korr.} = p_{bar} - p_{H_2O} - p_k$ = (1012,5 − 16,3 − 3,7) mbar = 992,5 mbar.

$$V_{n, korr.} = \frac{p_{korr.} \cdot V_t}{p_n \cdot (1 + \alpha t)} = \frac{992,5 \text{ mbar} \cdot 25,68 \text{ ml}}{1013 \text{ mbar} \cdot (1 + 0,003671 \,°C^{-1} \cdot 22,0 \,°C)} = 23,28 \text{ ml}.$$

b) Massenanteilsberechnung:

$$w(N) = V_{n, korr.} \cdot \frac{\varrho(N_2)}{m(E)} = 23,28 \text{ ml} \cdot \frac{1,2505 \text{ mg} \cdot \text{ml}^{-1}}{172,8 \text{ mg}} = 0,1685 = 16,85\%.$$

Bei der Analysenmethode nach Kjeldahl wird die stickstoffhaltige organische Substanz mit konzentrierter Schwefelsäure in Gegenwart eines Oxidationsmittels wie Kaliumpermanganat $KMnO_4$ oder Perchlorsäure $HClO_4$ aufgeschlossen. Dabei wird der Stickstoff quantitativ in Ammoniumsulfat überführt. Die nach dem Aufschluß verdünnte Reaktionslösung wird dann mit einem Überschuß von Alkalilauge versetzt, das freigesetzte Ammoniakgas vollständig abdestilliert und in einer Vorlage, gefüllt mit einem Salzsäureüberschuß bekannter Konzentration, aufgefangen. Durch Rücktitration der nicht verbrauchten Salzsäure kann die Masse des entstandenen Ammoniaks ermittelt werden. Die Kjeldahl-Methode kann bei der Anwendung auf Nitroso-, Nitro- und Azoverbindungen versagen, wenn beim Aufschluß nicht unter reduzierenden Bedingungen gearbeitet wird (s. Aufgaben 3.3-15 und 3.3-16).

Halogenbestimmung

Die Halogene werden oft durch eine separate Analyse bestimmt. Bei der Methode nach Wurtzschmitt wird die halogenhaltige organische Substanz in einer verschlossenen Nickelbombe mit etwas Ethylenglykol und einem Überschuß von Natriumperoxid erhitzt. Dabei erfolgt der oxidative Aufschluß der Substanz. Nach Öffnen der Bombe und Auflösen des Reaktionsgemisches in Wasser liegen Chlor und Brom als Cl^-- und Br^--Ionen vor und können durch Zugabe von Silbernitratlösung wie üblich quantitativ gefällt und danach gravimetrisch bestimmt werden. Wenn die Substanz auch Schwefel enthält, erfolgt dessen Oxidation zu Sulfationen, die gravimetrisch als Bariumsulfat bestimmt werden. Zur Iodbestimmung verwendet man besser die maßanalytische Methode nach Leipert-Münster. Dabei wird eine abgewogene Probe der organischen Substanz im Sauerstoffstrom am Platinkontakt verbrannt, das freigesetzte elementare Iod mit Brom in essigsaurer Lösung zu Iodsäure oxidiert und der Bromüberschuß mit Ameisensäure zu Bromidionen reduziert. Man versetzt die Iodationen enthaltende Lösung im Anschluß mit Kaliumiodid und titriert das ausgeschiedene Iod mit Natriumthiosulfat-Maßlösung zurück.

Schwefelbestimmung

Es gibt verschiedene Bestimmungsmethoden, die sich im wesentlichen durch die Art des Aufschlusses der organischen Substanz unterscheiden. Zur Schwefelbestimmung nach Carius wird die schwefelhaltige organische Substanz mit einem Überschuß von rauchender Salpetersäure in einer Glasampulle oder in der Wurtzschmitt-Bombe oxidiert. Das gebildete Sulfat wird dann als Bariumsulfat gravimetrisch bestimmt. Nach Grote-Krekeler wird die schwefelhaltige Substanz im Luftstrom in einem besonders dafür hergerichteten Quarzrohr verbrannt, das entstandene Schwefeldioxid durch Oxidation mit Wasserstoffperoxidlösung vollständig in Schwefeltrioxid überführt und die entstandene Schwefelsäure entweder gravimetrisch als Bariumsulfat oder durch alkalimetrische Titration mit Natronlauge-Normallösung bestimmt.

Phosphorbestimmung

Phosphor wird durch geeignete Oxidationsmittel in Phosphorsäure überführt, die dann durch Ausfällung gravimetrisch, durch Titration oder kolorimetrisch (s. Kapitel 4.6) bestimmt werden kann.

Beispiel 3:
Bei der Verbrennung von 0,182 g einer aus Kohlenstoff, Wasserstoff und Sauerstoff bestehenden organischen Verbindung wurden 0,264 g CO_2 und 0,126 g H_2O erhalten. 2,50 g Substanz ergaben, in 50,0 g Wasser gelöst, eine Gefrierpunktserniedrigung von 0,496 °C. Berechnen Sie die Molekularformel der Verbindung. Die molale Gefrierpunktserniedrigung des Wassers beträgt $1,86 \, kg \cdot mol^{-1} \cdot °C$.

Lösung 1:
0,182 g Substanz enthalten:

$$m(C) = \frac{M(C)}{M(CO_2)} \cdot m(CO_2) = \frac{12,0 \, g \cdot mol^{-1}}{44,0 \, g \cdot mol^{-1}} \cdot 0,264 \, g = 0,072 \, g \text{ Kohlenstoff}$$

und

$$m(H) = \frac{2 \, M(H)}{M(H_2O)} \cdot m(H_2O) = \frac{2,016 \, g \cdot mol^{-1}}{18,016 \, g \cdot mol^{-1}} \cdot 0,126 \, g = 0,0141 \, g \text{ Wasserstoff}.$$

Die Masse des Sauerstoffs in der abgewogenen Probe wird durch Differenzbildung zu 0,182 g − (0,072 g + 0,014 g) = 0,096 g ermittelt.

Wenn die empirische Formel $C_xH_yO_z$ lautet, erhalten wir gemäß Kapitel 1.2 für das Formelindexverhältnis

$$x:y:z = \frac{0{,}072\text{ g}}{12\text{ g}\cdot\text{mol}^{-1}} : \frac{0{,}014\text{ g}}{1\text{ g}\cdot\text{mol}^{-1}} : \frac{0{,}096\text{ g}}{16\text{ g}\cdot\text{mol}^{-1}} = 3:7:3.$$

Die empirische Formel ist also $C_3H_7O_3$.
Die Molekularformel ist das n-fache der empirischen Formel, d.h. sie lautet $n\cdot(C_3H_7O_3)$.
Die molare Masse der Verbindung beträgt dann $n\cdot(3\cdot 12 + 7 + 3\cdot 16)\text{ g}\cdot\text{mol}^{-1} = n\cdot 91\text{ g}\cdot\text{mol}^{-1}$.
Aus der Gefrierpunktserniedrigung erhält man als Wert für die molare Masse

$$M = \frac{1{,}86\,°C\cdot\text{kg}\cdot\text{mol}^{-1}\cdot 2{,}5\text{ g}\cdot 1000\text{ g}\cdot\text{kg}^{-1}}{50\text{ g}\cdot 0{,}496\,°C} = 186\text{ g}\cdot\text{mol}^{-1}$$

und damit die Gleichung $n\cdot 91 = 186$; $n \approx 2$.
Die Molekularformel ist also $C_6H_{14}O_6$.

Lösung 2:
Hier wird zuerst aus der Gefrierpunktserniedrigung die molare Masse der Verbindung zu $M = 186\text{ g}\cdot\text{mol}^{-1}$ berechnet (vgl. Lösung 1).
Die Molekularformel sei $C_xH_yO_z$. Aus 1 mol dieser Verbindung bilden sich bei der C-H-Analyse $x\cdot M(CO_2)$ und $\frac{1}{2}y\cdot M(H_2O)$. Die Stoffmengen des Edukts und der beiden Produkte stehen deshalb in folgender Beziehung zueinander:

$$n(C_xH_yO_z) = x\cdot n(CO_2) = \frac{m(C_xH_yO_z)}{M(C_xH_yO_z)} = \frac{m(CO_2)}{x\cdot M(CO_2)} \text{ bzw.}$$

$$x = \frac{0{,}264\text{ g}\cdot 186\text{ g}\cdot\text{mol}^{-1}}{0{,}182\text{ g}\cdot 44{,}0\text{ g}\cdot\text{mol}^{-1}} = 6{,}13 \approx 6$$

und

$$n(C_xH_yO_z) = \tfrac{1}{2}y\cdot n(H_2O) = \frac{m(C_xH_yO_z)}{M(C_xH_yO_z)} = \frac{2\cdot m(H_2O)}{y\cdot M(H_2O)} \text{ bzw.}$$

$$y = \frac{2\cdot 0{,}126\text{ g}\cdot 186\text{ g}\cdot\text{mol}^{-1}}{0{,}182\text{ g}\cdot 18{,}0\text{ g}\cdot\text{mol}^{-1}} = 14{,}3 \approx 14.$$

Aus diesen Zahlenwerten kann der Formelindex z nach folgender Gleichung berechnet werden:

$$M(C_xH_yO_z) = x\cdot M(C) + y\cdot M(H) + z\cdot M(O); z = 6.$$

Da nun x, y und z bekannt sind, kann auch die genaue molare Masse der Verbindung $C_xH_yO_z$ berechnet werden.
Wenn x, y und z hohe Zahlenwerte haben und die aus der Gefrierpunktserniedrigung berechnete molare Masse vom richtigen Wert beträchtlich abweicht, kann die Lösungsmethode 2 eine falsche Molekularformel liefern. In einem solchen Falle ist die Methode 1 vorzuziehen.

Beispiel 4:
0,140 g einer aus Kohlenstoff, Stickstoff und Schwefel bestehenden organischen Verbindung ergaben bei der Elementaranalyse 0,147 g CO_2 und 0,388 g $BaSO_4$. 0,184 g der Verbindung gaben nach Dumas 52,3 ml trockenes Distickstoffgas, das bei 18 °C unter einem Druck von 1013 mbar stand. Berechnen Sie die Molekularformel der Verbindung, wenn 0,210 g im gasförmigen Zustand bei 16 °C unter einem Druck von 1008 mbar ein Volumen von 59,6 ml einnehmen.

Lösung:
Das aus 0,184 g Substanz entwickelte Stickstoffvolumen enthält

$$n_1(N) = \frac{2\,V(N_2) \cdot T_n}{V_m \cdot T} = \frac{2 \cdot 52{,}3\text{ ml} \cdot 273\text{ K}}{22414\text{ ml} \cdot \text{mol}^{-1} \cdot 291\text{ K}} = 0{,}00438\text{ mol}.$$

Aus 0,140 g Substanz werden demnach

$$n_2(N) = \frac{0{,}00438\text{ mol} \cdot 0{,}140\text{ g}}{0{,}184\text{ g}} = 0{,}00333\text{ mol N erhalten}.$$

Wenn die empirische Formel der Verbindung $C_xS_yN_z$ lautet, erhält man das folgende Formelindexverhältnis:

$$\begin{aligned}x:y:z &= \frac{m(CO_2)}{M(CO_2)} : \frac{m(BaSO_4)}{M(BaSO_4)} : \frac{m_2(N)}{M(N)} \\ &= \frac{0{,}147\text{ g}}{44{,}0\text{ g}\cdot\text{mol}^{-1}} : \frac{0{,}388\text{ g}}{233{,}4\text{ g}\cdot\text{mol}^{-1}} : 0{,}00333\text{ mol} = 2:1:2.\end{aligned}$$

Wenn die Molekularformel das n-fache der empirischen Formel beträgt, so kann sie als

$$n \cdot C_xS_yN_z$$

geschrieben werden. Die molare Masse der gesuchten Verbindung lautet deshalb:

$$\begin{aligned}M(n \cdot C_xS_yN_z) &= n \cdot (2\,M(C) + M(S) + 2\,M(N)) = n \cdot (24{,}0 + 32{,}1 + 28{,}0)\text{ g}\cdot\text{mol}^{-1} \\ &= n \cdot 84{,}1\text{ g}\cdot\text{mol}^{-1}.\end{aligned}$$

Die molare Masse der Verbindung wird nach Gleichung (4.13) berechnet zu

$$\begin{aligned}M(C_xS_yN_z) &= \frac{m(C_xS_yN_z) \cdot R_m \cdot T}{p \cdot V} \\ &= \frac{0{,}210\text{ g} \cdot 0{,}0831\text{ l}\cdot\text{bar}\cdot\text{K}^{-1}\cdot\text{mol}^{-1} \cdot 289\text{ K}}{1{,}008\text{ bar} \cdot 0{,}0596\text{ l}} \\ &= 83{,}9\text{ g}\cdot\text{mol}^{-1} \approx 84{,}1\text{ g}\cdot\text{mol}^{-1}.\end{aligned}$$

Der Zahlenwert von n ist also 1, und die Molekularformel lautet C_2SN_2.

Beispiel 5:
Eine einbasige organische Säure enthält Massenanteile von 40,0 % Kohlenstoff, 6,6 % Wasserstoff und als Rest Sauerstoff. Das Silbersalz dieser Verbindung enthält 47,6 % Silber. Stellen Sie die Molekularformel der Säure auf.

Lösung:
Die molare Masse der Säure sei $M(S)$. Da die Säure einbasig ist, beträgt die molare Masse ihres Silbersalzes
$M(S) - M(H) + M(Ag) = M(S) + 107\text{ g}\cdot\text{mol}^{-1}$.
$M(S)$ läßt sich nach folgender Gleichung berechnen:

$$w(Ag) = \frac{M(Ag)}{M(S) + 107\text{ g}\cdot\text{mol}^{-1}} = 0{,}476;\ M(S) = 120\text{ g}\cdot\text{mol}^{-1}.$$

Die Molekularformel der Säure sei $C_xH_yO_z$. Die Zahlenwerte der drei Formelindizes errechnet man dann folgendermaßen:

$$w(C) = \frac{M(C) \cdot x}{M(S)} = \frac{12 \text{ g} \cdot \text{mol}^{-1} \cdot x}{120 \text{ g} \cdot \text{mol}^{-1}} = 0{,}40, \ x = 4;$$

$$w(H) = \frac{M(H) \cdot y}{M(S)} = \frac{1 \text{ g} \cdot \text{mol}^{-1} \cdot y}{120 \text{ g} \cdot \text{mol}^{-1}} = 0{,}066, \ y = 8;$$

$$w(O) = \frac{M(O) \cdot z}{M(S)} = \frac{16 \text{ g} \cdot \text{mol}^{-1} \cdot z}{120 \text{ g} \cdot \text{mol}^{-1}} = 0{,}538, \ z = 4.$$

Die Molekularformel lautet also $C_4H_8O_4$.

Beispiel 6:
16,4 mg einer einwertigen organischen Base B, die die Elemente Kohlenstoff, Wasserstoff und Stickstoff enthält, gaben bei der Verbrennung 46,0 mg CO_2 und 10,9 mg H_2O. 67,2 mg des Salzes mit der Säure HCl gaben 74,11 mg Silberchlorid. Berechnen Sie die Molekularformel der Base.

Lösung:
Die Molekularformel der Base sei $C_xH_yN_z$ und ihre molare Masse $M(B)$. Da die Base einwertig ist, muß ihr Hydrochlorid die Molekularformel $C_xH_yN_z \cdot HCl$ und die molare Masse $M(B) + M(HCl)$ besitzen.
Da aus einer einfachsten Formel des Hydrochlorides eine einfachste Formel AgCl entsteht, gilt $n(B \cdot HCl) = n(AgCl)$. Die molare Masse der organischen Base kann deshalb nach folgender Gleichung berechnet werden:

$$n(B \cdot HCl) = n(AgCl) = \frac{m(B \cdot HCl)}{M(B) + M(HCl)} = \frac{m(AgCl)}{M(AgCl)}$$

$$= \frac{0{,}0672 \text{ g}}{M(B) + 36{,}5 \text{ g} \cdot \text{mol}^{-1}} = \frac{0{,}0741 \text{ g}}{143 \text{ g} \cdot \text{mol}^{-1}};$$

$$M(B) = 94 \text{ g} \cdot \text{mol}^{-1}.$$

Außerdem erhält man aus der gültigen Beziehung zwischen der Stoffmenge der Base und den Stoffmengen der bei der Elementaranalyse daraus gebildeten Produkte, $n(C_xH_yN_z) = x \cdot n(CO_2) = y/2 \cdot n(H_2O) = z/2 \cdot n(N_2)$, folgende Bestimmungsgleichungen für die Formelindices x, y und z:

$$\frac{m(B)}{M(B)} = \frac{m(CO_2)}{x \cdot M(CO_2)} = \frac{0{,}0164 \text{ g}}{93 \text{ g} \cdot \text{mol}^{-1}} = \frac{0{,}0460 \text{ g}}{x \cdot 44 \text{ g} \cdot \text{mol}^{-1}}, \qquad x = 6;$$

$$\frac{m(B)}{M(B)} = \frac{m(H_2O)}{y/2 \cdot M(H_2O)} = \frac{0{,}0164 \text{ g}}{93 \text{ g} \cdot \text{mol}^{-1}} = \frac{0{,}0109 \text{ g}}{y/2 \cdot 18 \text{ g} \cdot \text{mol}^{-1}}, \qquad y = 7.$$

$M(B) = x \cdot M(C) + y \cdot M(H) + z \cdot M(N)$ bzw. $93 \text{ g} \cdot \text{mol}^{-1}$
$= 6 \cdot 12 \text{ g} \cdot \text{mol}^{-1} + 7 \cdot 1 \text{ g} \cdot \text{mol}^{-1} + z \cdot 14 \text{ g} \cdot \text{mol}^{-1};$ \qquad $z = 1.$

Die Molekularformel lautet C_6H_7N, es ist die Formel des Anilins.

Oft interessiert bei der Analyse einer organischen Verbindung nicht nur die Elementzusammensetzung, sondern auch der Gehalt einer Probe an bestimmten funktionellen Gruppen, die sich durch eine besondere Reaktionsfähigkeit auszeichnen. Dazu zählt beispielsweise der Gehalt an Doppelbindungen in einer olefinischen Verbindung, der Methoxylgruppengehalt oder der Gehalt an aktivem, besonders reaktionsfähigem Wasserstoff. Ausgewählte Bestimmungsmethoden dieser drei Arten von funktionellen Gruppen sollen im folgenden kurz aufgeführt werden:

Bestimmung von Doppelbindungen in Alkenen

Viele organische Stoffe, z. B. Fette und Öle, enthalten C = C-Doppelbindungen, deren Gehalt sich durch katalytische Hydrierung bestimmen läßt. Bei der katalytischen Hydrierung wird an die Doppelbindungen Wasserstoff gemäß folgendem Reaktionsschema angelagert:

$$R_1 - CH = CH - R_2 + H_2 \rightarrow R_1 - CH_2 - CH_2 - R_2.$$

R_1 und R_2 sind Kohlenwasserstoffreste.
Zur Durchführung der Hydrierungsreaktion wird eine abgewogene Probe der organischen Substanz in einem geeigneten Lösungsmittel (z. B. Wasser, Ethanol oder Dioxan) gelöst, mit einem Hydrierkatalysator (Platin oder Palladium in feiner Verteilung) versetzt und in ein Hydriergefäß aus Glas gefüllt. Dieses Gefäß ist mit einer zunächst mit Wasser oder einer anderen Sperrflüssigkeit gefüllten Gasbürette, einem kalibrierten Glasrohr zur Volumenabmessung von Gasen, sowie einer damit kommunizierend verbundenen Nivellierbirne zum Druckausgleich versehen und bildet mit dieser die Hydrierapparatur. Sie wird über Glashähne mit einer Wasserstoff-Vorratsflasche und mit einer Vakuumpumpe verbunden und zunächst auf Dichtigkeit geprüft. Danach wird durch mehrmaliges Evakuieren und Eindosieren die gesamte Apparatur mit Wasserstoff gefüllt. Durch Schütteln des Hydriergefäßes beginnt der Hydriervorgang, der zur Abnahme des Wasserstoffvolumens führt. Die Additionsreaktion ist beendet, wenn das Wasserstoffvolumen sich nicht mehr verringert. Das verbrauchte Wasserstoffvolumen bei Atmosphärendruck wird an der Gasbürette abgelesen.
Zur Charakterisierung des Doppelbindungsgehaltes von Fetten und Ölen wurde früher vielfach die Hydrierzahl benutzt. Sie gab die Masse des zur vollständigen Hydrierung benötigten Wasserstoffs bezogen auf 100 g Einwaage der unhydrierten Substanz an.
Andere Methoden zur Bestimmung des Doppelbindungsgehaltes von Alkenen sind die Brom- oder Iodtitration. Dabei wird an jede Doppelbindung ein Molekül Br_2 oder I_2 addiert. Der Doppelbindungsgehalt einer solchen Verbindung wurde früher durch die Brom- oder Iodzahl angegeben, die Masse des addierten Broms oder Iods in g, bezogen auf 100 g Substanzeinwaage.

Methoxylgruppenbestimmung

Viele organische Verbindungen enthalten Methoxylgruppen $-O-CH_3$, deren Gehalt sich maßanalytisch bestimmen läßt. Dazu wird eine Probe der Verbindung mit

Iodwasserstoffsäure HI zum Sieden erhitzt, wobei der Methylrest der $-O-CH_3$-Gruppe in Iodmethan (Methyliodid) CH_3I überführt wird:

$$R-O-CH_3 + HI \rightarrow R-OH + CH_3I.$$

Das Iodmethan wird in eine Vorlage destilliert und mit Brom behandelt. Dabei entstehen Brommethan (Methylbromid) CH_3Br und Bromiod BrI:

$$CH_3I + Br_2 \rightarrow CH_3Br + BrI.$$

Das Bromiod wird dann durch überschüssiges Brom zu Iodsäure HIO_3 oxidiert:

$$BrI + 2\,Br_2 + 3\,H_2O \rightarrow HIO_3 + 5\,HBr.$$

Anschließend wird das überschüssige Brom durch Zugabe von Ameisensäure HCOOH zu Bromwasserstoff reduziert und schließlich durch Zugabe von Kaliumiodid die Iodsäure zu elementarem Iod reduziert, das sich mit Thiosulfat-Normallösung zurücktitrieren läßt:

$$Br_2 + HCOOH \rightarrow 2\,HBr + CO_2$$
$$HIO_3 + 5\,HI \rightarrow 3\,I_2 + 3\,H_2O$$
$$I_2 + 2\,H_2S_2O_3 \rightarrow 2\,HI + H_2S_4O_6.$$

Aus dem Verbrauch an Thiosulfatlösung bekannter Äquivalentkonzentration kann nach der in Kapitel 3.1 beschriebenen iodometrischen Titrationsmethode zunächst die Stoffmenge des ausgeschiedenen Iods berechnet werden und aus dieser dann die Stoffmengen Iodsäure, Iodbrom, Iodmethan und schließlich $O-CH_3$-Gruppen. Wie man anhand der Reaktionsgleichungen leicht nachprüfen kann, werden pro Methoxylgruppe 3 I_2-Molekeln in Freiheit gesetzt, wodurch die Methoxylgruppenbestimmung sich auch auf kleinste Substanzproben mit großer Genauigkeit anwenden läßt.

Zur praktischen Ausführung der Methoxylgruppenbestimmung bedient man sich einer speziellen Destillationsapparatur, die aus einem Reaktionskolben mit aufgesetztem Rückflußkühler und Gaswäscher sowie einem Gaseinleitungsrohr und der Vorlage mit Gasauslaß besteht. Im Reaktionskolben werden ca. 30 mg der methoxylgruppenhaltigen Substanz mit 0,5 ml Essigsäureanhydrid und einigen Kristallen Phenol sowie einer Spatelspitze roten Phosphors versetzt. Dann werden 5 ml konzentrierte Iodwasserstoffsäure zugegeben und das Reaktionsgemisch unter strömendem Kohlendioxid aus einer Gas-Vorratsflasche oder aus einem Kippschen Apparat auf 150 °C erhitzt. Das CO_2 überführt das entstehende Iodmethan in die Absorptionsvorlage, wobei mitgerissene Bestandteile aus dem Reaktionsgemisch, insbesondere freies Iod, im Rückflußkolben bzw. im mit einer wäßrigen Aufschlämmung von rotem Phosphor gefüllten Gaswäscher abgeschieden und zurückgehalten werden. In der Absorptionsvorlage wird das Iodmethan in einer verdünnten Natriumacetat-Essigsäurelösung aufgefangen und mit Brom im Überschuß umgesetzt. Danach wird tropfenweise mit Ameisensäure versetzt, bis die braune Farbe des Broms nicht mehr sichtbar ist. Dann wird mit verdünnter Schwefelsäure angesäuert, wenig Stärkelösung und ein Überschuß von Kaliumiodid zugesetzt und das ausgeschiedene Iod mit Thiosulfatlösung bis zum Verschwinden der blauen Farbe der Iodstärkeverbindung titriert.

Bestimmung des aktiven Wasserstoffs

Wasserstoffatome, die in den funktionellen Gruppen $-OH$, $-SH$, $-COOH$, $=NH$, $-NH_2$ oder $-SO_3H$ organischer Verbindungen enthalten sind, zeichnen sich durch besonders große Reaktionsfähigkeit aus und werden deshalb auch als aktiver Wasserstoff bezeichnet. Der Gehalt einer organischen Verbindung an aktivem Wasserstoff kann nach der von Tschugaeff und Zerewitinoff entwickelten Methode durch quantitative Umsetzung mit Grignard-Verbindungen bestimmt werden. Der Umsetzung liegt folgende Reaktionsgleichung zugrunde:

$$RH + CH_3MgI \rightarrow RMgI + CH_4.$$

Dabei wird der aktive Wasserstoff der organischen Verbindung RH durch das Grignardreagenz Methylmagnesiumiodid zur nichtflüchtigen Verbindung RMgI und zu Methan CH_4 umgesetzt. Die Bildung des gasförmigen Methans führt in einer geschlossenen Glasapparatur zur Volumenvergrößerung, und die Gehaltsberechnung an aktivem Wasserstoff geschieht aus dem entstandenen Methanvolumen unter Anwendung der idealen Gasgleichung.

Die Apparatur zur Bestimmung des aktiven Wasserstoffs besteht aus zwei an einem waagerecht um seine Achse drehbaren Schliff befestigten Kölbchen, die über ein Calciumchlorid-Rohr mit einer Gasbürette mit Sperrflüssigkeit (gesättigter NaCl-Lösung) und Nivellierbirne zum Druckausgleich verbunden sind. Im ersten Kölbchen befindet sich die Grignard-Lösung und im zweiten Kölbchen die in einem geeigneten Lösungsmittel aufgelöste Substanzprobe. Der Rest der Apparatur ist mit trockenem Stickstoff gefüllt. Durch Drehen des Schliffs um seine Achse werden die beiden Lösungen miteinander vereinigt und der durch das nach einiger Zeit entwickelte Methangas erfolgte Volumenzuwachs an der Graduierung der Gasbürette unter Atmosphärendruck (vgl. Stickstoffbestimmung nach Dumas) abgelesen. Das Gelingen der Bestimmung setzt eine sehr geringe Löslichkeit des Methans in den Lösungsmitteln des Reaktionsgemisches und in der Sperrflüssigkeit voraus. Außerdem muß nach Reaktionsablauf die Abkühlung des erwärmten Reaktionsgemisches auf Raumtemperatur abgewartet werden, bevor die Ablesung des Volumenendstandes erfolgen darf.

Aufgaben

3.3-1 Welche Molekularformel hat Methylacetat, wenn es Massenanteile von 48,7 % Kohlenstoff, 8,1 % Wasserstoff und als Rest Sauerstoff enthält? 0,1 g Substanz nehmen als Dampf im Normzustand (s. Kap. 4.1) ein Volumen von 30 ml ein.

3.3-2 15,8 mg einer aus Kohlenstoff, Wasserstoff und Sauerstoff bestehenden organischen Verbindung gaben bei der Elementaranalyse 23,1 mg Kohlendioxid und 9,5 mg Wasser. Das relative Gasdichteverhältnis der Verbindung bezogen auf Luft (s. Kap. 4.1) beträgt 2,04.
Berechnen Sie die Molekularformel der Verbindung.

3.3-3 Eine organische Substanz enthält Massenanteile von 15,4% Kohlenstoff, 3,2% Wasserstoff und 81,4% Iod. 0,216 g Substanz verdrängen in der Apparatur von Victor Meyer 30,4 ml Luft bei 20,0 °C und 1000 mbar (s. Kap. 4.1).
Berechnen Sie die Molekularformel der Verbindung.

3.3-4 Ein Kohlenwasserstoff hat einen Massenanteil von 93,7% Kohlenstoff. Der Rest der Verbindung ist Wasserstoff.
Berechnen Sie die Molekularformel der Verbindung, wenn 2,00 g davon nach Auflösung in 50 g Eisessig eine Gefrierpunktserniedrigung von 1,28 °C bewirken (s. Kap. 4.2). Die molale Gefrierpunktserniedrigung des Eisessigs ist 3,9 °C $\cdot$ kg $\cdot$ mol^{-1}.

3.3-5 Eine aus Kohlenstoff, Wasserstoff und Stickstoff aufgebaute organische Verbindung wurde der Elementaranalyse unterworfen. Aus 0,250 g der Verbindung wurden bei der Verbrennung im Sauerstoffstrom 0,603 g Kohlendioxid und 0,339 g Wasser erhalten. 0,200 g der Verbindung ergaben bei der Stickstoffbestimmung nach Dumas ein korrigiertes Stickstoff-Normvolumen von 33,4 ml. Das relative Gasdichteverhältnis der Verbindung bezogen auf Diwasserstoff betrug 37.
Berechnen Sie die Molekularformel der Verbindung.

3.3-6 Eine aus den Elementen Kohlenstoff, Wasserstoff, Sauerstoff und Stickstoff aufgebaute organische Verbindung ergab bei der Elementaranalyse folgende Resultate: Aus 3,94 mg Verbindung wurden durch vollständige Verbrennung 5,86 mg CO_2 und 3,00 mg H_2O erhalten. Nach dem Kjeldahl-Aufschluß waren zur Neutralisation des aus 5,90 mg Substanz gebildeten Ammoniaks 5,01 ml Salzsäure der Äquivalentkonzentration 0,02 mol $\cdot$ l^{-1} erforderlich.
Berechnen Sie die Molekularformel der Substanz, wenn bekannt ist, daß jedes Molekül ein Sauerstoffatom enthält.

3.3-7 Bei der Elementaranalyse einer aus Kohlenstoff, Wasserstoff, Stickstoff und Chlor bestehenden organischen Verbindung wurden folgende Ergebnisse erhalten: 25,41 mg der Verbindung gaben bei der vollständigen Verbrennung 46,42 mg CO_2 und 14,29 mg H_2O. 50,82 mg Verbindung ergaben 50,42 mg AgCl. 35,01 mg Verbindung gaben 5,74 ml trockenen Stickstoff bei 15 °C unter einem Druck von 1015 mbar (Barometerkorrektur soll unberücksichtigt bleiben). 24,78 mg Verbindung erniedrigten nach Auflösung den Schmelzpunkt von 385,7 mg Campher um 17,5 °C (Methode nach Rast, s. Aufg. 4.2-17, S. 253).
Berechnen Sie die Molekularformel der Verbindung.

3.3-8 Eine zweibasige organische Säure besteht aus Massenanteilen von 40,7% Kohlenstoff, 5,1% Wasserstoff und außerdem aus Sauerstoff. Das kristallwasserfreie saure Natriumsalz enthält 16,4% Natrium.
Stellen Sie die Molekularformel der Säure auf.

3.3-9 Bei der Elementaranalyse einer aus Kohlenstoff, Wasserstoff, Sauerstoff und Schwefel aufgebauten organischen Säure wurden folgende Analysenergebnisse erhalten: 0,253 g Verbindung gaben bei der Verbrennung 0,280 g Kohlendioxid und 0,0574 g Wasser. 0,206 g Verbindung gaben nach der Oxidation des darin enthaltenen Schwefels zu Sulfationen einen Bariumsulfatniederschlag von 0,404 g. 0,4 g Verbindung setzten den Gefrierpunkt von 25 g Eisessig um 0,264 °C herab. 0,5 g Verbindung verbrauchten bei der alkalimetrischen Titration 42,0 ml Natronlauge der Äquivalentkonzentration 0,1 mol $\cdot$ l^{-1}. Die molale Gefrierpunktserniedrigung des Eisessigs ist 3,9 °C $\cdot$ kg $\cdot$ mol^{-1}.
Berechnen Sie die Molekularformel und die Funktionalität der Säure.

3.3-10 Ein tertiäres Natriumsalz einer dreibasigen organischen Säure, das aus den Elementen Natrium, Kohlenstoff, Phosphor und Sauerstoff besteht, gab bei der Elementaranalyse folgende

Werte: 0,2830 g gaben 0,2605 g NaCl; 0,4994 g gaben 0,1144 g CO_2; 0,4400 g gaben 0,2550 g $Mg_2P_2O_7$.
Berechnen Sie die Molekularformel des Salzes.

3.3-11 0,250 g sekundäres kristallwasserhaltiges Natriumsalz einer zweibasigen organischen Säure enthalten außer Natrium noch die Elemente Kohlenstoff, Wasserstoff und Sauerstoff. Beim Erhitzen auf 100 °C entweicht das Kristallwasser, wobei die Masse der Probe sich um 0,0234 g verringert. Das wasserfreie Salz enthält 26,4% Na, 34,5% C, 2,3% H und im übrigen O.
Berechnen Sie die Molekularformel des kristallwasserhaltigen Salzes.

3.3-12 Eine einwertige, aus Kohlenstoff, Wasserstoff und Stickstoff aufgebaute organische Base gab bei der Elementaranalyse folgende Resultate: 4,50 mg Base gaben 12,96 mg CO_2 und 3,39 mg H_2O. 4,01 mg Base gaben nach der Methode von Dumas 0,437 ml trockenen Stickstoff bei 15 °C und 1013 mbar. 11,94 mg des Chloroplatinats der Base gaben bei der Verbrennung 3,45 mg Platin.
Berechnen Sie die Molekularformel der Base. (Wenn die Molekularformel der Base mit X bezeichnet wird, so hat das Chloroplatinat die stöchiometrische Formel 2 X · H_2PtCl_6).

3.3.-13 Bei der vollständigen Oxidation des neutralen Sulfats einer einwertigen, aus Metall, Kohlenstoff und Wasserstoff bestehenden organischen Gruppe wurden als Verbrennungsprodukte 0,352 g Kohlendioxid, 0,216 g Wasser und 1,008 g neutrales Sulfat eines einwertigen Metalls erhalten. Dieses Sulfat wurde in Wasser gelöst und mit einer zur vollständigen Fällung ausreichenden Portion Bariumchlorid versetzt. Die Masse des Bariumsulfatniederschlages betrug 0,467 g.
Bestimmen Sie die empirische Formel der Verbindung und die molare Masse des Metalls.

3.3-14 4,184 g einer Kohlenstoff, Wasserstoff und Chlor enthaltenden organischen Verbindung werden in einer $NaOH/Na_2O_2$-Schmelze oxidativ aufgeschlossen. Dabei entstehen die Verbindungen Na_2CO_3, NaCl und H_2O. Die Schmelze wird in Wasser gelöst und mit verdünnter Salpetersäure neutralisiert. Mit Bariumhydroxidlösung $Ba(OH)_2$ werden die Carbonationen CO_3^{2-} quantitativ als Bariumcarbonat gefällt, abfiltriert, getrocknet und gewogen. Die verbleibende Lösung wird mit verdünnter Salpetersäure angesäuert und mit so viel Silbernitratlösung versetzt, daß die Chloridionen quantitativ als Silberchlorid AgCl ausgefällt werden. Man erhält 44,0 g $BaCO_3$ und 5,33 g AgCl.
a) Um welche Verbindung handelt es sich?
b) Wieviel Moleküle dieser Verbindung waren in der eingesetzten Probe von 4,184 g enthalten?

3.3-15 12,3 g einer organischen Verbindung, die eine Nitrogruppe $R - NO_2$ enthält (R = organischer Rest unbekannter Zusammensetzung, NO_2 = Nitrogruppe), werden in einem Reaktionskolben mit Zinnstaub und Salzsäure versetzt. Bei der heftig verlaufenden Reduktionsreaktion wird die Nitrogruppe zur Aminogruppe $R - NH_2$ reduziert, der Rest des Moleküls bleibt unverändert. Die präparative Aufarbeitung des Amins gelingt mit 90% Ausbeute und liefert 8,37 g Produkt.
a) Welche molare Masse hat die Ausgangsverbindung?
b) Wie lautet die Reaktionsgleichung, nach der die Verbindung $R - NO_2$ mit Zinn Sn und Salzsäure HCl zu $R - NH_2$ reduziert wird, wobei noch Zinn(IV)-chlorid $SnCl_4$ und Wasser entstehen?
c) Wieviel g Zinn sind zur Darstellung der 8,37 g Reaktionsprodukt $R - NH_2$ erforderlich?

3.3-16 12,3 g einer organische Verbindung, die nur die Elemente Kohlenstoff, Wasserstoff, Sauerstoff und Stickstoff enthält, wird einer chemischen Elementaranalyse unterworfen. Zur Bestimmung der Massenanteile von Kohlenstoff und Wasserstoff werden 6,765 g der Ausgangsprobe im Sauerstoffstrom verbrannt. Aus dem Rauchgasgemisch werden 14,52 g CO_2 und 2,475 g H_2O durch Absorption isoliert. Zur Bestimmung des Stickstoffgehaltes wird der Rest der Verbindung in eine Kjeldahl-Apparatur gegeben und der Stickstoff durch ein reduzierendes Aufschlußverfahren quantitativ in Ammoniak NH_3 überführt. Das Ammoniakgas wird in eine Vorlage überdestilliert, in der sich ein bekanntes Volumen Salzsäure der Äquivalentkonzentration 0,1 mol · l^{-1} befindet. Durch Rücktitration der nicht durch Ammoniakneu-

tralisation in Ammoniumchlorid überführten HCl-Menge mit Natronlauge bekannter Äquivalentkonzentration und anschließende Auswertung wird die Masse des entstandenen Ammoniaks zu 0,765 g berechnet.
a) Berechnen Sie die empirische Formel der Ausgangsverbindung.
b) Wieviel Stickstoffatome sind in 0,2 mol dieser Verbindung enthalten?

3.3-17 0,405 g einer unbekannten chemischen Verbindung, die aus den Elementen Kohlenstoff, Wasserstoff, Sauerstoff und Chlor besteht, werden im Sauerstoffstrom verbrannt. Aus den Verbrennungsprodukten wird das Chlor als AgCl und das aus dem Kohlenstoff entstandene Kohlendioxid als Bariumcarbonat $BaCO_3$ gefällt, getrocknet und gewogen. In einem Absorptionsrohr wird auch das bei der Reaktion entstandene Wasser quantitativ absorbiert und gewogen. Die erhaltenen Analysendaten lauten: 1,071 g AgCl; 22,44 mg H_2O; 984 mg $BaCO_3$.
Berechnen Sie die empirische Formel der unbekannten Verbindung.

3.3-18 Eine organische Verbindung, bestehend aus den Elementen Kohlenstoff, Wasserstoff und Stickstoff, wird der Elementaranalyse unterworfen. 0,196 g der Verbindung werden im Sauerstoffstrom vollständig verbrannt, das entstandene Kohlendioxid in eine Bariumhydroxidlösung eingeleitet und quantitativ als Bariumcarbonat ausgefällt. Nach dem Abfiltrieren und Trocknen erhält man 2,4962 g $BaCO_3$. Der Stickstoff wird nach Kjeldahl wie folgt bestimmt: 0,250 g der Substanz werden mit einer Mischung aus konz. H_2SO_4 und K_2SO_4 erhitzt. Der in der Probe enthaltene Stickstoff wird durch diesen Aufschluß in Ammoniumsulfat überführt. Durch Versetzen des Aufschlußgemisches mit Natronlauge im Überschuß und Erhitzen wird das Ammoniak freigesetzt und in eine Vorlage überdestilliert, in der sich 50 ml Salzsäure der Äquivalentkonzentration $0,1 \text{ mol} \cdot l^{-1}$ befinden. Nur ein Teil der Salzsäure wird durch Ammoniak neutralisiert. Zur Rücktitration des Säureüberschusses werden 23,1 ml Natronlauge der Äquivalentkonzentration $0,1 \text{ mol} \cdot l^{-1}$ verbraucht.
Welche empirische Formel hat die Verbindung?

4 Spezielle Kapitel der Physikalischen Chemie

4.1 Gasgesetze, Gasvolumina bei chemischen Umsetzungen und Gleichgewichte in gasförmigen Systemen

Gasgesetze und allgemeine Zustandsgleichung der Gase

Boyle und Mariotte entdeckten 1664 und 1676 unabhängig voneinander, daß eine genügend stark verdünnte Gasprobe auf eine Volumenveränderung mit einer Druckänderung entgegengesetzten Vorzeichens reagiert. Dieser Befund führte zusammen mit der empirischen Beobachtung von Gay-Lussac 1802, daß das Volumen eines Gases bei konstantem Druck bzw. sein Druck bei konstantem Volumen eine lineare Funktion der Temperatur ist, zum idealen Gasgesetz, das auch allgemeine Zustandsgleichung der Gase heißt.
Quantitativ formuliert, lauten die beiden klassischen Gesetze folgendermaßen:

> **Boyle-Mariottesches Gesetz:**
> Das Produkt aus dem Druck p und dem Volumen V einer Gasprobe ist bei gegebener Temperatur konstant,

$$p \cdot V = \text{konst.} \tag{4.1}$$

> **Gay-Lussacsches Gesetz:**
> Wird die Temperatur einer Gasprobe bei konstantem Druck um 1 °C erhöht, so nimmt ihr Volumen um 1/273 ihres Volumens bei 0 °C zu.

Bezeichnet man das Volumen bei der Celsiustemperatur t mit V und das Volumen bei 0 °C mit V_0, so gilt die Beziehung

$$V = V_0 \cdot \left(1 + \frac{t}{273\,°C}\right). \tag{4.2}$$

Die Celsiustemperatur t in der obigen Beziehung kann durch die thermodynamische Temperatur T mit der Einheit Kelvin (Einheitenzeichen K) ersetzt werden. T wird in

Celsiusgraden gemessen, aber auf den thermodynamischen Nullpunkt der Temperatur bezogen, der 273,15° unterhalb 0 °C liegt. Für die Umrechnung der Celsiustemperatur t in die thermodynamische Temperatur T und umgekehrt benutzt man folgende Gleichung:

$$T = t + T_0$$

mit $T_0 = 273,15$ K. Einsetzen von T/T_0 für t in Gleichung (4.2) ergibt dann

$$V = V_0 \cdot \frac{T}{273 \text{ K}}.$$

Weil darin das Glied $V_0/273$ K konstant ist, kann es auch durch eine Konstante ersetzt werden, die definiert ist als $V_0/273$ K $= k$, und man erhält:

$$V = k \cdot T. \tag{4.3}$$

Durch Kombination der Gleichungen (4.1) und (4.3) erhält man den Ausdruck

$$V = k \cdot \frac{T}{p}.$$

Die Umformung dieser Gleichung ergibt:

$$p \cdot V = k \cdot T \tag{4.4}$$

oder

$$\frac{p \cdot V}{T} = k. \tag{4.5}$$

Die Ausdrücke (4.4) und (4.5) werden *allgemeine Zustandsgleichung der Gase* oder *ideales Gasgesetz* genannt. Sie gelten strenggenommen nur für ein ideales Gas, dessen Atome oder Moleküle verschwindend kleine Eigenvolumina haben und keine Wechselwirkungen untereinander ausüben. Viele einfache Gase wie Wasserstoff, Helium, Stickstoff, Sauerstoff, Neon oder Argon verhalten sich näherungsweise wie ein ideales Gas.

Für eine bestimmte Probe eines ideales Gases, die bei der thermodynamischen Temperatur T_1 unter dem Druck p_1 das Volumen V_1 und bei der Temperatur T_2 unter dem Druck p_2 das Volumen V_2 einnimmt, gilt die Zustandsgleichung in folgender modifizierter Form:

$$\frac{p_1 \cdot V_1}{T_1} = \frac{p_2 \cdot V_2}{T_2}. \tag{4.6}$$

Diese Form der Zustandsgleichung eignet sich zur Reduktion des Volumens V einer gegebenen Gasprobe, die bei der Temperatur T unter dem Druck p steht, auf den *Normzustand*. Der Normzustand ist nach DIN 1343 durch die Normtemperatur $T_n = T_0 = 0\,°C$ und den Normdruck $p_n = 1\,\text{atm} = 1{,}01325\,\text{bar} = 1013{,}25\,\text{mbar}$ festgelegt. Dies entspricht den früheren Druckeinheiten für den Normdruck $1\,\text{atm} = 760\,\text{Torr}$. Das Volumen eines Gases im Normzustand wird mit V_n bezeichnet.
Setzt man in Gleichung (4.6) $p_2 = p_n = 1{,}01325\,\text{bar}$, $T_2 = T_n = 273{,}15\,\text{K}$ und $V_2 = V_n$, so erhält man die Gleichung

$$\frac{p \cdot V}{T} = \frac{p_n \cdot V_n}{T_n} = \frac{1{,}01325\,\text{bar} \cdot V_n}{273{,}15\,\text{K}}, \tag{4.7}$$

woraus sich das Volumen V_n im Normzustand leicht berechnen läßt.
Mit Hilfe von Gleichung (4.6) kann auch die Dichte eines Gases bei einem beliebigen Druck und einer beliebigen Temperatur berechnet werden. Die Dichte ϱ wird als Quotient aus der Masse und dem Volumen einer gegebenen Probe eines Stoffes angegeben. Bei flüssigen und festen Stoffen benutzt man die Einheiten $\text{kg} \cdot \text{l}^{-1}$ oder $\text{g} \cdot \text{ml}^{-1}$. Gase haben nur ca. 1/1000 der Dichte von Stoffen im kondensierten Zustand, und ihre Dichten werden deshalb gewöhnlich in den Einheiten $\text{g} \cdot \text{l}^{-1}$ oder $\text{kg} \cdot \text{m}^{-3}$ angegeben. Hat z. B. eine Gasprobe die Masse m in g und bei den Temperaturen T_1 und T_2 die Dichten ϱ_1 und ϱ_2, so errechnen sich die Gasvolumina zu $V_1 = m/\varrho_1$ und $V_2 = m/\varrho_2$. Nach Einsetzen in Gleichung (4.6) erhält man

$$\frac{p_1}{\varrho_1 \cdot T_1} = \frac{p_2}{\varrho_2 \cdot T_2}. \tag{4.8}$$

Diese Gleichung bringt die Veränderung der Dichte eines Gases mit dem Druck und der Temperatur zum Ausdruck.

> **Avogadrosches Gesetz (1811):**
> Gleiche Gasvolumina enthalten bei gleichem Druck und gleicher Temperatur die gleiche Anzahl Teilchen (Atome oder Moleküle).

Nach der modernen Definition der Stoffmenge über die Teilchenanzahl (siehe Kapitel 1.1) besagt das Avogadrosche Gesetz, daß in gleich großen Gasvolumina, die bei gleicher Temperatur unter dem gleichen Druck stehen, gleiche Stoffmengen enthalten sind.
Die Beziehung zwischen dem Volumen einer Gasprobe und ihrer Stoffmenge ist durch die folgende Gleichung definiert:

$$V = V_m \cdot n; \quad p, T = \text{konst.} \tag{4.9}$$

Darin ist V_m das stoffmengenbezogene Volumen, dessen systematischer Name *molares Volumen* lautet. Aus Gleichung (4.9) ergibt sich, daß 1 mol eines jeden gasförmigen Stoffes bei einer bestimmten Temperatur unter einem bestimmten Druck ein ganz bestimmtes stoffmengenbezogenes Volumen, nämlich das molare Volumen V_m, einnimmt.
Beachtet werden muß, daß das molare Volumen die Einheit Volumen durch Stoffmenge hat.
Das molare Volumen ist leicht zu ermitteln, wenn man die molare Masse eines gasförmigen Stoffes und seine Dichte bei gegebener Temperatur und gegebenem Druck kennt.

Beispiel 1:
Die molare Masse des Disauerstoffs ist 32,00 g · mol^{-1} und seine Dichte im Normzustand beträgt $\varrho_n = 0,001429$ g · ml^{-1}. Berechnen Sie das molare Volumen $V_{m,n}$ des Disauerstoffs im Normzustand.

Lösung:
Man löst Gleichung (4.9) nach V_m auf und setzt auf der rechten Seite der Gleichung $V = m/\varrho$ sowie $n = m/M$ ein und erhält:

$$V_{m,n}(O_2) = \frac{V_n(O_2)}{n(O_2)} = \frac{m(O_2) \cdot M(O_2)}{\varrho_n(O_2) \cdot m(O_2)} = \frac{M(O_2)}{\varrho_n(O_2)} = \frac{32,00 \text{ g} \cdot \text{mol}^{-1}}{0,001429 \text{ g} \cdot \text{ml}^{-1}} = 22\,393 \text{ ml} \cdot \text{mol}^{-1}.$$

Beispiel 2:
Die molare Masse des Methans beträgt 16,032 g · mol^{-1} und seine Dichte im Normzustand 0,0007168 g · ml^{-1}. Berechnen Sie das molare Volumen des Methans $V_{m,n}(CH_4)$ im Normzustand.

Lösung:

$$V_{m,n}(CH_4) = \frac{M(CH_4)}{\varrho_n(CH_4)} = \frac{16,032 \text{ g} \cdot \text{mol}^{-1}}{0,00071680 \text{ g} \cdot \text{ml}^{-1}} = 22\,366 \text{ ml} \cdot \text{mol}^{-1}.$$

Der gerundete Mittelwert des molaren Volumens von Methan im Normzustand ist $V_{m,n}(CH_4) = 22,37$ l · mol^{-1}.

Wie man durch Vergleich der Ergebnisse der Beispiele 1 und 2 erkennen kann, haben die molaren Volumina der verschiedenen gasförmigen chemischen Stoffe im Normzustand geringfügig voneinander abweichende Zahlenwerte. Dies ist auf ihr nichtideales Verhalten zurückzuführen. Das molare Volumen eines idealen Gases im Normzustand ist $V_{m,n}$(ideales Gas) $= 22,414$ l · mol^{-1}. Wird das molare Volumen nicht auf den Normzustand, sondern auf 1 bar und 273,15 K bezogen, so lautet der Wert $V_m = 22,711$ l · mol^{-1}.
Wird die allgemeine Zustandsgleichung auf 1 mol eines beliebigen Gases angewandt, so erhält sie folgende Form:

$$p \cdot V_m = R_m \cdot T. \qquad (4.10)$$

Darin bedeutet V_m das molare Volumen des Gases, das bei der thermodynamischen Temperatur T unter dem Druck p steht, und die Proportionalitätskonstante R_m trägt die Bezeichnung *molare Gaskonstante*.

Da V_m nach dem Avogadroschen Gesetz bei gleichem p und T für alle Gase den gleichen Wert hat, ist auch der Zahlenwert von R_m für alle Gase gleich. Der Wert von R_m hing früher von den Einheiten ab, in denen p und V_m ausgedrückt wurden. Nach Einführung des SI-Einheitensystems ist hier eine wesentliche Vereinfachung eingetreten.

Der Druck ist die auf die Flächeneinheit wirkende Kraft. Im SI-Einheitensystem ist die Basiseinheit des Drucks das **Newton durch Quadratmeter**, $N \cdot m^{-2}$, trägt den Namen **Pascal** und das Einheitenzeichen **Pa**. Ein dezimales Vielfaches des Pascal ist das Bar mit dem Einheitenzeichen bar. 1 bar = 10^5 Pa.

Von den dezimalen Vielfachen und Teilen des Bars findet in der Chemie vor allem das Millibar (Einheitenzeichen mbar, 1 bar = 1000 mbar), daneben aber auch das Hektopascal (Einheitenzeichen hPa, 1 hPa = 1 mbar) häufige Verwendung. Die vielen früher gebräuchlichen, nicht mehr zulässigen Druckeinheiten wie technische Atmosphäre (at, 1 at = 1 kp · cm^{-2}), physikalische Atmosphäre (atm) und Torr (1 torr = 1 mm Quecksilbersäule) entfallen. Zur Umrechnung der in älteren Lehrbüchern noch verwendeten Druckangaben in die Einheit Bar sollte zweckmäßigerweise folgende Beziehung benutzt werden:

$$1 \text{ bar} = 1{,}0197 \text{ at} = 0{,}98692 \text{ atm} = 750{,}06 \text{ torr}.$$

Da im chemischen Laboratorium sehr häufig Quecksilberbarometer und -manometer benutzt werden, rechnet man folgendermaßen um:

$$1 \text{ torr} = 1{,}3332 \text{ mbar}.$$

Alle Torr-Angaben gehen also durch Multiplikation mit dem Faktor 1,33 in mbar-Angaben über, und es empfiehlt sich, auch die Skalen von Quecksilbermanometern entsprechend umzuzeichnen.

Auch bei der Angabe des Volumens ist durch das SI-Einheitensystem eine wesentliche Vereinfachung dadurch eingetreten, daß 1 l = 1 dm^3 bzw. 1 ml = 1 cm^3 ist, was bei früher gültigen Einheitensystemen nicht der Fall war.

Zur Berechnung des Zahlenwerts der molaren Gaskonstante geht man vom bekannten Wert des molaren Volumens eines idealen Gases im Normzustand aus, multipliziert diesen mit dem Normdruck und dividiert das Produkt durch die Normtemperatur. Gemäß Gleichung (4.10) erhält man:

$$R_m = \frac{p_n \cdot V_{m,n}}{T_n} = \frac{1{,}01325 \text{ bar} \cdot 22{,}414 \text{ l} \cdot mol^{-1}}{273{,}15 \text{ K}}$$
$$= 0{,}08314 \text{ 5 l} \cdot bar \cdot K^{-1} \cdot mol^{-1}. \tag{4.11a}$$

Alternativ kann man auch das molare Volumen des idealen Gases bei 1 bar und 273,15 K ansetzen, muß dann allerdings in der Zustandsgleichung den Druck von 1 bar einsetzen und erhält ebenfalls:

$$R_m = \frac{p \cdot V_m}{T_n} = \frac{1{,}0000 \text{ bar} \cdot 22{,}711 \text{ l} \cdot mol^{-1}}{273{,}15 \text{ K}}$$
$$= 0{,}08314 \text{ 5 l} \cdot bar \cdot K^{-1} \cdot mol^{-1}. \tag{4.11b}$$

R_m läßt sich auch durch andere Maßeinheiten der Energie ausdrücken. Nach der Definitionsgleichung ist Energie gleich dem Produkt aus Kraft in Newton (Einheitenzeichen N) und Weg in Metern (m) und trägt den Einheitennamen Joule (Einheitenzeichen J, 1 J = 1 N · m). Durch Einsetzen erhält man:

$$R_\mathrm{m} = \frac{p_\mathrm{n} \cdot V_{\mathrm{m,n}}}{T_\mathrm{n}} = \frac{1{,}01325 \cdot 10^5 \mathrm{\,N \cdot m^{-2}} \cdot 0{,}022414 \mathrm{\,m^3 \cdot mol^{-1}}}{273{,}15 \mathrm{\,K}} \qquad (4.11\mathrm{c})$$
$$= 8{,}3145 \mathrm{\,J \cdot K^{-1} \cdot mol^{-1}}.$$

Man sieht, daß der Zahlenwert gegenüber der Angabe von R_m in $\mathrm{l \cdot bar \cdot K^{-1} \cdot mol^{-1}}$ nur um einen dezimalen Faktor verändert ist.
Mit Kenntnis von R_m läßt sich die Zustandsgleichung der Gase nun auch auf beliebige Stoffmengen eines gegebenen Gases anwenden. Ist beispielsweise eine Gasprobe mit n mol unter einem Druck p bei der thermodynamischen Temperatur T gegeben, so kann man V_m in Gleichung (4.10) durch den Quotienten V/n aus Gleichung (4.9) ersetzen und erhält

$$\boxed{p \cdot V = n \cdot R_\mathrm{m} \cdot T} \qquad (4.12)$$

Eine zusätzliche Erweiterung erfährt diese Gleichung, wenn man darin die Stoffmenge n durch den Quotienten aus der Masse m der Gasprobe und ihrer molaren Masse M ersetzt. Sie lautet dann:

$$p \cdot V = \frac{m}{M} \cdot R_\mathrm{m} \cdot T. \qquad (4.13)$$

Mit dieser Gleichung kann die molare Masse $M(\mathrm{X})$ eines Gases, das aus den kleinsten Teilchen X besteht, berechnet werden. Man bestimmt dazu experimentell das Volumen V von $m(\mathrm{X})$ g des Gases bei bekannter Temperatur und unter bekanntem Druck. Da die realen Gase Abweichungen von den Gasgesetzen aufweisen, sind die mit dieser Methode bestimmten molaren Massen nicht sehr genau, besonders wenn die Gase sich in der Nähe ihrer Kondensationstemperaturen befinden.
Die behandelten Gasgesetze gelten, wie bereits erwähnt, exakt nur für ein ideales Gas. Dies ist ein gasförmiger Stoff mit bestimmten, als ideal angenommenen Stoffeigenschaften, wie dem Fehlen von Wechselwirkungskräften zwischen den einzelnen Atomen bzw. Molekülen und der Vernachlässigbarkeit ihrer Eigenvolumina. Die wirklichen, realen Gase entsprechen diesem Idealverhalten nicht, sondern kommen ihm allenfalls mit sinkendem Druck und steigender Temperatur näher. Um eine Vorstellung von der Größenordnung der Abweichungen der Stoffeigenschaften realer Gase vom idealen Gasgesetz zu geben, werden die mit der allgemeinen Zustandsgleichung aus experimentellen Meßwerten berechneten molaren Volumina verschiedener gebräuchlicher Gase im Normzustand dem molaren Volumen eines idealen Gases im Normzustand gegenübergestellt:

Gasart	molares Volumen im Normzustand in $l \cdot mol^{-1}$
ideales Gas	22,41
H_2	22,44
He	22,43
O_2	22,39
N_2	22,40
Cl_2	22,06
NH_3	22,08
CH_4	22,38

Man erkennt, daß die Abweichungen bei Wasserstoff, Helium, Sauerstoff und Stickstoff sehr gering sind, bei Chlorgas, Ammoniak und Methan aber nicht mehr vernachlässigt werden können. Eine Zustandsgleichung, die diese Abweichungen vom idealen Verhalten berücksichtigt, wurde erstmals von van der Waals vorgeschlagen (s. Lehrbücher der physikalischen Chemie).

Gasgemische und Partialdrücke

Daltons Gesetz vom Partialdruck (1801):
Der Gesamtdruck eines Gasgemisches ist gleich der Summe der Partialdrücke der Komponenten.

Unter dem Partialdruck einer Komponente versteht man den Druck, den diese Komponente ausüben würde, wenn sie allein den Raum einnähme, den das gesamte Gasgemisch einnimmt.

Zur Veranschaulichung soll ein Gasgemisch betrachtet werden, das aus einer Stoffmenge n_1 des Stoffes A_1 mit dem Partialdruck p_1, einer Stoffmenge n_2 des Stoffes A_2 mit dem Partialdruck p_2 und einer Stoffmenge n_3 des Stoffes A_3 mit dem Partialdruck p_3 besteht. Der Gesamtdruck sei P und das Gesamtvolumen V. Daltons Gesetz kann dann durch folgende Gleichung ausgedrückt werden:

$$P = p_1 + p_2 + p_3. \tag{4.14}$$

Die Zustandsgleichung der Gase gilt natürlich für jede einzelne Komponente eines Gasgemisches, so als wenn sie allein das Gesamtvolumen V des Gasgemisches einnähme.

$$\begin{aligned} p_1 \cdot V &= n_1 \cdot R_m \cdot T, \\ p_2 \cdot V &= n_2 \cdot R_m \cdot T, \\ p_3 \cdot V &= n_3 \cdot R_m \cdot T. \end{aligned} \tag{4.15}$$

Durch Summierung erhält man:

$$V \cdot (p_1 + p_2 + p_3) = (n_1 + n_2 + n_3) \cdot R_m \cdot T \qquad (4.16)$$

und hieraus mit Gleichung (4.13)

$$P \cdot V = (n_1 + n_2 + n_3) \cdot R_m \cdot T. \qquad (4.17)$$

Aus dem Gleichungssystem (4.15) erhält man durch Kombination

$$\frac{p_1}{n_1} = \frac{p_2}{n_2} = \frac{p_3}{n_3} = \frac{p_1 + p_2 + p_3}{n_1 + n_2 + n_3} = \frac{P}{n_1 + n_2 + n_3}. \qquad (4.18)$$

Hieraus folgt

$$\frac{p_1}{P} = \frac{n_1}{n_1 + n_2 + n_3} \qquad (4.19)$$

sowie

$$\frac{p_2}{P} = \frac{n_2}{n_1 + n_2 + n_3} \qquad (4.20)$$

oder in allgemeiner Schreibweise für eine Stoffprobe i in einem gasförmigen Mehrkomponentengemisch:

$$\frac{p_i}{P} = \frac{n_i}{\sum n_i}. \qquad (4.21)$$

Danach entspricht das Verhältnis der Partialdrücke der Bestandteile einer gasförmigen Mischphase zum Gesamtdruck den zugehörigen Stoffmengenanteilen. Diese Stoffmengenanteile wurden früher Molenbrüche genannt.
Die Zusammensetzung eines Gasgemisches wird nicht nur durch die Partialdrücke der Komponenten, sondern auch durch Angabe ihrer Volumenanteile bezeichnet (siehe Kapitel 2.1). Der Volumenanteil einer Komponente im Gemisch ist danach definiert als Quotient aus dem Volumen der betreffenden Komponente und der Summe der Volumina aller Gemischkomponenten, d. h. man kann jeder Komponente ein Teilvolumen zuordnen:

$$\varphi(Ko_1) = \frac{V(Ko_1)}{V(Ko_1) + V(Ko_2) + \cdots + V(Ko_n)}. \qquad (4.22)$$

Volumenanteile können auf drei alternative Arten angegeben werden, nämlich mit dem Einheitenquotienten, nur als Zahlenwert oder mit den Dezimalangaben %, ‰ usw. Die frühere Bezeichnung Volumprozent ist nicht mehr erlaubt.

Beispiel 3:
Die Komponente Ko_1 hat in der Mischphase einen Volumenanteil $\varphi(Ko_1) = 0{,}35\,l \cdot l^{-1} = 0{,}35 = 35\%$. Welches Teilvolumen nimmt sie ein?

Lösung:
Das Teilvolumen $V(Ko_1)$ im Gesamtvolumen V der Mischphase errechnet sich gemäß

$$V(Ko_1) = \varphi(Ko_1) \cdot V$$

bzw. für die Zahlenwerte $\varphi(Ko_1) = 35\%$ und $V = 1\,l$ zu

$$V(Ko_1) = 0{,}35 \cdot 1\,l = 0{,}35\,l,$$

vorausgesetzt, der Druck des Teilvolumens wird gleich dem Gesamtdruck P der Mischphase gesetzt.

Nach dem Boyle-Mariotteschen Gesetz gilt für eine Mischphase mit den Teilvolumina V_1, V_2 und V_3:

$$\begin{aligned}p_1 \cdot V &= P \cdot V_1, \\ p_2 \cdot V &= P \cdot V_2, \\ p_3 \cdot V &= P \cdot V_3\end{aligned} \tag{4.23}$$

oder

$$(p_1 + p_2 + p_3) \cdot V = P \cdot (V_1 + V_2 + V_3).$$

Daraus folgt

$$\frac{p_1}{P} = \frac{V_1}{V} = \frac{n_1}{\sum n_i} = \varphi_1 = x_1, \tag{4.24}$$

bzw.

$$\frac{p_2}{P} = \frac{V_2}{V} = \frac{n_2}{\sum n_i} = \varphi_2 = x_2, \tag{4.25}$$

oder in allgemeiner Form

$$\frac{p_i}{P} = \frac{V_i}{V} = \frac{n_i}{\sum n_i} = \varphi_i = x_i. \tag{4.26}$$

Das Verhältnis des Partialdrucks einer Komponente i zum Gesamtdruck des Gasgemisches ist demnach nicht nur gleich dem Stoffmengenanteil, sondern auch gleich dem Volumenanteil. Stoffmengenanteil und Volumenanteil stimmen also in einer gasförmigen Mischphase mit näherungsweise idealem Verhalten für alle Gemischbestandteile überein.

Relatives Gasdichteverhältnis

In der älteren Literatur kommt häufig außer der Dichte eines Gases auch die sog. „Gasdichte" zur Anwendung. Es handelt sich dabei um die Dichte eines Gases im Verhältnis zur Dichte eines Vergleichs- oder Bezugsgases. Da es sich gar nicht um eine echte Dichte sondern um ein Dichteverhältnis handelt, ist die Bezeichnung „Gasdichte" nach moderner Anschauung nicht richtig. Die SI-Nomenklatur anerkennt jedoch durchaus Größenverhältnisse. Entsprechend kann man auch das Gasdichteverhältnis zweier verschiedener Gase als $\varrho_1/\varrho_2 = m_1 \cdot V_2/m_2 \cdot V_1$ definieren und mit den Einheitenquotienten angeben oder die Einheiten wegkürzen.

Das Dichteverhältnis zweier gasförmiger Stoffe ist gleich ihrem Massenverhältnis, wenn beide Gase bei gleicher Temperatur und unter gleichem Druck gleich große Volumina einnehmen. Ein solches Dichteverhältnis soll im weiteren Verlauf des Textes als *relatives Gasdichteverhältnis* G_r bezeichnet werden, d. h. bezogen auf das gleich große Volumen des Bezugsgases unter gleichem Druck und bei gleicher Temperatur. Da nach dem Avogadroschen Gesetz unter diesen Bedingungen auch die Stoffmengen von Meßgas und Bezugsgas gleich sind, kann man schreiben:

$$G_r = \frac{m_1 \cdot V}{m_2 \cdot V} = \frac{n \cdot M_1}{n \cdot M_2} = \frac{M_1}{M_2}. \qquad (4.27)$$

Das relative Gasdichteverhältnis G_r ist also gleich dem Verhältnis der molaren Massen von Meßgas M_1 und Bezugsgas M_2. Als Bezugsgase werden in der Literatur entweder Wasserstoff mit $M(H_2) = 2$ (genauer 2,016) g · mol^{-1} oder Luft mit der mittleren molaren Masse $\bar{M}(\text{Luft}) = 29$ g · mol^{-1} gewählt. Entsprechend kann G_r ausgedrückt werden durch

$$G_r(H_2) = \frac{M(X)}{2 \text{ g} \cdot \text{mol}^{-1}} \quad \text{oder} \quad G_r(\text{Luft}) = \frac{M(X)}{29 \text{ g} \cdot \text{mol}^{-1}}.$$

Das relative Gasdichteverhältnis hat zu Beginn dieses Jahrhunderts bei der experimentellen Bestimmung relativer Atom- und Molekülmassen gasförmiger Verbindungen große praktische Bedeutung gehabt. Wenn das untersuchte Gas und das Bezugsgas den Gasgesetzen genügen, ist das relative Gasdichteverhältnis eine vom Druck und von der Temperatur unabhängige Bezugsgröße.

Thermische Dissoziation

In bestimmten Fällen stimmt die aus dem relativen Gasdichteverhältnis berechnete relative Molekülmasse mit der aus chemischen Daten abgeleiteten relativen Molekülmasse einer Verbindung nicht überein. Das relative Gasdichteverhältnis liefert zu kleine Werte (*anomales relatives Gasdichteverhältnis*), die außerdem mit dem Druck und der Temperatur stark variieren. Beispielsweise werden für Distickstofftetroxid, dessen relative Molekülmasse nach der Formel N_2O_4 $M_r = 92$ betragen sollte, bei Atmosphärendruck die folgenden Werte gefunden:

Temp. °C	relatives Gasdichte-verhältnis $G_r(H_2)$	relative Molekül-masse M_r
22	46	92
60	30,2	60,4
100	24,5	49,0
140	23,0	46,0

Diese Anomalie des relativen Gasdichteverhältnisses erklärt sich dadurch, daß die N_2O_4-Moleküle bei erhöhter Temperatur in NO_2-Moleküle zerfallen. Dicht oberhalb des Siedepunktes von N_2O_4 (22 °C) besteht das Gas praktisch ausschließlich aus N_2O_4-Molekülen, von denen mit steigender Temperatur ein immer höherer Anteil zerfällt, bis der Zerfall bei 140 °C nahezu vollständig erfolgt ist. Dieser Zerfall ist umkehrbar oder reversibel, d.h. bei der Abkühlung vereinigen sich die NO_2-Moleküle wieder zu N_2O_4-Molekülen, die bei erneutem Erhitzen wiederum zerfallen. Ein derartiger reversibler Zerfall, bei welchem aus einem Stoff zwei oder mehr als zwei andere Stoffe entstehen, wird als *thermische Dissoziation* bezeichnet.

Andere Beispiele für thermische Dissoziationsreaktionen sind die Reaktionen:

$$I_2 \rightleftharpoons 2I$$
$$NH_4Cl \rightleftharpoons NH_3 + HCl$$
$$2SO_3 \rightleftharpoons 2SO_2 + O_2$$
$$2HI \rightleftharpoons H_2 + I_2$$

Die Gleichungen der beiden letzten Reaktionen sind in Bruttoform niedergeschrieben.

Bei allen hier erwähnten Beispielen außer dem letzten führt die Dissoziation zu einer Zunahme der Anzahl der Moleküle im Reaktionssystem. In den Fällen, in denen die Molekülanzahl durch die Dissoziation nicht verändert wird, bleibt auch das relative Gasdichteverhältnis trotz der Dissoziation unverändert.

Der Dissoziationszustand eines Stoffes wird mathematisch durch den *Dissoziationsgrad* α ausgedrückt, der den Bruchteil der Moleküle einer gegebenen Gasprobe angibt, der nach Einstellung des Dissoziationsgleichgewichts der Dissoziationsreaktion unterlag.

Zur Veranschaulichung von α betrachten wir den Stoff A B, der bei der Dissoziation zwei neue Stoffe A und B bildet:

	A B	⇌	A	+	B
Stoffmenge vor der Dissoziation	n_0		0		0
Stoffmenge nach der Dissoziation	$n_0(1-\alpha)$		$n_0 \cdot \alpha$		$n_0 \cdot \alpha$

Bezeichnet man die ursprünglich vorhandene Stoffmenge von A B in einer gegebenen Gasprobe mit n_0, so sind $\alpha \cdot n_0$ mol dissoziiert, und es sind $n_0 - \alpha \cdot n_0$

$= n_0 \cdot (1 - \alpha)$ mol A B im Gleichgewichtszustand verblieben. Die Stoffmenge der Dissoziationsprodukte ist $2\alpha \cdot n_0$, weil aus jedem dissoziierenden Teilchen A B zwei Produktteilchen gebildet werden. Die Stoffmenge n_{diss} nach der Dissoziation ist also

$$n_{diss} = n_0 \cdot (1 - \alpha) + 2\alpha \cdot n_0 = n_0 \cdot (1 + \alpha). \qquad (4.28)$$

Mit $m(AB)$ soll die Masse einer gegebenen Gasprobe des im Gleichgewicht mit seinen Dissoziationsprodukten A und B stehenden Stoffes A B bezeichnet werden. Wenn das relative Gasdichteverhältnis der undissoziierten Gasprobe zu einem Bezugsgas r mit der molaren Masse M_r mit $G_{r,0}$ und das anomale relative Gasdichteverhältnis mit G_r bezeichnet werden, dann ergibt sich:

$$G_{r,0} = \frac{m(AB)}{n_0 \cdot M_r} \quad \text{und} \quad G_r = \frac{m(AB)}{n_{diss} \cdot M_r} = \frac{m(AB)}{n_0 \cdot (1 + \alpha) \cdot M_r}, \qquad (4.29)$$

woraus

$$\frac{G_{r,0}}{G_r} = 1 + \alpha \quad \text{folgt.} \qquad (4.30)$$

Bezeichnet man den Gesamtdruck des Gasgemisches mit P, sein Volumen mit V und die thermodynamische Temperatur mit T, so gilt auch für das Dissoziationsgleichgewicht die Zustandsgleichung der Gase (4.5)

$$P \cdot V = n_{diss} \cdot R_m \cdot T = n_0 \cdot (1 + \alpha) \cdot R_m \cdot T = \frac{m(AB)}{M(AB)} \cdot (1 + \alpha) \cdot R_m \cdot T. \qquad (4.31)$$

Der Dissoziationsgrad α kann demnach über die Gleichungen (4.28) oder (4.30) berechnet werden, wenn die erforderlichen Daten experimentell ermittelt sind. Wird anstelle von A B ein Stoff betrachtet, dessen Teilchen bei der Dissoziation ν Dissoziationsprodukte ergeben, so enthält eine Gasprobe im Dissoziationsgleichgewicht $n_0 \cdot (1 - \alpha)$ mol des Ausgangsstoffes und $n_0 \cdot \nu \cdot \alpha$ mol der Dissoziationsprodukte. Die gesamte Stoffmenge im Reaktionsgemisch ist also

$$n_{diss} = n_0 \cdot (1 - \alpha) + n_0 \cdot \nu \cdot \alpha = n_0 \cdot [1 + (\nu - 1) \cdot \alpha]. \qquad (4.32)$$

Die Gleichungen (4.28), (4.30) und (4.31) gelten in diesem Fall unter geringfügiger Modifizierung, nämlich daß darin der Dissoziationsfaktor $(1 + \alpha)$ gegen den neuen Faktor $1 + (\nu - 1) \cdot \alpha$ ausgetauscht wird. Als Dissoziationsfaktor wird hier der Ausdruck bezeichnet, mit dem die Ausgangsstoffmenge multipliziert werden muß, um die Stoffmenge im Dissoziationsgleichgewicht zu ergeben.

Beispiel 4:
Propan ist ein gesättigter, bei Raumtemperatur gasförmiger Kohlenwasserstoff mit der Molekularformel C_3H_8. Berechnen Sie
a) das Volumen von 0,100 mol Propan im Normzustand,
b) das Volumen von 0,100 mol Propan bei 293 K und 980 mbar,

c) die Masse von 100 ml Propan bei 25 °C und 990 mbar,
d) das Volumen von 10,0 g Propan bei 25 °C und 990 mbar;
e) Die Anzahl Moleküle Propan und die Anzahl Wasserstoffatome in 1 ml des Gases bei 323 K und 975 mbar.

Lösung:
a) Unter Verwendung von Gleichung (4.9) erhält man

$$V_n(C_3H_8) = V_{m,n} \cdot n(C_3H_8) = 22{,}4\,\text{l} \cdot \text{mol}^{-1} \cdot 0{,}1\,\text{mol} = 2{,}24\,\text{l}.$$

b) Das Volumen von 0,1 mol C_3H_8 bei 293 K und 980 mbar kann man am einfachsten durch Einsetzen der gegebenen Daten in Gleichung (4.11) erhalten:

$$V = \frac{n \cdot R_m \cdot T}{p} = \frac{0{,}1\,\text{mol} \cdot 0{,}08315\,\text{l} \cdot \text{bar} \cdot \text{K}^{-1} \cdot \text{mol}^{-1} \cdot 293\,\text{K}}{0{,}980\,\text{bar}} = 2{,}49\,\text{l}.$$

c) Hier werden die gegebenen Daten in die Zustandsgleichung (4.13) eingesetzt, die vorher nach $m(X)$ aufgelöst wird:

$$m(C_3H_8) = \frac{p \cdot V \cdot M(C_3H_8)}{R_m \cdot T} = \frac{0{,}990\,\text{bar} \cdot 0{,}100\,\text{l} \cdot 44{,}06\,\text{g} \cdot \text{mol}^{-1}}{0{,}08315\,\text{l} \cdot \text{bar} \cdot \text{K}^{-1} \cdot \text{mol}^{-1} \cdot 298\,\text{K}} = 0{,}176\,\text{g}$$

100 ml Propan haben bei 25 °C unter einem Druck von 0,990 bar eine Masse von 0,176 g.

d) In diesem Falle wird die Zustandsgleichung (4.13) nach V aufgelöst, und nach Einsetzen der gegebenen Werte erhält man

$$V(C_3H_8) = \frac{m(C_3H_8) \cdot R_m \cdot T}{p \cdot M(C_3H_8)} = \frac{10{,}0\,\text{g} \cdot 0{,}08315\,\text{l} \cdot \text{bar} \cdot \text{K}^{-1} \cdot \text{mol}^{-1} \cdot 298\,\text{K}}{0{,}990\,\text{bar} \cdot 44{,}06\,\text{g} \cdot \text{mol}^{-1}} = 5{,}68\,\text{l}.$$

10 g Propan haben unter den angegebenen Rahmenbedingungen von Druck und Temperatur ein Volumen von 5,68 l.

e) Zunächst wird mit Hilfe der Zustandsgleichung die Stoffmenge Propan in 1 ml bei der Meßtemperatur und dem angegebenen Meßdruck berechnet:

$$n(C_3H_8) = \frac{p \cdot V}{R_m \cdot T} = \frac{0{,}975\,\text{bar} \cdot 0{,}001\,\text{l}}{0{,}08315\,\text{l} \cdot \text{bar} \cdot \text{K}^{-1} \cdot \text{mol}^{-1} \cdot 323\,\text{K}} = 3{,}63 \cdot 10^{-5}\,\text{mol}.$$

Zur Berechnung der Teilchenanzahl aus der Stoffmenge benutzt man dann Gleichung (1.3):

$$N(C_3H_8) = N_A \cdot n(C_3H_8) = 6{,}02 \cdot 10^{23}\,\text{mol}^{-1} \cdot 3{,}63 \cdot 10^{-5}\,\text{mol} = 2{,}19 \cdot 10^{19}.$$

Die Molekularformel von Propan zeigt, daß 1 Molekül 8 Wasserstoffatome enthält. Die Anzahl Wasserstoffatome in 1 ml beträgt folglich

$$N(H) = 8\,N(C_3H_8) = 8 \cdot 2{,}19 \cdot 10^{19} = 1{,}75 \cdot 10^{20}.$$

Beispiel 5:
406 ml eines gasförmigen Stoffes wiegen bei 20 °C unter einem Druck von 1030 mbar 1,25 g. Berechnen Sie die molare Masse des Stoffes.

Lösung:
Die Zustandsgleichung (4.13) wird hier nach der molaren Masse aufgelöst:

$$M(X) = \frac{m(X) \cdot R_m \cdot T}{p \cdot V} = \frac{1{,}25 \text{ g} \cdot 0{,}08315 \text{ l} \cdot \text{bar} \cdot \text{K}^{-1} \cdot \text{mol}^{-1} \cdot 293 \text{ K}}{1{,}03 \text{ bar} \cdot 0{,}406 \text{ l}} = 73 \text{ g} \cdot \text{mol}^{-1}.$$

Die molare Masse ist 73 g · mol^{-1}.

Beispiel 6:
Ein Gasgemisch enthält Volumenanteile von 50% Methan, 40% Ethan und 10% Kohlendioxid.
a) Berechnen Sie die Partialdrücke der drei Komponenten bei einem Gesamtdruck von 970 mbar;
b) berechnen Sie auch, wieviel g Methan in 1 l des Gemisches beim obigen Gesamtdruck und 20 °C enthalten sind.

Lösung:
a) Verwendung findet hier Gleichung (4.26).

$$\frac{p_i}{P} = \frac{n_i}{\sum n_i} = \frac{V_i}{V} = \varphi_i = x_i.$$

$p(\text{CH}_4) = P \cdot x(\text{CH}_4) = 970 \text{ mbar} \cdot 0{,}5 = 485 \text{ mbar};$
$p(\text{C}_2\text{H}_6) = P \cdot x(\text{C}_2\text{H}_6) = 970 \text{ mbar} \cdot 0{,}4 = 388 \text{ mbar};$
$p(\text{CO}_2) = P \cdot x(\text{CO}_2) = 970 \text{ mbar} \cdot 0{,}1 = 97 \text{ mbar}.$

Zur Kontrolle kann man hier die Summe der Partialdrücke mit dem Gesamtdruck vergleichen:

$$P = p(\text{CH}_4) + p(\text{C}_2\text{H}_6) + p(\text{CO}_2) = 485 \text{ mbar} + 388 \text{ mbar} + 97 \text{ mbar} = 970 \text{ mbar}.$$

b) Die Zustandsgleichung (4.13) wird nach $m(\text{CH}_4)$ aufgelöst:

$$m(\text{CH}_4) = \frac{p(\text{CH}_4) \cdot V \cdot M(\text{CH}_4)}{R_m \cdot T}.$$

Wenn darin p in mbar ausgedrückt wird, muß auch R_m durch Multiplikation mit 1000 mbar · bar^{-1} in die Einheit mbar · K^{-1} · mol^{-1} umgerechnet werden (alternativ kann p in mbar mit 10^{-3} bar · mbar^{-1} multipliziert werden).

$$m(\text{CH}_4) = \frac{485 \text{ mbar} \cdot 1 \text{ l} \cdot 18{,}0 \text{ g} \cdot \text{mol}^{-1}}{1000 \text{ mbar} \cdot \text{bar}^{-1} \cdot 0{,}08315 \text{ l} \cdot \text{bar} \cdot \text{K}^{-1} \cdot \text{mol}^{-1} \cdot 293 \text{ K}} = 0{,}358 \text{ g}.$$

Beispiel 7:
Ein Gasgemisch ist aus den Volumenanteilen $\varphi_1, \varphi_2, \varphi_3 \cdots$ der Gase $A_1, A_2, A_3 \cdots$ mit den molaren Massen $M_1, M_2, M_3 \cdots$ zusammengesetzt. Berechnen Sie die Massenanteile der Komponenten im Gemisch.

Lösung:
Die gesuchten Massenanteile sind $w(A_1), w(A_2), w(A_3) \cdots$. Man kann folgende Bestimmungsgleichungen aufstellen:

$$w(A_1) = \frac{\varphi_1 \cdot M_1}{\varphi_1 \cdot M_1 + \varphi_2 \cdot M_2 + \varphi_3 \cdot M_3 + \cdots},$$

$$w(A_2) = \frac{\varphi_2 \cdot M_2}{\varphi_1 \cdot M_2 + \varphi_2 \cdot M_2 + \varphi_3 \cdot M_3 + \cdots},$$

usw.

Beispiel 8:
Ein Gasgemisch enthält Massenanteile $w(A_1), w(A_2), w(A_3) \cdots$ der Gase $A_1, A_2, A_3 \cdots$ mit den molaren Massen $M_1, M_2, M_3 \cdots$. Berechnen Sie die Volumenanteile $\varphi_1, \varphi_2, \varphi_3 \cdots$ dieser Komponenten im Gemisch.

Lösung:
Wiederum werden die obigen Bestimmungsgleichungen benutzt, nun aber nach φ_1 aufgelöst, und man erhält

$$\varphi_1 = \frac{w_1/M_1}{w_1/M_1 + w_2/M_2 + w_3/M_3 + \cdots}$$

und entsprechende Ausdrücke für φ_2, φ_3 usw.

Beispiel 9:
Trockene Luft enthält Volumenanteile von 20,95 % Sauerstoff, 78,09 % Stickstoff, 0,93 % Argon und 0,03 % Kohlendioxid.
a) Berechnen Sie die Masse eines Liters Luft (bzw. die Dichte der Luft in der Einheit $g \cdot l^{-1}$) bei 20 °C und 980,0 mbar mit einer Genauigkeit von vier Dezimalstellen und verwenden Sie die relativen Atommassen im Periodensystem am Ende des Anhangs.
b) Berechnen Sie auch die Dichte der Luft im Normzustand unter Verwendung des Endergebnisses des Aufgabenteils a).

Lösung:
a) Die Definitionsgleichung für die Dichte $\varrho(X) = m(X)/V$ wird mit der Zustandsgleichung (4.13) kombiniert, und man erhält:

$$\varrho(X) = \frac{m(X)}{V} = \frac{p(X) \cdot M(X)}{R_m \cdot T}.$$

Darin ist $p(X)$ der Partialdruck der aus den Teilchen X bestehenden Gasart und $M(X)$ die molare Masse dieser Gasart. Wenn wir die Massen der in einem Volumen von 1 l unter einem Druck von 980 mbar enthaltenen Gase (d.h. ihre Dichten) berechnen wollen, den Gesamtdruck $P = 980{,}0 \text{ mbar}/1000 \text{ mbar} \cdot \text{bar}^{-1}$ und $T = 293{,}15$ K setzen und die molaren Massen mit $M(O_2) = 32{,}00 \text{ g} \cdot \text{mol}^{-1}$, $M(N_2) = 28{,}01 \text{ g} \cdot \text{mol}^{-1}$, $M(Ar) = 39{,}95 \text{ g} \cdot \text{mol}^{-1}$ sowie $M(CO_2) = 44{,}01 \text{ g} \cdot \text{mol}^{-1}$ annehmen, erhalten wir:

$$\varrho(O_2) = \frac{980{,}0 \text{ mbar} \cdot 32{,}00 \text{ g} \cdot \text{mol}^{-1}}{1000 \text{ mbar} \cdot \text{bar}^{-1} \cdot 0{,}08315 \text{ l} \cdot \text{bar} \cdot \text{K}^{-1} \cdot \text{mol}^{-1} \cdot 293{,}15 \text{ K}} = 1{,}287 \text{ g} \cdot \text{l}^{-1};$$

$$\varrho(N_2) = \frac{980{,}0 \text{ mbar} \cdot 28{,}01 \text{ g} \cdot \text{mol}^{-1}}{1000 \text{ mbar} \cdot \text{bar}^{-1} \cdot 0{,}08315 \text{ l} \cdot \text{bar} \cdot \text{K}^{-1} \cdot \text{mol}^{-1} \cdot 293{,}15 \text{ K}} = 1{,}126 \text{ g} \cdot \text{l}^{-1};$$

$$\varrho(Ar) = \frac{980{,}0 \text{ mbar} \cdot 39{,}95 \text{ g} \cdot \text{mol}^{-1}}{1000 \text{ mbar} \cdot \text{bar}^{-1} \cdot 0{,}08315 \text{ l} \cdot \text{bar} \cdot \text{K}^{-1} \cdot \text{mol}^{-1} \cdot 293{,}15 \text{ K}} = 1{,}606 \text{ g} \cdot \text{l}^{-1};$$

$$\varrho(CO_2) = \frac{980{,}0 \text{ mbar} \cdot 44{,}01 \text{ g} \cdot \text{mol}^{-1}}{1000 \text{ mbar} \cdot \text{bar}^{-1} \cdot 0{,}08315 \text{ l} \cdot \text{bar} \cdot \text{K}^{-1} \cdot \text{mol}^{-1} \cdot 293{,}15 \text{ K}} = 1{,}769 \text{ g} \cdot \text{l}^{-1};$$

Die Masse eines Liters Luft ergibt sich dann durch Addition der Produkte aus den Dichten der einzelnen Gassorten und ihren Volumenanteilen zu

$$\varrho(\text{Luft}) = \varrho(O_2) \cdot \varphi(O_2) + \varrho(N_2) \cdot \varphi(N_2) + \varrho(Ar) \cdot \varphi(Ar) + \varrho(CO_2) \cdot \varphi(CO_2)$$
$$= 1{,}287 \text{ g} \cdot l^{-1} \cdot 0{,}2095 + 1{,}126 \text{ g} \cdot l^{-1} \cdot 0{,}7809 + 1{,}606 \text{ g} \cdot l^{-1} \cdot 0{,}0093$$
$$+ 1{,}769 \text{ g} \cdot l^{-1} \cdot 0{,}0003$$
$$= 0{,}2696 \text{ g} \cdot l^{-1} + 0{,}8793 \text{ g} \cdot l^{-1} + 0{,}0149 \text{ g} \cdot l^{-1} + 0{,}0005 \text{ g} \cdot l^{-1}$$
$$= 1{,}164 \text{ g} \cdot l^{-1}.$$

b) Zur Berechnung der Normdichte der Luft eignet sich Beziehung (4.8) nach Umformung:

$$\varrho_n = \frac{p_n \cdot \varrho \cdot T}{p \cdot T_n} = \frac{1{,}01325 \text{ bar} \cdot 1{,}164 \text{ g} \cdot l^{-1} \cdot 293{,}15 \text{ K}}{0{,}9800 \text{ bar} \cdot 273{,}15 \text{ K}} = 1{,}292 \text{ g} \cdot l^{-1}.$$

Beispiel 10:
Zur Bestimmung der molaren Masse von Chloroform nach der Methode von Dumas wird ein Einhals-Glaskolben verwendet, dessen Hals durch einen Glashahn mit Küken verschlossen werden kann. Der Kolben wird zunächst bei Raumtemperatur mit Luft gefüllt und gewogen. Danach wird flüssiges Chloroform in den Kolben gefüllt und der Kolben mit Inhalt so lange in ein siedendes Wasserbad getaucht, bis das Chloroform vollständig verdampft ist und dabei auch die im Kolben befindliche Luft vollständig verdrängt hat. Zur vollständigen Verdrängung der Luft benötigt man einen Chloroformüberschuß, der nach außen entweicht. Danach wird der Hahn geschlossen. Nach Abkühlenlassen wird der außen abgetrocknete Kolben erneut gewogen. Der Kolben wird schließlich noch mit Wasser gefüllt und gewogen. Bei einer solchen Bestimmung wurden folgende Versuchsergebnisse erhalten:

1. Die Masse von Glaskolben + Luft betrug   36,449 g;
2. Glaskolben + Chloroformdampf wogen   37,200 g;
3. Glaskolben + Wasser wogen   315,1 g.

Der Barometerstand bei den Bestimmungen betrug 1018,6 mbar, die Lufttemperatur war 18,0 °C und die Wasserbadtemperatur 101,0 °C. Berechnen Sie die molare Masse des Chloroforms.

Lösung:
Aus der Differenz der Wägungen 3. und 1. erhält man mit ausreichender Genauigkeit das Volumen des Glaskolbens $V = 0{,}279$ l. Das Normvolumen der Luft, die im Glaskolben bei 18,0 °C unter einem Druck von 1018,6 mbar stand, betrug nach Gleichung (4.7) 0,263 l.
Hieraus ergibt sich:
a) die Masse der im Kolben enthaltenen Luft zu

$$m(\text{Luft}) = V_n(\text{Luft}) \cdot \varrho(\text{Luft}) = 0{,}263 \text{ l} \cdot 1{,}292 \text{ g} \cdot l^{-1} = 0{,}340 \text{ g},$$

b) die Masse des Glaskolbens zu

$$m(\text{Kolben}) = 36{,}449 \text{ g} - 0{,}340 \text{ g} = 36{,}109 \text{ g},$$

c) die Masse des Chloroformdampfes zu

$$m(\text{CHCl}_3) = 37{,}200 \text{ g} - 36{,}109 \text{ g} = 1{,}091 \text{ g}.$$

Nach Gleichung (4.13) erhält man die gesuchte molare Masse des Chloroforms gemäß

$$M(\text{CHCl}_3) = \frac{m(\text{CHCl}_3) \cdot R_m \cdot T}{p \cdot V} = \frac{1{,}091 \text{ g} \cdot 0{,}08315 \text{ l} \cdot \text{bar} \cdot \text{K}^{-1} \cdot \text{mol}^{-1} \cdot 374{,}15 \text{ K}}{1{,}0186 \text{ bar} \cdot 0{,}279 \text{ l}}$$

$$= 119{,}4 \text{ g} \cdot \text{mol}^{-1}.$$

Beispiel 11:
Bei 70 °C und 1 bar ist Distickstofftetroxid zu 65,6% in Stickstoffdioxid dissoziiert. Berechnen Sie
a) die Partialdrücke beider Gase im Gasgemisch,
b) das Volumen von 2 g dieses Gasgemisches,
c) die Stoffmengenkonzentrationen der beiden Oxide im Gasgemisch.

Lösung:
a) Wenn n_0 die Ausgangsstoffmenge, $p(\text{NO}_2)$ der Partialdruck von NO_2 und $p(\text{N}_2\text{O}_4)$ der Partialdruck von N_2O_4 sind, erhalten wir mit den Gleichungen (4.26) und (4.28):

$$p(\text{NO}_2) = \frac{2 \cdot n_0 \cdot \alpha}{n_0 \cdot (1 + \alpha)} \cdot P = \frac{2 \cdot 0{,}656}{1 + 0{,}656} \cdot 1 \text{ bar} = 0{,}792 \text{ bar};$$

$$p(\text{N}_2\text{O}_4) = \frac{n_0(1 - \alpha)}{n_0 \cdot (1 + \alpha)} \cdot P = \frac{1 - 0{,}656}{1 + 0{,}656} \cdot 1 \text{ bar} = 0{,}208 \text{ bar}.$$

b) Das Volumen V erhalten wir nach den Gleichungen (4.13) und (4.28) zu

$$V = \frac{m(\text{N}_2\text{O}_4)}{M(\text{N}_2\text{O}_4)} \cdot (1 + \alpha) \cdot \frac{R_m \cdot T}{p} = \frac{2 \text{ g}}{92 \text{ g} \cdot \text{mol}^{-1}} \cdot (1 + 0{,}656)$$

$$\cdot \frac{0{,}08315 \text{ l} \cdot \text{bar} \cdot \text{K}^{-1} \cdot \text{mol}^{-1} \cdot 343{,}15 \text{ K}}{1 \text{ bar}} = 1{,}027 \text{ l}.$$

c) $c(\text{N}_2\text{O}_4) = \dfrac{n_0 \cdot (1 - \alpha)}{V} = \dfrac{2 \text{ g} \cdot (1 - 0{,}656)}{92 \text{ g} \cdot \text{mol}^{-1} \cdot 1{,}027 \text{ l}} = 7{,}28 \cdot 10^{-3} \text{ mol} \cdot \text{l}^{-1};$

$c(\text{NO}_2) = \dfrac{2 n_0 \cdot \alpha}{V} = \dfrac{2 \cdot 2 \text{ g} \cdot 0{,}656}{92 \text{ g} \cdot \text{mol}^{-1} \cdot 1{,}027 \text{ l}} = 2{,}78 \cdot 10^{-2} \text{ mol} \cdot \text{l}^{-1}.$

Gasvolumina bei chemischen Umsetzungen

Bei Kenntnis der Reaktionsgleichung kann man nicht nur die Massen der an einer Reaktion beteiligten Stoffe berechnen, sondern im Falle von gasförmigen Stoffen auch ihre Volumina. Man muß dabei jedoch beachten, daß gasförmige Elemente, die als zwei- oder mehratomige Moleküle vorliegen, in der Reaktionsgleichung auch in molekularer Form niedergeschrieben werden. So schreibt man z. B. nicht H, O, N oder Cl sondern H_2, O_2, O_3, N_2 bzw. Cl_2.
Bei der Lösung von Aufgaben, bei denen die Volumina von Gasen, die an einer Reaktion beteiligt sind, berechnet werden sollen, verwendet man außer den in Kapi-

tel 1.4 behandelten Gesetzen und Regeln auch noch die in diesem Kapitel behandelten Gasgesetze.

Beispiel 12:
Kaliumchlorat zerfällt beim Erhitzen in Gegenwart von Braunstein als Katalysator in Kaliumchlorid und Disauerstoffgas nach der Bruttoreaktionsgleichung

2 $KClO_3$ → 2 KCl + 3 O_2

Wieviel g Kaliumchlorat sind zur Darstellung von 10 l Disauerstoffgas im Normzustand erforderlich?

Lösung:
Man löst diese Aufgabe unter Verwendung der bekannten Größengleichung für das stöchiometrische Massenverhältnis zweier durch eine gemeinsame Reaktionsgleichung verbundener Reaktionspartner (Gleichung (1.11), s. Kapitel 1.4). In dieser Gleichung wird der Quotient aus der Masse des gasförmigen Reaktionspartners und seiner molaren Masse durch den Quotienten aus seinem Normvolumen und dem molaren Volumen eines idealen Gases im Normzustand substituiert:

$$m_1 = \frac{n_1 \cdot M_1}{n_2} \cdot \frac{m_2}{M_2} = \frac{n_1 \cdot M_1}{n_2} \cdot \frac{V_n}{V_{m,n}} \text{ bzw.}$$

$$m(KClO_3) = \frac{n(KClO_3) \cdot M(KClO_3)}{n(O_2)} \cdot \frac{m(O_2)}{M(O_2)} = \frac{n(KClO_3) \cdot M(KClO_3)}{n(O_2)} \cdot \frac{V_n(O_2)}{V_{m,n}}$$

$$= \frac{2 \text{ mol} \cdot 122,6 \text{ g} \cdot \text{mol}^{-1} \cdot 10,0 \text{ l}}{3 \text{ mol} \cdot 22,4 \text{ l} \cdot \text{mol}^{-1}} = 36,5 \text{ g}.$$

Beispiel 13:
Wieviel Liter Wasserstoffgas, das bei 10 °C unter einem Druck von 970 mbar steht, erhält man beim Auflösen von 100 g Aluminium in verdünnter Salzsäure?

Lösung:
Die Bruttoreaktionsgleichung lautet hier:

2 Al + 6 HCl → 2 $AlCl_3$ + 3 H_2

Lösungsweg 1:
Auch diese Aufgabe läßt sich wie das Beispiel 12 lösen, indem man die Bestimmungsgleichung nach Fortfall des mittleren Gliedes nach dem Normvolumen auflöst:

$$V_n(H_2) = \frac{n(H_2) \cdot m(Al) \cdot V_{m,n}}{n(Al) \cdot M(Al)} = \frac{3 \text{ mol} \cdot 100 \text{ g} \cdot 22,41 \text{ l}}{2 \text{ mol} \cdot 26,98 \text{ g} \cdot \text{mol}^{-1}} = 124,6 \text{ l}.$$

Anschließend ist allerdings noch die Umrechnung des erhaltenen Normvolumens in das Volumen bei gegebenem Druck und gegebener Temperatur gemäß Gleichung (4.7) erforderlich:

$$V = \frac{p_n \cdot V_n \cdot T}{p \cdot T_n} = \frac{1,013 \text{ bar} \cdot 124,6 \text{ l} \cdot 283,15 \text{ K}}{0,970 \text{ bar} \cdot 273,15 \text{ K}} = 134,9 \text{ l}.$$

Lösungsweg 2:
Man kann sich die umständliche Zwischenrechnung ersparen und die Berechnung in einem Schritt vornehmen, wenn man in der Größengleichung für das stöchiometrische Massenverhältnis den

Quotienten $m(H_2)/M(H_2)$ durch den äquivalenten Ausdruck aus der Zustandsgleichung (4.13) ersetzt und die resultierende Gleichung nach $V(H_2)$ auflöst:

$$m(Al) = \frac{n(Al) \cdot M(Al)}{n(H_2)} \cdot \frac{m(H_2)}{M(H_2)} = \frac{n(Al) \cdot M(Al)}{n(H_2)} \cdot \frac{p(H_2) \cdot V(H_2)}{R_m \cdot T};$$

$$V(H_2) = \frac{3 \text{ mol} \cdot 100 \text{ g} \cdot 0{,}08315 \text{ l} \cdot \text{bar} \cdot \text{K}^{-1} \cdot \text{mol}^{-1} \cdot 283{,}15 \text{ K}}{2 \text{ mol} \cdot 26{,}98 \text{ g} \cdot \text{mol}^{-1} \cdot 0{,}9700 \text{ bar}} = 134{,}9 \text{ l}.$$

Beispiel 14:
Methan kann man in recht reiner Form durch Zersetzung von Aluminiumcarbid Al_4C_3 mit Wasser erhalten. Wieviel g Aluminiumcarbid sind zur Darstellung von 1 m³ Methan bei 20,0 °C und unter 1025 mbar Druck erforderlich, wenn die Ausbeute 92,0% beträgt?

Lösung:
Die Bruttoreaktionsgleichung lautet:

$$Al_4C_3 + 12 \text{ H}_2O \rightarrow 4 \text{ Al(OH)}_3 + 3 \text{ CH}_4.$$

Auch hier empfiehlt sich die Aufgabenlösung mit der Gleichung aus Lösungsweg 2 in Beispiel 13. Da die Produktausbeute nur 92% beträgt, rechnet man:

$$0{,}92 \, m(Al_4C_3) = \frac{n(Al_4C_3) \cdot M(Al_4C_3) \cdot V(CH_4) \cdot p(CH_4)}{n(CH_4) \cdot R_m \cdot T}$$

$$= \frac{1 \text{ mol} \cdot 144{,}0 \text{ g} \cdot \text{mol}^{-1} \cdot 1{,}025 \text{ bar} \cdot 1000 \text{ l}}{3 \text{ mol} \cdot 0{,}08315 \text{ l} \cdot \text{bar} \cdot \text{K}^{-1} \cdot \text{mol}^{-1} \cdot 293{,}15 \text{ K}} = 2018 \text{ g};$$

$$m(Al_4C_3) = 2018 \text{ g} \cdot \frac{1}{0{,}92} = 2193 \text{ g} = 2{,}193 \text{ kg}.$$

Beispiel 15:
Wieviel Gramm Schwefelsäure mit 98% Massenanteil erhält man bei der Umsetzung eines Gasgemisches, bestehend aus 30 l Schwefeldioxid und 20 l Sauerstoff, nach dem Kontaktverfahren und anschließender Reaktion des entstandenen Schwefeltrioxids SO_3 mit Wasser, wenn die Produktausbeute 85% beträgt? Die Ausgangsgase stehen bei 50 °C unter einem Druck von 1050 mbar.

Lösung:
Die Bruttoreaktionsgleichungen lauten:

$$2 \text{ SO}_2 + \text{O}_2 \rightarrow 2 \text{ SO}_3$$
$$2 \text{ SO}_3 + 2 \text{ H}_2\text{O} \rightarrow 2 \text{ H}_2\text{SO}_4.$$

Nach der ersten Reaktionsgleichung reagieren 2 mol SO_2 mit 1 mol O_2, folglich auch 2 Volumenanteile SO_2 mit 1 Volumenanteil O_2 bzw. 30 l SO_2 mit 15 l O_2. 5 l Sauerstoffgas sind also im Überschuß vorhanden und werden bei der Reaktion nicht verbraucht. Man muß bei der Aufgabenlösung von der im Unterschuß vorliegenden Komponente, die bei der Reaktion vollständig verbraucht wird, ausgehen. Das ist in diesem Falle das SO_2. Mit Hilfe der Zustandsgleichung (4.13) erhält man für eine mit 100% Ausbeute verlaufende Reaktion, bei der die Stoffmenge des reagierenden SO_2 der Stoffmenge der gebildeten Schwefelsäure entspricht, folgenden Ausdruck (das dritte Glied der

Gleichung wurde durch Wegkürzen der Einheiten vereinfacht):

$$0{,}980\ m(H_2SO_4) = \frac{M(H_2SO_4) \cdot p(SO_2) \cdot V(SO_2)}{R_m \cdot T} = \frac{98{,}10 \cdot 1{,}050 \cdot 30}{0{,}08315 \cdot 323{,}15}\ g = 115{,}0\ g.$$

Für eine Ausbeute von 85% ergibt dies

$$0{,}98\ m(H_2SO_4) = 0{,}850 \cdot 115{,}0\ g = 97{,}8\ g. \qquad m(98\%\text{ige } H_2SO_4) = 97{,}8\ g \cdot \frac{1}{0{,}980} = 100\ g.$$

Es werden 100 g Schwefelsäure mit 98,0 % Massenanteil erhalten.

Beispiel 16:
Wieviel Kubikmeter Luft sind zur vollständigen Verbrennung von 1 m³ Stadtgas erforderlich, wenn dieses die folgende Zusammensetzung in Volumenanteilen hat? 50,0 % Wasserstoff, 35,0 % Methan CH_4, 8,0 % Kohlenmonoxid, 3,0 % Ethylen C_2H_4, 3,0 % Stickstoff und 1,0 % Kohlendioxid. Es wird angenommen, daß Luft und Stadtgas bei gleicher Temperatur unter dem gleichen Druck stehen und daß der Volumenanteil Sauerstoff in der Luft 21,0 % beträgt.

Lösung:
Wenn die angegebenen Volumenanteile auf das Gesamtvolumen von 1 m³ bezogen werden, sind darin

$V(H_2)$ $= V(\text{Stadtgas}) \cdot \varphi(H_2) = 1000\ l \cdot 0{,}500 = 500\ l,$
$V(CH_4)$ $= V(\text{Stadtgas}) \cdot \varphi(CH_4) = 1000\ l \cdot 0{,}350 = 350\ l,$
$V(CO)$ $= V(\text{Stadtgas}) \cdot \varphi(CO) = 1000\ l \cdot 0{,}080 = 80\ l$
$V(C_2H_4) = V(\text{Stadtgas}) \cdot \varphi(C_2H_4) = 1000\ l \cdot 0{,}030 = 30\ l,$
$V(N_2)$ $= V(\text{Stadtgas}) \cdot \varphi(N_2) = 1000\ l \cdot 0{,}030 = 30\ l$ und
$V(CO_2)$ $= V(\text{Stadtgas}) \cdot \varphi(CO_2) = 1000\ l \cdot 0{,}010 = 10\ l$

enthalten.
Stickstoff und Kohlendioxid sind Permanentgase und reagieren nicht mit dem Sauerstoff der Luft. Nun benötigt man die Reaktionsgleichungen der Verbrennungsreaktionen der mit dem Sauerstoff der Luft reagierenden Stoffe. Unter den Edukten werden jeweils die reagierenden Gasvolumina angegeben.

$2\ H_2 + O_2 \rightarrow 2\ H_2O \qquad CH_4 + 2\ O_2 \rightarrow CO_2 + 2\ H_2O$
500 l   250 l   350 l   700 l

$2\ CO + O_2 \rightarrow 2\ CO_2 \qquad C_2H_4 + 3\ O_2 \rightarrow 2\ CO_2 + 2\ H_2O$
80 l   40 l   30 l   90 l

Das für die vollständige Verbrennung benötigte Gesamtvolumen Sauerstoff beträgt also $V(O_2)$ = 250 l + 700 l + 40 l + 90 l = 1 080 l.

$$V(\text{Luft}) = \frac{1\,080\ l\ O_2}{0{,}210\ l\ O_2 \cdot (l\ \text{Luft})^{-1}} = 5{,}14 \cdot 10^3\ l = 5{,}14\ m^3.$$

Es werden 5,14 m³ Verbrennungsluft benötigt.

Beispiel 17:
10 ml eines Gemisches von Kohlenmonoxid, Methan und Ethan werden bei Raumtemperatur mit einem Überschuß an Sauerstoff versetzt und der Verbrennung unterworfen. Dabei nimmt das

Ausgangsvolumen der brennbaren Gase + Sauerstoff (gemessen nach dem Abkühlen auf die Ausgangstemperatur) um 12 ml ab. Bei der Behandlung der Verbrennungsgase mit Kalilauge nimmt durch quantitative Absorption des CO_2-Anteils in der Lauge das Volumen um weitere 12 ml ab. Berechnen Sie die Volumenanteile der Komponenten im Ausgangsgasgemisch. Alle angegebenen Volumina beziehen sich auf gleiche Temperatur, gleichen Druck und gleichen Feuchtigkeitsgehalt.

Lösung:
Die Zusammensetzung der Ausgangsprobe wird durch folgende Bestimmungsgleichung angegeben:

$$V(CO) + V(CH_4) + V(C_2H_6) = 10 \text{ ml}. \tag{I}$$

Für die Verbrennungsreaktionen der drei Stoffe gelten die folgenden Reaktionsgleichungen mit den darunter angegebenen Gasvolumina, ausgedrückt in Gasvolumina der Kohlenstoffverbindungen:

$$2\,CO + O_2 \rightarrow 2\,CO_2 \quad CH_4 + 2\,O_2 \rightarrow CO_2 + 2\,H_2O$$
$$V(CO) \quad 1/2\,V(CO) \quad V(CO) \quad V(CH_4) \quad 2\,V(CH_4) \quad V(CH_4) \quad 0$$

$$2\,C_2H_6 + 7\,O_2 \rightarrow 4\,CO_2 + 6\,H_2O$$
$$V(C_2H_6) \quad 7/2\,V(C_2H_6) \quad 2\,V(C_2H_6) \quad 0$$

Bei jeder der drei Reaktionen erfolgt eine Volumenabnahme, die man durch Abzug der Volumina der Edukte von den Volumina der Produkte berechnen kann.

$V(CO\text{-Verbrennung}) = -V(CO)/2$;
$V(CH_4\text{-Verbrennung}) = -2\,V(CH_4)$;
$V(C_2H_6\text{-Verbrennung}) = -5\,V(C_2H_6)/2$.

Für die gesamte Volumenabnahme nach der Verbrennung erhält man dann:

$$-V(CO)/2 - 2\,V(CH_4) - 5\,V(C_2H_6)/2 = -12{,}0 \text{ ml}. \tag{II}$$

Die Volumenabnahme der Rauchgasprobe bei ihrer Behandlung mit Kalilauge entspricht dem bei den drei Verbrennungsreaktionen insgesamt gebildeten Kohlendioxid, das in der Kalilauge vollständig absorbiert wird. Dies führt zur dritten Bestimmungsgleichung:

$$V(CO) + V(CH_4) + 2\,V(C_2H_6) = 12 \text{ ml}. \tag{III}$$

Bei der Auflösung dieses Gleichungssystems erhält man:

$V(CO) = 6$ ml, $V(CH_4) = 2$ ml und $V(C_2H_6) = 2$ ml.

Beispiel 18:
Ein aus Steinkohle erhaltenes Generatorgas hat folgende Zusammensetzung in Volumenanteilen: 23,7% CO, 6,5% H_2, 1,9% CH_4, 5,3% CO_2 und 62,6% N_2. Berechnen Sie
a) das theoretisch zur vollständigen Verbrennung von 1 m³ Gas erforderliche Luftvolumen,
b) die Zusammensetzung des Rauchgasgemisches in Volumenanteilen der darin enthaltenen Komponenten,
c) die Zusammensetzung des Rauchgasgemisches in Volumenanteilen, wenn vor der Verbrennung das Doppelte des theoretisch notwendigen Luftvolumens zudosiert wird.
Es wird angenommen, daß die Luft einen Sauerstoff-Volumenanteil von 21,0% enthält. Der restliche Volumenanteil soll auf Stickstoff entfallen. Die Temperaturen der Rauchgasgemische sollen unter 100 °C liegen.

Lösung:
a) An der Verbrennung sind nur die drei zuerst aufgeführten Gase CO, H_2 und CH_4 beteiligt. 1 m³ Generatorgas enthält 237 l CO, 65 l H_2 und 19 l CH_4. Für die drei Verbrennungsprozesse lassen

sich wieder Reaktionsgleichungen aufstellen, unter denen jeweils die Volumina der beteiligten Edukte und Produkte angegeben werden. Die entstehenden Volumina Wasser können jeweils mit null angegeben werden, weil der Wasserdampf beim Abkühlen unterhalb 100 °C zu flüssigem Wasser kondensiert und praktisch keinen Raum einnimmt.

$2\,CO + O_2 \rightarrow 2\,CO_2 \qquad 2\,H_2 + O_2 \rightarrow 2\,H_2O$
237 l   118,5 l   237 l   65 l   32,5 l   0 l

$CH_4 + 2\,O_2 \rightarrow CO_2 + 2\,H_2O$
19 l   38 l   19 l   0 l

Der Gesamtverbrauch an Sauerstoff beträgt $V(O_2) = 118,5\,l + 32,5\,l + 38,0\,l = 189\,l$. Dies entspricht einem für die vollständige Verbrennung benötigten Luftvolumen von

$$V(\text{Luft}) = \frac{V(O_2)}{V(O_2) \cdot V(\text{Luft})^{-1}} = \frac{189\,l}{0,21\,l \cdot l^{-1}} = 900\,l.$$

b) Das Rauchgasgemisch besteht aus den Volumina der darin enthaltenen Permanentgase Kohlendioxid und Stickstoff, aus dem bei der Verbrennung entstandenen Volumen Kohlendioxid und aus dem Volumen Stickstoff der Verbrennungsluft, also aus

$V(CO_2) = 53\,l + 237\,l + 19\,l \quad = \quad 309\,l$
$V(N_2) \ = 626\,l + 900\,l - 189\,l = 1337\,l$
$\qquad\qquad\qquad \text{Summe} = 1646\,l.$

$\varphi(CO_2) = 18,8\,\%$, $\varphi(N_2) = 81,2\,\%$.

c) In diesem Fall besteht das Rauchgasgemisch aus 309 l CO_2, 189 l unverbrauchtem Sauerstoff und 1337 l + (900 − 189) l Stickstoff, was ein Gesamtvolumen von 2546 l ergibt. $\varphi(CO_2) = 12,1\,\%$, $\varphi(O_2) = 7,4\,\%$, $\varphi(N_2) = 80,4\,\%$.

Beispiel 19:
Ein in einem starkwandigen Behälter eingeschlossenes Gemisch von Kohlenmonoxid und Sauerstoff wurde durch einen elektrischen Funken gezündet. Bei der explosionsartig ablaufenden Reaktion wurde das CO vollständig zu CO_2 oxidiert. Nachdem der Behälter wieder auf Raumtemperatur abgekühlt war, zeigte das angeschlossene Manometer eine Druckverringerung von 763 auf 654 mbar. Welche Volumenanteile an Kohlenmonoxid und Sauerstoff in % enthielt die Mischung vor der Reaktion?

Lösung:
Die gesamte Stoffmenge im Gasgemisch vor der Reaktion soll mit $n(\text{ges}) = n(O_2) + n(CO)$ und die Stoffmenge CO mit $n(CO)$ bezeichnet werden. Nach der Reaktionsgleichung der CO-Oxidation mit den darunter angegebenen Stoffmengen der Reaktanden, ausgedrückt als Stoffmenge CO,

$2\,CO + O_2 \rightarrow 2\,CO_2$
$n(CO) \quad n(CO)/2 \quad n(CO),$

nimmt $n(\text{ges})$ im Reaktionsgemisch um $\Delta n = n(CO)/2$ ab, weil aus $n(CO)$ mol CO und $n(CO)/2$ mol O_2 nur $n(CO)$ mol CO_2 entstehen. Da die Reaktion bei konstantem Volumen abläuft, besteht nach Gleichung (4.26) Proportionalität zwischen dem Verhältnis der Stoffmengen und dem Verhältnis der Drücke vor und nach der Reaktion gemäß

$$\frac{n(\text{ges})}{n(\text{ges}) - n(CO)/2} = \frac{n(O_2) + n(CO)}{n(O_2) + n(CO)/2} = \frac{763\,\text{mbar}}{654\,\text{mbar}}.$$

Die Auflösung dieser Gleichung ergibt Volumenanteile von 28,6% CO und 71,4% O_2 im Ausgangsgasgemisch.

Gleichgewichte in gasförmigen Systemen – Zusammenhang zwischen K_c und K_p

Nach Gleichung (2.29) kann das Reaktionsgleichgewicht in einem aus mehreren Edukten und Produkten bestehenden Reaktionsgemisch durch das Massenwirkungsgesetz beschrieben werden. Dieses Gesetz gilt nicht nur für kondensierte Phasen, sondern auch für Gasgemische.
Es sei angenommen, daß ein homogenes gasförmiges Reaktionssystem sich im Reaktionsgleichgewicht befindet und aus den Edukten A_1 und A_2 und den Produkten A_3 und A_4 mit den Koeffizienten v_1, v_2, v_3 und v_4 besteht. Für die Konzentrationskonstante K_c gilt dann nach Gleichung (2.29) der Ausdruck

$$K_c = \frac{c^{v_3}(A_3) \cdot c^{v_4}(A_4)}{c^{v_1}(A_1) \cdot c^{v_2}(A_2)}.$$

Die Konzentrationen der einzelnen Reaktanden in einem gasförmigen Gleichgewichtssystem kann man auch durch ihre Stoffmengen ersetzen, wenn man ein bestimmtes Volumen, beispielsweise 1 l, betrachtet. Gemäß Gleichung (4.1) entsprechen die Stoffmengenanteile aller Einzelkomponenten den Verhältnissen von Partialdruck zu Gesamtdruck. Diese Beziehung muß dann auch für das Verhältnis zwischen den Konzentrationen und den Partialdrücken gelten, und die entsprechenden Ausdrücke lauten:

$$p(A_1) = c(A_1) \cdot R_m \cdot T; \quad p(A_2) = c(A_2) \cdot R_m \cdot T; \quad p(A_3) = c(A_3) \cdot R_m \cdot T \quad \text{und}$$
$$p(A_4) = c(A_4) \cdot R_m \cdot T. \tag{4.33}$$

Das Massenwirkungsgesetz kann man dann auch folgendermaßen formulieren:

$$K_p = \frac{p(A_3)^{v_3} \cdot p(A_4)^{v_4}}{p(A_1)^{v_1} \cdot p(A_2)^{v_2}} = \frac{(c(A_3) \cdot R_m \cdot T)^{v_3} \cdot (c(A_4) \cdot R_m \cdot T)^{v_4}}{(c(A_1) \cdot R_m \cdot T)^{v_1} \cdot (c(A_2) \cdot R_m \cdot T)^{v_2}}$$
$$= \frac{c^{v_3}(A_3) \cdot c^{v_4}(A_4)}{c^{v_1}(A_1) \cdot c^{v_2}(A_2)} \cdot (R_m \cdot T)^{\Delta v}. \tag{4.34}$$

Dabei ist $\Delta v = v_3 + v_4 - v_1 - v_2$.
Die Beziehung zwischen der konzentrationsbezogenen und der druckbezogenen Gleichgewichtskonstante des Massenwirkungsgesetzes lautet danach:

$$K_p = K_c \cdot (R_m \cdot T)^{\Delta v}. \tag{4.35}$$

Wenn bei einer Reaktion die Summe der Koeffizienten der Produkte gleich der Summe der Koeffizienten der Edukte ist, ist $\Delta v = 0$ und $K_p = K_c$.

Beispiel 20:
Bodenstein fand im Jahre 1899 bei seinen klassischen Untersuchungen über die Bildung und den Zerfall von Iodwasserstoff, daß sich nach Aufheizen eines heterogenen Gemisches von 2,94 mol Iod I_2 und 8,10 mol Wasserstoff H_2 auf 448 °C unter Bildung von 5,64 mol Iodwasserstoff HI ein Gleichgewicht einstellt. Berechnen Sie die Gleichgewichtskonstante der Reaktion $H_2 + I_2 \rightleftharpoons 2\,HI$.

Lösung:
Die Reaktionsgleichung zeigt auf, daß aus 1 mol H_2 und 1 mol I_2 2 mol HI gebildet werden. Wenn nach Angabe der Aufgabenstellung die Stoffmenge von HI im Gleichgewicht 5,64 mol beträgt, so ist jeweils die Hälfte dieser Stoffmenge, nämlich 5,64/2 mol = 2,82 mol H_2 und 2,82 mol I_2 zu HI umgesetzt worden. Die Stoffmengenkonzentrationen der Einzelkomponenten im Gleichgewichtsgemisch werden folgendermaßen berechnet:

$$c(H_2) = \frac{(8,10 - 2,82)\,\text{mol}}{V}; \quad c(I_2) = \frac{(2,94 - 2,82)\,\text{mol}}{V};$$

$$c(HI) = \frac{5,64\,\text{mol}}{V}.$$

Einsetzen dieser Konzentrationen in Gleichung (2.29) ergibt die Gleichung

$$K_c = \frac{c^2(HI)}{c(H_2) \cdot c(I_2)} = \frac{\dfrac{5,64^2 \cdot \text{mol}^2}{V^2}}{\dfrac{(8,10 - 2,82)\,\text{mol} \cdot (2,94 - 2,82)\,\text{mol}}{V^2}} = \frac{(5,64)^2}{5,28 \cdot 0,120} = 50,2$$

$$K_c = 50,2.$$

Bei der Reaktion erfolgt keine Volumenveränderung, denn die Stoffmenge verändert sich nicht. Deshalb gilt hier $K_p = K_c$. Die Konstanten haben die Einheit $(\text{mol} \cdot l^{-1})^0 = 1$.

Beispiel 21:
Bei der Darstellung von Schwefeltrioxid nach dem Kontaktverfahren leitet man in einen auf 600 °C temperierten Kontaktofen ein Röstgas mit folgenden Volumenanteilen der Komponenten in %: 85,0% Stickstoff, 10,0% Schwefeldioxid und 5,0% Sauerstoff. Der Druck wird bei 1 bar gehalten. Hierbei wird ein Volumenanteil von 59% des zugeführten Schwefeldioxids zu Schwefeltrioxid oxidiert. Berechnen Sie den Zahlenwert von K_p für die Gleichgewichtsreaktion $SO_2 + 1/2\,O_2 \rightleftharpoons SO_3$.

Lösung:
Der Volumenanteil Schwefeldioxid, der in Schwefeltrioxid überführt wird, ist $\varphi(SO_2) = 59\%$ und der Gesamtdruck im Reaktionssystem P. Bei der Aufgabenlösung wird zur Vereinfachung des Lösungsweges die Annahme gemacht, daß die Stoffmenge im Ausgangsgasgemisch 100 mol betrage. Auch die Stoffmenge des an der Reaktion gar nicht beteiligten Stickstoffs muß bei der Aufgabenlösung berücksichtigt werden.
Nach Gleichung (4.26) sind die Volumenanteile aller Stoffe gleich ihren Stoffmengenanteilen.

	SO_2	$+$	$1/2\,O_2$	$\rightleftharpoons$	SO_3
Stoffmengen vor der Reaktion in mol	10		5		0
Stoffmengen im Gleichgewicht in mol	$10 \cdot (1 - x)$		$5 \cdot (1 - x)$		$10x$

$\sum n_i = (15 - 5x + 85)\,\text{mol} = 100 - 5x\,\text{mol}$.

Partialdrücke im Gleichgewicht	$\dfrac{10 \cdot (1 - x) \cdot P}{100 - 5x}$	$\dfrac{5 \cdot (1 - x) \cdot P}{100 - 5x}$	$\dfrac{10x \cdot P}{100 - 5x}$

Einsetzen dieser Partialdrücke in die Gleichgewichtsgleichung ergibt:

$$K_p = \frac{p(SO_3)}{p(SO_2) \cdot p(O_2)^{1/2}} = \frac{10x \cdot (100 - 5x)}{10 \cdot (1 - x) \cdot [5 \cdot (1 - x) \cdot P]^{1/2}}$$

Setzt man die Werte für $x = 0{,}59$ und $P = 1$ bar ein, dann erhält man $K_p = 9{,}80$ bar$^{-1/2}$.
Wird die Reaktionsgleichung in der Form $2\,SO_2 + O_2 \rightleftharpoons 2\,SO_3$ geschrieben, dann hat K_p den Wert 96,0 bar.

Beispiel 22:
Bei einem Gesamtdruck von 990 mbar und einer Temperatur von 494 °C ist Stickstoffdioxid zu 56,5% dissoziiert. Berechnen Sie die Gleichgewichtskonstanten K_c und K_p für die Reaktion $2\,NO_2 \rightleftharpoons 2\,NO + O_2$. Bei der Berechnung von K_p muß der Druck in Bar angegeben werden.

Lösung:
Bei Aufgaben dieser Art ist es in der Regel am einfachsten, zuerst K_p und daraus K_c mit Hilfe von Gleichung (4.35) zu berechnen.
Der Dissoziationsgrad sei α und die Ausgangsstoffmenge $2n$ mol (der Faktor 2 wird hier verwendet, um Bruchteile von Molen bei der Berechnung zu vermeiden). Der Gesamtdruck von 990 mbar wird im Ausdruck für die Partialdrücke mit P bezeichnet.

$$2\,NO_2 \rightleftharpoons 2\,NO + O_2$$

Stoffmengen vor der Reaktion $\quad 2n \quad\quad 0 \quad\quad 0$
Stoffmengen im Gleichgewicht $\quad 2n \cdot (1 - \alpha) \quad 2n \cdot \alpha \quad n \cdot \alpha$

$$\sum n_i = 2n \cdot (1 - \alpha) + 2n \cdot \alpha + n \cdot \alpha = n \cdot (2 + \alpha)$$

Die Partialdrücke der drei Komponenten im Gleichgewicht werden nach Gleichung (4.15) berechnet:

$$p(NO_2) = \frac{2n \cdot (1 - \alpha)}{n \cdot (2 + \alpha)} \cdot P; \quad p(NO) = \frac{2n \cdot \alpha}{n \cdot (2 + \alpha)} \cdot P; \quad p(O_2) = \frac{n \cdot \alpha}{n \cdot (2 + \alpha)} \cdot P.$$

Einsetzen dieser Ausdrücke in die Gleichgewichtsgleichung und Kürzen ergibt

$$K_p = \frac{p(NO)^2 \cdot p(O_2)}{p(NO_2)^2} = \frac{\alpha^3 \cdot P}{(2 + \alpha) \cdot (1 - \alpha)^2}.$$

Die Berechnung mit den Zahlenwerten von $\alpha = 0{,}565$ und $P = 0{,}990$ bar ergibt $K_p = 0{,}368$ bar und $K_c = K_p \cdot (R_m \cdot T)^{-1} = 0{,}00577$ mol · l^{-1}.

Beispiel 23:
Berechnen Sie den Dissoziationsgrad des Phosphorpentachlorids, wenn 1,804 g dieser Verbindung in einem geschlossenen Gefäß auf 200 °C erhitzt werden, das vorher mit Chlorgas Cl_2 bei 20 °C unter 1,01325 bar Druck gefüllt wurde und einen Rauminhalt von 0,5 l hat. Bei 200 °C ist die Gleichgewichtskonstante $K_c = 8{,}14 \cdot 10^{-3}$. Die Zunahme des Gefäßvolumens durch die Temperaturerhöhung soll vernachlässigt werden.

Lösung:
Die Ausgangskonzentration des Phosphorpentachlorids beträgt

$$c(PCl_5) = c_1 = \frac{1{,}804\text{ g}}{M(PCl_5) \cdot 0{,}5\,\text{l}} = 0{,}0173 \text{ mol} \cdot \text{l}^{-1}.$$

Die Ausgangskonzentration des Chlorgases kann man mit Hilfe der Zustandsgleichung (4.12) berechnen:

1 bar · 1 l = c_2 · 0,08314 l · bar · K^{-1} · mol^{-1} · 293 K.

	PCl$_5$	$\rightleftharpoons$ PCl$_3$	+ Cl$_2$
Konzentration vor der Reaktion	c_1	0	c_2
Konzentration im Gleichgewicht	$c_1 \cdot (1 - \alpha)$	$c_1 \cdot \alpha$	$c_2 + c_1 \cdot \alpha$

Einsetzen dieser Konzentrationen in die Gleichgewichtsgleichung (2.29) ergibt

$$K_c = \frac{c_1 \cdot \alpha \cdot (c_2 + c_1 \cdot \alpha)}{c_1 \cdot (1 - \alpha)}.$$

Nach Einsetzen der Zahlenwerte für c_1, c_2 und K_c und Lösen der quadratischen Gleichung erhält man $\alpha = 0{,}155$.

Beispiel 24:
Bei der Ammoniaksynthese nach dem Haber-Bosch-Verfahren werden Wasserstoffgas und Stickstoffgas unter hohem Druck und erhöhter Temperatur in Anwesenheit eines geeigneten Katalysators zur Reaktion gebracht. Die Reaktionsgleichung lautet:

3 H$_2$ + N$_2$ $\rightleftharpoons$ 2 NH$_3$.

Berechnen Sie den Volumenanteil Ammoniak in der Reaktionsmischung bei einer bestimmten vorgegebenen Temperatur in %, wenn der Druck P und die Gleichgewichtskonstante K_p bei der betreffenden Temperatur als bekannt angesehen werden. Es wird vorausgesetzt, daß H$_2$ und N$_2$ im stöchiometrischen Stoffmengenverhältnis stehen.

Lösung 1:
Der Einfachheit halber wird angenommen, daß man von 3 mol Wasserstoff und 1 mol Stickstoff ausgeht und daß im Gleichgewichtszustand 2 n mol Ammoniak gebildet worden sind

	3 H$_2$	+ N$_2$	$\rightleftharpoons$ 2 NH$_3$
Stoffmengen vor der Reaktion	3	1	0
Stoffmengen im Gleichgewicht in mol	$3 \cdot (1 - n)$	$1 - n$	$2 n$

$\sum n_i = 4 - 2 n$

Partialdrücke gemäß (4.15)

$$\frac{3 \cdot (1 - n)}{4 - 2 n} \cdot P \quad \frac{1 - n}{4 - 2 n} \cdot P \quad \frac{2 n}{4 - 2 n} \cdot P.$$

Nach Einsetzen der Partialdrücke in die Gleichgewichtsgleichung erhält man

$$K_p = \frac{p(\text{NH}_3)^2}{p(\text{H}_2)^3 \cdot p(\text{N}_2)} = \frac{4 n^2 \cdot (4 - 2 n)^2}{27 \cdot (1 - n)^4 \cdot P^2}.$$

Die Gleichung wird zweckmäßigerweise durch Ziehen der Quadratwurzel aus beiden Gliedern gelöst, wobei eine quadratische Gleichung erhalten wird, die auf die übliche Art und Weise zu lösen ist.
Gemäß Gleichung (4.26) ist der Volumenanteil Ammoniak

$$\varphi(NH_3) = \frac{2n}{4-2n}.$$

Lösung 2:
Für den Volumenanteil Ammoniak kann man gemäß Gleichung (4.26) schreiben:

$$\varphi(NH_3) = \frac{p(NH_3)}{P} y \quad \text{und} \quad p(NH_3) = y \cdot P.$$

Da die Partialdrücke den Stoffmengen proportional sind, gilt außerdem $p(H_2) = 3\,p(N_2)$. Schließlich ergibt die Summe der Partialdrücke der Komponenten den Gesamtdruck:

$$p(H_2) + p(N_2) + p(NH_3) = P$$

Wenn in der letzten Gleichung $p(H_2)$ und $p(NH_3)$ substituiert werden, erhält man

$$p(N_2) + 3\,p(N_2) + y \cdot P = P.$$

Hieraus können folgende Beziehungen für $p(N_2)$ und $p(H_2)$ hergeleitet werden:

$$p(N_2) = \frac{(1-y) \cdot P}{4} \quad \text{und} \quad p(H_2) = \frac{3 \cdot (1-y) \cdot P}{4}.$$

Einsetzen dieser Ausdrücke in die Gleichgewichtsgleichung (4.34) ergibt nach Umformung:

$$K_p = \frac{256\,y^2}{27 \cdot (1-y)^4 \cdot P^2}.$$

Durch Wurzelziehen kann man hieraus eine quadratische Gleichung erhalten, die sich wie üblich lösen läßt.
Zahlenbeispiele:
Bei 500 °C ist $K_p = 1{,}46 \cdot 10^{-5}$ bar^{-2}. Ist $P = 1$ bar, dann erhält man aus der letzten Gleichung $y = 0{,}00126$ und $\varphi(NH_3) = 0{,}126\%$. Ist $P = 500$ bar, dann erhält man aus der Gleichgewichtsgleichung $y = 0{,}304$ und $\varphi(NH_3) = 30{,}4\%$.

Beispiel 25:
Die Bildung von Phosgen aus Kohlenmonoxid und Chlor erfolgt unter der Einwirkung von Sonnenlicht in reversibler Reaktion, die durch folgende Reaktionsgleichung beschrieben werden kann:

$$CO + Cl_2 \rightleftharpoons COCl_2.$$

In einen geschlossenen Behälter, der mit einem Quecksilbermanometer verbunden war, wurden unter Lichausschluß Chlor und Kohlenmonoxid eindosiert. Der Partialdruck des Chlors betrug 500 mbar und der Partialdruck des Kohlenmonoxids 400 mbar. Nach Reaktionsablauf betrug im Gleichgewicht der Gesamtdruck 600 mbar. Berechnen Sie K_p unter der Annahme, daß die Reaktion bei konstanter Temperatur ablief.

Lösung:
Der Partialdruck von $COCl_2$ im Gleichgewicht ist $p(COCl_2) = p_1$. Nun lassen sich die Partialdrücke der beiden anderen Komponenten durch p_1 ausdrücken:

$p(Cl_2) = 550 \text{ mbar} - p_1$ und $p(CO) = 400 \text{ mbar} - p_1$.

Im Gleichgewichtszustand beträgt die Summe der Partialdrücke 600 mbar.

$P = 600 \text{ mbar} = p_1 + (500 \text{ mbar} - p_1) + (400 \text{ mbar} - p_1)$

Im Gleichgewichtszustand sind demnach

$p(COCl_2) = 300 \text{ mbar}$,
$p(CO) = 100 \text{ mbar}$ und
$p(Cl_2) = 200 \text{ mbar}$.

Dies ergibt

$$K_p = \frac{p(COCl_2)}{p(CO) \cdot p(Cl_2)} = \frac{0,30 \text{ bar}}{0,10 \text{ bar} \cdot 0,20 \text{ bar}} = 15 \text{ bar}^{-1}.$$

Wenn an einer Reaktion in der Gasphase ein Stoff oder mehrere Stoffe beteiligt sind, die nach Einstellung des Reaktionsgleichgewichts auskondensieren und dann in fester oder flüssiger Form vorliegen, dann behandelt man sie bei der Lösung von Aufgabenstellungen zum Reaktionsgleichgewicht als Stoffe mit konstanter Aktivität. Das bedeutet, daß die Konzentration bzw. der Partialdruck eines solchen Stoffes in der Gasphase als konstant angesehen wird und diese Größen nicht in die Gleichgewichtsgleichung einzugehen brauchen. Sie werden einfach in die Gleichgewichtskonstante mit einbezogen. Ein fester Stoff wird in der Reaktionsgleichung mit der Kennzeichnung s (von lat. solidus) und ein flüssiger Stoff mit l (von lat. liquidus) in Klammern hinter der Formel des Stoffes versehen.

Beispiel 26:
Kohlendioxid wird bei der Umsetzung mit glühendem Koks in einer Gleichgewichtsreaktion teilweise in Kohlenmonoxid umgewandelt. Die Reaktionsgleichung lautet:

$CO_2 + C(s) \rightleftharpoons 2 CO$.

a) Berechnen Sie den Zahlenwert von K_p, wenn bei 1 000 °C und einem Gesamtdruck von 20 bar der Volumenanteil Kohlendioxid in der Mischphase 13,0 % beträgt.

b) Berechnen Sie den Volumenanteil Kohlendioxid in %, wenn der Gesamtdruck 1 bar beträgt.

Lösung:
a) In 1 l Gasgemisch sind im Gleichgewicht 0,13 l CO_2 und 0,87 l CO enthalten. Nach Gleichung (4.13) betragen die Partialdrücke der beiden Gase

$p(CO_2) = 0,13 \cdot 20 \text{ bar}$ und $p(CO) = 0,87 \cdot 20 \text{ bar}$.

$$K_p = \frac{p^2(CO)}{p(CO_2)} = \frac{(0,87 \cdot 20 \text{ bar})^2}{(0,13 \cdot 20 \text{ bar})} = 117 \text{ bar}.$$

b) Man nimmt an, daß der CO_2-Partialdruck im Reaktionsgemisch $p(CO_2)$ und der CO-Partialdruck $1 - p(CO_2)$ beträgt. Einsetzen in die Gleichgewichtsgleichung ergibt:

$$117 \text{ bar} = \frac{(1 - p(CO_2))^2}{p(CO_2)}; \quad p(CO_2) \approx 0,0084 \text{ bar}.$$

Ein Partialdruck des Kohlendioxids von 0,0084 bar bei einem Gesamtdruck von 1 bar entspricht nach Gleichung (4.15) einem Volumenanteil von 0,84 % CO_2 in der Mischphase.

Aufgaben

4.1-1 100 ml eines Gases, das bei 18 °C unter einem Druck von 1010 mbar steht, werden auf 30 °C erwärmt.
Berechnen Sie
a) das neue Volumen des Gases bei konstant gehaltenem Druck,
b) den Druck des Gases bei konstant gehaltenem Ausgangsvolumen.

4.1-2 a) Welches Volumen hat eine Stickstoffprobe im Normzustand, deren Volumen bei -5 °C unter einem Druck von 984 mbar 509 ml beträgt?
b) Berechnen Sie die Masse der betreffenden Stickstoffprobe.
c) Wieviel Stickstoffmoleküle sind in dieser Probe enthalten?

4.1-3 1 l eines Gases, das bei 20 °C unter einem Druck von 973 mbar steht, wiegt 1,764 g.
Berechnen Sie die molare Masse des Gases.

4.1-4 Eine Gasprobe hat bei 0 °C unter einem Druck von 1000 mbar ein Volumen von 200 ml. Berechnen Sie die Temperatur, auf welche diese Gasprobe erwärmt werden muß, damit ihr Volumen unter einem Druck von 985 mbar 250 ml beträgt.

4.1-5 521 ml Chlorwasserstoffgas, die bei 14 °C unter einem Druck von 1020 mbar stehen, wiegen 0,8123 g.
Welche Dichte hat 1 l Chlorwasserstoffgas im Normzustand?

4.1-6 Welche Masse haben 5,00 l Luft, die bei 20 °C unter einem Druck von 1030 mbar stehen, wenn die Normdichte der Luft 1,293 g · l^{-1} beträgt?

4.1-7 1 l Kohlendioxid im Normzustand hat eine Masse von 1,9766 g. Unter welchem Druck hat dieses Volumen eine Masse von 1,0000 g?

4.1-8 Welche Masse haben 10 l Ethen C_2H_4, die bei 293 K unter einem Druck von 990 mbar stehen?

4.1-9 Welches Volumen nehmen 100 g Schwefeldioxid
a) im Normzustand,
b) bei 20 °C unter einem Druck von 990 mbar ein?

4.1-10 a) Stellen Sie die Gleichung auf, nach der sich die Dichte eines Gases mit dem Druck und der Temperatur verändert.
b) Welche Dichte hat der Kohlenwasserstoff Propen $CH_2 = CH - CH_3$ bei 50 °C und 900 mbar?

4.1-11 Berechnen Sie, welches Normvolumen trockener Luft in 150 ml wasserdampfgesättigter Luft enthalten ist, die bei 15 °C unter einem Druck von 1020 mbar steht. Der Dampfdruck des Wassers bei 15 °C beträgt 16,9 mbar.

4.1-12 Berechnen Sie die Masse des trockenen Wasserstoffs in 500 ml wasserdampfgesättigtem Wasserstoffgas, das bei 22 °C unter einem Druck von 980 mbar steht. Der Dampfdruck des Wassers bei 22 °C beträgt 26,1 mbar.

4.1-13 18,6 ml Stickstoff sind in einem oben verschlossenen Barometerrohr, das senkrecht in einen mit Wasser gefüllten Vorratsbehälter taucht, über Wasser von 15 °C und bei einem äußeren Luftdruck von 1020 mbar gesammelt worden. Die Wasseroberfläche im Inneren des Rohres ist 12,5 cm höher als die mit der Außenluft in Kontakt stehende Wasseroberfläche des Vorratsgefäßes.
Berechnen Sie die Masse des Stickstoffgases. Der Dampfdruck des Wassers bei 15 °C beträgt 17,05 mbar.

4.1-14 Wieviel Wassermoleküle sind in 1 ml Luft enthalten, die bei 25 °C unter 1 bar Druck steht und mit Wasserdampf gesättigt ist? Der Sättigungsdampfdruck des Wasserdampfes bei 25 °C ist 31,7 mbar.

4.1-15 Berechnen Sie die Partialdrücke von Sauerstoff, Stickstoff und Argon in der Atmosphäre bei einem Luftdruck von 1,01325 bar und Volumenanteilen von 20,9% Sauerstoff, 78,2% Stickstoff und 0,9% Argon.

4.1-16 Eine Luftprobe hat folgende Volumenanteile der in ihr enthaltenen Gase in %: 20,93% Sauerstoff, 78,10% Stickstoff, 0,93% Argon, 0,03% Kohlendioxid und 0,01% Wasserstoff. Berechnen Sie die Normdichte der Luft in $g \cdot l^{-1}$. Das molare Normvolumen der Luft beträgt $V_{m,n} = 22414$ ml $\cdot$ mol^{-1}.

4.1-17 Luft hat im Mittel einen CO_2-Volumenanteil von 0,03000%.
Berechnen Sie die Masse des Kohlendioxids, das in 1 m^3 Luft bei 15 °C unter einem Druck von 1 bar enthalten ist. Wieviel Moleküle CO_2 enthält diese Probe?

4.1-18 Ein Gasgemisch von 10,0 g Methan CH_4 und 10,0 g Disauerstoff O_2 befindet sich in einem Behälter unter einem Gesamtdruck von 1070 mbar.
Welchen Partialdruck hat das Methan in diesem Gemisch?

4.1-19 Ein Generatorgas enthält folgende Volumenanteile an Komponenten in %: 30,0% Kohlenmonoxid, 60,0% Stickstoff, 6,0% Wasserstoff und den Rest Kohlendioxid.
a) Berechnen Sie die Partialdrücke des Kohlenmonoxids und des Wasserstoffs, wenn der Gesamtdruck 1020 mbar beträgt.
b) Mit welchen Massenanteilen sind Kohlendioxid und Wasserstoff in der Mischphase vertreten?

4.1-20 Die Luft wirkt auf den Menschen erstickend, wenn der in ihr enthaltene Volumenanteil an Kohlendioxid 5% überschreitet. Ein Mensch gibt normalerweise im Laufe von 10 min bei 28 °C und 970 mbar Außendruck 12,5 l reines Kohlendioxid an die Atmosphäre ab und nimmt gleichzeitig das gleiche Volumen reinen Sauerstoffs auf.
Wie lange kann sich eine Versuchsperson in einem abgeschlossenen Raum von 20 m^3 Rauminhalt, in dem sich anfangs CO_2-freie Luft bei 15 °C unter einem Druck von 1 bar befindet, aufhalten, bis der Volumenanteil an CO_2 auf 5% angestiegen ist? Das Volumen der Versuchsperson soll unberücksichtigt bleiben.

4.1-21 Berechnen Sie die Normdichte von Kohlendioxid aus folgenden Daten: Ein mit Luft gefüllter Glaskolben wiegt bei 20 °C und 1 bar 74,6864 g. Gefüllt mit Kohlendioxid bei gleicher Temperatur und gleichem Druck wiegt der Kolben 74,8900 g. Bei der gleichen Temperatur wiegt der mit Wasser gefüllte Kolben 399,7 g. Die Normdichte der Luft beträgt 1,293 $g \cdot l^{-1}$. Die Dichte des Wassers bei 20 °C ist 0,9982 $g \cdot ml^{-1}$.

4.1-22 Die Zusammensetzung des Synthesegases entspricht im Idealfall der Formel 2 H_2 + CO. Berechnen Sie a) die Volumen- und Massenanteile von H_2 und CO im Gasgemisch dieser Idealzusammensetzung und b) die Dichte des Gemisches bei 400 °C und 100 bar.

4.1-23 Die durchschnittliche Zusammensetzung von Stadtgas in Volumenanteilen ist: 50% H_2, 20% CH_4, 18% CO, 8% N_2, 3% CO_2 und 1% C_2H_4.
Berechnen Sie die Massenanteile der Komponenten in %.

4.1-24 Ein flüssiges Gemisch aromatischer Kohlenwasserstoffe hat folgende Massenanteile der in ihm enthaltenen Komponenten: 75% Benzol C_6H_6, 20% Toluol $C_6H_5-CH_3$, und 5% Xylol $C_6H_4(CH_3)_2$. Das Gemisch wird vollständig verdampft.
Welche Volumenanteile der Komponenten in % enthält das Dampfgemisch?

4.1-25 Eine bestimmte Wassergasprobe mit den Volumenanteilen von 45% H_2, 48% CO und 7% N_2 sowie eine Synthesegasprobe mit Volumenanteilen von 66% H_2 und 34% CO werden im Volumenverhältnis 2:1 gemischt.
Welche Volumen- und Massenanteile haben die Komponenten im Gemisch?

4.1-26 Auf dem Gipfel eines hohen Berges wird bei einer Temperatur von 10 °C ein Luftdruck von 500 mbar gemessen. Im Tal beträgt der Luftdruck bei 30 °C 900 mbar.
Berechnen Sie die Dichten der Luft auf dem Gipfel und im Tal und geben Sie auch das Dichteverhältnis an.

4.1-27 Zwei Glaskolben mit 1 l und 3 l Inhalt sind über ein kurzes Glasrohr, das in der Mitte einen Absperrhahn hat, miteinander verbunden. Im kleineren Kolben befindet sich Stickstoff unter einem Druck von 600 mbar und im größeren Kolben Sauerstoff unter einem Druck von 900 mbar. Durch Öffnen des Absperrhahns wird Druckausgleich und Durchmischung der beiden Gase herbeigeführt.
Berechnen Sie den Gleichgewichtsdruck und die Volumenanteile der beiden Gase im Gemisch in %. Das Volumen des Verbindungsrohrs soll unberücksichtigt bleiben.

4.1-28 Die Dichten von Pulvern werden in Pyknometern durch Differenzwägungen bestimmt. Ein Pyknometer ist ein Glaskölbchen mit eingeschliffenem Kapillarstopfen und aufgeschliffener Glaskappe. Es erlaubt die sehr genaue Abmessung von Flüssigkeitsvolumina. Nach DIN 53193 wird bei einer Dichtebestimmung zuerst das leere Pyknometer mit Schliffstopfen und Kappe gewogen (Masse m_A). Dann wird das Pyknometer zur Hälfte mit dem Pulver gefüllt und wiederum gewogen (Masse m_B, Schliffstopfen und Kappe werden jedes Mal mitgewogen). Nun wird die Luft durch Auffüllen mit Petroleum vollständig aus dem Pyknometer verdrängt. Die Verdrängung von Luftbläschen aus der Pulverschüttung erfolgt durch Zentrifugation oder vorsichtiges Evakuieren des Pyknometers in einem Exsikkator. Schließlich wird der Stopfen aufgesetzt und das aus der oberen Kapillaröffnung austretende Petroleum mit einer Rasierklinge abgestreift. Nach Aufsetzen der Kappe wird wiederum gewogen (Masse m_C). Schließlich werden noch Wägungen des mit Petroleum (Masse m_D) und des mit Wasser gefüllten Pyknometers (Masse m_E) durchgeführt. Alle Wägungen erfolgen bei 25 °C. Die Dichte des Wassers beträgt bei dieser Temperatur $\varrho_{H_2O; 25 °C} = 0{,}99704 \text{ g} \cdot \text{ml}^{-1}$.
Stellen Sie Bestimmungsgleichungen auf, mit deren Hilfe aus den Wägedaten zunächst die Dichte des Petroleums und dann die Dichte des Pulvers ermittelt werden können.

4.1-29 Bei einer experimentellen Dichtebestimmung von pulverförmigem α-Aluminiumoxid wurde anstatt Petroleum Toluol als Meßflüssigkeit eingesetzt. Berechnen Sie aus folgenden Wägedaten $-m_A = 16{,}1484$ g, $m_B = 17{,}0076$ g, $m_C = 25{,}4084$ g, $m_D = 24{,}7412$ g und $m_E = 26{,}1010$ g – unter Verwendung der Angaben in Aufgabe 4.1-28 die Dichte des Aluminiumoxids.

4.1-30 Berechnen Sie die Anzahl Schwefelatome pro Molekül gasförmigen Schwefels
a) bei 500 °C, wenn bei dieser Temperatur die Dichte des Schwefeldampfes das 6,55fache der Dichte der Luft beträgt;
b) zwischen 1000 und 1160 °C, wenn in diesem Temperaturbereich die Dichte des Schwefeldampfes das 2,2fache der Dichte der Luft beträgt.

4.1-31 Das Dichteverhältnis von Ioddampf zu Luft hat bei 878 °C den Wert 8,11, bei 1250 °C den Wert 5,65 und bei 1500 °C den Wert 4,50.
Berechnen Sie die zugehörigen Dissoziationsgrade der Iodmoleküle.

4.1-32 Berechnen Sie den Dissoziationsgrad von Ioddampf, wenn 0,497 g Iod nach Erhitzen in einem evakuierten 250-ml-Quarzkolben auf 1200 °C einen Druck von 1,358 bar ergeben.

4.1-33 Phosphorpentachlorid PCl_5 zerfällt beim Erhitzen in Phosphortrichlorid PCl_3 und Chlorgas.
Berechnen Sie den Dissoziationsgrad und die Partialdrücke der drei gasförmigen Stoffe,

wenn das Dreikomponentengemisch bei 200 °C unter 1,013 bar Druck die 70fache Dichte des Wasserstoffs hat.

4.1-34 Ammoniumcarbamat zerfällt beim Erhitzen nach der Reaktionsgleichung

$$NH_4-CO_2-NH_2 \rightarrow 2\,NH_3 + CO_2$$

in Ammoniak und Kohlendioxid.
Berechen Sie den Dissoziationsgrad, wenn 5 g Feststoff bei 200 °C vollständig verflüchtigt werden und unter einem Druck von 986,5 mbar ein Volumen von 7,66 l einnehmen.

4.1-35 Iodwasserstoff dissoziiert bei erhöhter Temperatur gemäß folgender Reaktionsgleichung

$$2\,HI \rightarrow H_2 + I_2$$

in Iod und Wasserstoff. In einer Probe Iodwasserstoff, die bei 208 °C unter einem Druck von 1020 mbar steht, beträgt der H_2-Partialdruck 3,87 mbar.
Berechnen Sie den Dissoziationsgrad.

4.1-36 Eine kleine Probe Natriumhydrogencarbonat $NaHCO_3$ wurde in einem verschlossenen luftleeren Gefäß von 500 ml Inhalt auf 100 °C erhitzt. Dabei wurden CO_2 und Wasserdampf entwickelt, sodaß sich ein Gleichgewichtsdruck von 975 mbar einstellte.
Berechnen Sie die Masse des nach diesem Versuch im Gefäß vorhandenen Natriumcarbonats.

4.1-37 Berechnen Sie den Partialdruck des Wasserstoffs bei der thermischen Dissoziation von Ammoniak als Funktion des Gesamtdruckes P und des Dissoziationsgrades α.

4.1-38 Wieviel l Wasserstoff H_2 im Normzustand werden bei der Zersetzung von 10,0 g Wasser gebildet?

4.1-39 Welches Normvolumen Knallgas kann bei der elektrolytischen Zersetzung von 100 g Wasser erhalten werden?

4.1-40 Welche Normvolumina an Kohlendioxid können bei der Einwirkung von Salzsäure auf 100 g der folgenden Carbonate erhalten werden: a) Natriumcarbonat, b) Calciumcarbonat, c) Calciumhydrogencarbonat?

4.1-41 Oxalsäure wird bei der Einwirkung von konzentrierter Schwefelsäure unter Bildung von Kohlenmonoxid, Kohlendioxid und Wasser zersetzt.
Wieviel g kristallwasserhaltige Oxalsäure $C_2H_2O_4 \cdot 2\,H_2O$ sind zur Darstellung von 10 l Kohlenmonoxid erforderlich, wenn der CO-Gasdruck bei 20 °C 1005 mbar beträgt?

4.1-42 Der Fesselballon, mit dem Andre'es Polarexpedition im Jahre 1897 vergebens den Nordpol zu erreichen versuchte, wurde auf Spitzbergen mit Wasserstoff gefüllt. Der Wasserstoff wurde aus Eisenspänen und verdünnter Schwefelsäure dargestellt. Die Ausbeute an Wasserstoff betrug 80 %, und der Ballon hatte im gefüllten Zustand ein Volumen von 4800 m³.
Welche Massen hatten die Eisenspäne und die Schwefelsäure mit 98 % Massenanteil, die die Expedition nach Spitzbergen mitbringen mußte? Bei der Ballonfüllung war die Temperatur 0 °C und der Luftdruck 1013 mbar.

4.1-43 Welches Normvolumen Sauerstoff ist zur vollständigen Verbrennung folgender Normvolumina an Brenngasen erforderlich?
a) 5 l Methan CH_4;
b) 5 l Acetylen C_2H_2.

4.1-44 Wenn ein Gemisch von Ammoniak und Sauerstoff gezündet wird, erfolgt bei Einhaltung bestimmter Versuchsbedingungen eine explosionsartig ablaufende Verbrennungsreaktion, bei der Wasser und Stickstoff gebildet werden.
a) Welches Normvolumen Sauerstoff ist zur vollständigen Verbrennung von 1 l Ammoniak im Normzustand erforderlich?

b) Wie groß ist das Endvolumen des Produktgemisches nach der Reaktion, wenn 1 l NH_3 mit 1 l O_2 bei 15 °C vermischt werden und die Temperatur im Verlaufe der Reaktion auf 400 °C ansteigt?

4.1-45 Eine Kohlenstoffprobe wird mit dem Dreifachen des theoretisch zur vollständigen Verbrennung erforderlichen Luftvolumens umgesetzt.
Berechnen Sie
a) die Masse eines Liters Rauchgas im Normzustand;
b) die Volumenanteile der Komponenten im Rauchgas in %.
Hinweis: Luft sollte – vereinfacht – als Gasgemisch $N_2:O_2 = 4:1$ betrachtet werden.

4.1-46 Wieviel g Wasserdampf und welches Normvolumen an Kohlendioxid werden bei der Verbrennung von 1 kg Cellulose $(C_6H_{10}O_5)_n$ gebildet?

4.1-47 Welches Normvolumen Luft ist zur vollständigen Verbrennung von 1 kg Steinkohle erforderlich, die aus Massenanteilen von 78% Kohlenstoff, 5% Wasserstoff, 4% Sauerstoff, 1% Stickstoff, 2% Schwefel und festen Rückständen besteht?

4.1-48 Welches Normvolumen Luft ist zur vollständigen Verbrennung von 1 kg Ethanol erforderlich, das einen Massenanteil von 10% Wasser enthält?

4.1-49 Welches Normvolumen Luft ist zur vollständigen Verbrennung von 1 m^3 Generatorgas im Normzustand erforderlich? Generatorgas wird gewöhnlich durch Überleiten von Luft über glühenden Koks hergestellt und besteht aus Volumenanteilen von 25% Kohlenmonoxid, 70% Stickstoff, 1% Wasserstoff und 4% Kohlendioxid.

4.1-50 1 m^3 Mischgas im Normzustand besteht aus gleichen Volumenanteilen von jeweils 50% Generatorgas und Wassergas.
a) Berechnen Sie das Stoffmengenverhältnis der Elemente C, H, O und N im Mischgas.
b) Berechnen Sie das zur vollständigen Verbrennung erforderliche Normvolumen Luft. Generatorgas enthält 1/3 Volumenanteil Kohlenmonoxid und 2/3 Volumenanteile Stickstoff, und Wassergas besteht aus gleichen Volumenanteilen Kohlenmonoxid und Wasserstoff.

4.1-51 a) Ein aus Steinkohle hergestelltes Generatorgas enthält Volumenanteile von 7,0% CO_2, 24,0% CO, 0,4% C_2H_4, 5,6% CH_4, 8,0% H_2 und 55,0% N_2. Es wird mit dem zur vollständigen Verbrennung theoretisch erforderlichen Normvolumen Luft vermischt und zur Reaktion gebracht. Berechnen Sie den Volumenanteil an Kohlendioxid im Rauchgas in %.
b) Berechnen Sie auch den Volumenanteil Kohlendioxid im Rauchgas, wenn die Verbrennungsreaktion mit einem Luftüberschuß von 30% durchgeführt wurde.
In beiden Fällen soll angenommen werden, daß das Rauchgas wasserfrei ist.

4.1-52 Welches Normvolumen Luft benötigt man zur vollständigen Verbrennung von 1 g Benzin, das aus gleichen Massenanteilen n-Heptan C_7H_{16} und n-Oktan C_8H_{18} besteht?

4.1-53 Zur vollständigen katalytischen Verbrennung von 1 m^3 Ammoniakgas, das bei 150 °C unter 1 bar Druck steht, zu Stickstoffmonoxid und Wasser ist ein zehnfacher Luftüberschuß erforderlich.
Welches Luftvolumen, das bei 50 °C unter einem Druck von 2 bar stehen soll, muß der Ammoniakprobe zugegeben werden?

4.1-54 Reines Chlorgas läßt sich durch Erhitzen von Kaliumdichromat mit konzentrierter Salzsäure darstellen.
Wieviel g Kaliumdichromat $K_2Cr_2O_7$ sind zur Darstellung von 10 l Chlorgas, das bei 14 °C unter einem Druck von 1025 mbar steht, notwendig?

4.1-55 Welches Normvolumen Chlorgas in l muß zur Darstellung von 25 g Kaliumchlorat $KClO_3$ mit Kalilauge umgesetzt werden, wenn die Ausbeute 90% beträgt?

4.1-56 10,00 g einer Stickstoffverbindung werden durch Erhitzen vollständig zersetzt, wobei 4,500 g Wasser und 2,934 l einer gasförmigen Verbindung erhalten werden.

Berechnen Sie die molare Masse der gasförmigen Verbindung, wenn sie bei 15 °C unter einem Druck von 1020 mbar steht.

4.1-57 Welches Volumen Schwefeldioxid, das bei 20 °C unter einem Druck von 990 mbar steht, wird beim Erhitzen von 15,2 g Quecksilber mit einem Überschuß an konzentrierter Schwefelsäure gebildet?

4.1-58 Wieviel l Schwefeldioxid (50 °C, 1020 mbar) werden beim Rösten von 1 kg Schwefelkies mit einem Massenanteil von 95 % FeS_2 erhalten, wenn die Ausbeute 98 % beträgt?
Wieviel l Luft im Normzustand mit 21 % Sauerstoff-Volumenanteil sind zum vollständigen Umsatz dieser Probe Schwefelkies in SO_2 und Fe_2O_3 erforderlich?

4.1-59 Zwei Proben Natriumhydrogencarbonat gleicher Massen werden eingewogen und eine der Proben geglüht. Danach wird jede der Proben für sich mit Salzsäure behandelt, und die gebildeten Kohlendioxidvolumina werden aufgefangen.
Geben Sie das Verhältnis der Gasvolumina an.

4.1-60 1,000 g eines Gemisches von Calciumcarbonat und Magnesiumcarbonat gab beim Erhitzen mit überschüssiger Salzsäure ein Normvolumen von 240 ml Kohlendioxid ab.
Berechnen Sie die Massenanteile von $CaCO_3$ und $MgCO_3$ im Gemisch.

4.1-61 Welches Normvolumen Ammoniak wird beim Einwirken von Wasser auf 10 g Calciumnitrid Ca_3N_2 gebildet?

4.1-62 Welche Normvolumina Wasserstoff kann man bei der Zersetzung von jeweils 1,00 g der folgenden salzartigen Hydride mit Wasser erhalten? a) Calciumhydrid CaH_2, b) Lithiumhydrid LiH und c) Lithiumaluminiumhydrid $LiAlH_4$.

4.1-63 Beim Schütteln von Salpetersäure oder in konzentrierter Schwefelsäure gelöstem Kaliumnitrat mit Quecksilber wird die Salpetersäure quantitativ zu Stickstoffmonoxid reduziert. Aus 200 mg wasserhaltigem Kalisalpeter wurden bei einem Versuch 40,0 ml NO erhalten, die bei 20 °C unter einem Druck von 1020 mbar standen.
Berechnen Sie den Massenanteil an KNO_3 im Kalisalpeter in %.

4.1-64 0,315 g technischen Zinkstaubs ergaben bei der Behandlung mit überschüssiger Salzsäure 85,6 ml Wasserstoffgas, die über Wasser bei 17 °C unter einem Druck von 1018 mbar standen.
Berechnen Sie den Massenanteil an metallischem Zink im technischen Präparat in %. Der Dampfdruck des Wassers beträgt bei 17 °C 19,2 mbar.

4.1-65 In einem mit trockenem Chlorgas im Normzustand gefüllten Kolben von 8 l Inhalt werden 2 g Eisen verbrannt, wobei Eisen(III)-chlorid entsteht.
Welchen Druck hat das überschüssige Chlorgas, wenn die Temperatur infolge der Reaktion auf 25 °C steigt?

4.1-66 1 g Kohlenstoff wird in einem mit beweglichem Kolben versehenen Zylinder mit Normvolumina von 3 l Luft (21 % Sauerstoff-Volumenanteil) und 10 l Kohlendioxid erhitzt.
Wie groß ist das Gasvolumen nach der vollständigen Verbrennung des Kohlenstoffs zu CO_2, wenn Temperatur und Druck vor und nach dem Versuch gleich sind?

4.1-67 Normvolumina von 100 ml Kohlenmonoxid und 40 ml Sauerstoff werden gemischt und durch Zündung zur Reaktion gebracht. Nach der explosionsartig ablaufenden Reaktion werden die Gase durch einen mit Kalilauge gefüllten Absorptionsapparat geleitet, in dem das CO_2 quantitativ absorbiert wird.
Berechnen Sie die Massenzunahme des Absorptionsapparates und das Normvolumen des nach der Absorption verbleibenden Gases.

4.1-68 1 g Hexan C_6H_{14} wird in einem verschlossenen, mit Sauerstoff gefüllten Behälter von 5 l Inhalt vollständig verbrannt.
Berechnen Sie den Enddruck bei 300 °C, wenn der Druck vor der Verbrennung 1 bar und die Temperatur 0 °C betrugen. Das Volumen des flüssigen Hexans vor der Verbrennung und die Volumenzunahme des Behälters durch thermische Ausdehnung sollen vernachlässigt werden.

4.1-69 Die Molekularformel des Glyceroltrinitrats ist $C_3H_5O_9N_3$.
Welches Volumen an Verbrennungsgasen wird beim explosionsartigen Zerfall von 1 g Glyceroltrinitrat gebildet, wenn das Gasgemisch bei einer Reaktionstemperatur von 2000 °C unter 1013 mbar Druck steht und aus Wasser, Kohlendioxid, Stickstoff und Sauerstoff besteht?

4.1-70 Welcher Druck tritt beim explosionsartigen Zerfall von 0,1 g Bleiazid $Pb(N_3)_2$ in einem geschlossenen starkwandigen, evakuierten Behälter von 1 ml Inhalt auf, wenn die Temperatur auf 500 °C ansteigt? Die Volumina des Bleiazids und des entstandenen Bleis sowie die Volumenzunahme des Behälters infolge der thermischen Ausdehnung sollen vernachlässigt werden.

4.1-71 In welchem Verhältnis stehen
a) die Massen,
b) die Volumina
der bei der Behandlung von Eisen(II)-sulfid- und Eisenproben gleicher Massen mit verdünnter Schwefelsäure erhaltenen Gase?

4.1-72 Ein bestimmtes technisches Eisensulfid enthielt Massenanteile von 97 % Eisen(II)-sulfid und 3 % metallischem Eisen.
a) Wie groß war das Normvolumen der bei der Behandlung von 10 g des technischen Präparates mit verdünnter Salzsäure entwickelten Gase?
b) Berechnen Sie die Zusammensetzung der Gasmischung in Volumen- und Massenanteilen der darin enthaltenen Komponenten in %.

4.1-73 1 g Ethanol mit einem Massenanteil von 90 % C_2H_5OH wird in einem verschlossenen, mit Sauerstoff gefüllten Behälter von 3 l Inhalt vollständig verbrannt.
Wie groß ist der Enddruck bei 125 °C, wenn der Druck vor der Verbrennung 1013 mbar und die Temperatur 0 °C betrugen? Das Volumen des flüssigen Ethanols und die Volumenzunahme des Behälters durch thermische Ausdehnung während der Reaktion sollen vernachlässigt werden.

4.1-74 Bei einer elektrischen Entladung in einem abgeschlossenen Volumen Sauerstoff sank der Druck von 1013 mbar auf 1004 mbar.
Welche Volumen- und Massenanteile an Ozon O_3 in % enthält das Gas nach der Entladung, wenn die Temperatur sich bei der Reaktion nicht veränderte?

4.1-75 Bei einer elektrischen Entladung in einer Ammoniakatmosphäre stieg der Druck von 1013 mbar auf 1200 mbar an.
Welche Volumen- und Massenanteile Stickstoff, Wasserstoff und Ammoniak in % waren im Gasgemisch nach der Entladung enthalten? Die Temperatur veränderte sich bei der Entladung nicht.

4.1-76 Der aktive Wasserstoff in OH-Gruppen enthaltenden organischen Verbindungen kann durch die Tschugaeff-Zerewitinoff-Reaktion mit Grignard-Verbindungen quantitativ in Methan überführt werden, wobei aus jeder Hydroxylgruppe ein Molekül Methan gebildet wird. Bei einer solchen Reaktion gaben 0,113 g organischer Substanz mit der Molekularformel $C_5H_{11}O_4$ 39,6 ml Methan bei 20 °C und 1020 mbar.
Wieviel Hydroxylgruppen sind in einem Molekül dieser Verbindung enthalten?

4.1-77 Ungesättigte organische Verbindungen, die Doppelbindungen enthalten, lassen sich durch Schütteln mit Wasserstoffgas in Gegenwart von fein verteiltem Platin katalytisch hydrieren, wobei an jede Doppelbindung ein Molekül Wasserstoff H_2 addiert wird. 0,0456 g des gelben Mohrrübenfarbstoffs Carotin mit der Molekularformel $C_{40}H_{56}$ nahmen bei der katalytischen Hydrierung 22,24 ml Wasserstoff, der bei 20 °C unter einem Druck von 1021 mbar stand, auf.
Wie viele Doppelbindungen enthält das Carotinmolekül?

4.1-78 Berechnen Sie die Zusammensetzung in Volumenanteilen eines aus Methan CH_4, Ethin C_2H_2 und Propan C_3H_8 bestehenden Gemisches aus folgenden Volumendaten (Raumtemperatur, gleicher Druck, gleiche relative Luftfeuchtigkeit):
Ausgangsvolumen des Kohlenwasserstoffgemisches   25 ml
Volumen des zugesetzten Sauerstoffs   75 ml

Volumen der Verbrennungsgase nach der Reaktion 49,5 ml
Volumen nach Waschen mit Kalilauge 17,5 ml.

4.1-79 Berechnen Sie die Zusammensetzung eines aus Methan, Ethen, Kohlenmonoxid, Kohlendioxid, Wasserstoff, Sauerstoff und Stickstoff bestehenden Stadtgases aus folgenden Volumendaten, die bei Raumtemperatur, gleichem Druck und gleicher relativer Luftfeuchtigkeit ermittelt wurden:
Ausgangsvolumen 100,0 ml
Volumen nach Behandlung mit Kalilauge 99,5 ml
Volumen nach Behandlung mit Bromwasser (absorbiert Ethen) 95,5 ml
Volumen nach Behandlung mit alkalischer Pyrogallollösung
(absorbiert Sauerstoff) 95,0 ml
Volumen nach Behandlung mit Kupfer(I)-chlorid (absorbiert Kohlenmonoxid) 89,0 ml.
1/4 des zurückbleibenden Gases wird mit einem Überschuß von Luft gemischt und in einem abgeschlossenen Gefäß verbrannt, wobei das Volumen um 36,9 ml abnimmt. Waschen mit Kalilauge läßt das Volumen um weitere 10,1 ml abnehmen.

4.1-80 Berechnen Sie die Molekularformel eines gasförmigen Kohlenwasserstoffs aus folgenden Volumendaten, die bei Raumtemperatur, gleichem Druck und gleicher relativer Luftfeuchtigkeit ermittelt wurden:
Zur Analyse verwendet 12 ml
Volumen von Kohlenwasserstoff und Sauerstoff 72 ml
Volumen nach der Verbrennungsreaktion 42 ml
Volumen nach dem Waschen mit Kalilauge 18 ml.

4.1-81 Berechnen Sie unter Anwendung der in Beispiel 20 berechneten Gleichgewichtskonstante den Massenanteil von Iodwasserstoff, der beim Erhitzen auf 448 °C in Iod und Wasserstoff zerfällt.

4.1-82 80,1 g Schwefeltrioxid werden in ein evakuiertes Reaktionsgefäß mit 1 l Inhalt einkondensiert und danach darin auf eine bestimmte konstante Temperatur aufgeheizt. Nach Erreichen des Dissoziationsgleichgewichtes enthält das Gefäß nur noch die Hälfte der ursprünglichen Portion Schwefeltrioxid.
Berechnen Sie die Gleichgewichtskonstante K_c der Reaktion $2\,SO_3 \rightleftharpoons 2\,SO_2 + O_2$. Die Zunahme des Gefäßvolumens durch die Temperaturerhöhung soll vernachlässigt werden.

4.1-83 1 mol Ammoniak wird in ein evakuiertes Reaktionsgefäß einkondensiert und darin auf eine bestimmte konstante Temperatur erhitzt. Nach Gleichgewichtseinstellung sind 0,4 mol Wasserstoff gebildet worden.
Berechnen Sie die Gleichgewichtskonstante K_c der Reaktion $2\,NH_3 \rightleftharpoons N_2 + 3\,H_2$. Das Gefäß hat bei der betreffenden Temperatur ein Volumen von 2 l.

4.1-84 Ein Gasgemisch, bestehend aus Volumenanteilen von 10% Schwefeldioxid und 90% Sauerstoff, wird in einen mit Katalysator beschickten Kontaktofen dosiert. Bei der Reaktionstemperatur von 600 °C werden 90% des Volumenanteils an Schwefeldioxid in Schwefeltrioxid überführt. Berechnen Sie die Gleichgewichtskonstante K_p der Reaktion

$$2\,SO_2 + O_2 \rightleftharpoons 2\,SO_3,$$

wenn der Gesamtdruck 1 bar beträgt.

4.1-85 Wieviel g Wasserstoff muß man 1 mol Ammoniak zusetzen, damit dessen Dissoziation in seine Komponenten bei einer bestimmten Temperatur von 90% auf 80% zurückgeht? Es wird vorausgesetzt, daß die Reaktion in einem geschlossenen Gefäß bei konstantem Volumen abläuft.

4.1-86 Generatorgas mit folgender Zusammensetzung in Volumenanteilen: 25% CO, 5% H_2, 3% CO_2, 10% H_2O und 57% N_2 wird auf 1000 °C erhitzt.
Wie ändert sich die Zusammensetzung des Generatorgases, wenn die Reaktion

$$CO + H_2O \rightleftharpoons H_2 + CO_2$$

das Gleichgewicht erreicht und wenn die Gleichgewichtskonstante bei 1000 °C den Wert 1,6 hat?

4.1-87 Bei 1000 °C beträgt die thermische Dissoziationskonstante K_c des Wasserdampfes $9{,}3 \cdot 10^{-12}$ mol $\cdot$ l^{-1} und die des Chlorwasserstoffs $1 \cdot 10^{-7}$ mol $\cdot$ l^{-1}.
Berechnen Sie für diese Temperatur die Gleichgewichtskonstante des Deacon-Prozesses
$4\,HCl + O_2 \rightleftharpoons 2\,H_2O + 2\,Cl_2$.

4.1-88 Bei 50 °C und einem Druck von 666,6 mbar ist Distickstofftetroxid zur Hälfte in NO$_2$-Moleküle dissoziiert. Welchen Dissoziationsgrad hat N$_2$O$_4$ bei der gleichen Temperatur, aber einem Druck von 250 mbar?

4.1-89 Berechnen Sie aufgrund der Angaben in Aufgabe 4.1-33 die Gleichgewichtskonstanten K_p und K_c für die Dissoziation von Phosphorpentachlorid in Phosphortrichlorid und Chlor bei 200 °C.

4.1-90 Bei 2000 °C und einem Druck von 1 bar liegt Kohlendioxid gemäß der Reaktionsgleichung

$2\,CO_2 \rightleftharpoons 2\,CO + 2\,O_2$

mit einem Volumenanteil von 1,8 % in dissoziierter Form vor.
Berechnen Sie die Gleichgewichtskonstanten K_c und K_p.

4.1-91 Berechnen Sie den Dissoziationsgrad des Wasserdampfes, wenn die Gleichgewichtskonstante K_c für die Dissoziation des Wassers in Sauerstoff und Wasserstoff bei 3000 K und 1 bar den Wert $6{,}13 \cdot 10^{-6}$ mol $\cdot$ l^{-1} hat.

4.1-92 Beim Erhitzen von Luft mit 1/5 Volumenanteil Sauerstoff und 4/5 Volumenanteilen Stickstoff auf 2675 K vereinigen sich Sauerstoff und Stickstoff teilweise zu Stickstoffmonoxid NO, so daß ein Volumenanteil von 2,2 % dieses Gases gebildet wird.
Berechnen Sie die Gleichgewichtskonstante.

4.1-93 Bei der Bildung von Ammoniak aus seinen Komponenten nach der Reaktionsgleichung

$3\,H_2 + N_2 \rightleftharpoons 2\,NH_3$

beträgt der Volumenanteil Ammoniak im Gleichgewichtsgemisch bei 1074 °C und 1 bar Druck 0,011 %.
Berechnen Sie den Volumenanteil NH$_3$ in % bei derselben Temperatur, aber einem Druck von 200 bar.

4.1-94 Das Monohydrat des Kupfersulfats $CuSO_4 \cdot H_2O$ und das wasserfreie Kupfersulfat stehen gemäß folgender Reaktionsgleichung miteinander im Gleichgewicht:

$CuSO_4 \cdot H_2O \rightleftharpoons CuSO_4 + H_2O$.

Zeigen Sie, daß der Wasserdampf über einer Mischung der beiden Salze unter Gleichgewichtsbedingungen einen bestimmten, bei jeder Temperatur konstanten Dampfdruck hat. Der Partialdruck des Wasserdampfes über der Mischung ist bei 25 °C 1,07 mbar. Berechnen Sie für das obige Gleichgewichtssystem die Gleichgewichtskonstante K_p. Auf welchen Wert in % sinkt die relative Feuchte von Laborluft, wenn die Luft bei 25 °C durch Überleiten über wasserfreies Kupfersulfat getrocknet wird? Der Dampfdruck des Wassers bei 25 °C ist 31,7 mbar.

4.1-95 Ammoniumcarbamat, ein Salz mit sehr geringer Flüchtigkeit, wurde in einem verschlossenen, luftleeren Gefäß erhitzt, wobei eine thermische Dissoziation nach der Gleichung

$H_2N-CO-ONH_4 \rightleftharpoons 2\,NH_3 + CO_2$

erfolgte.

Wie lautet die Beziehung zwischen der Gleichgewichtskonstanten K_p und dem Gesamtdruck P, wenn angenommen wird, daß im Gleichgewicht noch festes Salz vorhanden ist?

4.1-96 Ein geschlossener Behälter mit 2 l Rauminhalt enthält anfänglich 1 l luftfreies Wasser und 1 l Luft im Normzustand. Die Zusammensetzung der Luft in Volumenanteilen ist 20% Sauerstoff O_2 und 80% Stickstoff N_2. Der Dampfdruck des Wassers bei 0 °C ist 6,1 mbar. 1 l Wasser löst im Normzustand 0,049 l O_2 und 0,0235 l N_2.

Berechnen Sie die Partialdrücke der gasförmigen Komponenten und den Gesamtdruck in der Gasphase im Verteilungsgleichgewicht.

4.2 Physikalisch-chemische Eigenschaften von Lösungen

Osmotischer Druck

Wenn man Wasser vorsichtig über eine konzentrierte Lösung von Kupfersulfat schichtet und die scharf ausgebildete Phasengrenze über einen Zeitraum von einigen Wochen beobachtet, dann kann man die Ausbreitung der blauen Farbe der hydratisierten Cu^{2+}-Ionen in die wäßrige Phase hinein erkennen. Nach sehr langer Zeit entsteht schließlich eine vollkommen homogene Lösung. Die Moleküle des gelösten Stoffes und des Lösungsmittels sind dem Bestreben, den ihnen zur Verfügung stehenden Raum der Lösung möglichst gleichmäßig auszufüllen, gefolgt. Der Vorgang der Vermischung heißt *Diffusion*.

Unter *Osmose* versteht man die Diffusion von Lösungsmittelmolekülen durch eine Scheidewand oder *Membran*, die zwei Lösungen oder eine Lösung und ihr Lösungsmittel voneinander trennt und die für die Moleküle des gelösten Stoffes undurchlässig ist. Man bezeichnet Membranen, durch deren Poren kleinere Lösungsmittelmoleküle hindurchwandern können, an denen größere Moleküle eines gelösten Stoffes aber zurückgehalten werden, als halbdurchlässig oder *semipermeabel*. Ein sehr anschaulicher Osmoseversuch kann so ausgeführt werden, daß eine Wasserprobe und eine wäßrige Traubenzuckerlösung unter Einstellung gleicher Niveauhöhen in die Schenkel eines U-Rohrs aus Glas gefüllt werden, das in der Mitte die semipermeable Membran enthält. Bereits kurze Zeit nach Versuchsbeginn wird die Ausbildung einer Niveaudifferenz erkennbar, die nach genügend langer Wartezeit einen Gleichgewichtswert erreicht. Das gegenüber dem Lösungsmittelniveau erhöhte Lösungsniveau zeigt an, daß der Vorgang der Osmose eine Diffusion von Lösungsmittelmolekülen in die Lösung und damit ihre Verdünnung bewirkt hat. Die ausgebildete hydrostatische Druckdifferenz zwischen den beiden Flüssigkeitsniveaus im Gleichgewicht wird *osmotischer Druck* genannt. Dieser Druck wirkt dem weiteren Eindringen von Lösungsmittelmolekülen in die Lösung entgegen.

Für ideal verdünnte Lösungen gilt folgendes osmotische Gesetz:

$$\Pi = \frac{R_m \cdot T}{V_m(\text{Lsm})} \cdot \frac{n}{n + n(\text{Lsm})} = \frac{R_m \cdot T}{V_m(\text{Lsm})} \cdot x \qquad (4.36)$$

bzw.

$$\Pi \cdot (n + n(\text{Lsm})) \cdot V_m(\text{Lsm}) = n \cdot R_m \cdot T. \qquad (4.37)$$

Darin sind Π der osmotische Druck, $V_m(\text{Lsm})$ das partielle molare Volumen des Lösungsmittels, n und $n(\text{Lsm})$ die Stoffmengen von gelöstem Stoff und Lösungsmittel und x der Stoffmengenanteil des gelösten Stoffes. Bei extrem hoher Verdünnung kann im Klammerausdruck des linken Gliedes von Gleichung (4.37) die Stoffmenge des gelösten Stoffes im Vergleich zur Stoffmenge des Lösungsmittels vernachlässigt werden, und man erhält mit Hilfe der Beziehung

$$n(\text{Lsm}) \cdot V_m(\text{Lsm}) = V$$

die von *Van't Hoff* 1885 aufgestellte **Gleichung der Osmose**:

$$\Pi \cdot V = n \cdot R_m \cdot T = \frac{m}{M} \cdot R_m \cdot T. \qquad (4.38)$$

Darin sind V das Volumen der Lösung in l, m die Masse des gelösten Stoffes in g, n seine Stoffmenge in Mol und M seine molare Masse. Die beiden osmotischen Gesetze lassen sich auch folgendermaßen ausdrücken:

> **Gesetze der Osmose:** Der osmotische Druck einer ideal verdünnten Lösung wächst proportional mit steigendem Stoffmengenanteil des gelösten Stoffes und ist von dessen Natur unabhängig.
> In einer extrem verdünnten Lösung gehorcht der gelöste Stoff dem idealen Gasgesetz, in dem der Gasdruck durch den osmotischen Druck ersetzt wird.

Die Übereinstimmung von Gasen und Lösungen geht so weit, daß die molare Gaskonstante R_m in beiden Fällen den gleichen Zahlenwert hat. Werden der Druck in Bar und das Volumen in l gemessen, so hat R_m den Wert $0{,}08315\,\text{l} \cdot \text{bar} \cdot \text{K}^{-1} \cdot \text{mol}^{-1}$.

In gleicher Weise wie der Druck eines Gasgemisches sich additiv aus den Partialdrücken der einzelnen Komponenten zusammensetzt, tragen auch alle in einer Lösung enthaltenen gelösten Stoffe additiv zum Werte des osmotischen Druckes bei. In Gleichung (4.38) bedeutet also n die Summe der Stoffmengen der gelösten Stoffe, wenn sich in der Lösung mehrere verschiedene gelöste Stoffe befinden.

Gleichung (4.38) kann auch folgendermaßen geschrieben werden:

$$\Pi = \frac{n}{V} \cdot R_m \cdot T = c \cdot R_m \cdot T, \tag{4.39}$$

wobei darin c die Konzentration des gelösten Stoffes in $mol \cdot l^{-1}$ ist.
Die Anzahl der Moleküle des gelösten Stoffes muß auch bei Konzentrations- oder Temperaturveränderungen konstant bleiben, d.h. Dissoziations- oder Assoziationsreaktionen dürfen nicht eintreten (vgl. elektrolytische Dissoziation, S. 249).
Mit Hilfe von Gleichung (4.38) ist es möglich, die molare Masse M eines Stoffes zu ermitteln. Man bestimmt dann experimentell die osmotischen Drücke Π von Lösungen, für die m, V und T bekannt sind. Die Messungen erfordern Membranen, die für den gelösten Stoff undurchlässig sind. Die Herstellung solcher Membranen für chemische Verbindungen mit kleinen molaren Massen ist fast immer mit großen Schwierigkeiten verbunden. Dagegen gibt es Membranen aus verschiedensten Materialien, die zur Messung der osmotischen Drücke von Lösungen höhermolekularer Stoffe, insbesondere von Makromolekülen, gut verwendbar sind. Die Moleküle eines makromolekularen Stoffes sind so groß, daß sie eine Membran nicht durchdringen können, während die viel kleineren Lösungsmittelmoleküle in beiden Richtungen durch die Poren der Membran hindurchtreten können.

Beispiel 1:
Welchen osmotischen Druck hat eine Lösung von 2 g Campher $C_{10}H_{16}O$ in 125 g Benzol bei 15 °C? Die Dichte dieser Lösung beträgt $0{,}885\ g \cdot ml^{-1}$.

Lösung:
Die Masse der Lösung ist $(125 + 2)\ g = 127\ g$ und ihr Volumen $127\ g / 0{,}885\ g \cdot ml^{-1} = 127/0{,}885$ ml. Die molare Masse des Camphers beträgt $M(C_{10}H_{16}O) = 152\ g \cdot mol^{-1}$. Zur Berechnung der Stoffmengenkonzentration setzt man die gegebenen Werte in Gleichung (4.38) ein und erhält:

$$c = \frac{2\ g \cdot 0{,}885\ g \cdot ml^{-1} \cdot 1000\ ml \cdot l^{-1}}{127\ g \cdot 152\ g \cdot mol^{-1}} = 0{,}0917\ mol \cdot l^{-1}.$$

Einsetzen der Zahlenwerte der Aufgabenstellung in Gleichung (4.39) ergibt $\Pi = c \cdot R_m \cdot T = 0{,}0917\ mol \cdot l^{-1} \cdot 0{,}0831\ l \cdot bar \cdot K^{-1} \cdot mol^{-1} \cdot 288\ K = 2{,}19\ bar$.

Molare Massen makromolekularer Stoffe

Weil Gleichung (4.38) ein Idealgesetz ist, das nur für sehr verdünnte Lösungen gilt, beträgt der obere Grenzwert der Konzentration für Lösungen kleiner Moleküle etwa $0{,}01\ mol \cdot l^{-1}$. Lösungen makromolekularer Stoffe zeigen beträchtliche Abweichungen vom osmotischen Idealverhalten bereits bei sehr viel kleineren Konzentrationen. Dies ist besonders der Fall bei Makromolekülen mit Kettenstruktur, die in einer Lösung von Lösungsmittelmolekülen durchspülte Rotationsellipsoidknäuel ausbilden und eine beträchtliche Raumerfüllung aufweisen. Um diesen Abweichungen in einfacher Weise Rechnung zu tragen, formuliert man die Van't Hoffsche Gleichung (4.38) als Grenzgesetz für unendliche Verdünnung,

$$\lim_{c \to 0} \frac{\Pi}{c} = \frac{R_m \cdot T}{M},\tag{4.40}$$

in dem sich der Quotient Π/c für Lösungen nichtassoziierender ungeladener Hochpolymere in organischen Lösungsmitteln durch eine arithmetische Reihe ganzzahliger positiver Potenzen der Polymerkonzentration c ausdrücken läßt. Dazu führt man eine Reihenentwicklung der folgenden Form durch:

$$\frac{\Pi}{R_m \cdot T \cdot c} = \frac{1}{M_{app}} = A_1 + A_2 \cdot c + A_3 \cdot c^2 + \cdots,\tag{4.41}$$

worin A_1, A_2 und A_3 als erster, zweiter und dritter Virialkoeffizient und M_{app} als scheinbare molare Masse (app = engl. apparent) bezeichnet werden. Der erste Virialkoeffizient A_1 wird durch Messungen des osmotischen Drucks bei wenigstens vier verschiedenen Lösungskonzentrationen erhalten. In einem Diagramm wird dazu der reduzierte osmotische Druck Π/c gegen c aufgetragen und die erhaltene Kurve (meistens keine Gerade) durch die Meßpunkte auf $c \to 0$ extrapoliert. Der Ordinatenabschnitt entspricht $R_m \cdot T \cdot A_1$, weil das zweite und dritte rechte Glied der Virialgleichung den Wert Null annehmen. Aus dem Koeffizientenvergleich der Gleichungen (4.40) und (4.41) ergibt sich $A_1 = M^{-1}$, und die molare Masse kann nun berechnet werden.

Makromolekulare Stoffe unterscheiden sich von niedermolekularen Stoffen durch die Uneinheitlichkeit der Molekülgröße. Eine gegebene Polymerprobe hat praktisch immer eine endliche Verteilungsbreite der molaren Massen der darin enthaltenen Polymermoleküle.

Zur Bestimmung der molaren Massen von chemischen Verbindungen mit $M < 10000\,g \cdot mol^{-1}$ ist das Meßverfahren der Membranosmometrie oftmals nicht mehr genau genug. Es gibt nämlich häufig keine geeigneten Membranen, die für den gelösten Stoff undurchlässig sind. Man setzt dort vorzugsweise Bestimmungsmethoden von Größen ein, die mit dem osmotischen Druck im Zusammenhang stehen, wie Dampfdruckerniedrigung, Siedepunktserhöhung oder Gefrierpunktserniedrigung einer Lösung.

Dampfdruckerniedrigung

Bei der Auflösung eines Stoffes mit sehr kleinem Dampfdruck in einem Lösungsmittel nimmt der Dampfdruck des Lösungsmittels ab.
Die quantitative Beschreibung dieses physikalischen Phänomens liefert das Raoultsche Gesetz (1890), das zunächst empirisch aufgefunden wurde, sich aber thermodynamisch exakt herleiten läßt.

> **Raoultsches Gesetz:** Die relative Dampfdruckerniedrigung einer Lösung ist gleich dem Stoffmengenanteil des gelösten Stoffes in der Lösung und von der chemischer Zusammensetzung des gelösten Stoffes und des Lösungsmittels unabhängig.

Die mathematische Form dieses Gesetzes lautet:

$$\frac{p_0 - p}{p_0} = \frac{n}{n + n(\text{Lsm})}. \qquad (4.42)$$

Darin bedeuten

p_0 den Dampfdruck des reinen Lösungsmittels,
p den Dampfdruck der Lösung bei gleicher Temperatur,
n die Stoffmenge des gelösten Stoffes und
$n(\text{Lsm})$ die Stoffmenge des Lösungsmittels.

Die linke Seite von Gleichung (4.42) stellt die relative Dampfdruckerniedrigung dar, die rechte den Stoffmengenanteil des gelösten Stoffes.
Eine einfache Umformung von Gleichung (4.42) ergibt das Gesetz von Raoult in der häufig gebrauchten Form

$$\frac{p_0 - p}{p} = \frac{n}{n(\text{Lsm})}. \qquad (4.43)$$

Beispiel 2:
10 g eines festen Kohlenwasserstoffs KW werden in 80 g Diethylether $(C_2H_5)_2O$ gelöst. Der Dampfdruck dieser Lösung ist 665 mbar. Der Dampfdruck des Ethers bei der gleichen Temperatur beträgt 680 mbar. Berechnen Sie die molare Masse des Kohlenwasserstoffs.

Lösung:
Die molare Masse des Diethylethers ist 74 g · mol^{-1}. Zur Berechnung der Aufgabenlösung ersetzt man in Gleichung (4.43) die Stoffmengen des Lösungsmittels und des gelösten Stoffes durch die Quotienten aus Masse und molarer Masse und erhält

$$\frac{p_0 - p}{p} = \frac{m(\text{KW}) \cdot M(\text{Ether})}{M(\text{KW}) \cdot m(\text{Ether})}.$$

Auflösung nach $M(\text{KW})$ und Einsetzen der Zahlenwerte ergibt:

$$M(\text{KW}) = \frac{p}{(p_0 - p)} \cdot \frac{m(\text{KW}) \cdot M(\text{Ether})}{m(\text{Ether})} = \frac{665 \text{ mbar}}{15 \text{ mbar}} \cdot \frac{10 \text{ g} \cdot 74 \text{ g} \cdot \text{mol}^{-1}}{80 \text{ g}} = 410 \text{ g} \cdot \text{mol}^{-1}.$$

Die molare Masse des Kohlenwasserstoffs beträgt 410 g · mol^{-1}.

Beispiel 3:
Ein trockener Luftstrom wurde zuerst durch eine Waschflasche geleitet, die eine Lösung von 9,012 g Nitrobenzol $C_6H_5NO_2$ in 100 g reinem Ethanol C_2H_5OH enthielt und dann durch eine zweite Flasche, gefüllt mit reinem Ethanol. Die Temperaturen der beiden Flaschen waren gleich. Die Masse der ersten Flasche verringerte sich um 2,034 g, die Masse der zweiten Flasche um 0,0685 g. Berechnen Sie die molare Masse des Nitrobenzols.

Lösung:
Die Massenabnahme der ersten Flasche ist dem Dampfdruck p der Lösung proportional, die Massenverringerung der zweiten Flasche dagegen proportional der Dampfdruckdifferenz $p_0 - p$ beider Flüssigkeiten.
In Gleichung (4.43) ersetzt man die Druckdifferenz $p_0 - p$ durch 0,0685 g und p durch 2,034 g und erhält:

$$\frac{0{,}0685 \text{ g}}{2{,}034 \text{ g}} = \frac{n(C_6H_5NO_2)}{n(C_2H_5OH)} = \frac{m(C_6H_5NO_2) \cdot M(C_2H_5OH)}{M(C_6H_5NO_2) \cdot m(C_2H_5OH)} = \frac{9{,}012 \text{ g} \cdot 46 \text{ g} \cdot \text{mol}^{-1}}{M(C_6H_5NO_2) \cdot 100 \text{ g}}$$

$M(C_6H_5NO_2) = 123 \text{ g} \cdot \text{mol}^{-1}$.

Siedepunktserhöhung

Der Siedepunkt einer Flüssigkeit ist definiert durch die Temperatur, bei welcher ihr Sättigungsdampfdruck gleich dem äußeren Druck ist. Da der Dampfdruck eines Lösungsmittels, wie oben ausgeführt, bei der Auflösung eines anderen Stoffes mit vernachlässigbar kleinem Dampfdruck sinkt, muß der Siedepunkt einer solchen Lösung höher sein als der des reinen Lösungsmittels. Es kann bewiesen werden (s. Lehrbücher der chemischen Thermodynamik), daß diese Erhöhung des Siedepunktes, die wir mit ΔT_b bezeichnen, der Molalität b des gelösten Stoffes proportional ist. Folglich gilt:

$$\Delta T_b = K_b \cdot b. \tag{4.44}$$

Der Proportionalitätsfaktor K_b (b = engl. boiling) ist eine für das betreffende Lösungsmittel charakteristische Konstante, die *molale Siedepunktserhöhung*. Sie entspricht gerade der Siedepunktserhöhung, die 1 kg Lösungsmittel aufweist, wenn darin 1 mol eines anderen Stoffes aufgelöst wird. b ist die in 1 kg des reinen Lösungsmittels gelöste Stoffmenge in Mol.
Setzt man in obiger Gleichung den Zahlenwert von $b = 1$, so stimmen die Zahlenwerte von ΔT_b und K_b überein. ΔT_b hat die Einheit K, wogegen die Einheit von K_b K · kg · mol^{-1} ist. Werden $m(X)$ g eines Stoffes mit der molaren Masse $M(X)$ in $m(\text{Lsm})$ g Lösungsmittel gelöst, so berechnet man die Molalität $b(X)$ (gelöster Stoff A, bestehend aus den kleinsten Teilchen X im Lösungsmittel Lsm) gemäß Gleichung 2. (Kapitel 2.1) nach der Gleichung

$$b(X) = \frac{n(X)}{m(\text{Lsm})} = \frac{m(X)}{M(X) \cdot m(\text{Lsm})}.$$

Die molare Masse des gelösten Stoffes errechnet man aus seiner Masse m, der Masse des Lösungsmittels $m(\text{Lsm})$, der molalen Siedepunktserhöhung K_b und der Siedepunktserhöhung ΔT_b.

$$M(X) = \frac{K_b \cdot m(X)}{\Delta T_b \cdot m(\text{Lsm})} \tag{4.45}$$

Diese Gleichung kann aus den Gleichungen (4.44) und (2.11) bei Bedarf hergeleitet werden.

Gefrierpunktserniedrigung

Der Gefrierpunkt einer Lösung ist niedriger als der des reinen Lösungsmittels. Es läßt sich beweisen, daß – wie bei der Siedepunktserhöhung – die Gefrierpunktserniedrigung ΔT_m der Molalität b des gelösten Stoffes proportional ist. Wenn der Proportionalitätsfaktor mit K_m (m = engl. melting) bezeichnet wird, gilt somit

$$\Delta T_m = K_m \cdot b. \tag{4.46}$$

K_m wird *molale Gefrierpunktserniedrigung* des Lösungsmittels genannt. Sie ist die Herabsetzung des Gefrierpunktes von 1 kg eines Lösungsmittels, wenn darin 1 mol eines reinen Stoffes aufgelöst wird und hat die Einheit $K \cdot kg \cdot mol^{-1}$.

Auch für die Bestimmung der molaren Masse eines gelösten Stoffes aus der Gefrierpunktserniedrigung gilt, daß sie verdünnte Lösungen voraussetzt, um befriedigende Werte zu ergeben. Die dazu benötigte Beziehung lautet:

$$M(X) = \frac{K_m \cdot m(X)}{\Delta T_m \cdot m(\text{Lsm})}. \tag{4.47}$$

Beispiel 4:
Berechnen Sie den osmotischen Druck einer Zuckerlösung, die in 50 ml Wasser 2 g Rohrzucker $C_{12}H_{22}O_{11}$ enthält, für die Temperaturen 0 °C und 20 °C. Bei welcher Temperatur gefriert die Lösung, wenn ihre Dichte 1,01 g $\cdot$ ml^{-1} beträgt? Die molale Gefrierpunktserniedrigung K_m des Wassers ist 1,86 $K \cdot kg \cdot mol^{-1}$.

Lösung:
Die Stoffmengenkonzentration wird nach der in Kapitel 2.1 angegebenen Methode berechnet. $M(C_{12}H_{22}O_{11}) = 342$ g $\cdot$ mol^{-1}:

$$c = \frac{2 \text{ g} \cdot 1000 \text{ ml} \cdot l^{-1}}{342 \text{ g} \cdot \text{mol}^{-1} \cdot 50 \text{ ml}} = \frac{2 \cdot 1000}{342 \cdot 50} = 0,117 \text{ mol} \cdot l^{-1}.$$

Durch direktes Einsetzen in Gleichung (4.39) erhält man

$\Pi_0 = 0,117$ mol $\cdot l^{-1} \cdot 0,0831$ l $\cdot$ bar $\cdot K^{-1} \cdot$ mol$^{-1} \cdot 273$ K $= 2,65$ bar

und

$\Pi_{20} = 0{,}117\,\text{mol}\cdot\text{l}^{-1}\cdot 0{,}0831\,\text{l}\cdot\text{bar}\cdot\text{K}^{-1}\cdot\text{mol}^{-1}\cdot 293\,\text{K} = 2{,}85\,\text{bar}.$

Zur Berechnung von ΔT_m muß die in 1000 g reinem Wasser gelöste Zuckermenge in Mol, d.h. die Molalität der Lösung, bekannt sein: 50 ml Lösung enthalten $50\,\text{ml}\cdot 1{,}01\,\text{g}\cdot\text{ml}^{-1} = 50{,}5\,\text{g}$ Lösung und darin 2 g Zucker. 50 ml Lösung enthalten also $(50{,}5 - 2)\,\text{g} = 48{,}5\,\text{g}$ reines Wasser. Die Molalität b dieser Lösung beträgt gemäß Gleichung (2.11):

$$b(C_{12}H_{22}O_{11}\text{ in } H_2O) = \frac{m(C_{12}H_{22}O_{11})}{M(C_{12}H_{22}O_{11})\cdot m(\text{Lsm})} = \frac{2\,\text{g}\cdot 1000\,\text{g}\cdot\text{kg}^{-1}}{342\,\text{g}\cdot\text{mol}^{-1}\cdot 48{,}5\,\text{g}} = 0{,}121\,\text{mol}\cdot\text{kg}^{-1}.$$

$\Delta T_\text{m} = K_\text{m}\cdot b = (1{,}86\cdot 0{,}121)\,\text{K} = 0{,}225\,\text{K}.$

Die Lösung gefriert bei $-0{,}23\,°\text{C}$.

Die Bestimmung der molaren Masse mit der Siedepunktsmethode nennt man auch „Ebullioskopie", die Bestimmung, mit der Gefrierpunktsmethode „Kryoskopie". Eigenschaften einer Mischphase, die nur vom Stoffmengenanteil bzw. der Teilchenanzahl des gelösten Stoffes abhängen, nicht aber von seiner chemischen Natur, nennt man kolligativ. Alle in diesem Kapitel beschriebenen Phänomene beruhen auf kolligativen Eigenschaften.

Assoziation

Bei Bestimmungen der molaren Massen von Alkoholen, Carbonsäuren und verschiedenen anderen Stoffen nach ihrer Auflösung in organischen Lösungsmitteln erhält man Ergebniswerte, die auf eine Assoziation unter Bildung von größeren Molekülen schließen lassen.

Beispiel 5:
Eine Lösung von 1,008 g Ethanol C_2H_5OH in 115,0 ml Benzol enthält einen Bruchteil der Alkoholmoleküle in dimerer Form Die Lösung hat den Gefrierpunkt 4,125 °C und reines Benzol den Gefrierpunkt von 5,000 °C. Die Dichte des Benzols ist $0{,}870\,\text{g}\cdot\text{ml}^{-1}$ und seine molale Gefrierpunktserniedrigung $5{,}10\,\text{K}\cdot\text{kg}\cdot\text{mol}^{-1}$. Berechnen Sie den Assoziationsgrad β von Ethanol in Benzol, d.h. den Bruchteil der Gesamtzahl ursprünglich einfacher Moleküle C_2H_5OH, die bei der angegebenen Konzentration im Gleichgewicht als Dimere vorliegen.

Lösung:
Die Reaktionsgleichung der Bildung von Dimeren ist

$$2\,C_2H_5OH \rightleftharpoons (C_2H_5OH)_2$$

Molalität vor der Assoziation $\quad b \quad\quad 0$
Molalität im Gleichgewicht $\quad b\cdot(1-\beta) \quad b\cdot\beta/2$

Die Gesamtmolalität im Gleichgewicht ist somit $b(1-\beta) + b\cdot\beta/2 = b(1-\beta/2)$.

Der Zahlenwert von b berechnet sich nach den Angaben der Aufgabenstellung zu

$$b(C_2H_5OH \text{ in } C_6H_6) = \frac{m(C_2H_5OH)}{M(C_2H_5OH) \cdot V(C_6H_6) \cdot \varrho(C_6H_6)}$$
$$= \frac{1{,}008 \text{ g} \cdot 1000 \text{ g} \cdot \text{kg}^{-1}}{46{,}0 \text{ g} \cdot \text{mol}^{-1} \cdot 115 \text{ ml} \cdot 0{,}870 \text{ g} \cdot \text{ml}^{-1}} = 0{,}219 \text{ mol} \cdot \text{kg}^{-1}.$$

Einsetzen in Gleichung (4.46) ergibt:

$\Delta T_m = (5{,}000 - 4{,}125) \text{ K} = 5{,}10 \cdot 0{,}219 \cdot (1 - \beta/2) \text{ K}.$

Hieraus erhält man $1 - \beta/2 = 0{,}783$ und $\beta = 0{,}434$.
Von sämtlichen Ethanolmolekülen sind somit 43,4 % zu Dimeren assoziiert.
Einen anderen Lösungsweg, der davon ausgeht, daß ursprünglich sämtliche Moleküle Dimere sind, die dann teilweise dissoziieren, findet man in Aufgabe 4.2-28 beschrieben.

Elektrolytische Dissoziation

Die bisher in diesem Kapitel behandelten Gleichungen haben keine Gültigkeit, wenn der gelöste Stoff einer Dissoziations- oder Protolysereaktion unterliegt. Das wichtigste Beispiel hierfür sind die Elektrolyte. Diese weisen nämlich höhere Werte des osmotischen Drucks, der Siedepunktserhöhung und der Gefrierpunktserniedrigung auf, als sie sich aus den obigen Gleichungen errechnen lassen.
Nach der elektrolytischen Dissoziationstheorie (Arrhenius 1887) wird die Erhöhung dadurch erklärt, daß durch die Dissoziation aus einem Molekül mehrere Ionen entstehen und dadurch die Anzahl der frei beweglichen kleinsten Teilchen zunimmt. Dabei wird vorausgesetzt, daß die elektrisch geladenen Ionen sich osmotisch ebenso verhalten wie die neutralen Moleküle.

Für schwach protolysierte oder dissoziierte Elektrolyte[*] gilt folgende Überlegung: Das Ausmaß der Protolyse wird durch den Protolysegrad α angegeben, worunter der Bruchteil der gesamten Moleküle verstanden wird, der der Protolyse unterliegt. Man geht von N Molekülen eines Elektrolyten aus und nimmt an, daß jedes Molekül bei der Protolysereaktion ν positive und negative Ionen liefert (z. B. ergibt Essigsäure CH_3COOH 2 Ionen ($\nu = 2$), Oxalsäure $HOOC\text{-}COOH$ 3 Ionen ($\nu = 3$)). Ist der Dissoziationsgrad α, so werden $N \cdot \alpha$ Moleküle der Dissoziation unterliegen und $N \cdot \nu \cdot \alpha$ Ionen ergeben. Die Anzahl der undissoziierten Moleküle wird $N \cdot (1 - \alpha)$ betragen, und folglich ist die Gesamtzahl der Teilchen:

$$N_{ges} = N \cdot \nu \cdot \alpha + N \cdot (1 - \alpha) = N \cdot [1 + (\nu - 1) \cdot \alpha]. \tag{4.48}$$

---

[*] Bei der Bildung von Ionen durch Auflösung von Salzen spricht man von Dissoziation, bei der Bildung von Ionen aus Säuren oder Basen jedoch von Protolyse, weil im zweiten Fall das Lösungsmittel an der Reaktion beteiligt ist.

Der Faktor $1 + (\nu - 1) \cdot \alpha$ ist mit dem Dissoziationsfaktor bei der thermischen Dissoziation (Kapitel 4.4) identisch.

Der osmotische Druck ist wie der Gasdruck der Anzahl der Teilchen proportional, und zur Berechnung des wirklichen osmotischen Druckes einer Elektrolytlösung hat man demnach den nach Gleichung (4.39) berechneten Druck mit dem Dissoziationsfaktor zu multiplizieren. Bezeichnen wir den wirklichen osmotischen Druck einer Elektrolytlösung, in der der Elektrolyt den Dissoziationsgrad α hat, mit Π_α, so erhalten wir die Gleichung

$$\Pi_\alpha = c \cdot R_m \cdot T \cdot [1 + (\nu - 1) \cdot \alpha]. \tag{4.49}$$

Für die Gefrierpunktserniedrigung bzw. Siedepunktserhöhung gilt das Gleiche. Die nach den Gleichungen (4.44) bzw. (4.46) berechnete Siedepunktserhöhung ΔT_b bzw. Gefrierpunktserniedrigung ΔT_m würde der Elektrolyt aufweisen, wenn keine Dissoziation aufträte. Bezeichnen wir die wirkliche Veränderung des Siedepunktes bzw. Gefrierpunktes beim Dissoziationsgrad α mit $\Delta T_{b,\alpha}$ bzw. $\Delta T_{m,\alpha}$, so ist

$$\Delta T_{b,\alpha} = \Delta T_b \cdot [1 + (\nu - 1) \cdot \alpha] \tag{4.50}$$

und

$$\Delta T_{m,\alpha} = \Delta T_m \cdot [1 + (\nu - 1) \cdot \alpha]. \tag{4.51}$$

Ist die molare Masse des Elektrolyten bekannt, so ermöglichen diese Gleichungen die Bestimmung des Dissoziationsgrades. Die wichtigste Methode zur Bestimmung des Dissoziationsgrades ist jedoch die Meßmethode der elektrischen Leitfähigkeit. Sie wird in Kapitel 4.3 behandelt.

Starke Elektrolyte

Der hier aufgeführte Zusammenhang zwischen dem Dissoziationgrad und dem osmotischem Druck gilt nicht für starke Elektrolyte (s. Anomalie der starken Elektrolyte in Kapitel 4.3). Als Ursache hierfür wird angenommen, daß in der Lösung eines starken Elektrolyten, in der die Anzahl der Ionen relativ groß ist und die Ionen folglich relativ eng benachbart sind, die Kräfte, welche die elektrischen Ladungen der Ionen aufeinander ausüben, nicht vernachlässigt werden können. Die starken Elektrolyte sind praktisch vollständig dissoziiert.

Starke Elektrolyte, die vollständig dissoziieren, sind beispielsweise NaCl($\nu = 2$), BaCl$_2$($\nu = 3$) oder K$_4$[Fe(CN)$_6$] ($\nu = 5$). Bei diesen ionisch aufgebauten Feststoffen wird wegen ihres hochpolymeren Aufbaus die kleinste undissoziierte Einheit nicht als Molekül, sondern als Einheit mit einfachster Formel (früher „Formeleinheit") bezeichnet.

Aufgrund der elektrostatischen Anziehungskräfte zwischen den Ionen wird die Ionenbeweglichkeit mit steigender Elektrolytkonzentration der Lösung herabgesetzt. Das hat zur Folge, daß die elektrische Leitfähigkeit eines starken Elektrolyten mit steigender Konzentration abnimmt, ein Befund, der früher fälschlich durch Annahme eines herabgesetzten Dissoziationsgrades gedeutet wurde. Auch im osmotischen Verhalten, bei Elektrodenprozessen (vgl. S. 255 f.) und bei gewöhnlichen chemischen Prozessen (Massenwirkungsgesetz, S. 86) machen sich die elektrostatischen Kräfte bemerkbar. Der osmotische Druck und die damit zusammenhängenden Größen werden aufgrund dieser Kräfte um einen bestimmten Faktor Φ, den sog. osmotischen Koeffizienten, erniedrigt. Statt der Gleichungen (4.39), (4.44) und (4.46) gelten für einen vollständig dissoziierten Elektrolyten folgende Gleichungen:

$$\Pi = \Phi \cdot v \cdot c \cdot R_m \cdot T \tag{4.52}$$

und

$$\Delta T_b = \Phi \cdot v \cdot K_b \cdot b \quad \text{sowie} \quad \Delta T_m = \Phi \cdot v \cdot K_m \cdot b. \tag{4.53}$$

Bei Elektrodenprozessen (S. 255 f.) und bei der Anwendung des Massenwirkungsgesetzes (Kapitel 4.3) ist aufgrund der interionischen Kräfte die wirksame volumenbezogene Menge oder Aktivität a einer bestimmten Ionenart nicht mit der Konzentration c identisch, sondern gewöhnlich kleiner als c. Man definiert die Aktivität als

$$a = f \cdot c, \tag{4.54}$$

wobei f den sog. Aktivitätskoeffizienten darstellt. Dieser ist eine Funktion der Art und Stoffmenge der in der Lösung enthaltenen Elektrolyte. Definitionsgemäß hat f den Zahlenwert 1, wenn sich die Konzentration dem Werte Null nähert. In einer sehr verdünnten Lösung eines starken Elektrolyten kann man also die Aktivität gleich der Konzentration setzen. Mit zunehmender Elektrolytkonzentration nimmt f recht stark ab, um schließlich ein Minimum zu durchlaufen.
Der Aktivitätskoeffizient f kann, ebenso wie der osmotische Koeffizient Φ, aus bestimmten, theoretisch abgeleiteten Formeln berechnet werden, s. S. 88.

Aufgaben

4.2-1 Der osmotische Druck einer Zuckerlösung beträgt bei 20 °C 2 bar.
Wie groß ist er nach Verdünnung der Lösung auf das Zehnfache ihres Volumens bei 15 °C?

4.2-2 Berechnen Sie die osmotischen Drücke folgender Glucoselösungen bei den angegebenen Temperaturen:
a) 0,1 mol $\cdot$ l^{-1} Lösung bei 22 °C;
b) Lösung mit 1% Massenanteil Glucose bei 10 °C. Die Dichte dieser Lösung soll 1,00 g $\cdot$ ml^{-1} betragen.
Die Molekularformel der Glucose ist $C_6H_{12}O_6$.

4.2-3 Der osmotische Druck einer wäßrigen Saccharoselösung mit einer Massenkonzentration von 68,4 g Rohrzucker $C_{12}H_{22}O_{11}$ pro Liter beträgt bei 21,8 °C 4,81 bar.
Berechnen Sie hieraus den Zahlenwert der molaren Gaskonstante R_m in l $\cdot$ bar $\cdot$ K^{-1} $\cdot$ mol^{-1}.

4.2-4 Die osmotischen Drücke einer Fraktion des Kunststoffes Poly(methacrylsäuremethylester) (Plexiglas) wurden in Aceton- und Dioxanlösungen bei 27 °C gemessen.
Berechnen Sie die mittlere molare Masse $\bar{M}$ der Kunststofffraktion in den beiden Lösungen aus folgenden Daten:

Aceton: $\varrho^*(g \cdot l^{-1})$ 2,5   5   10   20   30
$\Pi \cdot 10^3$ (bar)   0,51   1,09   2,49   6,01   10,74

Dioxan: $\varrho^*(g \cdot l^{-1})$ 5   10   20   30
$\Pi \cdot 10^3$ (bar)   1,34   3,25   9,09   18,21.

4.2-5 Das Blutserum des Menschen gefriert bei $-0,56$ °C. Berechnen Sie den osmotischen Druck des Blutes bei 0 °C und 37 °C. Es wird angenommen, daß 1 ml Blutserum 1 g Wasser enthält. Die molale Gefrierpunktserniedrigung des Wassers beträgt 1,86 K $\cdot$ kg $\cdot$ mol^{-1}.

4.2-6 Berechnen Sie aufgrund der Angaben in Aufgabe 4.2-5 die Massenkonzentration in g $\cdot$ l^{-1} und die Stoffmengenkonzentration in mol $\cdot$ l^{-1} einer mit dem Blut isotonischen Rohrzuckerlösung (d.h. einer Lösung, die den gleichen osmotischen Druck hat). Es wird angenommen, daß das Volumen des Wassers bei der Auflösung des Zuckers unverändert bleibt.

4.2-7 Berechnen Sie die Massenkonzentration in g $\cdot$ l^{-1} und die Stoffmengenkonzentration einer mit Blutserum isotonischen Kochsalzlösung (vgl. Aufgabe 4.2-5) unter der Annahme, daß der osmotische Koeffizient a) den Zahlenwert 1, b) den Zahlenwert 0,96 hat*.

4.2-8 Eine Lösung von 0,5 g Kochsalz in 100 g Wasser hatte eine Gefrierpunktserniedrigung von 0,315 K. Die Gefrierpunktserniedrigung einer Lösung von 3 g Kochsalz in der gleichen Portion Wasser betrug 1,82 K.
Berechnen Sie in beiden Fällen den osmotischen Koeffizienten.

4.2-9 Berechnen Sie die osmotischen Drücke folgender Lösungen bei den angegebenen Temperaturen:

a) 0,2 g Kaliumnitrat in 300 ml Wasser bei 20 °C;
b) 0,3 g Natriumsulfat in 1 l Wasser bei 15 °C;
c) 1,5 g Bariumchlorid in 1,5 l Wasser bei 18 °C;
d) 1,2 g Kaliumaluminiumsulfat $KAl(SO_4)_2 \cdot 12\,H_2O$ in 2 l Wasser bei 20 °C.

Alle Salze werden als vollständig dissoziiert betrachtet. Es wird außerdem angenommen, daß das Flüssigkeitsvolumen bei der Auflösung der Salze unverändert bleibt und daß der osmotische Koeffizient den Zahlenwert 1 hat.

4.2-10 2,563 g einer schwachen, einwertigen Säure wurden in 38,56 g Wasser gelöst. Der Gefrierpunkt dieser Lösung wurde anschließend zu $-1,11$ °C bestimmt. 4,69 g der Lösung verbrauchten bei der Titration 24,36 ml 0,1 mol $\cdot$ l^{-1} NaOH-Lösung.
Berechnen Sie hieraus den Protolysegrad der Säure in der Lösung*.

4.2-11 Eine 0,1 mol $\cdot$ l^{-1} Lösung von Kaliumhexacyanoferrat $K_4[Fe(CN)_6]$ erwies sich als isotonisch mit einer Lösung von 6,80 g Glucose $C_6H_{12}O_6$ in 100 ml Wasser.
Berechnen Sie aus diesen Angaben den osmotischen Koeffizienten der Salzlösung.

4.2-12 Der Dampfdruck des Wassers bei 20 °C ist 23,18 mbar.
Berechnen Sie den Dampfdruck einer Lösung von 2,56 g Harnstoff $CO(NH_2)_2$ in 100 ml Wasser bei der gleichen Temperatur.

4.2-13 Der Dampfdruck von reinem Diethylether bei 10 °C ist 389,0 mbar. Nach Auflösung von 4,16 g Salicylsäure in 80,7 g Ether sinkt der Dampfdruck um 11,3 mbar.
Berechnen Sie die molare Masse der Salicylsäure. Die Molekularformel des Diethylethers ist $C_2H_5OC_2H_5$.

---

* Die molale Gefrierpunktserniedrigung des Wassers beträgt 1,86 K $\cdot$ kg $\cdot$ mol^{-1} und seine molale Siedepunktserhöhung 0,52 K $\cdot$ kg $\cdot$ mol^{-1}.

4.2-14 Der Dampfdruck des Wassers beträgt bei 0 °C 6,159 mbar. Eine Lösung von 2,21 g Calciumchlorid in 100 g Wasser hat bei dieser Temperatur einen Dampfdruck von 6,113 mbar.
Berechnen Sie hieraus den osmotischen Koeffizienten der Calciumchloridlösung.

4.2-15 Ein trockener Luftstrom wird zuerst durch eine Waschflasche geleitet, die eine Lösung von 7,74 g Anilin in 100 g Diethylether $(C_2H_5)_2O$ enthält, und dann durch eine zweite Waschflasche mit reinem Ether. Beide Flüssigkeiten werden bei gleicher Temperatur gehalten. Die Masse der ersten Waschflasche nimmt um 1,4785 g, die Masse der zweiten Waschflasche um 0,0966 g ab.
Berechnen Sie die molare Masse des Anilins.

4.2-16 Eine Lösung von 0,562 g Schwefel in 43,5 g Schwefelkohlenstoff weist eine Siedepunktserhöhung von 0,123 K auf.
Wieviel Atome enthält ein Schwefelmolekül? Die molale Siedepunktserhöhung des Schwefelkohlenstoffs ist $2,40 \text{ K} \cdot \text{kg} \cdot \text{mol}^{-1}$. Die relative Atommasse des Schwefels ist $A_r(S) = 32,1$.

4.2-17 Campher sowie einige Campherderivate zeigen außerordentlich hohe molale Gefrierpunktserniedrigungen. Diese Eigenschaft kann zur Bestimmung von molaren Massen anderer Stoffe im Schmelzpunktapparat unter Einsatz sehr kleiner Stoffportionen benutzt werden (Methode nach Rast).
15,2 mg einer organischen Verbindung wurden in 265,3 mg Campher eingeschmolzen, und der Schmelzpunkt der Mischung zu 164,2 °C bestimmt. Der Schmelzpunkt des Camphers beträgt 177,5 °C.
Berechnen Sie die molare Masse der organischen Verbindung. Die molale Gefrierpunktserniedrigung von Campher ist $K_m = 40 \text{ K} \cdot \text{kg} \cdot \text{mol}^{-1}$.

4.2-18 In Proben von jeweils 14,74 g Eisessig werden 0,088 g, 0,280 g bzw. 0,765 g phosphorige Säure H_3PO_3 gelöst. Die Gefrierpunktserniedrigungen dieser Lösungen betragen 0,266, 0,755 bzw. 1,630 K.
Berechnen Sie die mittleren molaren Massen der phosphorigen Säure bei diesen Konzentrationen und bestimmen Sie durch graphische Extrapolation den Grenzwert, dem die molare Masse zustrebt, wenn die Konzentration gegen Null geht. Die molale Gefrierpunktserniedrigung des Eisessigs ist $3,90 \text{ K} \cdot \text{kg} \cdot \text{mol}^{-1}$.

4.2-19 Die Gefrierpunktserniedrigung des menschlichen Harns kann unter physiologischen Bedingungen Grenzwerte zwischen 0,087 K und 2,71 K erreichen.
Berechnen Sie die diesen Grenzwerten entsprechenden osmotischen Drücke bei 15 °C. Es wird in beiden Fällen angenommen, daß 1 ml Harn 1 g Wasser enthält*.

4.2-20 Niedere Meerestiere bis hinauf zu den Knorpelfischen nehmen beim Aufenthalt in Meerwasser dessen osmotischen Druck an.
Berechnen Sie den Druck in den Körperflüssigkeiten dieser Tiere bei 0 °C, wenn das Meerwasser bei -2 °C gefriert. Es wird angenommen, daß 1 ml Meerwasser 1 g reines Wasser enthält*.

4.2-21 Bei welcher Temperatur siedet eine wäßrige Lösung von 2 mol Phosphorsäure pro Liter, wenn der Dissoziationsgrad 9% beträgt? Die Dichte der Lösung ist $1,062 \text{ g} \cdot \text{ml}^{-1}$*.

4.2-22 Der Gefrierpunkt einer Lösung von 0,293 g Bariumchlorid $BaCl_2 \cdot 2 H_2O$ in 50 g Wasser* ist $-0,119$ °C.
Berechnen Sie den osmotischen Koeffizienten der Salzlösung unter der Annahme, daß in der Lösung nur die Ionen Ba^{2+} und Cl^- vorliegen.

4.2-23 Eine Probe konzentrierter Essigsäure mit geringem Wassergehalt hat einen Gefrierpunkt von $+15,2$ °C.
Berechnen Sie den Massenanteil an Wasser in dieser Probe, wenn der Gefrierpunkt reinen Eisessigs 17,5 °C beträgt und die molale Gefrierpunktserniedrigung des Eisessigs den Wert $3,90 \text{ K} \cdot \text{kg} \cdot \text{mol}^{-1}$ hat.

4.2-24 Berechnen Sie den Gefrierpunkt des Harns unter der Annahme folgender Massenanteile der darin enthaltenen Reinstoffe: 2% Harnstoff $CO(NH_2)_2$, 1% NaCl (vollständig dissoziiert) und insgesamt 1% Spuren anderer Stoffe mit einer mittleren molaren Masse von 100 g $\cdot$ mol^{-1}. Der Rest ist Wasser.

4.2-25 Meerwasser ist eine homogene Mischphase mit einem durchschnittlichen Massenanteil an Salzen von 3,5%. Davon sind 80% NaCl, 11% MgCl$_2$, 5% MgSO$_4$ und 4% CaSO$_4$.
Berechnen Sie den Gefrierpunkt des Meerwassers unter der Annahme vollständiger Dissoziation der Salze*.

4.2-26 Eine Lösung eines 1,1wertigen, schwachen Elektrolyten der Konzentration 1 mol $\cdot$ l^{-1} in Wasser weist eine Gefrierpunktserniedrigung von 2,046 K auf.
Berechnen Sie den Dissoziationsgrad des Elektrolyten und den osmotischen Druck der Lösung bei 16,0 °C, wenn die Dichte der Lösung 1,125 g $\cdot$ ml^{-1} und die molare Masse des Elektrolyten 125 g $\cdot$ mol^{-1} beträgt*.

4.2-27 Um zu verhindern, daß das Kühlwasser im Autokühler bei Temperaturen unter 0 °C gefriert, setzt man ihm Ethylenglykol C$_2$H$_4$(OH)$_2$ zu.
Welchen Volumenanteil Ethylenglykol muß man pro Liter Kühlwasser zusetzen, damit dieses bei $-$ 10 °C frostsicher ist? Bei welcher Temperatur liegt der Siedepunkt dieser Lösung? Die Dichte des Ethylenglykols ist 1,11 g $\cdot$ ml^{-1}. Die Gleichungen (4.44) und (4.46) sollen auch für die hier vorliegenden Konzentrationen als gültig angesehen werden.

4.2-28 Eine Lösung von Ethanol in Eisessig zeigt eine anomale Gefrierpunktserniedrigung, die darauf beruht, daß in diesem Medium Ethanol teils in Form von Einzelmolekülen, teils als Dimere vorliegt. Bei einem Versuch fand Beckmann, daß eine Lösung von Ethanol in Eisessig mit 5,83% Massenanteil eine Gefrierpunktserniedrigung von 4,49 K hatte.
Berechnen Sie den Massenanteil der Dimeren in dieser Lösung in Prozent. Die molale Gefrierpunktserniedrigung des Eisessigs ist 3,83 K $\cdot$ kg $\cdot$ mol^{-1}.

4.3 Elektrochemie

Elektrolyse

Bei der *Elektrolyse* fließt ein elektrischer Gleichstrom durch eine Lösung oder Schmelze, in der sich Ionen eines *Elektrolyten* befinden. Zwei in die Lösung oder Schmelze tauchende Stromleiter, die *Elektroden*, stellen die leitende Verbindung zu einer äußeren Stromquelle, z. B. zu einer Taschenlampenbatterie oder zu einem Bleiakkumulator, her. Die positiv geladene Elektrode heißt Anode, die negativ geladene Kathode.
Als Elektrodenmaterialien verwendet man meistens Metalle, weil sie sehr gute elektrische Leiter sind. Im Metallverband geben die einzelnen Metallatome ihre Valenzelektronen ab und bilden ein Ionengitter. Die Elektronen bilden ein „Elektronengas", das sich sehr leicht durch das Kristallgitter des Metalles bewegen kann. Die hohe elektrische Leitfähigkeit der Metalle beruht auf dieser großen Elektronenbeweglichkeit. Auch einige Nichtmetallgitter wie das des Graphit verfügen über leicht bewegliche Elektronen, und die Feststoffe, die in diesen Gittern kristallisieren, sind deshalb gute elektrische Leiter.
Ein Beispiel soll die elektrochemischen Elementarvorgänge bei der Elektrolyse näher erläutern: Wir wählen als Elektrolyten eine wäßrige Lösung von Kupfer(II)-chlorid.

In dieser befinden sich auf Grund der Salzdissoziation Cu^{2+}- und Cl^--Ionen. Beim Anlegen einer Gleichspannung entsteht an der Oberfläche der eintauchenden Anode ein Elektronenunterschuß (eine positive Überschußladung) und an der Kathodenoberfläche ein Elektronenüberschuß. In der Lösung zwischen beiden Elektroden entsteht ein elektrisches Feld. Unter der Kraftwirkung dieses Feldes wandern bewegliche Cl^--Ionen der Lösung zur Anode, Cu^{2+}-Ionen zur Kathode. An beiden Elektrodenoberflächen erfolgen dann Elektronenübertragungsprozesse. Die Cl^--Ionen geben jeweils ein Elektron an die Anode ab, werden dadurch zu Chloratomen entladen und vereinigen sich danach paarweise zu in die Gasphase entweichenden Cl_2-Molekülen. Die Cu^{2+}-Ionen nehmen jeweils zwei Elektronen von der Kathode auf und werden dadurch zu metallischem Kupfer entladen, das sich an der Kathodenoberfläche abscheidet. Diese *Elektrodenreaktionen* lassen sich durch die folgenden Elektronengleichungen beschreiben:

$2\,Cl^- \rightarrow 2\,Cl + 2\,e^-$; $2\,Cl \rightarrow Cl_2$
$Cu^{2+} + 2\,e^- \rightarrow Cu(s)$.

In jedem Elektrolysiergefäß spielen sich somit zwei getrennte und voneinander verschiedene Vorgänge ab. An der Kathode reagieren die positiven Ionen, die Kationen, an der Anode die negativen Ionen, die Anionen.
In der äußeren Leitung fließt eine bestimmte Anzahl Elektronen vom negativen Pol der Stromquelle zur Kathode. Zur gleichen Zeit fließt die gleiche Anzahl von Elektronen von der Anode zum positiven Pol der Stromquelle. Ladungstransport im Elektrolyten wird dagegen durch die Wanderung der Ionen erzielt; diese wird ausführlich im Abschnitt über die elektrische Leitfähigkeit behandelt.
Gemäß der Definition von Oxidation und Reduktion, (s. S. 40), ist der Vorgang an der Kathode eine Reduktion und der Vorgang an der Anode eine Oxidation. Die Kathode wirkt reduzierend, weil sie Elektronen abgibt, und die Anode wirkt oxidierend, weil sie Elektronen aufnimmt. Man spricht deshalb auch von kathodischer Reduktion und anodischer Oxidation.
An der Elektrolyse können auch andere Stoffe als die Ionen des Elektrolyten beteiligt sein, z. B. das Lösungsmittel und bestimmte mit Absicht hinzugefügte organische Stoffe. Bei der Elektrolyse von wäßrigen Lösungen beteiligen sich oft das Wasser oder seine Ionen (die Autoprotolyseprodukte H_3O^+ und OH^-) an den Elektrodenvorgängen, die auch von der Konzentration des Elektrolyten, dem Elektrodenmaterial und der Stromdichte beeinflußt werden können. Die Art der Beteiligung des Wassers und seiner Ionen an den Elektrodenvorgängen sollen folgende Beispiele elektrolytischer Prozesse verdeutlichen. Die dort der Elektrolyse unterworfenen wäßrigen Metallsalzlösungen sollen jeweils nur eine Kationen- und Anionenart enthalten.

Kathodenvorgänge

1. Wenn das Kation einem Metall angehört, das unedler als Wasserstoff ist (d. h. wenn das Standardpotential des zugehörigen Elektrodenvorgangs in der Span-

nungsreihe der Metalle oberhalb des Standard-Bezugspotentials der Normal-Wasserstoffelektrode eingeordnet ist, s. Tabelle 4.1, S. 271), wird es in der Regel nicht entladen. Stattdessen kann Wasser reduziert werden. Die Kathodenreaktion läßt sich durch die Gleichung

$$2\,H_2O + 2\,e^- \rightarrow H_2 + 2\,OH^-$$

beschreiben. Diesen Reaktionsablauf findet man bei den Kationen der Alkalimetalle, der Erdalkalimetalle und des Aluminiums. An einer Quecksilberkathode werden jedoch die Ionen dieser Metalle reduziert. Beispielsweise bilden bei der Elektrolyse einer Natriumsalzlösung die entladenen Natriumatome mit Quecksilber Natriumamalgam.

2. Wenn das Kation einem Metall entstammt, das edler als Wasserstoff ist, wird es entladen und das Metall an der Kathode abgeschieden. So verhalten sich Kupfer, Silber und Gold (s. die Elektronengleichungen und Normalpotentiale in Tabelle 11). Eine Zwischenstellung nehmen die Kationen unedler Metalle wie Zink und Nickel ein. Sie werden als Metall abgeschieden, wobei gleichzeitig Wasserstoffentwicklung erfolgt (s. die Aufgaben 4.3-5 und 4.3-10). In sauren Lösungen kann die Kathodenreaktion durch die Gleichung

$$2H^+ + 2\,e^- \rightarrow H_2$$

beschrieben werden.

Anodenvorgänge

A. Die Anode kann aus einem unangreifbaren (indifferenten) Metall bestehen, das keine Ionen mit der Lösung austauscht, z. B. aus Platin oder Gold.

1. Komplexe Anionen mit Sauerstoff als Ligand wie z. B. das SO_4^{2-}- oder das NO_3^--Ion werden daran nicht entladen, sondern das Wasser wird unter Bildung von Sauerstoffgas und Wasserstoffionen oxidiert, die Lösung wird also während der Elektrolyse immer saurer gemäß der Reaktionsgleichung

$$2\,H_2O \rightarrow O_2 + 4\,H^+ + 4\,e^-.$$

In alkalischer Lösung werden die Hydroxidionen entladen gemäß

$$4\,OH^- \rightarrow 2\,H_2O + O_2 + 4\,e^-.$$

2. Halogenid-Ionen wie Cl^-, Br^- oder I^- werden zum elementaren Halogen oxidiert. Bei der Elektrolyse verdünnter wäßriger Lösungen von Halogenidionen können auch Wassermoleküle am Anodenprozeß beteiligt sein. Dann entsteht ein Gemisch von freiem Halogen und Sauerstoffgas. Aus dem Fluoridion F^- bildet sich bei der Elektrolyse wäßriger Lösungen kein freies Fluor,

weil entstehende Fluoratome sofort Wassermoleküle oxidieren. Es bilden sich O_2 sowie F^-- und H^+-Ionen.

B. Die Anode kann auch aus einem angreifbaren Metall bestehen, das in der Lage ist, in Ionenform in Lösung zu gehen.

3. Das Metall kann dann die für das Fortschreiten des Anodenprozesses erforderlichen Elektronen abgeben, z.B nach der Gleichung $Cu \rightarrow Cu^{2+} + 2\,e^-$.

4. In bestimmten Fällen kann das Anodenmetall mit den Anionen unter Bildung einer schwerlöslichen Deckschicht reagieren.
Beispiel: $Ag + Cl^- \rightarrow AgCl(s) + e^-$.

Die Faradayschen Gesetze der Elektrolyse

Aus den Elektronengleichungen

$Ag^+ + e^- \rightarrow Ag$, $\quad Cu^{2+} + 2\,e^- \rightarrow Cu$,
1 mol 1 mol   1 mol $\quad$ 1 mol 2 mol   1 mol

$Au^{3+} + 3\,e^- \rightarrow Au \quad 2\,Cl^- \rightarrow Cl_2 + 2\,e^-$
1 mol   3 mol   1 mol $\quad$ 2 mol   1 mol   2 mol

geht hervor, daß 1 mol Elektronen 1 mol Ag, $\frac{1}{2}$ mol Cu oder $\frac{1}{3}$ mol Au aus wäßrigen Lösungen an der Kathode abscheiden bzw. 1 mol Cl^- an der Anode entladen kann. 1 mol Elektronen enthält eine Teilchenanzahl von N_A Elektronen (s. S. 14). Die Masse einer Stoffportion in g, die von 1 mol Elektronen elektrochemisch abgeschieden wird, nennt man molare Masse eines Ionenäquivalents des Stoffes (frühere Bezeichnungen waren elektrochemisches Äquivalent oder abgekürzt Äquivalent; heute ist die Bezeichnung Äquivalent nur noch dem Äquivalentteilchen eq vorbehalten). Da ein Elektron die Elementarladung von $1{,}6021 \cdot 10^{-19}$ Coulomb (Einheitenzeichen C) trägt, beträgt die Gesamtladung eines Mols Elektronen $6{,}0225 \cdot 10^{23}\,mol^{-1} \cdot 1{,}6021\,C = 96\,486\,C \cdot mol^{-1}$, hier aufgerundet auf $96\,500\,C \cdot mol^{-1}$. Weil 1 Coulomb die Elektrizitätsmenge

$$Q = i \cdot t \tag{4.55}$$

ist, die beim Stromfluß von 1 Ampere (Einheitenzeichen A) in 1 s transportiert wird, ($1\,C = 1\,A \cdot s$), kann man die von einem Mol Elektronen repräsentierte Ladungsmenge auch in Amperestunden $\cdot mol^{-1}$ umrechnen.
Es gilt dann:
$96\,500\,C \cdot mol^{-1} = 96\,500\,A \cdot s/3600\,s \cdot h^{-1} \cdot mol = 26{,}8\,A \cdot h \cdot mol^{-1}$. Diese stoffmengenbezogene Ladungsmenge ist die *Faraday-Konstante F*.
Die für die stöchiometrische Auswertung elektrochemischer Abscheidungsversuche bedeutsamen Gesetze wurden 1833 von M. Faraday formuliert und lauten:

1. Faradaysches Gesetz
Die Masse eines Stoffes, der beim Stromdurchgang durch einen Elektrolyten an einer der Elektroden abgeschieden wird, ist der geflossenen elektrischen Ladungsmenge direkt proportional.

2. Faradaysches Gesetz
Die Massen verschiedener chemischer Stoffe, die durch gleiche Elektrizitätsmengen an einer der beiden Elektroden abgeschieden werden, stehen im gleichen Verhältnis zueinander wie die molaren Massen ihrer Ionenäquivalente.

Eine quantitative Aussage, die aus den Faradayschen Gesetzen folgt, betrifft die elektrische Ladungsmenge, die zur Abscheidung der molaren Masse eines Ionenäquivalents eines beteiligten Stoffs an einer der beiden Elektroden erforderlich ist. Diese Ladungsmenge ist gerade $1\,F$ oder $96\,500\,C \cdot mol^{-1}$.

Da an den Elektroden bei der Elektrolyse Redoxvorgänge unter Elektronenaustausch ablaufen, handelt es sich bei den elektrochemischen Ionenäquivalenten immer auch um Redoxäquivalente. Wenn bei der Elektrolyse ein Ion in ein ungeladenes Teilchen übergeht und umgekehrt, stimmen Ionenäquivalent und Redoxäquivalent überein. Für beide gilt

$$eq = \frac{1}{z^*} \cdot X, \qquad (4.56)$$

wobei z^*, die Äquivalentzahl, angibt, wieviel Elektronen das Teilchen X mit der beteiligten Elektrode beim Redoxprozeß austauschen kann, was wiederum von seiner Ionenladung abhängt.

Für die molare Masse eines Ionenäquivalents oder Redoxäquivalents, d. h. die molare Äquivalentmasse, gilt dann

$$M(eq) = \frac{1}{z^*} \cdot M(X) \triangleq F, \qquad (4.57)$$

sie ist also der stoffmengenbezogenen Ladungsmenge F, der Faradaykonstante, äquivalent.

Bei Ionenverbindungen lassen sich die Äquivalentzahlen leicht ermitteln, wenn man überlegt, welche Ionen bei der Dissoziation eines Teilchens (bzw. der einfachsten Formel) der Verbindung gebildet werden und wieviel Ladungen mit positivem bzw. negativem Vorzeichen diese Ionen insgesamt enthalten.

$SnCl_4$ dissoziiert beispielsweise nach der Gleichung

$$SnCl_4 \rightarrow Sn^{4+} + 4\,Cl^-,$$

d. h. es entstehen 4 positive und 4 negative Elementarladungen,

$$eq = \tfrac{1}{4}\,SnCl_4, \text{ die Äquivalentzahl ist } z^* = 4.$$

Für Aluminiumsulfat $Al_2(SO_4)_3 \to 2\,Al^{3+} + 3\,SO_4^{2-}$, gilt wegen des Entstehens von 6 positiven und 6 negativen Elementarladungen pro $Al_2(SO_4)_3$-Teilchen

eq = $\frac{1}{6}Al_2(SO_4)_3$, die Äquivalentzahl ist $z^* = 6$.

In der Praxis benutzt man zur Bestimmung von elektrischen Ladungsmengen Elektrolysezellen, die in die interessierenden Stromkreise in Serienschaltung eingebracht werden und in denen man aus den Massen oder Volumina bestimmter abgeschiedener Stoffe zunächst die abgeschiedenen Stoffmengen und dann die Ladungsmengen berechnet. Diese Elektrolysezellen heißen Coulometer. Wenn in dieser Schaltungsart eine bestimmte elektrische Ladungsmenge durch die Reaktionszelle fließt, so fließt zwangsläufig dieselbe Ladungsmenge auch durch das Coulometer. Am häufigsten verwendet werden das Silbercoulometer und das Knallgascoulometer. Beim Silbercoulometer wird die Masse des bei der Elektrolyse aus einer Silbernitratlösung an einer Silberkathode abgeschiedenen Silbers durch Wägung bestimmt. Beim Knallgascoulometer wird eine verdünnte Natriumcarbonatlösung elektrolysiert und das dabei entwickelte Knallgas volumetrisch bestimmt.

Bei der Berechnung der Ladungsmenge aus gravimetrischen Daten wie beim Silbercoulometer kann man Gleichung (4.58) verwenden:

$$Q = \frac{m(X)}{M(X)} \cdot z^* \cdot F \text{ in Amperesekunden.} \qquad (4.58)$$

Die entsprechende Beziehung für eine Ladungsmengenberechnung aus volumetrischen Daten (Knallgascoulometer) lautet:

$$Q = \frac{V_n(X)}{V_{m,n}} \cdot z^* \cdot F \text{ in Amperesekunden.} \qquad (4.59)$$

Beispiel 1:
In einem Stromkreis sind ein Knallgas- und ein Kupfercoulometer in Serie geschaltet. Wieviel g Kupfer haben sich an der Kathode abgeschieden, wenn gleichzeitig 500 ml mit Wasserdampf gesättigtes Knallgas bei 17 °C unter einem Druck von 1 bar entwickelt worden sind? Der Sättigungsdampfdruck des Wassers beträgt bei 17 °C 19,2 mbar.

Lösung:
Das auf den Normzustand reduzierte Knallgasvolumen beträgt

$$V_n(\text{Knallgas}) = \frac{500\text{ ml} \cdot (1000 - 19{,}2)\text{ mbar} \cdot 273{,}15\text{ K}}{290{,}15\text{ K} \cdot 1013\text{ mbar}} = 455{,}7\text{ ml}.$$

Bei der Knallgasentwicklung entstehen Wasserstoff und Sauerstoff im Volumenverhältnis 2 : 1. Das Normvolumen Wasserstoff beträgt demnach $\frac{2}{3}$ des Normvolumens Knallgas, d.h.

$$V_n(H_2) = \tfrac{2}{3} \cdot 455{,}7\text{ ml} = 303{,}8\text{ ml}.$$

Da bei der Elektrolyse durch das Knallgas- und das Kupfercoulometer die gleichen Ladungsmengen geflossen sind, kann man die rechten Seiten der Gleichungen (4.58) und (4.59) gleichsetzen und erhält eine einfache Beziehung zwischen dem abgeschiedenen Volumen Wasserstoff und der Masse des abgeschiedenen Kupfers. Die Faraday-Konstante entfällt in diesem Ausdruck:

$$\frac{V_n(H_2)}{V_{m,n}} \cdot z^*(H_2) = \frac{m(Cu)}{M(Cu)} \cdot z^*(Cu).$$

Aus den Ionengleichungen

$$Cu^{2+} + 2\,e^- \to Cu$$

und

$$2\,H^+ + 2\,e^- \to H_2$$

kann entnommen werden, daß $z^*(H_2) = z^*(Cu) = 2$ beträgt, und man erhält nach Umformung:

$$m(Cu) = \frac{V_n(H_2)}{V_{m,n}} \cdot M(Cu) = \frac{303{,}8\ \text{ml}}{22\,414\ \text{ml}\cdot\text{mol}^{-1}} \cdot 63{,}54\ \text{g}\cdot\text{mol}^{-1} = 0{,}861\ \text{g}.$$

Beispiel 2:
Eine wäßrige Lösung von Kupfersulfat wurde zwischen Platinelektroden 50 min lang elektrolysiert. Die Stromstärke betrug 0,200 Ampere.

a) Wieviel g Kupfer wurden an der Kathode abgeschieden?
b) Wieviel ml Sauerstoffgas im Normzustand wurden an der Anode entwickelt?

Lösung:
a) Die verbrauchte Ladungsmenge betrug:

$$Q = 0{,}200\ \text{A} \cdot 50\ \text{min} \cdot 60\ \text{s}\cdot\text{min}^{-1} = 600\ \text{A}\cdot\text{s}.$$

Einsetzen in die nach der gesuchten Kupfermasse aufgelöste Gleichung (4.58) ergibt mit $z^*(Cu) = 2$

$$m(Cu) = \frac{Q \cdot M(Cu)}{z^*(Cu) \cdot F} = \frac{600\ \text{C} \cdot 63{,}5\ \text{g}\cdot\text{mol}^{-1}}{2 \cdot 96\,500\ \text{C}\cdot\text{mol}^{-1}} = 0{,}197\ \text{g}.$$

b) Die Ionengleichung $4\,OH^- \to O_2 + 2\,H_2O + 4\,e^-$ verdeutlicht, daß $z^*(O_2) = 2\,z^*(Cu) = 4$ beträgt.
Da die zur Kupferabscheidung verbrauchte Ladungsmenge gleich der zur Sauerstoffentwicklung verbrauchten Ladungsmenge ist, kann man in diesem Beispiel Gleichung (4.59) verwenden und erhält:

$$V_n(O_2) = \frac{Q \cdot V_{m,n}}{z^*(O_2) \cdot F} = \frac{600\ \text{C} \cdot 22\,414\ \text{ml}\cdot\text{mol}^{-1}}{4 \cdot 96\,500\ \text{C}\cdot\text{mol}^{-1}} = 34{,}8\ \text{ml}.$$

Beispiel 3:
Die Stoßstange eines Autos soll auf elektrolytischem Wege mit einem hochglänzenden Überzug von Chrom belegt werden. Das Verchromungsbad enthält eine schwefelsaure Lösung von Dichromationen $Cr_2O_7^{2-}$ und kleine Konzentrationen bestimmter Zusätze. Die kathodische Stromausbeute beträgt 24% bei einer kathodischen Stromdichte von $30\ \text{A}\cdot\text{dm}^{-2}$. Die Dichte des Chroms ist $6{,}90\ \text{g}\cdot\text{cm}^{-3}$. Über welchen Zeitraum muß die Elektrolyse durchgeführt werden, damit die Stoßstange mit einer $0{,}300\ \mu\text{m}$ ($= 3{,}00 \cdot 10^{-4}\ \text{mm}$) dicken Chromschicht überzogen ist? Die Stromausbeute ist der Anteil der geflossenen Ladungsmenge, der für die Abscheidung des Metalls verbraucht wird.

Lösung:
Zur Lösung dieser Aufgabe geht man am besten von $A = 1\ \text{dm}^2$ Stoßstangenoberfläche aus. Die flächenbezogene Masse der darauf abzuscheidenden Chromschicht beträgt:

$$m(Cr)/A = V(Cr) \cdot \varrho(Cr) \cdot A^{-1} = 100\ \text{cm}^2 \cdot 3{,}00 \cdot 10^{-4}\ \text{cm} \cdot 6{,}90\ \text{g}\cdot\text{cm}^{-3} \cdot 1{,}00\ \text{dm}^{-2}$$
$$= 0{,}207\ \text{g}\cdot\text{dm}^{-2}.$$

Aus der Ionengleichung

$$Cr_2O_7^{2-} + 14\,H^+ + 12\,e^- \rightarrow 2\,Cr + 7\,H_2O$$

ergibt sich $z^*(Cr) = 6$.
Nun wird Gleichung (4.58) nach der Zeit des Stromflusses aufgelöst, und man erhält:

$$t = \frac{m(Cr) \cdot A^{-1} \cdot z^*(Cr) \cdot F}{M(Cr) \cdot i \cdot A^{-1} \cdot 0{,}24} = \frac{0{,}207\,g \cdot dm^{-2} \cdot 6 \cdot 96\,500\,A \cdot s \cdot mol^{-1}}{52{,}0\,g \cdot mol^{-1} \cdot 30\,A \cdot dm^{-2} \cdot 0{,}24} = 320\,s.$$

Elektrolytische Leitfähigkeit

Im vorangehenden Abschnitt wurden die chemischen Vorgänge näher beschrieben, die bei der Elektrolyse an den Elektrodenoberflächen ablaufen. Dort erfolgt durch Elektronenübertragungen von der negativen Elektrode auf in unmittelbarer Nähe befindliche Ionen der Lösung (Kathodenreaktion) und umgekehrt (Anodenreaktion) der Übergang von der metallischen zur elektrolytischen Stromleitung.
Da nun die Elektrolyse mit einem Stromtransport verbunden ist, müssen auch die Mechanismen der Stromleitung näher untersucht werden. Beim Stromfluß durch Metalle, die elektrischen Leiter 1. Klasse, wird die Leitung nur von Elektronen bewirkt, ein Materietransport erfolgt dabei nicht. Ganz anders verhält sich der Stromtransport in der Elektrolytlösung, einem elektrischen Leiter 2. Klasse. Er erfolgt ausschließlich durch den Transport von Materie, nämlich durch Ionenwanderung im elektrischen Feld, wie von den Faradayschen Gesetzen gefordert. Die Kationen wandern dort zur Kathode, die Anionen zur Anode.
Die in 1 s überführte elektrische Ladungsmenge Q, d.h. die Stromstärke I, ist vom Gehalt der Lösung an Ionen, von der Ladungzahl der Ionen und von deren Wanderungsgeschwindigkeiten abhängig. Das Lösungsmittel Wasser mit seiner auf Wasserstoffbrückenbindungen beruhenden dreidimensionalen Struktur setzt den wandernden Ionen einen großen Widerstand entgegen. Diese werden deshalb nicht – wie im Vakuum – entlang ihres Weges beschleunigt, sondern wandern mit konstanten Geschwindigkeiten, die der elektrischen Feldstärke, dem Potentialabfall pro cm Wanderungsstrecke zwischen den beiden Elektroden, proportional sind. Daraus folgt, daß das *Ohmsche Gesetz*

$$I = \frac{U}{R} = G \cdot U \tag{4.60}$$

auch für Elektrolytlösungen gilt. in diesem Gesetz ist I das Größensymbol für die Stromstärke mit der Einheit Ampere, U die Potentialdifferenz zwischen den Elektroden in Volt, R der elektrische Widerstand der Elektrolytlösung in Ohm und G (der Reziprokwert des elektrischen Widerstandes) der elektrische Leitwert in Siemens. Dieser hat das Einheitenzeichen S und ist abhängig einerseits von den Dimensionen des Leiters und andererseits von einer für den in Frage kommenden Leiter charakteristischen Stoffkonstante, der *elektrischen Leitfähigkeit* $\varkappa$, die früher spezifische Leitfähigkeit genannt wurde (das Adjektiv spezifisch fiel hier weg, weil es jetzt ausschließlich massenbezogenen Größen vorbehalten ist). Die elektrische Leitfähigkeit $\varkappa$ wird in der Elektrochemie als der elektrische Leitwert eines Flüssigkeitsquaders definiert, dessen Querschnitt A 1 m² und dessen Länge l 1 m betragen. Für einen solchen Leiter gilt die Leitfähigkeitsbeziehung

$$G = \varkappa \cdot \frac{A}{l} = \frac{1}{\varrho} \cdot \frac{A}{l}. \tag{4.61}$$

ϱ, der Kehrwert von $\varkappa$, wird Widerstandszahl (früher spezifischer Widerstand) genannt. $\varkappa$ hat die Einheit Ohm^{-1} · m^{-1}, ϱ die Einheit Ohm · m. Wenn man für die Einheit Ohm das Einheitenzeichen Ω (den griechischen Großbuchstaben Omega) einführt, so ist die Einheitenschreibweise Ω^{-1} · m^{-1} für $\varkappa$ und Ω · m für ϱ.
Die Ionenleitfähigkeit eines Elektrolyten steigt mit wachsender Temperatur kräftig an, und zwar im Bereich der Raumtemperatur um ca. 2% bei 1 °C Temperaturerhöhung. Die Elektronenleitfähigkeit der Metalle nimmt dagegen mit steigender Temperatur ab.
Die Leitfähigkeit wird nach Umformung von Gleichung (4.61) berechnet zu

$$\varkappa = \frac{l}{A} \cdot G = \frac{l}{A} \cdot \frac{1}{R} = \frac{k_\varkappa}{R}. \tag{4.62}$$

Bei experimentellen Bestimmungen von $\varkappa$ wird der Widerstand R von Elektrolytlösungen in Leitfähigkeitsmeßzellen gemessen, deren Elektrodenquerschnitte A und Elektrodenabstände l nicht genau bekannt sind. Dies bedeutet, daß l und A nicht direkt durch Messungen zugänglich sind. Man bestimmt deshalb nicht l und A separat, sondern den Quotienten $l/A = k_\varkappa$, die Zellenkonstante. Dabei geht man experimentell folgendermaßen vor: Die Leitfähigkeitsmeßzelle wird mit einem Elektrolyten bekannter Leitfähigkeit (gewöhnlich Kaliumchloridlösung) gefüllt und der Widerstand des Elektrolyten bestimmt. Aus Gleichung (4.62) erhält man unmittelbar die Zellenkonstante $k_\varkappa$. Da $k_\varkappa$ nur von der Konstruktion der Meßzelle (Flächengröße und Abstand der Elektroden) abhängig ist, kann man den einmal genau bestimmten $k_\varkappa$-Wert bei allen darauffolgenden Messungen mit derselben Meßzelle wiederverwenden (s. die Aufgaben 4.3-15 und 4.3-16).
Messungen von elektrischen Widerständen R führt man mit Wheatstoneschen Wechselstrommeßbrücken aus, in denen die Leitfähigkeitsmeßzelle ein Brückenglied bildet und die anderen drei Brückenglieder aus zwei Festwiderständen und einer Widerstandsdekade (oder einem Schiebewiderstand) bestehen. Die Meßbrücke wird von einer äußeren Wechselspannungsquelle gespeist, und im unabgeglichenen Zustand fließt durch ihre Glieder ein Fehlerstrom. Nach Meßbrückenabgleich durch Aufsuchen des Brückenfehlsignalminimums (Abstimmung der Widerstandsdekade) kann der Zellenwiderstand aus den bekannten Widerstandswerten der Brücke berechnet werden.
In Leitfähigkeitsmeßzellen werden Platinbleche als Elektroden verwendet, die mit einer Schicht von Platinmohr (fein verteiltem, schwarzem Platinmetall) überzogen

sind. Mit diesen elektrolytisch platinierten Elektroden vermeidet man das Auftreten verfälschender Polarisationswiderstände.

Für Elektrolytlösungen ist die Beziehung zwischen der Leitfähigkeit und der Lösungskonzentration von besonderem Interesse. Um diesem Umstand Rechnung zu tragen, hat man zwei Größen definiert, die molare Leitfähigkeit Λ bzw. Λ_m und die molare Ionenleitfähigkeit λ. Λ ist definiert als Quotient aus der Leitfähigkeit $\varkappa$ und der Stoffmengenkonzentration $c = n/V$ des Elektrolyten zu

$$\Lambda = \frac{\varkappa}{c} = \frac{\varkappa \cdot V}{n}. \tag{4.63}$$

Da die Einheit $S \cdot m^2 \cdot mol^{-1}$ der molaren Leitfähigkeit für praktische Zwecke unhandlich ist, benutzt man Λ meistens in den Einheiten $S \cdot cm^2 \cdot mmol^{-1}$ oder $S \cdot dm^2 \cdot mol^{-1}$.

Weil man häufig die Leitfähigkeiten von Elektrolyten vergleichen will, die aus Ionen unterschiedlicher Ladungszahlen bestehen, ist es zweckmäßig, auch die molare Leitfähigkeit von Äquivalenten (die molare Äquivalentleitfähigkeit) $\Lambda(\text{eq})$ bzw. $\Lambda_m(\text{eq})$ zu definieren

$$\Lambda(\text{eq}) = \frac{1}{z^*} \cdot \Lambda \tag{4.64}$$

Gleichung (4.64) ergibt sich folgerichtig aus den bekannten Beziehungen

$$c(\text{eq}) = z^* \cdot c(X) \tag{4.65}$$

und

$$\frac{\varkappa}{c(\text{eq})} = \frac{1}{z^*} \cdot \frac{\varkappa}{c(X)}. \tag{4.66}$$

Die molare Leitfähigkeit von Äquivalenten wurde früher „Äquivalentleitfähigkeit" genannt. Sie hat dieselbe Einheit wie die molare Leitfähigkeit. Benutzt man die Einheit $S \cdot cm^2 \cdot mol^{-1}$, so ist $\Lambda(\text{eq})$ definiert als die Leitfähigkeit eines Volumens Lösung, das gerade eine Stoffportion des Elektrolyten mit der molaren Äquivalentmasse enthält und in eine Leitfähigkeitsmeßzelle gefüllt wird, deren in 1 cm Abstand angeordnete Elektroden dieses Flüssigkeitsvolumen gerade im Elektrodenzwischenraum aufnehmen.

Mit zunehmender Verdünnung steigen Λ und $\Lambda(\text{eq})$ an, weil Verdünnung die Dissoziation begünstigt und eine Vermehrung der Ladungsträger bewirkt. Außerdem wird mit zunehmender Verdünnung auch die gegenseitige Beeinflussung der wandernden Ionen herabgesetzt. $\Lambda(\text{eq})$ nähert sich bei großer Verdünnung einem Grenzwert, der als $\Lambda_\infty(\text{eq})$, die molare Äquivalentleitfähigkeit bei unendlicher Verdünnung, bezeichnet wird. Dieser Grenzwert der Leitfähigkeit setzt sich additiv aus zwei

Beiträgen zusammen, den molaren Ionenleitfähigkeiten λ_k der Kationen und λ_a der Anionen*.

Bei schwachen Elektrolyten nimmt Λ(eq) mit sinkender Konzentration bedeutend stärker zu, als dies bei starken Elektrolyten der Fall ist (s. S. 102). Die Zunahme beruht nur in ganz geringem Ausmaße darauf, daß die Ionenbeweglichkeit durch die Verdünnung erhöht wird, zum überwiegenden Anteil jedoch darauf, daß der Dissoziationsgrad α mit sinkender Konzentration stark zunimmt. Da der Ladungstransport nur von den Ionen bewirkt wird und diese in einem schwachen Elektrolyten nur unbedeutende gegenseitige Behinderungen erfahren, kann man bis zu recht hohen Konzentrationen ($c < 0{,}1$ mol $\cdot$ l^{-1}) die Gleichung

$$\Lambda(\text{eq}) = \alpha \cdot (\lambda_k + \lambda_a) \tag{4.67}$$

anwenden.
Für $c \to 0$ wird $\alpha = 1$, und es resultiert

$$\Lambda_\infty(\text{eq}) = \lambda_k + \lambda_a, \tag{4.68}$$

also, wie man erwarten konnte, derselbe Ausdruck wie für einen starken Elektrolyten. Aus den beiden letzten Gleichungen folgt

$$\alpha = \frac{\Lambda(\text{eq})}{\Lambda_\infty(\text{eq})} . \tag{4.69}$$

Zur Arrhenius-Beziehung, wie diese letzte Gleichung oft genannt wird, kann man auch direkt, ohne Einführung der molaren Leitfähigkeiten der Ionen, kommen, wenn man bedenkt, daß Λ(eq) der Anzahl der Ionen und diese Anzahl wiederum dem Dissoziationsgrad α proportional ist.

Um eine Vorstellung von der unterschiedlich starken Zunahme der Λ(eq)-Werte starker und schwacher Elektrolyte mit steigender Verdünnung zu vermitteln, werden hier einige Beispiele solcher Werte für wäßrige Lösungen von Kaliumchlorid und Essigsäure unterschiedlicher Konzentrationen bei 25 °C aufgelistet:

c(mol $\cdot$ l^{-1})	0,1	0,01	0,001	0,0001	$c \to 0$
Λ(eq)$_{KCl}$**	128,6	141,2	147,4	149,6	149,8
Λ(eq)$_{HAc}$**	5,2	16,3	49,2	134,7	390,8

Überführungszahl der Ionen

Molare Leitfähigkeiten (λ_k bzw. λ_a) der einzelnen Ionen können nicht durch Leitfähigkeitsmessungen allein bestimmt werden. Eine Berechnung der λ_i-Werte

---

* Das Gesetz von der unabhängigen Wanderung der Ionen wurde 1885 von Kohlrausch formuliert, also bevor Arrhenius im Jahre 1887 seine Theorie von der Existenz freier Ionen in einer Lösung aufstellte.
** Die Einheit von Λ(eq) ist S $\cdot$ dm^2 $\cdot$ mol^{-1}.

(i = beliebige Kationen- oder Anionenart) ist dagegen möglich, wenn man die Überführungszahlen der Ionen kennt. Die *Überführungszahl* wurde als elektrochemische Größe bereits von *Hittorf* 1853 eingeführt und ist ein Maß für den Anteil einer bestimmten Ionenart an der Gesamtleitfähigkeit der Lösung. In einer Lösung, die nur eine Kationen- und eine Anionenart enthält, kann die Überführungszahl durch die Gleichungen

$$t_k = \frac{\lambda_k}{\lambda_k + \lambda_a} \quad \text{und} \quad t_a = \frac{\lambda_a}{\lambda_k + \lambda_a}, \tag{4.70}$$

definiert werden, worin t_k die Überführungszahl der Kationen und t_a diejenige der Anionen bezeichnet. Durch Addition beider Gleichungen erhält man

$$t_k + t_a = 1 \tag{4.71}$$

und durch Division

$$t_k/t_a = \lambda_k/\lambda_a. \tag{4.72}$$

Durch Einsetzen des Ausdrucks für Λ_∞(eq) auf S. 264 in Gleichung (4.70) erhält man

$$\lambda_k = t_k \cdot \Lambda_\infty(\text{eq}) \quad \text{und} \quad \lambda_a = t_a \cdot \Lambda_\infty(\text{eq}). \tag{4.73}$$

Enthält eine Lösung drei oder mehr Ionenarten, so gilt für die Überführungszahl der Ionenart i

$$t_i = \frac{c_i \cdot |z_i| \cdot \lambda_i}{\sum c_i \cdot |z_i| \cdot \lambda_i}, \tag{4.74}$$

dabei ist c_i die Konzentration der Ionenart i in der Einheit molare Äquivalentmasse $\cdot l^{-1}$, $|z_i|$ der Betrag der Ionenladung des Ions i (z. B. ist $|z_i|$ für das Ion Na^+ gleich 1, für das Ion SO_4^{2-} gleich 2 und für das Ion Fe^{3+} gleich 3) und λ_i die molare Leitfähigkeit des Ions i.

Die Überführungszahlen können experimentell aus den während der Elektrolyse im Anoden- und Kathodenraum beobachteten Konzentrationsveränderungen bestimmt werden. Andere Methoden für die Bestimmung der Überführungszahlen wie elektrokinetische oder *EMK*-Messungen werden hier nicht behandelt.

Folgende schematische Darstellung erklärt die durch Wanderung der Ionen verursachte Konzentrationsänderung bei der Elektrolyse einer wäßrigen Lösung des Salzes KA, das gemäß folgender Gleichung

$$KA \rightleftharpoons K^+ + A^-$$

dissoziiert.

Man stelle sich ein Gefäß vor, das mit zwei porösen Trennwänden (Diaphragmen) versehen ist, welche zwar die Ionenwanderung nicht behindern, jedoch chemische

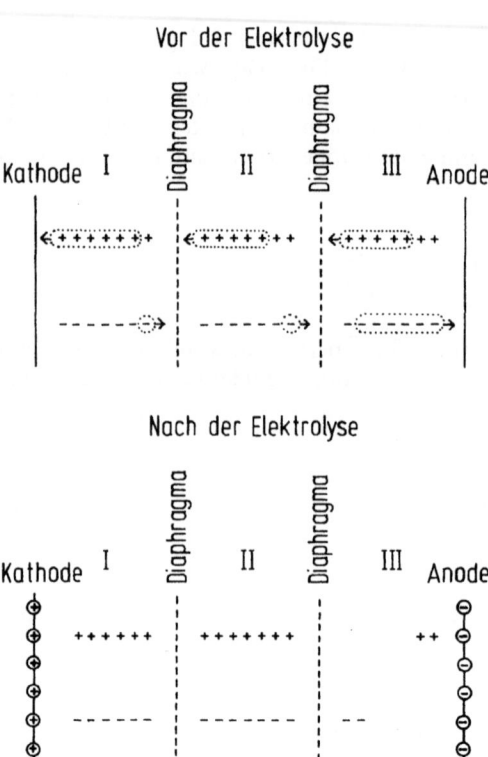

Abb. 4.1. Schematische Darstellung der Ionenkonzentrationen in den beiden Elektrodenräumen und im Elektrodenzwischenraum einer Überführungszelle vor und nach der Elektrolyse. ⊕- und ⊖-Symbole auf den Elektroden bedeuten übertragene Ladungsträger

Reaktionen zwischen den Elektrolyseprodukten verhindern. Die Trennwände unterteilen das Gefäß in einen Kathodenraum, in eine elektrodenfreie Zwischenschicht und in einen Anodenraum. In der Abb. 4.1 ist dies schematisch dargestellt. Und zwar soll jedes Minus-Zeichen ein Äquivalentteilchen eq der Anionenart A^-, jedes Plus-Zeichen ein Äquivalentteilchen der Kationenart K^+ symbolisieren. Wir nehmen nun an, daß sich in jedem der drei Gefäßteile 7 Äquivalente des Elektrolyten KA befinden und daß der Strom nach einer bestimmten Zeit 6 Äquivalente an jeder Elektrode abgeschieden hat. Weiter wird angenommen, daß die Kationen K^+ 5mal so schnell wandern wie die Anionen A^- (diese Annahme trifft für die H^+- und Cl^--Ionen der Salzsäure zu).

Im Kathodenraum I (s. Abb. 4.1) werden 6 eq K^+-Ionen an der Kathode entladen, aber gleichzeitig sind 5 eq K^+ aus der Zwischenschicht II eingewandert, und 1 eq A^- ist von I nach II gewandert. Endergebnis ist also der Verlust von 1 eq KA.

Im Anodenraum III haben 6 eq A^- an der Anode ihre Ladung abgegeben. 1 eq ist aus der Zwischenschicht II eingewandert und 5 eq sind von III nach II gewandert. Endergebnis ist also hier ein Verlust von 5 eq KA.

In der Zwischenschicht II ist, wie aus dem Schema hervorgeht, keine Konzentrationsveränderung eingetreten. Dieses ist eine notwendige Voraussetzung für die Bestimmung der Überführungszahlen.
In dem hier gewählten Fall gilt dann:

$$\frac{\text{Konzentrationsverminderung im Anodenraum } (\Delta c_A)}{\text{Konzentrationsverminderung im Kathodenraum } (\Delta c_K)} = \frac{5}{1}.$$

Dies ist also das gleiche Verhältnis, das gemäß den Voraussetzungen zwischen λ_k und λ_a gelten sollte.
Allgemein gilt

$$\frac{\Delta c_a}{\Delta c_k} = \frac{\lambda_k}{\lambda_a} = \frac{t_k}{t_a} = \frac{1-t_a}{t_a} \tag{4.75}$$

woraus man

$$t_a = \frac{\Delta c_k}{\Delta c_k + \Delta c_a} \text{ und entsprechend } t_k = \frac{\Delta c_a}{\Delta c_k + \Delta c_a} \text{ erhält.} \tag{4.76}$$

Weil nach Gleichung (4.71) die Summe von t_k und t_a immer gleich 1 ist, reicht es aus, die Konzentrationsänderung in einem der Elektrodenräume zu bestimmen.
Die gesamte Konzentrationsänderung $(\Delta c_k + \Delta c_a)$ kann mit einem Silbercoulometer bestimmt werden, das man mit der Überführungsmeßanordnung in Serie schaltet. Man kann auch ein empfindliches Milliamperemeter zur Bestimmung der Stromstärke einsetzen; die Elektrolysierzeit wird dann mit der Stoppuhr gemessen. Auf diese Weise erhält man die gesamte durch die Lösung transportierte Ladungsmenge. Die Überführungszahl, z. B. für die Anionen, wird dann berechnet nach der Gleichung

$$t_a = \frac{\Delta c_k \cdot F}{Q_{ges}}, \tag{4.77}$$

wobei Q_{ges} die gesamte durch die Lösung transportierte Ladungsmenge bedeutet (s. Aufgaben 4.3-25 bis 4.3-30).

Elektrodenpotentiale und Nernstsche Gleichung

Taucht man einen Stab eines angreifbaren Metalls M in eine Salzlösung, die M^{z+}-Ionen enthält (z. B. Kupfer in Kupferchloridlösung, Zink in Zinksulfatlösung), so kann ein Austausch von Elektronen des Metalls mit Ionen in der Lösung erfolgen.

Der Elektrodenvorgang kann durch folgende reversible Elektronengleichung beschrieben werden:

$$M(s) \rightleftharpoons M^{z*+} + z* \cdot e^-.$$
Red   Ox

Wenn die Reaktion von links nach rechts verläuft, treten M-Atome aus der Oberfläche des Stabes als M^{z*+}-Ionen in die Lösung über. Die Staboberfläche reichert sich dabei mit einem dem Produkt aus Ionenzahl und Ionenladung äquivalenten Überschuß an Elektronen an. Wenn die Reaktion von rechts nach links verläuft, entziehen M^{z*+}-Ionen aus der Lösung dem Stab Elektronen und bilden Metallatome, die an dem Stab abgeschieden werden. Je nachdem, ob der Reaktionsverlauf nach rechts oder nach links überwiegt, wird der Stab negativ oder positiv aufgeladen. Es entsteht an der Grenzfläche zwischen Elektrode und Lösung eine Potentialdifferenz. Gleichgewicht stellt sich erst ein, wenn die Potentialdifferenz einen bestimmten Wert erreicht hat, der für das Metall-Elektrolyt-System (Halbzelle) kennzeichnend ist. Diese innere Potentialdifferenz zwischen Elektrode und angrenzender Lösung wird *Elektrodenpotential* genannt.

Das Elektrodenpotential wird nach internationaler Vereinbarung als Potential der Elektrode minus dem Potential der Lösung definiert. Bei Anwendung der Gleichung (4.70) ist es von sehr großer Bedeutung, daß man dieses Übereinkommen beachtet. Die Schwierigkeit bei der Lösung von Aufgaben, in denen die Potentialdifferenzen von Elektrodenkombinationen berechnet werden sollen, liegt hauptsächlich in der Beachtung der Vorzeichen.

Die Größe des Elektrodenpotentials ist mit der *Nernstschen Gleichung* berechenbar (Walter Nernst 1889), die folgende Form hat:

$$\boxed{E = E^0 + \frac{R_m \cdot T}{z* \cdot F} \cdot \ln a\,.} \qquad (4.78)$$

Darin bedeuten

E das Elektrodenpotential in Volt
E^0 das Normalpotential der Halbzelle, eine für sie charakteristische Stoffkonstante
R_m die molare Gaskonstante, $8{,}315 \, \text{J} \cdot \text{K}^{-1} \cdot \text{mol}^{-1}$
T die thermodynamische Temperatur
F die Faraday-Konstante, $F = 96\,500 \, \text{C} \cdot \text{mol}^{-1}$
$z*$ die Redoxäquivalentzahl (= Anzahl der am Elektrodenvorgang pro Teilchen beteiligten Elektronen)
a die Aktivität der Ionen des betreffenden Metalls in der Elektrolytlösung.

Nach Umformung des natürlichen in den dekadischen Logarithmus und Einführung der Zahlenwerte von R_m und F in obige Gleichung erhält man für $\vartheta = 25\,°\text{C}$

$$E = E^0 + \frac{8{,}315 \, \text{J} \cdot \text{K}^{-1} \cdot \text{mol}^{-1} \cdot 298{,}15 \, \text{K}}{z* \cdot 96\,487 \, \text{C} \cdot \text{mol}^{-1}} \cdot 2{,}303 \log a$$

$$= E^0 + \frac{0{,}059 \text{ J} \cdot \text{C}^{-1}}{z^*} \cdot \log a$$

$$= E^0 + \frac{0{,}059 \text{ V}}{z^*} \cdot \log a. \tag{4.79}$$

Die Beziehung zwischen der Aktivität a und der Konzentration c einer Elektrolytlösung ist gegeben durch

$$a = f \cdot c. \tag{4.80}$$

Wenn unten nichts anderes angegeben ist, wird der Aktivitätskoeffizient f gleich 1 angenommen.
Der Absolutwert eines einzelnen Elektrodenpotentials kann nicht gemessen werden. Der Messung zugänglich ist jedoch die Differenz zweier Elektrodenpotentiale. Nach internationaler Vereinbarung werden alle Elektrodenpotentiale auf das Potential der *Normal-Wasserstoffelektrode* bezogen, das willkürlich gleich null gesetzt wird.
Taucht man ein elektrolytisch mit einer Schicht von feinverteiltem Platin, sog. Platinschwarz, überzogenes Platin- oder Goldblech in eine wäßrige Lösung, in die Wasserstoffgas bis zur Sättigung eingeleitet wird, so nimmt die Elektrode ein von der Wasserstoffionenaktivität der Lösung abhängiges Potential an (vgl. die Aufgaben 4.3-37, 4.3-38, 4.3-40, 4.3-41 und 4.3-42). Die zugehörige Halbzelle trägt den Namen Wasserstoffelektrode.
Unter Normal-Wasserstoffelektrode versteht man ein Platinblech, das in eine Lösung mit der Wasserstoffionenaktivität 1 bei einem Wasserstoffpartialdruck gleich dem Normdruck von 1,01325 bar eintaucht.
Um das Potential einer Halbzelle experimentell bestimmen zu können, benötigt man eine galvanische Kette folgenden Aufbaus:

Metall A	Lösung, die Ionen des Metalls A mit der Aktivität a enthält	Lösung mit der Wasserstoffionenaktivität 1	Pt H$_2$ (1,01325 bar)
	E	$E_{\text{diff}} = 0$	$E = 0$

Die Kette besteht aus zwei Halbzellen. Die linke Halbzelle wird von einer Elektrode des Metalls A gebildet, die in eine Salzlösung dieses Metalls mit der Aktivität a taucht. Die rechte Halbzelle ist eine Normal-Wasserstoffelektrode. In abgekürzter Schreibweise formuliert man

$$\text{Me} | \text{Me}^{z^*+} \| \text{H}^+ | \text{H}_2 | \text{Pt}.$$

Die Elektrolytlösungen der beiden Halbzellen sind elektrisch leitend miteinander verbunden, doch ohne daß sie sich miteinander vermischen können.
An der Grenzfläche zweier Elektrolytlösungen entsteht wegen der unterschiedlichen Wanderungsgeschwindigkeiten der Ionenarten eine Potentialdifferenz, das Diffusionspotential oder Flüssigkeitspotential. Es ist meist viel geringer als der Potential-

sprung an den beiden Elektrodengrenzflächen und kann durch bestimmte Kunstgriffe praktisch vollständig ausgeschaltet werden. Man verwendet dazu oft eine sogenannte Salzbrücke, eine gesättigte KCl-Lösung in einem mit seinem Oberteil nach unten weisenden U-Rohr, dessen Schenkel in die Elektrolytlösungen beider Halbzellen eintauchen und durch Tondiaphragmen an ihren Enden ein allzu schnelles Diffundieren der K^+- und Cl^--Ionen in die Elektrodenräume verhindern. An beiden flüssig/flüssig-Grenzflächen KCl-Lösung/Elektrolyt I und Elektrolyt II/KCl-Lösung tritt nun zwar weiterhin ein Diffusionspotential auf, doch dieses ist wegen der etwa gleich großen Wanderungsgeschwindigkeiten der K^+- und Cl^--Ionen klein, und die beiden Potentiale haben umgekehrte Vorzeichen und heben sich näherungsweise auf. Die Salzbrücke wird im Aufbauschema der galvanischen Kette durch zwei senkrechte Striche symbolisiert. Im folgenden wird das Diffusionspotential $E_{diff} = 0$ gesetzt.

Die elektromotorische Kraft (*EMK*) ΔE einer Kette ist gleich der Potentialdifferenz zwischen den beiden Elektrodenpotentialen. Man ist übereingekommen, das Potential der Normal-Wasserstoffelektrode bei allen Temperaturen gleich Null zu setzen. Für die Berechnung des Elektrodenpotentials ergibt sich folgende Beziehung:

$$\Delta E = \pm (E - 0) = \pm E. \tag{4.81}$$

Die *EMK* kann experimentell bestimmt werden.

Da ΔE immer positiv sein soll, bedeutet das Vorzeichen +, daß das Elektrodenpotential höher als das Potential der Normal-Wasserstoffelektrode ist; das Vorzeichen − bedeutet, daß es niedriger ist. Im ersteren Fall ist das Metall Pluspol, im letzteren Minuspol.

Allgemein gilt für eine Kette, die aus zwei durch eine Salzbrücke verbundenen Halbzellen aufgebaut ist: ΔE ist gleich dem Elektrodenpotential des Pluspols minus dem Elektrodenpotential des Minuspols. ΔE soll dabei ein positives Vorzeichen haben. Wenn ΔE negativ wird, muß man die Pole vertauschen. Gewöhnlich ist die Elektrode in der Halbzelle mit dem höheren Potential der Pluspol (s. Tabellen 4.1 und 4.2). In der Schemadarstellung der Kette steht der Pluspol gewöhnlich auch auf der rechten Seite.

Wenn eine galvanische Kette als Stromquelle wirkt, erfolgt an den Elektroden eine Polaritätsumkehr. Am Pluspol werden nun Elektronen an die Ionen der Lösung abgegeben, der Pluspol wird also zur Kathode. Am Minuspol werden Ionen der Lösung entladen, und er wird deshalb zur Anode.

Die Spannungsreihe der Metalle und Nichtmetalle

Der Betrag des Normalpotentials E^0 einer Halbzelle ist gleich der *EMK* der obigen Kette, wenn die Ionenaktivität des potentialbestimmenden Elektrolyten der Halbzelle gleich 1 ist. Beispielsweise ist der potentialbestimmende Elektrolyt der Halbzelle Zn/Zn^{2+} das Zn^{2+}-Ion.

Zur anschaulichen Beschreibung der Vorgänge, die sich in einer galvanischen Kette abspielen, sei ein Daniell-Element betrachtet. Dieses besteht aus einer Kupferelektrode in $CuSO_4$-Lösung und einer Zinkelektrode in $ZnSO_4$-Lösung. Eine Salzbrücke stellt die elektrische Verbindung zwischen den beiden Elektrolytlösungen her. Dadurch wird die Vermischung der Lösungen, nicht aber der Stromfluß verhindert. Das Schema der Kette ist:

$$\overset{-}{Zn} \mid Zn^{2+}, aq \parallel Cu^{2+}, aq \mid \overset{+}{Cu}.$$

Wenn die beiden Elektroden über einen Metalldraht miteinander leitend verbunden sind, gehen folgende Vorgänge an den Elektrodenoberflächen vonstatten:
An der Kupferelektrode läuft die Redox-Teilreaktion $Cu^{2+} + 2e^- \rightarrow Cu(s)$ (eine Reduktion) ab; an der Zinkelektrode erfolgt die Redox-Teilreaktion $Zn(s) \rightarrow Zn^{2+} + 2e^-$ (eine Oxidation). Die Cu-Elektrode ist folglich Kathode und die Zn-Elektrode Anode. An der Kathode wird Cu abgeschieden und an der Anode geht Zn als Zn^{2+}-Ionen in Lösung. Die zurückbleibenden Elektronen werden durch die Elektrode und die äußere Leitung fortgeführt. Der Elektronenfluß, der den Stromtransport in der äußeren Leitung bewirkt, wird genau durch die Ionenwanderung in der Lösung kompensiert, d.h. durch die Wanderung der Anionen SO_4^{2-} in Richtung Zn-Elektrode und der Kationen Zn^{2+} und Cu^{2+} in Richtung Cu-Elektrode.
Tabelle 4.1 zeigt die Normalpotentiale E^0 einiger Halbzellen bei 25 °C. Die Einordnung der Metallelektroden dieser Halbzellen in eine nach der Größe der Normalpotentiale geordnete Reihenfolge nennt man die elektrochemische Spannungsreihe der Metalle. Auch Nichtmetalle können in eine Spannungsreihe eingeordnet werden (Tabelle 4.2).
Je größer der Wert von E^0 ist, desto leichter nimmt die oxidierte Form Elektronen auf, d. h. ein umso stärkeres Oxidationsmittel ist sie. Je kleiner E^0 ist, desto leichter gibt die reduzierte Form Elektronen ab, d. h. ein umso stärkeres Reduktionsmittel ist

Tabelle 4.1. Elektrochemische Spannungsreihe der Metalle (Normalpotentiale E^0 in Volt bei 25 °C für einige Metalle und ihre korrespondierenden Kationen, bezogen auf das Potential 0 der Normal-Wasserstoffelektrode)

Red Ox	E^0 in Volt
$K \rightleftharpoons K^+ \; + e^-$	$-2,93$
$Na \rightleftharpoons Na^+ \; + e^-$	$-2,71$
$Mg \rightleftharpoons Mg^{2+} \; + 2e^-$	$-2,37$
$Al \rightleftharpoons Al^{3+} \; + 3e^-$	$-1,66$
$Zn \rightleftharpoons Zn^{2+} \; + 2e^-$	$-0,76$
$Fe \rightleftharpoons Fe^{2+} \; + 2e^-$	$-0,44$
$Ni \rightleftharpoons Ni^{2+} \; + 2e^-$	$-0,25$
$Pb \rightleftharpoons Pb^{2+} \; + 2e^-$	$-0,13$
$H_2 \rightleftharpoons 2H^+ \; + 2e^-$	± 0 (def.)
$Cu \rightleftharpoons Cu^{2+} \; + 2e^-$	$+0,34$
$Ag \rightleftharpoons Ag^+ \; + e^-$	$+0,80$
$Hg \rightleftharpoons Hg^{2+} \; + 2e^-$	$+0,85$
$Pt \rightleftharpoons Pt^{2+} \; + 2e^-$	$+1,2$
$Au \rightleftharpoons Au^{3+} \; + 3e^-$	$+1,50$

Tabelle 4.2. Elektrochemische Spannungsreihe der Nichtmetalle (Normalpotentiale E^0 in Volt bei 25 °C für einige Nichtmetalle und ihre korrespondierenden Anionen, bezogen auf das Potential 0 der Normal-Wasserstoffelektrode)

Red Ox	E^0 in Volt
$S^{2-} \rightleftharpoons S + 2e^-$	+ 0,48
$2 I^- \rightleftharpoons I_2 + 2e^-$	+ 0,54
$2 Br^- \rightleftharpoons Br_2 + 2e^-$	+ 1,07
$2 Cl^- \rightleftharpoons Cl_2 + 2e^-$	+ 1,36
$2 F^- \rightleftharpoons F_2 + 2e^-$	+ 2,87

sie. Im oberen Teil von Tabelle 4.1 findet man also die Metalle, die starke Reduktionsmittel sind, im unteren Teil die Metallionen, die starke Oxidationsmittel sind. Die Metalle, für die $E^0 > 0$ gilt, nennt man edel, wenn $E^0 < 0$ ist, nennt man sie unedel.

Tabelle 4.2 zeigt, daß Fluor ein äußerst starkes Oxidationsmittel ist und Tabelle 4.1, daß Kalium ein äußerst starkes Reduktionsmittel ist. Aus Tabelle 4.3 auf S. 274 geht hervor, daß ein und derselbe Stoff, z. B. H_2O (bei der Elektrolyse), sowohl Oxidationsmittel als auch Reduktionsmittel sein kann.

Eine galvanische Kette, die aus zwei Elektroden desselben Metalles besteht, die in zwei Lösungen tauchen, welche die Kationen des Elektrodenmetalls in unterschiedlichen Konzentrationen enthalten, heißt Konzentrationskette. Beispiele für solche Ketten sind in den Aufgaben 4.3-32 bis 4.3-35, 4.3-37 und 4.3-38 zu finden.

Redoxpotentiale

Bei den bisher beschriebenen Elektrodenvorgängen nimmt das Metall selbst am Redoxprozeß teil. Es gibt aber auch unangreifbare, sogenannte indifferente Metalle, wie beispielsweise Platin oder Gold, die nicht befähigt sind, Metallatome in Ionenform in die Elektrolytlösung übertreten zu lassen. Sie können aber, wenn sie in eine Lösung eintauchen, in der sich ein reversibles Redoxsystem befindet, Elektronen an Ionen in der Lösung abgeben oder von Ionen der Lösung aufnehmen. Solche Elektroden werden Redoxelektroden genannt. Betrachten wir z. B. eine Pt-Elektrode in einer Lösung, die das Redoxpaar

$$Fe^{2+} \rightleftharpoons Fe^{3+} + e^-$$

enthält. Ionen beider Redoxpartner stoßen aufgrund der Brownschen Bewegung andauernd auf die Elektrodenoberfläche auf. Die Fe^{3+}-Ionen können, wenn sie mit der Elektrode kollidieren, Elektronen aus der Elektrodenoberfläche aufnehmen und in Fe^{2+}-Ionen übergehen. Wenn umgekehrt Fe^{3+}-Ionen auf die Elektrodenoberfläche auftreffen, können sie Elektronen an die Elektrode abgeben und in Fe^{3+}-Ionen übergehen. Es läßt sich herleiten, daß im Gleichgewichtszustand das Potential der Redoxelektrode vom Verhältnis der Aktivitäten der beiden Ionenarten – hier mit $a(Fe^{2+})$ und $a(Fe^{3+})$ bezeichnet – abhängt. Die Größe des Redoxpotentials bei 25 °C kann mit Hilfe der Nernstschen Gleichung berechnet werden, die man dazu in folgende Form bringt:

$$E = E^0 + \frac{0{,}059 \text{ V}}{z^*} \cdot \log \frac{a(Fe^{3+})}{a(Fe^{2+})}.$$

Wenn ein reversibles Redoxpaar des allgemeinen Typs

$$\text{Red} \rightleftharpoons \text{Ox} + z^* \cdot e^-$$

vorliegt, ist das zugehörige Redoxpotential bei 25 °C

$$E = E^0 + \frac{0{,}059 \text{ V}}{z^*} \cdot \log \frac{a_{Ox}}{a_{Red}}. \qquad (4.82)$$

Hier bedeuten a_{Ox} und a_{Red} die Aktivitäten der oxidierten bzw. reduzierten Form. E^0 heißt Normalpotential des Systems und ist, wie aus Gleichung (4.82) hervorgeht, das Potential, für das die Bedingung $a_{Ox} = a_{Red}$ erfüllt sein muß. E^0 wird, wie oben, auf das Potential der Normal-Wasserstoffelektrode als Nullpunkt bezogen. Beteiligen sich am Redoxprozeß außer den Ionen, die oxidiert oder reduziert werden, auch noch andere Ionen oder Moleküle, so müssen auch ihre Aktivitäten in Gleichung (4.82) aufgenommen werden. Im Zähler des logarithmischen Ausdrucks von Gleichung (4.82) muß dann das Produkt der Aktivitäten der Stoffe auf der Oxidationsseite und im Nenner das Produkt der Aktivitäten der Stoffe auf der Reduktionsseite der zugehörigen Redox-Teilgleichung niedergeschrieben werden. Jeder der Aktivitätsausdrücke hat den nach der Redox-Teilgleichung zugehörigen Reaktionskoeffizienten als Exponenten.

Beispiel 4:
Welche Form hat die Nernstsche Gleichung für das folgende Redoxgleichgewicht, in das die H^+-Ionenaktivität mit eingeht?

$$2\,Cr^{3+} + 7\,H_2O \rightleftharpoons Cr_2O_7^{2-} + 14\,H^+ + 6\,e^-.$$

Lösung:
In verdünnter wäßriger Lösung kann man $a(H_2O)$ gleich 1 setzen, und es gilt dann:

$$E = E^0 + \frac{0{,}059}{6} \cdot \frac{a(Cr_2O_7^{2-}) \cdot a(H^+)^{14}}{a(Cr^{3+})^2}.$$

Tabelle 4.3. Normalpotentiale E^0 in Volt bei 25 °C für einige analytisch wichtige korrespondierende Redoxpaare, bezogen auf das Potential 0 der Normal-Wasserstoffelektrode

Red	Ox	E^0 in Volt
$H_2(g) + 2 OH^-$	$\rightleftharpoons 2 H_2O + 2 e^-$	$- 0,83$
$Fe(CN)_6^{4-}$	$\rightleftharpoons Fe(CN)_6^{3-} + e^-$	$+ 0,36$
$4 OH^-$	$\rightleftharpoons O_2(g) + 2 H_2O + 4 e^-$	$+ 0,40$
Fe^{2+}	$\rightleftharpoons Fe^{3+} + e^-$	$+ 0,77$
$2 H_2O$	$\rightleftharpoons O_2(g) + 4 H^+ + 4 e^-$	$+ 1,23$
$2 Cr^{3+} + 7 H_2O$	$\rightleftharpoons Cr_2O_7^{2-} + 14 H^+ + 6 e^-$	$+ 1,33$
$Mn^{2+} + 4 H_2O$	$\rightleftharpoons MnO_4^- + 8 H^+ + 5 e^-$	$+ 1,51$
$2 H_2O$	$\rightleftharpoons H_2O_2 + 2 H^+ + 2 e^-$	$+ 1,77$

Je höher der Wert des Normalpotentials ist, desto größer ist die Tendenz des Oxidationsmittels des betreffenden Redoxpaares zur Elektronenaufnahme. Das Normalpotential ist also ein relatives Maß für die Oxidationsfähigkeit verschiedener Stoffe (Systeme).

Wenn zwei Redoxpaare an einer Reaktion beteiligt sind, kann folglich die oxidierte Form des Redoxpaares mit dem höheren Redoxpotential die reduzierte Form des Paares mit dem niedrigeren Redoxpotential oxidieren, d. h. Elektronen aufnehmen. Gleichgewicht ist erreicht, wenn durch die Reaktion die Aktivitäten solche Änderungen erfahren haben, daß die Redoxpotentiale der beiden Systeme gleich groß geworden sind.

In den folgenden Beispielen und Aufgaben soll vorausgesetzt werden, daß die Umgebungstemperatur 25 °C beträgt und daß keine Konzentrationspotentiale auftreten. Zur Aufgabenlösung erforderliche Normalpotentiale können den Tabellen 4.1 bis 4.3 entnommen werden.

Beispiel 5:
Das Daniell-Element besteht aus zwei Halbzellen. Eine der Halbzellen wird von einer Kupferelektrode gebildet, die in eine Lösung mit 1 mol Kupfersulfat pro l taucht. Die andere Halbzelle enthält eine in 1 mol $\cdot$ l^{-1} Zinksulfatlösung tauchende Zinkelektrode. Die Elektrolytlösungen beider Halbzellen sind über eine Salzbrücke, gefüllt mit Kaliumchloridlösung, miteinander verbunden.
Die *EMK* der Kette kann mit einem hochohmigen Voltmeter gemessen werden, das beide Elektroden elektrisch überbrückt. Berechnen Sie die *EMK* des Elementes aus den Normalpotentialen.

Lösung:
Die Elektrodenreaktionen sind auf S. 271 bereits dargestellt. Dort wird auch gezeigt, daß Kupfer den Pluspol und Zink den Minuspol bildet. Einsetzen der Zahlenwerte der Normalpotentiale der beiden Halbzellen aus Tabelle 4.1 in die Gleichung $\Delta E = E_1 - E_2$ ergibt

$$E = E^0(Cu) - E^0(Zn) = 0{,}34 \text{ V} - (-0{,}76) \text{ V} = 1{,}10 \text{ Volt}.$$

Beispiel 6:
a) Berechnen Sie das Elektrodenpotential einer Wasserstoffelektrode, bei der die H$^+$-Ionenkonzentration 10^{-2} mol $\cdot$ l^{-1} und der Wasserstoffdruck 101 bar betragen.
b) Stellen Sie eine Gleichung für das Elektrodenpotential der Wasserstoffelektrode auf, wenn der Wasserstoffdruck 1,01325 bar beträgt und die Wasserstoffionenaktivität in pH-Einheiten angegeben wird.

c) Berechnen Sie mit Hilfe der in b) aufgestellten Gleichung das Elektrodenpotential in reinem Wasser und in 0,01 mol·l^{-1} Natronlauge.

Lösung:
a) Die Redox-Teilgleichung für die Wasserstoffelektrode lautet

$$H_2(g) \rightleftharpoons 2H^+ + 2e^-.$$

Einsetzen in Gleichung (4.71) ergibt

$$E = 0 + \frac{0,059}{2} \cdot \log \frac{c^2(H^+)}{p(H_2)}$$

$$E = 0,059 \cdot \log \frac{0,01}{100} = -0,236 \text{ Volt}.$$

b) $$E = E^0 + \frac{0,059}{2} \cdot \log \frac{c^2(H^+)}{1} = 0 + \frac{0,059 \cdot 2}{2} \cdot \log c(H^+)$$
$$= -0,059 \cdot pH \text{ Volt}.$$

c) In reinem Wasser ist $pH = 7$;

$$E = -0,059 \cdot 7 \text{ V} = -0,41 \text{ V}.$$

In 0,01 mol·l^{-1} Natronlauge ist $pH = 12$;

$$E = -0,059 \cdot 12 \text{ V} = -0,71 \text{ V}.$$

Beispiel 7:
Wie groß ist die Änderung des Redoxpotentials in einer Lösung, die Mn^{2+}- und MnO_4^--Ionen derselben Konzentrationen enthält, wenn durch Verdünnung der Lösung mit Wasser der pH-Wert von $pH = 2$ auf $pH = 4$ erhöht wird?

Lösung:
Das Redoxpotential wird durch das Redoxpaar

$$Mn^{2+} + 4H_2O \rightleftharpoons MnO_4^- + 8H^+ + 5e^-$$

bestimmt.
$c(H_2O)$ kann man in verdünnten wäßrigen Lösungen gleich 1 setzen, und es folgt:

$$E = 1,51 \text{ V} + \frac{0,059 \text{ V}}{5} \cdot \log \frac{c(MnO_4^-) \cdot c^8(H^+)}{c(Mn^{2+})}.$$

Einsetzen der angegebenen Konzentrationen für die drei Ionen ergibt für die Lösung mit $pH = 2$:

$$E_1 = 1,51 \text{ V} + \frac{0,059 \text{ V}}{5} \cdot \log(10^{-2})^8 = 1,51 \text{ V} - 0,19 \text{ V} = 1,32 \text{ V}$$

und für die Lösung mit $pH = 4$:

$$E_2 = 1,51 \text{ V} + \frac{0,059 \text{ V}}{5} \cdot \log(10^{-4})^8 = 1,51 \text{ V} - 0,38 \text{ V} = 1,13 \text{ V}.$$

Das Redoxpotential ist von 1,32 Volt auf 1,13 Volt gesunken.

Beispiel 8:
a) Berechnen Sie unter Verwendung der Normalpotentiale aus Tabelle 4.1 die Gleichgewichtskonstante der Reaktion

$$Cu(s) + 2\,Ag^+ \rightleftharpoons Cu^{2+} + 2\,Ag(s).$$

b) Kupferpulver wird einer 0,1 mol·l^{-1} AgNO$_3$-Lösung im Überschuß zugesetzt. Wie groß ist die Silberionenkonzentration nach Einstellung des Reaktionsgleichgewichts?

Lösung:
a) Die Gleichgewichtskonstante der Reaktion ergibt sich nach dem Massenwirkungsgesetz zu

$$K = \frac{c(Cu^{2+})}{c^2(Ag^+)}.$$

Die miteinander reagierenden Redoxpaare sind

$$Cu(s) \rightleftharpoons Cu^{2+} + 2\,e^-$$

und

$$2\,Ag(s) \rightleftharpoons 2\,Ag^+ + 2\,e^-.$$

Für die Redoxpotentiale gelten die Ausdrücke

$$E_{Cu} = 0{,}34\text{ V} + \frac{0{,}059\text{ V}}{2} \cdot \log c(Cu^{2+})$$

sowie

$$E_{Ag} = 0{,}80\text{ V} + \frac{0{,}059\text{ V}}{2} \cdot \log c^2(Ag^+).$$

Im Gleichgewichtszustand ist $E_{Cu} = E_{Ag}$, und daraus folgt:

$$\log \frac{c(Cu^{2+})}{c^2(Ag^+)} = \log K = \frac{2 \cdot (0{,}80\text{ V} - 0{,}34\text{ V})}{0{,}059\text{ V}} = 15{,}6;$$

Die Gleichgewichtskonstante hat somit den Wert $4{,}0 \cdot 10^{15}$ mol$^{-1}\cdot$ l^1.

b) Die Silberionenkonzentration im Gleichgewichtszustand sei c_x mol·l^{-1}. Eine Konzentrationsbetrachtung für den Reaktionsbeginn und das Gleichgewicht ergibt dann:

	Cu(s) +	2 Ag$^+$ $\rightleftharpoons$	Cu^{2+} +	2 Ag(s)
Konzentration vor Reaktionsbeginn in mol·l^{-1}		0,1	0	
Konzentration im Gleichgewicht in mol·l^{-1}		c_x	$\frac{1}{2}\cdot(0{,}1-c_x)$	

Die Gleichgewichtsgleichung lautet deshalb:

$$\frac{0{,}1\text{ mol}\cdot l^{-1} - c_x}{2\,c_x^2} = 4 \cdot 10^{15}\text{ mol}^{-1}\cdot l^1.$$

c_x kann gegenüber 0,1 mol·l^{-1} vernachlässigt werden, und man erhält

$$c_x^2 = \frac{10^{-16}}{8} \text{ mol}^2 \cdot l^{-2}; c_x = 3,5 \cdot 10^{-9} \text{ mol} \cdot l^{-1}.$$

Beispiel 9:
Eine wäßrige Lösung enthält ein Gemisch von 0,1 mol·l^{-1} Cu^{2+}-Ionen und 0,1 mol·l^{-1} Ag$^+$-Ionen. Geben Sie unter Zuhilfenahme der Normalpotentiale der zugehörigen Redoxpaare an, ob eine vollständige elektrolytische Trennung der beiden Elemente möglich ist. Die Trennung wird als vollständig angesehen, wenn die Konzentration der einen Ionenart auf 10^{-6} mol·l^{-1} herabgesetzt werden kann, bevor die andere auszufallen beginnt.

Lösung:
Ausschlaggebend für die elektrolytische Ausfällung eines Metalles aus einer Lösung seiner Kationen ist die Klemmenspannung φ, d. h. die Spannungsdifferenz zwischen Kathode und Anode. Für die Ausfällung ist es erforderlich, daß die Klemmenspannung mit Hilfe einer äußeren Stromquelle so geregelt wird, daß φ etwas größer als das Elektrodenpotential E, berechnet nach Gleichung (4.30), aber mit entgegegesetztem Vorzeichen wird. φ wird nämlich positiv betrachtet in der Richtung Elektrolyt $\to$ Kathode, während E positiv in der Richtung Kathode $\to$ Elektrolyt ist.
Da Silber ein beträchtlich höheres Normalpotential als Kupfer hat, beginnt es zuerst auszufallen. Wenn die Silberkonzentration auf 10^{-6} mol·l^{-1} gesunken ist, wird die Kathodenspannung φ_{Ag} durch die Gleichung

$$\varphi_{Ag} = -E_{Ag} = -0,80 \text{ V} - 0,059 \text{ V} \cdot \log 10^{-6} = -0,45 \text{ V}$$

bestimmt.
Kupfer beginnt bei der Kathodenspannung

$$\varphi_{Cu} = -E_{Cu} = -0,34 \text{ V} - 0,0295 \text{ V} \cdot \log 0,1 = -0,31 \text{ V}$$

auszufallen.
Die vollständige Trennung ist also durchführbar. Die Kathodenspannung bei vollständiger Ausfällung von Silber soll zwischen $-0,45$ Volt und $-0,31$ Volt liegen, am besten bei etwa $-0,40$ Volt.

Beispiel 10:
Gegeben sind zwei Redoxpaare

$$\text{Ox}_1 + z_1^* \cdot e^- \rightleftharpoons \text{Red}_1 \qquad (I)$$

und

$$\text{Red}_2 \rightleftharpoons \text{Ox}_2 + z_2^* \cdot e^-, \qquad (II)$$

die nebeneinander in wäßriger Lösung vorliegen und von denen das Paar 1 das größere Normalpotential besitzt (d. h. $E_1^0 > E_2^0$).
a) Stellen Sie die Reaktionsgleichung für den in der Lösung ablaufenden Redoxprozeß auf.
b) Leiten Sie einen Ausdruck für das Elektrodenpotential im Äquivalenzpunkt der Redoxreaktion ab, wobei vorausgesetzt wird, daß die Werte der Normalpotentiale E_1^0 und E_2^0 der beiden Paare bekannt sind.

Lösung:
a) Weil $E_1^0 > E_2^0$ ist, wird Ox$_1$ bei der ablaufenden Reaktion auf Red$_2$ oxidierend wirken. Um die Reaktionsgleichung für den Redoxprozeß zu erhalten, multipliziert man die Koeffizienten der Teilgleichung des Redoxpaars (I) mit z_2^* (Anzahl der Elektronen, die beim Redoxprozeß (II) übertragen werden) und die Koeffizienten der Teilgleichung des Redoxpaars (II) mit z_1^* (Anzahl

der Elektronen, die beim Redoxprozeß (I) übertragen werden). Addition der so erhaltenen Ausdrücke (I) und (II) ergibt Gleichung (III).

$$z_2^* \cdot Ox_1 + z_1^* \cdot z_2^* \cdot e^- \rightleftharpoons z_2^* \cdot Red_1 \qquad (I)$$
$$z_1^* \cdot Red_2 \rightleftharpoons z_1^* \cdot Ox_2 + z_1^* \cdot z_2^* \cdot e^- \qquad (II)$$

$$z_2^* \cdot Ox_1 + z_1^* \cdot Red_2 \rightleftharpoons z_2^* \cdot Red_1 + z_1^* \cdot Ox_2 \qquad (III)$$

b) Für das Potential im Äquivalenzpunkt $E_{äp}$ gelten, vorausgesetzt, daß Gleichgewicht herrscht, die Gleichungen

$$E_{äp} = E_1^0 + \frac{0{,}059\ V}{z_1^*} \cdot \log \frac{c(Ox_1)}{c(Red_2)} \qquad (1)$$

und

$$E_{äp} = E_2^0 + \frac{0{,}059\ V}{z_2^*} \cdot \log \frac{c(Ox_2)}{c(Red_2)} \qquad (2)$$

Die Stöchiometrie der Reaktion (III) verlangt, daß vor der Reaktion und im Äquivalenzpunkt folgende Beziehungen gelten:

$$\frac{c(Ox_1)}{z_2^*} = \frac{c(Red_2)}{z_1^*} \quad \text{bzw.} \quad \frac{c(Red_1)}{z_2^*} = \frac{c(Ox_2)}{z_1^*}, \qquad (3)$$

d. h. das Verhältnis der Konzentrationen der Edukte bzw. der Produkte ist dem zugehörigen Verhältnis der Redoxäquivalentzahlen z^* umgekehrt proportional.
Multiplikation von (1) mit z_1^* und von (2) mit z_2^* und anschließende Addition ergibt

$$(z_1^* + z_2^*) \cdot E_{äp} = z_1^* \cdot E_1^0 + z_2^* \cdot E_2^0 + 0{,}059\ V \cdot \log \frac{c(Ox_1) \cdot c(Ox_2)}{c(Red_1) \cdot c(Red_2)} \qquad (4)$$

Das Verhältnis von $c(Ox_1)/c(Red_2)$ in (4) ist nach (3) gleich z_2^*/z_1^* und das Verhältnis von $c(Ox_2)/c(Red_1)$ ist gleich z_1^*/z_2^*. Somit ist das logarithmische Glied in (4) im Äquivalenzpunkt gleich null.
Das Elektrodenpotential im Äquivalenzpunkt ergibt sich zu

$$E_{äp} = \frac{z_1^* \cdot E_1^0 + z_2^* \cdot E_2^0}{z_1^* + z_2^*}\ \text{Volt} \qquad (5)$$

Bemerkung: Wenn das Wasserstoffion am Redoxprozeß beteiligt ist, ist das Potential $E_{äp}$ vom pH-Wert abhängig, s. Aufgabe 4.3-56. Auch die Konzentrationen anderer Ionen können in bestimmten Fällen in die Bestimmungsgleichung für $E_{äp}$ eingehen. Dieser Fall tritt ein, wenn das Konzentrationsverhältnis Edukt/Produkt eines Stoffes in der Reaktionsgleichung von eins abweicht, s. Aufgabe 4.3-57.

Beispiel 11:
50 ml 0,1 mol $\cdot$ l^{-1} Fe^{2+}-Ionenlösung werden mit 0,1 mol $\cdot$ l^{-1} Ce^{4+}-Ionenlösung titriert. Beide Lösungen enthalten außerdem 1 mol $\cdot$ l^{-1} H$_2$SO$_4$. Berechnen Sie das Redoxpotential, wenn 5; 25; 45; 49,9; 50,0; 50,1; 50,5 bzw. 55 ml Maßlösung zugesetzt worden sind. Die Normalpotentiale der Redoxpaare Ce$^{3+} \rightleftharpoons$ Ce^{4+} + e$^-$ und Fe$^{2+} \rightleftharpoons$ Fe^{3+} + e$^-$ bei 25 °C in 1 mol $\cdot$ l^{-1} H$_2$SO$_4$ sind 1,44 Volt bzw. 0,68 Volt.

Lösung:
Wenn man von den Komplexionen absieht, die die Ce^{4+}- und Ce^{3+}-Ionen mit Sulfationen bilden können, läßt sich die Gleichung der Redoxreaktion wie folgt beschreiben:

$$Ce^{4+} + Fe^{2+} \rightleftharpoons Ce^{3+} + Fe^{3+}.$$

Aus dem großen Wert der Gleichgewichtskonstante ($K > 10^{11}$) ergibt sich, daß die Reaktion vollständig von links nach rechts verläuft.
Vor dem Äquivalenzpunkt wird das Redoxpotential am einfachsten über das Redoxpaar Fe^{2+}/Fe^{3+} berechnet.
Es sei angenommen, daß man V_x ml der Ce(IV)-Lösung zugesetzt hat. Die übrigen Ionen haben dann die Konzentrationen:

$$c(Fe^{2+}) = \frac{(50 \text{ ml} - V_x) \cdot 0{,}1 \text{ mmol} \cdot \text{ml}^{-1}}{50 \text{ ml} + V_x}$$

und

$$c(Ce^{3+}) = Fe^{3+} = \frac{V_x \cdot 0{,}1 \text{ mmol} \cdot \text{ml}^{-1}}{50 \text{ ml} + V_x}$$

Das Verhältnis von Fe^{3+} zu Fe^{2+} beträgt dann:

$$\frac{c(Fe^{3+})}{c(Fe^{2+})} = \frac{V_x}{50 \text{ ml} - V_x}.$$

Das korrespondierende Potential ist

$$E_1 = 0{,}68 \text{ V} + 0{,}059 \text{ V} \log \frac{c(Fe^{3+})}{c(Fe^{2+})} = 0{,}68 \text{ V} + 0{,}059 \text{ V} \log \frac{V_x}{50 - V_x}.$$

Das Potential am Äquivalenzpunkt wird nach Gleichung (5) des vorangehenden Beispiels berechnet:

$$E_{\text{äp}} = \frac{0{,}68 \text{ V} + 1{,}44 \text{ V}}{2} = 1{,}06 \text{ V}.$$

Nach Überschreiten des Äquivalenzpunktes wird das Redoxpotential durch das Verhältnis $c(Ce^{4+})/c(Ce^{3+})$ bestimmt. Wir nehmen an, daß V_y ml Ce(IV)-Lösung zugesetzt werden. Dann sind die Konzentrationen

$$c(Ce^{4+}) = \frac{V_y \cdot 0{,}1 \text{ mmol} \cdot \text{ml}^{-1}}{100 \text{ ml} + V_y}$$

und

$$c(Fe^{3+}) = Ce^{3+} = \frac{50 \text{ ml} \cdot 0{,}1 \text{ mmol} \cdot \text{ml}^{-1}}{100 \text{ ml} + V_y}.$$

Das zugehörige Potential ist

$$E_2 = 1{,}44 \text{ V} + 0{,}059 \text{ V} \log \frac{c(Ce^{4+})}{c(Ce^{3+})} = 1{,}44 \text{ V} + 0{,}059 \log \frac{V_y}{50}.$$

Die Berechnung der Titrationskurve für die angegebenen Volumina Maßlösung ergibt nun folgende Werte:

Anzahl ml Ce(IV)-Lösung	5,0	25,0	45,0	49,5	49,9	50,0	50,1	50,5	55,0
Redoxpotential in Volt	0,62	0,68	0,74	0,80	0,84	1,06	1,28	1,32	1,38

Aufgaben

4.3-1 Ein Strom von 2 Ampere fließt während einer Zeit von 8 Minuten und 20 Sekunden durch zwei hintereinander geschaltete Zellen. Die erste enthält Kupferchloridlösung, die zweite Natriumsulfatlösung.
Welche Ionenmengen werden an Platinkathoden und Kohleanoden abgeschieden?

4.3-2 Welches Volumen an Chlorgas wird bei 40 °C unter einem Druck von 1020 mbar entwickelt, wenn ein Strom von 10 Ampere 2 Stunden lang durch Salzsäure geleitet wird?

4.3-3 Welches Volumen an Knallgas entwickelt sich bei 15 °C unter einem Druck von 1 bar während einer einstündigen Elektrolyse einer verdünnten Natriumsulfatlösung, wenn die Stromstärke 2 Ampere beträgt?

4.3-4 Ein elektrischer Strom fließt zuerst durch ein Knallgascoulometer und dann durch eine Metallsalzlösung. Im Coulometer werden bei 16 °C unter 1005 mbar Druck 179 ml Knallgas entwickelt, und aus der Metallsalzlösung werden 0,5935 g Metall abgeschieden.
Berechnen Sie die molare Äquivalentmasse des Metalls.

4.3-5 In einem Vernickelungsbad kommt es bei der Elektrolyse an der Kathode zur Wasserstoffentwicklung. Innerhalb von zwei Stunden werden dort außerdem 52,0 g Nickel abgeschieden. Die Stromstärke beträgt während der Elektrolysierzeit 25 Ampere.
Wieviel Prozent des Stromes sind zur Nickelabscheidung genutzt worden? $M(Ni) = 58,7 \text{ g} \cdot \text{mol}^{-1}$.

4.3-6 Wie lange muß ein Strom von 4 Ampere durch eine Lösung von 10 g Natriumsulfat in 100 ml Wasser fließen, bis die Lösung aufgrund der Knallgasentwicklung einen Massenanteil von 40% Natriumsulfat erreicht hat? Von der Verdunstung des Wassers soll abgesehen werden, und Konzentrationsunterschiede in der Lösung werden durch Rühren ausgeglichen.

4.3-7 Wieviel g Kaliumchlorat können bei der Elektrolyse einer Kaliumchloridlösung durch die elektrische Arbeit einer Kilowattstunde erzeugt werden, wenn die Spannung zwischen den Elektroden 5 Volt beträgt und die Stromausbeute quantitativ ist?

4.3-8 Anilin kann durch elektrochemische Reduktion von Nitrobenzol nach der Gleichung

$$C_6H_5NO_2 + 6H^+ + 6e^- \rightarrow C_6H_5NH_2 + 2H_2O$$

dargestellt werden.
Wieviel Kilowattstunden sind zur Darstellung von 500 g Anilin erforderlich, wenn die Elektrodenspannung 1 Volt und die Stromausbeute 90% beträgt?

4.3-9 Dreiwertiges Chrom kann durch anodische Oxidation zu sechswertigem Chrom oxidiert werden (Anoden- und Kathodenraum müssen dabei durch ein Diaphragma voneinander getrennt sein).
Wieviel Amperestunden sind zur Oxidation von 1 l Chromsulfatlösung $Cr_2(SO_4)_3$ der Konzentration $0,5 \text{ mol} \cdot l^{-1}$ zu Chromsäure H_2CrO_4 erforderlich, wenn die Stromausbeute 80% beträgt?

4.3-10 Ein Gegenstand aus Stahl soll zum Korrosionsschutz durch Elektrolyse in einem Zn^{2+}-Ionen enthaltenden Bad („Zinkbad") mit einem 20 μm (= 0,02 mm) dicken Überzug aus Zink versehen werden.
Wie lange muß elektrolysiert werden? Die kathodische Stromdichte ist $2\ A \cdot dm^{-2}$, die kathodische Stromausbeute 80% und die Dichte des Zinks $7{,}1\ g \cdot ml^{-1}$.

4.3-11 Die Lösung in einem Versilberungsbad hat eine Widerstandszahl von $15\ \Omega \cdot cm$.
Berechnen Sie die Kosten für die zur Abscheidung von 100 g Silber erforderliche elektrische Energie, wenn die Stromdichte $0{,}4\ A \cdot dm^{-2}$, die Elektrodenoberfläche $2\ dm^2$ und der Elektrodenabstand 12 cm betragen. 1 kWh kostet 0,27 DM.

4.3-12 Ein aufgeladener Bleiakkumulator enthält als Elektrolyten 1 l Schwefelsäure der Konzentration $2\ mol \cdot l^{-1}$.
Welche Konzentration hat die Schwefelsäure nach der Entnahme von 2 Amperestunden aus dem Akkumulator? Die Entladung erfolgt nach folgender Reaktionsgleichung:

$Pb(s) + PbO_2(s) + 4\ H^+ + 2\ SO_4^{2-} \rightarrow 2\ PbSO_4(s) + 2\ H_2O$.

4.3-13 Berechnen Sie die Kosten für die elektrische Arbeit, die notwendig ist, um $1\ m^3$ Wasserstoffgas im Normzustand durch Elektrolyse aus verdünnter Schwefelsäure darzustellen. Die Widerstandszahl ist $4{,}8\ \Omega \cdot cm$, die Elektroden bestehen aus zwei quadratischen Platten mit Kantenlängen von 30 cm und sind im Abstand von 25 cm parallel zueinander angeordnet. Die Stromstärke beträgt 8 Ampere. 1 kWh hat einen Arbeitspreis von 0,20 DM.

4.3-14 Eine Leitfähigkeitsmeßzelle enthält zwei planparallele Platinbleche mit Flächen von $4\ cm^2$ im Abstand von 0,7 cm. Die Meßzelle wird mit einer Kupfersulfatlösung gefüllt, die 24,97 g $CuSO_4 \cdot 5\ H_2O$ pro Liter enthält. Der Ohmsche Widerstand dieser Lösung wird in der Meßzelle mittels einer Wheatstoneschen Brücke mit $23{,}00\ \Omega$ bestimmt.
Berechnen Sie die Leitfähigkeit $\varkappa$ und die molare Äquivalentleitfähigkeit $\Lambda_m(eq)$ der Lösung.

4.3-15 Ein würfelförmiges Gefäß mit einer inneren Kantenlänge von 1 dm, das an zwei gegenüberliegenden Seitenflächen aus Elektrodenmaterial besteht, wird mit einer wäßrigen Lösung gefüllt, die einen Massenanteil von 30% kristallwasserfreien Calciumchlorids enthält. Die Dichte der Lösung beträgt $1{,}284\ g \cdot ml^{-1}$ und der elektrische Widerstand bei 18 °C ist $0{,}603\ \Omega$.
Berechnen Sie die molare Äquivalentleitfähigkeit der Lösung.

4.3-16 Ein Leitfähigkeitsmeßgefäß, das mit einer $0{,}01\ mol \cdot l^{-1}$ Lösung von Kaliumchlorid ($\varkappa = 0{,}001225\ \Omega^{-1} \cdot cm^{-1}$) gefüllt ist, hat einen Widerstand von $408\ \Omega$. Mit destilliertem Wasser gefüllt, hat das Gefäß einen Widerstand von $125\,000\ \Omega$.
Berechnen Sie
a) die Zellenkonstante,
b) die Leitfähigkeit $\varkappa$ des destillierten Wassers.

4.3-17 Ein Leitfähigkeitsmeßgefäß wurde mit $0{,}01\ mol \cdot l^{-1}$ KCl-Lösung, deren Leitfähigkeit $\varkappa$ bei 25 °C $1{,}403 \cdot 10^{-3}\ \Omega^{-1} \cdot cm^{-1}$ betrug, gefüllt. Sein Widerstand betrug $14{,}15\ \Omega$. Mit $0{,}01\ mol \cdot l^{-1}$ Essigsäurelösung gefüllt, hatte diese Zelle einen Widerstand von $126{,}0\ \Omega$.
Berechnen Sie die Leitfähigkeit $\varkappa$ und die molare Äquivalentleitfähigkeit $\Lambda_m(eq)$ der $0{,}01\ mol \cdot l^{-1}$ Essigsäure.

4.3-18 Eine bei 18 °C gesättigte Lösung von Thallium(I)-iodid TlI hat eine Leitfähigkeit von $2{,}41 \cdot 10^{-5}\ \Omega^{-1} \cdot cm^{-1}$. Die Leitfähigkeit $\varkappa$ des verwendeten Wassers ist $1{,}8 \cdot 10^{-6}\ \Omega^{-1} \cdot cm^{-1}$. Die Ionenleitfähigkeit der Thallium(I)- bzw. Iodidionen ist 66,0 bzw. $66{,}5\ \Omega^{-1} \cdot cm^{-2} \cdot mol^{-1}$.
Berechnen Sie das Löslichkeitsprodukt von Thallium(I)iodid.

4.3-19 Berechnen Sie die molare Äquivalentleitfähigkeit $\Lambda_m(eq)$ von $LiIO_3$ aus folgenden Angaben:
$\Lambda_m(eq), (LiNO_3) = 95{,}8\ \Omega^{-1} \cdot cm^{-2} \cdot mol^{-1}$; $\Lambda_m(eq), (KIO_3) = 98{,}49\ \Omega^{-1} \cdot cm^{-2} \cdot mol^{-1}$ und $\Lambda_m(eq), (KNO_3) = 126{,}5\ \Omega^{-1} \cdot cm^{-2} \cdot mol^{-1}$.

4.3-20 Eine gesättigte Lösung von $BaSO_4$ hat bei einer bestimmten Temperatur eine Leitfähigkeit von $2{,}41 \cdot 10^{-6}\ \Omega^{-1} \cdot cm^{-1}$. Bei dieser Temperatur beträgt der Wert von Λ für $BaCl_2$ 230, für KCl 122 und für K_2SO_4 $256\ \Omega^{-1} \cdot cm^2 \cdot mol^{-1}$.

Berechnen Sie die Massenkonzentration des Bariumsulfats in der gesättigten Lösung in $g \cdot l^{-1}$.

4.3-21 Die Leitfähigkeit hochreinen Wassers wurde von Kohlrausch und Heydweiller im Jahre 1894 bei 18 °C mit $\varkappa = 0{,}0384 \cdot 10^{-6}\,\Omega^{-1} \cdot cm^{-1}$ bestimmt. Die Ionenleitfähigkeit der Oxoniumionen beträgt bei dieser Temperatur 315 und die der Hydroxidionen $174\,\Omega^{-1} \cdot cm^2 \cdot mol^{-1}$. Berechnen Sie bei dieser Temperatur das Ionenprodukt des Wassers.

4.3-22 Die Leitfähigkeit einer $0{,}1\,mol \cdot l^{-1}$ Essigsäurelösung beträgt bei 18 °C $4{,}71 \cdot 10^{-4}\,\Omega^{-1} \cdot cm^{-1}$ und diejenige einer $0{,}001\,mol \cdot l^{-1}$ Natriumacetatlösung $7{,}81 \cdot 10^{-5}\,\Omega^{-1} \cdot cm^{-1}$. Berechnen Sie die Säurekonstante der Essigsäure, wenn bei 18 °C die Ionenleitfähigkeiten von Oxoniumionen 318 und von Natriumionen $44{,}4\,\Omega^{-1} \cdot cm^2 \cdot mol^{-1}$ betragen.

4.3-23 Berechnen Sie die Säurekonstante der Benzoesäure bei 25 °C aus folgenden Angaben: Die Leitfähigkeit von $0{,}00113\,mol \cdot l^{-1}$ Benzoesäure ist $9{,}59 \cdot 10^{-5}\,\Omega^{-1} \cdot cm^{-1}$ und von $0{,}00101\,mol \cdot l^{-1}$ Natriumbenzoatlösung $8{,}34 \cdot 10^{-5}\,\Omega^{-1} \cdot cm^{-1}$. Außerdem sind die Ionenleitfähigkeiten der Natrium- und Oxoniumionen in unendlich verdünnten Lösungen zu 50,1 und $349{,}7\,\Omega^{-1} \cdot cm^2 \cdot mol^{-1}$ gegeben. Es kann angenommen werden, daß diese Zahlenwerte auch für die oben angegebenen Konzentrationen gelten. Die Protolysereaktion des Benzoations soll vernachlässigt werden.

4.3-24 Welchen Wert hat die Leitfähigkeit von destilliertem Wasser, das bei 25 °C im Gleichgewicht mit Luft von 1 bar steht, die einen Volumenanteil von 0,05 % CO_2 enthält? Bei der Berechnung brauchen nur die Oxonium- und HCO_3^--Ionen berücksichtigt zu werden, deren Ionenleitfähigkeiten 349,7 und $44{,}5\,\Omega^{-1} \cdot cm^2 \cdot mol^{-1}$ betragen. Bei einem Kohlendioxiddruck von 1 bar löst 1 l Wasser $0{,}827\,l\,CO_2$. Die primäre Säurekonstante der Kohlensäure beträgt $10^{-6{,}37}\,mol \cdot l^{-1}$. Die Autoprotolyse des Wassers kann vernachlässigt werden.

4.3-25 BOH ist eine schwache organische Base. Die Leitfähigkeit einer $0{,}00200\,mol \cdot l^{-1}$ Lösung des Hydrochlorides $BOH \cdot HCl$ bei 25 °C in Wasser ist $2{,}76 \cdot 10^{-4}\,\Omega^{-1} \cdot cm^{-1}$ und diejenige einer $0{,}00208\,mol \cdot l^{-1}$ $BOH \cdot HCl$-Lösung mit großem Überschuß an BOH ist $2{,}16 \cdot 10^{-4}\,\Omega^{-1} \cdot cm^{-1}$. Bei dieser Temperatur und Ionenstärke kann man die Ionenleitfähigkeiten der Oxoniumionen mit 345,5 und die der Chloridionen mit $75{,}4\,\Omega^{-1} \cdot cm^2 \cdot mol^{-1}$ sowie das Ionenprodukt des Wassers mit $K_w = 10^{-14}\,mol^2 \cdot l^{-2}$ ansetzen.
Berechnen Sie die Basenkonstante K_B der Base BOH ohne Berücksichtigung der Salzprotolyse. Bei Vorliegen eines großen Überschusses von BOH wird die Protolyse des Salzes so stark zurückgedrängt, daß man sie vernachlässigen kann.

4.3-26 Eine Silbernitratlösung wird elektrolysiert. Nach der Elektrolyse ist die Konzentrationsabnahme im Kathodenraum 0,2212 g Silber und im Anodenraum 0,1977 g Silber.
Berechnen Sie die Überführungszahlen der Anionen und Kationen.

4.3-27 Durch eine Silbernitratlösung wird während eines Zeitraums von 9650 s ein Strom von 0,0100 A geschickt. Die Konzentrationsabnahme im Kathodenraum beträgt 0,0570 g Silber. Berechnen Sie die Überführungszahlen der Silber- und Nitrationen.

4.3-28 Eine Kupfersulfatlösung mit 1 g $CuSO_4$ in 41,59 g Wasser wurde zwischen einer Kupferanode und einer Platinkathode elektrolysiert. Ein Silbercoulometer war mit dem Elektrolysiergefäß in Serie geschaltet. Nach der Elektrolyse ergab die Analyse von 54,706 g der Kathodenflüssigkeit 0,5118 g CuO. Während der Elektrolyse wurden 0,4989 g Silber im Coulometer abgeschieden. Berechnen Sie die Überführungszahlen der Cu^{2+}- und SO_4^{2-}-Ionen.

4.3-29 McInnes und Dole unterwarfen in einer Apparatur zur Bestimmung von Überführungszahlen bei 25 °C eine Kaliumchloridlösung zwischen zwei Ag/AgCl-Elektroden der Elektrolyse. Durch die Wahl der Elektroden konnte jede Gasentwicklung vermieden werden. Nach der Elektrolyse enthielten 121,4 g der Lösung im Anodenraum 7,904 g KCl. Die Lösung im Zwischengefäß, die während der Elektrolyse keiner Konzentrationsveränderung unterlag,

enthielt einen Massenanteil von 7,148 % KCl. In einem in Serie geschalteten Silbercoulometer wurden während der Elektrolyse 2,4835 g Silber abgeschieden.
Berechnen Sie die Überführungszahlen der Ionen.

4.3-30 Eine 0,05 mol · l^{-1} Kupferchloridlösung hat eine Leitfähigkeit von 0,01149 Ω^{-1} · cm^{-1}. Die Überführungszahl der Kupferionen ist in dieser Lösung 0,405.
Berechnen Sie die molaren Ionenleitfähigkeiten λ_i der Cu^{2+}- und Cl$^-$-Ionen.

4.3-31 Berechnen Sie die Leitfähigkeit $\varkappa$ und die Überführungszahlen der Ionen bei 25 °C in einer Lösung von 0,001 mol · l^{-1} HCl + 0,001 mol · l^{-1} KCl. Die Ionenleitfähigkeiten in dieser Lösung können denen bei unendlicher Verdünnung gleichgesetzt werden. Für diesen Fall betragen: λ_{H^+} = 349,7, λ_{K^+} = 73,5 und λ_{Cl^-} = 76,3 Ω^{-1} · cm^2 · mol^{-1}.

4.3-32 Berechnen Sie bei 0 °C und bei 20 °C die elektromotorische Kraft der Konzentrationskette

$$\text{Ag} \left| \begin{array}{c} 0{,}01 \text{ mol} \cdot \text{l}^{-1} \\ \text{AgNO}_3 \end{array} \right\| \left. \begin{array}{c} 0{,}1 \text{ mol} \cdot \text{l}^{-1} \\ \text{AgNO}_3 \end{array} \right| \text{Ag,}$$

die aus zwei Silberelektroden in 0,1 mol · l^{-1} bzw. 0,01 mol · l^{-1} Silbernitratlösung aufgebaut ist.

4.3-33 Zur Bestimmung des Löslichkeitsprodukts von Silberchlorid wurde die *EMK* der Konzentrationskette

$$\text{Ag} \left| \begin{array}{c} 0{,}01 \text{ mol} \cdot \text{l}^{-1} \text{ KCl,} \\ \text{AgCl(s)} \end{array} \right| \begin{array}{c} \text{gesättigte} \\ \text{NH}_4\text{NO}_3\text{-Lsg.} \end{array} \left| \begin{array}{c} 0{,}1 \text{ mol} \cdot \text{l}^{-1} \\ \text{AgNO}_3 \end{array} \right| \text{Ag}$$

gemessen, die aus einer Silberelektrode in 0,01 mol · l^{-1} Silbernitratlösung und einer zweiten Silberelektrode in einer mit Silberchlorid gesättigten Lösung von 0,01 mol · l^{-1} KCl mit gesättigter Ammoniumnitratlösung als Salzbrücke (zur Eliminierung der Diffusionspotentiale) bestand. Die elektromotorische Kraft dieser Kette betrug bei 20 °C 0,344 Volt. Berechnen Sie hieraus das Löslichkeitsprodukt des Silberchlorids.

4.3-34 Welchen Wert hat die *EMK* der galvanischen Kette

$$\text{Ag} \left| \begin{array}{c} 0{,}1 \text{ mol} \cdot \text{l}^{-1} \text{ KCl} \\ \text{KCl, AgCl(s)} \end{array} \right| \begin{array}{c} \text{gesättigte} \\ \text{NH}_4\text{NO}_3\text{-Lsg.} \end{array} \left| \begin{array}{c} 0{,}1 \text{ mol} \cdot \text{l}^{-1} \\ \text{AgNO}_3 \end{array} \right| \text{Ag}$$

bei 22 °C, wenn die Aktivitätskoeffizienten für die Cl$^-$- und Ag$^+$-Ionen in den Lösungen 0,84 bzw. 0,80 betragen? Das Löslichkeitsprodukt von AgCl ist 1,6 · 10^{-10} mol^2 · l^{-2}.

4.3-35 Die *EMK* der Kette

$$\text{Ag} \left| \begin{array}{l} 0{,}05 \text{ mol} \cdot \text{l}^{-1} \text{ AgNO}_3 \\ 0{,}2 \text{ mol} \cdot \text{l}^{-1} \text{ NH}_3 \end{array} \right\| \left. \begin{array}{c} 0{,}05 \text{ mol} \cdot \text{l}^{-1} \\ \text{AgNO}_3 \end{array} \right| \text{Ag}$$

ist bei 20 °C 0,2990 Volt. Berechnen Sie die Gleichgewichtskonstante für den Zerfall des Silberdiamminkomplexes in das Zentralion und die Liganden.

4.3-36 Das Daniell-Element besteht aus einem Kupferblech, das in Kupfersulfatlösung taucht und aus einem Zinkstab in Zinksulfatlösung. Die beiden Halbzellen sind über ein Diaphragma miteinander verbunden. Die *EMK* eines frisch hergestellten Daniell-Elementes, bei dem die Konzentration der Kupferionen gleich groß war wie die der Zinkionen, betrug bei 20 °C 1,10 Volt. Nach Stromentnahme aus dem Element war die Konzentration der Kupferionen auf 0,001 mol · l^{-1} gesunken und die der Zinkionen auf 0,4 mol · l^{-1} gestiegen.
Wie groß war nun die *EMK* des Elementes?

4.3-37 Die Frage, ob das Quecksilber(I)-Ion aus einem oder mehreren Quecksilberatomen besteht, wurde von Ogg (1898) durch Messung der *EMK* folgender Konzentrationskette beantwortet:

$$\text{Hg} \left| \begin{array}{c} 0{,}05 \text{ mol} \cdot \text{l}^{-1} \\ \text{Quecksilber(I)-nitrat} \\ 0{,}1 \text{ mol} \cdot \text{l}^{-1} \text{ HNO}_3 \end{array} \right\| \left. \begin{array}{c} 0{,}5 \text{ mol} \cdot \text{l}^{-1} \\ \text{Quecksilber(I)-nitrat} \\ 0{,}1 \text{ mol} \cdot \text{l}^{-1} \text{ HNO}_3 \end{array} \right| \text{Hg}$$

Er fand, daß die *EMK* bei Zimmertemperatur 0,029 Volt betrug. Berechnen Sie hieraus die Zusammensetzung des Quecksilber(I)-Ions.

4.3-38 Zur Bestimmung des pH-Werts einer bestimmten Lösung L_x wurde eine aus zwei Wasserstoffelektroden bestehende Konzentrationskette nach folgendem Schema aufgebaut:

| Pt $H_2(1,01325$ bar$)$ | Lösung L_x | Acetatpuffer pH = 4,62 | Pt $H_2(1,01325$ bar$)$ |

Die *EMK* dieser Kette betrug bei 20 °C 0,0865 Volt (die in die Lösung L_x tauchende Elektrode war der negative Pol). Berechnen Sie den pH-Wert der Lösung L_x.

4.3-39 Die *EMK* der Kette

| Pt $H_2(1,01325$ bar$)$ | Lösung L_y KCl-Lösung | gesättigte KCl-Lösung | Hg_2Cl_2 in $3,5$ mol $\cdot$ l^{-1} | Hg |

ist bei 20 °C 0,6644 Volt. Das Potential der Halbzelle, bestehend aus einer Kalomelelektrode in 3,5 mol $\cdot$ l^{-1} KCl-Lösung, gesättigt mit Hg_2Cl_2, relativ zum Potential der Normalwasserstoffelektrode ist bei 20 °C + 0,2541 Volt.
Berechnen Sie den pH-Wert der Lösung L_y.

4.3-40 Welchen Wert hat die *EMK* der Kette in Aufgabe 4.3-39, wenn der Gesamtdruck an Wasserstoffgas und Wasserdampf der Wasserstoffelektrode 1 bar beträgt? Der Dampfdruck des Wassers bei 20 °C ist 23,3 mbar.

4.3-41 Eine aus einer Kalomelelektrode ($E^0 = +0,3376$ Volt) und einer Chinhydronelektrode (pos. Pol, $E^0 = 0,7029$ Volt) sowie einer Lösung mit unbekanntem pH-Wert aufgebaute Kette wies eine *EMK* von + 0,1231 Volt auf. Die Temperatur betrug 25 °C.
Welchen pH-Wert hatte die Lösung?

4.3-42 Die *EMK* der Kette

| Pt $H_2(1,01325$ bar$)$ | 0,01 mol $\cdot$ l^{-1} HCl 0,09 mol $\cdot$ l^{-1} KCl | gesättigte KCl-Lösung | Hg_2Cl_2 0.1 mol $\cdot$ l^{-1} KCl | Hg |

ist bei 20 °C 0,4563 Volt. Die Halbzelle mit Kalomelelektrode hat bei 20 °C das Potential + 0,3360 Volt gegenüber der Normalwasserstoffelektrode.
Berechnen Sie den Aktivitätskoeffizienten für die Wasserstoffionen in 0,01 mol $\cdot$ l^{-1} HCl + 0,09 mol $\cdot$ l^{-1} KCl.

4.3-43 Für die galvanische Kette

| Pt $H_2(1,01325$ bar$)$ | 0,01 mol $\cdot$ l^{-1} HCl | 0,01 mol $\cdot$ l^{-1} NaOH | Pt $H_2(1,01325$ bar$)$ |

wurde bei 25 °C eine *EMK* von 0,584 Volt bestimmt.
Berechnen Sie das Ionenprodukt des Wassers bei dieser Temperatur, wenn der Aktivitätskoeffizient für das Wasserstoffion in 0,01 mol $\cdot$ l^{-1} HCl 0,92 und für das Hydroxidion in 0,01 mol $\cdot$ l^{-1} NaOH 0,90 beträgt.

4.3-44 Berechnen Sie den Aktivitätskoeffizienten für das Hydroxidion f_{OH^-} in 0,01 mol $\cdot$ l^{-1} KOH bei 25 °C, wenn die Kette

| Pt $H_2(1,01325$ bar$)$ | 0,01 mol $\cdot$ l^{-1} KOH | Hg_2Cl_2 KCl ges. | Hg |

bei dieser Temperatur eine *EMK* von 0,954 Volt hat. Die Kalomelelektrode in KCl ges. hat bei 25 °C gegenüber der Normalwasserstoffelektrode das Potential + 0,246 Volt. pK_w = 14 mol$^2 \cdot$ l^{-2}.

4.3-45 Die *EMK* der Kette

| Normalwasserstoff-
elektrode | ‖ | $Ag_2CrO_4(s)$
$0,001$ mol · l^{-1} K$_2$CrO$_4$ | | Ag |

beträgt 0,530 Volt.
Berechnen Sie das Löslichkeitsprodukt des Silberchromats Ag_2CrO_4.

4.3-46 Zur Bestimmung der Komplexbildungskonstante (Stabilitätskonstante) des Komplexions, das der Chelatbildner EDTA mit Kupfer(II)-Ionen bildet, baut man eine Kette gemäß folgendem Schema auf:

| Cu | | $1,00 \cdot 10^{-3}$ mol · l^{-1} CuY^{2-}
$1,00 \cdot 10^{-3}$ mol · l^{-1} Y^{4-} | ‖ | Normalwasserstoff-
elektrode |

In der linken Halbzelle taucht eine Kupferelektrode in eine Lösung ein, die eine Mischung von CuY^{2-} und Y^{4-} enthält, beide mit der Konzentration $1,00 \cdot 10^{-3}$ mol · l^{-1}. (Y^{4-} ist das Symbol des vierwertigen Anions der EDTA, s. S. 154). Die *EMK* der Kette wird mit $-0,218$ Volt bestimmt. Das Normalpotential des Redoxpaares Cu $\rightleftharpoons$ Cu^{2+} + 2 e$^-$ ist 0,337 Volt.
Berechnen Sie die Stabilitätskonstante $K(\text{CuY}^{2-})$ des Komplexes, der nach der Reaktionsgleichung Cu^{2+} + Y^{4-} $\rightleftharpoons$ CuY^{2-} gebildet wird.

4.3-47 Die Knallgaskette ist nach dem Schema

Pt H$_2$ | H$^+$ OH$^-$ | O$_2$ Pt

aus einer Wasserstoff- und einer Sauerstoffelektrode aufgebaut. Die Sauerstoffelektrode besteht aus einem platinierten Platinblech, das in eine OH$^-$-Ionen enthaltende wäßrige Lösung taucht und von Sauerstoffgas umspült wird. Voraussetzung für ihre Funktion ist die Reversibilität des Redoxgleichgewichts

4 OH$^-$ $\rightleftharpoons$ O$_2$ + 2 H$_2$O + 4 e$^-$.

Das Normalpotential dieses Redoxpaars wurde bei 25 °C zu $+0,401$ Volt bestimmt. Das Ionenprodukt des Wassers ist bei 25 °C $1,0 \cdot 10^{-14}$ mol^2 · l^{-2}.
Berechnen Sie die *EMK* der Knallgaskette bei 25 °C, wenn das Sauerstoff- und Wasserstoffgas jeweils Partialdrücke von 1,01325 bar haben.

4.3-48 Es ist die Aufgabe gestellt,
a) Silber aus einer 0,1 mol · l^{-1} Silbernitratlösung und
b) Kupfer aus einer 0,1 mol · l^{-1} Kupfersulfatlösung auf elektrolytischem Wege quantitativ abzuscheiden.
Wie groß ist die hierfür mindestens erforderliche Kathodenspannung bei Beginn und am Ende der Elektrolyse? Man betrachte die quantitative Abscheidung als erreicht, wenn die Metallionenkonzentration in der Lösung auf den Wert 10^{-6} mol · l^{-1} gesunken ist*.

4.3-49 Aus einer schwefelsauren Lösung (pH $\approx$ 0) von Kupfersulfat wird das Kupfer bei einer Badspannung von 2 Volt elektrolytisch abgeschieden.
a) Auf welchen Wert kann die Kupferionenkonzentration der Lösung bei diesem Potential erniedrigt werden?
b) Besteht die Gefahr einer Wasserstoffgasentwicklung an der Kathode, wenn die Überspannung des Wasserstoffs an Kupfer etwa 0,6 Volt beträgt? Die zur Entwicklung von Sauerstoffgas an der aus einer Pt-Spirale bestehenden Anode erforderliche Anodenspannung beträgt 1,70 Volt (einschließlich der Überspannung des Sauerstoffs an Platin).

---
* Die zur Lösung der Aufgaben 4.3-48 bis 4.3-61 erforderlichen Normalpotentialwerte können den Tabellen 4.1, 4.2 und 4.3 entnommen werden.

4.3-50 Eine schwefelsaure Lösung von 0,4 mol · l^{-1} Kupfersulfat soll mit einer anfänglichen Stromstärke von 0,5 A elektrolysiert werden.
Welche Badspannung ist hierzu erforderlich, wenn der Widerstand des Elektrolyten 1,1 Ω beträgt? Anodenspannung = 1,70 Volt (vgl. die vorige Aufgabe).

4.3-51 Erbringen Sie den Nachweis, daß man aus einem Gemisch von 0,01 mol · l^{-1} NiSO$_4$-Lösung und 0,001 mol · l^{-1} CuSO$_4$-Lösung die Nickel- und Kupferionen elektrolytisch quantitativ voneinander trennen kann. Die Konzentration des einen Metalls soll auf 10^{-6} mol · l^{-1} gesunken sein, bevor die Abscheidung des anderen beginnt. E^0(Ni/Ni^{2+}) = $-$ 0,22 Volt.

4.3-52 Eine wäßrige Zn^{2+}-Lösung hat eine Zinkionenkonzentration von 0,001 mol · l^{-1}.
Welchen kleinsten pH-Wert darf diese Lösung annehmen, ohne daß Wasserstoffentwicklung an der Kathode auftritt? Die Überspannung des Wasserstoffs an Zink ist + 0,7 Volt. Es wird eine niedrige Stromdichte angenommen.

4.3-53 Berechnen Sie, wie vollständig Kupfer aus einer Kupfersulfatlösung mit Hilfe von metallischem Zink ausgefällt werden kann.

4.3-54 Berechnen Sie die Gleichgewichtskonstante der Redoxreaktion

$$Fe^{3+} + Cu^+ \rightleftharpoons Fe^{2+} + Cu^{2+}$$

bei 20 °C unter Verwendung folgender Normalpotentiale: E^0(Fe^{3+}/Fe^{2+}) = + 0,774 Volt und E^0(Cu^{2+}/Cu$^+$) = + 0,18 Volt.

4.3-55 Berechnen Sie die Gleichgewichtskonstante der Redoxreaktion

$$MnO_4^- + 8 H^+ + 5 Fe^{2+} \rightleftharpoons Mn^{2+} + 5 Fe^{3+} + 4 H_2O$$

bei 25 °C unter Verwendung der bekannten Normalpotentiale der beiden miteinander reagierenden Redoxpaare*.

4.3-56 Gegeben sind die folgenden beiden Redoxreaktionsgleichungen mit zugehörigen Normalpotentialen:

$$I_2 + 6 H_2O \rightleftharpoons 2 IO_3^- + 12 H^+ + 10 e^- \quad E^0 = 1,195 \text{ Volt};$$
$$2 I^- \rightleftharpoons I_2 + 2 e^- \quad E^0 = 0,535 \text{ Volt}.$$

Berechnen Sie die Gleichgewichtskonstante der Reaktion

$$IO_3^- + 6 H^+ + 5 I^- \rightleftharpoons 3 I_2 + 3 H_2O.$$

4.3-57 Berechnen Sie die Gleichgewichtskonstanten der Reaktionen:
a) $2 Fe^{3+} + Sn^{2+} \rightleftharpoons 2 Fe^{2+} + Sn^{4+}$;
b) $BrO_3^- + 5 Br^- + 6 H^+ \rightleftharpoons 3 Br_2 + 3 H_2O$.
Das Normalpotential des Redoxpaars Sn$^{2+} \rightleftharpoons$ Sn^{4+} + 2e$^-$ ist 0,154 Volt, das Normalpotential des Redoxpaars Br$^-$ + 3 H$_2$O $\rightleftharpoons$ BrO$_3^-$ + 6 H$^+$ + 6 e$^-$ beträgt 1,44 Volt. Die übrigen E^0-Werte sind in den Tabellen 11 und 12 zu finden.

4.3-58 Der Gehalt an Chloridionen in einer Lösung kann mit großer Genauigkeit durch potentiometrische Titration mit Silbernitratlösung als Titrator bestimmt werden. Als Indikatorelektrode dient hierbei ein auf elektrolytischem Wege mit AgCl überzogenes Silberblech.
Welchen Zahlenwert in Volt hat das Elektrodenpotential $E_{äq}$ am Äquivalenzpunkt? Das Normalpotential E^0 für die vor dem Überschreiten des Äquivalenzpunktes potentialbestimmende Reaktion Cl$^-$ + Ag $\rightleftharpoons$ AgCl + e$^-$ ist bei 25 °C 222 mV. Das Löslichkeitsprodukt von AgCl wird mit 10^{-10} mol^2 · l^{-2} angenommen.

---

* Die zur Lösung der Aufgaben 4.3-48 bis 4.3-61 erforderlichen Normalpotentialwerte können den Tabellen 4.1, 4.2 und 4.3 entnommen werden.

4.3-59 100 ml einer Silbernitratlösung mit $c(AgNO_3) = 0,01$ mol $\cdot$ l^{-1} werden mit 0,1 mol $\cdot$ l^{-1} Kaliumchloridlösung titriert. Indikatorelektrode ist ein Silberblech.
Wie groß ist der Potentialsprung, gerechnet von dem Punkte, an dem 99% der ursprünglich vorhandenen Silbermenge ausgefällt sind, bis zu dem Punkt nach Überschreiten des Äquivalenzpunktes, an dem 0,1 ml des Fällungsreagenzes im Überschuß zugesetzt sind? $K_L(AgCl) = 10^{-10}$ mol$^2 \cdot$ l^{-2}. Die Volumenzunahme der Lösung bei der Titration soll vernachlässigt werden.

4.3-60 Berechnen Sie für die Redoxprozesse
a) $5\,Fe^{2+} + MnO_4^- + 8\,H^+ \rightleftharpoons 5\,Fe^{3+} + Mn^{2+} + 4\,H_2O$
und
b) $6\,Fe^{2+} + Cr_2O_7^{2-} + 14\,H^+ \rightleftharpoons 6\,Fe^{3+} + 2\,Cr^{3+} + 7\,H_2O$
die Elektrodenpotentiale an den Äquivalenzpunkten.

4.3-61 Eisen(II)-sulfat wird mit Permanganat in schwefelsaurer Lösung bei pH ≈ 0 titriert.
Berechnen Sie das Redoxpotential der Lösung, wenn Massenanteile von 9%, 50%, 99%, 99,9% und 100% des Eisen(II)-sulfats zu Eisen(III)-sulfat oxidiert worden sind. Welches Potential erhält man, wenn 0,1% Überschuß an Permanganat zugesetzt worden sind? Veranschaulichen Sie in einer Titrationskurve die Änderung des Potentials im Verlauf der Titration als Funktion des Massenanteils des Titranden Fe^{2+}. Das Normalpotential des Redoxpaars Fe$^{2+} \rightleftharpoons$ Fe^{3+} + e$^-$ bei 25 °C in schwefelsaurer Lösung bei pH ≈ 0 ist 0,68 Volt. Das Normalpotential des Redoxpaars MnO$_4^-$/Mn^{2+} kann aus Tabelle 13 entnommen werden.

4.3-62 Eine Eisen(II)-salzlösung wird mit Cer(IV)-sulfatlösung in 0,1 mol $\cdot$ l^{-1} H$_2$SO$_4$ (pH ≈ 0) titriert.
Berechnen Sie das Redoxpotential der Lösung am Äquivalenzpunkt der Reaktion, einmal bezogen auf das Potential der Normalwasserstoffelektrode und zum anderen bezogen auf das Potential der Kalomelelektrode in 1 mol $\cdot$ l^{-1} KCl-Lösung, die mit Hg$_2$Cl$_2$ gesättigt ist ($E^0 = +281,4$ mV). Wie groß ist der Potentialsprung bei der Titration, gerechnet vom Punkt da 99,9% des Eisens oxidiert sind bis zu dem Punkt, da Ce(IV)-Lösung in einem Überschuß von 1‰ zugesetzt wurde? Die Normalpotentiale bei 25 °C in 1 mol $\cdot$ l^{-1} schwefelsaurer Lösung sind 1,44 Volt für das Redoxpaar Ce$^{3+} \rightleftharpoons$ Ce^{4+} + e$^-$ und 0,68 Volt für das Redoxpaar Fe$^{2+} \rightleftharpoons$ Fe^{3+} + e$^-$.

4.3-63 Bei der iodometrischen Titration von Cu^{2+}-Ionen mit Thiosulfatlösung werden zuerst die Cu^{2+}-Ionen in geringem Umfang zu Cu$^+$-Ionen reduziert:

$2\,Cu^{2+} + 3\,I^- \rightleftharpoons 2\,Cu^+ + I_3^-$

Diese bilden mit Iodidionen einen schwerlöslichen Niederschlag.

$Cu^+ + I^- \rightleftharpoons CuI(s)$

a) Berechnen Sie die Gleichgewichtskonstante der ersten Reaktion aus folgenden Werten der Normalpotentiale der beiden Redoxpaare

$Cu^+ \rightleftharpoons Cu^{2+} + e^-$ $E^0 = 0,153$ V
$3\,I^- \rightleftharpoons I_3^- + 2\,e^-$ $E^0 = 0,536$ V.

b) Wie groß ist die Konzentration der Cu^{2+}-Ionen nach der Abscheidung von CuI durch Iodidionen? Es wird angenommen, daß am Endpunkt der Reaktion die Konzentration der Iodidionen 0,2 mol $\cdot$ l^{-1} und diejenige der Triiodidionen I$_3^-$ beim Verschwinden der Blaufärbung von Stärkelösung in Gegenwart der ausgebildeten Iodstärke-Einlagerungsverbindung $1 \cdot 10^{-6}$ mol $\cdot$ l^{-1} beträgt. Das Löslichkeitsprodukt von Kupferiodid beträgt $K_L(CuI) = 1 \cdot 10^{-12}$ mol$^2 \cdot$ l^{-2}.

4.3-64 Berechnen Sie den höchsten pH-Wert, den eine wäßrige Lösung haben darf, damit Hydrochinon von Chromationen bei Zimmertemperatur zu Chinon oxidiert werden kann. Es wird angenommen, daß für die beiden Redoxsysteme $c(\text{Red}) = c(\text{Ox})$ ist, die Konzentration der Wasserstoffionen nicht mitgerechnet. Ihre Normalpotentiale bei 20 °C sind

$$C_6H_4(OH)_2 \rightleftharpoons C_6H_4O_2 + 2\,H^+ + 2\,e^- \quad E^0 = 0{,}700 \text{ Volt};$$
$$Cr^{3+} + 4\,H_2O \rightleftharpoons HCrO_4^- + 7\,H^+ + 3\,e^- \quad E^0 = 1{,}3 \text{ Volt}.$$

4.4 Thermochemie

Energieeinheiten in der Thermochemie

Eine chemische Reaktion ist immer mit *Energieumwandlungen* verbunden. Meistens führen diese zu einem Wärmeaustausch zwischen dem Reaktionssystem und seiner Umgebung, wobei dem System entweder Wärmeenergie entnommen oder zugeführt wird. Eine Reaktion, bei der Wärme erzeugt wird, wird als *exotherm*, eine Wärme verbrauchende Reaktion wird als *endotherm* bezeichnet.
Im SI-System ist das **Joule** (Einheitenzeichen **J**) als Einheit der Energie, Arbeit oder Wärme eingeführt. Es ist eine abgeleitete SI-Einheit (s. Tabelle 3). Häufig verwendet wird das Kilojoule, das 10^3-fache eines Joules. In älteren Lehrbüchern taucht die heute nicht mehr gültige Wärmeeinheit Kalorie, genauer thermochemische Kalorie (cal_{th}), auf. Für Umrechnungen setzt man $1\,cal_{th} = 4{,}184\,J$ ein.

Innere Energie

Jedes abgeschlossene System[*] ist nicht nur durch seine Masse und stoffliche Zusammensetzung gekennzeichnet, sondern besitzt auch eine ganz bestimmte Energiemenge, die als *innere Energie U* bezeichnet wird. Diese innere Energie ist aus vielen verschiedenen Energiebeträgen zusammengesetzt, wie der in den Atomkernen angehäuften Kernenergie, die bei gewöhnlichen chemischen Reaktionen keine Änderung erfährt, der Bindungsenergie zwischen Atomen in Molekülen und Ionen, der Schwingungs-, Rotations- und Translationsenergie der im System enthaltenen Atome, Moleküle oder Ionen. Der Absolutwert der inneren Energie ist schwer exakt zu berechnen. Solche Berechnungen sind auch nicht erforderlich, weil bei thermochemischen Prozessen nur Energieänderungen von Interesse sind.

---

[*] Unter System versteht man einen von der Umgebung abgegrenzten Teil der physischen Welt, z. B. ein Reaktionsgemisch mit bekannten Stoffmengen der Gemischkomponenten, das in einem bekannten abgeschlossenen Volumen unter einem bestimmten Druck steht.

Ist U_1 die innere Energie eines Reaktionsgemisches im Ausgangszustand und U_2 seine innere Energie im Endzustand nach Reaktionsablauf, so gilt nach dem Energiesatz, dem 1. Hauptsatz der chemischen Thermodynamik,

$$\Delta U = U_2 - U_1,$$

d. h. die Zustandsänderung hat zu einer Veränderung der inneren Energie des Systems um den Betrag ΔU geführt. Da die Energieumwandlung bei einem chemischen Prozeß auch darin bestehen kann, daß vom System mechanische Arbeit verrichtet oder ihm zugeführt wird, kann man schreiben, daß sich ΔU aus einem Betrag ΔQ für den Wärmeumsatz und einem Betrag ΔA für den Arbeitsumsatz gemäß

$$\Delta U = \Delta Q + \Delta A$$

additiv zusammensetzt. Verschwindet Arbeit und Wärme im System, so erfolgt eine Speicherung als innere Energie. Umgekehrt bewirken Wärmeabgabe und Arbeitsumsatz eine Verringerung der inneren Energie. Berücksichtigt werden soll hier nur die Volumenarbeit. Dies ist die mechanische Arbeit, die vom System umgesetzt wird, wenn es sein Volumen gegen einen konstanten äußeren Druck verändert (z. B. wenn ein Gasgemisch in einem Zylinder einen beweglichen Kolben um eine bestimmte Wegstrecke gegen den Atmosphärendruck nach außen bewegt). Ist ein Reaktionssystem in einem abgeschlossenen Raum „eingesperrt", so kann bei der chemischen Reaktion nur Wärmeenergie, jedoch keine Volumenarbeit umgesetzt werden. Die kalorimetrische Bombe ist ein Meßgerät, das diesen Effekt ausnutzt, nämlich die Gesamtänderung der inneren Energie ΔU bei einer chemischen Reaktion über die dabei freigesetzte Wärmemenge direkt zu bestimmen.

> Energieprinzip: Bei einer chemischen Reaktion ist die vom Reaktionssystem mit seiner Umgebung ausgetauschte Summe von Arbeit und Wärme gleich der Änderung der inneren Energie des Systems.

Energieänderungen bei konstantem Druck

Wenn eine chemische Reaktion in einem Gasgemisch unter konstantem äußerem Druck p abläuft und das Volumen des Gemisches sich um einen Betrag ΔV verändert, leistet dieses System eine Arbeit $\Delta A = p \cdot \Delta V$. Hierbei ist ΔV positiv bei einer Vergrößerung und negativ bei einer Verkleinerung des Volumens.
Eine dem System zugeführte Wärmemenge ΔH wird teils für die Änderung der inneren Energie ΔU verbraucht und teils, um eine äußere Volumenarbeit $p \cdot \Delta V$ zu leisten. Es gilt also

$$\Delta H = \Delta U + p \cdot \Delta V. \tag{4.83}$$

Die thermodynamische Größe H nennt man den Wärmeinhalt oder die *Enthalpie* des Systems. ΔH, die Änderung der Enthalpie des reagierenden Systems, heißt Reaktionsenthalpie, die Änderung der inneren Energie ΔU trägt den Namen Reaktionsenergie.

ΔH und ΔU sind *Zustandsfunktionen,* d. h. sie sind nur vom Anfangs- und Endzustand des Systems abhängig, nicht dagegen vom Weg, über den die Reaktion abläuft (vgl. das Gesetz von Hess, S. 292).

ΔH und ΔU sind positiv, wenn dem System Energie zugeführt wird, d. h. bei endothermen Reaktionen. Sie sind negativ, wenn bei chemischen Reaktionen Energie abgegeben wird, d. h. bei exothermen Reaktionen. Wenn eine Reaktion bei konstantem Volumen abläuft, ist $\Delta V = 0$ und somit $\Delta H = \Delta U$.

Wenn an einer Reaktion Gase beteiligt sind, können die Volumina der im Reaktionsgemisch außerdem enthaltenen festen und flüssigen Stoffe im Verhältnis zu den Volumina der Gase vernachlässigt werden. Die allgemeine Zustandsgleichung der Gase (4.10) ergibt

$$p \cdot \Delta V = \Delta n \cdot R_m \cdot T, \qquad (4.84)$$

worin Δn die Differenz der Stoffmengen der gasförmigen Reaktionsprodukte und Edukte ($\Delta n = n$(Produkte) $- n$(Edukte)) bedeutet. Einsetzen von Gleichung (4.30) in (4.31) ergibt

$$\Delta H = \Delta U + \Delta n \cdot R_m \cdot T. \qquad (4.85)$$

Wenn ΔH und ΔU in Joule angegeben werden, hat R_m den Wert $8{,}315\ \text{J} \cdot \text{K}^{-1} \cdot \text{mol}^{-1}$. R_m ist die molare Gaskonstante. Zulässig ist auch die Bezeichnung dieser Konstanten mit dem Zeichen R ohne Index m.

Die Enthalpie eines Stoffes ist von seinem Aggregatzustand abhängig. Es ist deshalb notwendig, die Aggregatzustände der an einer Reaktion beteiligten Stoffe anzugeben. Man setzt hinter die Formel eines Stoffes (s) für den festen, (l) für den flüssigen und (g) für den gasförmigen Zustand. Wenn ein fester Stoff in mehreren Modifikationen vorkommt und diese sich in ihren Energieinhalten unterscheiden, ist es außerdem notwendig, die betreffende Modifikation anzugeben.

Soll der Energiezustand eines chemischen Systems vollständig beschrieben werden, dann müssen die Temperatur und bei Beteiligung gasförmiger Stoffe an der Reaktion auch der Druck angegeben werden. Als Standardbedingungen bei thermodynamischen Messungen verwendet man 25 °C und 1 atm = 1,01325 bar.

Beispiel 1:
Bei der Verbrennung von 1 mol Graphit mit 1 mol Disauerstoffgas werden 1 mol Kohlenstoffdioxid gebildet und 394 kJ Wärmeenergie freigesetzt. Stellen Sie die thermochemische Reaktionsgleichung auf. Alle Stoffe sollen darin auf Standardbedingungen bezogen werden.

Lösung:
Die thermochemische Reaktionsgleichung für diesen Prozeß schreibt man folgendermaßen:

$$\text{C(Graphit)} + \text{O}_2(\text{g}) \rightarrow \text{CO}_2(\text{g}); \quad \Delta H = -394\ \text{kJ}\,(25\,°\text{C}, 1\ \text{atm*}).$$

---

* 1 atm $\triangleq$ 1,01325 bar

ΔH bezieht sich immer auf die stöchiometrischen Stoffmengen, deren Zahlenwerte durch die Reaktionskoeffizienten der Gleichung gegeben sind. Wenn in einer thermochemischen Gleichung die Koeffizienten mit dem Faktor f multipliziert werden, muß auch ΔH mit diesem Faktor multipliziert werden.

Reaktionswärme

Unter *Reaktionswärme* ΔQ ist in der Thermochemie die bei einer chemischen Reaktion zwischen dem Reaktionssystem und der Umgebung ausgetauschte Wärmemenge zu verstehen. Sie muß dem System entweder zugeführt oder von ihm abgeleitet werden, damit sich die Temperatur des Systems gegenüber der Umgebung nicht ändert. Wenn die Reaktion unter Wärmeabgabe abläuft (exotherme Reaktion), wird die Reaktionswärme mit negativem Vorzeichen gerechnet, und bei Reaktionsablauf unter Wärmeaufnahme (endotherme Reaktion) ist sie positiv. Allgemein gilt, daß die Reaktionswärme immer den gleichen Zahlenwert und das gleiche Vorzeichen wie die Reaktionsenergie oder Reaktionsenthalpie hat, je nachdem, ob die Reaktion bei konstantem Volumen oder unter konstantem Druck abläuft. Für eine bei konstantem Volumen ablaufende Reaktion ist ΔU gleich der Reaktionswärme. ΔH ist dagegen gleich der Reaktionswärme eines unter konstantem Druck ablaufenden chemischen Prozesses.

Apparate zur Messung von Wärmemengen heißen Kalorimeter. Chemische Reaktionen, die in einem nach außen verschlossenen Bombenkalorimeter durchgeführt werden, laufen dort bei konstantem Volumen ab und liefern als Meßergebnis die Reaktionsenergie. Das einfachste Kalorimeter ist das nach außen geöffnete Wasserkalorimeter, das zur Bestimmung von Reaktionsenthalpien dienen kann. Es besteht aus einem mit Wasser gefüllten Glas- oder Metallgefäß, das zur Vermeidung von Wärmeverlusten von einer Isolationsschicht umgeben ist. Die Summe der Wärmekapazitäten C der Wasserfüllung und des Kalorimetergefäßes in $J \cdot K^{-1}$ bezeichnet man als den Wasserwert des Kalorimeters. Man erhält ihn durch Summation der Produkte aus der Masse und der spezifischen Wärme von Kalorimetergefäß + Inhalt. Wenn man in einem nach außen offenen Wasserkalorimeter beispielsweise die Neutralisationsenthalpie bei der Reaktion einer NaOH-Lösung mit einer HCl-Lösung gleicher Äquivalentkonzentration bestimmen will, temperiert man das Kalorimeter auf eine bestimmte konstante Temperatur, vereinigt dann die beiden Lösungen im Kalorimeter und mißt die eintretende Temperaturerhöhung. Über den Wasserwert des Kalorimeters (in diesem Fall bezogen auf die Masse der nach der Netralisationsreaktion im Kalorimeter vorhandenen Lösung) kann dann aus der Temperaturdifferenz der Enthalpiewert berechnet werden.

Das Gesetz von Hess

Dieses 1840 aufgestellte Gesetz heißt auch Gesetz der konstanten Wärmesummen.

> Die bei einer chemischen Reaktion abgegebene oder aufgenommene Reaktionsenthalpie ist unabhängig vom Weg der Umsetzung und der Anzahl der dabei durchlaufenen Zwischenstufen.

Das Gesetz ergibt sich als notwendige Folgerung aus dem Energieprinzip, wurde aber vor diesem entdeckt.
ΔH der Gesamtreaktion ist somit gleich der Summe der ΔH-Werte der Zwischenreaktionen. Auf Reaktionen mit Teilschritten angewandt, erlaubt dieses Gesetz die Berechnung der experimentell unzugänglichen Reaktionsenthalpie eines der Teilprozesse, wenn die Reaktionsenthalpien aller anderen Teilprozesse und die gesamte Reaktionsenthalpie bekannt sind.

Beispiel 2:
Die Reaktionsenthalpie bei der Verbrennung von Kohlenstoff Graphit zu Kohlenmonoxid kann nicht direkt bestimmt werden, weil hierbei ein Gemisch von Kohlenmonoxid und Kohlendioxid erhalten wird. Sie kann jedoch aus den experimentell zugänglichen Verbrennungswärmen von Kohlenstoff und Kohlenmonoxid berechnet werden.

$C(Graphit) + O_2(g) \rightarrow CO_2(g); \quad \Delta H_1 = -394$ kJ,
$CO(g) + 1/2 \, O_2(g) \rightarrow CO_2(g); \quad \Delta H_2 = -283$ kJ.

Subtrahiert man die zweite Gleichung von der ersten, so erhält man

$C(Graphit) + 1/2 \, O_2(g) \rightarrow CO(g); \quad \Delta H = \Delta H_1 - \Delta H_2$
$\qquad = -394$ kJ $+ 283$ kJ
$\qquad = -111$ kJ.

Die Verbrennungsenthalpie von 12 g Graphit zu Kohlenmonoxid beträgt also -111 kJ.
Nach der Reaktionsart unterscheidet man zwischen verschiedenen Arten von Reaktionswärmen: Bildungswärme, Verbrennungswärme, Neutralisationswärme, Lösungswärme usw.
Die *molare Bildungswärme* (molare Standard-Bildungsenthalpie) einer Verbindung ist die Wärmemenge, die zwischen dem Reaktionssystem und seiner Umgebung ausgetauscht wird, wenn 1 mol der Verbindung aus den Elementen gebildet wird. Dabei wird auf die Standardbedingungen 25 °C und 1 atm = 1,01325 bar bezogen. Die Bildungswärme eines Elementes in seiner stabilsten Form bei 25 °C unter einem Druck von 1 atm wird dabei gleich null festgesetzt.
Aus bekannten Bildungswärmen chemischer Verbindungen lassen sich auch andere Arten von Reaktionswärmen errechnen.
Bei organischen Stoffen ist die molare Verbrennungswärme bei konstantem Volumen eine aussagekräftigere Größe als die molare Bildungsenthalpie. Die *molare*

Tabelle 4.4. Die molaren Standard-Bildungsenthalpien einiger Stoffe bei 25 °C und 1,01325 bar, gerundet auf ganzzahlige Werte

Stoff	kJ · mol^{-1}	Stoff	kJ · mol^{-1}
O_2(g)	0,00	C_2H_4(g)	+ 52
H_2O(g)	− 242	C_2H_2(g)	+ 227
H_2O(l)	− 286	C_2H_5OH(l)	− 278
HCl(g)	− 92	C_2H_6(g)	− 85
CO(g)	− 111	C_6H_6(l)	+ 49
CO_2(g)	− 394	SO_2(g)	− 297
CH_4(g)	− 75	NH_3(g)	− 46

Verbrennungsenergie eines Stoffes ist die Reaktionsenergie bei konstantem Volumen, die bei der vollständigen Verbrennung von 1 mol des Stoffes mit Sauerstoff zwischen System und Umgebung ausgetauscht wird. Die Kohlenwasserstoffe und die aus Kohlenstoff, Wasserstoff und Sauerstoff bestehenden organischen Verbindungen lassen sich mit geringem experimentellem Aufwand zu CO_2 und H_2O verbrennen, weshalb die molaren Verbrennungswärmen dieser Stoffe mit großer Genauigkeit bestimmt werden können.

Zur Umrechnung der molaren Verbrennungsenergie einer organischen Verbindung in ihre molare Bildungsenthalpie benötigt man die molaren Bildungsenthalpien des Kohlendioxids und des Wassers und die zugehörigen Volumenarbeiten.

Beispiel 3:
Berechnen Sie mit Hilfe der molaren Standard-Bildungsenthalpien aus Tabelle 4.4 die molare Verbrennungsenthalpie von Ethanol C_2H_5OH.

Lösung:
Unter jeder Formel in der thermochemischen Gleichung der Verbrennungsreaktion gibt man die molare Standard-Bildungswärme des zugehörigen Stoffes, multipliziert mit dem Koeffizienten, an.

C_2H_5OH(l) + 3 O_2(g) → 2 CO_2(g) + 3 H_2O(l)
− 278   0   2 · (− 394)   3 · (− 286) kJ

Aus dem Energieprinzip folgt, daß die Reaktionswärme (hier die Verbrennungswärme) gleich der Summe der Bildungswärmen der Produkte, vermindert um die Summe der Bildungswärmen der Edukte, ist.

Die gesuchte Verbrennungsenthalpie ist $\Delta H(C_2H_5OH) = 2 \cdot (-394 \text{ kJ}) + 3 \cdot (-286 \text{ kJ})$ −(− 278 kJ − 0 kJ) = − 1368 kJ.
Die molare Verbrennungsenthalpie beträgt deshalb − 1368 kJ · mol^{-1}.

Beispiel 4:
Berechnen Sie mit Hilfe der folgenden Angaben (thermochemische Reaktionsgleichungen mit zugehörigen Enthalpiewerten) die molare Reaktionsenthalpie der Hydrierung von Ethen C_2H_4 zu Ethan C_2H_6.

C_2H_4(g) + 3 O_2(g) → 2 CO_2(g) + 2 H_2O(l); $\Delta H_1 = -1411$ kJ   (I)
2 C_2H_6(g) + 7 O_2(g) → 4 CO_2(g) + 6 H_2O(l); $\Delta H_2 = -3121$ kJ   (II)
H_2(g) + 1/2 O_2(g) → H_2O(l); $\Delta H_3 = -286$ kJ   (III)

Lösung:
Die Reaktionsgleichung der Hydrierung von $C_2H_4(g)$ ist

$$C_2H_4(g) + H_2(g) \rightarrow C_2H_6(g)$$

Um diese Gleichung aus den Gleichungen (I), (II), und (III) herzuleiten, multipliziert man (II) mit dem Faktor $-0,5$ und addiert dann die drei Gleichungen (mit ihren Reaktionsenthalpien). Die Summierung ergibt $C_2H_4(g) - C_2H_6(g) + H_2(g) = 0$.
Nach Überführung von C_2H_6 auf die rechte Seite erhält man die Gleichung der Hydrierung; ΔH ist die molare Hydrierungsenthalpie.

$C_2H_4(g) + H_2(g) \rightarrow C_2H_6(g)$;
$\Delta H = \Delta H_1 - 1/2\,\Delta H_2 + \Delta H_3 = (-1411\,\text{kJ} + 1561\,\text{kJ} - 286\,\text{kJ}) = -136\,\text{kJ}$.

Die molare Hydrierungsenthalpie ist $-136\,\text{kJ} \cdot \text{mol}^{-1}$.
Noch einfacher kann man die obige Summierung auf folgende Weise vornehmen:

$\Delta H = (\text{I}) - 0,5 \cdot (\text{II}) + (\text{III})$.

Beispiel 5:
Die molare Verbrennungsenthalpie von Butan $C_4H_{10}(g)$ bei 25 °C und 1,01325 bar zu $CO_2(g)$ und $H_2O(l)$ beträgt $-2881\,\text{kJ} \cdot \text{mol}^{-1}$. Die molaren Bildungsenthalpien von $CO_2(g)$ und $H_2O(l)$ sind $-394\,\text{kJ} \cdot \text{mol}^{-1}$ bzw. $-286\,\text{kJ} \cdot \text{mol}^{-1}$. Berechnen Sie
a) die molare Bildungswärme von Butan bei konstantem Druck und
b) die molare Verbrennungswärme von Butan bei konstantem Volumen.

a) Lösung 1:
Es werden die thermochemischen Reaktionsgleichungen der Verbrennungsreaktionen von Butan und den in Butan enthaltenen Elementen mit Sauerstoff aufgestellt. Dann wird durch Addition bzw. Subtraktion daraus die Reaktionsgleichung der Bildungsreaktion von Butan aus den Elementen abgeleitet. Folgende thermochemische Gleichungen gelten:

$C_4H_{10}(g) + 13/2\,O_2 \rightarrow 4\,CO_2(g) + 5\,H_2O(l)$; $\Delta H_1 = -2881\,\text{kJ}$ (I)

$C + O_2 \rightarrow CO_2(g)$; $\Delta H_2 = -394\,\text{kJ}$ (II)

$H_2 + 1/2\,O_2 \rightarrow H_2O(l)$; $\Delta H_3 = -286\,\text{kJ}$ (III)

Für die gesuchte molare Bildungswärme bei konstantem Druck ist die Reaktionsgleichung

$4\,C + 5\,H_2 \rightarrow C_4H_{10}(g)$.

Diese Gleichung läßt sich aus (I), (II) und (III) folgendermaßen herleiten:

$4 \cdot (\text{II}) + 5 \cdot (\text{III}) - (\text{I})$ ergibt:
$4\,C + 5\,H_2 \rightarrow C_4H_{10}(g)$;
$\Delta H = 4 \cdot \Delta H_2 + 5 \cdot \Delta H_3 - \Delta H_1 = 4 \cdot (-394\,\text{kJ}) + 5 \cdot (-286\,\text{kJ}) - (-2881\,\text{kJ}) = -125\,\text{kJ}$.

Die molare Bildungsenthalpie von Butan ist somit $-125\,\text{kJ} \cdot \text{mol}^{-1}$.

Lösung 2:
Hier geht man von der thermochemischen Gleichung (I) der Verbrennungsreaktion von Butan mit Sauerstoff zu Kohlendioxid und Wasser aus. Entsprechend Beispiel 2 gibt man unter jeder Formel in (I) die molare Bildungsenthalpie der betreffenden Verbindung an und multipliziert sie mit dem zugehörigen Reaktionskoeffizienten.

Im übrigen werden die Berechnungen wie im Beispiel 2 ausgeführt (beachten Sie, daß die molare Standard-Bildungsenthalpie eines Elementes im freien Zustand gleich null gesetzt wird). Die Bildungsenthalpie sei ΔH_x:

$C_4H_{10}(g) + 13/2\ O_2 \rightarrow 4\ CO_2(g) + 5\ H_2O(l);$ $\Delta H = -2881$ kJ
ΔH_x 0 $4 \cdot (-394)$ $5 \cdot (-286)$ kJ

$\Delta H = -2881$ kJ $= 4 \cdot (-394$ kJ$) + 5 \cdot (-286$ kJ$) - (\Delta H_x + 0);$ $\Delta H_x = -125$ kJ.

Die molare Bildungswärme bei konstantem Druck ist somit -125 kJ $\cdot$ mol^{-1}.

b) Zur Berechnung der molaren Verbrennungswärme bei konstantem Volumen (der Reaktionsenergie $-\Delta U$) verwendet man Gleichung (4.32).
Hier ist $T = 298$ K und $\Delta n = 4 - (13/2 + 1) = -3,5$.

$\Delta n \cdot R_m \cdot T = -3,5$ mol $\cdot 8,315 \cdot$ J $\cdot$ K$^{-1} \cdot$ mol$^{-1} \cdot 298$ K $= -8672 = -8,67$ kJ.
-2881 kJ $= \Delta U - 8,67$ kJ   und $\Delta U = -2881$ kJ $+ 9$ kJ $= -2872$ kJ.

Die gesuchte molare Verbrennungsenergie ist somit -2872 kJ $\cdot$ mol^{-1}.

Beispiel 6:
In einer kalorimetrischen Bombe läßt man 2,27 g Glyceroltrinitrat C_3H_5I explosionsartig zerfallen (vgl. Aufgabe 4.1-69). Nachdem die Bombe wieder ihre Ausgangstemperatur von 25 °C erreicht hat, beträgt die bei der Reaktion entwickelte Wärmemenge $\Delta Q = -15,10$ kJ. Berechnen Sie die molare Bildungsenthalpie des Glyceroltrinitrats aus seinen Elementen. Die molaren Bildungsenthalpien des Kohlenstoffdioxids und des Wassers sind aus Tabelle 4.4 zu entnehmen.

Lösung:
Die molare Masse des Glyceroltrinitrats beträgt 227 g $\cdot$ mol^{-1}. Die beim Zerfall pro Mol entwickelte Wärmemenge ist also

227 g $\cdot$ mol$^{-1} \cdot (-15,10$ kJ$) \cdot (2,27$ g$)^{-1} = -1510$ kJ $\cdot$ mol^{-1}.

Lösung 1:
Die thermochemische Reaktionsgleichung für die Zerfallsreaktion ist

$C_3H_5(NO_3)_3(l) \rightarrow 3\ CO_2(g) + 5/2\ H_2O(l) + 3/2\ N_2(g) + 1/4\ O_2(g).$ (I)

Für die Bildung von CO_2 und H_2O gelten die Gleichungen

$C(s) + O_2(g) \rightarrow CO_2(g);$ $\Delta H_2 = -394$ kJ (II)

und

$H_2(g) + 1/2\ O_2(g) \rightarrow H_2O(l);$ $\Delta H_3 = -286$ kJ. (III)

Die Verbrennungsenthalpie ΔH_1 wird aus ΔU_1 nach Gleichung (4.85) berechnet. Bei 25 °C liegt das gebildete Wasser im flüssigen Aggregatzustand vor, und sein Volumen kann daher im Vergleich zu den Volumina der drei Gase CO_2, N_2 und O_2 vernachlässigt werden.
Δn in Gleichung (4.85) ist also $3 + 3/2 + 1/4 = 19/4$ und

$\Delta H_1 = -1510$ kJ $+ 19/4 \cdot 8,31 \cdot 298 \cdot 10^{-3}$ kJ $= -1498$ kJ.

$3 \cdot$ (II) + $5/2 \cdot$ (III) $-$ (I) ergibt die Gleichung für die molare Bildungsenthalpie ΔH des Glyceroltrinitrats:

$3\,C(s) + 5/2\,H_2O(l) + 3/2\,N_2(g) + 9/2\,O_2(g) \to C_3H_5(NO_3)_3$;
$\Delta H = 3 \cdot \Delta H_2 + 5/2 \cdot \Delta H_3 - \Delta H_1 = 3 \cdot (-394\,\text{kJ}) + 5/2 \cdot (-286\,\text{kJ}) - (-1498\,\text{kJ})$
$= -399\,\text{kJ}$.

Die molare Bildungsenthalpie des Glyceroltrinitrats beträgt $-399\,\text{kJ} \cdot \text{mol}^{-1}$.

Lösung 2:
Wie im Beispiel 2 schreibt man die Reaktionsgleichung für die Zerfallsreaktion auf und gibt unter jeder Formel die molare Bildungsenthalpie des betreffenden Stoffes, multipliziert mit dem Koeffizienten vor der Formel, an. Die molare Bildungsenthalpie des Glyceroltrinitrats sei ΔH_x kJ $\cdot$ mol^{-1}.

$C_3H_5(NO_3)_3(l) \to 3\,CO_2(g) + 5/2\,H_2O(l) + 3/2\,N_2(g) + 1/4\,O_2(g)$;
$\Delta H_x \qquad\quad 3 \cdot (-394) \quad 5/2 \cdot (-286) \qquad 0 \qquad\quad 0 \qquad$ kJ

$\Delta H_1 = 1498$ kJ. Nach dem in Beispiel 2 erläuterten Energieprinzip erhält man dann

$1498\,\text{kJ} = 3 \cdot (-394\,\text{kJ}) + 5/2 \cdot (-286\,\text{kJ}) - \Delta H_x$
$\Delta H_x = -399\,\text{kJ}$.

Lösungswärme

Auflösungsvorgänge von chemischen Stoffen in Lösungsmitteln erfolgen praktisch immer unter konstantem Druck. Unter der *molaren Lösungswärme* bei konstantem Druck (der molaren Lösungsenthalpie) eines Stoffes versteht man die Wärmemenge, die bei der Auflösung von 1 mol des Stoffes in einem so großen Volumen Lösungsmittel (in den meisten Fällen Wasser) aufgenommen oder abgegeben wird, daß weiterer Zusatz von Lösungsmittel keinen zusätzlichen meßbaren Wärmeeffekt mehr erbringt.
Wenn ein Salz in Wasser gelöst wird, laufen in der Regel zwei entgegengerichtete Vorgänge ab. Es wird Wärmeenergie verbraucht, um das Ionengitter des Salzkristalls abzubauen (endothermer Vorgang). Andererseits wird Wärmeenergie abgegeben, wenn die Ionen hydratisiert werden, wobei H_2O-Moleküle in die Hydrathüllen der Ionen eingebaut werden (exothermer Vorgang). Je nach dem Überwiegen des einen oder des anderen Einflusses kann also die Auflösung ein endothermer oder ein exothermer Vorgang sein. Liegt das Salz schon als Hydrat vor, so überwiegt in der Regel der zuerst genannte Einfluß, und der gesamte Vorgang ist endotherm.
Die Bezeichnung aq (aus lat. aqua) in einer thermochemischen Reaktionsgleichung bedeutet, daß so viel Wasser zugesetzt worden ist, daß der Zusatz weiterer Portionen Wasser keinen meßbaren Wärmeeffekt bewirkt. Die Gleichung für die Auflösung von beispielsweise Chlorwasserstoff in großen Volumina Wasser ist

$HCl(g) + aq \to HCl(aq)$; $\Delta H = -71{,}5\,\text{kJ}$.

Beispiel 7:
Die molare Lösungsenthalpie des Ammoniumchlorids in Wasser ist 16,3 kJ · mol^{-1}. Die molare Bildungsenthalpie des Ammoniumchlorids aus Ammoniak und Chlorwasserstoff (beide in Gasform) ist 176,3 kJ · mol^{-1}. Berechnen Sie die molare Reaktionsenthalpie, wenn verdünnte Lösungen von Ammoniak und Salzsäure sich gegenseitig neutralisieren.

Lösung:
Folgende thermochemische Gleichungen gelten:

$$NH_3(g) + HCl(g) \to NH_4Cl(s); \quad \Delta H_1 = -176,3 \text{ kJ} \tag{I}$$

und

$$NH_4Cl(s) + aq \to NH_4Cl(aq); \quad \Delta H_2 = 16,3 \text{ kJ}. \tag{II}$$

Die Summierung ergibt

$$NH_3(g) + HCl(g) + aq \to NH_4Cl(aq); \quad \Delta H = \Delta H_1 + \Delta H_2 = -160 \text{ kJ}.$$

Die molare Reaktionsenthalpie ist -160 kJ · mol^{-1}.

Beispiel 8:
Zur Bestimmung der molaren Lösungsenthalpie des Chlorwasserstoffs wird eine Probe HCl-Gas in ein Glaskalorimeter geleitet, dessen Wasserwert einschließlich des enthaltenen Wassers 4,057 kJ · K^{-1} beträgt. Die Temperatur des Kalorimeters steigt durch den Lösungsvorgang um 0,951 °C an. Die eingeleitete Gasmenge wird durch Titration mit 1 mol · l^{-1} Natronlauge bestimmt. Der Verbrauch an Lauge am Äquivalenzpunkt ist 54,00 ml. Berechnen Sie die molare Lösungsenthalpie des Chlorwasserstoffs.

Lösung:
Die Stoffmenge HCl beträgt 0,054 mol. 0,054 mol Chlorwasserstoff geben eine Wärmemenge von $-0,951$ K · 4,057 kJ · K^{-1} ab. Folglich ist die molare Lösungsenthalpie $-0,951 \cdot 4,06 \cdot (0,054)^{-1}$ kJ · mol$^{-1} = -71,5$ kJ · mol^{-1}.

Beispiel 9:
Wenn 1 mol wasserfreies Na_2HPO_4 in einem großen Volumen Wasser gelöst wird, erfolgt die Freisetzung von 23,6 kJ. Wird hingegen 1 mol $Na_2HPO_4 \cdot 2\,H_2O$ in einem großen Volumen Wasser gelöst, so wird eine Wärmemenge von 1,63 kJ aus der äußeren Umgebung aufgenommen. Berechnen Sie die molare Hydratationsenthalpie von Na_2HPO_4.

Lösung:
Die Hydratationsreaktion kann durch folgende Reaktionsgleichungen beschrieben werden:

$$Na_2HPO_4(s) + 2\,H_2O(l) \to Na_2HPO_4 \cdot 2\,H_2O(s); \quad \Delta H_1 \text{ ist gesucht} \tag{I}$$

Die beiden in der Aufgabenstellung genannten Reaktionen sind

$$Na_2HPO_4(s) + aq \to Na_2HPO_4(aq); \quad \Delta H_2 = -23,6 \text{ kJ}; \tag{II}$$
$$Na_2HPO_4 \cdot 2\,H_2O(s) + aq \to Na_2HPO_4(aq); \quad \Delta H_3 = 1,6 \text{ kJ}. \tag{III}$$

Nach der Subtraktionsoperation (II) − (III) erhält man durch Umstellung

$$Na_2HPO_4(s) + 2\,H_2O(l) \to Na_2HPO_4 \cdot 2\,H_2O(s)$$

und

$\Delta H_1 = \Delta H_2 - \Delta H_3 = -23{,}6 \text{ kJ} - 1{,}6 \text{ kJ} = -25{,}2 \text{ kJ}.$

Die molare Hydratationsenthalpie ist $-25{,}2 \text{ kJ} \cdot \text{mol}^{-1}$.

Verschiebung des chemischen Gleichgewichts bei Temperaturänderung

Die Temperaturabhängigkeit der Gleichgewichtskonstanten einer chemischen Reaktion wird durch die *van't Hoffschen Gleichungen* (1885) beschrieben. Unter Vernachlässigung partieller Ableitungen (siehe Lehrbücher der Physikalischen Chemie) gilt in vereinfachter Schreibweise

$$\frac{d \ln K_V}{dT} = \frac{\Delta U}{R_m \cdot T^2} \qquad (4.86)$$

und

$$\frac{d \ln K_p}{dT} = \frac{\Delta H}{R_m \cdot T^2}. \qquad (4.87)$$

K_V ist darin die Gleichgewichtskonstante bei konstantem Volumen und ΔU die Reaktionsenergie der betreffenden Reaktion. K_p ist die Gleichgewichtskonstante bei konstantem Druck und ΔH die Reaktionsenthalpie der Reaktion. Man bezeichnet die erste Beziehung auch als Van't Hoffsche Reaktionsisochore und die zweite als Van't Hoffsche Reaktionsisobare. Beide Beziehungen gelten strenggenommen nur für thermodynamische Gleichgewichtskonstanten und sagen aus, daß bei einer endothermen chemischen Reaktion die Gleichgewichtskonstante mit steigender Temperatur größer wird und bei einer exothermen Reaktion mit steigender Temperatur abfällt. Jedes Gleichgewichtssystem erfährt also bei Temperaturerhöhung nach dem Le Chatelierschen Prinzip des kleinsten Zwanges eine Verschiebung in Richtung eines Wärmeverbrauchs. In beschränktem Umfang ist es zulässig, beide Gleichungen auch auf stöchiometrische Gleichgewichtssysteme anzuwenden.

Die Werte von ΔU und ΔH hängen gewöhnlich von der Temperatur ab. Für kleinere Temperaturintervalle und für Überschlagsrechnungen kann man sie jedoch als konstant ansehen. In solchen Fällen können die van't Hoffschen Gleichungen integriert werden, und man erhält:

$$\ln K_V = -\frac{\Delta U}{R_m \cdot T} + C_1 \quad \text{und} \quad \ln K_p = -\frac{\Delta H}{R_m \cdot T} + C_2 \qquad (4.88)$$

bzw. nach der Umrechnung in dekadische Logarithmen ($\ln K = 2{,}303 \log K$) und nach dem Einsetzen des Zahlenwerts der Wärmeenergie und der Einheit für R_m ($R_m = 8{,}315 \text{ J} \cdot \text{K}^{-1} \cdot \text{mol}^{-1}$; $2{,}303 \cdot R_m = 19{,}15 \text{ J} \cdot \text{K}^{-1} \cdot \text{mol}^{-1}$)

$$\log K_V = -\frac{\Delta U}{19{,}15 \cdot \text{K}^{-1} \cdot \text{mol}^{-1} \cdot T} + C_1$$

und

$$\log K_p = -\frac{\Delta H}{19{,}15 \cdot \text{K}^{-1} \cdot \text{mol}^{-1} \cdot T} + C_2. \tag{4.89}$$

C_1 und C_2 sind die Integrationskonstanten. Die Gleichungen werden am besten graphisch ausgewertet: $\log K_V$ bzw. $\log K_p$ wird gegen $1/T$ aufgetragen. Man erhält dann Geraden, aus deren Steigungen $-\Delta U/19{,}15\,\text{J}\cdot\text{K}^{-1}\cdot\text{mol}^{-1}$ bzw. $-\Delta H/19{,}15\,\text{J}\cdot\text{K}^{-1}\cdot\text{mol}^{-1}$ sich die Werte von ΔU oder ΔH leicht ermitteln lassen.
Wenn kleine Temperaturintervalle gegeben sind, ist es auch zulässig, die Gleichgewichtskonstante einer chemischen Reaktion von einer Temperatur T_1 auf eine Temperatur T_2 umzurechnen. Die entsprechenden Ausdrücke für das Verhältnis der Gleichgewichtskonstanten K_{V1} und K_{V2} bzw. K_{p1} und K_{p2} bei zwei verschiedenen Temperaturen T_1 und T_2 erhält man durch Integration der Gleichungen (4.86) bzw. (4.87) zwischen den Grenzen T_1 und T_2 zu:

$$\log \frac{(K_V)_2}{(K_V)_1} = -\frac{\Delta U}{2{,}303 \cdot R_m} \cdot \left(\frac{1}{T_2} - \frac{1}{T_1}\right) = \frac{\Delta U}{19{,}15 \cdot \text{K}^{-1} \cdot \text{mol}^{-1}} \cdot \left(\frac{T_2 - T_1}{T_1 \cdot T_2}\right) \tag{4.90}$$

und

$$\log \frac{(K_P)_2}{(K_P)_1} = -\frac{\Delta H}{2{,}303 \cdot R_m} \cdot \left(\frac{1}{T_2} - \frac{1}{T_1}\right) = \frac{\Delta H}{19{,}15 \cdot \text{K}^{-1} \cdot \text{mol}^{-1}} \cdot \left(\frac{T_2 - T_1}{T_1 \cdot T_2}\right) \tag{4.91}$$

Umgekehrt kann man aus zwei bei den Temperaturen T_1 und T_2 experimentell bestimmten Gleichgewichtskonstanten mit Hilfe von Gleichung (4.90) die Reaktionsenergie bzw. mit Hilfe von Gleichung (4.91) die Reaktionsenthalpie berechnen.
Die Van't Hoffschen Gleichungen in der Differentialform und in der integrierten Form zeigen Übereinstimmung mit der vereinfachten Clausius-Clapeyronschen Gleichung. Letztere wird auf rein physikalische Phasengleichgewichte angewandt und beschreibt z. B. die Änderung des Dampfdrucks einer Flüssigkeit mit der Temperatur oder die Änderung der Löslichkeit einer Komponente mit der Temperatur. Im ersten Fall wird K_p in den Gleichungen für einen bei konstantem Druck ablaufenden Prozeß durch den Dampfdruck der Flüssigkeit ersetzt, und ΔH ist die molare Verdampfungsenthalpie H_m. Im zweiten Fall wird K_c durch die Löslichkeit ersetzt, und ΔU ist die molare Lösungsenergie.
Da in die Gleichungen (4.90) und (4.91) das Verhältnis der Konstanten K bei zwei Temperaturen eingeht, ist es gleichgültig, in welchen Einheiten K ausgedrückt wird, wenn man nur in beiden Fällen die gleiche Einheit verwendet. (Hierzu die Aufgaben 4.4-14 bis 4.4-19).

Beispiel 10:
Für die Reaktion $N_2O_4 \rightleftharpoons 2\,NO_2$ ist $K_p = 0{,}141$ bar bei 298 K. Berechnen Sie den Wert von K_p bei 338 K, wenn die molare Reaktionsenthalpie in diesem Temperaturbereich $61{,}13\,\text{kJ}\cdot\text{mol}^{-1}$ beträgt.

Lösung:
Nach Gleichung (4.91) erhält man die um die Einheiten gekürzte Beziehung

$$\log \frac{K_p}{0{,}141 \text{ bar}} = \frac{61\,130 \cdot (338 - 298)}{19\,150 \cdot 338 \cdot 298}; \quad \log K_p = 0{,}4169.$$

$K_p = 2{,}62$ bar.

Beispiel 11:
Tetrachlorkohlenstoff CCl_4 hat bei 70 °C einen Dampfdruck von 0,829 bar und bei 80 °C von 1,117 bar. Berechnen Sie unter Verwendung der vereinfachten Clausius-Clapeyronschen Beziehung die Wärmemenge, die erforderlich ist, um 1 mol CCl_4 zu verdampfen (d. h. die molare Verdampfungsenthalpie ΔH_m).

Lösung:
Die Gleichung für die Phasenumwandlung lautet

$CCl_4(l) \rightarrow CCl_4(g)$

Für die Gleichgewichtskonstante gilt

$$K_p = \frac{a(CCl_4)(g)}{a(CCl_4)(l)} = \frac{p}{1}.$$

Die Aktivität für die Gasphase ist gleich dem Dampfdruck p, für die flüssige Phase ist sie definitionsgemäß gleich eins. K_p wird also in Gleichung (4.91) durch den Dampfdruck ersetzt.
Gleichung (4.91) ergibt dann

$$\log \frac{1{,}117 \text{ bar}}{0{,}829 \text{ bar}} = \frac{\Delta H}{19{,}15 \text{ J} \cdot \text{K}^{-1} \cdot \text{mol}^{-1}} \cdot \left(\frac{1}{343 \text{ K}} - \frac{1}{353 \text{ K}}\right);$$

$$\Delta H = \frac{19{,}15 \cdot \text{K}^{-1} \cdot \text{mol}^{-1} \cdot 343 \text{ K} \cdot 353 \text{ K}}{10 \text{ K}} \cdot \log \frac{1{,}117}{0{,}829}.$$

$\Delta H = H_m = 30{,}03$ kJ $\cdot$ mol^{-1}.

Zum Verdampfen von 1 mol CCl_4 werden 30,03 kJ verbraucht.

Beispiel 12:
Das Ionenprodukt des Wassers ist bei 15 °C $0{,}452 \cdot 10^{-14}$ mol$^2 \cdot$ l^{-2} und bei 25 °C $1{,}008 \cdot 10^{-14}$ mol$^2 \cdot$ l^{-2}. Berechnen Sie hieraus die bei der Neutralisation von 1 mol starker einwertiger Base mit 1 mol starker einwertiger Säure entwickelte Wärmemenge. Säure und Base sollen als verdünnte wäßrige Lösungen vorliegen.

Lösung:
Die Reaktionsgleichung der Neutralisation ist

$H_3O^+ + OH^- \rightarrow 2\, H_2O$

Die Massenwirkungsgleichung lautet:

$$K_c = \frac{a^2(H_2O)}{a(H_3O^+) \cdot a(OH^-)} = \frac{1}{K_w}.$$

Gleichung (4.90) ergibt

$$\log\frac{1/1{,}008 \cdot 10^{-14}}{1/0{,}4552 \cdot 10^{-14}} = \frac{\Delta U}{19{,}15 \cdot \text{K}^{-1} \cdot \text{mol}^{-1}} \cdot \left(\frac{1}{288\,\text{K}} - \frac{1}{298\,\text{K}}\right).$$

$$\Delta U = \frac{19{,}15 \cdot 288 \cdot 298}{10} \cdot \log\frac{0{,}452}{1{,}008}\,\text{J} \cdot \text{mol}^{-1};$$

$$\Delta U = -57\,247\,\text{J} \cdot \text{mol}^{-1}.$$

Die Neutralisationsenergie beträgt $-57{,}25\,\text{kJ} \cdot \text{mol}^{-1}$.

Aufgaben

4.4-1 Bei der Verbrennung von weißem Phosphor werden pro Mol gebildeten Phosphorpentoxids 1544 kJ freigesetzt, bei der Verbrennung von 1 mol rotem Phosphor 1509 kJ.
Berechnen Sie die molare Bildungsenthalpie von rotem Phosphor aus weißem Phosphor.

4.4-2 Berechnen Sie die molare Bildungsenthalpie der Ameisensäure aus den Elementen, wenn folgende thermochemische Gleichungen gegeben sind:

$$\begin{aligned} \text{C} + \text{O}_2 &\rightarrow \text{CO}_2; & \Delta H_1 &= -394\,\text{kJ} \\ \text{H}_2 + 1/2\,\text{O}_2 &\rightarrow \text{H}_2\text{O(l)}; & \Delta H_2 &= -286\,\text{kJ} \\ \text{HCOOH} + 1/2\,\text{O}_2 &\rightarrow \text{CO}_2 + \text{H}_2\text{O(l)}; & \Delta H_3 &= -276\,\text{kJ} \end{aligned}$$

4.4-3 In einer kalorimetrischen Bombe wird Methan mit Sauerstoff vollständig verbrannt, wobei 1,98 g Kohlenstoffdioxid erhalten werden. Dabei werden 40,0 kJ freigesetzt.
Berechnen Sie die molare Bildungsenthalpie des Methans. Die molaren Bildungsenthalpien des Kohlendioxids und des flüssigen Wassers können aus Aufgabe 4.4-2 entnommen werden.

4.4-4 Bei der vollständigen Verbrennung von n-Hexan C_6H_{14} werden 48,36 kJ pro g Hexan freigesetzt.
Berechnen Sie die molare Bildungsenthalpie von Hexan, wenn die molaren Bildungsenthalpien von gasförmigem Kohlendioxid $-394\,\text{kJ} \cdot \text{mol}^{-1}$ und von flüssigem Wasser $-286\,\text{kJ} \cdot \text{mol}^{-1}$ betragen.

4.4-5 Bei der vollständigen Verbrennung von 1 mol Benzol in einem geschlossenen Gefäß bei konstantem Volumen werden bei 25 °C 3268 kJ freigesetzt.
Wie groß ist die entwickelte Wärmemenge, wenn die Verbrennungsreaktion unter konstantem Druck erfolgt?

4.4-6 Bei der Verbrennung von Stärke $(C_6H_{10}O_5)_n$ zu Kohlendioxid und flüssigem Wasser werden pro Gramm 17,5 kJ freigesetzt.
Berechnen Sie die Bildungsenthalpie von 1 g Stärke. Die erforderlichen Daten können aus Aufgabe 4.4-2 entnommen werden.

4.4-7 Berechnen Sie die Bildungsenthalpie von Kaliumhydroxid aus den Elementen unter Verwendung folgender Daten:

$$\begin{aligned} \text{K} + \text{H}_2\text{O} &\rightarrow \text{KOH(aq)} + 1/2\,\text{H}_2; & \Delta H_1 &= -201\,\text{kJ} \\ \text{H}_2 + 1/2\,\text{O}_2 &\rightarrow \text{H}_2\text{O(l)}; & \Delta H_2 &= -286\,\text{kJ} \\ \text{KOH} + \text{aq} &\rightarrow \text{KOH(aq)}; & \Delta H_3 &= -55{,}6\,\text{kJ} \end{aligned}$$

4.4-8 Bei der Reaktion von 5 g Natriummetall mit einem großen Überschuß Wasser werden 39,3 kJ freigesetzt, und bei der Reaktion von 5 g Natriumoxid mit Wasser unter den gleichen Bedingungen 21,3 kJ.
Berechnen Sie die molare Bildungsenthalpie des Natriumoxids, wenn die molare Bildungsenthalpie des flüssigen Wassers -286 kJ $\cdot$ mol^{-1} beträgt.

4.4-9 Die molare Lösungsenthalpie des Kalisalpeters ist 35,5 kJ $\cdot$ mol^{-1}.
Auf welche Temperatur kühlt sich 1 l Wasser von 15 °C ab, wenn darin 15 g Salpeter gelöst werden und die Wärmekapazität der Lösung gleich der des darin enthaltenen Wassers gesetzt wird?

4.4-10 Bei der Reaktion von Natrium mit einer in einem Kalorimeter enthaltenen größeren Wassermenge stieg die Temperatur um 0,228 °C. Zur Neutralisation der Lösung wurden 29,5 ml 0,2 mol $\cdot$ l^{-1} Salzsäure verbraucht.
Wie groß ist die molare Reaktionsenthalpie der Reaktion von Natrium, wenn der Wasserwert des Kalorimeters einschließlich der Wärmekapazität des darin enthaltenen Wassers 4,59 kJ $\cdot$ K^{-1} betrug?

4.4-11 Beim Mischen von 1 mol Schwefelsäure mit n_x mol Wasser wird eine Wärmemenge Q_x frei, die nach der Formel $Q_x = -74730\ n_x/(n_x + 1,8)$ berechnet werden kann.
Berechnen Sie die Wärmemenge, die beim Vermischen eines Gemisches von 1 mol Schwefelsäure und 1 mol Wasser mit einem weiteren Mol Wasser frei wird.

4.4-12 Wassergas wird durch Überleiten von Wasserdampf über glühenden Koks bei mindestens 1000 °C gemäß folgender Reaktionsgleichung gewonnen:

$C + H_2O \rightarrow CO + H_2$.

Die Reaktion ist endotherm. Der Wärmebedarf wird in der Praxis durch abwechselndes Einblasen von Luft und Wasserdampf gedeckt, wobei der Kohlenstoff, je nach der Luftzufuhr, zu Kohlenmonoxid oder Kohlendioxid verbrannt wird.
Wieviel kg Koks werden bei der Verbrennung zu CO bzw. CO$_2$ benötigt, um eine Wärmemenge zu liefern, die bei konstantem Druck zur Umwandlung von 1 kg Koks in Wassergas notwendig ist? Für die Berechnung stehen folgende thermochemische Reaktionsgleichungen zur Verfügung:

$C + 1/2\ O_2 \rightarrow CO$;	$\Delta H_1 = -110$ kJ	(I)
$C + O_2 \rightarrow CO_2$;	$\Delta H_2 = -394$ kJ	(II)
$H_2 + \frac{1}{2}O_2 \rightarrow H_2O$;	$\Delta H_3 = -242$ kJ	(III)

Es wird angenommen, daß der Koks aus reinem Kohlenstoff besteht.

4.4-13 In einem Gasgenerator wurde ein Massenanteil von 75 % Koks zu Generatorgas (CO + 2 N$_2$) und der Rest von 25 % zu Wassergas (CO + H$_2$) umgesetzt.
a) Beschreiben Sie den Reaktionsverlauf mit einer einzigen Reaktionsgleichung.
b) Welche Wärmemenge wird pro kg Koks freigesetzt oder verbraucht?
Es gelten die folgenden thermochemischen Gleichungen:

$C + 1/2\ O_2 \rightarrow CO$; $\quad \Delta H_1 = -110$ kJ
$H_2 + 1/2\ O_2 \rightarrow H_2O$; $\quad \Delta H_2 = -242$ kJ

4.4-14 Die Gleichgewichtskonstante K_p der Reaktion

$SO_2 + 1/2\ O_2 \rightleftharpoons SO_3$

beträgt bei 727 °C 1,84 bar$^{-1/2}$ und bei 798 °C 0,943 bar$^{-1/2}$.
Berechnen Sie die Reaktionsenthalpie ΔH für die Reaktion bei 750 °C.

4.4-15 Bei der Bildung von Ammoniak aus den Komponenten werden bei 400 °C pro Mol gebildeten Ammoniaks 56,4 kJ freigesetzt.
Berechnen Sie die prozentuale Abnahme der Gleichgewichtskonstanten K_p, wenn die Temperatur auf 500 °C erhöht wird.

4.4-16 Nach Messungen von Le Chatelier ist der Partialdruck des Kohlendioxids über $CaCO_3$ bei 740 °C 340 mbar und bei 810 °C 904 mbar.
Berechnen Sie hieraus die Reaktionsenthalpie für die Bildung von $CaCO_3$ aus CaO und CO_2.

4.4-17 100 ml gesättigte Borsäurelösung enthalten bei 0 °C 1,947 g $B(OH)_3$ und bei 12 °C 2,920 g $B(OH)_3$.
Berechnen Sie die molare Lösungsenthalpie der Borsäure.

4.4-18 Berechnen Sie den Siedepunkt des Wassers bei einem Druck von 900 mbar. Der Siedepunkt des Wassers bei 1013,25 mbar wird als bekannt vorausgesetzt, und die Verdampfungsenthalpie ΔH des Wassers beträgt $2,25 \text{ kJ} \cdot \text{g}^{-1}$.

4.4-19 Diethylether siedet unter einem Druck von 1,01325 bar bei 34,6 °C.
Berechnen Sie den Dampfdruck des Ethers bei 40,0 °C, wenn seine molare Verdampfungsenthalpie ΔH $69,6 \text{ kJ} \cdot \text{mol}^{-1}$ beträgt.

4.4-20 Die Säurekonstante der Essigsäure ist bei 10 °C $1,79 \cdot 10^{-5} \text{ mol} \cdot \text{l}^{-1}$ und bei 40,0 °C $1,87 \cdot 10^{-5} \text{ mol} \cdot \text{l}^{-1}$.
Berechnen Sie die molare Dissoziationsenthalpie der Essigsäure bei 25 °C.

4.4-21 Unter Atmosphärendruck ist der Dissoziationsgrad des gasförmigen Phosgens $COCl_2$ bei 553 °C 80% und bei 603 °C 91%. Berechnen Sie die molare Reaktionsenthalpie ΔH bei der Bildung des Phosgens aus Kohlenmonoxid und Chlorgas.*

4.4-22 Die Verbindung A hat eine molare Verbrennungsenthalpie von $-2696 \text{ kJ} \cdot \text{mol}^{-1}$, die isomere Verbindung B von $-2722 \text{ kJ} \cdot \text{mol}^{-1}$. In $0,1 \text{ mol} \cdot \text{l}^{-1}$ Lösung wird bei 20,0 °C unter Einstellung des Isomerisierungsgleichgewichtes ein Massenanteil von 77,6 % der Verbindung A in die Verbindung B umgewandelt.
Wie verändert sich das Gleichgewicht, wenn die Temperatur auf 45,0 °C erhöht wird?

---

* *Ableitung von K_p*

$$COCl_2 \rightarrow CO + Cl_2$$

vor der Dissoziation: n_0 — —
im Gleichgewicht: $(1-\alpha)n_0$ αn_0 αn_0

$$p(CO) = \frac{\text{Stoffmenge CO}}{\sum \text{aller Stoffmengen}} \cdot P_{\text{ges}} = \frac{n_0 \alpha}{n_0(1-\alpha) + n_0\alpha + n_0\alpha} \cdot P_{\text{ges}} = \frac{\alpha}{1+\alpha} P_{\text{ges}}$$

$$p(Cl_2) = \frac{\text{Stoffmenge } Cl_2}{\sum \text{aller Stoffmengen}} \cdot P_{\text{ges}} = \frac{n_0 \alpha}{n_0(1-\alpha) + n_0\alpha + n_0\alpha} \cdot P_{\text{ges}} = \frac{\alpha}{1+\alpha} P_{\text{ges}}$$

$$p(COCl_2) = \frac{\text{Stoffmenge } COCl_2}{\sum \text{aller Stoffmengen}} \cdot P_{\text{ges}} = \frac{n_0(1-\alpha)}{n_0(1-\alpha) + n_0\alpha + n_0\alpha} \cdot P_{\text{ges}} = \frac{1-\alpha}{1+\alpha} P_{\text{ges}}$$

$$K_p = \frac{\frac{\alpha}{1+\alpha} P_{\text{ges}} \cdot \frac{\alpha}{1+\alpha} P_{\text{ges}}}{\left(\frac{1-\alpha}{1+\alpha}\right) \cdot P_{\text{ges}}} = \frac{\alpha^2}{(1-\alpha)(1+\alpha)} P_{\text{ges}} = \frac{\alpha^2}{1-\alpha^2} P_{\text{ges}}$$

4.5 Chemische Kinetik

Die Reaktionsgeschwindigkeit

In der *chemischen Kinetik* wird untersucht, wie die Geschwindigkeiten chemischer Reaktionen von den Stoffmengen der daran beteiligten Edukte und Produkte, von der Temperatur, dem Druck und von anderen äußeren Faktoren abhängen.
Ein für die Reaktionskinetik grundlegender Begriff ist die *Reaktionsgeschwindigkeit*. Darunter versteht man die während eines genau definierten kurzen Zeitintervalls umgewandelte oder gebildete Stoffmenge eines an einer Reaktion beteiligten Eduktes oder Produktes, multipliziert mit dem Reziprokwert seines stöchiometrischen Koeffizienten, v^{-1}. Wenn eine chemische Reaktion in einer Lösung abläuft, betrachtet man in der Regel nicht die Stoffmengen der Reaktanden, sondern eine diesen Stoffmengen proportionale Gehaltsgröße, wie z. B. die Stoffmengenkonzentration oder die Molalität. Verändert der Reaktand während des Zeitintervalls Δt seine Konzentration um den Betrag Δc und wird Δt sehr klein, dann ist es besonders zweckmäßig, statt des Differenzenquotienten $\Delta c/\Delta t$ den Differentialquotienten dc/dt zu verwenden. Die Differentialgleichungen, die sich für kinetische Prozesse aufstellen lassen, kann man dann durch Integration in eine einfach lösbare Form bringen. Es gibt zwei prinzipiell unterschiedliche Möglichkeiten der Aufstellung der kinetischen Differentialgleichungen. Bezieht sich darin dc auf einen Ausgangsstoff i, dessen Konzentration während der Reaktion abnimmt, dann ist das Vorzeichen vor dc negativ, und die Reaktionsgeschwindigkeit wird daher $v_i^{-1} \cdot (-dc_i/dt)$ geschrieben. Wenn aber dc sich auf ein Reaktionsprodukt bezieht, ist das Vorzeichen positiv. In den kinetischen Gleichungen dieses Kapitels soll sich dc vorwiegend auf ein Reaktionsprodukt beziehen und dann ein positives Vorzeichen haben. Den Differentialquotienten dc_i/dt bezeichnet man, abhängig vom Vorzeichen, entweder als Bildungs- oder Zerfallsgeschwindigkeit der Reaktionskomponente i. Ist der Reaktionskoeffizient der Komponente i gleich 1, dann stimmt deren Bildungs- oder Zerfallsgeschwindigkeit mit der für alle Reaktionskomponenten gültigen Reaktionsgeschwindigkeit überein.

> **Grundgesetz der chemischen Kinetik:**
> Bei einer in einer homogenen Mischphase ablaufenden Reaktion ist die Reaktionsgeschwindigkeit zu jedem Zeitpunkt dem Produkt der Konzentrationen der reagierenden Stoffe proportional.

Jede Konzentration soll daher in der kinetischen Gleichung in eine Potenz erhoben werden, die gleich dem Koeffizienten des zugehörigen Stoffes in der Reaktionsgleichung ist, d. h. der Anzahl der Moleküle (oder Ionen) entspricht, mit denen der Stoff an der Reaktion teilnimmt.

Es soll angenommen werden, daß eine in einer Richtung verlaufende, praktisch *irreversible Reaktion* in einer homogenen Mischphase (Gasgemisch oder Lösung) nach folgender Reaktionsgleichung abläuft:

$$v_1 \cdot A_1 + v_2 \cdot A_2 + \cdots \rightarrow v_3 \cdot A_3 + v_4 \cdot A_4 + \cdots \quad (4.92)$$

Wenn die Konzentrationen der reagierenden Stoffe A_1, A_2 usw. mit den Reaktionskoeffizienten v_1, v_2 usw. zum Zeitpunkt t mit c_1, c_2 usw. bezeichnet werden, so ist nach dem oben genannten Grundgesetz die Reaktionsgeschwindigkeit gegeben zu:

$$-\frac{1}{v_1} \cdot \frac{dc_1}{dt} = k \cdot c_1^{v_1} \cdot c_2^{v_2}. \quad (4.93)$$

k ist eine für die Reaktion charakteristische, konzentrationsunabhängige Proportionalitätskonstante, die *Reaktionsgeschwindigkeitskonstante*. Ihr Zahlenwert hängt von den angewandten Zeiteinheiten und bei Reaktionsordnungen n > 1 auch von der angewandten Konzentrationseinheit ab. Außerdem hängt sie von der Temperatur, von der Art und Menge etwa anwesender Katalysatoren sowie oft auch vom Medium ab (Lösungsmittel, anwesende Elektrolytsalze), in dem die Reaktion abläuft.

Die Reaktionsgeschwindigkeit ist hier auf die Änderung der Konzentrationen aller an der Reaktion beteiligten Stoffe bezogen. Wird dagegen die Bildungs- oder Zerfallsgeschwindigkeit eines bestimmten Reaktanden i betrachtet und das Stoffmengenverhältnis der in die Reaktionsgleichung eingehenden Reaktanden ist ungleich 1, so bezieht sich die Bildungs- oder Zerfallsgeschwindigkeitskonstante k_i auch nur auf diesen Stoff. Rechnet man dagegen mit einem anderen an der Reaktion beteiligten Stoff, so wird k_i um einen Faktor geändert, der gleich dem Verhältnis der Koeffizienten dieser Stoffe in der Reaktionsgleichung ist. Werden die Konzentrationen in $mol \cdot l^{-1}$ angegeben, so folgt aus Gleichung (4.92), daß

$$-\frac{1}{v_1} \cdot \frac{dc_1}{dt} = -\frac{1}{v_2} \cdot \frac{dc_2}{dt} = +\frac{1}{v_3} \cdot \frac{dc_3}{dt} = +\frac{1}{v_4} \cdot \frac{dc_4}{dt}.$$

Die kinetische Untersuchung einer chemischen Reaktion zielt in erster Linie darauf ab, die *Reaktionsordnung* zu bestimmen. Diese ist bei einer irreversibel von links nach rechts verlaufenden Reaktion gleich der Summe der Koeffizienten $v_1 + v_2 + \cdots$ der Edukte (4.92). Betrachtet man nicht die Summe der Koeffizienten, sondern jeden Koeffizienten für sich, so gibt er jeweils die Reaktionsordnung in Bezug auf die zugehörige Komponente an. Je nachdem, ob die Koeffizientensumme den Zahlenwert 1, 2 oder 3 hat, spricht man von einer Reaktion erster, zweiter oder dritter Ordnung. Reaktionen höherer als dritter Ordnung sind selten und werden hier nicht behandelt. Ist die Reaktionsgeschwindigkeit unabhängig von der Konzentration, so bezeichnet man den Reaktionsverlauf mit *nullter Ordnung*. Hierher gehören u. a. heterogene Reaktionen mit starker Adsorption an den Phasengrenzen. Stoffe, die in Gleichung (4.93) mit rationalem Exponenten eingehen, ihre Konzentration aber bei der Reaktion nicht verändern, bezeichnet man als Katalysatoren. Reaktionsordnungen sind experimentell zu bestimmende Daten. Sie dürfen nicht aus der Bruttoreaktionsgleichung mittels des Massenwirkungsgesetzes abgeleitet werden.

Von der Reaktionsordnung streng zu unterscheiden ist die Molekularität einer Reaktion. Sie gibt an, wie viele Moleküle bei einem Elementarakt der Reaktion zusammenstoßen, um dann miteinander zu reagieren. Eine Reaktion kann als monomolekular, bimolekular oder trimolekular bezeichnet werden. Bei einer monomolekularen (auch unimolekularen) Reaktion ist jeweils nur ein einziges Molekül einem Zerfall oder einer Umwandlung unterworfen (A → B_1 + B_2 + · · ·). Bei einer bimolekularen Reaktion müssen jeweils zwei Moleküle einen Zusammenstoß erfahren, damit eine Umsetzung erfolgen kann, und zwar entweder zwei gleiche (A_1 + A_1 → B_1 + B_2 + · · ·) oder auch zwei verschiedene Moleküle (A_1 + A_2 → B_1 + B_2 + · · ·). Höhere Molekularitäten sind wegen der geringen Stoßwahrscheinlichkeiten äußerst selten. Reaktionsordnung und Reaktionsmolekularität können zahlenmäßig übereinstimmen, müssen dies aber nicht.

Reaktionen erster Ordnung

Die Reaktionsgeschwindigkeit einer Reaktion erster Ordnung ist der Konzentration nur eines reagierenden Stoffes proportional. Wird die Konzentration dieses Stoffes zu Beginn der Reaktion mit c_a und zur Zeit t mit $c_a - c_x$ bezeichnet (die Konzentration c_x ist also die zum Zeitpunkt t umgesetzte Stoffmenge, bezogen auf das vorliegende Reaktionsvolumen), so kann der Reaktionsverlauf* nach Gleichung (4.92) mit folgender Differentialgleichung beschrieben werden:

$$-\frac{d(c_a - c_x)}{dt} = k_1 \cdot (c_a - c_x). \tag{4.94}$$

Der Differentialquotient läßt sich in zwei Glieder aufteilen und ergibt dann mit der Randbedingung $dc_a/dt = 0$:

$$-\frac{d(c_a - c_x)}{dt} = -\frac{dc_a}{dt} + \frac{dc_x}{dt} = \frac{dc_x}{dt}. \tag{4.95}$$

Die erste Differentialgleichung kann deshalb zu

$$\frac{dc_x}{dt} = k_1 \cdot (c_a - c_x) \tag{4.96}$$

vereinfacht werden.

---

* Bei den hier behandelten Geschwindigkeitsgleichungen 1., 2. und 3. Ordnung wird für alle Reaktanden der stöchiometrische Koeffizient 1 angenommen, um eine unübersichtliche Formelschreibweise zu vermeiden. Zu den allgemeingültigen Geschwindigkeitsgleichungen s. die Lehrbücher der physikalischen Chemie.

Diese Gleichung wird zuerst umgeformt in

$$\frac{dc_x}{c_a - c_x} = k_1 \cdot dt$$

und ergibt dann bei der Integration

$$-\ln(c_a - c_x) = k_1 \cdot t + C \tag{4.97}$$

Nun ist für $t = 0$ auch $c_x = 0$. Somit erhält man für die Integrationskonstante C

$$C = -\ln c_a. \tag{4.98}$$

Einsetzen in Gleichung (4.97) und Umformung ergibt

$$k_1 = \frac{1}{t} \cdot \ln \frac{c_a}{c_a - c_x} \tag{4.99}$$

oder nach Umrechnung in dekadische Logarithmen

$$k_1 = \frac{2{,}303}{t} \cdot \log \frac{c_a}{c_a - c_x}. \tag{4.100}$$

Sind n_1 und n_2 die nach den Zeitintervallen t_1 und t_2 umgesetzten Stoffmengen mit den zugehörigen Konzentrationen c_{x1} und c_{x2}, so erhält man daraus

$$k_1 \cdot t_1 = 2{,}303 \cdot \log \frac{c_a}{c_a - c_{x1}} \tag{4.101}$$

und

$$k_1 \cdot t_2 = 2{,}303 \cdot \log \frac{c_a}{c_a - c_{x2}}. \tag{4.102}$$

Aus diesen beiden Gleichungen erhält man nach Umformung

$$k_1 = \frac{2{,}303}{t_2 - t_1} \cdot \log \frac{c_a - c_{x1}}{c_a - c_{x2}}. \tag{4.103}$$

In bestimmten Fällen kann es günstiger sein, von Gleichung (4.99) zur Exponentialform

$$c_a - c_x = c_a \cdot e^{-k_1 \cdot t} \tag{4.104}$$

überzugehen.

Aus der Form der Gleichungen (4.100) und (4.104) erkennt man, daß der Wert der Konstanten k_1 unabhängig von der Einheit ist, in der die Konzentration angegeben wird. Die Konzentrationen c_a und $c_a - c_x$ müssen selbstverständlich in derselben Einheit angegeben werden, normalerweise in mol·l^{-1}. Bei Gasphasenreaktionen kann man auch die Partialdrücke angeben. Der Zahlenwert der Konstanten ist dagegen von den angewandten Zeiteinheiten (s, min oder h) abhängig. Ihre Einheit ist Zeiteinheit^{-1}, z. B. s^{-1}.

Das wichtigste Beispiel für Reaktionen erster Ordnung ist der radioaktive Zerfall von Elementen, der außerdem streng mononuklear erfolgt (s. Kapitel 4.7).

Anstelle der Geschwindigkeitskonstanten k_1 wird, besonders beim radioaktiven Zerfall, die *Halbwertszeit* $t_{1/2}$ angegeben. Darunter versteht man die Zeit, die für die Umwandlung der Hälfte einer gegebenen Stoffportion benötigt wird. Für eine Reaktion erster Ordnung erhält man aus Gleichung (4.100) für $c_a - c_x = c_a/2$

$$t_{1/2} = \frac{\ln 2}{k_1} = \frac{0{,}693}{k_1} \tag{4.105}$$

Die Halbwertszeit ist ein anschaulicheres Maß für die Geschwindigkeit einer Reaktion als die Geschwindigkeitskonstante k_1.

Reaktionen zweiter Ordnung

Behandelt werden soll zuerst der allgemeine Fall, daß eine Reaktion zwischen zwei Stoffen A_1 und A_2 mit verschiedenen Anfangskonzentrationen c_1 und c_2 der Reaktionspartner abläuft und diese im stöchiometrischen Stoffmengenverhältnis 1 miteinander reagieren. Wenn zum Zeitpunkt t c_x mol·l^{-1} des Stoffes A_1 umgesetzt worden sind, so ist in der gleichen Zeit auch der Umsatz von c_x mol·l^{-1} des Stoffes A_2 erfolgt. Die noch vorhandene Konzentration von A_1 zur Zeit t ist also $c_1 - c_x$ und diejenige von A_2 ist $c_2 - c_x$. Man erhält also nach dem Grundgesetz der Kinetik

$$\frac{dc_x}{dt} = k_2 \cdot (c_1 - c_x) \cdot (c_2 - c_x). \tag{4.106}$$

Diese Gleichung wird umgeformt zu

$$\frac{dc_x}{(c_1 - c_x) \cdot (c_2 - c_x)} = k_2 \cdot dt.$$

Um den linken Ausdruck integrieren zu können, wird er in Partialbrüche zerlegt. Man erhält dann

$$\frac{dc_x}{c_1 - c_2} \cdot \left(\frac{1}{c_2 - c_x} - \frac{1}{c_1 - c_x} \right) = k_2 \cdot dt$$

Die Integration liefert

$$-\frac{1}{c_1 - c_2} \cdot [\ln(c_2 - c_x) - \ln(c_1 - c_x)] = k_2 \cdot t + \mathrm{C}. \tag{4.107}$$

Die Integrationskonstante C erhält man über die Anfangsbedingung $c_x = 0$ für $t = 0$. Nach Einsetzen dieses Ausdrucks für C in die letzte Gleichung und Umformung erhält man

$$k_2 = \frac{2{,}303}{t \cdot (c_1 - c_2)} \cdot \log \frac{c_2 \cdot (c_1 - c_x)}{c_1 \cdot (c_2 - c_x)} \tag{4.108}$$

Wie aus dieser Gleichung hervorgeht, ist die Einheit von k_2 davon abhängig, in welchen Einheiten die Zeit und die Konzentration angegeben werden. Weil in Gleichung (4.108) sowohl $(c_1 - c_2)$ als auch t im Nenner stehen und c die Einheit $\mathrm{mol} \cdot \mathrm{m}^{-3}$ hat, ist eine Einheit von k_2 beispielsweise $\mathrm{m}^3 \cdot \mathrm{mol}^{-1} \cdot \mathrm{s}^{-1}$.
Ist ein Stoff wie beispielsweise A_1 in so hohem Überschuß vorhanden, daß sowohl c_2 als auch c_x gegenüber c_1 vernachlässigt werden können, so kann man Gleichung (4.108) auch folgendermaßen schreiben:

$$k_2 \cdot c_1 = \frac{2{,}303}{t} \cdot \log \frac{c_2}{c_2 - c_x}. \tag{4.109}$$

Man erhält also den gleichen zeitlichen Reaktionsverlauf wie für eine Reaktion erster Ordnung, jedoch mit der Geschwindigkeitskonstanten $k_2 \cdot c_1$. Dies ist eine Reaktion *pseudoerster* Ordnung. Wenn Reaktionsordnung und Molekularität übereinstimmen, kann man sagen, daß die in Wirklichkeit bimolekulare Reaktion den gleichen zeitlichen Verlauf wie eine monomolekulare Reaktion hat. Wichtige Beispiele für solche pseudomonomolekularen Reaktionen sind alle Reaktionen, an denen das in großem Überschuß vorliegende Lösungsmittel beteiligt ist (s. die Aufgaben 4.5-1 und 4.5-7).
Haben beide an einer Reaktion zweiter Ordnung beteiligten Stoffe die gleiche Anfangskonzentration c_1 und reagieren sie im stöchiometrischen Stoffmengenverhältnis 1, so kann der zeitliche Reaktionsverlauf durch die vereinfachte Gleichung

$$\frac{dc_x}{dt} = k_2 \cdot (c_1 - c_x)^2$$

beschrieben werden. Die Integration ergibt

$$\frac{1}{c_1 - c_x} = k_2 \cdot t + \mathrm{C}. \tag{4.110}$$

Für $t = 0$ ist $c_x = 0$, also gilt für die Integrationskonstante $C = 1/c_1$. Einsetzen dieses Wertes von C ergibt

$$k_2 = \frac{1}{t} \cdot \frac{c_x}{c_1 \cdot (c_1 - c_x)} \tag{4.111}$$

Bei der Durchführung einer kinetischen Versuchsreihe strebt man an, mehrere zusammengehörige Wertepaare von t und c_x zu bestimmen. Durch Einsetzen dieser Wertepaare in die Gleichungen (4.100), (4.108) oder (4.111) erhält man mehrere Werte für die Geschwindigkeitskonstante, woraus ein Mittelwert bestimmt werden kann.

In vielen Fällen kann es vorteilhaft sein, die Reaktionsordnung und den Zahlenwert der Geschwindigkeitskonstanten auf graphischem Wege zu ermitteln. Bei einer Reaktion erster Ordnung wird hierfür $\log(c_a - c_x)$ als Ordinatenwert gegen t als Abszissenwert aufgetragen, wobei man gemäß Gleichung (4.97) eine Gerade erhalten muß. Die Steigung der Geraden, d. h. der Tangens ihres Neigungswinkels mit umgekehrtem Vorzeichen und multipliziert mit 2,303 ergibt den Zahlenwert von k_2. Einfacher läßt sich die Reaktionsgeschwindigkeitskonstante k_2 auf halblogarithmischem Papier bestimmen. Als Ordinatenwerte werden direkt die $(c_a - c_x)$-Werte aufgetragen. Bei einer Reaktion zweiter Ordnung mit den beiden reagierenden Stoffen im stöchiometrischen Stoffmengenverhältnis 1 wird nach Gleichung (4.110) $1/(c_1 - c_x)$ gegen t aufgetragen. Die Steigung der ermittelten Geraden ergibt direkt den Wert von k_2. Wenn Gleichung (4.108) Gültigkeit hat, trägt man

$$\log \frac{c_2 \cdot (c_1 - c_x)}{c_1 \cdot (c_2 - c_x)}$$

gegen t auf. In diesem Fall ergibt die Steigung der Geraden, multipliziert mit $2,303/(c_1 - c_2)$, den Wert von k.

Wichtig ist, zu beachten, daß die kinetisch bestimmte Reaktionsordnung nicht immer den Koeffizienten in der Bruttoreaktionsgleichung, die die stöchiometrischen Stoffmengen der Reaktanden ausdrücken, entspricht. Das hängt oft damit zusammen, daß die Reaktion in mehreren Stufen (Teilreaktionen) mit verschiedenen Geschwindigkeiten verläuft. Die langsamste Teilreaktion bestimmt in einem solchen Fall die Reaktionsordnung des Gesamtverlaufs.

Ein erläuterndes Beispiel dazu ist die Reaktion zwischen Bromwasserstoffsäure und Bromsäure in verdünnter wäßriger Lösung. Nach der als gesichert geltenden stöchiometrischen Bruttoreaktionsgleichung $5 \text{ HBr} + \text{HBrO}_3 \rightarrow 3 \text{ Br}_2 + 3 \text{ H}_2\text{O}$ sollte man erwarten, daß diese Reaktion nach sechster Reaktionsordnung, oder, unter Berücksichtigung der Protolysereaktionen beider Säuren (Ausbildung von 12 Ionen) sogar nach zwölfter Ordnung verläuft. Kinetische Untersuchungen zeigten dagegen, daß die Reaktionsgeschwindigkeit dem Konzentrationsprodukt $c^2(\text{H}^+) \cdot c(\text{Br}^-) \cdot c(\text{BrO}_3^-)$ proportional ist, daß also eine Reaktion vierter Ordnung vorliegt. Durch kinetische Untersuchungen ist es also möglich, sich vom wirklichen Verlauf einer Reaktion, dem Reaktionsmechanismus, eine Vorstellung zu verschaffen.

Reaktionen höherer Ordnung

Reaktionen dritter und höherer Ordnung, bei denen die Reaktionspartner alle die gleichen Anfangskonzentrationen haben, lassen sich kinetisch noch verhältnismäßig einfach beschreiben. Die Differentialgleichung n-ter Ordnung mit $c_a = c_b = c_c = \cdots = c_n$ lautet in solch einem Fall:

$$\frac{dc_x}{dt} = k_a \cdot (c_a - c_x)^n.$$

Durch Integration zwischen den Grenzen 0 und t erhält man daraus dann folgende Beziehung:

$$k_a \cdot t = \frac{1}{n-1} \cdot \left(\frac{1}{(c_a - c_x)^{n-1}} - \frac{1}{c_a^{n-1}} \right); n \neq 1. \tag{4.112}$$

Diese Gleichung kann man auch für Reaktionen mit gebrochener Reaktionsordnung einsetzen. Reaktionen dritter und höherer Ordnung mit den Reaktanden in ungleichen Anfangskonzentrationen lassen sich ebenfalls mathematisch beschreiben. Ihre Differentialgleichungen führen jedoch bei der Integration zu relativ unhandlichen Ausdrücken, die hier nicht vorgestellt werden sollen.
Allgemein kann man beim Vergleich des zeitlichen Verlaufes von Reaktionen unterschiedlicher Reaktionsordnungen feststellen, daß bei gleicher Anfangsgeschwindigkeit die Reaktiosgeschwindigkeit mit steigender Reaktionsordnung einen schnelleren zeitlichen Abfall zeigt.

Die Kinetik reversibler Reaktionen

Die bisher behandelten Fälle beziehen sich auf *irreversible* Reaktionen, die nur in einer Richtung verlaufen. Wir wollen jetzt auch eine *reversible* Reaktion in einer homogenen Mischphase betrachten,

$$v_1 \cdot A_1 + v_2 \cdot A_2 + \cdots \underset{k_{\text{rück}}}{\overset{k_{\text{hin}}}{\rightleftharpoons}} v_3 \cdot A_3 + v_4 \cdot A_4 + \cdots,$$

bei der auch die Rückreaktion beachtet werden muß. Wenn zum Zeitpunkt t die Konzentrationen der Stoffe A_1 mit c_1, von A_2 mit c_2, von A_3 mit c_3 und von A_4 mit c_4 gegeben sind und die Geschwindigkeitskonstanten der beiden in entgegengesetzter Richtung verlaufenden Reaktionen mit k_{hin} und $k_{\text{rück}}$ bezeichnet werden, so wird A_1 mit einer Reaktionsgeschwindigkeit

$$v_1 = k_{\text{hin}} \cdot c_1^{v_1} \cdot c_2^{v_2} \cdots$$

verbraucht. v_1 ist hier definiert als $v_1 = -1/v_1 (dc_1/dt)$.

Gleichzeitig wird aber bei der Rückreaktion A_1 mit der Geschwindigkeit

$$v_2 = k_{\text{rück}} \cdot c_3^{v_3} \cdot c_4^{v_4} \cdots$$

gebildet. Die Gesamtgeschwindigkeit, mit der A_1 gebildet wird, ist also $v = v_2 - v_1$. Gleichgewicht im Reaktionssystem wird dann erreicht, wenn die Hin- und Rückreaktion mit gleicher Geschwindigkeit verlaufen, wenn also die Bedingung $v_1 = v_2$ erfüllt ist. In diesem Falle ist die Zusammensetzung des Systems konstant und von der Zeit unabhängig. Dieser Zustand wird nach der obigen Betrachtungsweise als *dynamisches Gleichgewicht* bezeichnet. Nach Gleichgewichtseinstellung werden also die rechten Seiten der beiden Geschwindigkeitsgleichungen gleich. Wenn die Konzentrationen im Gleichgewicht mit c_1, c_2, c_3 und c_4 bezeichnet werden, erhält man

$$k_{\text{hin}} \cdot c_1^{v_1} \cdot c_2^{v_2} \cdots = k_{\text{rück}} \cdot c_3^{v_3} \cdot c_4^{v_4} \cdots.$$

Durch geringfügige Umformung erhält man aus dieser Beziehung das Massenwirkungsgesetz für die Gleichgewichtsreaktion, in dem die Gleichgewichtskonstante gleich dem Quotienten aus den Geschwindigkeitskonstanten der Hin- und Rückreaktion ist.

$$K = \frac{k_{\text{hin}}}{k_{\text{rück}}}. \tag{4.113}$$

(Dies ist eine anschauliche, aber nicht allgemeingültige Ableitung des Massenwirkungsgesetzes. Eine exakte Ableitung dieses Gesetzes liefert die chemische Thermodynamik.)

Temperaturabhängigkeit der Reaktionsgeschwindigkeit

Die Temperatur hat mit einigen wenigen Ausnahmen (z. B. bei Kernreaktionen, Kapitel 4.7) oberhalb eines bestimmten Grenzwertes einen großen Einfluß auf die Reaktionsgeschwindigkeit. Eine Faustregel sagt, daß eine Temperaturerhöhung um 10 °C die Reaktionsgeschwindigkeit verdoppelt bis verdreifacht.
Ein quantitativer Ausdruck für den Zusammenhang zwischen der Geschwindigkeitskonstanten k und der thermodynamischen Temperatur T wurde 1889 von Arrhenius als beste erste Näherung aufgestellt:

$$\ln k = \ln A - \frac{E_a}{R_m \cdot T} \tag{4.114}$$

Danach ist der Logarithmus der Reaktionsgeschwindigkeitskonstante eine lineare Funktion des Reziprokwerts der thermodynamischen Temperatur. In Differentialform geschrieben hat diese Funktion ein der *van't Hoffschen Reaktionsisochore* (S. 298) analoges Aussehen:

$$\frac{d \ln k}{dt} = \frac{E_a}{R_m \cdot T^2}$$

Diese Gleichung kann man auch in folgenden Exponentialausdruck umformen:

$$k = A \cdot e^{-E_a/R_m \cdot T}. \tag{4.115}$$

Er liefert ein Maß für den Bruchteil der im Reaktionssystem vorhandenen Moleküle, der eine für die Reaktion ausreichend hohe kinetische Energie hat; E_a wird *Aktivierungsenergie* genannt. Sie wird in $J \cdot mol^{-1}$ angegeben. Die molare Gaskonstante R_m hat hier den Wert $8{,}315 \, J \cdot K^{-1} \cdot mol^{-1}$. Der Proportionalitätsfaktor A, auch präexponentieller Faktor genannt, ist ein Maß für die Häufigkeit einer bei Molekülzusammenstößen erfolgenden chemischen Reaktion. Durch die Beziehung $A = P \cdot Z$ mit P als Wahrscheinlichkeitsfaktor eines wirksamen Stoßes und Z als Stoßzahl kann man die Herkunft von A aus der klassischen Boltzmann-Statistik erkennen. Bei bimolekularen Gasreaktionen kann A zu den Stoffmengen der reagierenden Molekülarten A_1 und A_2 in Beziehung gesetzt werden, die pro Sekunde in $1 \, m^3$ Gasraum Kollisionen erfahren. A hat die Einheit $m^3 \cdot mol^{-1} \cdot s^{-1}$ und kann als die Geschwindigkeitskonstante bezeichnet werden, die sich ergeben würde, wenn alle Kollisionen zur Reaktion führen würden. Für Reaktionen n-ter Ordnung hat A dieselbe Einheit wie die Geschwindigkeitskonstante, nämlich $(m^3 \cdot mol^{-1})^{n-1} \cdot s^{-1}$.

Wenn Berechnungen mit der *Arrhenius-Gleichung* erfolgen sollen, benutzt man sie vorteilhaft in logarithmierter Form oder nach Umrechnung in dekadische Logarithmen und Einführung des Zahlenwertes für R_m:

$$\log k = -\frac{E_a}{2{,}303 \, R_m \cdot T} + \log A = -\frac{E_a}{19{,}15 \, J \cdot K^{-1} \cdot mol^{-1} \cdot T} + \log A. \tag{4.116}$$

Wird $\log k$ graphisch gegen $1/T$ aufgetragen, so erhält man eine Gerade, aus deren Steigung man E_a bestimmen kann. Durch Einsetzen des so erhaltenen Wertes von E_a in Gleichung (4.116) erhält man $\log A$ für zusammengehörige Werte von k und T.

Aufgaben

4.5-1 Rohrzucker zerfällt in verdünnter wäßriger Lösung nach der Gleichung

$C_{12}H_{22}O_{11} + H_2O \rightarrow C_6H_{12}O_6 + C_6H_{12}O_6$.
Rohrzucker-2   Glucose   Fruktose

in Glucose und Fruktose. Die Spaltungsreaktion (auch Rohrzuckerinversion genannt), wird von Wasserstoffionen katalysiert. Man kann sie dadurch verfolgen, daß man in einem

Polarimeter bestimmt, wie der Drehungswinkel der Ebene linear polarisierten Lichtes, das durch eine mit der Zuckerlösung gefüllte Küvette fällt, sich mit der Zeit t ändert. Rohrzucker dreht die Polarisationsebene im Uhrzeigersinn und wird deshalb auch als rechtsdrehend bezeichnet, während ein Gemisch von Glucose und Fruktose eine Drehung gegen den Uhrzeigersinn bewirkt, also linksdrehend ist. Bei einem Spaltungsversuch von Rohrzucker in verdünnter wäßriger Lösung bei 25 °C, der durch Zugabe von verdünnter Milchsäurelösung gestartet wurde, fand Wilhelm Ostwald in Abhängigkeit von der Versuchszeit für den Drehungswinkel folgende Werte:

t(min)	0	1435	4315	11360	16935	29930	∞
α(rad)	34,50	31,10	25,00	13,98	7,57	−1,65	−10,77

Schätzen Sie die Reaktionsordnung dieser Reaktion ab und berechnen Sie den Wert der Reaktionsgeschwindigkeitskonstante.

4.5-2 Methylacetat $CH_3-COOCH_3$ wird bei einem Verseifungsversuch in 0,1789 mol $\cdot l^{-1}$ Salzsäurelösung bei 25 °C hydrolysiert. Den Reaktionsverlauf kann man verfolgen, indem man zu geeigneten Zeitpunkten mit einer Pipette aliquote Volumina der Lösung entnimmt und sie mit Natronlauge (Indikator Phenolphthalein) titriert.
Bestimmen Sie auf graphischem Wege die Reaktionsordnung und berechnen Sie die Geschwindigkeitskonstante aus folgenden experimentellen Daten:

t(min)	0	113	170	299	421	563	∞
NaOH(ml)	35,78	37,56	38,36	40,00	41,33	42,66	49,54

4.5-3 In einer Untersuchung sollte der zeitliche Verlauf der Verseifungsreaktion von Propionsäureethylester in alkalischer wäßriger Lösung bestimmt werden, die nach folgender Reaktionsgleichung abläuft:

$$C_6H_5-COOC_2H_5 + OH^- \rightarrow C_2H_5-COO^- + C_2H_5OH.$$

Dazu wurde eine Lösung hergestellt, bei der die Anfangskonzentrationen von Ester und Natronlauge gleich waren, nämlich jeweils 0,025 mol $\cdot l^{-1}$. Zu verschiedenen Zeiten t wurden aus dem Reaktionsgemisch Proben entnommen und die Hydroxidionenkonzentrationen durch Titration mit Säure bestimmt. Bei 20 °C erhielt man nach Ablauf der angegebenen Reaktionszeiten folgende Titrationsergebnisse:

t(min)	0	5	10	20	60
$c(OH^-) \cdot 10^3 (mol \cdot l^{-1})$	25,00	15,53	11,26	7,27	3,01

Zeigen Sie auf, daß die Verseifungsreaktion nach zweiter Reaktionsordnung verläuft und bestimmen Sie die Geschwindigkeitskonstante.

4.5-4 Wie ändert sich die Halbwertszeit bei der in Aufgabe 4.5-3 aufgeführten Reaktion, wenn der Gehalt an Ester und Lauge auf 1/10 herabgesetzt wird? Nach welchen Zeiten ist in beiden Fällen die Konzentration des Esters auf 1 % der Ausgangskonzentration gesunken?

4.5-5 Bei kinetischen Untersuchungen schnell verlaufender Reaktionen muß man, wenn man den Reaktionsverlauf durch Analyse entnommener Proben verfolgen will, dafür Sorge tragen, daß die Reaktion in jeder entnommenen Probe im Moment der Entnahme unterbrochen wird. Im Falle von Esterverseifungen und gleichartigen Reaktionen in alkalischen Lösungen kann dies dadurch geschehen, daß man die Probe in ein abgemessenes Volumen Säure mit bekanntem Gehalt schüttet, der so abgestimmt ist, daß die Lösung nach der momentan verlaufenden Neutralisationsreaktion schwach sauer reagiert und die Verseifungsreaktion zum Stillstand kommt. In einer Versuchsserie über die Verseifungsgeschwindigkeit von Ethylacetat ging man dabei auf folgende Weise vor: Zu verschiedenen Zeitpunkten t wurden

Proben von je 50 ml mit einer Pipette aus dem Reaktionsgemisch entnommen und schnell 15 ml 0,0400 mol·l^{-1} Salzsäure zugefügt. (Um eine Temperaturerhöhung aufgrund der Neutralisationswärme zu verhindern, kann im Bedarfsfall die Säure mit Eis gekühlt sein). Der Überschuß an Säure wurde mit CO_2-freier Natronlauge titriert (Indikator Phenolphthalein). Bei den Titrationen wurden nach den angegebenen Reaktionszeiten folgende Volumina Lauge verbraucht:

t(min)	0	8,57	17,75	30,75	80,22	∞
V(ml)	3,08	8,60	12,11	15,26	20,00	24,41

15 ml 0,0400 mol·l^{-1} Salzsäure verbrauchten bei der Titration 28,08 ml Lauge.
Berechnen Sie die Geschwindigkeitskonstante dieser Reaktion zweiter Ordnung in l·mol^{-1}·min^{-1}.

4.5-6 Die Geschwindigkeit der Reaktion zwischen einem Alkylbromid und Natriumthiosulfat gemäß der Gleichung

$$RBr + S_2O_3^{2-} \to RSSO_3^- + Br^-$$

kann man leicht dadurch verfolgen, daß man aus dem Reaktionsgemisch nach unterschiedlichen Reaktionszeiten Proben entnimmt und durch Titration mit Iod den Gehalt des Thiosulfats bestimmt. Um die Reaktion in den entnommenen Proben zu verlangsamen, werden die Proben gleich nach der Entnahme in eisgekühltes Wasser pipettiert. Bei einer Versuchsserie mit n-Propylbromid in schwach alkalischer Pufferlösung bei 37,5 °C erhielt man folgende Versuchsergebnisse (V = Anzahl ml Iodlösung der Äquivalentkonzentration 0,02572 mol·l^{-1} 1/2 I_2, die bei der Titration von 10,02 ml Probe verbraucht wurden).

t(s)	0	2,01	3,19	5,05	11,23	∞
V(ml)	37,63	33,63	31,90	29,86	26,01	22,24

Bestimmen Sie graphisch die Reaktionsordnung und berechnen Sie die Geschwindigkeitskonstante.

4.5-7 In bestimmten Fällen kann man den zeitlichen Verlauf einer Reaktion dadurch studieren, daß man die bei der Reaktion eintretenden Volumenveränderungen bei konstantem Druck verfolgt. Die Reaktionsmischung befindet sich hierbei in einem Dilatometer, bestehend aus einem größeren Glaskolben, der nach oben hin mit einem dünnen, zur äußeren Atmosphäre geöffneten Kapillarhals versehen ist. Das Volumen der Reaktionsmischung wird so bemessen, daß es bis zu einer geeigneten Stelle im Kapillarrohr reicht, deren Niveau man – oft mit Hilfe eines Kathetometers, eines auf einer senkrechten Skala beweglich angeordneten Fernrohrs mit Fadenkreuz im Okular – in Zeitabhängigkeit verfolgt. (Da es sich sehr oft nur um sehr kleine Volumenveränderungen handelt, erfordert die Dilatometermethode, daß die Temperatur mit einer Toleranz von etwa 0,001 °C konstant gehalten wird).
Die Hydratation von Isobuten zu tertiärem Butanol, die mit einer Volumenverminderung verbunden ist, wurde kinetisch mit der Dilatometermethode untersucht. Bei einem Versuch bei 25 °C erhielt man folgende Dilatometerablesungen in mm als willkürlicher Einheit (hier werden nur einige Meßwerte aufgeführt):

t(min)	0	20	30	40	140	150	160	∞
l(mm)	18,84	17,19	16,56	16,00	13,10	13,05	12,94	12,16

Da die Konzentration des Wassers als konstant angesehen werden kann, ist die Reaktion, die von Wasserstoffionen katalysiert wird, pseudoerster Ordnung.
Bestimmen Sie die Geschwindigkeitskonstante.

4.5-8 Nitramid zerfällt in wäßriger Lösung in Distickstoffoxid und Wasser gemäß der stöchiometrischen Bruttoreaktionsgleichung

$$H_2N-NO_2 \to N_2O + H_2O.$$

Der Reaktionsverlauf ist erster Ordnung, und man kann ihn dadurch verfolgen, daß man das gasförmige, in Wasser praktisch unlösliche Distickstoffoxid sammelt und sein Volumen bestimmt. Für die Berechnung der Geschwindigkeitskonstante werden hier einige Daten aus einer Untersuchung von Brönsted und Pedersen (1924) über den katalytischen Zerfall von Nitramid gegeben.

t(min)	150	200	1316
V(ml N_2O bei 15 °C und 1,01325 bar)	10,91	12,80	18,93

Die Untersuchung zeigte, daß die geschwindigkeitsbestimmende Teilreaktion bei der Zerfallsreaktion von Basen katalysiert wird. Außerdem findet eine spontane Reaktion statt, deren Geschwindigkeitskonstante $k_0 = 3,8 \cdot 10^{-4}$ min^{-1} ist. Bei dem hier beschrieben Versuch war die katalysierende Base das Acetation in Acetatpuffer mit c(Ac$^-$) = 0,00414 mol · l^{-1}.
Bestimmen Sie den Proportionalitätsfaktor k_{Ac} für die katalytische Wirkung der Acetationen. (Bei der Berechnung der Konstanten blieb der Umrechnungsfaktor 2,303 für die Umrechnung des natürlichen in den dekadischen Logarithmus in Gleichung (4.100) unberücksichtigt.)

4.5-9 Dimethylether zerfällt beim Erhitzen in monomolekularer Reaktion nach der Gleichung

$$CH_3OCH_3 \rightarrow CH_4 + H_2 + CO$$

in Methan, Wasserstoff und Kohlenmonoxid. Bei einem kinetischen Versuch wurde eine Probe Dimethylether in einem mit Manometer versehenen verschlossenen Gefäß bei konstanter Temperatur gehalten und der Druck notiert. Zu einem bestimmten willkürlich gwählten Zeitpunkt während des Reaktionsablaufes wurde ein Druck von 410 mbar und 385 s später ein Druck von 486 mbar abgelesen. Als der Ether vollständig zerfallen war, hatte der Druck den Wert 933 mbar angenommen.
Berechnen Sie die Geschwindigkeitskonstante.

4.5-10 Betrachtet wird eine Reihe von Folgereaktionen erster Ordnung, die nach folgendem Schema ablaufen:

$$A_1 \xrightarrow{k_1} A_2 \xrightarrow{k_2} A_3 \xrightarrow{k_3} \cdots A_{S-1} \xrightarrow{k_{S-1}} A_S.$$

Bei dieser Reaktionsfolge wird der Stoff A_1 mit der Geschwindigkeitskonstanten k_1 monomolekular in A_2, der Stoff A_2 mit der Geschwindigkeitskonstanten k_2 monomolekular in A_3 usw. umgewandelt. Das Endprodukt der Reaktionsfolge ist der stabile Stoff A_S, der mit der Geschwindigkeitskonstanten k_{S-1} aus A_{S-1} gebildet wird.
Bestimmen Sie den Zusammenhang zwischen den Konzentrationen und Halbwertszeiten der Stoffe für den Fall, daß ein stationäres Gleichgewicht vorliegt, d. h. daß sich die Konzentrationen der Zwischenprodukte A_2, A_3 usw. nicht mit der Zeit verändern. (Derartige stationäre Gleichgewichte liegen bei den radioaktiven Zerfallsreihen vor, s. Kapitel 4.7.)

4.5-11 γ-Hydroxybuttersäure spaltet in saurer wäßriger Lösung Wasser ab und bildet γ-Butyrolacton. Das γ-Butyrolacton kann in einer Rückreaktion mit dem bei der Hinreaktion entstandenen Wasser wieder zur Hydroxysäure hydrolysiert werden. Nach einer bestimmten Zeit stellt sich nach folgender Gleichung ein Gleichgewicht ein:

$$HO\text{-}CH_2\text{-}CH_2\text{-}CH_2\text{-}COOH \underset{k_2}{\overset{k_1}{\rightleftharpoons}} \underset{\text{O}}{\underline{CH_2\text{-}CH_2\text{-}CH2\text{-}CO}} + H_2O$$

Wenn man der Gleichgewichtsmischung Proben entnimmt und sie mit Lauge titriert, kann man leicht die Gleichgewichtskonstante K bestimmen. Die Geschwindigkeiten der beiden in entgegengesetzter Richtung ablaufenden Reaktionen können dadurch verfolgt werden, daß man einmal von der Hydroxysäure und das andere Mal von einem Lacton-Wasser-Gemisch ausgeht und in den nach bestimmten Zeitabständen aus den Reaktionsgemischen entnommenen Proben acidimetrisch den Gehalt an Hydroxysäure bestimmt. Bei einem seiner Versuche über die Kinetik der Lactonbildung ging Henry 1892 von einer bekannten Menge γ-Hydroxybuttersäure aus und fand für die in Lacton umgewandelte Säure nach den angegebenen Reaktionszeiten folgende Stoffmengen n_x, ausgedrückt in ml Alkalilauge:

t(min)	36	50	65	80	120	∞
V(ml)	3,70	4,98	6,07	7,14	8,88	13,28

Zu Beginn des Versuches war der Gehalt an Hydroxysäure 18,23, ausgedrückt in ml Alkalilauge. Die Gleichgewichtskonstante wurde zu 2,68 mol $\cdot$ l^{-1} bestimmt.
Stellen Sie die Geschwindigkeitsgleichung für den reversiblen Reaktionsverlauf auf und berechnen Sie die Geschwindigkeitskonstanten k_1 für die Lactonbildung und k_2 für die entgegengerichtete Verseifungsreaktion. Die Lösung enthält als Katalysator Salzsäure in so hoher Konzentration, daß die Protolysereaktion der Hydroxysäure vernachlässigt werden kann.

4.5-12 Der geschwindigkeitsbestimmende Schritt beim Zerfall von Distickstoffpentoxid N_2O_5 in Disauerstoff O_2 und ein Gemisch von Stickstoffdioxid NO_2 und Distickstofftetroxid N_2O_4 (als Endprodukte) ist sowohl in der Gasphase als auch in Lösung eine Reaktion erster Ordnung.
Berechnen Sie die Aktivierungsenergie und den präexponentiellen Faktor aus folgenden Daten:

ϑ(°C)	0	25	45	65
$k \cdot 10^5$(s^{-1})	0,0787	3,46	49,8	487

4.5-13 Aus Bodensteins klassischen Untersuchungen (1899) über die Bildung und den Zerfall von gasförmigem Iodwasserstoff werden hier folgende Werte der gefundenen bimolekularen Geschwindigkeitskonstante bei einigen Temperaturen für die Reaktion $2\,HI \rightarrow H_2 + I_2$ angegeben.

ϑ(°C)	393	410	427	443
$k \cdot 10^{-4}$ (l $\cdot$ mol$^{-1} \cdot$ s^{-1})	2,20	5,12	11,6	25,0

Berechnen Sie die Aktivierungsenergie und den präexponentiellen Faktor dieser Reaktion.

4.5-14 Eine bestimmte Reaktion erster Ordnung hat nach kinetischen Versuchsergebnissen bei verschiedenen Temperaturen eine Aktivierungsenergie von 104,5 kJ $\cdot$ mol^{-1} und einen präexponentiellen Faktor von $5 \cdot 10^{13}$ s^{-1}.
Bei welcher Temperatur beträgt die Halbwertszeit 24 Stunden?

4.5-15 Wie groß muß die Aktivierungsenergie einer Reaktion in der Nähe von 300 K sein, damit eine Temperaturerhöhung um 10 °C die Reaktionsgeschwindigkeit verdoppelt bzw. verdreifacht? Es wird angenommen, daß der präexponentielle Faktor bei der betreffenden Temperaturerhöhung nicht verändert wird.

4.6 Kolorimetrie, Photometrie und Spektrometrie

Methodenabgrenzung

Kolorimetrie, Photometrie und Spektrometrie sind optische Meßverfahren, die die Wechselwirkung von sichtbarem Licht mit gefärbten Stoffen, meistens Lösungen, zu deren physikalischer Charakterisierung ausnutzen. Kolorimetrie und Photometrie zielen hauptsächlich auf Konzentrationsbestimmungen der gelösten farbigen Stoffe ab. Mit der Spektrometrie oder auch Spektralphotometrie kann darüber hinaus ein Beitrag zur Strukturaufklärung von Molekülen geleistet werden. Spezielle Varianten der Spektralphotometrie wie die Flammenspektrometrie oder die Atomabsorptionsspektrometrie angeregter Ionen und Atome dienen zur hochempfindlichen Elementanalyse.
Bei der *Kolorimetrie* oder Farbmessung wird sichtbares weißes Licht durch die gefärbte Probelösung unbekannter Konzentration hindurchgestrahlt und ein visueller Farbvergleich mit einer ebenfalls durchstrahlten Referenzlösung desselben Farbstoffes bekannter Konzentration durchführt. An die Stelle des visuellen Farbvergleichs tritt bei modernen Kolorimetern ausschließlich der Vergleich elektrischer Signale.
Als *Photometrie* oder Strahlungsmessung bezeichnet man die Messung der Intensität eines Lichtstrahles fester vorgegebener Wellenlänge mit einem geeigneten Strahlungsmeßgerät. Wird der Lichtstrahl beim Durchfall durch eine Licht absorbierende Probe geschwächt, so heißt das Verfahren Absorptionsphotometrie. Stammt dagegen der Lichtstrahl von einem Licht emittierenden Stoff und wird seine Intensität mit der eines Standards verglichen, so spricht man von Emissionsphotometrie.
Spektrometrie oder Spektralphotometrie ist die quantitative Messung der Lichtabsorption oder -emission eines Stoffes in Abhängigkeit von der Lichtwellenlänge der mit dem Stoff wechselwirkenden Strahlung.

Die Elementarprozesse der Strahlungsabsorption und -emission

Wenn weißes Licht nach dem Durchfall durch eine Farbstofflösung ins menschliche Auge trifft, wird dort ein visueller Farbeindruck, z. B. blau, rot oder grün, ausgelöst. Dieser kommt dadurch zustande, daß die Farbstoffmoleküle mit Strahlungsanteilen bestimmter Wellenlängen aus dem sichtbaren Bereich des elektromagnetischen Spektrums in elektronische Wechselwirkung treten und diese schwächen. Der geschwächte Lichtstrahl enthält danach einen überproportionalen Anteil von Strahlung aus den ungeschwächten Wellenlängenbereichen. Das Gemisch dieser Strahlung hat nun nicht mehr den Farbton weiß, sondern erscheint dem menschlichen Auge in der Komplementärfarbe der absorbierten Strahlung.

Beispiel:

absorbierte Licht- wellenlänge λ in nm	absorbierte Farbe	beobachtete Komplementär- farbe
400	violett	gelbgrün
500	blaugrün	rot
600	gelb	blau
700	rot	blaugrün

Die Schwächung eines Lichtstrahls beim Durchfall durch eine gefärbte Lösung beruht auf einem Energieaustausch des Lichts mit den gelösten Molekülen. Dabei werden Lichtquanten absorbiert und führen zu einer Änderung der Energie der Elektronenbewegung in äußeren Orbitalen des Farbstoffmoleküls. Die Energieübergänge können nach quantenmechanischen Auswahlregeln nur aus ganz bestimmten Ausgangs-Energiezuständen E' in bestimmte angeregte Energiezustände E'' erfolgen.
Der Energieänderung ΔE entspricht die Absorption eines Lichtquants $h \cdot \nu$,

$$h \cdot \nu = \Delta E = E'' - E', \qquad (4.117)$$

wobei ν die Frequenz des Lichtes und h das *Plancksche Wirkungsquantum* ($h = 6{,}626 \cdot 10^{-34}$ J $\cdot$ s) bedeuten.
Der obigen Beziehung kann entnommen werden, daß ein bestimmter farbiger Stoff nur Lichtquanten ganz bestimmter Energie absorbiert, und man spricht deshalb auch von Resonanzabsorption. Die zugehörige Frequenz ν, Wellenlänge λ oder Wellenzahl $\tilde{\nu}$,

$$h \cdot \nu = \frac{h \cdot c}{\lambda}, \qquad (4.118)$$

$$\tilde{\nu} = \frac{\nu}{c} = \frac{1}{\lambda}, \qquad (4.119)$$

charakterisiert die Lage der Absorptionsbande im sichtbaren Bereich des elektromagnetischen Spektrums. Absorptionsbandenspektren anstelle von Linienspektren werden erhalten, weil sich die elektronischen Anregungen mit Veränderungen der Rotations- und Schwingungszustände der angeregten Moleküle überlagern. Dies führt zur Linienverbreiterung. Bei Molekülen in Lösung wirkt auch das Lösungsmittel linienverbreiternd. Der elektronisch angeregte Zustand eines Moleküls bleibt nur für eine gewisse Zeitspanne erhalten. Danach wird durch Emission von Strahlung wieder der elektronische Grundzustand des Moleküls angestrebt. Ist die Lebensdauer des angeregten Zustandes kurz ($< 10^{-8}$ s), so spricht man bei der Rückkehr in den Grundzustand unter Lichtemission von Fluoreszenz. Bei langer Lebensdauer des angeregten Zustandes (ca. 1 s oder länger) kann man nach Abschalten der einfallenden Strahlung das Abklingen der emittierten Strahlung als Phosphoreszenz

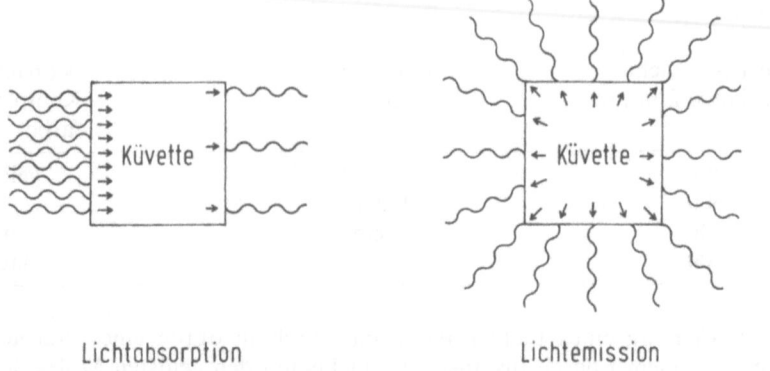

Lichtabsorption   Lichtemission

Abb. 4.2. Elementarprozesse der Lichtabsorption und -emission

beobachten. Bei kolorimetrischen oder photometrischen Messungen der Lichtabsorption macht sich der Prozeß der Lichtemission nicht störend bemerkbar. Das liegt daran, daß bei der Absorptionsmessung gebündeltes Licht nur in der Durchstrahlungsrichtung geschwächt wird. Die Lichtemission hingegen erfolgt in alle räumlichen Richtungen gleichmäßig (Abb. 4.2). Dadurch gelangt nur ein verschwindend geringer Bruchteil des emittierten Lichtes in das Intensitätsmeßgerät, den Detektor. Die Elektronenübergänge bei der Emission und nachfolgenden Fluoreszenz kann man durch ein einfaches Termschema wiedergeben, in dem die Energieniveaus des Grundzustandes und der elektronisch angeregten Zustände durch übereinanderliegende waagerechte Linien (ihre Abstände charakterisieren Energiedifferenzen) und die Elektronensprünge als senkrechte Pfeile (Spitze nach oben = Absorption, Spitze nach unten = Emission) wiedergegeben werden. Oberhalb des Termschemas läßt sich das durch verschiedene Energieübergänge erzeugte Absorptions- oder Emissionsspektrum mit abbilden (Abb. 4.3).

Beispiel 1:
Berechnen Sie die optische Anregungsenergie a) eines Farbstoffmoleküls in Joule bzw. b) von 1 mol Farbstoffmolekülen in kJ · mol^{-1}, wenn der Farbstoff monochromatisches Licht der Wellenlänge 350 nm absorbiert.

Lösung:

a) $E = \dfrac{h \cdot c}{\lambda} = \dfrac{6{,}63 \cdot 10^{-34}\,\text{J} \cdot \text{s} \cdot 3{,}00 \cdot 10^{8}\,\text{m} \cdot \text{s}^{-1}}{0{,}350 \cdot 10^{-6}\,\text{m}} = 5{,}68 \cdot 10^{-19}\,\text{J}$

b) $5{,}68 \cdot 10^{-19}\,\text{J} \cdot 6{,}02 \cdot 10^{23}\,\text{mol}^{-1} = 34{,}2 \cdot 10^{4}\,\text{J} \cdot \text{mol}^{-1} = 342\,\text{kJ} \cdot \text{mol}^{-1}$.

Beispiel 2:
Die Wellenlänge des Lichts, das bei einem bestimmten Elektronenübergang absorbiert wird, beträgt 550 nm.
a) Berechnen Sie die Resonanzfrequenz dieses Lichts. b) Welche Wellenzahl hat der monochromatische Lichtstrahl?

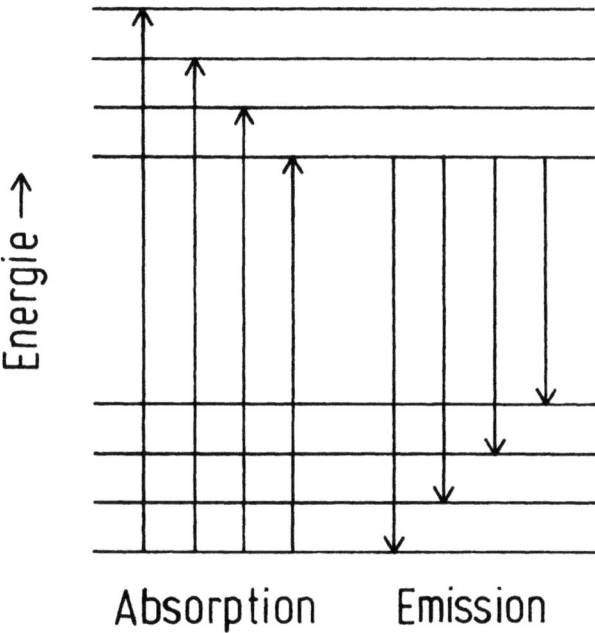

Abb. 4.3. Termschema der Lichtabsorption und -emission

Lösung:
a) $\nu = \dfrac{c}{\lambda} = \dfrac{3{,}00 \cdot 10^8 \text{ m} \cdot \text{s}^{-1}}{550 \cdot 10^{-9} \text{ m}} = 5{,}45 \cdot 10^{15} \text{ s}^{-1}$.

b) $\tilde{\nu} = \dfrac{\nu}{c} = \dfrac{1}{\lambda} = \dfrac{1}{550 \cdot 10^{-7} \text{ cm}} = 1{,}82 \cdot 10^5 \text{ cm}^{-1}$.

Das Lambert-Beersche Gesetz

Wenn ein monochromatischer Lichtstrahl der Intensität I_0 durch eine Licht absorbierende Probe fällt, die sich in einer Küvette der Schichtdicke d befindet, so hat der austretende Lichtstrahl nur noch die geringere Intensität I. Von *Bougouer* wurde erstmals eine Beziehung formuliert, nach der zwischen dem Intensitätsverhältnis I/I_0 und der Schichtdicke folgende logarithmische Beziehung besteht:

$$\ln \dfrac{I}{I_0} = -k \cdot d. \tag{4.120}$$

Darin ist k eine Absorptionskonstante. Das Verhältnis I/I_0 bezeichnet man als Transmission oder Transmissionsvermögen T.

$$T = \frac{I}{I_0}. \qquad (4.121)$$

Wenn man den negativen dekadischen Logarithmus der Transmission einführt, gelangt man zur dekadischen Absorption A (früher Extinktion E) und mit ihr zum *Bougouer-Lambertschen Lichtabsorptionsgesetz*,

$$A = \log\frac{I_0}{I} = \log\frac{1}{T} = a \cdot d. \qquad (4.122)$$

Darin bedeutet a den linearen dekadischen Absorptionskoeffizienten. Beer erkannte, daß für eine Lösung, deren Lösungsmittel optisch vollkommen transparent ist, der Absorptionskoeffizient a gleich dem Produkt aus der Konzentration c des gelösten Stoffes und dem molaren dekadischen Absorptionskoeffizienten ε ist,

$$a = \varepsilon \cdot c. \qquad (4.123)$$

Damit gelangt man zum *Lambert-Beerschen Gesetz*,

$$A = \log\frac{I_0}{I} = \varepsilon \cdot c \cdot d. \qquad (4.124)$$

Der Koeffizient ε beschreibt die Intensität der Absorption eines gegebenen Stoffes, die von der Übergangswahrscheinlichkeit des quantenmechanisch erlaubten Elektronensprungs vom tieferen in das höhere Energieniveau abhängt, und hat die Einheit $l \cdot mol^{-1} \cdot cm^{-1}$. ε kann für unterschiedliche Licht absorbierende Moleküle und Ionen in einem weiten Bereich zwischen 1 und $5 \cdot 10^5 \; l \cdot mol^{-1} \cdot cm^{-1}$ liegen. Beispielsweise ist die Absorptionsintensität einer gegebenen Kaliumpermanganatlösung im Vergleich mit der einer Cobaltchloridlösung gleicher Konzentration viel höher. Das Lambert-Beersche Gesetz gilt in recht verdünnten Lösungen farbiger Stoffe genau. Da die optische Brechzahl des Lösungsmittels von der Konzentration des gelösten Stoffes abhängt und bei zu starken Konzentrationsänderungen als Fehlerkomponente wirkt, müssen bei höheren Konzentrationen Eichkurven verwendet werden. Das Lambert-Beersche Gesetz erlaubt nicht nur die Konzentrationsbestimmung des gefärbten Stoffes in einer Lösung aus dem Intensitätsverhältnis, sondern bei bekannter Konzentration und Küvettenschichtdicke auch die Ermittlung des Absorptionskoeffizienten.

Kolorimetrische und photometrische Konzentrationsbestimmungen gefärbter Lösungen

Seit den Anfangszeiten der Kolorimetrie werden für Konzentrationsbestimmungen Meßapparaturen eingesetzt, bei denen ein visuelles Meßprinzip zur Anwendung kommt. Man stellt zwei aneinandergrenzende leuchtende Felder bei gleicher spektraler Zusammensetzung auf gleiche Leuchtdichte ein. Zur Ausführung der Messungen füllt man die Meßlösung und einen Vergleichsstandard in eigens dafür vorgesehene Glasgefäße, die Küvetten. Beim Eintauchkolorimeter verwendet man beispielsweise nach oben geöffnete Küvetten mit planem Boden, die von unten mit gleicher Intensität durchstrahlt werden. Die durchstrahlten Schichtlängen lassen sich variieren, indem von oben zylindrische Eintauchkörper mit planparallelen Zylinderflächen in die Meß- und Vergleichsküvette unterschiedlich tief hineingetaucht werden. Die beiden die Strahlengänge durchlaufenden Lichtstrahlen werden durch ein Doppelprisma so vereinigt, daß zwei aneinandergrenzende Leuchtfelder durch ein Okular visuell beobachtet werden können. Abgelesen werden nach dem Intensitätsabgleich die beiden Schichtdicken an einer Skala, und aus dem Schichtdickenverhältnis wird das kolorimetrische Meßergebnis abgeleitet. Die Schichtdicke d ist die Länge der durchstrahlten Flüssigkeitssäule von der Oberseite des Küvettenbodens bis zur Unterseite des Eintauchkörpers.

Nach der Grundgleichung der Kolorimetrie kann dann die Konzentration der unbekannten Lösung aus der Konzentration der Eichlösung gleicher chemischer Zusammensetzung und dem an zwei Noniusskalen ablesbaren Schichtdickenverhältnis abgeleitet werden:

$$c_2 = c_1 \cdot \frac{d_1}{d_2} \tag{4.125}$$

Die Genauigkeit derartiger Messungen liegt nur bei etwa $\pm 5\%$ und würde modernen kolorimetrischen Ansprüchen nicht mehr genügen. Sehr viel zuverlässiger als das menschliche Auge ist ein Photodetektor, den man bei kolorimetrischen und photometrischen Messungen heute einsetzt.

Das bei der Kolorimetrie verwendete weiße Licht besteht aus einem Gemisch von Lichtstrahlen mit vielen unterschiedlichen Wellenlängen im Wellenlängenbereich von 750 bis 350 nm und heißt polychromatisch. Häufig absorbiert nun ein gelöster farbiger Stoff nur Licht in einem bestimmten, relativ engen Wellenlängenbereich. Dieser hat für jeden farbigen Stoff eine andere Lage im elektromagnetischen Spektrum. Es ist dann vorteilhaft, das optische Meßinstrument an diesen Wellenlängenbereich anzupassen. In der Lösung als Verunreinigungen enthaltene Stoffe können, wenn sie in einem anderen Spektralbereich Licht absorbieren, die kolorimetrische Messung des interessierenden Stoffs nicht beeinflussen. Vorzugsweise verwendet man Licht einheitlicher Wellenlänge, das im Monochromator, einer optischen Einheit zur Zerlegung von Licht in einzelne schmale Wellenlängenbereiche, erzeugt wird. Dieses Licht heißt monochromatisch. Bei der Photometrie wird eine Probe unbekannter Konzentration mit monochromatischem Licht durchstrahlt. Es wird dann ein Intensitätsvergleich des in sie eintretenden und des austretenden Lichtstrahls bei der vorgewählten Lichtwellenlänge oder innerhalb eines sehr engen Wellenlängenbereiches durchgeführt. Bei einfachen Photometern verwendet man Filter anstelle von Monochromatoren. Aus dem Intensitätsverhältnis wird die Absorption der Probe als die der Konzentration proportionale Kenngröße ermittelt.

Spektralphotometrie

In der dispersiven Spektralphotometrie wird entweder mit Einstrahl- oder mit Zweistrahlgeräten gearbeitet. Diese Geräte decken gewöhnlich sowohl den sichtbaren als auch den nahen UV-Bereich des Spektrums ab. Beim klassischen Einstrahlgerät, dessen vereinfachtes Blockschaltbild in Abb. 4.4 dargestellt ist, liefert eine Lichtquelle (Wasserstoff- oder Deuteriumlampe für den UV-Bereich, Halogenlampe für den sichtbaren Bereich) ein Lichtkontinuum mit einer für die jeweilige Lichtquelle charakteristischen Intensitätsverteilung. Dieses Licht wird mittels eines Spiegels und eines Linsensystems gebündelt und durch das Dispersionselement, den Monochromator, geführt. Es wird dort in seine Spektralfarben zerlegt. Der monochromatische Strahl gelangt dann in den nach außen lichtdicht verschlossenen Probenraum, in dem sich auf einem Schlitten ein Küvettenhalter mit der gefüllten Meß- und der Vergleichsküvette befindet. Durch Hebelbetätigung von außen können diese beiden Küvetten nacheinander abwechselnd in den Strahlengang gebracht werden. Der Lichtstrahl gelangt dann auf einen Detektor (Sekundärelektronenvervielfacher). Er wird dort in ein der Strahlungsintensität proportionales elektrisches Signal umgewandelt, das nach elektronischer Verstärkung einen Ausschlag auf einem Zeigerinstrument bewirkt. Bei der eigentlichen Messung wird eine bestimmte Wellenlänge am Monochromator eingestellt und zunächst die nur das Lösungsmittel enthaltende Vergleichsprobe in den Strahlengang geschoben. Durch Steuerung des elektronischen Signalverstärkers wird die Anzeige des Zeigerinstruments auf 100% Transmission eingestellt. Danach gelangt die Meßprobe in den Strahlengang, und das nun abgesunkene Intensitätssignal am Zeigerinstrument wird abgelesen und aufgezeichnet. Nach Änderung der Monochromatoreinstellung kann die Meßausführung bei unterschiedlichen Wellenlängen beliebig oft wiederholt werden, bis eine so große

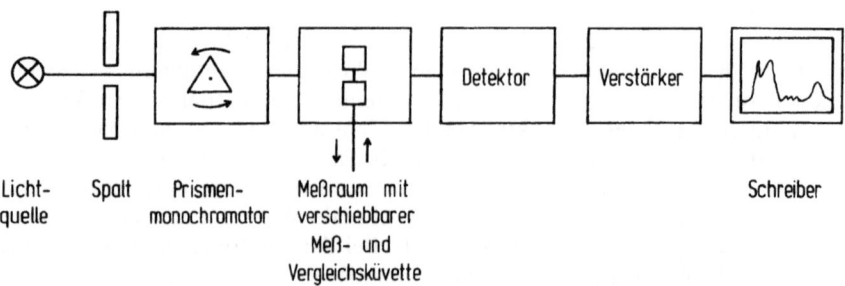

Abb. 4.4. Blockschaltbild eines Einstrahl-Spektralphotometers

Zahl von Meßwertepaaren ($I_0/I = f(\lambda)$) vorliegt, daß ein Spektrum graphisch erstellt werden kann. Ein Gerät, das nach diesem Prinzip arbeitet, ist das noch immer weit verbreitete PMQ II von Zeiss.

Moderne Geräte konventionellen Aufbaus gestatten wahlweise das Arbeiten nach dem Einstrahl- oder Zweistrahlverfahren. Der Monochromator wird nicht mehr mit der Hand eingestellt, sondern von einem Motor angetrieben. Er besteht meist aus Gittern, deren Qualität durch die Größe und Linienzahl vorgegeben ist. Bei Verwendung der Einstrahltechnik gleicht ein Mikroprozessor die wellenlängenabhängige Intensität der Lichtquelle auf einen normierten Wert ab und erlaubt damit kontinuierliche Messungen, deren Ergebnisse von einem Schreiber aufgezeichnet oder auf einem Bildschirm dargestellt werden.

In der Zweistrahltechnik wird das Licht mit einem Spiegelsystem in zwei gleich starke Strahlen aufgespalten. Von diesen wird einer durch die Meßküvette, der andere durch die Vergleichsküvette geführt. Ein Drehspiegel führt abwechselnd den Meß- oder Vergleichsstrahl (nach Durchlaufen des Monochromators) auf den Detektor, der die Energiedifferenz mißt. Nach Verstärkung wird das Meßergebnis wiederum als $I_0/I = f(\lambda)$-Spektrum registriert. In die Spektralphotometer integrierte oder externe Datenstationen erlauben die Speicherung und Aufarbeitung der Meßdaten sowie ihren Vergleich mit in Spektrendateien gespeicherten Literaturdaten.

Von den Geräten konventioneller Bauart, bei denen das Licht wellenlängenabhängig in zeitlicher Abfolge in der vom Monochromator-Austrittsspalt vorgegebenen spektralen Spaltbreite durch die Probe läuft, müssen die modernen Multiplex-Geräte unterschieden werden. Diese gestatten die Beobachtung des gesamten Spektrums zu gleicher Zeit. Man unterscheidet Diodenarray-Geräte von Fourier-Transform-Spektrometern. Diodenarray-Geräte verfügen über viele in einer Zeile angeordnete Photodioden, auf die das vom Monochromatorgitter aufgefächerte Spektrum fällt. Der Monochromator hat deshalb keinen Austrittsspalt. Die Diodenzeile arbeitet als ortsempfindlicher Detektor, denn auf ihr befinden sich Ort und Wellenlänge in Korrelation, und das gesamte Spektrum gelangt zu gleicher Zeit auf die Signalverarbeitungseinheit.

Bei der Fourier-Transform-Technik werden als Lichtquellen Ionenlaser benutzt, die entweder kontinuierlich oder gepulst zum Einsatz kommen. Die spektroskopische Information wird hier aus den mit einem Michelson-Interferometer gemessenen Interferenzmustern gewonnen.

Flammenphotometrie

Die Flammenphotometrie zählt zu den Methoden der Emissionsspektrometrie. Die spektroskopisch zu untersuchende Substanz wird hierbei in wäßriger Lösung vorgelegt, als Flüssigaerosol in eine heiße Flamme gebracht und dort verdampft. Die hohe Flammentemperatur führt zur elektronischen Anregung der Elementatome, und das danach von der angeregten Probe ausgesandte Emissions-Linienspektrum wird mit Hilfe einer Photozelle wellenlängenabhängig vermessen. Die spektrale Information dient zum empfindlichen und quantitativen Nachweis von wenigstens 50 verschiedenen Elementen im ppm-Bereich mit großer Selektivität.

Atomabsorption

Die Atomabsorptionsspektrometrie wurde im Laufe der letzten 3 Jahrzehnte zu einer der empfindlichsten und leistungsfähigsten Elementanalysentechniken entwickelt. Ihr Wirkprinzip ist die elektronische Anregung von neutralen Atomen eines bestimmten Elementes in der Gasphase durch eine angepaßte Lichtquelle, die gerade Licht mit der zur Anregung erforderlichen Resonanzfrequenz ausstrahlt. Die Lichtschwächung beim Durchfall des Lichtstrahls durch die Atomprobe wird gemessen. Man befördert zu diesem Zweck das metallische oder halbmetallische Element aus einer Probelösung unbekannter Konzentration über eine Zerstäuberdüse als Aerosol in eine sehr heiße Gebläseflamme. Dort verdampft zunächst das Lösungsmittel, und anschließend werden hauptsächlich ungeladene Metallatome im elektronischen Grundzustand gebildet. Die Flamme mit der atomisierten Probe dient hier als Küvette. Durch diese Küvette wird nun das Licht aus einer Hohlkathodenlampe geschickt, das durch Argonionenbeschuß der aus dem entsprechenden Metall bestehenden Kathodenoberfläche entsteht. Die auf die Kathodenoberfläche aufprallenden Edelgasionen schlagen Metallatome aus ihr heraus und regen diese elektronisch an. Das nach dem Übergang in den Grundzustand ausgesandte Licht hat gerade die Resonanzfrequenz zur elektronischen Anregung der Atome desselben Elements in der Flamme. Folglich wird das Licht beim Durchgang durch die Flamme geschwächt, wobei nach der Gesetzmäßigkeit

$$\alpha = \frac{N_a}{N_0} = g \cdot \exp\left(-\frac{E_a}{k \cdot T}\right) \qquad (4.126)$$

mit

α = Atomverhältnis im angeregten und Grundzustand
N_a = Atomanzahl im angeregten Zustand
N_0 = Atomanzahl im Grundzustand
g = statistischer Faktor
E_a = Anregungsenergie
k = Boltzmannkonstante
T = thermodynamische Temperatur

nur ein bestimmter Bruchteil α der Atome aus dem Grundzustand in den elektronisch angeregten Zustand übergeht. Wegen des sehr kleinen Wertes von α bei der Temperatur einer normalen Spektrometerflamme ist die Besetzung des angeregten Zustandes so gering, daß N_0 als konstant angesehen werden kann. Die Lichtabsorption bei der Resonanzfrequenz eines bestimmten absorbierenden Elementes ist deshalb nur von dessen Konzentration abhängig. Die Auswertung der einzelnen Messungen erfolgt prinzipiell nach dem Lambert-Beerschen Gesetz, jedoch ist meistens eine Eichung für die einzelnen Elemente erforderlich. Die Nachweisgrenze einzelner Elemente ist unterschiedlich und reicht von 1 ppm bis 0,005 ppm. Anwendbar ist die Atomabsorptionsspektroskopie auf alle Metalle und die Halbmetalle Bor, Silicium, Arsen, Selen und Tellur.

Eine Variante der Atomabsorption ist die flammenlose Atomabsorptionsspektrometrie, bei der die elektronische Anregung der in der Gasphase befindlichen Elementatome in einer elektrisch beheizten Graphitrohrküvette erfolgt. Die Verweilzeit der Probe im Strahlengang wird bei Anwendung dieser Technik verlängert und führt zu einer Erhöhung der Nachweisempfindlichkeit, die jedoch teilweise wieder durch die schlechtere Konstanz der Intensität zunichte gemacht wird.

4.7 Kernchemie

Aufbau von Atomkernen

Der Atomkern besteht aus zwei Arten von *Elementarteilchen*, den *Protonen* und den *Neutronen*. Das Proton trägt die positive Elementarladung e$^+$, das Neutron ist ungeladen. Das Proton und das Neutron haben nahezu gleich große Massen, s. Tabelle 4.5. Protonen und Neutronen werden Kernbausteine oder Nukleonen genannt. (Bei Kernreaktionen werden noch andere Arten von Elementarteilchen gebildet, die aber sehr kurzlebig sind).
Jedes Element ist dadurch gekennzeichnet, daß alle seine Atomkerne dieselbe Anzahl Protonen enthalten. Diese Anzahl, die *Protonenzahl* Z (andere Bezeichnungen sind Kernladungszahl, Ordnungszahl oder Atomnummer) bestimmt den Platz des Elementes im Periodensystem der Elemente. Damit ein Atom nach außen elektrisch neutral ist, muß die Anzahl der Elektronen in der Elektronenhülle gleich Z sein. Die Protonenzahl Z und die Neutronenzahl N ergeben zusammen die Nukleonenzahl A, früher auch *Massenzahl* genannt. Die Nukleonenzahl gibt somit die Gesamtzahl der Nukleonen (Protonen + Neutronen) eines Atomkerns an.
Ein Nuklid ist eine Atomart, von der jedes Atom dieselbe Ordnungszahl Z und dieselbe Nukleonenzahl A hat.
Von der Nukleonenzahl A, die immer einen ganzzahligen Wert hat, muß man die Nuklidmasse m_A mit der Einheit u unterscheiden. Letztere ist die mit vielen Nachkommastellen angegebene genaue Masse eines Nuklids, die Absolutmasse eines gegebenen Atoms (seines Atomkerns und aller in der Elektronenhülle des ungeladenen Atoms enthaltenen Elektronen) in atomaren Masseneinheiten u. (1 u = 1/12 $M(^{12}C)/N_A$ = 1,660566 · 10^{-24} g). Da sowohl das Proton als auch das Neutron etwa eine Masse von 1 u haben und die Elektronenmasse gegenüber der Nukleonenmasse vernachlässigbar ist (s. Tabelle 4.5), entspricht der Zahlenwert von A eines jeden Atomkerns nahezu dem Zahlenwert von m_A des betreffenden Atoms.
Die Masse eines Elektrons beträgt nur etwa 1/1840 der Masse eines Protons. Auch beim leichtesten Atom, dem Wasserstoffatom mit $A = Z = 1$, ist die Gesamtmasse des Elektrons unbedeutend im Verhältnis zur Kernmasse. Man erhält die Atom-

Tabelle 4.5. Massen u und Ladungen e einiger Elementarteilchen, die durch ihre Namen und Symbole gekennzeichnet sind

Name	Symbol[a]	Masse u	Ladung e
Proton	^{1}H(p)	1,0072765[b]	+1
Neutron	^{1}n(n)	1,0086650	0
Elektron	^{0}e(e$^-$, β$^-$)	0,0005486	−1
Positron	^{0}e(e$^+$, β$^+$)		+1
Deuteron	^{2}H(d)	2,0135532[c]	+1
α-Teilchen	^{4}He(α)	4,0015061[d]	+2

[a] Die Symbole in den Klammern werden unter anderem bei der verkürzten Schreibweise für Kernreaktionsgleichungen, s. S. 332, angewendet.
[b] Die Masse des Wasserstoffatoms setzt sich aus der Protonen- und der Elektronenmasse additiv zusammen und ergibt sich zu m_A(H-Atom) = m_A(p) + m_A(e$^-$) = 1,0072765 u + 0,0005486 u = 1,0078251 u.
[c] Die Masse des Deuteriumatoms ist m_A(Deuteriumatom) = m_A(Deuteron) + m_A(e$^-$) = 2,0135532 u + 0,0005486 u = 2,0141018 u.
[d] Die Masse des Heliumatoms ist m_A(Heliumatom) = m_A(Helium-Kern) + 2 · m_A(e$^-$) = 4,0015061 u + 2 · 0,0005486 u = 4,0026033 u.

masse jedes Atoms durch Addition seiner Kernmasse mit der Masse der Elektronen bei vollständig aufgefüllter Elektronenhülle (siehe Beispiele in den Fußnoten b, c und d zu Tabelle 4.5). Dagegen darf man die Kernmasse eines Nuklids nicht durch Addition der Massen der im Kern enthaltenen Nukleonen ermitteln (s. Massendefekt auf S. 337). Die absoluten Atommassen in der Einheit u, die relativen Atommassen sowie die molaren Massen der Atome (und Moleküle) in g · mol^{-1} haben übereinstimmende Zahlenwerte.
Absolutmasse m_A(H-Atom) = 1,008 u; relative Atommasse m_r(H-Atom) = 1,008; molare Masse M(H-Atom) = 1,008 g · mol^{-1}.
Um ein Atom in einfacher Weise vollständig zu kennzeichnen, schreibt man an das Symbol des Elementes (X) vier Indizes. Dies geschieht folgendermaßen:

Nukleonenzahl A z Ionenladungszahl

X

Kernladungszahl Z n Atomanzahl (Formelindex) eines Moleküls

Bei Kernreaktionen ist sowohl die Ionenladungszahl als auch die Atomanzahl eines mehratomigen Moleküls von untergeordneter Bedeutung. Deshalb werden die Zahlen rechts vom Elementsymbol in Kernreaktionsgleichungen fast immer weggelassen. In der amerikanischen Literatur steht die Nukleonenzahl A oft rechts oben am Elementsymbol.

Isotope

Ein und dasselbe Element kann in mehreren Atomarten mit derselben Protonenzahl Z existieren, die sich durch ihre Nukleonenzahlen A und folglich auch durch ihre Neutronenzahlen N unterscheiden. Man bezeichnet diese Atomarten als *Isotope* des betreffenden Elementes (aus griech. isos = gleich und topos = Platz). Die Isotope eines Elementes nehmen im Periodensystem denselben Platz ein, der ja allein von der Protonenzahl Z abhängt. Isotope sind folglich Nuklide mit derselben Protonenzahl Z, aber verschiedenen Nukleonenzahlen A (und Neutronenzahlen N). Isotop und Nuklid sind also nicht gleichbedeutend, werden aber zuweilen verwechselt.
Die Isotope eines Elementes haben praktisch identische chemische Eigenschaften, weil ihre Elektronenhüllen gleich sind. Dennoch sind Eigenschaftsunterschiede vorhanden, die entweder auf speziellen Kerneigenschaften oder auf den Massenunterschieden beruhen. Die Unterschiede in den Kerneigenschaften sind in der Reaktortechnik von großer praktischer Bedeutung. Z. B. ist Uran 235 ein Kernbrennstoff, Uran 238 jedoch nicht. Die Massenunterschiede nutzt man zur Isotopentrennung. Die meisten der in der Natur vorkommenden Elemente sind Mischelemente, d. h. sie bestehen aus zwei oder mehr Isotopen, deren Mischungsverhältnis in fast allen Fällen überall auf der Erde gleich ist. So besteht der Kohlenstoff in der Natur aus einem Gemisch der drei Isotope $^{12}_{6}C$, $^{13}_{6}C$ und $^{14}_{6}C$. Da Z durch das Elementsymbol C festgelegt ist, kann man die Atomnummer auch weglassen und ^{12}C, ^{13}C, ^{14}C schreiben. Eine andere Bezeichnungsweise der Isotope ist C-12, C-13 und C-14 (s. Tabelle 4.6) oder ausgeschrieben Kohlenstoff 12, Kohlenstoff 13, Kohlenstoff 14. Die Atommasse jedes einzelnen Isotops liegt sehr nahe der Nukleonenzahl und ist folglich praktisch eine ganze Zahl. Die Atommasse eines Mischelementes ist vom Mischungsverhältnis seiner Isotope abhängig.
Wenn M die molare Masse eines Mischelementes ist, M_1, $M_2 \cdots$ die molaren Massen seiner natürlichen Isotope und w_1, $w_2 \cdots$ die Massenanteile der Isotope im natürlichen Isotopengemisch, dann läßt sich M mit folgender Gleichung berechnen:

$$M = w_1 \cdot M_1 + w_2 \cdot M_2 + \cdots = \sum w_i \cdot M_i. \tag{4.127}$$

Tabelle 4.6. In der Natur vorkommende Isotope einiger Elemente

Element	Z	N	A	Symbol	Spezialname
Wasserstoff	1	0	1	^1H	Protium
	1	1	2	$^2H(D)$	Deuterium, schwerer Wasserstoff
	1	2	3	$^3H(T)$	Tritium, radioaktiv
Lithium	3	3	6	^6Li	
	3	4	7	^7Li	
Sauerstoff	8	8	16	^{16}O	
	8	9	17	^{17}O	
	8	10	18	^{18}O	

Außer den Mischelementen gibt es auch Reinelemente, die jeweils mit nur einer stabilen Atomart auf der Erde vertreten sind. Man kennt heute 19 stabile Reinelemente, wie z. B. Beryllium, Fluor, Natrium, Aluminium, Phosphor, Iod und Cäsium.

Natürliche Kernumwandlungen und Radioaktivität

Als *Radioaktivität* wird die Eigenschaft bestimmter Atomkerne bezeichnet, sich spontan unter Aussendung von radioaktiver Strahlung in andere Atomkerne umzuwandeln. Der dabei ablaufende Vorgang ist der *radioaktive Zerfall*. Auch einige in der Natur vorkommende Nuklide mit Kernladungszahlen größer als der des Bismut sind radioaktiv. Man bezeichnet ihre Instabilität als natürliche Radioaktivität, im Gegensatz zur Radioaktivität künstlich hergestellter, instabiler Nuklide. Die Elektronenhüllen der Nuklide sind am radioaktiven Zerfall nicht beteiligt.

Die beim radioaktiven Zerfall ausgesandte Strahlung läßt sich durch ihre Ablenkung im elektrischen oder magnetischen Feld in drei verschiedene Strahlungsarten zerlegen, die α-, β- und γ-Strahlung. Die α-Strahlung besteht aus zweifach positiv geladenen Heliumkernen $^4He^{2+}$; jedes α-Teilchen hat somit die Ladungszahl + 2 und die Massenzahl 4 (s. Tabelle 4.6.).

> Erster Fajans-Russell-Soddyscher Verschiebungssatz: Emittiert ein Atomkern ein α-Teilchen, so nimmt seine Kernladungszahl Z um 2 Einheiten und die Massenzahl A um 4 Einheiten ab.

Wenn z. B. Uran 238 unter Emission von α-Teilchen in Thorium 234 übergeht, kann die Reaktion mit der Kernreaktionsgleichung

$$^{238}U \rightarrow {}^{234}Th + {}^4He$$

beschrieben werden.

Auch auf Kernreaktionen finden die Erhaltungssätze Anwendung. Bei einer Kernreaktionsgleichung muß sowohl die Summe der Kernladungszahlen Z als auch die Summe der Nukleonenzahlen A auf beiden Seiten des Reaktionspfeiles gleich sein. Beim β^--Zerfall erfolgt ein tieferer Eingriff in die Struktur des Atomkerns, nämlich die Umwandlung eines Neutrons in ein Proton, wobei gleichzeitig ein Elektron emittiert (aus dem Atomkern mit hoher kinetischer Energie herausgeschleudert) wird:

$$^1n \rightarrow {}^1p + {}^0e.$$

> Zweiter Fajans-Russell-Soddyscher Verschiebungssatz: Emittiert der Atomkern eines Elementes ein β^--Teilchen, so erhöht sich seine Kernladungszahl Z um eine Einheit, die Massenzahl verändert sich aber nicht.

Wenn Thorium 234 unter β^--Emission in Protactinium umgewandelt wird, so lautet die Kernreaktionsgleichung:

$$^{234}\text{Th} \rightarrow {}^{234}\text{Pa} + {}^{0}\text{e}$$

Die γ-Strahlung ist oft eine energetische Begleitstrahlung der α- oder β^--Umwandlungen. Der neue Atomkern, der bei diesen Umwandlungen entsteht, befindet sich oft in einem energiereichen und deshalb instabilen Zwischenzustand. Bei der Umordnung in einen stabilen Zustand werden γ-Strahlen (Photonen sehr großer Energien und entsprechend sehr kleiner Wellenlängen) emittiert.
Neben den hier besprochenen Zerfallsarten kennt man noch die Spontanspaltung von sehr schweren, neutronenreichen Radionukliden, bei der der Kern gewöhnlich in zwei Bruchstücke und mehrere Neutronen zerfällt. Ein Beispiel dafür ist die Spontanspaltung von Californium 252, eines nur künstlich erzeugbaren Nuklides, das als Neutronenquelle Verwendung findet.
Das bei einer radioaktiven Umwandlung neu entstehende Element ist meist seinerseits wieder radioaktiv, so daß der Zerfall weitergeht und zu einer Zerfallsreihe führt. Die *Zerfallsreihen* werden nach ihren Ausgangsnukliden, den Mutterelementen und/ oder wichtigen Tochterelementen benannt. Man kennt in der Natur drei solche Zerfallsreihen, die Uran-Radium-Zerfallsreihe (Mutternuklid ^{238}U, s. Aufgabe 4.7-1), die Actinium-Zerfallsreihe (^{235}U) und die Thorium-Zerfallsreihe (^{232}Th).
Die Glieder einer natürlichen radioaktiven Zerfallsreihe haben aufgrund der beiden radioaktiven Verschiebungssätze entweder gleiche Massenzahlen, oder diese unterscheiden sich um jeweils vier Einheiten. Theoretisch sind vier verschiedene natürliche radioaktive Zerfallsreihen möglich. Die Vertreter der Neptunium-Zerfallsreihe (^{237}Np) sind aber im Zeitraum des Bestehens der Erde bereits vollständig zu ^{209}Bi zerfallen (Lit. 16). Stabile Endglieder der drei noch existierenden natürlichen Zerfallsreihen sind die Bleiisotope ^{206}Pb, ^{207}Pb und ^{208}Pb.

Beispiel 1:
Jede der vier möglichen natürlichen radioaktiven Zerfallsreihen ist durch eine Verwandtschaftsbeziehung zwischen allen ihren Vertretern gekennzeichnet. Die einzelnen Beziehungen lauten $A = 4\,\text{n}$, $A = 4\,\text{n} + 1$, $A = 4\,\text{n} + 2$ und $A = 4\,\text{n} + 3$. Darin ist A die Nukleonenzahl und n eine beliebige ganze Zahl zwischen 51 und 59. Berechnen Sie mit Hilfe dieser Beziehungen, welches der oben genannten Bleiisotope stabiles Endglied der Uran-Radium-Zerfallsreihe ist.

Lösung:
Für U-238 gilt: $A = 238 = 4 \cdot 59 + 2 = 4\,\text{n} + 2$. Die Massenzahl des zugehörigen Bleiisotops muß folglich geradzahlig und durch 4 nicht teilbar sein, was nur auf Pb-206 zutrifft.

Aufstellung von Kernreaktionsgleichungen

Nach ausführlicher Schreibart für eine Kernreaktionsgleichung schreibt man analog einer chemischen Reaktionsgleichung auf der linken Seite eines Reaktionspfeiles die Symbole des Atomkerns und des Elementarteilchens auf, die beim Kernprozeß miteinander reagieren und auf der rechten Seite des Pfeiles die Symbole des Atomkerns und Elementarteilchens, die bei der Kernreaktion gebildet werden. In den Beispielen 2 und 3 wird außerdem auf eine verkürzte Schreibart hingewiesen. In beiden Schreibarten muß man den Massen- und Ladungserhaltungssatz beachten, wonach die Summe der Nukleonenzahlen A und der Kernladungszahlen Z auf beiden Seiten des Pfeiles gleich sein muß.

Beispiel 2:
Wenn Stickstoff ^{14}N mit Protonen beschossen wird, bilden sich ein Kohlenstoffisotop und α-Teilchen. Stellen Sie die Kernreaktionsgleichung auf.

Lösung:
Die Gleichung wird zunächst ohne Nukleonenzahl und Atomnummer für den Kohlenstoff geschrieben.

$$^{14}N + {}^{1}H \rightarrow C + {}^{4}He.$$

Eine vollständig ausgeglichene Gleichung fordert, daß die Nukleonenzahl des Kohlenstoffs $A(C) = A(^{14}N) + A(^{1}H) - A(^{4}He) = 14 + 1 - 4 = 11$ und seine Kernladungszahl $Z(C) = Z(_{7}N) + Z(_{1}H) - Z(_{2}He) = 7 + 1 - 2 = 6$ sein muß. Die Reaktionsgleichung lautet also:

$$^{14}N + {}^{1}H \rightarrow {}^{11}C + {}^{4}He.$$

Nach der abgekürzten Schreibweise wird vor eine Klammer das Symbol des beschossenen Kerns und hinter die Klammer das Symbol des neu gebildeten Kerns geschrieben. In die Klammer wird zuerst das Symbol für das bombardierende Teilchen, dann ein Komma und dahinter das Symbol für das emittierte Teilchen (s. Tabelle 4.5) geschrieben. Bei der verkürzten Schreibweise wird oft die Atomnummer weggelassen. Die obige Reaktionsgleichung schreibt man dann:

$$^{14}N(p, \alpha)^{11}C.$$

Beispiel 3:
Beim Beschuß von Aluminium-27-Kernen mit Neutronen erhält man Magnesiumkerne und Protonen. Stellen Sie die Kernreaktionsgleichung auf.

Lösung:
Die Nukleonenzahl des Magnesiums ist $A(Mg) = A(^{27}Al) + A(^{1}n) - A(^{1}H) = 27 + 1 - 1 = 27$ und seine Kernladungszahl ist $Z(Mg) = Z(_{13}Al) + Z(_{0}n) - Z(_{1}H) = 13 - 1 = 12$. Die Kernreaktionsgleichung lautet also

$$^{27}Al + {}^{1}n \rightarrow {}^{27}Mg + {}^{1}H$$

oder in abgekürzter Schreibweise ohne die Atomnummern

$$^{27}Al(n, p)^{27}Mg.$$

Radioaktive Zerfallsgeschwindigkeit

Der radioaktive Zerfall erfolgt nach den Gesetzen der Statistik mit einer für jede Atomart charakteristischen Geschwindigkeit. Beim Zerfall, einer echt mononuklearen Reaktion, gelten die kinetischen Gleichungen für eine Reaktion erster Ordnung (s. Kapitel 4.5). Die Geschwindigkeitskonstante wird hier *radioaktive Zerfallskonstante* genannt und mit λ bezeichnet. Noch anschaulicher als durch die radioaktive Zerfallskonstante wird der zeitliche Ablauf eines radioaktiven Zerfallsprozesses durch die *Halbwertszeit* $t_{1/2}$ charakterisiert. Man versteht darunter die Zeit, die bis zum Zerfall der Hälfte aller ursprünglich vorhandenen Atomkerne verstreicht. Die Halbwertszeit variiert für verschiedene radioaktive Atomarten von Bruchteilen einer Sekunde bis zu Milliarden von Jahren, s. Aufgabe 4.7-1.

Betrachten wir eine Stoffportion eines radioaktiven Elementes, die zum Zeitpunkt t aus N Atomen besteht, so ist nach dem *Grundgesetz der Reaktionskinetik* die Zerfallsgeschwindigkeit $-\mathrm{d}N/\mathrm{d}t$ gegeben durch

$$-\frac{\mathrm{d}N}{\mathrm{d}t} = \lambda \cdot N*. \tag{4.128}$$

Sie ist der Atomanzahl proportional, und λ stellt die Proportionalitätskonstante dar. Bezeichnen wir mit N_0 die Anzahl unzerfallener radioaktiver Atome zum Zeitpunkt $t = 0$, so ergibt die Integration von (4.128) nach Einsetzen von N_0 die Gleichungen (vgl. S. 307)

$$\ln \frac{N_0}{N} = \lambda \cdot t \quad \text{oder} \quad \lambda = \frac{2{,}303}{t} \cdot \log \frac{N_0}{N}. \tag{4.129}$$

Für die Halbwertszeit $t_{1/2}$, für die $N = \tfrac{1}{2} N_0$ ist, erhält man

$$t_{1/2} = \frac{\ln 2}{\lambda} = \frac{0{,}693}{\lambda}. \tag{4.130}$$

Die Zerfallsgeschwindigkeit hängt vom Aufbau des jeweiligen Atomkerns ab und ist unabhängig vom Bindungszustand der Atome sowie von äußeren Faktoren wie der Temperatur oder dem Druck. Auch Katalysatoren haben keinerlei Einfluß auf die Zerfallsgeschwindigkeit.

Wenn in einer radioaktiven Zerfallsreihe die Halbwertszeit des Mutterelementes wesentlich größer ist als die Halbwertszeiten der daraus entstehenden Tochterelemente, dann stellt sich nach einer bestimmten Zeit ein stationärer Zustand ein. Dieser Zustand heißt (nicht ganz treffend) radioaktives Gleichgewicht. Im radioaktiven Gleichgewicht sind die Stoffmengen der einzelnen Atomarten den entsprechenden

---

* Bei radioaktiven Messungen wird der Zerfall oft in Intervallen von Sekunden oder Minuten angegeben. Der Zerfall pro Zeiteinheit ist dann durch den Differenzenquotienten $\Delta N/\Delta t$ gegeben, und statt (4.128) schreibt man $-\Delta N/\Delta t = \lambda \cdot N$ mit $\Delta t \ll t_{1/2}$.

Halbwertszeiten direkt proportional oder den Zerfallskonstanten umgekehrt proportional (s. Aufgabe 4.7-9). Pro Zeiteinheit zerfallen dann ebensoviele Atome jedes Tochterelementes wie Atome des Mutterelementes. Die Stoffmenge des stabilen Endproduktes kann unter den oben genannten Voraussetzungen so berechnet werden, als ob sie durch direkten Zerfall des Mutterelementes entstanden wäre, wobei alle Zwischenprodukte übersprungen werden.

Die Einheit der Aktivität A einer radioaktiven Substanz ist das Becquerel Bq mit der Einheit s^{-1}. Es gibt die Anzahl der radioaktiven Zerfallsakte pro Sekunde in einer radioaktiven Substanzprobe beliebiger Masse an (z. B. beträgt ein Mittelwert der natürlichen Radioaktivität des menschlichen Körpers 7000 Bq. Dies entspricht einer spezifischen Radioaktivität von ca. $100 \, Bq \cdot kg^{-1}$). Das Becquerel löst die frühere Einheit Curie (Einheitenzeichen Ci, $1 \, Ci = 3{,}7 \cdot 10^{10}$ Bq, Aktivität von 1 g Radium) ab.

Beispiel 4:
Die Halbwertszeit des Radiums 226 beträgt 1620 Jahre, und die relative Atommasse dieses Radiumisotops ist $A_r = 226{,}0$. Berechnen Sie unter Verwendung der obigen Angaben die Aktivität A von 1 g Radium.

Lösung:
Man benutzt die Gleichungen (4.128) und (4.130) und erhält:

$$t_{1/2} = 1620 \, a = 1620 \, a \cdot 365 \, d \cdot a^{-1} \cdot 24 \, h \cdot d^{-1} \cdot 3600 \, s \cdot h^{-1} = 5{,}109 \cdot 10^{10} \, s.$$

Einsetzen in (4.130) ergibt

$$\lambda = \frac{0{,}693}{5{,}109 \cdot 10^{10} \, s} = 1{,}356 \cdot 10^{-11} \, s^{-1}.$$

$$n(Ra) = \frac{1 \, g}{226{,}0 \, g \cdot mol^{-1}} = 4{,}425 \cdot 10^{-3} \, mol.$$

Berechnung der Anzahl Radiumatome in einem Gramm:

$$4{,}425 \cdot 10^{-3} \, mol \cdot g^{-1} \cdot 6{,}022 \cdot 10^{23} \, mol^{-1} = 2{,}665 \cdot 10^{21} \, g^{-1}.$$

1 g Radium enthält $2{,}665 \cdot 10^{21}$ Atome.

$$A = -\frac{dN}{dt} = \lambda \cdot N = 1{,}356 \cdot 10^{-11} \, s^{-1} \cdot 2{,}665 \cdot 10^{21} \, g^{-1} = 3{,}61 \cdot 10^{10} \, s^{-1} \cdot g^{-1}.$$

Die Aktivität von 1 g Radium beträgt $3{,}61 \cdot 10^{10}$ Becquerel.

Künstliche Kernumwandlungen

Künstliche Kernumwandlungen erfolgen immer dann, wenn ein Atomkern mit hoher kinetischer Energie auf einen zweiten trifft und mit diesem unter Bildung eines neuen Kerns reagiert, wobei oft ein oder mehrere neue Teilchen oder ein γ-Quant emittiert werden. Als Geschosse zum Beschuß von Targetmaterial (target: engl. für

Zielscheibe) dienen gewöhnlich Neutronen oder Atomkerne der leichteren Elemente wie z. B. Protonen, Deuteronen oder α-Teilchen. Neutronen sind oft besonders wirkungsvolle Geschosse, weil sie als ungeladene Teilchen von den Kernen des Targetmaterials nicht elektrostatisch abgestoßen werden und leicht in sie eindringen können. Kernreaktionen können auch durch Bestrahlung von Atomkernen mit γ-Strahlen hoher kinetischer Energien ausgelöst werden. Solche Reaktionen heißen Kernphotoreaktionen (z. B. Spaltung von Deuteronen, d + γ → p + n, Schwellenenergie der γ-Quanten 2,225 MeV). Die entstehenden neuen Atomkerne sind in der Mehrzahl der Fälle nicht beständig, sondern radioaktiv („künstliche Radioaktivität").
Das erste Beispiel einer künstlichen Kernumwandlung ist die von Rutherford 1919 entdeckte Kernreaktion

$$^{14}N + {}^4He \rightarrow {}^{17}O + {}^1H.$$

Ein bedeutendes Beispiel ist auch die von Chadwick 1932 durchgeführte Kernreaktion

$$^9Be + {}^4He \rightarrow {}^{12}C + {}^1n,$$

die zur Entdeckung des Neutrons führte.
Der erste Fall künstlich erzeugter Radioaktivität wurde 1934 von Curie und Joliot beobachtet. Beide Forscher fanden, daß beim Beschuß von Aluminium-Targets mit α-Teilchen ein Phosphorisotop entsteht. Dieses ist aber nicht stabil. Es zerfällt unter Emission eines Positrons in ein stabiles Siliciumisotop ^{30}Si:

$$^{30}P \rightarrow {}^{30}Si + e^+.$$

Das Positron entsteht unmittelbar vor seiner Emission im Phosphorkern durch Umwandlung eines Protons in ein Neutron:

$$^1p \rightarrow {}^1n + e^+.$$

Die Positronenstrahlung wird als β^+-Strahlung und die Elektronenstrahlung als β^--Strahlung bezeichnet. Im Gegensatz zu den stabilen Elektronen sind die Positronen nicht beständig, sondern reagieren mit der kurzen Halbwertszeit von 2,50 min weiter.
Damit ein Elementarteilchen in einen Atomkern eindringen und eine künstliche Kernumwandlung auslösen kann, muß es eine bestimmte, in vielen Fällen sehr hohe kinetische Energie besitzen. Diese Energie wird in der Kernchemie oft in Megaelektronvolt MeV angegeben. 1 MeV = 10^6 eV. Ein Elektronvolt ist die Energie, die ein Elektron beim Durchlaufen der Potentialdifferenz von 1 Volt im Vakuum gewinnt. Die wichtige Umrechnung von MeV in kJ erfolgt mit Kenntnis der Elementarladung

$e = 1{,}602 \cdot 10^{-19}$ Coulomb unter Verwendung folgender Beziehungen (s. Tabelle 3 S. 2):

$$1\,\text{eV} = 1\,\text{e} \cdot 1\,\text{V} = 1{,}602 \cdot 10^{-19}\,\text{C} \cdot 1\,\text{V} = 1{,}602 \cdot 10^{-19}\,\text{J}$$
$$(\text{A} \cdot \text{s} \cdot 1\,\text{m}^2 \cdot \text{kg} \cdot \text{s}^{-3} \cdot \text{A}^{-1} = 1{,}602 \cdot 10^{-19}\,\text{J} = 1{,}602 \cdot 10^{-22}\,\text{kJ})$$
$$1\,\text{J} \;= 6{,}242 \cdot 10^{18}\,\text{eV}$$
$$1\,\text{kJ} = 6{,}242 \cdot 10^{21}\,\text{eV}$$
$$1\,\text{kJ} = 6{,}242 \cdot 10^{15}\,\text{MeV}.$$

Angaben von Energien in Elektronvolt oder Megaelektronvolt beziehen sich bei Kernreaktionen immer nur auf ein einziges Elementarteilchen oder ein einziges an der Kernreaktion beteiligtes Atom. Energieangaben in kJ beziehen sich dagegen gewöhnlich auf 1 mol des betreffenden Elementes, und die Energieeinheit ist dann $\text{kJ} \cdot \text{mol}^{-1}$. Die auf ein Teilchen bezogene Energie von 1 eV bei einem Kernprozeß, an dem 1 mol Teilchen beteiligt ist, entspricht deshalb einer stoffmengenbezogenen Energie von

$$1\,\text{eV} \cdot 6{,}022 \cdot 10^{23}\,\text{mol}^{-1} = 1{,}602 \cdot 10^{-22}\,\text{kJ} \cdot 6{,}022 \cdot 10^{23}\,\text{mol}^{-1}$$
$$= 96{,}5\,\text{kJ} \cdot \text{mol}^{-1}.$$

In Abhängigkeit von den Energien der Geschoßteilchen sind die Ergebnisse der Kernumwandlungen verschieden. Bei Teilchen mit Energien bis zu etwa 10 MeV findet eine einfache Kernreaktion statt, bei der das Teilchen vom beschossenen Kern eingefangen und ein anderes Elementarteilchen aus dem Kern herausgeschleudert wird. In bestimmten Fällen wird dabei auch γ-Strahlung emittiert.

Beim Beschuß mit sehr energiereichen Teilchen mit Energien von einigen 100 MeV erfolgt eine durchgreifendere Umwandlung des bombardierten Kerns: es entsteht eine große Anzahl radioaktiver Zerfallsprodukte, deren Massenzahlen bis zu 50 Einheiten von der des Ausgangskerns abweichen. Man spricht in einem solchen Fall von einer Kernzersplitterung (engl. spallation).

Eine dritte Art von Kernreaktionen ist die Kernspaltung (engl. fission), bei der der Kern in zwei Bruchstücke zerfällt. Schwere Kerne können auch von Elementarteilchen mit kleineren Energien gespalten werden. Beim Uranisotop ^{235}U wird beispielsweise die Kernspaltung durch Neutronen ausgelöst, die nur thermische Energien besitzen. Ein Urankern, der ein solches thermisches Neutron eingefangen hat, zerfällt sofort in zwei Spaltprodukte A und B (z. B. Sr und Xe oder Ba und Kr) und 2 oder 3 Neutronen. Die neu gebildeten Neutronen lösen weitere Kernreaktionen aus, so daß beim Überschreiten einer kritischen Masse (Neutronen gehen sonst durch Diffusion in die Umgebung verloren) eine Kern-Kettenreaktion ausgelöst wird. Da bei jedem Teilprozeß große Energiemengen in Freiheit gesetzt werden, liefert der Gesamtprozeß außerordentlich große Energien. Diese lassen sich in Kernkraftwerken unter kontrollierten Bedingungen freisetzen. In Kernwaffen eingesetzt, hat die Kernspaltungsenergie ihre verheerende Wirkung bei den Bombenabwürfen über Hiroshima und Nagasaki 1945 dokumentiert.

Die Einsteinsche Masse-Energie-Beziehung

Aus der Einsteinschen Relativitätstheorie (1905) kann hergeleitet werden, daß sich Masse in Energie umwandeln läßt und umgekehrt auch Energie in Masse. Zwischen der Masse und der Energie besteht Äquivalenz gemäß der Einsteinschen Beziehung

$$E = m \cdot c^2 \tag{4.131}$$

Darin ist c die Vakuumlichtgeschwindigkeit ($c = 2{,}998 \cdot 10^8$ m $\cdot$ s^{-1}). Will man das Energieäquivalent für eine Substanzprobe der Masse 1 kg berechnen, so setzt man

$$\begin{aligned} E &= m \cdot c^2 = 1 \text{ kg} \cdot (2{,}998 \cdot 10^8 \text{ m} \cdot \text{s}^{-1})^2 \\ &= 8{,}988 \cdot 10^{16} \text{ kg} \cdot \text{m}^2 \cdot \text{s}^{-2} = 8{,}988 \cdot 10^{16} \text{ N} \cdot \text{m} \\ &= 8{,}988 \cdot 10^{16} \text{ J} \\ 1 \text{ kg} &= 8{,}988 \cdot 10^{13} \text{ kJ} \\ 1 \text{ g} &= 8{,}988 \cdot 10^{10} \text{ kJ}. \end{aligned}$$

Wichtig für Masse-Energie-Berechnungen bei Kernreaktionen ist auch die Beziehung zwischen der atomaren Masseneinheit u und der ihr äquivalenten Energie in MeV. Diese erhält man folgendermaßen:

$$\begin{aligned} 1 \text{ u} &= 1{,}661 \cdot 10^{-24} \text{ g} \triangleq 1{,}661 \cdot 10^{-24} \text{ g} \cdot 8{,}988 \cdot 10^{10} \text{ kJ} \cdot \text{g}^{-1} \\ &= 1{,}493 \cdot 10^{-13} \text{ kJ} \\ &\triangleq 1{,}493 \cdot 10^{-13} \text{ kJ} \cdot 6{,}242 \cdot 10^{15} \text{ MeV} \cdot \text{kJ}^{-1} \\ &= 932 \text{ MeV}. \end{aligned}$$

Massendefekt und Kernbindungsenergie

Die Masse eines jeden aus Protonen und Neutronen zusammengesetzten Atomkerns ist immer kleiner als die Summe der Massen seiner Nukleonen. Die Differenz Δm wird *Massendefekt* genannt. Sie entspricht gemäß der Einsteinschen Beziehung der *Kernbindungsenergie* E_B, welche beim Aufbau des Atomkerns aus den Nukleonen freigesetzt wird. Umgekehrt ist dieselbe Energiemenge erforderlich, um die Aufspaltung des Atomkerns in seine Nukleonen zu bewirken. Die Kernbindungsenergie stellt somit ein Maß für die Stabilität des Atomkerns dar.

Beispiel 5:
Berechnen Sie den Massendefekt Δm des Heliumkerns ^{4}He und die Kernbindungsenergie pro Nukleon E_B/A. Die experimentell bestimmte Masse dieses Kerns ist 4,001506 u.

Lösung:
Aus Tabelle 4.5 erhält man die Summe der Massen von 2 Protonen und 2 Neutronen zu $2 \cdot 1{,}007276$ u $+ 2 \cdot 1{,}008665$ u $= 4{,}031883$ u. Der Massendefekt beträgt also $\Delta m = 4{,}031883$ u $- 4{,}001506$ u $= 0{,}030377$ u. Dieser entspricht nach Gleichung (4.131) einer bei der Bildung eines

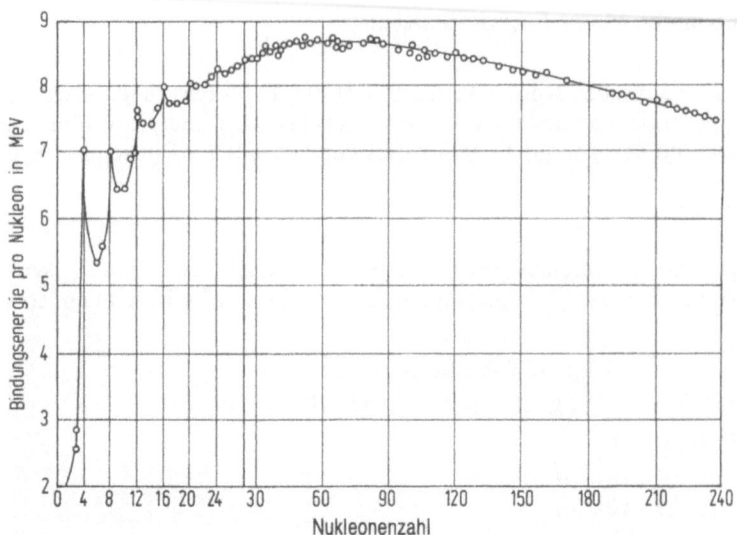

Abb. 4.5. Abhängigkeit der Kernbindungsenergie pro Nukleon von der Nukleonenzahl der Nuklide (nach W. J. Moore, Physical Chemistry, London 1963).

Heliumkerns aus Protonen und Neutronen freiwerdenden Bindungsenergie von $0{,}03038 \cdot 932$ MeV $= 28{,}3$ MeV.
Die Bindungsenergie pro Nukleon E_B/A erhält man, wenn man die Gesamtbindungsenergie eines Kerns durch die Nukleonenzahl dividiert. So ergibt sich für den Heliumkern E_B/A zu $28{,}3/4$ MeV $= 7{,}1$ MeV.

Abbildung 4.5 zeigt die Kernbindungsenergie pro Nukleon E_B/A für eine Anzahl stabiler Nuklide als Funktion der Nukleonenzahl A. Mit zunehmender Nukleonenzahl steigt die Kurve bis zu einem Maximum bei A gleich etwa 60 und nimmt dann ab. Nukleonen mit Nukleonenzahlen zwischen 40 und 100 haben folglich die stabilsten Kerne.

Das Maximum der Stabilität liegt etwa bei den Elementen Eisen, Cobalt und Nickel. Aufgrund des Kurvenverlaufs in Abb. 4.5 kann leicht hergeleitet werden, daß Kernbindungsenergie auf zwei verschiedenen Wegen nach außen freigesetzt werden kann, nämlich bei der Verschmelzung von leichten zu schwereren Kernen ($A < 60$) in einer Kernfusionsreaktion und bei der Spaltung von schweren in jeweils zwei leichte Kerne (A vorzugsweise um 93 und um 140). In beiden Fällen führt die zunehmend festere Bindung (höhere Kernbindungsenergie) der Nukleonen zum Freiwerden großer Mengen an Kernbindungsenergie.

Beispiel 6:
Berechnen Sie die Kernbindungsenergie pro Nukleon für das Eisenisotop ^{56}Fe mit der relativen Atommasse $A_r = 55{,}9349$. Die relativen Massen des Wasserstoffatoms und des Neutrons sind aus Tabelle 4.5 zu entnehmen.

Lösung:
Aus der Beziehung $A = Z + N$ folgt, daß der Eisenkern aus 26 Protonen und $56 - 26 = 30$ Neutronen aufgebaut ist.

26 H haben die Masse $26 \cdot 1{,}0078251$ u $= 26{,}18918$ u
30 n haben die Masse $30 \cdot 1{,}008665$ u $= 30{,}25995$ u

Gesamtmasse der Nukleonen und der Elektronenhülle	$= 56{,}4491$ u
Wirkliche Masse des Eisenkerns mit Elektronenhülle	$= 55{,}9349$ u
$\Delta m =$	$0{,}5142$ u

$$E_B/A = \frac{0{,}5142 \text{ u} \cdot 932 \text{ MeV} \cdot \text{u}^{-1}}{56} = 8{,}54 \text{ MeV}.$$

Beispiel 7:
Ein Druckwasserreaktor wird mit angereichertem Natururan als Kernbrennstoff betrieben, in dem der Massenanteil von ^{235}U 3,7% beträgt. Die Kernspaltung von ^{235}U erfolgt durch Einfang thermischer Neutronen, wobei jeder Urankern in jeweils zwei Bruchstücke mit mittleren Massen von ca. 95 und ca. 140 zerfällt. Daneben entstehen im Mittel 2,5 Neutronen pro gespaltenen Urankern. Eine der vielen Spaltungsarten kann stellvertretend durch die Kernreaktionsgleichung

$$^{235}\text{U} + {}^1\text{n} \rightarrow {}^{94}\text{Sr} + {}^{140}\text{Xe} + 2\,{}^1\text{n}$$

beschrieben werden. (^{94}Sr und ^{140}Xe sind die Elementsymbole instabiler Isotope der Elemente Strontium und Xenon).
a) Schätzen Sie mit Hilfe von Abb. 4.5 die bei dieser Kernspaltung freigesetzte Energiemenge in MeV pro Spaltungsakt ab.
b) Wieviel kJ pro kg Uran 235 entspricht diese Energieentwicklung?

Lösung:
a) Aus der Kurve in Abb. 4.5 können folgende Schätzwerte von E_B/A für die drei Nuklide mit den Nukleonenzahlen 235, 94 und 140 abgelesen werden: 7,6 MeV, 8,6 MeV und 8,4 MeV.
Die Energieentwicklung ist somit $94 \cdot 8{,}6 \text{ MeV} + 140 \cdot 8{,}4 \text{ MeV} - 235 \cdot 7{,}6 \text{ MeV} \simeq 200$ MeV pro Atomkern.

b) 1 kg ^{235}U $\triangleq \dfrac{1000}{235}$ mol $\triangleq \dfrac{1000 \cdot N_A}{235}$ Atomkerne, die bei der Spaltung folgende Energiemenge freisetzen:

$$\frac{1000 \cdot N_A \cdot 200}{235} \text{ MeV} \triangleq \frac{1000 \cdot N_A \cdot 200 \cdot 1{,}602 \cdot 10^{-16}}{235} \text{ kJ} \cdot \text{kg}^{-1} = 8 \cdot 10^{10} \text{ kJ} \cdot \text{kg}^{-1},$$

d. h. 80 Milliarden Kilojoule pro kg Uran.

Beispiel 8:
Beim Beschuß von Stickstoffkernen mit α-Teilchen bildet sich neben Wasserstoff das Sauerstoffisotop O-17 gemäß folgender Kernreaktionsgleichung:

$$^4\text{He} + {}^{14}\text{N} \rightarrow {}^1\text{H} + {}^{17}\text{O}.$$

Wird bei dieser Kernreaktion Energie verbraucht oder freigesetzt?
Die Atommassen der beteiligten Elemente sind: $m_A(^4\text{He}) = 4{,}002603$ u, $m_A(^{14}\text{N}) = 14{,}003074$ u, $m_A(^1\text{H}) = 1{,}007825$ u und $m_A(^{17}\text{O}) = 16{,}999131$ u.

Lösung:
Die Atommassen auf jeder Seite des Reaktionspfeils werden aufsummiert:

$m_A(^4\text{He}) = 4{,}002603$ u $\qquad m_A(^1\text{H}) = 1{,}007825$ u

$m_A(^{14}\text{N}) = 14{,}003074$ u $\qquad m_A(^{17}\text{O}) = 16{,}999131$ u

$\qquad\qquad\quad 18{,}005677$ u $\qquad\qquad\quad 18{,}006956$ u

Die Differenz zwischen den beiden Summen beträgt

$18{,}006956$ u
$- 18{,}005677$ u

$0{,}001279$ u

Die Reaktion ist somit mit einem Massenzuwachs verbunden, der einer verbrauchten Energiemenge von $0{,}001279 \cdot 932$ MeV $= 1{,}19$ MeV entspricht. Die Reaktion ist endotherm und verbraucht eine Energiemenge von 1,19 MeV pro kernchemischem Elementarprozeß.

Beispiel 9:
Wenn man annimmt, daß bei der Entstehung der Erde die beiden Uranisotope ^{238}U und ^{235}U in praktisch gleichen Stoffmengen gebildet wurden, läßt sich das Alter der Erde aus den Halbwertszeiten der beiden Isotope und ihren derzeitigen relativen Häufigkeiten (relative Häufigkeit ist der kernchemische Fachausdruck für den Massenanteil eines Isotops im natürlichen Isotopengemisch) berechnen. Die Halbwertszeiten der beiden Isotope sind $t_{1/2}(^{238}\text{U}) = 4{,}47 \cdot 10^9$ a und $t_{1/2}(^{235}\text{U}) = 7{,}04 \cdot 10^8$ a, und die relativen Häufigkeiten betragen 99,28 % ^{238}U und 0,72 % ^{235}U. Berechnen Sie das Alter der Erde.

Lösung:
Das Alter der Erde betrage t_x Jahre. Zum Zeitpunkt $t = 0$ sei N_0 die Anzahl der Atome jedes der beiden Isotope.
Gemäß den Gleichungen (4.128) und (4.130) erhält man die beiden Gleichungen:

$$\frac{2{,}303}{t_x} \log \frac{N_0}{0{,}9928 \cdot N_0} = \frac{0{,}693}{4{,}47 \cdot 10^9 \text{ a}} \qquad (\text{I})$$

und

$$\frac{2{,}303}{t_x} \log \frac{N_0}{0{,}0072 \cdot N_0} = \frac{0{,}693}{7{,}04 \cdot 10^8 \text{ a}} \qquad (\text{II})$$

Nach Subtraktion (II) − (I) erhält man

$t_x = 5{,}85 \cdot 10^9$ a.

Das Alter der Erde beträgt rund 6 Milliarden Jahre.

Aufgaben

4.7-1 Im folgenden Zerfallsschema für die Uran-Radium-Zerfallsreihe ist über den Reaktionspfeilen angegeben, ob der jeweilige Zerfall unter α- oder β-Emission erfolgt. Außerdem wird die Massenzahl und Kernladungszahl des Mutterelements der Zerfallsreihe angegeben. Bestimmen Sie die Nukleonen- und Kernladungszahlen von Radium Ra und Uranblei.

$$^{238}U \xrightarrow[4,5 \cdot 10^9 \, a]{\alpha} Th \xrightarrow[24,1 \, d]{\beta} Pa \xrightarrow[1,14 \, min]{\beta} U \xrightarrow[2,3 \cdot 10^5 \, a]{\alpha} Th \xrightarrow[8,0 \cdot 10^4 \, a]{\alpha} Ra \xrightarrow[1620 \, a]{\alpha}$$

$$Rn \xrightarrow[3,82 \, d]{\alpha} Po \xrightarrow[3 \, min]{\alpha} Pb \xrightarrow[26,8 \, min]{\beta} Bi \xrightarrow[19,7 \, min]{\beta} Po \xrightarrow[1,5 \cdot 10^{-4} \, s]{\alpha} Pb \xrightarrow[22 \, a]{\beta} Bi \xrightarrow[5 \, d]{\beta} \to$$

$$Po \xrightarrow[140 \, d]{\alpha} Pb.$$

(Die Zahlen unter den Kernreaktionspfeilen sind Halbwertszeiten: a = Jahre, d = Tage, min = Minuten und s = Sekunden. An drei Stellen innerhalb der Zerfallsreihe treten Verzweigungen auf, die jedoch keinen Einfluß auf die Aufgabenlösung haben und deshalb weggelassen wurden).

4.7-2 Rutherford konnte bereits 1911 mit einem Szintillationszähler die Anzahl der α-Teilchen, die von Radiumproben ausgestrahlt wurde, zählen und parallel dazu die beim α-Zerfall der Radiumproben entstandenen Volumina Heliumgas messen. Mit den so erhaltenen Daten war er in der Lage, den für seine Zeit besten Zahlenwert der Avogadro-Konstante bestimmen zu können. Seine Berechnung stützte sich auf folgende Daten: 1 g Radium strahlt in 1 s 3,4 · 10^{10} α-Teilchen aus und bildet in 24 h 1,07 · 10^{-4} ml Heliumgas im Normzustand. Das von Radon und seinen Folgeprodukten gebildete Heliumvolumen (s. Aufgabe 4.7-1) wird aus den bekannten Halbwertszeiten berechnet und vom experimentell bestimmten Gasvolumen abgezogen.
Berechnen Sie aus den gegebenen Daten den Zahlenwert der Avogadro-Konstante.

4.7-3 Ergänzen Sie folgende Kernreaktionsgleichungen, die die Kernreaktionsverläufe beim Beschuß von Stickstoff, Beryllium und Aluminium mit α-Teilchen wiedergeben sollen.
Schreiben Sie die Gleichungen in abgekürzter Schreibweise auf.
a) $^{14}N + {}^4He \to {}^{17}O + ?$
b) $^9Be + {}^4He \to C + {}^1n$
c) $^{27}Al + {}^4He \to {}^{30}P + ?$
Kernreaktionsgleichung a) beschreibt das als erstes entdeckte Beispiel einer künstlichen Kernreaktion (Rutherford 1919), b) ist die Kernreaktion, die zur Entdeckung der Neutronen führte (Chadwick 1932) und c) ist das erste Beispiel künstlicher Radioaktivität (Curie und Joliot 1934).

4.7-4 Ergänzen Sie folgende Kernreaktionsgleichungen und schreiben Sie sie auch in Kurzschreibweise auf:
a) $^7Li + H \to {}^4He + {}^4He$
b) $^2H + {}^2H \to {}^3He + ?$
c) $^3H \to {}^3He + ?$
(Das Wasserstoffisotop ^2H wird Deuterium (schwerer Wasserstoff) genannt und ist ein Bestandteil des schweren Wassers. Das radioaktive Wasserstoffisotop ^3H wird Tritium genannt, seine Halbwertszeit beträgt 12,3 Jahre.

4.7-5 Geben Sie die Nukleonen- und Kernladungszahlen der mit Y bezeichneten Elemente in den folgenden Kernreaktionsgleichungen an:
a) $^AX + {}^4He \to Y + {}^1n$
b) $^AX + {}^1n \to Y + {}^1H$.

4.7-6 Die Halbwertszeit des im radioaktiven Fallout (in die Atmosphäre hochgewirbelte Aschepartikel, die im Laufe der Zeit zu Boden sinken) nach Kernwaffenexplosionen enthaltenen Radionuklids ^{90}Sr beträgt 28,6 Jahre.
Welcher Nukleonenanteil der Ausgangsmasse dieses Stoffes zum Zeitpunkt $t = 0$ ist nach einer Abklingzeit von 600 Jahren noch vorhanden?

4.7-7 Die Halbwertszeit von Uran 238 beträgt $4,47 \cdot 10^9$ Jahre und von Radon 222 3,82 Tage. Berechnen Sie die Aktivitäten von 1 g schweren Proben beider Elemente in Becquerel.

4.7-8 Gegeben ist eine 1 g schwere Probe reinen Radiumbromids $RaBr_2$. Welche Anfangsaktivität hat diese Probe und auf welchen Wert sinkt sie nach einer Zerfallszeit von 10 000 Jahren? Die Halbwertszeit des Radiums beträgt 1620 Jahre und seine relative Atommasse hat den Wert 226. Der Wert der Avogadro-Konstante beträgt $6,022 \cdot 10^{23}$ mol^{-1}.

4.7-9 Die Zerfallsgeschwindigkeiten langlebiger radioaktiver Elemente wie z. B. des Urans können nicht auf direktem Wege bestimmt werden. Wenn aber ein solches Element im radioaktiven Gleichgewicht mit einem Tochterelement steht, dessen Zerfallsgeschwindigkeit bekannt ist, können die Gesetze des radioaktiven Zerfallsgleichgewichts angewendet werden. Natururan und Radium befinden sich im radioaktiven Gleichgewicht, was u. a. daraus hervorgeht, daß das Stoffmengenverhältnis von Uran und Radium in Thorium-freien Uranerzen konstant ist. Bei einer Analyse fand man ein Massenverhältnis $m(U)/m(Ra) = 2,91 \cdot 10^6$.
Berechnen Sie daraus und aus der bekannten Halbwertszeit des Radiums $t_{1/2}(Ra) = 1620$ a die Halbwertszeit des Urans ($A_r(U) = 238$, $A_r(Ra) = 226$).

4.7-10 Bei der Analyse eines Minerals aus der präkambrischen Periode ergab sich ein Massenverhältnis $m(Pb)/m(U) = 0,155$. Die relative Atommasse des Bleis betrug $A_r(Pb) = 206,0$, weshalb es ausschließlich aus Uranblei bestand, das beim radioaktiven Zerfall des Urans 238 gebildet wird.
Berechnen Sie das Alter des Minerals. $A_r(^{238}U) = 238,1$, $t_{1/2}(^{238}U) = 4,47 \cdot 10^9$ a.

4.7-11 Aus Clevit, einem Mineral der Pechblende, kann das beim radioaktiven Zerfall gebildete Heliumgas durch Erhitzen auf höhere Temperaturen vollständig abgetrennt werden. Aus einer Clevitprobe von 1 kg mit einem Massenanteil von 82 % U_3O_8 wurden auf diese Weise 0,800 l Helium im Normzustand isoliert.
Berechnen Sie das Alter des Minerals. Die erforderlichen Daten über den Uranzerfall können Aufgabe 4.7-1 entnommen werden. Da mit Sicherheit ein bestimmter Volumenanteil des gesamten gebildeten Heliums durch Diffusion aus dem Mineral entwichen ist, kann der aus dem Heliumvolumen berechnete Alterswert nur als untere Grenze angesehen werden.

4.7-12 Der C-14-Methode zur Altersbestimmung von archäologischen Funden organischen Ursprungs liegt die Kernreaktion

$^{14}N + {}^1n \rightarrow {}^{14}C + {}^1H$

zugrunde, bei der das radioaktive Kohlenstoffisotop in der Atmosphäre durch Beschuß von Stickstoffkernen der Luft mit Neutronen, entstanden aus der kosmischen Strahlung, ständig mit gleicher Geschwindigkeit von $2,1 - 2,4$ ^{14}C-Atomen $\cdot$ cm$^{-2} \cdot$ s^{-1} gebildet wird. Die Halbwertszeit von C-14 beträgt 5736 Jahre. Das C-14 geht dabei unter β^--Zerfall gemäß

$^{14}C \rightarrow {}^{14}N + e^-$

in inaktiven Stickstoff über. In lebender Materie erfolgt ständig ein Austausch des Kohlenstoffs über das CO_2 der Luft durch die Atmungskette, so daß der Gehalt an ^{14}C einen konstanten Bruchteil des Gesamtkohlenstoffgehalts ausmacht. Beim Tode tierischer sowohl wie pflanzlicher Organismen hört jedoch der Austausch von Kohlendioxid mit der Umgebung auf, was zur Folge hat, daß die Radioaktivität des Kohlenstoffs im toten Organismus mit der Zeit abklingt. Bei Anwendung der C-14-Methode wird der Kohlenstoff aus dem toten Organismus isoliert und zu Kohlendioxid verbrannt. Seine Strahlungsintensität wird dann mit der Intensität des Kohlendioxids verglichen, die man aus lebender Materie erhält – oder, im Hinblick auf die radioaktiven Verunreinigungen und den etwas größeren Kohlendioxidgehalt in der jetzigen Atmosphäre, aus Holz mit bekanntem Alter aus dem 19. Jahrhundert.

Der Kohlenstoff eines Siedlungsplatzes aus der Steinzeit wies eine Radioaktivität auf, die 60,5% der Radioaktivität des Kohlenstoffs von lebender Substanz betrug.
Berechnen Sie das Alter des Siedlungsplatzes.

4.7-13 Wieviel Energie, ausgedrückt in kJ und MeV, wird frei, wenn man annimmt, daß das Kohlenstoffisotop ^{12}C durch Fusion von Wasserstoffatomen und Neutronen entsteht? Der Berechnung sollen folgende relative Atommassen zugrundegelegt werden: $A_r(^1H) = 1,007825$, $A_r(^1n) = 1,008665$, $A_r(^{12}C) = 12,0000$.

4.7-14 Bei der Spaltung eines Atomkerns ^{235}U wird eine Energiemenge von ca 200 MeV freigesetzt.
a) Wieviel t Steinkohle mit einer Verbrennungswärme von 33 500 kJ · kg^{-1} benötigt man, um die gleiche Energiemenge zu erhalten wie bei der Spaltung von 1 g ^{235}U?
b) Es wird angenommen, daß in einem Atomreaktor mit ^{235}U als Brennstoff 30% der gesamten entwickelten Energie in Form von elektrischer Energie nutzbar gemacht werden können.
Berechnen Sie, wieviel kWh man in diesem Fall bei der Spaltung von 1 kg Uran pro Tag erhalten würde.

4.7-15 Berechnen Sie die Energieentwicklung in kJ bei der Kernfusion von 1 g Wasserstoff zu Helium. $A_r(^1H) = 1,007825$, $A_r(^4He) = 4,002603$. Man nimmt an, daß dieser Kernfusionsprozeß im Inneren der Sonne abläuft und die wichtigste Quelle der Sonnenenergie ist.

4.7-16 Berechnen Sie die Energieentwicklung in MeV · u^{-1} und in kJ · g^{-1} umgewandelten Aluminiums bei der Kernreaktion

$^{27}Al(d, \alpha)^{25}Mg$.

$A_r(^{27}Al) = 26,9815$, $A_r(^{25}Mg) = 24,9859$. Die relativen Atommassen des Deuterons und des α-Teilchens können Tabelle 4.5 entnommen werden.

4.7-17 Die Stärke einer Kernwaffe pflegt man mit der Menge des Sprengstoffes Trinitrotuluol $CH_3-C_6H_2(NO_2)_3$ anzugeben, das beim explosionsartigen Zerfall die gleiche Energiemenge freisetzt wie eine Atombombe. Die maximale Stärke einer Uranbombe, die hauptsächlich U-235 als spaltbares Material enthält, wird mit 500 Kilotonnen angegeben.
Wieviel U-235 enthält eine solche Bombe? Trinitrotuluol setzt beim explosionsartigen Zerfall 3432 kJ · mol^{-1} frei. Die Energieentwicklung aus U-235 bei der Kernspaltung kann aus Aufgabe 4.7-14 entnommen werden.

4.7-18 Folgende Fusionsprozesse zwischen leichten Atomkernen werden angenommen: $^3H(d, n)^4He$, $^6Li(d, \alpha)^4He$ und $^3H(^3H, 2n)^4He$.
Berechnen Sie für diese drei Reaktionen die Energieentwicklung in MeV pro Elementarprozeß. $A_r(^6Li) = 6,01512$, $A_r(^3H) = 3,01605$; die anderen relativen Atommassen können Tabelle 4.5 entnommen werden.

4.7-19 Welche Energie entwickelt eine Wasserstoffbombe, bestehend aus 100 kg Lithiumdeuterid LiD, gemessen in Tonnen Trinitrotuluol (s. Aufg. 4.7-17), wenn man annimmt, daß die Energieentwicklung bei der Explosion ausschließlich nach der thermonuklearen Reaktion $^6Li(d, \alpha)^4He$ erfolgt?

4.7-20 Berechnen Sie die Kernbindungsenergie pro Nukleon für die Nuklide
a) ^6Li mit $A_r(^6Li)$ = 6,015123,
b) ^{88}Sr mit $A_r(^{88}Sr)$ = 87,9056,
c) ^{197}Au mit $A_r(^{197}Au)$ = 196,967 und
d) ^{235}U mit $A_r(^{235}U)$ = 235,044.

4.7-21 Plutonium 239 zerfällt unter Emission von α-Teilchen. Bei einem radiochemischen Experiment wurden 0,0800 ml einer Plutoniumsalzlösung mit $c(eq) = 0,450$ mmol · l^{-1} bis zur Trockene eingedampft. Der Rückstand wurde danach in einen Ionisationsdetektor eingeführt, der genau 50% aller emittierten α-Teilchen registrierte. Es wurde eine Aktivität von $9,83 \cdot 10^3$ Bq registriert.
Berechnen Sie die Halbwertszeit des Plutoniums 239 unter Verwendung von $6,02 \cdot 10^{23}$ als Wert der Avogadro-Konstanten.

Lösungen der Übungsaufgaben

Kapitel 1.1

Zur Lösung der Aufgaben 1.1-1 bis 1.1-3 benötigen Sie die relativen Atommassen der Elemente, aus denen die Moleküle der chemischen Verbindungen bestehen.
Die Tabelle mit den (außer für H) auf eine Nachkommastelle gerundeten relativen Atommassen finden Sie auf der Seite XV. Die Verwendung von relativen Atommassen mit größerer Anzahl von Nachkommastellen kann gelegentlich zu geringfügig abweichenden Ergebnissen führen.

1.1-1 a) $M(KClO_3) = 122{,}6 \text{ g} \cdot \text{mol}^{-1}$
       b) $M(K_2Cr_2O_7) = 294{,}2 \text{ g} \cdot \text{mol}^{-1}$
       c) $M(Na_2CO_3 \cdot 10\, H_2O) = 286{,}1 \text{ g} \cdot \text{mol}^{-1}$

1.1-2 a) $M(C_3H_5N_3O_9) = 227{,}0 \text{ g} \cdot \text{mol}^{-1}$
       b) $M(C_{17}H_{21}NO_4) = 303{,}2 \text{ g} \cdot \text{mol}^{-1}$
       c) $M(C_{55}H_{72}N_4O_5Mg) = 893{,}5 \text{ g} \cdot \text{mol}^{-1}$

1.1-3 a) $M(Na_2B_4O_7 \cdot 10\, H_2O) = 381{,}4 \text{ g} \cdot \text{mol}^{-1}$
       b) $M(KAl(SO_4)_2 \cdot 12\, H_2O) = 474{,}4 \text{ g} \cdot \text{mol}^{-1}$
       c) $M(Fe(NH_4)_2(SO_4)_2 \cdot 6\, H_2O) = 482{,}2 \text{ g} \cdot \text{mol}^{-1}$
       d) $M(K_2O \cdot 3\, Al_2O_3 \cdot 6\, SiO_2 \cdot 2\, H_2O) = 796{,}8 \text{ g} \cdot \text{mol}^{-1}$

Zur Lösung der Aufgaben 1.1-4 bis 1.1-8 verwenden Sie die Gleichungen

$$M(X) = \frac{m}{n(X)} \quad \text{und} \quad N_A = \frac{N(X)}{n(X)}$$

Es bedeuten:
$M(X)$ = molare Masse des Stoffes X
m = Masse
$n(X)$ = Stoffmenge
N_A = Avogadro-Konstante = $6{,}022 \cdot 10^{23} \text{ mol}^{-1}$
N = Teilchenanzahl in einer Stoffportion

1.1-4 a) $m = 13{,}8 \text{ g}$
       b) $m = 0{,}348 \text{ g}$
       c) $m = 837{,}8 \text{ g}$

1.1-5 a) $m = 3{,}31 \text{ g}$
       b) $m = 28{,}4 \text{ mg}$
       c) $m = 3{,}6 \text{ kg}$

1.1-6　a)　$n(CuSO_4 \cdot 5\,H_2O) = 0{,}04$ mol
　　　b)　$n(S) = 0{,}4$ mol;　$n(O) = 3{,}6$ mol
　　　c)　$N(Cu) = 2{,}41 \cdot 10^{21}$
　　　　　$N(O) = 2{,}17 \cdot 10^{22}$
　　　　　$N(H) = 2{,}41 \cdot 10^{22}$

1.1-7　a)　$n(O) = 0{,}3$ mol
　　　b)　$n(O) = 4{,}401$ mol
　　　c)　$n(O) = 0{,}466$ mol

Beachten Sie bei der Aufgabe c), daß 1 mol $Na_2CO_3 \cdot 10\,H_2O$ 13 mol Sauerstoffatome enthält.

1.1-8　a)　$N(H) = 6{,}685 \cdot 10^{22}$
　　　b)　$N(H) = 4{,}011 \cdot 10^{19}$
　　　c)　$N(H) = 4{,}01 \cdot 10^{23}$
　　　d)　$N(H) = 6{,}332 \cdot 10^{25}$

Berechnen Sie bei der Aufgabe d) zuerst die Masse des Spiritus, danach die Massen des reinen Ethanols und des Wassers. Denken Sie daran, daß Ethanol und Wasser Wasserstoffatome enthalten.

1.1-9　$6{,}022 \cdot 10^{23}$ Teilchen ($= N_A$) der gleichen Art multipliziert mit der Masse eines Teilchens (1 X) ergeben die molare Masse eines Stoffes $M(X)$:

$$N_A \cdot m(1\,X) = M(X)$$

　　　a)　$m(1\,H_2O) = 2{,}992 \cdot 10^{-23}$ g
　　　b)　$m(1\,C_{12}H_{22}O_{11}) = 5{,}684 \cdot 10^{-22}$ g
　　　c)　$m(1\,X) = 1{,}66 \cdot 10^{-18}$ g

1.1-10　$M = 183$ g $\cdot$ mol^{-1}

1.1-11　Das molare Volumen V_M eines idealen Gases im Normzustand beträgt $V_M = 22{,}414\,l \cdot$ mol^{-1}. Die Masse dieses Gasvolumens ist die molare Masse.
Berechnen Sie die molare Masse aller vier Gase und daraus die relative Atommasse des Stickstoffs.

$A_r(N) = 14{,}01$ (Genauer Wert: 14,0067)

1.1-12　$\dfrac{M_r(AgCl)}{A_r(Ag)} = \dfrac{107{,}87 + A_r(Cl)}{107{,}87} = 1{,}3287$
　　　　$A_r(Cl) = 35{,}457$

1.1-13　Stellen Sie ähnlich wie in 1.1-12 eine Gleichung auf, in der Sie die bekannten Atommassen von C, H und O einsetzen, und lösen Sie die Gleichung nach $A_r(Be)$ auf.

$A_r(Be) = 9{,}104$ (Genauer Wert: 9,01218)

Zur Lösung der Aufgaben 1.1-14, 15, 24 und 1.1-25 müssen Sie die Regel von Dulong und Petit heranziehen: Die molare Wärmekapazität der Metalle beträgt

$$C_m(X) = 6{,}2 \text{ cal K}^{-1} \cdot \text{mol}^{-1} \triangleq 26 \text{ J} \cdot \text{K}^{-1} \cdot \text{mol}^{-1}.$$

Die molare Wärmekapazität eines Metalls C_m ist das Produkt aus der spezifischen Wärmekapazität c_S und der molaren Masse M des Metalls X:

$$C_m(X) = c_S(X) \cdot M(X) = 26 \text{ J} \cdot \text{K}^{-1} \cdot \text{mol}^{-1}$$

1.1-14 $A_r \approx 206$ (nach Dulong-Petit)

Relative Äquivalentmasse des Metalls im 1. Chlorid: $M_1(\text{eq}) = 203{,}9$; relative Äquivalentmasse des Metalls im 2. Chlorid: $M_2(\text{eq}) = 68{,}1$:

$$A_r(\text{Tl}) = \frac{203{,}9 + 3 \cdot 68{,}1}{2} = 204{,}1$$

TlCl; TlCl$_3$

1.1-15 $A_r(\text{Me}) \approx 195$ (nach Dulong-Petit)

MeF$_4 \cdot 4\,$H$_2$O

1.1-16 Sie benötigen drei Gleichungen und die relative Atommasse des Sauerstoffs: $A_r(\text{O}) = 16{,}00$

$$\frac{M_r(\text{KCl})}{3 \cdot A_r(\text{O})} = \frac{60{,}81}{39{,}19}$$

$$\frac{A_r(\text{Ag})}{M_r(\text{KCl})} = \frac{100}{69{,}1}$$

$$\frac{M_r(\text{AgCl})}{A_r(\text{Ag})} = \frac{132{,}9}{100}$$

$$A_r(\text{Ag}) = 107{,}78$$
$$A_r(\text{Cl}) = 35{,}46$$

1.1-17 Die Gleichung

$$\frac{24{,}74\,\text{g}}{A_r(\text{K})} : \frac{34{,}76}{A_r(\text{Mn})} : \frac{40{,}50\,\text{g}}{A_r(\text{O})} = 1 : 1 : 4$$

enthält als einzigen unbekannten Wert die relative Atommasse des Mangans.

$$A_r(\text{Mn}) = 54{,}9$$

1.1-18 Tatsächlicher Massenverlust des CuO: $44{,}16\,\text{g} + 0{,}03\,\text{g} = 44{,}19\,\text{g}$
Versuchen Sie zuerst herauszufinden, wieviel Sauerstoff und wieviel Wasserstoff bei der Reaktion H$_2$ + CuO $\rightarrow$ H$_2$O + Cu umgesetzt wurden.

Die Gleichung

$$\frac{\text{Masse umgesetzter Wasserstoff}}{\text{Masse umgesetzter Sauerstoff}} = \frac{2 \cdot A_r(\text{H})}{A_r(\text{O})}$$

liefert den Wert $A_r(\text{H}) = 1{,}008$.

1.1-19 $$\frac{M_r(\text{AgCl})}{A_r(\text{Na}) + A_r(\text{Cl})} = \frac{1}{0{,}4078}$$
$$A_r(\text{Na}) = 22{,}993$$

1.1-20 Lösen Sie die Aufgaben a) bis d) in zwei Schritten: Zuerst stellen Sie die ausbalancierte Reaktionsgleichung auf, danach leiten Sie – ähnlich wie in 1.1-19 – eine Gleichung ab und berechnen die Atommasse des Mangans.

a) $MnCl_2 + 2\,AgNO_3 \rightarrow 2\,AgCl\downarrow + Mn(NO_3)_2$

$$\frac{M_r(MnCl_2)}{2 \cdot M_r(AgCl)} = \frac{43,95}{100}$$

$$\frac{A_r(Mn) + 2 \cdot 35,45}{2 \cdot 143,32} = 0,4395$$

$A_r(Mn) = 55,07$
b) $A_r(Mn) = 55,01$
c) $A_r(Mn) = 54,93$
d) $A_r(Mn) = 54,94$

1.1-21 Massenanteil des leichteren Isotops = w_x

$34,97\,w_x + 36,97(1 - w_x) = 35,453$
$w_x = 0,7585$

$w(^{35}Cl) = 75,85\,\%$
$w(^{37}Cl) = 24,15\,\%$

1.1-22 Eine ähnliche Mischungsgleichung wie in 1.1-21 führt zu

$w(^6Li) = 7,49\,\%$
$w(^7Li) = 92,51\,\%$

1.1-23 $A_r(Sr) = 87,62$

1.1-24 a) Äquivalentmasse = $M(eq) = M(\frac{1}{4}\,Me) = 13,73\,g \cdot mol^{-1}$
b) Nach Dulong-Petit ist die relative Atommasse $A_r \approx 51$.
Die Äquivalentmasse multipliziert mit der Äquivalentzahl (= Valenz = 4) ergibt

$A_r = 54,93$.

1.1-25 $A_r = 55,01$

Äquivalentzahl = Valenz = $z^* = 3$

1.1-26 a) $N(Fe) = 8,853 \cdot 10^{18}$
b) $M_r(Hämoglobin) \approx 68000$. 1 mol Hämoglobin enthält 1 mol Eisen.

Kapitel 1.2*

1.2.-1 a) $KClO_4$
b) $K_3[Fe(CN)_6]$
c) $Na_2S_2O_3 \cdot 5\,H_2O$
d) $NaNH_4HPO_4$
e) $CaCO_3 \cdot MgCO_3$
f) $Al_2O_3 \cdot 2\,SiO_2 \cdot 2\,H_2O$

---

* Diese Lösungen wurden unter Verwendung der A_r-Werte aus dem Periodensystem berechnet.

1.2-2 Cr_2O_3

1.2-3 $KCr(SO_4)_2 \cdot 12\ H_2O$

1.2-4 $Al_2O_3 \cdot K_2O \cdot 6\ SiO_2$ oder $K[AlSi_3O_8]$

1.2-5   a) $w(Pb) = 90{,}7\%$
          $w(O) = 9{,}3\%$
       b) $w(K) = 26{,}58\%$
          $w(Cr) = 35{,}35\%$
          $w(O) = 38{,}07\%$
       c) $w(Na) = 12{,}06\%$
          $w(B) = 11{,}34\%$
          $w(O) = 71{,}32\%$
          $w(H) = 5{,}28\%$
       d) HCOOH: $w(C) = 26{,}10\%$
                   $w(H) = 4{,}38\%$
                   $w(O) = 69{,}52\%$
          CH_3COOH: $w(C) = 40{,}00\%$
                        $w(H) = 6{,}71\%$
                        $w(O) = 53{,}29\%$
          C_2H_5COOH: $w(C) = 48{,}64\%$
                        $w(H) = 8{,}16\%$
                        $w(O) = 43{,}20\%$

1.2-6   a) $w(Mg) = 21{,}84\%$
          $w(P) = 27{,}84\%$
          $w(O) = 50{,}32\%$
       b) $w(MgO) = 36{,}22\%$
          $w(P_2O_5) = 63{,}78\%$

1.2-7   a) $w(N) = 18{,}50\%$
       b) $w(N) = 11{,}11\%$

1.2-8   a) $w(H_2O) = 62{,}96\%$
       b) $w(H_2O) = 60{,}36\%$
       c) $w(H_2O) = 18{,}73\%$

1.2-9   a) $w(Al_2O_3) = 22{,}64\%$
          $w(CaO) = 37{,}35\%$
          $w(SiO_2) = 40{,}01\%$
       b) $w(Al_2O_3) = 17{,}62\%$
          $w(CaO) = 9{,}69\%$
          $w(SiO_2) = 57{,}12\%$
          $w(H_2O) = 15{,}57\%$

1.2-10 a) $m(H_2\ \text{aus}\ H_2SO_4) = 20{,}14$ kg
          $m(H_2\ \text{aus}\ H_2O) = 2{,}24$ kg
          $m(H) = 22{,}38$ kg

1.2-11 $w(S) = 13{,}08\%$

1.2-12 a) $m(OH^-) = 0{,}425$ g
       b) $m(OH^-) = 0{,}303$ g
       c) $m(OH^-) = 0{,}459$ g
       d) $m(OH^-) = 0{,}199$ g

1.2-13 m(Mineral) = 167,17 g mit w(CuS) = 90%

1.2-14 m(S aus FeS$_2$) = 481,02 g
m(S aus FeAsS) = 19,69 g
m(S) = 500,71 g

1.2-15 w(Cl) = 54,11%

1.2-16 m(PbO aus 2 PbO · PbO$_2$) = 2 930 g
m(PbO) = 500 g
m(PbO im Gemisch) = 3 430 g

1.2-17 m(P) = 1,274 kg

1.2-18 a) w(N) = 15,49%
b) w(N) = 15,30%
c) w(N) = 46,65%

1.2-19 $(C_{20}H_{24}N_2O_2)_2 \cdot H_2SO_4 \cdot x\, H_2O$
w(H$_2$O) = 16,15%
Die Stoffmenge n(H$_2$O) läßt sich nach

$n(H_2O) = \dfrac{16{,}15\text{ g}}{18{,}02\text{ g} \cdot \text{mol}^{-1}}$ berechnen.

Ebenso die Stoffmenge des restlichen Moleküls:

$n[(C_{20}H_{24}N_2O_2)_2 \cdot H_2SO_4] = \dfrac{83{,}85\text{ g}}{746{,}91\text{ g} \cdot \text{mol}^{-1}}$.

Das Verhältnis der beiden Zahlenwerte wird zu einem ganzzahligen Verhältnis umgerechnet und somit x ermittelt:

$x = 8$.

1.2-20 a) Fe$_{0,88}$O mit w(Fe) = 75,4%
Fe$_{0,95}$O mit w(Fe) = 76,8%

b) 1. Oxid: Fe$_{88}$O$_{100}$

Bei 200 negativen Ladungen werden die nötigen 200 positiven Ladungen von a Fe^{2+}- und b Fe^{3+}-Kationen geliefert. Somit läßt sich das folgende lineare Gleichungssystem ableiten:

(I) $a + b = 88$
(II) $2a + 3b = 200$.

Aus den Lösungen $a = 64$ und $b = 24$ folgt:

w(Fe^{3+} in Fe$_{0,88}$O) = 27,2%

2. Oxid: Fe$_{95}$O$_{100}$

w(Fe^{3+} in Fe$_{0,95}$O) = 10,5%

1.2-21 TiO$_{0,70}$ mit w(Ti) = 81%

TiO$_{1,25}$ mit w(Ti) = 70,5%

1.2-22 Li$_{2(1-0,8)}$Mg$_{0,8}$Cl$_2$; $x = 0,8$
Die Formel des Mischkristalls läßt sich auch als Li$_{0,4}$Mg$_{0,8}$Cl$_2$ oder Li$_{40}$Mg$_{80}$Cl$_{200}$ angeben. Aus der letzten Formel erkennt man, daß von 200 Kationengitterplätzen (Li$_{200}$Cl$_{200}$) nur 120 besetzt sind. Das bedeutet einen Anteil von 40% Leerstellen im Kationenteilgitter.

1.2-23 Fe^{2+}, Mn^{2+}, Mg^{2+} und Ca^{2+} sind isomorph ersetzbar, daraus folgt die allgemeine Formel:
x(Fe, Mn, Mg, Ca) O · y Al_2O_3 · z SiO_2 mit $x = 3$, $y = 1$ und $z = 3$.

Kapitel 1.3

1.3.-1 a) $[\overset{+VI}{Mo_7}O_{24}]^x$
$x = 7 \cdot (+6) + 24 \cdot (-2)$
$x = -6$

b) $[P(\overset{+V}{Mo_3}\overset{+VI}{O_{10}})_4]^x$
$x = 5 + 4 \cdot [3 \cdot (+6) + 10 \cdot (-2)]$
$x = -3$

c) $[\overset{+IV}{W}(CN)_8]^x$
$x = +4 + 8(-1)$
$x = -4$

1.3-2 a) $K_2[\overset{x}{Pt}Cl_6]$
$2 \cdot (+1) + x + 6 \cdot (-1) = 0$
$x = 4$

b) $H_5[\overset{x}{I}O_6]$
$5 \cdot (+1) + x + 6 \cdot (-2) = 0$
$x = 7$

c) $H_8[\overset{x}{W}_{12}O_{40}]$
$8 \cdot (+1) + 12 \cdot x + 40 \cdot (-20) = 0$
$x = 6$

1.3-3 $7 \overset{+VI}{Mo}O_4^{2-} + 8 H^+ \rightarrow [\overset{+VI}{Mo_7}O_{24}]^{6-} + 4 H_2O$

Es handelt sich nicht um eine Redoxgleichung.

Zur Lösung der nachfolgenden Aufgaben wurde eine Formalschreibweise mit Redox-Teilgleichungen benutzt, in denen jeweils die Elemente enthalten sind, die ihre Oxidationszahlen verändern. Diese Elemente tragen keine Ionenladungszahlen, wenn sie Teilbestandteile neutraler oder ionischer Verbindungen sind.

1.3-4 $\overset{-III}{N}H_3 + \overset{0}{O_2} \rightarrow \overset{+II-II}{NO} + \overset{-II}{H_2O}$

Reduktion: $\overset{0}{O_2} + 4e^- \rightarrow 2\overset{-II}{O}$ $\quad | \cdot 5$

Oxidaton: $\overset{-III}{N} \rightarrow \overset{+II}{N} + 5e^-$ $\quad | \cdot 4$

$4 NH_3 + 5 O_2 \rightarrow 4 NO + 6 H_2O$

1.3-5 $\overset{0}{I_2} + H\overset{+V}{N}O_3 \to H\overset{+V}{I}O_5 + \overset{+II}{N}O + H_2O$

Reduktion: $\overset{+V}{N} + 3e^- \to \overset{+II}{N}$ | · 10

Oxidation: $\overset{0}{I_2} \to 2\overset{+V}{I} + 10e^-$ | · 3

$\overline{3\,I_2 + 10\,HNO_3 \to 6\,HIO_3 + 10\,NO + 2\,H_2O}$

1.3-6 $H\overset{+V}{N}O_3 + \overset{0}{P} \to H_3\overset{+V}{P}O_4 + \overset{+II}{N}O$

Reduktion: $\overset{+V}{N} + 3e^- \to \overset{+II}{N}$ | · 5

Oxidation: $\overset{0}{P} \to \overset{+V}{P} + 5e^-$ | · 3

$\overline{5\,HNO_3 + 3\,P + 2\,H_2O \to 5\,NO + 3\,H_3PO_4}$

1.3-7
a) $2\,\overset{+VII}{Mn}O_4^- + 5\,Sn^{2+} + 16\,H^+ \to 2\,Mn^{2+} + 5\,Sn^{4+} + 8\,H_2O$
b) $\overset{+V}{Br}O_3^- + 6\,H^+ + 6\,Fe^{2+} \to Br^- + 3\,H_2O + 6\,Fe^{3+}$
c) $\overset{+VI}{Cr_2}O_7^{2-} + 14\,H^+ + 6\,I^- \to 2\,Cr^{3+} + 7\,H_2O + 3\,I_2$
d) $3\,[\overset{+III}{Fe}(CN)_6]^{3-} + Cr^{3+} + 8\,OH^- \to 3\,[\overset{+II}{Fe}(CN)_6]^{4-} + \overset{+VI}{Cr}O_4^{2-} + 4\,H_2O$

1.3-8 $Ca_3(\overset{+V}{P}O_4)_2 + SiO_2 + \overset{0}{C} \to CaSiO_3 + \overset{+II}{C}O + \overset{0}{P}$

Reduktion: $\overset{+V}{P} + 5e^- \to \overset{0}{P}$ | · 2

Oxidation: $\overset{0}{C} \to \overset{+II}{C} + 2e^-$ | · 5

$\overline{Ca_3(PO_4)_2 + 5\,C + 3\,SiO_2 \to 3\,CaSiO_3 + 5\,CO + 2\,P}$

1.3-9 $H\overset{-I}{I} + \overset{0}{Br_2} \to H\overset{+V}{I}O_3 + H\overset{-I}{Br}$

Reduktion: $\overset{0}{Br_2} + 2e^- \to 2\,\overset{-I}{Br}$ | · 3

Oxidation: $\overset{-I}{I} \to \overset{+VI}{I} + 6e^-$

$\overline{HI + 3\,Br_2 + 3\,H_2O \to HIO_3 + 6\,HBr}$

1.3-10
a) $2\,KMnO_4 + 16\,HCl \to 2\,KCl + 2\,MnCl_2 + 5\,Cl_2 + 8\,H_2O$
b) $2\,KMnO_4 + 5\,KNO_2 + 3\,H_2SO_4 \to K_2SO_4 + 2\,MnSO_4 + 5\,KNO_3 + 3\,H_2O$
c) $2\,KMnO_4 + 5\,H_2C_2O_4 + 3\,H_2SO_4 \to K_2SO_4 + 2\,MnSO_4 + 10\,CO_2 + 8\,H_2O$
d) $2\,KMnO_4 + 5\,H_2O_2 + 3\,H_2SO_4 \to K_2SO_4 + 2\,MnSO_4 + 5\,O_2 + 8\,H_2O$

1.3-11 $R = C_6H_5$

$R - \overset{-III}{C}H_3 + K\overset{+VII}{Mn}O_4 \to R - \overset{+III}{\underset{\parallel}{C}} - O^-K^+ + OH^- + MnO_2$
$\phantom{R - \overset{-III}{C}H_3 + K\overset{+VII}{Mn}O_4 \to R - }O$

Reduktion: $\overset{+VII}{Mn} + 3e^- \to \overset{+IV}{Mn}$ | · 2

Oxidation: $\overset{-III}{C} \to \overset{+III}{C} + 6e^-$

$\overline{R - CH_3 + 2\,MnO_4^- \to R - COO^- + 2\,MnO_2 + H_2O + OH^-}$

oder

$$C_6H_5 - CH_3 + 2\ KMnO_4 \rightarrow C_6H_5 - COOK + 2\ MnO_2 + H_2O + KOH$$

1.3-12 $R = C_6H_5$

$$R - \overset{+IV}{N}O_2 + \overset{0}{Sn} + HCl \rightarrow R - \overset{-II}{N}H_2 + \overset{+IV}{Sn}Cl_4 + H_2O$$

$$\begin{array}{ll} \text{Reduktion:} & \overset{+IV}{N} + 6e^- \rightarrow \overset{-II}{N} & |\cdot 2 \\ \text{Oxidation:} & \overset{0}{Sn} \rightarrow \overset{+IV}{Sn} + 4e^- & |\cdot 3 \end{array}$$

$$2\ R - NO_2 + 3\ Sn + 12\ HCl \rightarrow 2\ R - NH_2 + 3\ SnCl_4 + 4\ H_2O$$

1.3-13

$$CH_3 - \overset{-I}{C}H_2 - OH + \overset{+VI}{Cr_2}O_7^{2-} + H^+ \rightarrow 2\ \overset{+III}{Cr^{3+}} + CH_3 - \overset{+III}{C} - OH + H_2O$$
$$\phantom{CH_3 - CH_2 - OH + Cr_2O_7^{2-} + H^+ \rightarrow 2\ Cr^{3+} + CH_3 - }\|$$
$$\phantom{CH_3 - CH_2 - OH + Cr_2O_7^{2-} + H^+ \rightarrow 2\ Cr^{3+} + CH_3 - }O$$

$$\begin{array}{ll} \text{Reduktion:} & 2\ \overset{+VI}{Cr} + 6e^- \rightarrow 2\ \overset{+III}{Cr} & |\cdot 2 \\ \text{Oxidation:} & \overset{-I}{C} \rightarrow \overset{+III}{C} + 4e^- & |\cdot 3 \end{array}$$

$$3\ CH_3 - CH_2 - OH + 2\ Cr_2O_7^{2-} + 16\ H^+ \rightarrow 4\ Cr^{3+} + 3\ CH_3COOH + 11\ H_2O$$

1.3-14

$$2\ \text{(naphthalene)} + 9\ O_2 \longrightarrow 2\ \text{(phthalic anhydride)} + 4\ CO_2 + 4\ H_2O$$

1.3-15 $4\ C_3H_5N_3O_9 \rightarrow 12\ CO_2 + 10\ H_2O + 6\ N_2 + O_2$

1.3-16 $C_nH_{2n+2} + \dfrac{3n+1}{2}\ O_2 \rightarrow n\ CO_2 + (n+1)\ H_2O$

1.3-17

$$C_3H_7 - \overset{-I}{C}H_2 - OH + \overset{+VI}{K_2Cr_2}O_7 + H_2SO_4 \rightarrow C_3H_7 - \overset{+I}{C}H + \overset{+III}{Cr_2}(SO_4)_3 + K_2SO_4 + H_2O$$
$$\|$$
$$O$$

$$\begin{array}{ll} \text{Reduktion:} & 2\ \overset{+VI}{Cr} + 6e^- \rightarrow 2\ \overset{+III}{Cr} & \\ \text{Oxidation:} & \overset{-I}{C} \rightarrow \overset{+I}{C} + 2e^- & |\cdot 3 \end{array}$$

$$3\ C_4H_9 - OH + K_2Cr_2O_7 + 4\ H_2SO_4 \rightarrow 3\ C_3H_7CHO + Cr_2(SO_4)_3 + K_2SO_4 + 7\ H_2O$$

1.3-18

$$CH_3 - \overset{+II}{\underset{\|}{C}} - \overset{-III}{C}H_3 + \overset{0}{I_2} + OH^- \rightarrow \overset{+II}{C}\overset{-I}{H}I_3 + CH_3 - \overset{+III}{\underset{\|}{C}} - O^- + \overset{-I}{I^-}$$
$$OO$$

$$\begin{array}{ll} \text{Reduktion:} & \overset{0}{I_2} + 2e^- \rightarrow 2\ \overset{-I}{I^-} & |\cdot 3 \\ \text{Oxidation:} & \overset{+II}{C} + \overset{-III}{C} \rightarrow \overset{+III}{C} + \overset{+II}{C} + 6e^- & \end{array}$$

$$CH_3 - \underset{\|}{C} - CH_3 + 3\ I_2 + 4\ OH^- \rightarrow CHI_3 + CH_3 - \underset{\|}{C} - O^- + 3\ I^- + 3\ H_2O$$
$$OO$$

1.3-19 $\overset{-II}{H_2N}-\overset{-II}{NH_2} + \overset{+V}{VO_3^-} + H^+ \rightarrow \overset{0}{N_2} + \overset{+IV}{VO^{2+}} + H_2O$

Reduktion: $\overset{+V}{V} + 1e^- \rightarrow \overset{+IV}{V}$ $\quad |\cdot 4$

Oxidation: $2\overset{-II}{N} \rightarrow N_2 + 4e^-$

$\overline{N_2H_4 + 4\,VO_3^- + 12\,H^+ \rightarrow N_2 + 4\,VO^{2+} + 8\,H_2O}$

1.3-20 $Na[\overset{-I}{BH_4}] + \overset{+V}{IO_3^-} \rightarrow \overset{+I}{H_2BO_3^-} + \overset{-I}{I^-} + \overset{+I}{H_2}O + Na^+$

Reduktion: $\overset{+V}{I} + 6e^- \rightarrow \overset{-I}{I^{-1}}$ $\quad |\cdot 4$

Oxidation: $4\overset{-I}{H} \rightarrow 4\overset{+I}{H} + 8e^-$ $\quad |\cdot 3$

$\overline{3\,Na[BH_4] + 4\,IO_3^- \rightarrow 3\,H_2BO_3^- + 4\,I^- + 3\,Na^+ + 3\,H_2O}$

1.3-21 a) $\overset{-I}{R'} - \overset{-I}{CH} = CH - R'' + K\overset{+VII}{Mn}O_4 + H_2O \rightarrow R' - \overset{0}{CH} - \overset{0}{CH} - R'' + \overset{+IV}{Mn}O_2 + KOH$
$\qquad\qquad\qquad\qquad\qquad\qquad\qquad\qquad\qquad\quad |\quad\;\; |$
$\qquad\qquad\qquad\qquad\qquad\qquad\qquad\qquad\qquad OH\;\; OH$

Reduktion: $\overset{+VII}{Mn} + 3e^- \rightarrow \overset{+IV}{Mn}$ $\quad |\cdot 2$

Oxidation: $2\overset{-I}{C} \rightarrow 2\overset{0}{C} + 2e^-$ $\quad |\cdot 3$

$\overline{3\,R' - CH = CH - R'' + 2\,KMnO_4 + 4\,H_2O \rightarrow}$
$\qquad\qquad\qquad\qquad 3\,R' - CH - CH - R'' + 2\,MnO_2 + 2\,KOH$
$\qquad\qquad\qquad\qquad\qquad |\qquad\; |$
$\qquad\qquad\qquad\qquad\;\; OH\;\; OH$

b) $R' - \overset{-I}{CH} = \overset{-I}{CH} - R'' + KMnO_4 + H_2SO_4 \rightarrow$
$\qquad\qquad\qquad R' - \overset{+III}{C} - OH + R'' - \overset{+III}{C} - OH + K_2SO_4 + MnSO_4 + H_2O$
$\qquad\qquad\qquad\qquad\; \|\qquad\qquad\qquad\quad \|$
$\qquad\qquad\qquad\qquad\; O\qquad\qquad\qquad\quad\;\; O$

Reduktion: $\overset{+VII}{Mn} + 5e^- \rightarrow \overset{+II}{Mn}$ $\quad |\cdot 8$

Oxidation: $2\overset{-I}{C} \rightarrow 2\overset{+III}{C} + 8e^-$ $\quad |\cdot 5$

$\overline{5\,R' - CH = CH - R'' + 8\,KMnO_4 + 12\,H_2SO_4 \rightarrow}$
$\qquad\; 5\,R' - COOH + 5\,R'' - COOH + 4\,K_2SO_4 + 8\,MnSO_4 + 12\,H_2O$

Kapitel 1.4

1.4-1 $\overset{+III}{Cr_2}O_3 + Na_2CO_3 + \overset{+V}{K}NO_3 \rightarrow Na_2\overset{+VI}{Cr}O_4 + \overset{+III}{K}NO_2 + CO_2$

Reduktion: $\overset{+V}{N} + 2e^- \rightarrow \overset{+III}{N}$ $\quad |\cdot 3$

Oxidation: $2\overset{+III}{Cr} \rightarrow 2\overset{+VI}{Cr} + 6e^-$

$\overline{Cr_2O_3 + 2\,Na_2CO_3 + 3\,KNO_3 \rightarrow 2\,Na_2CrO_4 + 3\,KNO_2 + 2\,CO_2}$

$M(KNO_3) = 101{,}103 \text{ g} \cdot \text{mol}^{-1}$
$M(CO_2) = 44{,}010 \text{ g} \cdot \text{mol}^{-1}$

$$m(CO_2) = \frac{2 \cdot 44{,}010 \text{ g} \cdot \text{mol}^{-1} \cdot 70 \text{ mg}}{3 \cdot 101{,}103 \text{ g} \cdot \text{mol}^{-1}}$$

$m(CO_2) = 20{,}3 \text{ mg}$

1.4-2 $Fe_2O_3 + 6 \text{ HCl} \rightarrow 2 \text{ FeCl}_3 + 3 \text{ H}_2\text{O}$

$M(Fe_2O_3) = 159{,}692 \text{ g} \cdot \text{mol}^{-1}$
$M(FeCl_3) = 162{,}206 \text{ g} \cdot \text{mol}^{-1}$

$$m(FeCl_3) = \frac{2 \cdot 162{,}206 \text{ g} \cdot \text{mol}^{-1} \cdot 75 \text{ g}}{159{,}692 \text{ g} \cdot \text{mol}^{-1}}$$

$m(FeCl_3) = 152{,}4 \text{ g}$

1.4-3 $NaNO_3 + H_2SO_4 \rightarrow HNO_3 + NaHSO_4$

$M(NaNO_3) = 84{,}995 \text{ g} \cdot \text{mol}^{-1}$
$M(H_2SO_4) = 98{,}07 \text{ g} \cdot \text{mol}^{-1}$
$M(HNO_3) = 63{,}013 \text{ g} \cdot \text{mol}^{-1}$

1 000 g HNO$_3$ (65%) enthalten 650 g HNO$_3$ (100%).

$$m(H_2SO_4, 100\%) = \frac{98{,}07 \text{ g} \cdot \text{mol}^{-1} \cdot 650 \text{ g}}{63{,}013 \text{ g}} = 1011{,}6 \text{ g}$$

$$m(H_2SO_4, 96\%) = \frac{1011{,}6 \text{ g} \cdot 100\%}{96\%} = 1053{,}8 \text{ g}$$

$$m(NaNO_3) = \frac{84{,}995 \text{ g} \cdot \text{mol}^{-1} \cdot 650 \text{ g}}{63{,}013 \text{ g}} = 876{,}9 \text{ g}$$

1.4-4 $Sb_2S_3 \triangleq 2 \text{ Sb}$

$M(Sb_2S_3) = 339{,}68 \text{ g} \cdot \text{mol}^{-1}$
$2 M(Sb) = 243{,}50 \text{ g} \cdot \text{mol}^{-1}$

$$m(Sb) = \frac{243{,}50 \text{ g} \cdot \text{mol}^{-1} \cdot 900 \text{ g}}{339{,}68 \text{ g} \cdot \text{mol}^{-1}} = 645{,}2 \text{ g}$$

1.4-5 $BaSO_4 \triangleq Ba(OH)_2 \cdot 8 \text{ H}_2\text{O}$

$M(BaSO_4) = 233{,}39 \text{ g} \cdot \text{mol}^{-1}$
$M(Ba(OH)_2 \cdot 8 \text{ H}_2\text{O}) = 315{,}47 \text{ g} \cdot \text{mol}^{-1}$

$$m(Ba(OH)_2 \cdot 8 \text{ H}_2\text{O}) = \frac{315{,}47 \text{ g} \cdot \text{mol}^{-1} \cdot 10\,000 \text{ g}}{233{,}39 \text{ g} \cdot \text{mol}^{-1}} = 13\,516{,}9 \text{ g}$$

1.4-6 $Sn + O_2 \rightarrow SnO_2$
$4 \text{ Al} + 3 O_2 \rightarrow 2 Al_2O_3$
$4 \text{ P} + 5 O_2 \rightarrow P_4O_{10}$

Verwenden Sie die Gleichung für das stöchiometrische Massenverhältnis:

$$\frac{M(SnO_2)}{M(Sn)} : \frac{M(Al_2O_3)}{M(2 \text{ Al})} : \frac{M(P_4O_{10})}{M(4 \text{ P})} = \frac{150{,}71}{118{,}71} : \frac{101{,}961}{53{,}963} : \frac{283{,}89}{123{,}8952}$$

$\quad\quad a \quad : \quad b \quad : \quad c \quad = 1{,}27 \; : 1{,}89 \quad : 2{,}29$
$\quad\quad\quad\quad\quad\quad\quad\quad a : b : c = 1 : 1{,}49 : 1{,}80$

1.4-7 $(NH_4)_2SO_4 + CaCO_3 \rightarrow (NH_4)_2CO_3 + CaSO_4$

$$w(NH_3) = \frac{M(2 \text{ NH}_3)}{M((NH_4)_2CO_3)} = \frac{34{,}061 \text{ g} \cdot \text{mol}^{-1}}{96{,}086 \text{ g} \cdot \text{mol}^{-1}} = 0{,}354 = 35{,}4\%$$

3 500 g Ammoniumcarbonat mit $w(NH_3) = 35,0\%$ entsprechen

$$\frac{3\,500\text{ g} \cdot 35,0\%}{35,4\%} = 3\,460 \text{ g reinem } (NH_4)_2CO_3 \text{ mit } w(NH_3) = 35,49\%$$

$$m((NH_4)_2SO_4) = \frac{M((NH_4)_2SO_4) \cdot 3460 \text{ g}}{M((NH_4)_2CO_3)} = \frac{132,13 \text{ g} \cdot \text{mol}^{-1} \cdot 3460 \text{ g}}{96,086 \text{ g} \cdot \text{mol}^{-1}}$$

$m((NH_4)_2SO_4) = 4\,757,9$ g

1.4-8 $CaF_2 + H_2SO_4 \rightarrow CaSO_4 + 2\,HF$

500 g Fluorwasserstoffsäure mit einem Massenanteil $w(HF) = 40\%$ entsprechen 200 g Fluorwasserstoffgas.

$$m(CaF_2) = \frac{M(CaF_2) \cdot 200 \text{ g}}{M(2\,HF)} = \frac{78,08 \text{ g} \cdot \text{mol}^{-1} \cdot 200 \text{ g}}{40,012 \text{ g} \cdot \text{mol}^{-1}} = 390,3 \text{ g}$$

$$m(H_2SO_4, 100\%) = \frac{M(H_2SO_4) \cdot 200 \text{ g}}{M(2\,HF)} = \frac{98,07 \text{ g} \cdot \text{mol}^{-1} \cdot 200 \text{ g}}{40,012 \text{ g} \cdot \text{mol}^{-1}} = 490,2 \text{ g}$$

$m(H_2SO_4, 98\%) = 500,2$ g

1.4-9 $H_2SO_4 \mathrel{\hat=} ZnSO_4 \cdot 7\,H_2O$

$$m(H_2SO_4, 100\%) = \frac{M(H_2SO_4) \cdot 30 \text{ g}}{M(ZnSO_4 \cdot 7\,H_2O)} = \frac{98,07 \text{ g} \cdot \text{mol}^{-1} \cdot 30 \text{ g}}{287,55 \text{ g} \cdot \text{mol}^{-1}} = 10,23 \text{ g}$$

$m(H_2SO_4, 10\%) = 102,3$ g

1.4-10 $2\,Na + 2\,H_2O \rightarrow 2\,NaOH + H_2$

$$m(NaOH) = \frac{M(2\,NaOH) \cdot 2,25 \text{ g}}{M(2\,Na)} = \frac{79,994 \text{ g} \cdot \text{mol}^{-1} \cdot 2,25 \text{ g}}{45,9795 \text{ g} \cdot \text{mol}^{-1}} = 3,91 \text{ g}$$

$$m(H_2O) = \frac{M(2\,H_2O) \cdot 2,25 \text{ g}}{M(2\,Na)} = \frac{36,0304 \text{ g} \cdot \text{mol}^{-1} \cdot 2,25 \text{ g}}{45,9795 \text{ g} \cdot \text{mol}^{-1}} = 1,76 \text{ g}$$

3,91 g NaOH sind in 50 g − 1,76 g = 48,24 g Wasser gelöst.

$$w(NaOH) = \frac{m(NaOH)}{m(NaOH) + m(H_2O)} = \frac{3,91 \text{ g}}{3,91 \text{ g} + 48,24 \text{ g}} = 0,0749 = 7,49\%$$

1.4-11 a) $2\,Na_2HPO_4 \cdot 12\,H_2O \rightarrow Na_4P_2O_7 + 25\,H_2O \uparrow$

$$m(Na_4P_2O_7) = \frac{M(Na_4P_2O_7) \cdot 0,5362 \text{ g}}{M(2\,Na_2HPO_4 \cdot 12\,H_2O)} = \frac{265,907 \text{ g} \cdot \text{mol}^{-1} \cdot 0,5362 \text{ g}}{716,282 \text{ g} \cdot \text{mol}^{-1}} = 0,1991 \text{ g}$$

Massenverlust = $m(H_2O)$ = 0,5362 g − 0,1991 g = 0,3371 g

b) $NaNH_4HPO_4 \cdot 4\,H_2O \rightarrow NaPO_3 + NH_3 \uparrow + 5\,H_2O \uparrow$

$$m(NaPO_3) = \frac{M(NaPO_3) \cdot 1,5 \text{ g}}{M(NaNH_4HPO_4 \cdot 4\,H_2O)} = \frac{101,962 \text{ g} \cdot \text{mol}^{-1} \cdot 1,5 \text{ g}}{209,068 \text{ g} \cdot \text{mol}^{-1}} = 0,7315 \text{ g}$$

1.4-12 $2\,KBr + MnO_2 + 2\,H_2SO_4 \rightarrow Br_2 + MnSO_4 + K_2SO_4 + 2\,H_2O$

$$m(KBr) = \frac{M(2\,KBr) \cdot 15 \text{ g}}{M(Br_2)} = \frac{238,004 \text{ g} \cdot \text{mol}^{-1} \cdot 15 \text{ g}}{159,808 \text{ g} \cdot \text{mol}^{-1}} = 22,34 \text{ g}$$

$$m(MnO_2, 100\%) = \frac{M(MnO_2) \cdot 15 \text{ g}}{M(Br_2)} = \frac{86,937 \text{ g} \cdot \text{mol}^{-1} \cdot 15 \text{ g}}{159,808 \text{ g} \cdot \text{mol}^{-1}} = 8,16 \text{ g}$$

$m(MnO_2, 95\%) = 8{,}95$ g

$$m(H_2SO_4, 100\%) = \frac{M(2\,H_2SO_4) \cdot 15\text{ g}}{M(Br_2)} = \frac{196{,}14\text{ g} \cdot \text{mol}^{-1} \cdot 15\text{ g}}{159{,}808\text{ g} \cdot \text{mol}^{-1}} = 18{,}41\text{ g}$$

$m(H_2SO_4, 30\%) = 61{,}37$ g

1.4-13 $C_{12}H_{22}O_{11} + 12\,O_2 \rightarrow 12\,CO_2 + 11\,H_2O$

$$m(H_2O) = \frac{M(11\,H_2O) \cdot 0{,}342\text{ g}}{M(C_{12}H_{22}O_{11})} = \frac{198{,}1672\text{ g} \cdot \text{mol}^{-1} \cdot 0{,}342\text{ g}}{342{,}299\text{ g} \cdot \text{mol}^{-1}}$$

$m(H_2O) = 0{,}198$ g

$$m(CO_2) = \frac{M(12\,CO_2) \cdot 0{,}342\text{ g}}{M(C_{12}H_{22}O_{11})} = \frac{528{,}12\text{ g} \cdot \text{mol}^{-1} \cdot 0{,}342\text{ g}}{342{,}299\text{ g} \cdot \text{mol}^{-1}}$$

$m(CO_2) = 0{,}528$ g

1.4-14 100 g Gemisch enthalten x CaO und y CaCO$_3$.

(I) $x + y = 100$ g

Beim Glühen bleibt die Menge des Calciumoxids unverändert. Das Calciumcarbonat zersetzt sich:

$CaCO_3 \rightarrow CaO + CO_2$

Aus y CaCO$_3$ entstehen $\dfrac{M(CaO) \cdot y}{M(CaCO_3)} = 0{,}5603\,y$ CaO,

damit lautet die Gleichung II:

(II) $x + 0{,}5603\,y = 85$ g

Das lineare Gleichungssystem (I, II) führt zu den Lösungen:

$x = 65{,}9$ g CaO
$y = 34{,}1$ g CaCO$_3$

1.4-15 $2\,FeSO_4 + 2\,HNO_3 + H_2SO_4 \rightarrow Fe_2(SO_4)_3 + 2\,NO_2 + 2\,H_2O$

$$m(H_2SO_4, 100\%) = \frac{M(H_2SO_4) \cdot 30\text{ g}}{M(2\,FeSO_4 \cdot 7\,H_2O)} = \frac{98{,}07\text{ g} \cdot \text{mol}^{-1} \cdot 30\text{ g}}{556{,}02\text{ g} \cdot \text{mol}^{-1}} = 5{,}29\text{ g}$$

$m(H_2SO_4, 96\%) = 5{,}51$ g

$$m(HNO_3, 100\%) = \frac{M(2\,HNO_3) \cdot 30\text{ g}}{M(2\,FeSO_4 \cdot 7\,H_2O)} = \frac{126{,}026\text{ g} \cdot \text{mol}^{-1} \cdot 30\text{ g}}{556{,}02\text{ g} \cdot \text{mol}^{-1}} = 6{,}8\text{ g}$$

$m(HNO_3, 64\%) = 10{,}6$ g

1.4-16
$M(Na_2CO_3 \cdot 10\,H_2O) = 286{,}141\text{ g} \cdot \text{mol}^{-1}$
$M(6\,SiO_2) = 360{,}504\text{ g} \cdot \text{mol}^{-1}$
$M(CaCO_3) = 100{,}09\text{ g} \cdot \text{mol}^{-1}$
$M(Na_2O \cdot CaO \cdot 6\,SiO_2) = 478{,}563\text{ g} \cdot \text{mol}^{-1}$

$$n(Na_2O \cdot CaO \cdot 6\,SiO_2) = \frac{m(Na_2O \cdot CaO \cdot 6\,SiO_2)}{M(Na_2O \cdot CaO \cdot 6\,SiO_2)} = \frac{1\,000\text{ g}}{478{,}563\text{ g} \cdot \text{mol}^{-1}} = 2{,}09\text{ mol}$$

$m(Na_2CO_3 \cdot 10\,H_2O) = 598{,}03$ g
$m(SiO_2) = 753{,}46$ g
$m(CaCO_3) = 209{,}19$ g

1.4-17 $Ca_3(PO_4)_2 + 2\,H_2SO_4 \rightarrow Ca(H_2PO_4)_2 + 2\,CaSO_4$

$M(Ca_3(PO_4)_2) = 310{,}18\ g \cdot mol^{-1}$
$M(H_2SO_4) = 98{,}07\ g \cdot mol^{-1}$

$$m(H_2SO_4, 100\%) = \frac{M(2\,H_2SO_4) \cdot 650\ kg}{M(Ca_3(PO_4)_2)} = \frac{196{,}14\ g \cdot mol^{-1} \cdot 650\ kg}{310{,}18\ g \cdot mol^{-1}} = 411{,}0\ kg$$

$m(H_2SO_4, 65\%) = 632{,}3\ kg$

1.4-18 $2\,NaCl + H_2SO_4 \rightarrow 2\,HCl + Na_2SO_4$

2 000 kg HCl sind 98% der stöchiometrischen Ausbeute; 100% entsprechen 2 040,8 kg HCl.

$$m(H_2SO_4, 100\%) = \frac{M(H_2SO_4) \cdot 2040{,}8\ kg}{M(2\,HCl)} = 2\,745{,}4\ kg$$

$m(H_2SO_4, 98\%) = 2\,801{,}4\ kg$

1.4-19 $2\,KClO_3 \rightarrow 2\,KCl + 3\,O_2$

$M(KClO_3) = 122{,}550\ g \cdot mol^{-1}$

Es sind 0,384 g O_2 entstanden: $n(O_2) = \dfrac{m(O_2)}{M(O_2)} = \dfrac{384\ mg}{31{,}9988\ mg \cdot mmol^{-1}} = 12\ mmol$

Laut Reaktionsgleichung gilt: 3 mmol $O_2 \triangleq$ 2 mmol $KClO_3$

12 mmol O_2 entsprechen dann 8 mmol $KClO_3 = 980{,}4\ mg\ KClO_3$.
4 900 mg $KClO_3$ betrug die Einwaage, folglich haben sich 20% davon zersetzt.

1.4-20 1 mol NaCl ist 1 mol HCl äquivalent.
10 kg Salzsäure mit einem Massenanteil von $w(HCl) = 36\%$ entsprechen 3 600 g reinem Chlorwasserstoffgas.

$$m(NaCl) = \frac{M(NaCl) \cdot 3\,600\ g}{M(HCl)} = \frac{58{,}443\ g \cdot mol^{-1} \cdot 3\,600\ g}{36{,}461\ g \cdot mol^{-1}} = 5\,770{,}4\ g$$

Dies sind 99% des benötigten Kochsalzes; 100% entsprechen dann 5 828,7 g NaCl.

1.4-21 $Cu + 2\,H_2SO_4 \rightarrow CuSO_4 + SO_2 + 2\,H_2O$

$M(H_2SO_4) = 98{,}07\ g \cdot mol^{-1}$
$M(CuSO_4 \cdot 5\,H_2O) = 249{,}68\ g \cdot mol^{-1}$

200 g Schwefelsäure mit $w(H_2SO_4) = 98\%$ entsprechen 196 g reiner Schwefelsäure ($w(H_2SO_4) = 100\%$).

$$m(CuSO_4 \cdot 5\,H_2O) = \frac{M(CuSO_4 \cdot 5\,H_2O) \cdot 196\ g}{M(2\,H_2SO_4)} = 249{,}5\ g$$

Bei 85%iger Ausbeute: 212,1 g $CuSO_4 \cdot 5\,H_2O$

1.4-22 Bei dem Sodaverfahren nach Leblanc sind 2 mol NaCl 1 mol Na_2CO_3 äquivalent;

2 mol NaCl $\triangleq$ 1 mol Na_2CO_3
$M(NaCl) = 58{,}443\ g \cdot mol^{-1}$
$M(Na_2CO_3) = 105{,}989\ g \cdot mol^{-1}$

Die stöchiometrische Ausbeute an Soda beträgt:

$$m(Na_2CO_3) = \frac{M(Na_2CO_3) \cdot 100\ kg}{M(2\,NaCl)} = 90{,}7\ kg\ (= 100\%)$$

72 kg Na_2CO_3 entsprechen 79,4% Ausbeute.

1.4-23 $3\,MgCO_3 \cdot Mg(OH)_2 \cdot 3\,H_2O \cong 4(MgSO_4 \cdot 7\,H_2O)$

$M(3\,MgCO_3 \cdot Mg(OH)_2) \cdot 3\,H_2O) = 365{,}308\,g \cdot mol^{-1}$
$M(MgSO_4 \cdot 7\,H_2O) \qquad\qquad = 246{,}47\,g \cdot mol^{-1}$

$$m(3\,MgCO_3 \cdot Mg(OH)_2 \cdot 3\,H_2O) = \frac{365{,}308\,g \cdot mol^{-1} \cdot 25\,g}{4 \cdot 246{,}47\,g \cdot mol^{-1}} = 9{,}26\,g$$

Bei einer Ausbeute von 80% MgSO · 7 H$_2$O muß von 11,58 g Magnesia alba ausgegangen werden.

1.4-24 $Ca_3(PO_4)_2 + 5\,C + 3\,SiO_2 \rightarrow 3\,CaSiO_3 + 5\,CO + 2\,P$
(siehe auch Aufgabe 1.3-8)

$M(Ca_3(PO_4)_2) = 310{,}18\,g \cdot mol^{-1}$
$M(2\,P) \qquad\;\; = 61{,}9476\,g \cdot mol^{-1}$

2 000 kg Phosphorit mit $w(Ca_3(PO_4)_2) = 60{,}3\%$ entsprechen 1 206 kg reinem $Ca_3(PO_4)_2$.

Bei einer Ausbeute von 97,8% ergeben sich:

$$m(P) = \frac{M(2\,P) \cdot 1\,206\,kg \cdot 0{,}978}{M(Ca_3(PO_4)_2)} = 235{,}6\,kg$$

1.4-25 $4\,MnO_2 \rightarrow 2\,Mn_2O_3 + O_2$

Der Rückstand aus unverändertem MnO_2 ($= x$) und entstandenem Mn_2O_3 ($= y$) soll 100 g betragen (Annahme).

(I) $x + y = 100\,g$
    Außerdem gilt: $w(Mn\;in\;MnO_2) \;\; = 63{,}193\%$ und
    $\qquad\qquad\qquad w(Mn\;in\;Mn_2O_3) = 69{,}597\%$
    Es läßt sich die Gleichung II formulieren:

(II) $\dfrac{m(Mn) \cdot x}{M(MnO_2)} + \dfrac{M(2\,Mn) \cdot y}{M(Mn_2O_3)} = 68\,g$

Setzt man Gleichung I und die molaren Massen in Gleichung II ein, so ergibt sich:

$$\frac{54{,}938\,g \cdot mol^{-1} \cdot x}{86{,}937\,g \cdot mol^{-1}} + \frac{109{,}876\,g \cdot mol^{-1}(100\,g - x)}{157{,}874\,g \cdot mol^{-1}} = 68\,g$$

$x = 24{,}94\,g$

Der Rückstand besteht aus 24,94 g MnO_2 und 75,06 g Mn_2O_3.
75,06 g Mn_2O_3 sind aus 82,67 g MnO_2 entstanden.

Zu Beginn der Reaktion lagen 82,67 g + 24,94 g = 107,61 g MnO_2 vor, die sich zu

$$w = \frac{82{,}67\,g \cdot 100\%}{107{,}61\,g} = 76{,}8\%$$

umgesetzt haben.

Kapitel 2.1

2.1-1 $m_1 = m(H_2SO_4 \text{ in } H_2O)$ mit $w_1(H_2SO_4) = 0,96$
$m_2 = m(H_2SO_4 \text{ in } H_2O)$ mit $w_2(H_2SO_4) = 0,15$

Mischungsgleichung:

$$m_1 \cdot w_1 = m_2 \cdot w_2$$
$$m_1 = \frac{m_2 \cdot w_2}{w_1} = \frac{150 \text{ g} \cdot 0,15}{0,96}$$
$$m_1 = 23,44 \text{ g}$$

2.1-2 a) Zwischen dem Massenanteil $w(NH_3)$ und der Stoffmengenkonzentration $c(NH_3)$ gilt:

$$w(NH_3) = \frac{m(NH_3)}{m(Ls)} = \frac{M(NH_3) \cdot n(NH_3)}{\varrho(Ls) \cdot V(Ls)} = \frac{M(NH_3) \cdot c(NH_3)}{\varrho(Ls)}$$

$$V(Ls) = \frac{M(NH_3) \cdot n(NH_3)}{\varrho(Ls) \cdot w(NH_3)}$$

$$V(Ls) = \frac{17,030 \text{ g} \cdot 0,2 \text{ mol} \cdot \text{ml}}{\text{mol} \cdot 0,907 \text{ g} \cdot 0,25} = 15,02 \text{ ml}$$

b) Mischungsgleichung:

$m_1 = m(NH_3 \text{ in } H_2O)$ mit $w_1(NH_3) = 0,25$
$m_2 = m(NH_3 \text{ in } H_2O)$ mit $w_1(NH_3) = 0,05$
$m_1 \cdot w_1 = m_2 \cdot w_2$

$$m_1 = \frac{m_2 \cdot w_2}{w_1} = \frac{250 \text{ g} \cdot 0,05}{0,25} = 50 \text{ g}$$

$V_1 = 55,1 \text{ ml}$

2.1-3 $m_1 = \varrho \cdot V$

$$m_1 = \frac{1,18 \text{ g} \cdot 1\,000 \text{ ml}}{\text{ml}}$$

$m_1 = 1\,180$ g (Salzsäure, $w_1 = 0,35$)
$m_1 \cdot w_1 = m_2 \cdot w_2$

$$m_2 = \frac{m_1 \cdot w_1}{w_2} = \frac{1\,180 \text{ g} \cdot 0,35}{0,20}$$

$m_2 = 2\,065$ g
$m(H_2O) = m_2 - m_1 = 885$ g
$V(H_2O) = 885$ ml

2.1-4 $m_1 = 1\,526$ g (Natronlauge, $w_1 = 0,50$)

$m_1 \cdot w_1 = m_2 \cdot w_2$

$$m_2 = \frac{m_1 \cdot w_1}{w_2} = \frac{1\,526 \text{ g} \cdot 0,50}{0,15}$$

$m_2 = 5\,087$ g

$m(H_2O) = m_2 - m_1 = 3\,561$ g

$V(H_2O) = 3\,561$ ml

$V_2 \quad = 4\,561$ ml (Natronlauge, $w_2 = 0,15$)

2.1-5 Mischungsgleichung:
$$200\text{ g} \cdot 0,45 + x \cdot 0,9 = (200\text{ g} + x) \cdot 0,5$$
$$x = 25\text{ g}$$

2.1-6 (I) $x \cdot 0,85 + y \cdot 0,20 = 3\text{ kg} \cdot 0,30$
(II) $\qquad\qquad x + y = 3$ kg

Das lineare Gleichungssystem hat die Lösungen:
$$x = 0,4615 \text{ kg}$$
$$y = 2,5385 \text{ kg}.$$

Es sind 0,4615 kg Salpetersäure ($w = 0,85$) und 2,5385 kg Salpetersäure ($w = 0,20$) zu mischen.

2.1-7 Die Mischungsgleichung läßt sich auch mit volumenbezogenen Gehaltsgrößen aufstellen:

$V_1 \cdot \sigma_1 = V_2 \cdot \sigma_2$

$V_1 = \dfrac{V_2 \cdot \sigma_2}{\sigma_1} = \dfrac{1\,000\text{ ml} \cdot 0,5}{0,95}$

$V_1 = 526,3$ ml

2.1-8 $\varrho_1 = 0,794$ g·mol^{-1} $\sigma_1 = 1,00$
$\varrho_2 = 0,817$ g·mol^{-1} $\sigma_2 = 0,95$

Berechnen Sie zuerst die Masse von 1 l Ethanol ($\sigma_2 = 0,95$): $m_1 = 817$ g. 950 ml davon sind absoluter Alkohol, dessen Masse $m_2 = 754,3$ g beträgt.
754,3 g reiner Alkohol sind in 817 g Alkohol mit der Volumenkonzentration $\sigma = 0,95$ enthalten, das entspricht einem Massenanteil von $w = 0,923$.

Oder: $w(C_2H_5OH) = \dfrac{\varrho_1 \cdot \sigma_2}{\varrho_2} = \dfrac{0,794\text{ g}\cdot\text{mol}^{-1} \cdot 0,95}{0,817\text{ g}\cdot\text{mol}^{-1}} = 0,923$

Der Massenanteil beträgt 92,3 %.

2.1-9 $n(HCl) \;\; = 2$ mol
$m(HCl) = 72,922$ g
$V_n(HCl) = 44,828$ l

2.1-10 $m(H_2SO_4$ in $H_2O) = 26,75$ g ($w = 0,1$)

$m(H_2SO_4) = 2,675$ g
$m(SO_3) \quad = 2,184$ g
$m(S) \qquad\; = 0,874$ g

2.1-11 a) $c(Ba(OH)_2 \cdot 8\,H_2O) = \dfrac{w(Ba(OH)_2 \cdot 8\,H_2O) \cdot \varrho}{M(Ba(OH)_2 \cdot 8\,H_2O} = \dfrac{0,054 \cdot 1,03\text{ g}\cdot\text{ml}^{-1}}{315,47\text{ g}\cdot\text{mol}^{-1}}$
$c(Ba(OH)_2 \cdot 8\,H_2O) = 1,76 \cdot 10^{-4}$ mol·ml^{-1} = 0,173 mol·l^{-1}

b) $c(CuSO_4 \cdot 5\,H_2O) = 1,206$ mol·l^{-1}

c) $c(KMnO_4) = 0,329$ mol·l^{-1}

2.1-12 a) $n(H_2SO_4) \;\; = 10$ mol
$m(H_2SO_4) = 980,7$ g   ($w = 100\%$)

$m(H_2SO_4) = 1\,000,7$ g $\quad (w = 98\%)$
$V(H_2SO_4) = 543,9$ ml $\quad (w = 98\%)$

b) $n(HCl) = 10$ mol
$m(HCl) = 364,6$ g $\quad (w = 100\%)$
$m(HCl) = 959,5$ g $\quad (w = 38\%)$
$V(HCl) = 806,3$ ml $\quad (w = 38\%)$

c) $n(HNO_3) = 10$ mol
$m(HNO_3) = 630,1$ g $\quad (w = 100\%)$
$m(HNO_3) = 926,7$ g $\quad (w = 68\%)$
$V(HNO_3) = 657,2$ ml $\quad (w = 68\%)$

2.1-13 $m(Ls) = 110$ g $\quad (w = 15\%)$
$m(NaCl) = 16,5$ g

Zusammenhang zwischen Stoffmengenkonzentration c und Massenanteil w:

$$c(NaCl) = \frac{w(NaCl) \cdot \varrho(Ls)}{M(NaCl)} = \frac{0,15 \cdot 1,10 \text{ g} \cdot \text{mol}^{-1}}{58,443 \text{ g} \cdot \text{mol}^{-1}}$$
$c(NaCl) = 2,823 \text{ mol} \cdot l^{-1}$

Mischungsgleichung (vor dem Verdünnen Index 1, nach dem Verdünnen Index 2):

$V_1 \cdot c_1 = V_2 \cdot c_2$

$V_2 = \dfrac{V_1 \cdot c_1}{c_2} = \dfrac{0,1 \text{ l} \cdot 2,823 \text{ mol} \cdot l^{-1}}{0,9 \text{ mol} \cdot l^{-1}}$

$V_2 = 313,7$ ml

2.1-14 5 g NaCl enthalten 3,033 g $= 85,55$ mmol Cl^-.
2 g KCl enthalten 0,951 g $= 26,82$ mmol Cl^-.

$$w(Cl^-) = \frac{m(Cl^-)}{m(Ls)} = \frac{3,033 \text{ g} + 0,951 \text{ g}}{107 \text{ g}} = 0,0372$$

$w(Cl^-) = 3,72\%$

$$c(Cl^-) = \frac{n(Cl^-)}{V(Ls)} = \frac{(85,55 + 26,82) \text{ mmol}}{100,9 \text{ ml}}$$

$c(Cl^-) = 1,11 \text{ mol} \cdot l^{-1}$

2.1-15 $w(HCl) = 20,2\%$ bedeuten: 100 g Salzsäure bestehen aus 20,2 g $\triangleq 0,554$ mol HCl und 79,8 g $\triangleq 4,430$ mol H_2O:

$$r = \frac{n(HCl)}{n(H_2O)} = \frac{0,554 \text{ mol}}{4,430 \text{ mol}} = \frac{1}{8}$$

2.1-16 $M(MnSO_4 \cdot 7\,H_2O) = 277,11 \text{ g} \cdot \text{mol}^{-1}$
$M(MnSO_4) = 151,00 \text{ g} \cdot \text{mol}^{-1}$

200 g $MnSO_4 \cdot 7\,H_2O \triangleq 108,98$ g $MnSO_4$

$m(Ls) = \dfrac{m(MnSO_4)}{w(MnSO_4)} = \dfrac{108,98 \text{ g}}{0,3} = 363,3$ g

$V(H_2O) = 163,3$ ml

2.1-17 $M(CuSO_4 \cdot 5\,H_2O) = 249,68 \text{ g} \cdot \text{mol}^{-1}$
$M(CuSO_4) = 159,60 \text{ g} \cdot \text{mol}^{-1}$

10 g $CuSO_4 \cdot 5\,H_2O \triangleq 6{,}39$ g $CuSO_4$

$$w(CuSO_4) = \frac{m(CuSO_4)}{m(Ls)} = \frac{6{,}39\text{ g}}{110\text{ g}} = 0{,}0581$$

$w(CuSO_4) = 5{,}81\%$

Berücksichtigen Sie bei der Berechnung der Molalität b die Masse des Kristallwassers: $m(H_2O) = 3{,}61$ g:

$$b(CuSO_4) = \frac{n(CuSO_4)}{m(Lsm)} = \frac{40{,}0 \text{ mmol}}{100\text{ g} + 3{,}61\text{ g}}$$

$b(CuSO_4) = 0{,}386$ mmol $\cdot$ g^{-1}

2.1-18 Die Lösung dieser Aufgabe ist die Herleitung der Gleichung $m(\text{Oleum}) = f(w_1, w_2, w_3)$, mit der Sie die Masse des Oleums nach Einsetzen der Zahlenwerte für w_1, w_2 und w_3 in Prozent berechnen können.

100 g konzentrierte Schwefelsäure enthalten

$$\frac{100\text{ g} \cdot w_2}{100\%} \text{ reine Schwefelsäure.} \tag{1}$$

Oleum mit dem Massenanteil w_1 an SO_3 enthält

$$m(\text{Oleum}) - \frac{m(\text{Oleum}) \cdot w_1}{100\%} \text{ reine Schwefelsäure.} \tag{2}$$

Mischen Sie beides, so bildet sich aus dem restlichen Wasser der konz. Schwefelsäure und dem SO_3 des Oleums reine Schwefelsäure:

$$\frac{m(\text{Oleum}) \cdot w_1 \cdot M(H_2SO_4)}{100\% \, M(SO_3)} \tag{3}$$

Addieren Sie die Terme (1), (2) und (3):
Sie erhalten einen Ausdruck, der die Masse reiner Schwefelsäure in der ursprünglichen konz. Schwefelsäure (1), in dem Oleum (2) und die nach der Gleichung $SO_3 + H_2O \rightarrow H_2SO_4$ entstandene reine Schwefelsäure (3) beschreibt.
Diese Summe können Sie gleichsetzen mit dem Term (4):

$$\frac{(100\text{ g} + m(\text{Oleum})) \cdot w_3}{100\%}, \tag{4}$$

der die Masse reiner Schwefelsäure nach dem Mischen angibt.

Aus der Gleichung

$$\frac{100\text{ g} \cdot w_2}{100\%} + m(\text{Oleum}) - \frac{m(\text{Oleum}) \cdot w_1}{100\%} + \frac{m(\text{Oleum}) \cdot w_1 \cdot M(H_2SO_4)}{100\% \, M(SO_3)}$$

$$= \frac{(100\text{ g} + m(\text{Oleum})) \cdot w_3}{100\%}$$

läßt sich nach einigen Umformungen die Lösung gewinnen:

$$m(\text{Oleum}) = \frac{(w_3 - w_2) \cdot 100\text{ g}}{100\% + 0{,}225\, w_1 - w_3}$$

2.1-19 Ähnlich wie in 2.1-18. besteht die Lösung der Aufgabe in der Herleitung der Gleichung $m(H_2SO_4) = f(w_1, w_2, w_3)$.

100 g Oleum enthalten $\dfrac{100\text{ g} \cdot w_1}{100\%}$ reines SO_3. $\tag{1}$

Konzentrierte Schwefelsäure mit der Masse $m(H_2SO_4)$ enthält

$$\frac{m(H_2SO_4) \cdot w_2}{100\%} \text{ reine Schwefelsäure.} \quad (2)$$

Die Masse des Wassers darin ist:

$$m(H_2SO_4) - \frac{m(H_2SO_4) \cdot w_2}{100\%} \quad (3)$$

Dieses Wasser reagiert mit

$$4{,}444 \left(m(H_2SO_4) - \frac{m(H_2SO_4) \cdot w_2}{100\%} \right) \text{ Schwefeltrioxid.} \quad (4)$$

Nach dem Mischen enthält die rauchende Schwefelsäure noch

$$\frac{(100 \text{ g} + m(H_2SO_4)) \cdot w_3}{100\%} \text{ Schwefeltrioxid.} \quad (5)$$

Es gilt: $(1) - (4) = (5)$

$$\frac{100 \text{ g} \cdot w_1}{100\%} - 4{,}444 \left(m(H_2SO_4) - \frac{m(H_2SO_4) \cdot w_2}{100\%} \right) = \frac{(100 \text{ g} + m(H_2SO_4)) \cdot w_3}{100\%}$$

$$m(H_2SO_4) = \frac{100 \text{ g} \cdot (w_1 - w_3)}{4{,}444(100\% - w_2) + w_3}$$

2.1-20 $M(BaCl_2 \cdot 2\,H_2O) = 244{,}27 \text{ g} \cdot \text{mol}^{-1}$
$M(BaCl_2) = 208{,}24 \text{ g} \cdot \text{mol}^{-1}$

2,51 g $BaCl_2 \cdot 2\,H_2O \,\hat{=}\, 2{,}14$ g $BaCl_2$

a) Massenanteil $w(BaCl_2)$:

$$w(BaCl_2) = \frac{m(BaCl_2)}{m(\text{Lsg})} = \frac{2{,}14 \text{ g}}{26{,}75 \text{ g}} = 0{,}08$$

$w(BaCl_2) = 8\%$

b) Stoffmengenkonzentration $c(BaCl_2)$:

$$c(BaCl_2) = \frac{n(BaCl_2)}{V(\text{Lsg})} = \frac{m(BaCl_2)}{M(BaCl_2) \cdot V(\text{Lsg})} = 0{,}411 \text{ mol} \cdot l^{-1}$$

c) Molalität $b(BaCl_2)$:

$$b(BaCl_2) = \frac{n(BaCl_2)}{m(H_2O)} = \frac{m(BaCl_2)}{M(BaCl_2) \cdot m(H_2O)}$$

$$b(BaCl_2) = \frac{2{,}14 \text{ g}}{208{,}24 \text{ g} \cdot \text{mol}^{-1} \cdot 24{,}61 \text{ g}} = 0{,}418 \text{ mol} \cdot \text{kg}^{-1}$$

2.1-21 a) Stoffmengenkonzentration $c(A)$:

$$c(A) = \frac{n(A)}{V(\text{Ls})} \quad (1)$$

$$n(A) = \frac{m(A)}{M(A)} \quad (2)$$

$$V(\text{Ls}) = \frac{m(A) + m(\text{Lsm})}{\varrho} \quad (3)$$

Setzt man die Gleichungen (2) und (3) in (1) ein, so ergibt sich:

$$c(A) = \frac{m(A) \cdot \varrho}{M(A) \cdot (m(A) + m(Lsm))}$$

b) Molalität $b(A)$:

$$b(A) = \frac{n(A)}{m(Lsm)} = \frac{m(A)}{M(A) \cdot m(Lsm))}$$

2.1-22 a) Stoffmengenkonzentration $c(A)$:

$$c(A) = \frac{n(A)}{V(Ls)} = \frac{n(A) \cdot \varrho}{m(Ls)} = \frac{n(A) \cdot \varrho}{1\,000\,g + n(A) \cdot M(A)}$$

b) Stoffmengenanteil $x(A)$:

$$x(A) = \frac{n(A)}{n(A) + n(H_2O)} = \frac{n(A)}{n(A) + 55{,}51\,mol}$$

2.1-23 Stoffmengenanteil $x(A)$

$$x(A) = \frac{n(A)}{n(A) + n(B) + n(C)}$$

$$x(A) = \frac{\dfrac{w(A)}{M(A)}}{\dfrac{w(A)}{M(A)} + \dfrac{w(B)}{M(B)} + \dfrac{w(C)}{M(C)}}$$

2.1-24 Die Na_2SO_4-Lösung enthält 5 mmol Na_2SO_4:

$n(S) = 5\,mmol \mathrel{\hat=} m(S) = 160{,}30\,mg$

Die $Al_2(SO_4)_3$-Lösung enthält 2 mmol $Al_2(SO_4)_3$:

$n(S) = 6\,mmol \mathrel{\hat=} m(S) = 192{,}36\,mg$

Gesamtmasse: $m(S) = 352{,}7\,mg$

2.1-25 Die Na_2HPO_4-Lösung enthält 20 mmol Na und 10 mmol P.
Die $Na_4P_2O_7$-Lösung enthält 16 mmol Na und 8 mmol P.
100 ml der Lösung – es liegen 200 ml vor – enthalten 18 mmol Na und 9 mmol P.

2.1-26 Massenkonzentration $\varrho^*(A)$:

$$\varrho^*(A) = \frac{m(A)}{V(Ls)} = \frac{\varrho(A) \cdot V(A)}{V(Ls)} \tag{1}$$

Volumenkonzentration $\sigma(A)$:

$$\sigma(A) = \frac{V(A)}{V(Ls)} \tag{2}$$

(2) in (1) eingesetzt ergibt: $\quad \varrho^*(A) = \varrho(A) \cdot \sigma(A)$

2.1-27 $\varrho^*(CO) = 55\,mg \cdot m^{-3}$
$\varrho_n(CO) = 1{,}25\,g \cdot l^{-1}$

$$\varrho(CO) = \frac{\varrho^*(CO)}{\varrho_n} = \frac{55\,mg \cdot m^{-3}}{1{,}25\,mg \cdot ml^{-1}}$$

$\sigma(CO) = 44\,ml \cdot m^{-3} = 44\,ppm$

2.1-28 $2 \text{ P} \triangleq 2 \text{ AlPO}_4 \triangleq \text{Al}_2(\text{SO}_4)_3 \cdot 18 \text{ H}_2\text{O}$

$$M(2 \text{ P}) = 61{,}9476 \text{ g} \cdot \text{mol}^{-1}$$
$$M(\text{Al}_2(\text{SO}_4)_3 \cdot 18 \text{ H}_2\text{O}) = 666{,}41 \text{ g} \cdot \text{mol}^{-1}$$

Pro m³ Abwasser müssen 7,6 g P ausgefällt werden, dazu werden 81,9 g reines $\text{Al}_2(\text{SO}_4)_3 \cdot 18 \text{ H}_2\text{O}$ benötigt. Von dem technischen Aluminiumsulfat mit $w(\text{Al}_2(\text{SO}_4)_3 \cdot 18 \text{ H}_2\text{O}) = 0{,}94$ braucht man 87 g.

2.1-29 1 000 g Salzsäure ($w(\text{HCl}) = 20\%$) enthalten 200 g = 5,485 mol Chlorwasserstoffgas.
1 000 g Salpetersäure ($w(\text{HNO}_3) = 69\%$) enthalten 600 g = 9,522 mol reine Salpetersäure.
9,522 mol · 3 = 28,566 mol HCl werden benötigt; sie sind in 5 208 g Salzsäure ($w(\text{HCl}) = 20\%$) enthalten.

$$\text{Massenverhältnis } \zeta = \frac{m(\text{HCl})}{m(\text{HNO}_3)} = \frac{5\,208 \text{ g}}{1\,000 \text{ g}} = \frac{5{,}208}{1}$$

2.1-30 $3 \text{ Hg} + 6 \text{ HCl} + 2 \text{ HNO}_3 \rightarrow 3 \text{ HgCl}_2 + 2 \text{ NO} + 4 \text{ H}_2\text{O}$

20 g Hg $\triangleq$ 0,1 mol Hg

0,1 mol Hg reagieren mit 0,2 mol HCl und 0,067 mol HNO_3, dies entspricht 36,45 g Salzsäure ($w(\text{HCl}) = 20\%$) und 7 g Salpetersäure ($w(\text{HNO}_3) = 60\%$). Es werden 43,45 g Königswasser benötigt.

Kapitel 2.2

2.2-1 a)

	$\text{C}_2\text{H}_5\text{OH}$ +	HOOC−CH_3 $\rightleftharpoons$	$\text{C}_2\text{H}_5\text{OOC}$−$\text{CH}_3$ +	H_2O
	Ethanol	Essigsäure	Ester	Wasser
Stoffmengenkonzentrationen in mol vor der Reaktion:	1	1	0	0
Stoffmengenkonzentrationen n in mol im Gleichgewicht:	$1 - \frac{2}{3} = \frac{1}{3}$	$1 - \frac{2}{3} = \frac{1}{3}$	$\frac{2}{3}$	$\frac{2}{3}$

Berechnet werden soll die konzentrationsbezogene Gleichgewichtskonstante K_c. Dazu müssen in die Massenwirkungsbeziehung die Gleichgewichtskonzentrationen der Reaktanden eingesetzt werden. Sie erheben sich gemäß $c(\text{Reaktand}) = n(\text{Reaktand})/V_R$ aus der Stoffmenge jedes Reaktanden im Gleichgewicht und dem für alle Reaktanden gleichen Reaktionsvolumen V_R. Damit gilt:

$$K_c = \frac{c(\text{Ester}) \cdot c(\text{Wasser})}{c(\text{Ethanol}) \cdot c(\text{Essigsäure})}$$

$$K_c = \frac{\dfrac{2 \text{ mol}}{3 V_R} \cdot \dfrac{2 \text{ mol}}{3 V_R}}{\dfrac{1 \text{ mol}}{3 V_R} \cdot \dfrac{1 \text{ mol}}{3 V_R}}$$

$$K_c = 4$$

b)

	Ethanol	+ Essigsäure	⇌ Ester	+ Wasser
Stoffmengenkonzentration vor der Reaktion:	0	0	1	1
Stoffmengenkonzentration im Gleichgewicht:	x	x	$1-x$	$1-x$

$$\frac{c(\text{Ester}) \cdot c(\text{H}_2\text{O})}{c(\text{Ethanol}) \cdot c(\text{Säure})} = 4$$

$$\frac{(1-x)^2}{x^2} = 4$$

Nach dem Ausmultiplizieren und Ordnen erhält man:

$$x^2 + \frac{2}{3}x - \frac{1}{3} = 0$$

mit den Lösungen:

$$x_1 = \frac{1}{3}$$
$$x_2 = -1$$

Sinnvoll ist nur der Wert $x_1 = \frac{1}{3}$, er bedeutet, daß im Gleichgewicht $\frac{1}{3}\frac{\text{mol}}{V_R}$ Ethanol und $\frac{1}{3}\frac{\text{mol}}{V_R}$ Essigsäure vorhanden sind.

2.2-2 a) Setzen Sie die Stoffmengenkonzentrationen im Gleichgewicht in das Massenwirkungsgesetz ein ($c(\text{Ester}) = c(\text{H}_2\text{O}) = x$, $c(\text{Ethanol}) = 3 - x$ und $c(\text{Essigsäure}) = 1 - x$) und berechnen Sie x mit Hilfe einer quadratischen Gleichung.

$$c(\text{Ester}) = 0{,}903 \frac{\text{mol}}{V_R}$$

b) Wenn $c(\text{Essigsäure}) = x$ ist, sollte das Massenwirkungsgesetz in diesem Fall so aussehen:

$$\frac{(1-x)(10-x)}{x(1+x)} = 4 \text{ mit } \begin{array}{l} x_1 = 0{,}596 \\ x_2 = -5{,}596 \end{array}$$

$$c(\text{Ester}) = (1 - 0{,}596) \frac{\text{mol}}{V_R} = 0{,}404 \frac{\text{mol}}{V_R}$$

2.2-3 Gehen Sie von einer bestimmten Stoffmenge aus; z. B. $n(\text{A}) = 2$ mol; daraus folgt $c(\text{A}) = \frac{2 \text{ mol}}{V_R}$.

Im Gleichgewicht haben sich x mol von A umgesetzt und 0,5 mol des Stoffes B gebildet. Außerdem gilt: $c(\text{A}) = c(\text{B})$ (vor der Verdünnung!)

$$\frac{2 \text{ mol} - x}{V_R} = \frac{0{,}5 \, x}{V_R} \text{ mit } x = \frac{4}{3}$$

Berechnen Sie danach die Gleichgewichtskonstante K_c. Nach der Verdoppelung des Reaktionsvolumens berechnen Sie mit Hilfe des Massenwirkungsgesetzes den geänderten Wert für x und finden

$$\frac{c(\text{A})}{c(\text{B})} = 1{,}535.$$

2.2-4 a) $c(H_3O^+) = c(OH^-) = 1{,}0 \cdot 10^{-7}$ mol·l^{-1}

$\varrho^*(H^+) = 1{,}008 \cdot 10^{-7}$ g·l^{-1}
$\varrho^*(OH^-) = 1{,}701 \cdot 10^{-6}$ g·l^{-1}

b) $c(H_3O^+) = c(OH^-) = 1{,}61 \cdot 10^{-7}$ mol·l^{-1}

$\varrho^*(H^+) = 1{,}6 \cdot 10^{-7}$ g·l^{-1}
$\varrho^*(OH^-) = 2{,}738 \cdot 10^{-6}$ g·l^{-1}

2.2-5 $pH = -\log c(H_3O^+)$

Bei 25 °C: $c(H_3O^+) = 10^{-7}$ mol·l$^{-1} \Rightarrow pH = 7$
Bei 37 °C: $c(H_3O^+) = 1{,}61 \cdot 10^{-7}$ mol·l^{-1}
$= 10^{0,2068} \cdot 10^{-7}$
$= 10^{-6,7932} \Rightarrow pH = 6{,}79$

2.2-6 a) $pH = 3{,}00$
b) $pH = 2{,}00$
c) $pH = 11{,}45$ Beachten Sie: $c(OH^-) = 2 \cdot 10^{-3}$ mol·l^{-1}.

2.2-7 a) Rechnen Sie zuerst $w(HCOOH) = 1\%$ in die Stoffmengenkonzentration $c(HCOOH)$ um. Mit Hilfe der Gleichung

$c(H^+) = \sqrt{c(HCOOH) \cdot K_S}$ finden Sie:
$c(H^+) = 6{,}75 \cdot 10^{-3}$ mol·l^{-1}
$pH = 2{,}17$

b) Bei dieser geringen Stoffmengenkonzentration der Ameisensäure müssen Sie die Gleichung

$$\frac{c^2(H^+)}{c(HCOOH) - c(H^+)} = K_S$$

verwenden.
Der Lösungsweg führt zu einer quadratischen Gleichung mit der Lösung

$c(H^+) = 5{,}79 \cdot 10^{-4}$ mol·l^{-1}
$pH = 3{,}24$

2.2-8 $c(OH^-) = 0{,}002$ mol·l^{-1}
$pH = 11{,}30$

2.2-9 Berechnen Sie $c(OH^-)$ und verwenden Sie dann die Gleichung

$$K_B = \frac{c^2(OH^-)}{c(NH_3) - c(OH^-)}$$

zur Berechnung der Basenkonstante K_B.

$K_B = 1{,}71 \cdot 10^{-5}$ mol·l^{-1}

2.2-10 Ermitteln Sie die Stoffmengenkonzentrationen $c(HAc)$, und berechnen Sie mit Hilfe des Ostwaldschen Verdünnungsgesetzes $K_S = \dfrac{c(HAc) \cdot \alpha^2}{1 - \alpha}$ die Säurekonstanten.

a) $K_S = 1{,}845 \cdot 10^{-5}$ mol·l^{-1}
b) $K_S = 1{,}850 \cdot 10^{-5}$ mol·l^{-1}
c) $K_S = 1{,}855 \cdot 10^{-5}$ mol·l^{-1}

2.2-11 Die Auflösung der Gleichung

$$\frac{c^2(\text{H}^+)}{c([\text{Fe}(\text{H}_2\text{O})_6]\text{Cl}_3) - c(\text{H}^+)} = K_S$$

führt zu $c(\text{H}^+) = 5{,}31 \cdot 10^{-3}$ mol $\cdot$ l^{-1}, daraus erhält man: pH $= 2{,}27$

2.2-12 Der pH-Wert von 3,52 entspricht $c(\text{H}_3\text{O}^+) = 3 \cdot 10^{-4}$ mol $\cdot$ l^{-1}.
$c([\text{Al}(\text{H}_2\text{O})_6]^{3+}) = 5 \cdot 10^{-3}$ mol $\cdot$ l^{-1}

Mit Hilfe der Gleichung aus 2.2-11 folgt für $K_S = 1{,}9 \cdot 10^{-5}$ mol $\cdot$ l^{-1}.

2.2-13 Vor dem Salzzusatz:

$c(\text{H}_3\text{O}^+) = 1{,}34 \cdot 10^{-3}$ mol $\cdot$ l^{-1}
pH-Wert $= 2{,}87$

Nach dem Salzzusatz:

$c(\text{H}_3\text{O}^+) = 5{,}89 \cdot 10^{-6}$ mol $\cdot$ l^{-1}
pH-Wert $= 5{,}23$

2.2-14 Mit Hilfe der Gleichung

$$p\text{H} = pK_S + \log\frac{c_B + c(\text{H}_3\text{O}^+)}{c_S - c(\text{H}_3\text{O}^+)}$$

errechnet sich ein pH-Wert von 5,22, dies entspricht $c(\text{H}_3\text{O}^+) = 6 \cdot 10^{-6}$ mol $\cdot$ l^{-1}

2.2-15 a) In einer Essigsäurelösung mit $c(\text{HAc}) = 0{,}1$ mol $\cdot$ l^{-1} ist der pH-Wert $= 2{,}87$ (siehe Aufgabe 2.2-13). Es gilt für die Protolyse der Essigsäure: $c_1(\text{H}_3\text{O}^+) = c(\text{Ac}^-) = x$.
Die Gesamtkonzentration C_S von Essigsäure nach dem Zusatz von 1 ml HCl ist:

$$C_S = \frac{0{,}1 \cdot 100}{101} \text{ mol} \cdot \text{l}^{-1} = 0{,}099 \text{ mol} \cdot \text{l}^{-1}.$$

Folglich ist $c(\text{HAc}) = C_S - c(\text{Ac}^-)$
$c(\text{HAc}) = (0{,}099 - x)$ mol $\cdot$ l^{-1}.

Die Oxoniumionen aus der Dissoziation der Salzsäure liegen mit der Konzentration $c_2(\text{H}_3\text{O}^+) = 0{,}0099$ mol $\cdot$ l^{-1} vor.

Die Gesamtkonzentration an Oxoniumionen beträgt
$c(\text{H}_3\text{O}^+) = c_1(\text{H}_3\text{O}^+) + c_2(\text{H}_3\text{O}^+)$
$= (x + 0{,}0099)$ mol $\cdot$ l^{-1}

Die Konzentrationen betragen in mol $\cdot$ l^{-1}:

HAc + H$_2$O $\rightleftarrows$ Ac$^-$ + H$_3$O$^+$
0,099 − x x x + 0,0099

Eingesetzt in die Gleichung (2.63)

$$K_S = \frac{(c_B + c(\text{H}_3\text{O}^+)) \cdot c(\text{H}_3\text{O}^+)}{c_S - c(\text{H}_3\text{O}^+)}$$

$1{,}8 \cdot 10^{-5}$ mol $\cdot$ l^{-1} = $\dfrac{(x + 0{,}0099) \cdot 0{,}0099}{0{,}099 - x}$ mol $\cdot$ l^{-1}

errechnen sich die Werte:

$x = 0{,}00018$ mol $\cdot$ l^{-1}
$c(\text{H}_3\text{O}^+) = (0{,}00018 + 0{,}0099)$ mol $\cdot$ l^{-1} $= 0{,}0101$ mol $\cdot$ l^{-1}

Durch den HCl-Zusatz ist der pH-Wert von 2,87 auf 2,00 gesunken.

b) Der pH-Wert sinkt von 4,74 auf 4,66.

2.2-16 Mit der Gleichung $p\text{H} = pK_S + \log\dfrac{c_B}{c_S}$ erhält man
pH-Wert = 9,41 und $c(\text{OH}^-) = 2,57 \cdot 10^{-5}$ mol $\cdot$ l^{-1}.

2.2-17 $V = 323$ ml Natronlauge mit $c = 2$ mol $\cdot$ l^{-1}.

Benutzen Sie die Gleichung: $p\text{H} = pK_S + \log\dfrac{c_B + c(\text{H}_3\text{O}^+)}{c_S - c(\text{H}_3\text{O}^+)}$

2.2-18 Das Salz KHA dissoziiert vollständig:

$\text{KHA} \to \text{K}^+ + \text{HA}^-$

Bei Zugabe von Salzsäure erfolgt die Protolyse:

$\text{HA}^- + \text{H}_3\text{O}^+ \rightleftarrows \text{H}_2\text{A} + \text{H}_2\text{O} \quad pK_S(\text{H}_2\text{A}) = 2,88$

Es gilt die Gleichung:

$p\text{H} = pK_S + \log\dfrac{c_B - c(\text{HCl})}{c_S + c(\text{HCl})} \qquad c_B = c(\text{HA}^-)$
$\qquad\qquad\qquad\qquad\qquad\qquad\quad c_S = c(\text{H}_2\text{A})$

$3,00 = 2,88 + \log\dfrac{1 \text{ mol} \cdot \text{l}^{-1} - c(\text{HCl})}{c(\text{HCl})}$

mit der Lösung $c(\text{HCl}) = 0,43$ mol $\cdot$ l^{-1}.

2.2-19 a) Gegeben: 50 ml HAc mit $c(\text{HAc}) = 0,1$ mol $\cdot$ l^{-1}; $K_S = 1,8 \cdot 10^{-5}$ mol $\cdot$ l^{-1}
$c(\text{H}^+) = \sqrt{K_S \cdot c_S}$
$c(\text{H}^+) = \sqrt{1,8 \cdot 10^{-5} \text{ mol} \cdot \text{l}^{-1} \cdot 0,1 \text{ mol} \cdot \text{l}^{-1}}$
$c(\text{H}^+) = 1,34 \cdot 10^{-3}$ mol $\cdot$ l^{-1}
$p\text{H} \quad = 2,87$

b) Nach der Reaktion
$\text{HAc} + \text{NaOH} \to \text{NaAc} + \text{H}_2\text{O}$ sind die Konzentrationen $c(\text{HAc})$ und $c(\text{Ac}^-)$ gleich:
$\log 1 = 0$.

$p\text{H} = pK_S + \log\dfrac{c(\text{Ac}^-)}{c(\text{HAc})} = 4,74$

c) Nach Zugabe von 50 ml Natronlauge ($c(\text{NaOH}) = 0,1$ mol $\cdot$ l^{-1}) ist die Lösung austitriert, und es liegen 100 ml NaAc-Lösung ($c(\text{NaAc}) = 0,05$ mol $\cdot$ l^{-1}) vor.

$p\text{H} = 7 + \tfrac{1}{2}pK_S + \tfrac{1}{2}\log c(\text{B})$
$p\text{H} = 7 + 2,37 + (-0,65)$
$p\text{H} = 8,72$

d) Bei Basenüberschuß kann man annehmen, daß die Protolyse des Acetations völlig zurückgedrängt wird und der pH-Wert nur vom Überschuß der Lauge abhängt.
$n(\text{NaOH}) = 0,1$ mmol
$c(\text{OH}^-) \; = \dfrac{0,1 \text{ mmol}}{101 \text{ ml}} = 9,9 \cdot 10^{-4}$ mol $\cdot$ l^{-1}
$p\text{OH} \quad\;\; = 3,00$
$p\text{H} \quad\;\;\;\, = 11,00$

2.2-20 a) 50 ml Ammoniaklösung mit $c(\text{NH}_3) = 0,1$ mol $\cdot$ l^{-1}
$K_B \;\; = 1,8 \cdot 10^{-5}$ mol $\cdot$ l^{-1}
$pK_B = 4,74$

$$pH = 14 - \tfrac{1}{2}(pK_B + \log c(B))$$
$$pH = 14 - \tfrac{1}{2}(4{,}74 + \log 0{,}1)$$
$$pH = 11{,}13$$

b) Nach der Zugabe von 25 ml HCl mit $c(\text{HCl}) = 0{,}1$ mol $\cdot$ l^{-1} liegen 25 ml Ammoniaklösung und 25 ml NH$_4$Cl-Lösung in gleichen Stoffmengen vor.
Nach der Reaktion: $n(\text{NH}_3) = n(\text{NH}_4\text{Cl}) = 2{,}5$ mmol
Volumen der Lösung: 75 ml

$$c(\text{NH}_3) = c(\text{NH}_4\text{Cl}) = \frac{2{,}5 \text{ mmol}}{75 \text{ ml}} = 0{,}03 \text{ mol} \cdot \text{l}^{-1}$$

$$pH = 14 - pK_B - \log c(\text{NH}_4\text{Cl}) + \log c(\text{NH}_3)$$

Die beiden logarithmischen Terme sind gleich, so daß sich die Gleichung vereinfacht:
$$pH = 14 - pK_B = 14 - 4{,}74 = 9{,}26.$$

c) Analog zu Aufgabe 2.2-19 c) liegen auch hier 100 ml einer NH$_4$Cl-Lösung vor ($c(\text{NH}_4\text{Cl}) = 0{,}05$ mol $\cdot$ l^{-1}), deren pH-Wert wie folgt berechnet wird:
$$pH = 7 - \tfrac{1}{2}(pK_B - \log c(\text{NH}_4\text{Cl}))$$
$$= 7 - 2{,}37 - (-0{,}65)$$
$$pH = 5{,}28$$

d) Der Säureüberschuß $n(\text{HCl}) = 0{,}1$ mmol bestimmt den
pH-Wert: $c(\text{HCl}) = c(\text{H}^+) = \dfrac{0{,}1 \text{ mmol}}{101 \text{ ml}} = 9{,}9 \cdot 10^{-4}$ mol $\cdot$ l^{-1}

$$pH = 3$$

2.2-21 a) Vergleichen Sie mit Beispiel Nr. 15 auf S. 112
$$pH = \tfrac{1}{2}(pK_1 + pK_2)$$
$$= \tfrac{1}{2}(2{,}2 + 7{,}2)$$
$$pH = 4{,}7$$

b) $pH = \tfrac{1}{2}(pK_2 + pK_3)$
$$= \tfrac{1}{2}(7{,}2 + 12{,}4)$$
$$pH = 9{,}8$$

c) $$pH = pK_2 + \log \frac{c(\text{HPO}_4^{2-})}{c(\text{H}_2\text{PO}_4^-)}$$

Da beide Konzentrationen gleich sind, folgt: $pH = pK_2 = 7{,}2$

2.2-22 Nach der Reaktion liegen 20 ml einer Lösung vor, die 1 mmol NaAc und 1 mmol HAc enthält.

$c(\text{NaAc}) = c(\text{HAc}) = 0{,}05$ mol $\cdot$ l^{-1}

Es gilt Gleichung 2.65:
$$pH = pK_S + \log \frac{c(\text{Ac}^-)}{c(\text{HAc})}$$
$$pK_S = pH = 4{,}65 = -(0{,}35 - 5)$$
$$K_S = 10^{0{,}35} \cdot 10^{-5} = 2{,}24 \cdot 10^{-5}$$

2.2-23. $$\log f_i = -\frac{0{,}5 \cdot z_i^2 \cdot \sqrt{I}}{1 + \sqrt{I}} \quad (2.34)$$

Zuerst muß die Ionenstärke I berechnet werden:

$$\begin{aligned}
I &= \tfrac{1}{2} \Sigma c_i \cdot z_i^2 \\
&= \tfrac{1}{2}(c(\mathrm{Na}^+) \cdot 1^2 + c(\mathrm{Ac}^-) \cdot (-1)^2) \\
I &= 0,05 \\
f(\mathrm{HAc}) &= 1 \\
\log f(\mathrm{Ac}^-) &= -\frac{0,5 \cdot (-1)^2 \cdot \sqrt{0,05}}{1 + \sqrt{0,05}} = -0,091 \\
p\mathrm{H} &= pK_S^\circ + \log \frac{f(\mathrm{Ac}^-)}{f(\mathrm{HAc})} \\
pK_S^\circ &= 4,65 - (-0,091) \\
pK_S^\circ &= 4,74 \\
K_S^\circ &= 1,82 \cdot 10^{-5}
\end{aligned}$$

2.2-24 a) $I(\mathrm{KCl}) = \tfrac{1}{2}(0,01 \cdot 1^2 + 0,01 \cdot (-1)^2) = 0,01$

$$\log f(\mathrm{K}^+) = \log f(\mathrm{Cl}^-) = -\frac{0,5 \cdot 1^2 \cdot \sqrt{0,01}}{1 + \sqrt{0,01}} = -0,045$$

$$f(\mathrm{K}^+) = f(\mathrm{Cl}^-) = 0,90$$

$$K_w = \frac{K_w^\circ}{f^2} = \frac{0,68 \cdot 10^{-4}\, \mathrm{mol}^2 \cdot \mathrm{l}^{-2}}{0,81}$$

$$K_w = 0,84 \cdot 10^{-14}\, \mathrm{mol}^2 \cdot \mathrm{l}^{-2}$$

b) $I(\mathrm{BaCl}_2) = \tfrac{1}{2}(0,01 \cdot 2^2 + 2 \cdot 0,01 \cdot 1^2) = 0,03$

Nach Gleichung 2.34 berechnet sich:

$f(\mathrm{Ba}^{++}) = 0,507$ und $f(\mathrm{Cl}^-) = 0,844$.

Mit $f(\mathrm{BaCl}_2) = 1$ gilt:

$$K_w = \frac{K_w^\circ}{f(\mathrm{Ba}^{++}) \cdot f^2(\mathrm{Cl}^-)} = \frac{0,68 \cdot 10^{-14}\, \mathrm{mol}^2 \cdot \mathrm{l}^{-2}}{0,507 \cdot 0,844^2}$$

$$K_w = 1,88 \cdot 10^{-14}\, \mathrm{mol}^2 \cdot \mathrm{l}^{-2}$$

2.2-25 Es muß so lange titriert werden, bis der pH-Wert einer 0,04 molaren NaX-Lösung erreicht ist (X = Anion der schwachen Säure). Nach Gleichung (2.58) gilt:

$p\mathrm{H} = 7 + \tfrac{1}{2} \cdot (pK_S + \log c(\mathrm{B}))$
$= 7 + \tfrac{1}{2} \cdot (5 + \log 0,04)$
$p\mathrm{H} = 8,8$

2.2-26 NaA dissoziiert vollständig:

$\mathrm{NaA} \to \mathrm{Na}^+ + \mathrm{A}^-$
$c(\mathrm{NaA}) = c(\mathrm{A}^-) = 1\, \mathrm{mol} \cdot \mathrm{l}^{-1}$

Zugabe von Säure führt zur Bildung von undissoziierter HA: $\mathrm{A}^- + \mathrm{H}^+ \rightleftarrows \mathrm{HA}$

Im Gleichgewicht gilt:

a) $c(\mathrm{A}^-) = 0,01\, \mathrm{mol} \cdot \mathrm{l}^{-1}$ und
$c(\mathrm{HA}) = 0,99\, \mathrm{mol} \cdot \mathrm{l}^{-1}$

b) $c(\mathrm{A}^-) = 0,001\, \mathrm{mol} \cdot \mathrm{l}^{-1}$ und
$c(\mathrm{HA}) = 0,999\, \mathrm{mol} \cdot \mathrm{l}^{-1}$

Eingesetzt in das MWG

$$\frac{c(\mathrm{H}^+) \cdot c(\mathrm{A}^-)}{c(\mathrm{HA})} = 10^{-5}\, \mathrm{mol} \cdot \mathrm{l}^{-1}$$

errechnen sich die pH-Werte: a) 3 und b) 2

2.2-27 Die Konzentrationen betragen:
$c(Na^+) = 0,025$ mol $\cdot l^{-1} + 0,050$ mol $\cdot l^{-1} = 0,075$ mol $\cdot l^{-1}$
Verdoppelung der Volumina führt zur Halbierung der Konzentrationen.
$c(H_2PO_4^-) = 0,025$ l $\cdot$ mol^{-1}
$c(HPO_4^{2-}) = 0,025$ l $\cdot$ mol^{-1}

Die Ionenstärke wird nach Gleichung (2.33) berechnet:
$I = \frac{1}{2}(0,075$ mol $\cdot l^{-1} \cdot 1^2 + 0,025$ mol $\cdot l^{-1} \cdot (-1)^2 + 0,025$ mol $\cdot l^{-1} \cdot (-2)^2)$
$I = 0,1$ mol $\cdot l^{-1}$

$pH = pK_S^\circ + \log \dfrac{a(B)}{a(S)} \qquad B = H_2PO_4^{2-}$
$\qquad\qquad\qquad\qquad\qquad S = H_2PO_4^-$

Der zweite Summand dieser Gleichung wird gesondert berechnet:
$\log \dfrac{a(B)}{a(S)} = \log \dfrac{f(B) \cdot c(B)}{f(S) \cdot c(S)} = \log \dfrac{f(B)}{f(S)} + \log \dfrac{c(B)}{c(S)}$

Aus Tabelle 2.1, S. 89, ergibt sich:

$\dfrac{f(B)}{f(S)} = \dfrac{0,33}{0,76} = 0,434 \qquad \log 0,434 = -0,362$

$\log \dfrac{c(B)}{c(S)} = 0 \qquad\qquad K_S^\circ = 6,2 \cdot 10^{-8}$ mol $\cdot l^{-1}$
$\qquad\qquad\qquad\qquad\quad pK_S^\circ = 7,208$

Damit errechnet sich:

$pH = 6,85$ und $K_S = 1,41 \cdot 10^{-7}$ mol $\cdot l^{-1}$

2.2-28 a) In reinem Wasser gilt:
$c(Ag^+) = c(Br^-)$
$c(Ag^+) \cdot c(Br^-) = K_L^\circ = 10^{-12,2}$ mol$^2 \cdot l^{-2}$
$c(Ag^+) = \sqrt{10^{-12,2} \text{ mol}^2 \cdot l^{-2}} = 10^{-6,1}$ mol $\cdot l^{-1}$
$c(Ag^+) = \dfrac{10^{0,9} \cdot 10^{-7} \text{ mol} \cdot 107,868 \text{ g}}{l \qquad\qquad\qquad \text{mol}}$
$c(Ag^+) = 0,086$ mg $\cdot l^{-1}$

b) Es gelten die Gleichungen:
$a_A^m \cdot a_B^n = K_L^\circ \quad$ und $\quad a_i = f_i \cdot c_i$

Zusammengefaßt:
$f(Ag^+) \cdot c(Ag^+) \cdot f(Br^-) \cdot c(Br^-) = K_L^\circ = 10^{-12,2}$ mol$^2 \cdot l^{-2}$

In dieser Gleichung ist
$c(Ag^+) = x$
$c(Br^-) = c(Ag^+) + c(K^+) = x + 0,01$ mol $\cdot l^{-1}$

$f(Ag^+)$ und $f(Br^-)$ müssen mit Hilfe der Gleichung 2.35 berechnet werden:
$\log f(Ag^+) = \log f(Br^-) = -0,5 \cdot |1|^2 \cdot \sqrt{I}$
$I = \frac{1}{2}[c(Ag^+) \cdot 1^2 + c(K^+) \cdot 1^2 + c(Br^-) \cdot (-1)^2]$
$= \frac{1}{2}[x + 0,01 + x + 0,01]$ mol $\cdot l^{-1}$

Unter Vernachlässigung von x errechnet sich:
$I = 0,01$
$\log f(Ag^+) = \log f(Br^-) = -0,05$
$f(Ag^+) \quad = f(Br^-) \quad = -0,89$

$f(Ag^+) \cdot c(Ag^+) \cdot f(Br^-) \cdot c(Br^-) = 10^{-12,2} \text{ mol}^2 \cdot l^{-2}$
$0,89 \cdot x \cdot 0.89 \cdot (x + 0,01 \text{ mol} \cdot l^{-1}) = 10^{-12,2} \text{ mol}^2 \cdot l^{-2}$

Die quadratische Gleichung
$0,7921 x^2 + 0,007921 \text{ mol} \cdot l^{-1} \cdot x = 10^{-12,2} \text{ mol}^2 \cdot l^{-2}$

läßt sich unter Vernachlässigung von $0,7921 x^2$ zu einer linearen Gleichung vereinfachen mit der Lösung:
$x = c(Ag^+) = 7,96 \cdot 10^{-11} \text{ mol} \cdot l^{-1} = 8,58 \cdot 10^{-6} \text{ mg} \cdot l^{-1}$

2.2-29 $\varrho^*(Ag_3PO_4 \text{ in } H_2O) = 6,5 \cdot 10^{-3} \text{ g} \cdot l^{-1}$

Dissoziationsgleichung:
$Ag_3PO_4 \rightleftarrows 3 Ag^+ + PO_4^{3-}$

Die Löslichkeit ist:
$L = \dfrac{6,5 \cdot 10^{-3} \text{ g} \cdot l^{-1}}{M(AG_3PO_4)} = \dfrac{6,5 \cdot 10^{-3} \text{ g} \cdot l^{-1}}{418,576 \text{ g} \cdot \text{mol}^{-1}} = 1,553 \cdot 10^{-5} \text{ mol} \cdot l^{-1}$

$c(Ag^+) = 3 \cdot L$
$c(PO_4^{3-}) = L$
$K_L = (3 \cdot L)^3 \cdot L = 27 \cdot L^4 = 1,57 \cdot 10^{-18} \text{ mol}^4 \cdot l^{-4}$
$K_L^\circ = [f(Ag^+) \cdot c(Ag^+)]^3 \cdot f(PO_4^{3-}) \cdot c(PO_4^{3-})$

Zur Berechnung des Aktivitätskoeffizienten benötigt man die Ionenstärke I:
$I = \tfrac{1}{2}(c(Ag^+) \cdot 1^2 + c(PO_4^{3-}) \cdot (-3)^2)$
$= \tfrac{1}{2}(3 \cdot L + L \cdot 9)$
$I = 6 \cdot L$

$\log f(Ag^+) = -0,5 \cdot 1^2 \cdot \sqrt{6 \cdot L} = -4,823 \cdot 10^{-3}$
$\log f(PO_4^{3-}) = -0,5 \cdot (-3)^2 \cdot \sqrt{6 \cdot L} = -4,344 \cdot 10^{-2}$
$f(Ag^+) = 0,989$
$f(PO_4^{3-}) = 0,905$

$K_L^\circ = (0,989 \cdot 3 \cdot L)^3 \cdot 0,905 \cdot L$
$K_L^\circ = 0,967 \cdot 27 \cdot 3,746 \cdot 10^{-15} \text{ mol}^3 \cdot l^{-3} \cdot 0,905 \cdot 1,553 \cdot 10^{-5} \text{ mol} \cdot l^{-1}$
$K_L^\circ = 1,37 \cdot 10^{-18} \text{ mol}^4 \cdot l^{-4}$

2.2-30 $K_L(AgCl) = 2 \cdot 10^{-10} \text{ mol}^2 \cdot l^{-2}$
$K_L(AgBr) = 6,3 \cdot 10^{-13} \text{ mol}^2 \cdot l^{-2}$
$K_L(AgI) = 1 \cdot 10^{-16} \text{ mol}^2 \cdot l^{-2}$

Für die Sättigungskonzentration von AgCl gilt:
$c(Ag^+) \cdot c(Cl^-) = 2 \cdot 10^{-10} \text{ mol}^2 \cdot l^{-2}$

Mit $c(Cl^-) = 0,1 \text{ mol} \cdot l^{-1}$ errechnet sich:
$c(Ag^+) = 2 \cdot 10^{-9} \text{ mol} \cdot l^{-1}$

Entsprechend gilt für HBr und HI mit $c = 0,1 \text{ mol} \cdot l^{-1}$:
$c(Ag^+) = 6,3 \cdot 10^{-12} \text{ mol} \cdot l^{-1}$
$c(Ag^+) = 1,0 \cdot 10^{-15} \text{ mol} \cdot l^{-1}$

2.2-31 Mit dem Verteilungssatz

$\dfrac{c_1}{c_2} = k = 588$ läßt sich die Aufgabe lösen.

$c_1 = (I_2 \text{ in } CS_2)$
$c_2 = (I_2 \text{ in } H_2O)$

m_i = Masse des Iods, welches sich nach mehrmaligem Ausschütteln (i = 1, 2, 3, ...) noch in der wäßrigen Phase befindet.

a) Nach einmaligem Ausschütteln befindet sich noch eine Masse m_1 an Iod in der wäßrigen Phase und eine Masse 2 g − m_1 an Iod in der CS$_2$-Phase.

Verteilungssatz:

$$\frac{\dfrac{2\,g - m_1}{0{,}1\,l}}{\dfrac{m_1}{1\,l}} = 5{,}88 \qquad m_1 = 3{,}34 \cdot 10^{-2}\,g$$

b) $\dfrac{\dfrac{2\,g - m_1}{0{,}02\,l}}{\dfrac{m_1}{1\,l}} = \dfrac{100\,g - 50\,m_1}{m_1} = k$

Nach m_1 umgestellt folgt:

$$m_1 = \frac{100\,g}{50 + k}$$

Entsprechend findet man für das zweite und dritte Ausschütteln:

$$m_2 = \frac{50 \cdot m_1}{50 + k} = 2\,g \cdot \left(\frac{50}{50 + k}\right)^2$$

$$m_3 = 2\,g \left(\frac{50}{50 + k}\right)^3 = 2\,g \cdot \left(\frac{50}{50 + 588}\right)^3 = 9{,}63 \cdot 10^{-4}\,g$$

Es ist also wirkungsvoller, mehrmals mit kleinen Mengen Extraktionsflüssigkeit auszuschütteln, als nur einmal mit einem größeren Volumen.

2.2-32 Zur Lösung dieser Aufgabe müssen die Konzentrationen $c(I_2)$, $c(I^-)$ und $c(I_3^-)$ in der wäßrigen Phase ermittelt und in das Massenwirkungsgesetz eingesetzt werden; dann läßt sich die Gleichgewichtskonstante berechnen.

Im CCl$_4$ sind nur ungeladene I$_2$-Moleküle löslich, die nach dem Verteilungssatz mit den I$_2$-Molekülen der wäßrigen Phase im Gleichgewicht stehen.

1 l CCl$_4$-Lösung enthält 0,04457 mol Iod. Mit Hilfe der Dichte läßt sich berechnen, daß 1000 g CCl$_4$-Lösung (1 l ≙ 1594,2 g) 0,02796 mol Iod enthalten, dies entspricht c_1(I$_2$ in CCl$_4$) = 0,02796 mol : 2 = 0,01398 mol.

Verteilungssatz:

$$\frac{c_1(I_2 \text{ in CCl}_4)}{c_2(I_2 \text{ in H}_2\text{O})} = 52{,}5$$

$$c_2 = \frac{c_1}{52{,}5} = \frac{0{,}01398\,mol}{52{,}5} = 0{,}002663\,mol$$

Ferner gilt: $c(I_2) + c(I_3^-) = 0{,}005615$

2.2-33 Die Stoffmengenkonzentration des gesamten Chlors in der wäßrigen Phase ist:

$$c(Cl_2, Cl^-, OCl^- \text{ in H}_2\text{O}) = \frac{61{,}02\,mg}{70{,}906\,mg \cdot mmol^{-1} \cdot 0{,}1\,l} = 8{,}61\,mmol \cdot l^{-1}$$

In der CCl$_4$-Phase errechnet sie sich zu:

$$c(\text{Cl}_2 \text{ in CCl}_4) = \frac{27{,}22 \text{ mg}}{70{,}906 \text{ mg} \cdot \text{mmol}^{-1} \cdot 0{,}01 \text{ l}} = 38{,}39 \text{ mmol} \cdot \text{l}^{-1}$$

Aus dem Verteilungskoeffizienten erhält man die Konzentration der Chlormoleküle in der Wasserphase:

$$c_3(\text{Cl}_2 \text{ in H}_2\text{O}) = \frac{c_2(\text{Cl}_2 \text{ in CCl}_4)}{20} = \frac{38{,}39 \text{ mmol} \cdot \text{l}^{-1}}{20} = 1{,}92 \text{ mmol} \cdot \text{l}^{-1}$$

Aus der Reaktionsgleichung für die Disproportionierung folgt, daß
$c(\text{H}_3\text{O}^+) = c(\text{Cl}^-) = c(\text{HOCl}) = (8{,}61 - 1{,}92) \text{ mmol} \cdot \text{l}^{-1} = 6{,}69 \text{ mmol} \cdot \text{l}^{-1}$ beträgt.

Diese Werte werden in das Massenwirkungsgesetz eingesetzt:

$$K = \frac{(6{,}69 \text{ mmol} \cdot \text{l}^{-1})^3}{1{,}92 \text{ mmol} \cdot \text{l}^{-1}} = 155{,}9 \text{ mmol}^2 \cdot \text{l}^{-2} = 1{,}559 \cdot 10^{-4} \text{ mol}^2 \cdot \text{l}^{-2}$$

2.2-34 Die Stoffmenge an Einzelmolekülen Benzoesäure in der wäßrigen Phase errechnet sich wie folgt:

$$n(\text{C}_6\text{H}_5\text{COOH in H}_2\text{O}) = \frac{112{,}4 \text{ mg}}{122{,}123 \text{ mg} \cdot \text{mmol}^{-1}} = 0{,}9204 \text{ mmol}.$$

Berücksichtigt man, daß in Wasser nur 89,6% undissoziiert vorliegen und daß der Verteilungskoeffizient 0,7 beträgt, so ergibt sich:

$$n(\text{C}_6\text{H}_5\text{COOH in C}_6\text{H}_6) = \frac{0{,}9204 \text{ mmol} \cdot 0{,}894}{0{,}7} = 1{,}175 \text{ mmol}.$$

Die Molalität beträgt dann

$$b(\text{C}_6\text{H}_5\text{COOH in C}_6\text{H}_6) = \frac{1{,}175 \text{ mmol}}{200 \text{ g} - 0{,}8843 \text{ g}} = 5{,}901 \cdot 10^{-3} \text{ mmol} \cdot \text{g}^{-1}.$$

Die Stoffmenge an Dimeren ist dann

$$n[(\text{C}_6\text{H}_5\text{COOH})_2] = \frac{1}{2}\left(\frac{884{,}3 \text{ mg}}{122{,}1 \text{ mg} \cdot \text{mmol}^{-1}} - 1{,}175 \text{ mmol}\right) = 3{,}03 \text{ mmol}.$$

Die Molalität beträgt

$$b = [(\text{C}_6\text{H}_5\text{COOH})_2 \text{ in C}_6\text{H}_6] = \frac{3{,}03 \text{ mmol}}{200 \text{ g} - 0{,}8843 \text{ g}} = 1{,}52 \cdot 10^{-2} \text{ mmol} \cdot \text{g}^{-1}$$

Die Gleichgewichtskonstante der Dissoziation $(\text{C}_6\text{H}_5\text{COOH})_2 \rightleftarrows 2\,\text{C}_6\text{H}_5\text{COOH}$ ist damit:

$$K = \frac{c^2(\text{C}_6\text{H}_5\text{COOH})}{c[(\text{C}_6\text{H}_5\text{COOH})_2]} = \frac{(5{,}901 \cdot 10^{-3} \text{ mmol} \cdot \text{g}^{-1})^2}{1{,}52 \cdot 10^{-2} \text{ mmol} \cdot \text{g}^{-1}} = 2{,}29 \cdot 10^{-3} \text{ mmol} \cdot \text{g}^{-1}$$

2.2-35 Der Verteilungskoeffizient $k = \dfrac{c_1(\text{Iod in CCl}_4)}{c_2(\text{Iod in H}_2\text{O})}$

läßt sich mit Hilfe der Stoffmengen-, Massen- oder Volumenkonzentrationen berechnen.

Berechnung der Stoffmenge n_1 (Iod in CCl$_4$):

35,84 ml Na$_2$S$_2$O$_3$-Lösung mit $c(\text{Na}_2\text{S}_2\text{O}_3) = 0{,}05 \text{ mol} \cdot \text{l}^{-1}$ entsprechen
$35{,}84 \text{ ml} \cdot 0{,}05 \text{ mmol} \cdot \text{ml}^{-1} = 1{,}792 \text{ mmol I}$.

In 1000 g CCl$_4$ ist dann die Stoffmenge

$$n_1(\text{I in CCl}_4) = \frac{1{,}792 \text{ mmol} \cdot 1000 \text{ g}}{14{,}5 \text{ g}} = 123{,}586 \text{ mmol}.$$

$$n_2(\text{I in H}_2\text{O}) = \frac{18,83 \text{ ml} \cdot 0,05 \text{ mmol} \cdot \text{ml}^{-1} \cdot 1000 \text{ ml}}{400 \text{ ml}} = 2,354 \text{ mmol}.$$

$$k = \frac{123,586 \text{ mmol}}{2,354 \text{ mmol}} = 52,5$$

Kapitel 3.1

3.1-1 $\text{Na}_2\text{CO}_3 + 2\,\text{HCl} \rightarrow 2\,\text{NaCl} + \text{H}_2\text{O} + \text{CO}_2$
$M(\text{Na}_2\text{CO}_3) = 105,989 \text{ g} \cdot \text{mol}^{-1}$
222,9 mg Na_2CO_3 sind 4,206 mmol HCl äquivalent, die in 42,70 ml Salzsäure enthalten sind.

$$c(\text{HCl}) = \frac{n}{V} = \frac{4,206 \text{ mmol}}{42,70 \text{ ml}} = 0,0985 \text{ mol} \cdot \text{l}^{-1}$$

3.1-2 $\text{KH C}_8\text{H}_4\text{O}_4 + \text{NaOH} \rightarrow \text{KNa C}_8\text{H}_4\text{O}_4 + \text{H}_2\text{O}$
$M(\text{KH C}_8\text{H}_4\text{O}_4) = 204,223 \text{ g} \cdot \text{mol}^{-1}$
736,0 mg $\text{KH C}_8\text{H}_4\text{O}_4$ sind 3,604 mmol NaOH äquivalent, die in 35,46 ml Natronlauge enthalten sind.

$$c(\text{NaOH}) = \frac{n}{V} = \frac{3,604 \text{ mmol}}{35,46 \text{ ml}} = 0,1016 \text{ mol} \cdot \text{l}^{-1}$$

3.1-3   34,8 ml Salzsäure mit $c(\text{HCl}) = 1 \text{ mol} \cdot \text{l}^{-1}$ enthalten 34,8 mmol HCl. Genau dieselbe Stoffmenge NaOH ist in 20 ml Natronlauge enthalten; 20 ml NaOH entsprechen 21,44 g.

$$w(\text{NaOH}) = \frac{34,8 \text{ mmol} \cdot 39,997 \text{ mg} \cdot \text{mmol}^{-1}}{21440 \text{ mg}} = 0,0649$$

$w(\text{NaOH}) = 6,49\%$

3.1-4 $m_1 = \varrho \cdot V$

$$m_1 = \frac{1,84 \text{ g} \cdot 112 \text{ ml}}{\text{ml}}$$

$m_1 = 206,08 \text{ g}$ Schwefelsäure

$$\text{Aliquoter Teil} = \frac{2000 \text{ ml}}{5 \text{ ml}} = 400$$

$$\text{Titriert wurden } m_2 = \frac{206,08 \text{ g}}{400}$$

$m_2 = 515,2 \text{ mg}$ Schwefelsäure

Zur Neutralisation ($2\,\text{NaOH} \triangleq \text{H}_2\text{SO}_4$) werden $\dfrac{19,4 \text{ ml} \cdot 0,5 \text{ mmol}}{\text{ml}} = 9,7 \text{ mmol NaOH}$ benötigt.

Folglich sind 9,7 mmol:2 = 4,85 mmol = 475,6 mg H_2SO_4 in 515,2 mg Schwefelsäure enthalten; dies entspricht einem Massenanteil von

$w(\text{H}_2\text{SO}_4) = 92,3\%$.

3.1-5 45 mg Schwefelsäure mit $w(H_2SO_4) = 10\%$ entsprechen 4,5 mg reine H_2SO_4
$(w(H_2SO_4) = 100\%)$.
4,5 mg $H_2SO_4 \triangleq 0{,}0459$ mmol $H_2SO_4 \triangleq 0{,}0918$ mmol NaOH

Die Natronlauge hat eine Konzentration von $c(NaOH) = 0{,}0918$ mmol $\cdot$ ml^{-1}
$= 0{,}0918$ mol $\cdot$ l^{-1}.
Pro Liter fehlen noch 0,0082 mol NaOH.

Für 1,5 l werden $\dfrac{0{,}0082 \text{ mol} \cdot 1{,}5}{0{,}9} = 0{,}0137$ mol $= 0{,}548$ Natriumhydroxid mit

$w(NaOH) = 90\%$ benötigt.

3.1-6 5550 mg rauchende Schwefelsäure werden verdünnt, 555 mg davon werden titriert und benötigen

$\dfrac{26 \text{ ml} \cdot 0{,}5 \text{ mmol}}{\text{ml}} = 13$ mmol NaOH.

Folglich enthielten 555 mg Oleum nach dem Verdünnen 6,5 mmol H_2SO_4.
Der SO_3-Anteil läßt sich mit einem linearen Gleichungssystem berechnen:
555 mg Oleum bestehen aus x mg H_2SO_4 und y mg SO_3.

x + y = 555 mg (1)

x H_2SO_4 entsprechen $\dfrac{x}{98{,}07}$ mmol H_2SO_4, und aus y SO_3 entstehen $\dfrac{y}{80{,}06}$ mmol SO_3.

$\dfrac{x}{98{,}07}$ mmol + $\dfrac{y}{80{,}06}$ mmol = 6,5 mmol (2)

Aus den Gleichungen (1) und (2) errechnet sich:
x = 188,5   und   y = 366,5 mg
555 mg rauchende Schwefelsäure enthalten 366,5 mg SO_3, $w(SO_3)_3 = 66{,}0\%$.

3.1-7 Konzentration der Schwefelsäure

$V \cdot c(\tfrac{1}{2} H_2SO_4) = V \cdot c(NaOH)$
$c(\tfrac{1}{2} H_2SO_4) = \dfrac{12 \text{ ml} \cdot 0{,}1 \text{ mol} \cdot l^{-1}}{10 \text{ ml}}$
$c(\tfrac{1}{2} H_2SO_4) = 0{,}12$ mol $\cdot$ l^{-1}

Bei der Titration wurden 18,4 ml dieser Schwefelsäure verbraucht, dies entspricht:

$c(\tfrac{1}{2} H_2SO_4) = 18{,}4$ ml $\cdot$ 0,12 mmol $\cdot$ ml$^{-1} = 2{,}208$ mmol
$n(\tfrac{1}{2} H_2SO_4) = 2{,}208$ mmol $\triangleq n(\tfrac{1}{2} Na_2CO_3) = 2{,}208$ mmol

1,104 mmol Na_2CO_3 = 117,0 mg $NaCO_3$
Die Einwaage beträgt 123 mg; sie enthält 95,1 % Na_2CO_3.

3.1-8 Berechnung von c_1: $n = \dfrac{m}{M}$, also $n(C_2H_2O_4 \cdot 2 H_2O) = \dfrac{100 \text{ mg}}{126{,}06 \text{ mg} \cdot \text{mmol}^{-1}} = 0{,}7933$ mmol

$c_1(NaOH) = \dfrac{2 \cdot 0{,}7933 \text{ mmol}}{23 \text{ ml}} = 0{,}069$ mol $\cdot$ l^{-1}

Mit der Proportion $c_1 : c_2 = 1 : 2$
folgt: $c_2(NaOH) = 0{,}138$ mol $\cdot$ l^{-1}

Damit lassen sich die folgenden Mischungsgleichungen aufstellen:
$V_1 \cdot c_1 + V_2 \cdot c_2 = 1000$ ml $\cdot$ 0,1 mol $\cdot$ ml^{-1}
$V_1 + V_2 = 1000$ ml

mit den Ergebnissen $V_1 = 550{,}7$ ml
$V_2 = 449{,}3$ ml

3.1-9 $NaHSO_4 + NaOH \rightarrow Na_2SO_4 + H_2O$
$M(NaHSO_4) = 120{,}06$ g $\cdot$ mol^{-1}
1 ml Natronlauge mit $c(NaOH) = 0{,}1$ mol $\cdot$ l^{-1} entspricht 120,06 mg $NaHSO_4$.
1000 mg $NaHSO_4 \triangleq 8{,}3$ ml Natronlauge

$KHSO_4 + NaOH \rightarrow K_2SO_4 + H_2O$
$M(KHSO_4) = 136{,}16$ g $\cdot$ mol^{-1}
1 ml Kalilauge mit $c(KOH) = 0{,}1$ mol $\cdot$ l^{-1} entspricht 136,16 mg $KHSO_4$.
1000 mg $KHSO_4 \triangleq 7{,}3$ ml Kalilauge. Der Mehrverbrauch beträgt 0,99 ml.

3.1-10 $NH_4Cl + NaOH \rightarrow NH_3 + NaCl + H_2O$
Das gebildete Ammoniakgas hat 100 ml $\cdot$ 0,1 mmol $\cdot$ ml^{-1} − 7,00 ml $\cdot$ 0,2 mmol $\cdot$ ml^{-1} = 8,6 mmol HCl neutralisiert.
Folglich sind in 500 mg Salmiak 8,6 mmol $\triangleq$ 460,02 mg NH_4Cl enthalten.
$w(NH_4Cl) = 92{,}0\%$

3.1-11 $H_3PO_4 + 3\,NaOH \rightarrow Na_3PO_4 + 3\,H_2O$
$n(H_3PO_4) = 40$ ml $\cdot$ 0,75 mmol $\cdot$ ml^{-1} = 30 mmol benötigen 90 mmol NaOH und bilden 30 mmol $Na_3PO_4 \triangleq 4{,}918$ g.

$$V(\text{Natronlauge}) = \frac{n(NaOH)}{c(NaOH)} = \frac{90 \text{ mmol}}{1 \text{ mmol} \cdot \text{ml}^{-1}} = 90 \text{ ml}$$

3.1-12 Die Auflösung des Niederschlages wird durch folgende Gleichung beschrieben:
$(NH_4)_3PO_4 \cdot 12\,MoO_3 \cdot 2\,HNO_3 + 25\,NaOH \rightarrow NaNH_4HPO_4 + 2\,NH_4NO_3$
$+ 12\,Na_2MoO_4 + 13\,H_2O$

Der Niederschlag benötigt
10 ml $\cdot$ 0,1021 mmol $\cdot$ ml − 5,60 ml $\cdot$ 0,1005 mmol $\cdot$ ml^{-1} = 0,4582 mmol NaOH zur vollständigen Reaktion; dabei wird eine Stoffmenge von $n = \dfrac{0{,}4582 \text{ mmol}}{25} = 0{,}0183$ mmol P
$\triangleq 0{,}5677$ mg umgesetzt.
$w(P) = 0{,}057\%$

3.1-13 $c(NaOH) \cdot V_1 = c(HCl) \cdot V_2$

$$c(NaOH) = \frac{c(HCl) \cdot V_2}{V_1}$$

$$= \frac{0{,}1 \text{ mmol} \cdot \text{ml}^{-1} \cdot 20{,}75 \text{ ml}}{20 \text{ ml}}$$

$c(NaOH) = 0{,}10375$ mmol $\cdot$ ml^{-1}

Es liegen 980 ml Natronlauge mit der Konzentration $c(NaOH) = 0{,}10375$ mmol $\cdot$ ml^{-1} vor, und es muß das folgende Volumen V an Wasser zugesetzt werden, um die Natronlauge auf 1 mmol $\cdot$ ml^{-1} zu verdünnen:
980 ml $\cdot$ 0,10375 mmol $\cdot$ ml^{-1} = (980 ml + V) $\cdot$ 0,1 mmol $\cdot$ ml^{-1}

$V = 36{,}75$ ml

3.1-14 Einwaage = 50 g
Aliquoter Teil = 100
500 mg des verdünnten Säuregemisches enthalten eine Masse von m_1 H_2SO_4 und eine Masse von m_2 HNO_3.

$$m_1 = \frac{M(H_2SO_4) \cdot 709 \text{ mg}}{M(BaSO_4)} = 297{,}9 \text{ mg } H_2SO_4$$

oder $n(\frac{1}{2}H_2SO_4) = 6{,}075$ mmol

Bei der Titration liegt ein aliquoter Teil von 40 vor. 1250 mg des verdünnten Säuregemisches enthalten $n(H^+) = 19{,}8 \text{ ml} \cdot 0{,}980 \text{ mmol} \cdot \text{ml}^{-1} = 19{,}404$ mmol.
500 mg Säuregemisch enthalten 7,762 mmol H^+-Ionen:

$n(HNO_3) = (7{,}762 - 6{,}075)$ mmol $= 1{,}687$ mmol

$m_1 \; (H_2SO_4) = 297{,}9$ mg
$m_2 \; (HNO_3) = 106{,}3$ mg
$w_1 \; (H_2SO_4) = 59{,}6\%$
$w_2 \; (HNO_3) = 21{,}3\%$

3.1-15 Berechnung des Natriumcarbonats:
$n(HCl) = 4{,}6 \text{ ml} \cdot 0{,}1 \text{ mmol} \cdot \text{ml}^{-1} = 0{,}46$ mmol.
Diese Stoffmenge ist 0,46 mmol:2 = 0,23 mmol Na_2CO_3 äquivalent.
Zur vollständigen Neutralisation wurden 4,75 mmol HCl benötigt. Für das NaOH waren es 4,75 mmol − 0,46 mmol = 4,29 mmol.

$m = n \cdot M$
$m(NaOH) \;\; = 4{,}29 \text{ mmol} \cdot \;\; 39{,}997 \text{ mg} \cdot \text{mmol}^{-1} = 171{,}6$ mg
$m(Na_2CO_3) = 0{,}23 \text{ mmol} \cdot 105{,}989 \text{ mg} \cdot \text{mmol}^{-1} = \;\; 24{,}4$ mg
$w(NaOH) \;\;\; = 85{,}8\%$
$w(Na_2CO_3) = 12{,}2\%$

3.1-16 In 100 ml Barytwasser mit

$c(\frac{1}{2}Ba(OH)_2) = 0{,}02261 \text{ mmol} \cdot \text{ml}^{-1}$ sind 2,261 mmol $\frac{1}{2}Ba(OH)_2$ enthalten.
Nach dem Durchleiten von 5 l Luft sind in den 100 ml Barytwasser noch

$n(\frac{1}{2}Ba(OH)_2) = 4 \cdot 23{,}41 \text{ ml} \cdot 0{,}0225 \text{ mmol} \cdot \text{ml}^{-1}$
$\phantom{n(\frac{1}{2}Ba(OH)_2)} = 2{,}107$ mmol enthalten.
$CO_2 + Ba(OH)_2 \rightarrow BaCO_3 + H_2O$
Das Kohlendioxid hat $(2{,}261 - 2{,}107)$ mmol $= 0{,}154$ mmol $\frac{1}{2}Ba(OH)_2$ verbraucht, dies entspricht 0,077 mmol CO_2.
$V(CO_2) = n \cdot V_M$
$ = 0{,}077 \text{ mmol} \cdot 22{,}414 \text{ ml} \cdot \text{mmol}^{-1}$
$V(CO_2) = 1{,}726$ ml
$\varphi(CO_2) = 0{,}034\%$

3.1-17 $V(HCl) = 27{,}7 \text{ ml} - 0{,}4 \text{ ml} = 27{,}3$ ml
$n(HCl) = 27{,}3 \text{ ml} \cdot 1 \text{ mmol} \cdot \text{ml}^{-1} = 27{,}3$ mmol
Diese Stoffmenge an HCl ist 27,3 mmol:2 = 13,65 mmol Na_2CO_3 äquivalent, dies entspricht $m(Na_2CO_3) = 1446{,}7$ mg, die in 500 ml Lösung enthalten ist.
Das Volumen des Kessels beträgt $V = 346$ l.

3.1-18 Grundlage aller oxidimetrischen Bestimmungsmethoden sind die entsprechenden Redoxgleichungen. Zur Übung ist es sinnvoll, diese aufzustellen und die folgenden maßanalytischen Äquivalente nachzuprüfen (Aufgaben 3.1-18 bis 3.1-41).
1 ml $KMnO_4$-Lösung ($c(KMnO_4) = 0{,}02 \text{ mol} \cdot \text{l}^{-1}$) enthält 0,02 mmol $KMnO_4$ und verbraucht 6,7000 mg $Na_2C_2O_4$.

154,0 mg $Na_2C_2O_4$ sind 0,4597 mmol $KMnO_4$ äquivalent, die in 22,50 ml Lösung enthalten sind:

$$c(KMnO_4) = \frac{n(KMnO_4)}{V(Lsg)}$$

$$= \frac{0,4597 \text{ mmol}}{22,50 \text{ ml}}$$

$c(KMnO_4) = 0,0204 \text{ mol} \cdot l^{-1}$

oder die Äquivalentkonzentration

$c(\frac{1}{5}KMnO_4) = 0,1022 \text{ mol} \cdot l^{-1}$

3.1-19 1 ml $KMnO_4$-Lösung mit der Äquivalentkonzentration 0,1 mol $\frac{1}{5}KMnO_4$ entspricht 2,004 mg Ca^{2+}.

1000 ml Wasser enthalten an Calciumionen:

$m(Ca^{2+}) = 5 \cdot 12 \text{ ml} \cdot 2,004 \text{ mg} \cdot ml^{-1}$
$m(Ca^{2+}) = 120,2 \text{ mg}$ oder

$$c(Ca^{2+}) = \frac{m(Ca^{2+})}{M(Ca) \cdot V} = \frac{120,24 \text{ mg}}{40,08 \text{ mg} \cdot mmol^{-1} \cdot 1 \text{ l}}$$

$m(Ca^{2+}) = 3 \text{ mmol} \cdot l^{-1}$

3.1-20 1 ml $KMnO_4$-Lösung mit der Äquivalentkonzentration 0,05 mol $\frac{1}{5}KMnO_4$ entspricht 0,85035 mg H_2O_2.

$m(H_2O_2) = 0,85035 \text{ mg} \cdot ml^{-1} \cdot 18,1 \text{ ml}$
$m(H_2O_2) = 15,39 \text{ mg}$
$w(H_2O_2) = 1,52\%$

3.1-21 1 ml $KMnO_4$-Lösung mit der Äquivalentkonzentration 0,05 mol $\frac{1}{5}KMnO_4$ entspricht 3,9923 mg Fe_2O_3.

$m(Fe_2O_3) = 3,9923 \text{ mg} \cdot ml^{-1} \cdot 18,00 \text{ ml}$
$m(Fe_2O_3) = 71,86 \text{ mg}$

$w(Fe_2O_3) = 78,1\%$
$w(ZnO) = 21,9\%$

3.1-22 1 ml $KMnO_4$-Lösung mit der Äquivalentkonzentration $c(\frac{1}{5}KMnO_4) = 0,1 \text{ mol} \cdot l^{-1}$ entspricht 39,214 mg $(NH_4)_2Fe(SO_4)_2 \cdot 6 H_2O$ oder 5,5847 mg Fe.
500 mg Mohrsches Salz sind 12,75 ml Permanganatlösung äquivalent.
33,30 ml − 12,75 ml = 20,55 ml $KMnNO_4$-Lösung wurden durch Fe^{2+} verbraucht:

$m(Fe) = 5,5847 \text{ mg} \cdot ml^{-1} \cdot 20,55 \text{ ml} = 114,7 \text{ mg}$
$w(Fe) = 45,9\%$

3.1-23 Diese Bestimmung beruht auf drei Reaktionsgleichungen:
a) $As_2O_3 + 6 NaOH \rightarrow 2 Na_3AsO_3 + 3 H_2O$
b) $Na_3AsO_3 + MnO_2 + H_2O \rightarrow Mn(OH)_2 + 2 Na_3AsO_4$
c) $5 Na_3AsO_3 + 2 KMnO_4 + 3 H_2SO_4 \rightarrow 5 Na_3AsO_4 + 2 MnSO_4 + K_2SO_4 + 3 H_2O$

Daraus lassen sich die Äquivalentbeziehungen herleiten:
1 $As_2O_3 \triangleq 2 MnO_2$
5 $As_2O_3 \triangleq 4 KMnO_4$

$$n(\text{As}_2\text{O}_3) = \frac{250 \text{ mg}}{197{,}841 \text{ mg} \cdot \text{mmol}^{-1}} = 1{,}2636 \text{ mmol}$$

$$n(\text{KMnO}_4) = \frac{0{,}1025 \text{ mmol} \cdot \text{ml}^{-1}}{5} \cdot 10{,}8 \text{ ml} = 0{,}2214 \text{ mmol}$$

Diese Stoffmenge wurde bei der Titration des überschüssigen Na_3AsO_3 umgesetzt; dies entspricht $0{,}2214 \text{ mmol} \cdot \frac{5}{4} = 0{,}2767 \text{ mmol As}_2\text{O}_3$.

Folglich wurden $(1{,}2636 - 0{,}2767)$ mmol $= 0{,}9869$ mmol As_2O_3 für die Reduktion von $2 \cdot 0{,}9869$ mmol MnO_2 gebraucht.

$m(\text{MnO}_2) = n(\text{MnO}_2) \cdot M(\text{MnO}_2)$
$\phantom{m(\text{MnO}_2)} = 2 \cdot 0{,}9869 \text{ mmol} \cdot 86{,}937 \text{ mg} \cdot \text{mmol}^{-1}$
$m(\text{MnO}_2) = 171{,}6$ mg
$w(\text{MnO}_2) = 72{,}1 \%$

3.1-24 *a) Berechnung des Eisengehaltes*

1 ml KMnO_4-Lösung $c(\frac{1}{5}\text{KMnO}_4) = 0{,}1 \text{ mol} \cdot l^{-1}$ entspricht 5,5847 mg Fe. Wenn ein Volumen V an KMnO_4-Lösung mit der Konzentration $c(\frac{1}{5}\text{KMnO}_4) = a$ verwendet werden, so sind dem $55{,}84 \cdot a \cdot V$ mg Fe äquivalent.

Die Masse der Probe beträgt $\frac{m_1}{2}$, der prozentuale Anteil an Eisen ist:

$$w(\text{Fe}) = \frac{55{,}84 \cdot a \cdot V \cdot 2 \cdot 100\%}{m_1} = \frac{11\,168 \cdot a \cdot V}{m_1} \%$$

b) Berechnung des Aluminiumgehaltes

In dem geglühten Niederschlag ($= m_2$) sind

$$\frac{55{,}84 \cdot a \cdot V \cdot \text{Fe}_2\text{O}_3}{2 \text{ Fe}} = 79{,}846 \cdot a \cdot V \text{ mg Fe}_2\text{O}_3.$$

Die Masse des Al_2O_3 ist dann:

$m(\text{Al}_2\text{O}_3) = m_2 - 79{,}846 \cdot a \cdot V$, daraus folgt:

$$m(\text{Al}) = \frac{(m_2 - 79{,}846 \cdot a \cdot V) \cdot 2 \cdot \text{Al}}{\text{Al}_2\text{O}_3} = 0{,}5293 \,(m_2 - 79{,}846 \cdot a \cdot V)$$

Dieser Anteil ist in $\frac{m_1}{2}$ enthalten. Der prozentuale Anteil an Aluminium ist:

$$w(\text{Al}) = \frac{2 \cdot 0{,}5293 \,(m_2 - 79{,}846 \cdot a \cdot V) \cdot 100\%}{m_1} = \frac{105{,}85 \,(m_2 - 79{,}846 \cdot a \cdot V)}{m_1} \%$$

3.1-25 Einwaage: 19,55 g : 5 = 3,91 g Stahl; Konzentration der Maßlösung $= c(\frac{1}{5}\text{KMnO}_4)$ $= 0{,}05 \text{ mol} \cdot l^{-1}$. 1000 ml dieser Maßlösung enthalten

$$\frac{1}{5} \cdot \frac{1}{20} = \frac{1}{100} \text{ mol KMnO}_4.$$

Nach der Redoxgleichung gilt:

$2 \text{ KMnO}_4 \mathrel{\hat=} 3 \text{ Mn}^{2+}$
$0{,}01$ mol $\text{KMnO}_4 \mathrel{\hat=} 0{,}015$ mol $\text{Mn}^{2+} = 0{,}8241$ g Mn
1 ml KMnO_4-Lösung $c(\frac{1}{5}\text{KMnO}_4) = 0{,}05 \text{ mol} \cdot l^{-1} \mathrel{\hat=} 0{,}8241$ mg Mn
28,50 ml KMnO_4-Lösung $c(\frac{1}{5}\text{KMnO}_4) = 0{,}05 \text{ mol} \cdot l^{-1} \mathrel{\hat=} 23{,}49$ mg Mn
$w(\text{Mn}) = 0{,}6 \%$

3.1-26 Die Äquivalentbeziehung 49,031 mg $K_2Cr_2O_7 \triangleq 1$ mmol $Na_2S_2O_3$ ergibt sich aus den Redoxgleichungen:
$K_2Cr_2O_7 + 6\,KI + 14\,HCl \rightarrow 3\,I_2 + 8\,KCl + 2\,CrCl_3 + 7\,H_2O$
$2\,Na_2S_2O_3 + I_2 \rightarrow Na_2S_4O_6 + 2\,NaI$
128,1 mg $K_2Cr_2O_7 \triangleq 2,613$ mmol $Na_2S_2O_3$

Zur Konzentrationsberechnung verwendet man am besten:

$$c(Na_2S_2O_3) = \frac{n(Na_2S_2O_3)}{V(Lsg)} = \frac{2,613 \text{ mmol}}{25,02 \text{ ml}}$$

$c(Na_2S_2O_3) = 0,1044 \text{ mol} \cdot l^{-1}$

3.1-27 Die Berechnung des Titers t der Maßlösung (Iodlösung) ergibt:

$$t = \frac{20,85 \text{ ml}}{20,00 \text{ ml}} = 1,0425$$

folglich $c(\frac{1}{2}I_2) = 0,1 \text{ mol} \cdot l^{-1} \cdot 1,0425$

$c(\frac{1}{2}I_2) = 0,10425 \text{ mol} \cdot l^{-1}$

Damit läßt sich die Gleichung aufstellen:
980 ml $\cdot$ 0,10425 mmol $\cdot$ ml^{-1} = $V \cdot$ 0,1 mmol $\cdot$ ml^{-1}.
Es ergibt sich: $V = 1021,65$ ml Iodlösung mit $c(\frac{1}{2}I_2) = 0,1$ mol $\cdot$ ml^{-1}, d.h. 41,65 ml Wasser müssen den 980 ml Iodlösung zugesetzt werden.

3.1-28 Ein lineares Gleichungssystem mit zwei Variablen führt zur Lösung der Aufgabe:
x = mg an Brom
y = mg an Chlor
x + y = 200 mg

$$\frac{x}{7,9904 \text{ mg} \cdot \text{ml}^{-1}} + \frac{y}{3,5453 \text{ mg} \cdot \text{ml}^{-1}} = 25,5 \text{ ml}$$

x = 197 mg
y = 3 mg
$w(Cl) = 1,5\%$

3.1-29
$$H_2C = CH_2 + I_2 \rightarrow H-\underset{\underset{H}{|}}{\overset{\overset{I}{|}}{C}}-\underset{\underset{I}{|}}{\overset{\overset{H}{|}}{C}}-H$$

Blindwert = V_2 (Titration der Iodlösung)
Verbrauch = V_1 (Titration der Iodlösung, die mit der ungesättigten Verbindung versetzt wurde)
Dem addierten Iod sind $(V_2 - V_1) \cdot c(eq)$ mmol $Na_2S_2O_3$ äquivalent, das entspricht $(V_2 - V_1) \cdot c(eq) \cdot 126,90$ mg Iod, die mit einer Masse m an Öl reagiert haben.
Bezogen auf 100 g Öl ergibt sich die Iodzahl:

$$IZ = \frac{(V_2 - V_1) \cdot c(eq) \cdot 12,690}{m}$$

3.1-30 1 ml $Na_2S_2O_3$-Lösung mit $c(Na_2S_2O_3) = 0,1$ mol $\cdot l^{-1}$ entspricht 2,3999 mg $\triangleq$ 1,12 ml O_3. Das molare Volumen von Ozon beträgt 22,388 l $\cdot$ mol^{-1}.
45,0 ml $Na_2S_2O_3$-Lösung $\triangleq$ 50,4 ml O_3

$$\varphi(O_3) = \frac{50,4 \text{ ml}}{2000 \text{ ml}} \cdot 100\% = 2,52\%$$

3.1-31 $1\,AsH_3 \mathrel{\hat=} 1\,AsO_3^{3-} \mathrel{\hat=} 1\,I_2$

1 ml Iodlösung mit $c(\tfrac{1}{2}I_2) = 0{,}1\,mol \cdot l^{-1}$ entspricht 3,897 mg $AsH_3 \mathrel{\hat=} 1{,}12\,ml\,AsH_3$.
30 ml Iodlösung $\mathrel{\hat=} 33{,}6\,ml\,AsH_3$

$$\varphi(AsH_3) = \frac{33{,}6\,ml}{3000\,ml} \cdot 100\% = 1{,}12\%$$

3.1-32   Der Verbrauch von 70,05 ml $Na_2S_2O_3$-Lösung mit $c(Na_2S_2O_3) = 0{,}1\,mol \cdot l^{-1}$ erfaßt das KIO_3 und das K_2CrO_4. Die Ausfällung von Ag I gestattet jedoch die separate Bestimmung von KIO_3.

KIO_3-Berechnung:
Der stöchiometrische Faktor $F = \dfrac{KIO_3}{Ag\,I} = 0{,}9115$ erleichtert die Berechnung:

$m(KIO_3) = m(AgI) \cdot F = 196{,}1\,mg \cdot 0{,}9115 = 178{,}74\,mg$

Die Massenkonzentration ergibt sich dann zu $\varrho^*(KIO_3) = \dfrac{178{,}74\,mg}{10\,ml} = 17{,}874\,g \cdot l^{-1}$.

K_2CrO_4-Berechnung:
Aus den Reaktionsgleichungen läßt sich schließen:
1 ml $Na_2S_2O_3$-Lösung mit $c(Na_2S_2O_3) = 0{,}1\,mol \cdot l^{-1} \mathrel{\hat=} 3{,}567\,mg\,KIO_3$. In 10 ml Probelösung sind 178,74 mg KIO_3, das entspricht 50,11 ml $Na_2S_2O_3$-Maßlösung.
70,05 ml − 50,11 ml = 19,94 ml $Na_2S_2O_3$-Maßlösung sind der K_2CrO_4-Stoffmenge äquivalent. 1 ml $Na_2S_2O_3$-Lösung mit $c(Na_2S_2O_3) = 0{,}1\,mol \cdot l^{-1}$ entspricht 6,473 mg K_2CrO_4.

$$\varrho^*(K_2CrO_4) = \frac{6{,}473\,mg \cdot 19{,}94\,ml}{ml \cdot 10\,ml} = 12{,}907\,g \cdot l^{-1}$$

3.1-33   Aus $CH_3 - \overset{\overset{O}{\|}}{C} - CH_3 \mathrel{\hat=} 6\,I$ und $M(C_3H_6O) = 58{,}080\,g \cdot mol^{-1}$ folgt:
1 ml Iodlösung mit $c(\tfrac{1}{2}I_2) = 0{,}1\,mol \cdot l^{-1} \mathrel{\hat=} 0{,}968\,mg$ Aceton
Vom Aceton wurden 40,0 ml − 22,3 ml = 17,7 ml Iodlösung verbraucht, daraus läßt sich die Massenkonzentration berechnen.

$$\varrho^*(C_3H_6O) = \frac{0{,}968\,mg \cdot 17{,}7\,ml}{ml \cdot 50\,ml} = 0{,}343\,mg \cdot ml^{-1}$$

3.1-34   Es gelten folgende Äquivalentbeziehungen:

$\dfrac{KI}{6} \mathrel{\hat=} \dfrac{HIO_3}{6} \mathrel{\hat=} I \mathrel{\hat=} Na_2S_2O_3$, daraus folgt:

1 ml $Na_2S_2O_3$-Lösung mit $c(Na_2S_2O_3) = 0{,}005\,mol \cdot l^{-1} \mathrel{\hat=} 0{,}1383\,mg\,KI$

$$w(KI) = \frac{0{,}1383\,mg \cdot 7{,}23\,ml \cdot 100\%}{ml \cdot 5000\,mg} = 0{,}02\%$$

3.1-35 $M(C_6H_5OH) = 94{,}113\,g \cdot mol^{-1}$

$n = \dfrac{m}{M} = \dfrac{521\,mg}{94{,}113\,mg \cdot mmol^{-1}} = 5{,}54\,mmol$ Phenol

Berechnung der Brommenge, die mit dem Phenol reagiert hat:
$30{,}02\,ml \cdot 0{,}5\,mmol \cdot ml^{-1} = 15{,}01\,mmol.$

15,01 mmol $Na_2S_2O_3 \triangleq$ 15,01 mmol I $\triangleq$ 15,01 mmol Br $\triangleq$ 1199,36 mg überschüssiges Brom.
3,86 g − 1,20 g = 2,66 g Brom $\triangleq$ 16,64 mmol Br_2 haben mit dem Phenol reagiert, damit ergibt sich:

$$\frac{n(Br_2)}{n(\text{Phenol})} = \frac{16,64}{5,54} \approx \frac{3}{1}$$

$C_6H_5OH + 3\,Br_2 \rightarrow C_6H_2Br_3OH + 3\,HBr$

3.1-36 43,70 ml − 32,10 ml = 11,60 ml Iodlösung mit $c(\frac{1}{2}I_2) = 0{,}1$ mol·l^{-1} werden für die Arsenationen benötigt.
1 ml Iodlösung mit $c(\frac{1}{2}I_2) = 0{,}1 \triangleq 6{,}1460$ mg $AsO_3^{3-} \triangleq 6{,}9460$ mg AsO_4^{3-}

$$\varrho^*(AsO_3^{3-}) = \frac{6{,}1460 \text{ mg} \cdot 32{,}10 \text{ ml}}{\text{ml} \cdot 25 \text{ ml}} = 7{,}891 \text{ g}\cdot\text{l}^{-1}$$

$$\varrho^*(AsO_4^{3-}) = \frac{6{,}9460 \text{ mg} \cdot 11{,}60 \text{ ml}}{\text{ml} \cdot 25 \text{ ml}} = 3{,}223 \text{ g}\cdot\text{l}^{-1}$$

3.1-37 1 ml Iodlösung mit $c(\frac{1}{2}I_2) = 0{,}1$ mol·l^{-1} $\triangleq$ 2,5332 mg Cr_2O_3; bei
$c(\frac{1}{2}I_2) = 0{,}1056$ mol·l^{-1} sind es 2,5332 mg · 1,056 = 2,675 mg Cr_2O_3.

$$w(Cr_2O_3) = \frac{2{,}675 \text{ mg} \cdot 33{,}75 \text{ ml} \cdot 100\%}{\text{ml} \cdot 188 \text{ mg}} = 48{,}02\%$$

3.1-38 1 ml $Na_2S_2O_3$-Lösung mit $c(Na_2S_2O_3) = 0{,}1$ mol·l^{-1} $\triangleq$ 6,3546 mg Cu; bei $c(Na_2S_2O_3) = 0{,}1005$ mol·l^{-1} sind es 6,3546 mg · 1,005 = 6,386 mg Cu.

$$w(Cu) = \frac{6{,}386 \text{ mg} \cdot 35{,}04 \text{ ml} \cdot 100\%}{\text{ml} \cdot 271{,}7 \text{ mg}} = 82{,}36\%$$

3.1-39 Grundlage der Bestimmung ist die Redoxgleichung $BrO_3^- + 3\,AsO_3^{3-} \rightarrow Br^- + 3\,AsO_4^{3-}$.
22,5 ml $KBrO_3$-Lösung mit $\varrho^*(KBrO_3) = 2{,}80$ g·l^{-1} enthalten 63 mg = 0,3772 mmol $KBrO_3$.
Es gilt: 1 $KBrO_3$ $\triangleq$ 3 As, folglich sind in der Probe: 3 · 0,3772 mmol As = 1,1316 mmol As $\triangleq$ 84,78 mg As.

$$w(As) = \frac{84{,}78 \text{ mg} \cdot 100\%}{10\,000 \text{ mg}} = 0{,}85\%$$

3.1-40 1 ml $Ce(SO_4)_2$-Lösung mit $c(Ce(SO_4)_2) = 0{,}1$ mol·l^{-1} ist 4,9460 mg As_2O_3 äquivalent. 180,9 mg As_2O_3 entsprechen dann 36,575 ml dieser Maßlösung. Benötigt wurden aber nur 36,40 ml, also hat die Maßlösung einen Titer $t > 1$.

$$t = \frac{36{,}575 \text{ ml}}{36{,}40 \text{ ml}} = 1{,}0048; \quad c(Ce(SO_4)_2) = 0{,}1 \text{ mol}\cdot\text{l}^{-1} \cdot 1{,}0048 \approx 0{,}1005 \text{ mol}\cdot\text{l}^{-1}$$

3.1-41 1 ml $Ce(SO_4)_2$-Lösung mit $c(Ce(SO_4)) = 0{,}1005$ mol·l^{-1} ist 5,5847 mg Fe · 1,005 = 5,613 mg Fe äquivalent.

$$w(Fe) = \frac{5{,}613 \text{ mg} \cdot 35{,}6 \text{ ml} \cdot 100\%}{\text{ml} \cdot 297 \text{ mg}} = 63{,}5\%$$

3.1-42 Grundlage ist die Reaktionsgleichung:
$3\,Zn^{2+} + 2\,K_4[Fe(CN)_6] \rightarrow K_2Zn_3[Fe(CN)_6]_2 + 6\,K^+$
$M(K_4[Fe(CN)_6]) = 368{,}346$ g·mol^{-1}
$M(Zn^{2+}) = 65{,}39$ g·mol^{-1}
39,80 ml der Maßlösung enthalten 477,6 mg $\triangleq$ 1,297 mmol $K_4[Fe(CN)_6]$; diese Stoffmenge ist 1,297 mmol · $\frac{3}{2}$ = 1,945 mmol Zn^{2+} $\triangleq$ 127,18 mg Zn^{2+} äquivalent.

$$w(Zn) = \frac{127{,}18 \text{ mg} \cdot 100\%}{500 \text{ mg}} = 25{,}44\%$$

3.1-43 Bei der Rücktitration mit der Bi(NO$_3$)$_3$-Lösung findet die Reaktion AlY$^-$ + Bi^{3+} → BiY$^-$ + Al^{3+} statt, d. h. 1 Bi^{3+} ≙ 1 Al^{3+}. Weil die Bi(NO$_3$)$_3$-Lösung und die EDTA-Lösung die gleiche Konzentration haben, gilt:
4,16 ml Bi(NO$_3$)$_3$-Lösung ≙ 4,16 ml EDTA-Lösung
1 ml EDTA-Lösung mit c(EDTA) = 0,1 mol · l^{-1} ist 2,6982 mg Al äquivalent.

$$w(\text{Al}) = \frac{2{,}6982 \text{ mg} \cdot 4{,}16 \text{ ml} \cdot 100\%}{\text{ml} \cdot 12 \text{ mg}} = 93{,}5\%$$

3.1-44 1 ml EDTA-Lösung mit c(EDTA) = 0,025 mol · l^{-1} ist 5,225 mg Bi bzw. 5,180 mg Pb äquivalent.

$$w(\text{Bi}) = \frac{5{,}225 \text{ mg} \cdot 17{,}32 \text{ ml} \cdot 100\%}{\text{ml} \cdot 173{,}7 \text{ mg}} = 52{,}1\%$$

$$w(\text{Pb}) = \frac{5{,}180 \text{ mg} \cdot 10{,}78 \text{ ml} \cdot 100\%}{\text{ml} \cdot 173{,}7 \text{ mg}} = 32{,}1\%$$

3.1-45 *Berechnung des Pb-Gehaltes*

Umrechnen der CaCl$_2$-Lösung:
$V \cdot 0{,}0250$ mmol · ml^{-1} = 9,40 ml · 0,02105 mmol · ml^{-1}

$V = 7{,}91$ ml   Einwaage = $\frac{747 \text{ mg}}{2}$ = 373,5 mg

Die Pb^{2+}-Ionen in der Probelösung verbrauchen somit 10,00 ml − 7,91 ml = 2,09 ml EDTA-Lösung mit c(EDTA) = 0,0250 mol · l^{-1}. 1 ml dieser Maßlösung ist 5,180 mg Pb äquivalent:

$$w(\text{Pb}) = \frac{5{,}180 \text{ mg} \cdot 2{,}09 \text{ ml} \cdot 100\%}{\text{ml} \cdot 373{,}5 \text{ mg}} = 2{,}9\%$$

Berechnung des Zn-Gehaltes

Umrechnen der Pb(NO$_3$)$_2$-Lösung:
$V \cdot 0{,}0250$ mmol · ml^{-1} = 8,40 ml · 0,0200 mmol · ml^{-1}

$V = 6{,}72$ ml   Einwaage = $\frac{747 \text{ mg}}{10}$ = 74,7 mg

Die Pb^{2+}- und Zn^{2+}-Ionen in der Probelösung verbrauchen somit 25,00 ml − 6,72 ml = 18,28 ml EDTA-Lösung mit c(EDTA) = 0,0250 mol · l^{-1}. Aus der Berechnung des Pb-Gehaltes läßt sich schließen, daß die Pb^{2+}-Ionen in 10,00 ml Probelösung 2,09 ml : 5 = 0,42 ml EDTA-Maßlösung verbrauchen.

Folglich reagieren die Zn^{2+}-Ionen mit 18,28 ml − 0,42 ml = 17,86 ml EDTA-Maßlösung mit c(EDTA) = 0,025 mol · l^{-1}. 1 ml dieser Maßlösung ist 1,6345 mg Zn äquivalent:

$$w(\text{Zn}) = \frac{1{,}6345 \text{ mg} \cdot 17{,}86 \text{ ml} \cdot 100\%}{\text{ml} \cdot 74{,}7 \text{ mg}} = 39{,}1\%$$

Berechnung des Cu-Gehaltes

Umrechnen der Pb(NO$_3$)$_2$-Lösung:
$V \cdot 0{,}0250$ mmol · ml^{-1} = 5,55 ml · 0,0200 mmol · ml^{-1}

$V = 4{,}44$ ml, Einwaage = $\frac{747 \text{ mg}}{10}$ = 74,7 mg

Die Pb^{2+}-, Zn^{2+}- und Cu^{2+}-Ionen in der Probelösung verbrauchen 50,00 ml − 4,44 ml = 45,56 ml EDTA-Maßlösung. Von diesem Wert müssen noch 18,28 ml (bedingt durch die

Pb^{2+}- und Zn^{2+}-Ionen) subtrahiert werden. 27,28 ml EDTA-Maßlösung reagierten mit den Cu^{2+}-Ionen. 1 ml dieser Maßlösung ist 1,589 mg Cu äquivalent.

$$w(\text{Cu}) = \frac{1{,}589 \text{ mg} \cdot 27{,}28 \text{ ml} \cdot 100\%}{\text{ml} \cdot 74{,}7 \text{ mg}} = 58{,}0\%$$

3.1-46 $M(\text{Ca(HCO}_3)_2) = 162{,}11 \text{ g} \cdot \text{mol}^{-1}$
$M(\text{CaSO}_4) = 136{,}14 \text{ g} \cdot \text{mol}^{-1}$
$M(\text{CaO}) = 56{,}08 \text{ g} \cdot \text{mol}^{-1}$

Außer den molaren Massen wird die Gleichung $n = \dfrac{m}{M}$ benötigt.

a) 164 mg Ca(HCO$_3$)$_2$ $\triangleq$ 1,01 mmol Ca(HCO$_3$)$_2$
120 mg CaSO$_4$ $\triangleq$ 0,88 mmol CaSO$_4$
$c(\text{Ca}^{2+}) = 1{,}89 \text{ mmol} \cdot \text{l}^{-1}$

b) $m(\text{Ca}^{2+}) = 1{,}89 \text{ mmol} \cdot 40{,}08 \text{ mg} \cdot \text{mmol}^{-1}$
$m(\text{Ca}^{2+}) = 75{,}8 \text{ mg}$
$\varrho^*(\text{Ca}^{2+}) = 75{,}8 \text{ mg} \cdot \text{l}^{-1}$

c) 1,89 mmol CaO $\triangleq$ 106 mg CaO $\approx$ 10,6 °DH

3.1-47 Ca(HCO$_3$)$_2$ + 2 HCl $\rightarrow$ CaCl$_2$ + 2 H$_2$O + CO$_2$
1 ml HCl mit $c(\text{HCl}) = 01 \text{ mol} \cdot \text{l}^{-1}$ ist 2,004 mg Ca $\triangleq$ 0,05 mmol Ca äquivalent.

$$c(\text{Ca}^{2+}) = \frac{0{,}05 \text{ mmol} \cdot 4{,}00 \text{ ml}}{\text{ml} \cdot 0{,}1 \text{ l}} = 2 \text{ mmol} \cdot \text{l}^{-1}$$

3.1-48 Als permanente Härte (2,1 mmol · l^{-1}) betrachtet man CaSO$_4$, es wird mit Na$_2$CO$_3$ gefällt:
CaSO$_4$ + Na$_2$CO$_3$ $\rightarrow$ Na$_2$SO$_4$ + CaCO$_3\downarrow$
Für 1 m^3 Wasser werden 2,1 mol Na$_2$CO$_3$ $\triangleq$ 222,6 g Na$_2$CO$_3$ benötigt.
Die temporäre Härte (3,55 mmol · l^{-1}) ist der Gehalt an Ca(HCO$_3$)$_2$, das mit Ca(OH)$_2$ ausgefällt wird: Ca(HCO$_3$)$_2$ + Ca(OH)$_2$ $\rightarrow$ 2 CaCO$_3\downarrow$ + 2 H$_2$O.
Für 1 m^3 Wasser werden 3,55 mol Ca(OH)$_2$ $\triangleq$ 263 g Ca(OH)$_2$ benötigt.

3.1-49 Ca^{2+} + 2 R $-$ COO$^-$Na$^+$ $\rightarrow$ (R $-$ COO)$_2$ Ca$\downarrow$ + 2 Na
6,30 mol · m^{-3} Ca^{2+} $\triangleq$ 12,60 mol · m^{-3} R $-$ COO$^-$ $\triangleq$ 3465 g Seife (wenn sie zu 100% aus R $-$ COONa bestehen würde)

$$m(\text{Seife}) = \frac{3465 \text{ g} \cdot 100\%}{75\%} = 4620 \text{ g}$$

3.1-50

Gesucht	Gegeben	Stöchiometrischer Faktor		
CaO	Ca(HCO$_3$)$_2$	$\dfrac{M(\text{CaO})}{M(\text{Ca(HCO}_3)_2)}$	$= \dfrac{56{,}08 \text{ g} \cdot \text{mol}^{-1}}{162{,}11 \text{ g} \cdot \text{mol}^{-1}}$	$= 0{,}3459$
CaO	Mg(HCO$_3$)$_2$	$\dfrac{M(\text{CaO})}{M(\text{Mg(HCO}_3)_2)}$	$= \dfrac{56{,}08 \text{ g} \cdot \text{mol}^{-1}}{146{,}339 \text{ g} \cdot \text{mol}^{-1}}$	$= 0{,}3832$
CaO	CaSO$_4$	$\dfrac{M(\text{CaO})}{M(\text{CaSO}_4)}$	$= \dfrac{56{,}08 \text{ g} \cdot \text{mol}^{-1}}{136{,}14 \text{ g} \cdot \text{mol}^{-1}}$	$= 0{,}4119$
CaO	MgSO$_4$	$\dfrac{M(\text{CaO})}{M(\text{MgSO}_4)}$	$= \dfrac{56{,}08 \text{ g} \cdot \text{mol}^{-1}}{120{,}36 \text{ g} \cdot \text{mol}^{-1}}$	$= 0{,}4659$

Die Massen der gelösten Salze werden mit den stöchiometrischen Faktoren multipliziert und die entsprechenden CaO-Werte erhalten:

109,7 mg Ca(HCO$_3$)$_2$ · 0,3459 = 37,9 mg CaO
25,8 mg Mg(HCO$_3$)$_2$ · 0,3832 = 9,9 mg CaO

Summe: 47,8 mg CaO $\triangleq$ 0,852 mmol

a) Die temporäre Härte beträgt 0,852 mmol CaO. Entsprechend erhält man die permanente Härte mit 4,98 mg CaO $\triangleq$ 0,089 mmol CaO.

b) Für die temporäre Härte werden pro m^3 0,852 mol Ca(OH)$_2$ = 63,1 g Ca(OH)$_2$ benötigt. Für die permanente Härte werden pro m^3 0,089 mol Na$_2$CO$_3$ = 9,4 g Na$_2$CO$_3$ benötigt.

3.1-51 $M(2 C_8H_7SO_3Na) = 412,37$ g · mol^{-1}
412,37 g Ionenaustauscher binden 40,08 g Ca^{2+}.

a) 1 g Ionenaustauscher bindet 97,2 mg Ca^{2+}.

b) 930 g Ionenaustauscher $\triangleq$ 2,255 mol binden 2,255 mol Ca^{2+}, die in 0,5 m^3 Leitungswasser enthalten sind.

3.1-52 CaSO$_4$ + Na$_2$CO$_3$ → CaCO$_3$↓ + Na$_2$SO$_4$
CaCO$_3$ + 2 HCl → CaCl$_2$ + H$_2$O + CO$_2$
30 ml − 9,8 ml = 20,2 ml HCl mit c(HCl) = 0,1 mol · l^{-1} wurden zur Auflösung des CaCO$_3$ benötigt.

$$n(\text{HCl}) = c \cdot V = \frac{0,1 \text{ mmol} \cdot 20,2 \text{ ml}}{\text{ml}} = 2,02 \text{ mmol}$$

2,02 mmol HCl $\triangleq$ 1,01 mmol CaCO$_3$ $\triangleq$ 1,01 mmol CaSO$_4$. In 1 l Brunnenwasser sind 2 · 1,01 mmol · 136,14 mg · mmol^{-1} = 275 mg CaSO$_4$ enthalten.

3.1-53 1 ml EDTA-Lösung mit c(EDTA) = 0,01 mmol · ml^{-1} ist 0,01 mmol Ca^{2+} äquivalent.

$$\text{Gesamthärte} = \frac{0,01 \text{ mmol} \cdot 28,54 \text{ ml}}{\text{ml} \cdot 0,1 \text{ l}} = 2,854 \text{ mmol} \cdot \text{l}^{-1}$$

3.1-54 *Berechnung von c(HCl)*

HCl + AgNO$_3$ → AgCl↓ + HNO$_3$

Stöchiometrischer Faktor $F = \dfrac{M(\text{HCl})}{M(\text{AgCl})} = 0,2544$

m(HCl) = m(AgCl) · F
       = 693 mg · 0,2544
m(HCl) = 176,3 mg
n(HCl) = 4,835 mmol
c(HCl) = $\dfrac{4,835 \text{ mmol}}{10 \text{ ml}}$ = 0,4835 mmol · ml^{-1}

Berechnung von c(Na$_2$CO$_3$)

2 HCl + Na$_2$CO$_3$ → 2 NaCl + H$_2$O + CO$_2$
c(2 HCl) = 0,2417 mmol · ml^{-1}

Stoffmengengleichung:

V(Salzsäure) · c(2 HCl) = V(Sodalösung) · c(Na$_2$CO$_3$)
22,5 ml · 0,2417 $\dfrac{\text{mmol}}{\text{ml}}$ = 25 ml · c(Na$_2$CO$_3$)

c(Na$_2$CO$_3$) = 0,2175 mmol · ml^{-1}
c(Na$^+$)   = 0,4350 mmol · ml^{-1}

3.1-55 Einwaage = 1105 mg
$AgNO_3 + NaCl \rightarrow AgCl\downarrow + NaNO_3$
10,00 ml NaCl-Lösung mit $c(NaCl) = 1$ mol $\cdot$ l^{-1} enthalten 10,00 mmol NaCl.
0,8 ml NaCl-Lösung mit $c(NaCl) = 0,1$ mol $\cdot$ l^{-1} enthalten 0,08 mmol NaCl.
10,08 mmol NaCl $\triangleq$ 10,08 mmol Ag $\triangleq$ 1087,3 mg Ag

$$w(Ag) = \frac{1087,3 \text{ mg} \cdot 100\%}{1105 \text{ mg}} = 98,4\%$$

3.1-56 Diese Aufgabe gehört zu den indirekten gravimetrischen Analysen und kann mit Hilfe eines linearen Gleichungssystems mit zwei Variablen gelöst werden.

1 ml AgNO$_3$-Lösung mit $c(AgNO_3) = 0,1$ mol $\cdot$ l^{-1} ist $\dfrac{M(NaCl)}{10} = 5,8443$ mg NaCl äquivalent; analog entspricht 1 ml dieser AgNO$_3$-Lösung 7,4551 mg KCl. In der Probe sollen x mg NaCl und y mg KCl enthalten sein.

5,843 mg NaCl $\triangleq$ 1 ml AgNO$_3$-Lösung

x mg NaCl $\triangleq \dfrac{x \cdot 1 \text{ ml}}{5,8443 \text{ mg}}$ AgNO$_3$-Lösung

7,4551 mg KCl $\triangleq$ 1 ml AgNO$_3$-Lösung

y mg KCl $\triangleq \dfrac{y \cdot 1 \text{ ml}}{7,4551 \text{ mg}}$ AgNO$_3$-Lösung

Damit läßt sich Gleichung (1) formulieren:

$$\frac{x \cdot 1 \text{ ml}}{5,8443 \text{ mg}} + \frac{y \cdot 1 \text{ ml}}{7,4551 \text{ mg}} = 28,75 \text{ ml} \tag{1}$$

$$x + y = 200 \text{ mg} \tag{2}$$

Die Ausrechnung führt zu:
$x = 52,0$ mg
$y = 148,0$ mg

$w(NaCl) = 26\%$
$w(KCl) = 74\%$

3.1-57 1 ml NaOH mit $c(NaOH) = 0,1$ mol $\cdot$ l^{-1} ist 3,6461 mg HCl $\triangleq$ 0,1 mmol HCl äquivalent.

$$w(HCl) = \frac{3,6461 \text{ mg} \cdot 27,4 \text{ ml} \cdot 100\%}{1 \text{ m} \cdot 1000 \text{ mg}} = 9,99\%$$

$n(HCl) = 2,74$ mmol. Bei der Titration werden 2,74 mmol NaCl gebildet.

1 ml AgNO$_3$-Lösung mit $c(AgNO_3) = 0,1$ mol $\cdot$ l^{-1} ist 5,8443 mg NaCl $\triangleq$ 0,1 mmol NaCl äquivalent.

In der ursprünglichen Lösung waren
3,65 mmol $-$ 2,74 mmol = 0,91 mmol NaCl $\triangleq$ 53,18 mg NaCl.

$$w(NaCl) = \frac{53,18 \text{ mg} \cdot 100\%}{1000 \text{ mg}} = 5,32\%$$

3.1-58 Beim Endpunkt der Titration, wenn gerade Spuren von Ag$_2$CrO$_4$ auftreten, ist die Lösung bezüglich AgCl und Ag$_2$CrO$_4$ als gesättigt zu betrachten.

Es gelten dann die Gleichungen:
$c(Ag^+) \cdot c(Cl^-) = 10^{-10}$ mol$^2 \cdot$ l^{-2} und
$c^2(Ag^+) \cdot c(CrO_4^{2-}) = 2 \cdot 10^{-12}$ mol$^3 \cdot$ l^{-3}.

Aus diesen beiden Gleichungen läßt sich der Quotient (1)

$$\frac{c(\text{CrO}_4^{2-})}{c^2(\text{Cl}^-)} = 2 \cdot 10^8 \, \text{l} \cdot \text{mol}^{-1} \tag{1}$$

bilden. Beim Endpunkt der Titration wurde eine dem Chlorid äquivalente Menge Ag^+-Ionen zugesetzt:

$c(\text{Cl}^-) = c(\text{Ag}^+) = \sqrt{10^{-10} \, \text{mol}^2 \cdot \text{l}^{-2}} = 10^{-5} \, \text{mol} \cdot \text{l}^{-1}$.

Eingesetzt in Gleichung (1) resultiert:
$c(\text{CrO}_4^{2-}) = 0{,}02 \, \text{mol} \cdot \text{l}^{-1}$

3.1-59 Die erlaubte Ungenauigkeit von 0,1% bedeutet, daß beim Endpunkt der Titration nur 0,1% des gesamten Arsens als H_3AsO_3 vorliegen darf.

Folglich gilt:

$$\frac{c(\text{H}_3\text{AsO}_4)}{c(\text{H}_3\text{AsO}_3)} = \frac{999}{1} \approx 1000$$

Dieser Wert und die Konzentrationen $c(\text{I}^-) = 0{,}1 \, \text{mol} \cdot \text{l}^{-1}$ und $c(\text{I}_3^-) = 10^{-6} \, \text{mol} \cdot \text{l}^{-1}$ werden in die Gleichgewichtsgleichung eingesetzt:

$$\frac{c(\text{H}_3\text{AsO}_4) \cdot c^2(\text{H}^+) \cdot c^3(\text{I}^-)}{c(\text{H}_3\text{AsO}_3) \cdot c(\text{I}_3^-)} = 1{,}1 \cdot 10^{-2} \, \text{mol}^4 \cdot \text{l}^{-4}$$

Es werden $c(\text{H}^+) = 1{,}05 \cdot 10^{-4} \, \text{mol} \cdot \text{l}^{-1}$ erhalten, d.h. der pH-Wert sollte 4 nicht unterschreiten.

Kapitel 3.2

3.2-1 Massenanteil: $m(\text{S}) = \dfrac{[F(\text{S}/\text{BaSO}_4) \cdot m(\text{BaSO}_4)]}{m(\text{Mineral})}$ mit $F(\text{S}/\text{BaSO}_4) = \dfrac{M(\text{S})}{M(\text{BaSO}_4)}$

$$= \frac{(32{,}07/233{,}37) \cdot 0{,}3571}{0{,}2170} = 0{,}2261 \triangleq 22{,}61\%$$

3.2-2 $m(\text{CaCl}_2) = \dfrac{(35{,}45/143{,}32) \cdot 0{,}7}{(70{,}9/111{,}7) \cdot 0{,}3} = 0{,}9093 \triangleq 90{,}93\%$

3.2-3 (Lösung entsprechend 3.2-1)
$m(\text{S}) = 0{,}0295 \triangleq 2{,}95\%$

3.2-4 (Lösung entsprechend 3.2-1)
$m(\text{Al}) = \dfrac{[2 \cdot 26{,}98]/101{,}96] \cdot 0{,}1}{0{,}63} = 0{,}084 \triangleq 8{,}4\%$

3.2-5 Da die Legierung nur aus Kupfer und Zink besteht, ist die Angabe des Zink-Wertes überflüssig bzw. nur zur Kontrolle von Nutzen.

$$m(\text{Cu}) = \frac{0{,}73}{0{,}9012} = 0{,}81 \triangleq 81\% \text{ Kupfer, d.h. der Rest von } 19\% \text{ entspricht } m(\text{Zn}).$$

Kontrolle:

$$m(\text{Zn}) = \frac{[F(2\,\text{Zn}/\text{Zn}_2\text{P}_2\text{O}_7)] \cdot m(\text{Zn}_2\text{P}_2\text{O}_7)}{m(\text{Probe})} \text{ mit } F(2\,\text{Zn}/\text{Zn}_2\text{P}_2\text{O}_7) = \frac{Z\,M(\text{Zn})}{M(\text{Zn}_2\text{P}_2\text{O}_7)}$$

$$m(\text{Zn}) = \frac{0{,}43 \cdot 0{,}3982}{0{,}9012} = 0{,}18999 \triangleq 18{,}99\% \text{ Zink}$$

3.2-6 (Lösung entsprechend 3.2-1)
$m(\text{Al}) = 0{,}1497 \triangleq 14{,}97\%$

3.2-7 (Lösung entsprechend 3.2-5)
$$m(\text{Cu}) = \frac{0{,}15}{0{,}2} = 0{,}75 \triangleq 75\% \text{ Cu} \Rightarrow \text{Rest} \triangleq m(\text{Ni}) = 25\%$$

Kontrolle:

$$m(\text{Ni}) = \frac{(58{,}7/288{,}9) \cdot 0{,}246}{0{,}2} = 0{,}24992 \triangleq 24{,}992\% \text{ Ni}$$

3.2-8
$$m(\text{SO}_4^{2-}) = \frac{F(\text{SO}_4/\text{BaSO}_4) \cdot m(\text{BaSO}_4)\,\text{g}}{10\,\text{ml}}$$

$$m(\text{SO}_4^{2-}) = \frac{96{,}07 \cdot 1{,}602\,\text{g}}{233{,}37 \cdot 10\,\text{ml}} = 0{,}06596\,\text{g}\cdot\text{ml}^{-1} \triangleq 6{,}596\%\,\text{SO}_4^{2-}$$

$$m(\text{K}^+) = \frac{F(\text{K}/\text{KB}(\text{C}_6\text{H}_5)_4) \cdot m(\text{KB}(\text{C}_6\text{H}_5)_4)\,\text{g}}{10\,\text{ml}}$$

$$m(\text{K}^+) = \frac{39{,}1 \cdot 0{,}752\,\text{g}}{358{,}3 \cdot 10\,\text{ml}} = 0{,}00821\,\text{g}\cdot\text{ml}^{-1} \triangleq 0{,}821\%\,\text{K}^+$$

Diese Masse K$^+$ entspricht: $\dfrac{0{,}00821 \cdot M(\text{SO}_4)}{M(2\,\text{K})} = 0{,}01009\,\text{g}\cdot\text{ml}^{-1}\,\text{SO}_4^{2-}$, so daß der Rest an SO$_4^{2-}$ vom enthaltenen Na$_2$SO$_4$ stammt.

$$m(\text{Na}^+) = \frac{(0{,}06596 - 0{,}01009) \cdot M(2\,\text{Na})}{M(\text{SO}_4)} = 0{,}02675\,\text{g}\cdot\text{ml}^{-1} \triangleq 2{,}675\%\,\text{Na}^+$$

3.2-9 Die Mischung von 0,8 g Alkalimetallhalogeniden setzt sich aus x g NaCl und y g KBr zusammen.

x g NaCl entsprechen $x \cdot \dfrac{M(\text{AgCl})}{M(\text{NaCl})}$ g AgCl

y g KBr entsprechen $y \cdot \dfrac{M(\text{AgBr})}{M(\text{KBr})}$ g AgBr

$x = 0{,}8 - y$ (I) und
$2{,}452\,x + 1{,}578\,y = 1{,}51$ (II)
(I) in (II) eingesetzt: $2{,}452\,(0{,}8 - y) + 1{,}578\,y = 1{,}51$
$\Rightarrow y = 0{,}517$ g KBr und $x = 0{,}283$ g NaCl

3.2-10 (Lösung entsprechend 3.2-9)
$x(\text{K}_2\text{SO}_4) + y(\text{MgSO}_4) = (0{,}805 - 0{,}216) = 0{,}589$ g wasserfreies Sulfat.
$x = 0{,}3479$ g K$_2$SO$_4$; $y = 0{,}2411$ g MgSO$_4$

Molverhältnisse: $\dfrac{0{,}3479}{M(K_2SO_4)} : \dfrac{0{,}2411}{M(MgSO_4)} : \dfrac{0{,}216}{M(H_2O)}$

Damit lautet die Formel: $K_2SO_4 \cdot MgSO_4 \cdot 6\,H_2O$

3.2-11 Das zweite Analysenergebnis ist für die Bestimmung der empirischen Formel völlig ausreichend:

0,002 mol CO_2 entsprechen 0,002 mol $\cong$ 0,534 g $PbCO_3$.

Rest der Probe: $0{,}776 - 0{,}534 = 0{,}242$ g $Pb(OH)_2 \cong 0{,}001$ mol.

Die Formel lautet also $2\,PbCO_3 \cdot Pb(OH)_2$. Die Angaben aus der erstgenannten Analyse haben höchstens Kontrollfunktion; sie bestätigen, daß aus 1,551 g Bleiweiß der genannten Zusammensetzung 1,939 g $PbCrO_4$ entstehen.

3.2-12 Es sei x die PbO-Menge in %. Auf 100 g Mennige kommen

a g Pb_3O_4, die $\dfrac{a \cdot M(3\,Pb)}{M(Pb_3O_4)}$ g Pb ergeben

und x g PbO, die $\dfrac{x \cdot M(Pb)}{M(PbO)}$ g Pb ergeben.

Hieraus erhält man: $\dfrac{a \cdot M(3\,Pb)}{M(Pb_3O_4)} + \dfrac{x \cdot M(Pb)}{M(PbO)} = b$

oder $x = 1{,}077\,(b - 0{,}907\,a)$ % PbO

3.2-13 In 107 t mit einem Massenanteil von 0,82 % sind 877,4 kg Uran enthalten.

9,76 g Rohuranat enthalten $172{,}8 \cdot \dfrac{M(3\,U)}{M(U_3O_8)} \cdot 20$ mg Uran. 1260 kg Uranat enthalten somit 378,33 kg Uran, was einer Produktausbeute von $\dfrac{378{,}33}{877{,}4} = 43{,}12\,\%$ entspricht.

3.2-14 Wenn x Teile des Sulfats zu Sulfid reduziert werden, ist bei der Analyse von 100 g Mineral die wirkliche Masse des Glührückstandes:

$\dfrac{(1-x) \cdot 10 \cdot M(BaSO_4)}{M(S)} + \dfrac{x \cdot 10 \cdot M(BaS)}{M(S)} = \dfrac{9{,}9 \cdot M(BaSO_4)}{M(S)}$

$\Rightarrow x = \dfrac{0{,}01 \cdot M(BaSO_4)}{M(BaSO_4) - M(BaS)} = 0{,}0365$; d.h. 3,65 % werden zu Sulfid reduziert.

3.2-15 a) Die Fehlerberechnung ist hier auf den Schwefelgehalt zu beziehen.

Die wirkliche Schwefelmasse ist $\dfrac{1\,g \cdot M(S)}{M(BaSO_4)} + \dfrac{0{,}0041\,g \cdot M(S)}{M(Na_2SO_4)} = 0{,}1383$ g.

Die berechnete Masse dagegen ist $\dfrac{1{,}0041\,g \cdot M(S)}{M(BaSO_4)} = 0{,}1379$ g;

d.h. der relative Fehler beträgt $-0{,}258\,\%$.

b) Die wirkliche S-Masse ist $\dfrac{1\,g \cdot M(S)}{M(BaSO_4)} = 0{,}1374$ g,

die berechnete Masse ist $\dfrac{1{,}0087\,g \cdot M(S)}{M(BaSO_4)} = 0{,}1386$ g;

d.h. der relative Fehler beträgt $+0{,}87\,\%$.

3.2-16 Der wirkliche Phosphorgehalt von 1 g Niederschlag *vor* dem Glühen beträgt:

$\dfrac{0{,}95\,g \cdot M(P)}{M(MgNH_4PO_4)} + \dfrac{0{,}05\,g \cdot M(2\,P)}{M(Mg_3(PO_4)_2)} = 0{,}2263$ g.

Nach dem Glühen ergibt sich eine Niederschlagsmasse von

$$\frac{0{,}95 \text{ g} \cdot M(\text{Mg}_2\text{P}_2\text{O}_7)}{M(2\,\text{MgNH}_4\text{PO}_4)} + 0{,}05 \text{ g} = 0{,}8201 \text{ g} \; (\hat{=} \text{ b}).$$

Berechnete Masse an Phosphor $= \dfrac{b \cdot M(2\,\text{P})}{M(\text{Mg}_2\text{P}_2\text{O}_7)} = 0{,}228$ g,

der relative Fehler beträgt also 0,93 %.

3.2-17 Für eine gesättigte BaSO_4-Lösung mit $c(\text{SO}_4^{2-}) < 10^{-6}$ muß $c(\text{Ba}^{2+}) > 10^{-4}$ mol·l^{-1} werden. Um diese Bedingung zu erfüllen, werden x ml der 0,1 M BaCl_2-Lösung pro Liter im Überschuß benötigt[1].

$\dfrac{x \cdot 0{,}1}{1000} > 10^{-4}$; $x > 1$ ml BaCl_2-Lösung; d.h. das zur Fällung erforderliche Volumen an 0,1 M BaCl_2-Lösung muß um 0,1 % überschritten werden.

3.2-18 $K_L(\text{BaSO}_4) = c(\text{Ba}^{2+}) \cdot c(\text{SO}_4^{2-}) = 1{,}1 \cdot 10^{-10}$ mol$^2 \cdot$ l^{-2}
$K_L(\text{BaCO}_3) = c(\text{Ba}^{2+}) \cdot c(\text{CO}_3^{2-}) = 8{,}1 \cdot 10^{-9}$ mol$^2 \cdot$ l^{-2}

a) Das gesuchte Verhältnis ergibt sich zu

$$\frac{c(\text{SO}_4^{2-})}{c(\text{CO}_3^{2-})} = \frac{1{,}1 \cdot 10^{-10}}{8{,}1 \cdot 10^{-9}} = \frac{11}{810}$$

b) $c(\text{CO}_3^{2-}) = 2$ mol·l^{-1}, dann ist $c(\text{SO}_4^{2-}) = \dfrac{11 \cdot 2}{810}$ mol·l^{-1}, das entspricht 6,34 g·l^{-1} BaSO_4. In 100 ml gehen somit 0,634 g BaSO_4 in Lösung.

3.2-19 a) Aus $L = \sqrt{K_L}$ erhält man $m(\text{BaSO}_4) = 10^{-5}$ mol·l^{-1}, dies entspricht 0,2334 mg in 100 ml Lösung.

b) $10^{-10} = c(\text{Ba}^{2+}) \cdot 0{,}005$; daraus folgt:
$m(\text{BaSO}_4) = 2 \cdot 10^{-8}$ mol·l^{-1}; dies entspricht $0{,}467 \cdot 10^{-4}$ mg BaSO_4 in 100 ml Lösung. Dieses Ergebnis unterscheidet sich deutlich von dem unter Berücksichtigung der Ionenaktivitäten (s. Kapitel 3, 2, S. 177) erhaltenen Wert.

3.2-20 Nach $L = \sqrt{K_L}$ beträgt die Löslichkeit von CaC_2O_4 $4{,}24 \cdot 10^{-5}$ mol·l^{-1}
$\hat{=} 5{,}43 \cdot 10^{-3}$ g·l^{-1}

0,2 mg CaC_2O_4 sind in $\dfrac{0{,}2 \cdot 1000}{5{,}43} = 36{,}83$ ml gelöst.

3.2-21 Nach $K_L = L^2$ gilt:
$c(\text{Tl}^+) \cdot c(\text{SCN}^-) = (0{,}0149)^2$ mol$^2 \cdot$ l^{-2} (I) und
$c(\text{Tl}^+) \cdot c(\text{Cl}^-) \;\; = (0{,}0161)^2$ mol$^2 \cdot$ l^{-2} (II)

Aus (I):(II) erhält man $c(\text{SCN}^-) = 0{,}8565 \cdot c(\text{Cl}^-)$; aufgrund der Elektroneutralität gilt auch: $c(\text{Tl}^+) = c(\text{SCN}^-) + c(\text{Cl}^-)$; eingesetzt in (II) ergibt sich:

$(0{,}0161)^2 = 1{,}8565 \cdot c^2(\text{Cl}^-)$, d.h.
$c(\text{Cl}^-) \;\;\; = 0{,}01181$ mol·l^{-1}
$c(\text{SCN}^-) = 0{,}01012$ mol·l^{-1}
$c(\text{Tl}^+) \;\;\; = 0{,}02193$ mol·l^{-1}

3.2-22. Die schwache Säure sei mit HA bezeichnet; für die Lösung in reinem Wasser gilt: $c(\text{HA}) - c(\text{H}^+) = 2{,}48 \cdot 10^{-6}$ mol·l^{-1}. Unter Vernachlässigung von $c(\text{H}^+)$ ist damit $c(\text{HA})$ gegeben.

---

[1] Die Bezeichnung „M" als Abkürzung für die Dimension mol/l ist zwar keine im „Gesetz über Einheiten im Meßwesen" vorgesehene Einheit, dennoch wird sie in der Praxis häufig benutzt.

In der verdünnten NaOH-Lösung gilt:
$c(HA) + c(A^-) = 6{,}62 \cdot 10^{-3}$ mol·l^{-1} (I) und
$c(Na^+) + c(H^+) = c(A^-) + c(OH^-)$ (II) (Elektroneutralität)
$\stackrel{(I)}{\Rightarrow} c(A^-) = 6{,}62 \cdot 10^{-3} - 2{,}48 \cdot 10^{-6} = 6{,}617 \cdot 10^{-3}$ mol·l^{-1}
$\stackrel{(II)}{\Rightarrow} c(OH^-) = 0{,}0107 - 6{,}617 \cdot 10^{-3} = 0{,}00408$ mol·l^{-1},
wobei $c(H^+)$ erneut vernachlässigt werden darf.

3.2-23. 10 ml Ammoniaklösung der Konzentration $10 \cdot 0{,}91$ g·ml^{-1} enthalten $10 \cdot 0{,}91 \cdot 0{,}25$ g
$= 2{,}275$ g $\widehat{=} 0{,}133$ mol NH$_3$. Diese sind in 100 ml der verdünnten Lösung enthalten.

$$K_B(NH_3) = \frac{c(OH^-) \cdot c(NH_4^+)}{c(NH_3)} \Rightarrow c(OH^-) = \frac{K_B \cdot c(NH_3)}{c(NH_4^+)},$$

dabei ist $c(NH_4^+) = n(NH_4Cl) \cdot 10 = \dfrac{m(NH_4Cl)}{M(NH_4Cl)} \cdot 10 = 0{,}187$ mol·l^{-1}

$c(OH^-) = \dfrac{1{,}8 \cdot 10^{-5} \cdot 1{,}33}{0{,}187} = 1{,}28 \cdot 10^{-4}$ mol·l^{-1}

$c(Mg^{2+}) = \dfrac{K_L}{c^2(OH^-)} = \dfrac{10^{-11}}{1{,}638 \cdot 10^{-8}} = 6{,}1 \cdot 10^{-4}$ mol·l^{-1}

Die Sättigungskonzentration an Mg^{2+} in 100 ml der verdünnten NH$_3$/NH$_4$Cl-Lösung der gegebenen Art beträgt somit $n(Mg^{2+}) \leq 6{,}1 \cdot 10^{-5}$ mol.

3.2-24. a) Die Wasserstoffionenkonzentration errechnet sich nach

$c(H^+) = \dfrac{1{,}2 \cdot 0{,}4 \cdot 10}{36{,}45} = 0{,}132$ mol·l^{-1}, und durch Einsetzen in die Gleichung

$c(S^{2-}) = \dfrac{0{,}1 \cdot 10^{-21}}{c^2(H^+)}$ erhält man $c(S^{2-}) = 5{,}77 \cdot 10^{-21}$ mol·l^{-1}.

b) $c(H^+) = K_S(HAc) = 1{,}8 \cdot 10^{-5}$; $c(S^{2-}) = 3{,}1 \cdot 10^{-13}$ mol·l^{-1}

3.2-25. $c(S^{2-}) = \dfrac{0{,}1 \cdot 10^{-21}}{(0{,}1)^2} = 10^{-20}$ mol·l^{-1}

$K_L = c(Pb^{2+}) c(S^{2-}) \Rightarrow c(Pb^{2+}) = \dfrac{10^{-28}}{10^{-20}} = 10^{-8}$ mol·l^{-1}, dies entspricht
$207 \cdot 10^{-8} \cdot 10^{-1}$ g $= 0{,}207 \cdot 10^{-6}$ g Pb^{2+} in 100 ml; d.h. $1{,}67 \cdot 10^{-4}$ % Pb^{2+} bleiben in Lösung.

3.2-26. a) Für die Löslichkeit bei $pH > pK_{S2}$ gilt $L = \sqrt{K_L}$,
d.h. $L = \sqrt{1{,}8 \cdot 10^{-9}} = 4{,}24 \cdot 10^{-5}$ mol·l^{-1}.

b) Für L im Bereich $pK_{S2} > pH > pK_{S1}$ gilt $L = \sqrt{\dfrac{K_L \cdot c(H^+)}{K_{S2}}}$,
d.h. $L = 5{,}48 \cdot 10^{-5}$ mol·l^{-1}.

c) Für L im Bereich $pH < pK_{S1}$ gilt $L = c(H^+) \cdot \sqrt{\dfrac{K_L}{K_{S1} \cdot K_{S2}}}$,
d.h. $L = 2{,}15 \cdot 10^{-3}$ mol·l^{-1}.

3.2-27. Für die Löslichkeit von AgI in Anwesenheit von x mol Überschuß an NH$_3$ bzw. CN$^-$ gilt:
$L_{AgI} = x \cdot \sqrt{K_L(AgI) \cdot K}$ (K = Stabilitätskonstante)

a) Für $L = 0{,}1$ mol·l^{-1} an AgI ergibt sich (rechnerisch!) $x(NH_3)$ zu $\sim 2{,}5 \cdot 10^3$ mol·l^{-1}, was nur bedeutet, daß AgI auch in einer hochkonzentrierten NH$_3$-Lösung nicht löslich ist, denn eine Lösung, die 42,5 Tonnen NH$_3$ in einem Liter enthält, ist nicht realistisch!

b) $x(CN^-) = 3{,}16 \cdot 10^{-4}$ mol $\cdot$ l^{-1} für den Mindestüberschuß an CN$^-$.

3.2-28. Komplexbildung: $\quad\quad\quad\quad\quad\quad$ Ag$^+$ + $\quad$ 2 NH$_3$ $\quad\rightleftharpoons\quad$ [Ag(NH$_3$)$_2$]$^+$

Molare Konzentration nach dem
Mischen und *vor* der Reaktion: $\quad\quad$ 0,02 $\quad\quad\quad$ 0,1 $\quad\quad\quad\quad\quad$ 0
Nach der Reaktion im Gleichgewicht: $\quad\quad$ x $\quad\quad$ 0,1 − 2(0,02 − x) $\quad$ (0,02 − x)

$$10^{7{,}2} = \frac{(0{,}02 - x)}{x \cdot (0{,}06 - 2x)^2}$$

Da die Stabilitätskonstante sehr groß ist, wird x sehr klein und damit gegen 0,02 bzw. 0,06 zu vernachlässigen sein, d. h. $\quad\quad 10^{7{,}2} = \dfrac{0{,}02}{3{,}6 \cdot 10^{-3} \cdot x}$

$\Rightarrow x = c(\text{Ag}^+) = 3{,}5 \cdot 10^{-7}$ mol $\cdot$ l^{-1}.

3.2-29. $K = \dfrac{c(\text{Cd}(\text{CN})_4^{2-})}{c(\text{Cd}^{2+}) \cdot c(\text{CN}^-)^4} \Rightarrow c(\text{Cd}^{2+}) = 2{,}5 \cdot 10^{-18}$ mol $\cdot$ l^{-1}.

Bei $c(\text{S}^{2-}) = 0{,}001$ mol $\cdot$ l^{-1} ergibt sich ein Ionenprodukt von $c(\text{Cd}^{2+}) \cdot c(\text{S}^{2-}) = 2{,}5 \cdot 10^{-21}$ mol$^2 \cdot$ l^{-2}, das fast um den Faktor 10^5 größer ist als K_L(CdS). CdS wird also ausgefällt.

3.2-30. a) $L = c(\text{Ag}^+) = \dfrac{K_L}{c(\text{Cl}^-)} \Rightarrow L = 1{,}8 \cdot 10^{-9}$ mol $\cdot$ l^{-1}

b) $c(\text{Ag}^+) \cdot c(\text{Cl}^-) = 1{,}8 \cdot 10^{-10}$ mol$^2 \cdot$ l^{-2} $\quad\quad$ (I)

$\dfrac{c(\text{AgCl}_2^-)}{c(\text{Ag}^+) \cdot c^2(\text{Cl}^-)} = 1{,}8 \cdot 10^5$ mol$^{-2} \cdot$ l^{+2} $\quad\quad$ (II)

$\overset{\text{(I) in (II)}}{\Longrightarrow} \dfrac{c(\text{AgCl}_2^-)}{1{,}8 \cdot 10^{-10} \cdot c(\text{Cl}^-)} = 1{,}8 \cdot 10^{-5}$

und für $c(\text{Cl}^-) = 0{,}1$ erhält man

$c(\text{AgCl}_2^-) = 3{,}24 \cdot 10^{-6}$ mol $\cdot$ l^{-1}.

Die Löslichkeit ist somit etwa 1000mal größer als unter Vernachlässigung der Komplexbildung.

Kapitel 3.3

Die Aufstellung der empirischen Formel wird in Aufgaben 3.3-1 und 3.3-2 gezeigt (s. auch Kapitel 1.2). Bei den übrigen Aufgaben wird analog verfahren, auf Ausnahmen wird eingegangen.

3.3-1

	C	H	O
Massenanteil (%)	48,7	8,1	43,2
$\dfrac{\text{Massenanteil}}{\text{relative Atommasse } A_r}$ (%)	4,055	8,036	2,7
dividiert durch die kleinste Zahl	1,5	2,98	1
ganzzahlig	3	(5,96) $\triangleq$ 6	2

Somit ist die empirische Formel $C_3H_6O_2$ mit der molaren Masse $M = 74$ g/mol ($\sum$ Atomgewichte).
Tatsächliche molare Masse aus dem Volumen des Dampfes:
1 mol $\hat{=}$ 22400 ml; 0,1 g $\hat{=}$ 30 ml, somit 1 mol $\hat{=}$ $0,1 \dfrac{22400}{30} = 74,7$ g.
Relative Molekülmasse M_r = Masse der empirischen Formel, d.h. Molekularformel $\hat{=}$ empirischer Formel $C_3H_6O_2$.

3.3-2 Aus den Analysenwerten ergaben sich folgende Massenanteile:

	C	H	O
Massenanteil (mg)	6,3	1,07	8,43
$\dfrac{\text{Massenanteil}}{\text{relative Atommasse } A_r}$ (mg)	0,5245	1,0616	0,5269
dividiert durch die kleinste Zahl	1	2,02	1,005

Empirische Formel: CH_2O (molare Masse $M = 30$ g/mol).
Tatsächliche molare Masse nach Gleichung (4.27) aus dem relativen Gasdichteverhältnis:
$M = G_r \cdot 29$ (29 = mittlere molare Masse der Luft);
$M = 2,04 \cdot 29 = 59,16$ g $\cdot$ mol^{-1}.
Verdoppelung der empirischen Formel ergibt damit die Molekularformel $C_2H_4O_2$.

3.3-3 Empirische Formel: C_2H_5I (molare Masse $M = 156$ g/mol).
Tatsächliche molare Masse $M = \dfrac{m \cdot R \cdot T}{p \cdot V}$

(m Masse der Probe, R universelle Gaskonstante, T absolute Temperatur, V Volumen der verdrängten Luft, p „korrigierter" Druck)

$$M = \frac{0,216 \cdot 0,083145 \cdot 293}{1,000 \cdot 0,0304} = 173,1 \text{ g} \cdot \text{mol}^{-1}$$

d.h. empirische Formel = Molekularformel. (Die Abweichung entspricht der Genauigkeit der Methode nach V. Meyer.)

3.3-4 Empirische Formel: C_5H_4 (molare Masse $M = 64,1$ g/mol).
Tatsächliche molare Masse aus der Gefrierpunktserniedrigung:

$$M = \frac{1000 \cdot m(x) \cdot K_m}{m(\text{Lsm}) \cdot \Delta T} = \frac{1000 \cdot 2 \cdot 3,9}{50 \cdot 1,28} = 121,9 \text{ g} \cdot \text{mol}^{-1}.$$

Die Molekularformel ist somit $C_{10}H_8$.

3.3-5 Die Analysen ergeben die Massenanteile w: C 0,1646 g, H 0,0379 g, Rest ist N = 0,25 − (0,1646 + 0,0379) = 0,0475 g.

Empirische Formel: $C_4H_{11}N$ mit der molaren Masse $M = 73,14$ g/mol.
Tatsächliche molare Masse aus dem relativen Gasdichteverhältnis:
$M = G_T \cdot M(H_2) = 37 \cdot 2,016 = 74,6$ g $\cdot$ mol^{-1},
d.h. empirische Formel = Molekularformel $C_4H_{11}N$.

(*Anmerkung*: Die Stickstoffbestimmung nach Dumas wird zur Lösung nicht gebraucht. Sie dient zur zusätzlichen Überprüfung der Analysenwerte).

3.3-6 Massenanteile aus Analysen: C 40,6%, H 8,5%, N 23,9%, Rest ist O = 27%.
Damit ergibt sich die empirische Formel C_2H_5NO. Da jedes Molekül nur 1 Sauerstoffatom enthält, entspricht dies auch der Molekülformel.

3.3-7 Massenanteile aus Analysen: C 49,9%, H 6,3%, Cl 24,5%, Rest = 19,3% ist N.
Empirische Formel: $C_6H_9N_2Cl$ mit der molaren Masse $M = 144{,}7$ g/mol.
Tatsächliche molare Masse aus der Gefrierpunktserniedrigung (molale Gefrierpunktserniedrigung des Camphers 40 °C · kg · mol^{-1}):

$$M = \frac{1000 \cdot 24{,}78 \cdot 40}{385{,}7 \cdot 17{,}5} = 146{,}8 \text{ g} \cdot \text{mol}^{-1},$$

d. h. empirische Formel = Molekularformel. (Zusätzliche Angabe zum Stickstoffgehalt siehe Anmerkung Aufgabe 3.3-5).

3.3-8 Massenanteile: C 40,7%, H 5,1%, Rest ist O = 54,2%.
Empirische Formel: $C_2H_3O_2$ mit der molaren Masse $M = 59$ g/mol.
Tatsächliche molare Masse:
$M_r(\text{Säure}) - A_r(\text{H}) + A_r(\text{Na}) = M_r(\text{Säure}) - 1{,}008 + 22{,}99$
$= M_r(\text{Säure}) + 21{,}982 = M_r(\text{saures Na-Salz})$.

$$\frac{A_r(\text{Na}) \cdot 100}{M_r(\text{saures Na-Salz})} = 16{,}4 = \frac{22{,}99 \cdot 100}{M_r(\text{Säure}) + 21{,}982} \Rightarrow M(\text{Säure}) = 118{,}2 \text{ g} \cdot \text{mol}^{-1}.$$

Verdoppelung der empirischen Formel ergibt damit die Molekularformel $C_4H_6O_4$.

3.3-9 Massenanteile aus Analysen: C 30,2%, H 2,54%, S 27,2%, Rest ist O = 40,06%.
Empirische Formel: $C_3H_3O_3S$ (molare Masse $M = 119{,}1$ g/mol).
Tatsächliche molare Masse aus der Gefrierpunktserniedrigung:

$$M = \frac{1000 \cdot 0{,}4 \cdot 3{,}9}{25 \cdot 0{,}264} = 236{,}4 \text{ g} \cdot \text{mol}^{-1}.$$

Verdoppelung der empirischen Formel ergibt also die Molekularformel $C_6H_6O_6S_2$.
Funktionalität: 0,5 g Säure = $2{,}1 \cdot 10^{-3}$ mol verbrauchen 42 ml NaOH ($c(\text{NaOH}) = 0{,}1$ mol · l^{-1}) $\hat{=}$ $4{,}2 \cdot 10^{-3}$ mol. 1 mol Säure verbraucht also 2 mol NaOH, die Säure ist demnach zweiwertig.

3.3-10 Massenanteile aus Analysen: Na 36,22%, C 6,25%, P 16,14%, Rest ist O = 41,39%.
Empirische Formel: $CPNa_3O_5$.
Da tertiäres Na-Salz einer dreiwertigen Säure entspricht, ist dies auch die Molekularformel.

3.3-11 a) *Kristallwasserfreie Probe*:
Massenanteile: Na 26,4%, C 34,5%, H 2,3%, Rest ist O = 36,8%.
Empirische Formel: $Na_2C_5H_4O_4$ (molare Masse $M = 174{,}06$ g/mol).

b) *Berücksichtigung des Kristallwassers*:
Anteil Kristallwasser: 0,0234 g; Wasserfreies Salz: $0{,}25 - 0{,}0234 = 0{,}2266$ g

	H_2O	$Na_2C_5H_4O_4$
Massenanteile (g)	0,0234	0,2266
$\dfrac{\text{Massenanteil (g)}}{\text{relative Atommasse } A_r}$	$1{,}3 \cdot 10^{-3}$	$1{,}3 \cdot 10^{-3}$
dividiert durch kleinste Zahl	1	1

Damit ergibt sich die Molekularformel $Na_2C_5H_4O_4 \cdot H_2O$.

3.3-12 Massenanteile aus Analysen: C 78,7%, H 8,4%, Rest ist N = 12,9% (für die zusätzliche Angabe zur Stickstoffbestimmung siehe Anmerkung zu 3.3-5).
Empirische Formel: C_7H_9N (molare Masse $M = 107{,}2$ g/mol).
Tatsächliche molare Masse:
11,94 mg $X_2H_2PtCl_6$ ergeben 3,65 mg Pt; 195,08 mg Pt $\triangleq$ 409,8 mg H_2PtCl_6;
3,65 mg Pt $\triangleq \dfrac{409{,}8}{195{,}08} \cdot 3{,}65 = 7{,}67$ mg H_2PtCl_6.

$11{,}94 - 7{,}67 = 4{,}27$ mg Base (in 11,94 mg Chloroplatinat)

7,67 mg $H_2PtCl_6 \triangleq \dfrac{1}{409\,800} \cdot 7{,}67 = 1{,}87 \cdot 10^{-5}$ mol.

Zur Salzbildung sind $2 \cdot 1{,}87 \cdot 10^{-5} = 3{,}74 \cdot 10^{-5}$ mol Base erforderlich:
$3{,}74 \cdot 10^{-5}$ mol Base = 4,27 mg; 1 mol = 114,2 g; d.h. empirische Formel = Molekularformel.

3.3-13 In 0,467 g $BaSO_4$ sind 0,1922 g SO_4^{2-}; somit sind auch in 1,008 g Me_2SO_4 0,1922 g SO_4^{2-} und $1{,}008 - 0{,}1922 = 0{,}8158$ g Metall enthalten.
0,1922 g $SO_4^{2-} \triangleq 0{,}002$ mol SO_4^{2-}, und 0,8158 g Metall $\triangleq 2 \cdot 0{,}002 = 0{,}004$ mol Metall (einwertiges Metall); daher ist also 1 mol Metall = 203,95 g.
Massenanteile aus Analysen: C 0,0961 g, H 0,0242 g, Metall 0,8158 g, SO_4^{2-} 0,1922 g.
Empirische Formel: $[C_4H_{12}Me_2]SO_4$ ($\triangleq [(CH_3)_2Me]_2SO_4$)

3.3-14 Massenanteile aus Analysen: C 64,05%, Cl 31,55%, Rest ist H = 4,4%.
Empirische Formel: C_6H_5Cl (Chlorbenzol).
Die molare Masse von Chlorbenzol ist $M = 112{,}6$ g/mol. In 112,6 g sind $6{,}022 \cdot 10^{23}$ Moleküle, d.h. 4,184 g enthalten $2{,}238 \cdot 10^{22}$ Moleküle.

3.3-15 a) 90% Ausbeute ergeben 8,37 g Amin, d.h. 100% $\triangleq 9{,}3$ g Amin.
$M_r(R-NO_2) - 2 \cdot A_r(O) + 2 \cdot A_r(H) = M_r(R-NH_2)$
$M_r(R-NO_2) - 2 \cdot 16 + 2 \cdot 1{,}0 = M_r(R-NH_2)$
$M_r(R-NO_2) - 30 = M_r(R-NH_2)$,
d.h. bei Reduktion von 1 mol verändert sich die relative Molekülmasse um 30 g. In diesem Fall gilt:
12,3 g $(R-NO_2)$ − 9,3 g $(R-NH_2)$ = 3 g, d.h. 0,1 mol.
12,3 g = 0,1 mol, somit ist $M_r(R-NO_2) = 12{,}3 \cdot 10 = 123$ g·mol^{-1}.

b) $2\,R-NO_2 + 3\,Sn + 12\,HCl \rightarrow 2\,R-NH_2 + 3\,SnCl_4 + 4\,H_2O$

c) Für 246 g $R-NO_2$ (2 mol) sind $3 \cdot 118{,}71 = 356{,}13$ g Sn notwendig, für 12,3 g dann $\dfrac{356{,}13}{246} \cdot 12{,}3 = 17{,}81$ g Sn.

3.3-16 Massenanteile aus Analysen: C 58,5%, H 4,1%, N (aus der Bestimmung nach Kjeldahl) 11,4%, Rest ist O = 26%.
Empirische Formel: $C_6H_5O_2N$.
In 0,2 mol sind $0{,}2 \cdot 6{,}022 \cdot 10^{23} = 1{,}204 \cdot 10^{23}$ Stickstoffatome enthalten.

3.3-17 Massenanteile aus Analysen: Cl 65,4%, H 0,62%, C 14,79%, Rest ist O = 19,19%.
Empirische Formel: $C_2HO_2Cl_3$ ($\triangleq Cl_3CCOOH$ Trichloressigsäure)

3.3-18 Massenanteile aus Analysen: N (aus NH_3-Bestimmung nach Kjeldahl) 15,08%, C 77,5%, der Rest ist H = 7,42%. Hieraus ergibt sich die empirische Formel mit C_6H_7N.

Kapitel 4.1

4.1-1 a) $V = 104{,}1$ ml
      b) $p = 1\,051{,}6$ mbar

4.1-2 a) $V_n = 503{,}5$ ml
      b) $m(N_2) = 629{,}7$ mg
      c) $N(N_2) = 1{,}354 \cdot 10^{22}$

4.1-3 $M = 44{,}2$ g · mol^{-1}

4.1-4 $T = 336{,}1$ K

4.1-5 $\varrho = 1{,}669$ g · l^{-1}

4.1-6 $m = 6{,}1225$ g

4.1-7 $p = 512{,}6$ mbar

4.1-8 $m = 11{,}40$ g

4.1-9 a) $V_n = 34{,}968$ l
      b) $V = 38{,}411$ l

4.1-10 a) Die Ableitung der Gleichung 4.8 finden Sie auf Seite 206.
       b) Mit Hilfe der Zustandsgleichung der Gase (4.12) läßt sich auch die Dichte berechnen:

$$p \cdot V = n \cdot R_m \cdot T$$

$$p \cdot V = \frac{m \cdot R_m \cdot T}{M}$$

$$p = \frac{m \cdot R_m \cdot T}{V \cdot M}$$

$$p = \frac{\varrho \cdot R_m \cdot T}{M}$$

$$\varrho = \frac{p \cdot M}{R_m \cdot T}$$

$$\varrho = \frac{0{,}9 \text{ bar} \cdot 42{,}08 \text{ g} \cdot \text{mol}^{-1}}{0{,}08314 \text{ l} \cdot \text{bar} \cdot \text{mol}^{-1} \text{K}^{-1} \cdot 323 \text{ K}}$$

$$\varrho = 1{,}410 \text{ g} \cdot \text{l}^{-1}$$

4.1-11 p(Luft, trocken) $= 1\,003{,}1$ mbar
       V_n(Luft) $= 140{,}7$ ml

4.1-12 $p(H_2$, trocken$) = 953{,}9$ mbar
       $V_n(H_2) = 435{,}6$ ml
       $m(H_2) = 39{,}1$ mg

4.1-13 Der hydrostatische Druck der Wassersäule muß zuerst errechnet werden:

$p_{hydr} = h \cdot \varrho \cdot g$
$\phantom{p_{hydr}} = 12,5 \text{ cm} \cdot 1 \text{ g} \cdot \text{cm}^{-3} \cdot 981 \text{ cm} \cdot \text{s}^{-2}$
$p_{hydr} = 12,26 \text{ mbar}$

Beachten Sie hierbei die Beziehung:

$1 \text{ g} \cdot \text{cm}^{-1} \text{s}^{-2} = 10^{-3} \text{ mbar}$
$p(N_2, \text{trocken}) = 990,69 \text{ mbar}$
$m(N_2, \text{trocken}) = 21,5 \text{ mg}$

4.1-14 $N(N_2) = 7,71 \cdot 10^{17}$

4.1-15 $p(O_2) = 1,01325 \text{ bar} \cdot 0,209 = 0,2118 \text{ bar}$
$p(N_2) = 0,7924 \text{ bar}$
$p(Ar) = 0,0091 \text{ bar}$

4.1-16 1 l Luft enthält:

$V(O_2) = 209,3 \text{ ml}$,
nach $m(O_2) = \dfrac{M(O_2) \cdot V(O_2)}{V_m}$ wiegen sie 298,80 mg.

Die Massen der anderen Gase werden entsprechend berechnet.

$m(O_2) = 298,80 \text{ mg}$
$m(N_2) = 976,11 \text{ mg}$
$m(Ar) = 16,57 \text{ mg}$
$m(CO_2) = 0,59 \text{ mg}$
$m(H_2) = 0,01 \text{ mg}$
$\Sigma_m = 1292,1 \text{ mg}$

$\varrho_n(\text{Luft}) = \dfrac{\Sigma_m}{V_n} = 1,292 \text{ g} \cdot l^{-1}$

4.1-17 $\varphi(CO_2) = 0,03\%$, d.h. 1 m³ Luft enthält 0,3 l CO_2

$m(CO_2) = 0,551 \text{ g}$

$N(CO_2) = \dfrac{N_A \cdot m}{M(CO_2)} = 7,54 \cdot 10^{21}$

4.1-18 $n(CH_4) = 0,623 \text{ mol}$
$n(O_2) = 0,312 \text{ mol}$
$P = p(CH_4) + p(O_2) = 1\,070 \text{ mbar}$

$\dfrac{p(CH_4)}{P - p(O_2)} = \dfrac{n(CH_4)}{n(O_2)}$

$p(CH_4) = 712 \text{ mbar}$

4.1-19 a) $p(CO) = 306 \text{ mbar}$
$p(H_2) = 61,2 \text{ mbar}$
b) $w(CO_2) = 6,50\%$
$w(H_2) = 0,45\%$

4.1-20 $V_n(CO_2) = 947,9$ l

12,5 l CO_2 (bei 28 °C und 970 mbar) entsprechen 11 l im Normzustand.

$t = 862$ min

4.1-21 $V(\text{Glaskolben}) = \dfrac{m(H_2O)}{\varrho(H_2O)} = 325,7$ ml
$V_n(\text{Luft}) = 303,5$ ml
$m(\text{Luft}) = 0,3924$ g
$m(\text{Glaskolben}) = 74,6864$ g $-$ 0,3924 g $= 74,2940$ g

$$\varrho(CO_2) = \dfrac{m(CO_2)}{V(CO_2)}$$
$$= \dfrac{74,8900 \text{ g} - 74,2940 \text{ g}}{303,5 \text{ ml}}$$

$\varrho(CO_2) = 1,964$ g $\cdot$ ml^{-1}

4.1-22 a) $\dfrac{V(H_2)}{V(CO)} = \dfrac{2}{1} \triangleq$ $\varphi(H_2) = 66,\bar{6}\%$
$\varphi(CO) = 33,\bar{3}\%$

$w(H_2) = 12,58\%$

$w(CO) = 87,42\%$

b) Normdichte $\varrho_1 = \dfrac{2 M(H_2) + M(CO_2)}{3 \cdot V_m}$

$\varrho_1 = 0,477$ g $\cdot$ l^{-1}

$\varrho_2(400 \,°C; 100 \text{ bar}) = 19,3$ g $\cdot$ l^{-1}

4.1-23 100 l Stadtgas enthalten im Normzustand:

50 l $H_2 \triangleq 2,231$ mol $H_2 = 4,497$ g H_2,

dies entspricht einem Massenanteil $w(H_2) = 7,69\%$

$w(H_2) = 7,69\%$
$w(CH_4) = 24,48\%$
$w(CO) = 38,48\%$
$w(N_2) = 17,11\%$
$w(CO_2) = 10,08\%$
$w(C_2H_4) = 2,16\%$

4.1-24 $\varphi(\text{Benzol}) = 78,43\%$
$\varphi(\text{Toluol}) = 17,73\%$
$\varphi(\text{Xylol}) = 3,84\%$

4.1-25 300 l Gasgemisch bestehen aus 156 l H_2, 130 l CO und 14 l N_2:

$\varphi(H_2) = 52,0\%$
$\varphi(CO) = 43,\bar{3}\%$
$\varphi(N_2) = 4,\bar{6}\%$

$w(H_2) = 7,23\%$
$w(CO) = 83,75\%$
$w(N_2) = 9,02\%$

4.1-26 $\dfrac{\varrho(\text{Tal})}{\varrho(\text{Berg})} = \dfrac{1{,}04 \text{ g} \cdot \text{l}^{-1}}{0{,}62 \text{ g} \cdot \text{l}^{-1}} = 1{,}68$

4.1-27 $\varphi(\text{N}_2) = 18{,}2\%$
$\varphi(\text{O}_2) = 81{,}8\%$
$P = 825 \text{ mbar}$

4.1-28 $m_A = m(\text{Pyknometer, leer})$
$m_B = m(\text{Pyknometer}) + m(\text{Pulver})$
$m_C = m(\text{Pyknometer}) + m(\text{Pulver}) + m(\text{Petroleum})$
$m_D = m(\text{Pyknometer}) + m(\text{Petroleum})$
$m_E = m(\text{Pyknometer}) + m(\text{Wasser})$

$$V(\text{Pyknometer}) = \dfrac{m(\text{H}_2\text{O})}{\varrho(\text{H}_2\text{O})} = \dfrac{m_E - m_A}{0{,}99704 \text{ g} \cdot \text{ml}^{-1}} \qquad (1)$$

$$\varrho(\text{Petroleum}) = \dfrac{m(\text{Petroleum})}{V(\text{Pyknometer})} = \dfrac{(m_D - m_A) \cdot 0{,}99704 \text{ g} \cdot \text{ml}^{-1}}{m_E - m_A} \qquad (2)$$

Mit den Gleichungen (1) und (2) läßt sich die Gleichung für die Dichte des Pulvers herleiten:

$$\varrho(\text{Pulver}) = \dfrac{m(\text{Pulver})}{V(\text{Pulver})}$$

$$\varrho(\text{Pulver}) = \dfrac{m_B - m_A}{V(\text{Pyknometer}) - V(\text{Petroleum})}$$

$$\varrho(\text{Pulver}) = \dfrac{m_B - m_A}{\dfrac{m_E - m_A}{0{,}99704 \text{ g} \cdot \text{ml}^{-1}} - \dfrac{(m_C - m_B) \cdot (m_E - m_A)}{(m_D - m_A) \cdot 0{,}99704 \text{ g} \cdot \text{ml}^{-1}}}$$

4.1-29 $\varrho(\text{Al}_2\text{O}_3) = 3{,}853 \text{ g} \cdot \text{ml}^{-1}$

4.1-30 a) $G_r = \dfrac{M(\text{S}_x)}{M(\text{Luft})} \qquad x = 6$

b) $x = 2$

4.1-31 $G_{r,o} = \dfrac{M(\text{I}_2)}{M(\text{Luft})} = 8{,}75$

$G_r = \dfrac{M(\text{I}_2 | 2\text{I})}{M(\text{Luft})} = 8{,}11$

Es gilt: $\dfrac{G_{r,o}}{G_r} = 1 + \alpha$

878 °C: $\alpha = 7{,}9\%$
1 250 °C: $\alpha = 54{,}9\%$
1 500 °C: $\alpha = 94{,}4\%$

4.1-32 Mit Hilfe der erweiterten Zustandsgleichung für Gase

$p \cdot V = n_0 \cdot (1 + \alpha) \cdot R \cdot T$ läßt sich α berechnen:

$\alpha = 0{,}416 \triangleq 41{,}6\%$

4.1-33 $G_{r,0} = 103{,}3$ $p(Cl_2) = p(PCl_3) = n_0 \cdot \alpha$
$G_{r,H_2} = 70$ $p(PCl_5) = n_0(1 - \alpha)$
$\alpha = 47{,}6\%$

$$\frac{p(Cl_2)}{P} = \frac{n(Cl_2)}{n(Cl_2) + n(PCl_3) + n(PCl_5)}$$

$$p(Cl_2) = \frac{n(Cl_2) \cdot P}{2n(Cl_2) + n(PCl_5)}$$

$$p(Cl_2) = \frac{n_0 \cdot \alpha \cdot P}{2n_0\alpha + n_0(1 - \alpha)}$$

$$p(Cl_2) = \frac{\alpha \cdot P}{\alpha + 1}$$

$$p(Cl_2) = \frac{0{,}476 \cdot 1{,}013 \text{ bar}}{1{,}476}$$

$p(Cl_2) = p(PCl_3) = 0{,}327$ bar

$$p(PCl_5) = \frac{n_0(1 - \alpha) \cdot P}{2n_0\alpha + n_0(1 - \alpha)} = 0{,}36 \text{ bar}$$

4.1-34 Bei dem Reaktionstyp A → 2B + C ist $\nu = 3$.

$$p \cdot V = \frac{m}{M(CH_6N_2O_2)} \cdot [1 + (\nu - 1)\alpha] \cdot R_m \cdot T$$

$\alpha = 1$

4.1-35 $\dfrac{p(H_2)}{P} = \dfrac{n(H_2)}{n(H_2) + n(I_2) + n(HI)}$

$$\frac{p(H_2)}{P} = \frac{\dfrac{n_0 \cdot \alpha}{2}}{\dfrac{n_0 \cdot \alpha}{2} + \dfrac{n_0 \cdot \alpha}{2} + n_0(1 - \alpha)}$$

$\alpha = 0{,}00758 \triangleq 0{,}76\%$

4.1-36 $m(Na_2CO_3) = 832{,}5$ mg

4.1-37 Im Reaktionsgleichgewicht $2NH_3 \rightleftarrows N_2 + 3H_2$ sind $\dfrac{n_0 \cdot \alpha}{2}$ mol N_2, $\dfrac{3 \cdot n_0 \alpha}{2}$ mol H_2 und noch $n_0(1 - \alpha)$ mol NH_3 vorhanden. Zusammengefaßt sind es $n_0(1 + \alpha)$ mol.

$$\frac{p(H_2)}{P} = \frac{n(H_2)}{n_0(1 + \alpha)} = \frac{3 \cdot n_0 \cdot \alpha}{2 \cdot n_0(1 + \alpha)}$$

$$p(H_2) = \frac{3 \cdot \alpha \cdot P}{2 + 2\alpha}$$

4.1-38 $V(H_2) = \dfrac{2 \cdot V_m \cdot m(H_2O)}{2 \cdot M(H_2O)} = 12{,}44\,l$

4.1-39 $V(2\,H_2|O_2) = \dfrac{3 \cdot V_m \cdot 100\,g}{2 \cdot M(H_2O)} = 186{,}6\,l$

4.1-40 a) $V(CO_2) = 21{,}1\,l$
  b) $V(CO_2) = 22{,}4\,l$
  c) $V(CO_2) = 27{,}7\,l$

4.1-41 $m(C_2H_2O_4 \cdot 2\,H_2O) = 51{,}97\,g$

4.1-42 $m(Fe) = 14\,950\,kg$
 $m(H_2SO_4, 98\%) = 26\,788\,kg$

4.1-43 a) $V(O_2) = 10\,l$
  b) $V(O_2) = 12{,}5\,l$

4.1-44 $4\,NH_3 + 3\,O_2 \rightarrow 2\,N_2 + 6\,H_2O$

  a) $V(O_2) = 0{,}75\,l$
  b) $V(O_2|N_2|H_2O) = 5{,}26\,l$

4.1-45 a) $\varrho = \dfrac{\bar{M}}{V_m} = \dfrac{29{,}6\,g \cdot mol^{-1}}{22{,}4\,l \cdot mol^{-1}} = 1{,}32\,g \cdot l^{-1}$

  b) $\varphi(CO_2) = 6{,}\bar{6}\%$
   $\varphi(O_2) = 13{,}\bar{3}\%$
   $\varphi(N_2) = 80{,}0\%$

4.1-46 $[C_6H_{10}O_5]_n + 6n\,O_2 \rightarrow 6n\,CO_2 + 5n\,H_2O$
 $m(H_2O) = 555{,}54\,g$
 $V(CO_2) = 829{,}42\,l$

4.1-47 Beachten Sie, daß 40 g ($\triangleq$ 28 l) Sauerstoff in der Steinkohle vorhanden sind. Es werden 1 747,6 l O$_2$ − 28 l O$_2$ = 1 719,6 l O$_2$ benötigt, dies entspricht 8 598 l Luft.

4.1-48 $V(O_2) = 1\,296{,}2\,l$
 $V(Luft) = 6\,480{,}8\,l$

4.1-49 $V(Luft) = 650\,l$

4.1-50 a) $C:O:N:H = 5:5:4:3$
  b) $V(Luft) = 1\,667\,l$

4.1-51 a) Es entstehen 206 l Rauchgas, das 37,4 l CO$_2$ enthält: $\varphi(CO_2) = 18{,}15\%$
  b) Es entstehen 248,6 l Rauchgas, das 37,4 l CO$_2$ enthält: $\varphi(CO_2) = 15{,}04\%$

4.1-52 $V(O_2) = 2{,}456\,l$
 $V(Luft) = 12{,}28\,l$

4.1-53 $4\,NH_3 + 5\,O_2 \rightarrow 4\,NO + 6\,H_2O$
 $V_n(O_2) = 7961{,}9\,l$ ⎫ 10facher Überschuß
 $V_n(Luft) = 39\,809{,}5\,l$ ⎭
 $V(Luft, 50\,°C, 2\,bar) = 23{,}9\,m^3$

4.1-54 $K_2Cr_2O_7 + 14\,HCl \rightarrow 2\,CrCl_3 + 2\,KCl + 3\,Cl_2 + 7\,H_2O$
$V_n(Cl_2) \quad = 9{,}6225\ l$
$m(K_2Cr_2O_7) = 42{,}1\ g$

4.1-55 $3\,Cl_2 + 6\,KOH \rightarrow KClO_3 + 5\,KCl + 3\,H_2O$
$V(Cl_2) = 15{,}24\ l$

4.1-56 $M(N_2O) = 44\ g \cdot mol^{-1}$

4.1-57 $Hg + 2\,H_2SO_4 \rightarrow HgSO_4 + SO_2 + 2\,H_2O$
$V(SO_2) = 1{,}865\ l$

4.1-58 $4\,FeS_2 + 11\,O_2 \rightarrow 2\,Fe_2O_3 + 8\,SO_2$
$V(SO_2) = \ \ 408{,}9\ l$
$V(Luft) = 2\,324{,}2\ l$

4.1-59 Beim Glühen läuft folgende Reaktion quantitativ ab:

$2\,NaHCO_3 \rightarrow Na_2CO_3 + CO_2 + H_2O.$

Dabei verliert die Probe die Hälfte ihres Kohlenstoffs als CO_2.

$$\frac{V(CO_2 \text{ aus geglühtem NaHCO}_3)}{V(CO_2 \text{ aus ungeglühtem NaHCO}_3)} = \frac{1}{2}$$

4.1-60 $x = m(CaCO_3)$
$y = m(MgCO_3)$

$x + y = 1\,000\ mg$

$$\frac{22{,}414\ ml \cdot x}{M(CaCO_3)} + \frac{22{,}414\ ml \cdot y}{M(MgCO_3)} = 240\ ml$$

$x = 616{,}7\ mg\ \ CaCO_3$
$y = 383{,}3\ mg\ \ MgCO_3$

$w(CaCO_3) = 61{,}67\%$
$w(MgCO_3) = 38{,}33\%$

4.1-61 $Ca_3N_2 + 6\,H_2O \rightarrow 2\,NH_3 + 3\,Ca(OH)_2$
$V(NH_3) = 3{,}024\ l$

4.1-62 a) $V(H_2) = 1{,}065\ l$
b) $V(H_2) = 2{,}820\ l$
c) $V(H_2) = 2{,}362\ l$

4.1-63 $2\,KNO_3 + 3\,Hg + 4\,H_2SO_4 \rightarrow 2\,NO + 3\,HgSO_4 + K_2SO_4 + 4\,H_2O$
$V_n(NO) \ \ = 37{,}5\ ml$
$w(KNO_3) = 84{,}6\%$

4.1-64 $V_n(H_2) \ \ = 79{,}4\ ml$
$w(Zn) \ \ \ \ = 73{,}5\%$

4.1-65 $p(Cl_2) \quad = 939{,}6\ mbar$

4.1-66 $V \quad\quad\ \ = 14{,}236\ l$

4.1-67 $\Delta m \quad\ \ = 157{,}1\ mg$
$V_n(CO) \ \ = 20\ ml \quad$ (Restgas)

4.1-68 $2 C_6H_{14} + 19 O_2 \rightarrow 12 CO_2 + 14 H_2O$

Es entstehen 5,91 l Gase.

$p = 2,48$ bar

4.1-69 $4 C_3H_5O_9N_3 \rightarrow 12 CO_2 + 10 H_2O + 6 N_2 + O_2$
$V = 5,96$ l

4.1-70 $Pb(N_3)_2 \rightarrow Pb + 3 N_2$
$p = 66,3$ bar

4.1-71   a) Massenverhältnis:

$$\frac{m(H_2S)}{m(H_2)} = \frac{1}{0,093}$$

b) Volumenverhältnis:

$$\frac{V(H_2S)}{V(H_2)} = \frac{1}{1,574}$$

4.1-72   a) $V_n(H_2S) = 2,473$ l
$V_n(H_2) = 0,120$ l

b) $\varphi(H_2S) = 95,4\%$
$\varphi(H_2) = 4,6\%$

$w(H_2S) = 99,7\%$
$w(H_2) = 0,3\%$

4.1-73 $C_2H_5OH + 3 O_2 \rightarrow 2 CO_2 + 3 H_2O$

Aus 0,9 g Ethanol entstehen 2,189 l Gasgemisch ($CO_2 | H_2O$), dabei werden 1,314 l O_2 verbraucht. Nach der Reaktion liegen also 3,875 l Gase im Normzustand vor.

$p = 1,91$ bar

4.1-74   Bei der Reaktion $3 O_2 \rightarrow 2 O_3$ soll von einem Volumen von 1013 ml O_2 ausgegangen werden. Der Druckabfall um 9 mbar bedeutet, daß 27 ml O_2 in 18 ml O_3 umgewandelt wurden. Zur Berechnung des Volumenanteils O_3 im Gemisch wird das O_3-Volumen durch das Gemischvolumen dividiert. Zur Berechnung des Massenanteils O_3 im Gemisch dividiert man zweckmäßigerweise das umgesetzte Volumen O_2 durch das Ausgangsvolumen O_2.

$$\varphi(O_3) = \frac{18 \text{ ml}}{1004 \text{ ml}} = 1,79\%$$

$$w(O_3) = \frac{27 \text{ ml}}{1013 \text{ ml}} = 2,67\%$$

4.1-75   Aus 1 000 ml NH_3 bei 1 013 mbar entstehen $(1\,000 - x)$ ml NH_3 und $0,5 \cdot x$ ml N_2 und $1,5 \cdot x$ ml H_2.

$$\frac{1\,000 \text{ ml}}{1\,013 \text{ mbar}} = \frac{(1\,000 - x + 0,5x + 1,5x) \text{ ml}}{1\,200 \text{ mbar}}$$

$x = 184,6$ ml

$\varphi(NH_3) = 68,83\%$ $w(NH_3) = 81,53\%$
$\varphi(N_2) = 7,79\%$ $w(N_2) = 15,19\%$
$\varphi(H_2) = 23,38\%$ $w(H_2) = 3,28\%$

4.1-76 $CH_3MgI + R-OH \rightarrow CH_4 + MgIOR$

   $V_n(CH_4) = 37,15$ ml
   $n(CH_4) = 1,657$ mmol

   Das Molekül enthält zwei Hydroxygruppen.

4.1-77 $V_n(H_2) = 20,886$ ml
   $n(H_2) = 0,932$ mmol

   Ein Carotinmolekül enthält 11 Doppelbindungen.

4.1-78 $x = V(CH_4)$
   $y = V(C_2H_2)$
   $z = V(C_3H_8)$

   Es gilt das Gleichungssystem

   $x + y + z = 25$ ml
   $2x + 2,5y + 5z = 57,5$ ml O_2
   $x + 2y + 3z = 32$ ml CO_2

   mit den Lösungen:

   $x = 20$ ml $\varphi(CH_4) = 80\%$
   $y = 3$ ml $\varphi(C_2H_2) = 12\%$
   $z = 2$ ml $\varphi(C_3H_8) = 8\%$

4.1-79 $\varphi(CH_4) = 40,4\%$ $\varphi(CO) = 6,0\%$
   $\varphi(H_2) = 44,5\%$ $\varphi(CO_2) = 0,5\%$
   $\varphi(N_2) = 4,1\%$ $\varphi(O_2) = 0,5\%$
   $\varphi(C_2H_4) = 4,0\%$

4.1-80 $C_xH_y + \left(x + \frac{y}{4}\right)O_2 \rightarrow x\,CO_2 + \frac{y}{2}H_2O$

   Der gesuchte Kohlenwasserstoff hat die Formel C_2H_6.

4.1-81 $H_2 + I_2 \rightleftharpoons 2\,HI$ $K_C = 50,2$

   Nach Einstellung des Reaktionsgleichgewichts gilt:

   $$\frac{c^2(HI)}{c(H_2) \cdot c(I_2)} = 50,2$$

   x mol H_2 bzw. I_2 haben sich gebildet.

   Geht man von 1 mol HI aus, so lautet die Gleichgewichtsbeziehung:

   $$\frac{(1-x)^2}{x^2} = 50,2$$

   Die quadratische Gleichung hat die positive Lösung $x = 0,11$ mol; eingesetzt in $c(HI) = 1 - 2x$ ergibt sich $c(HI) = 0,78$ mol; d.h. 22% des Iodwasserstoffs sind zerfallen. ·

4.1-82 $2\,SO_3 \rightleftharpoons 2\,SO_2 + O_2$

   Im Reaktionsgleichgewicht liegen 0,5 mol SO_3, 0,5 mol SO_2 und 0,25 mol O_2 vor.

$$K_c = \frac{c^2(SO_2) \cdot c(O_2)}{c^2(SO_3)}$$

$K_c = 0{,}25 \text{ mol} \cdot l^{-1}$

4.1-83 $2\,NH_3 \rightleftarrows N_2 + 3\,H_2$

Wenn 0,4 mol H_2 entstanden sind, müssen 0,4 mol : 3 mol N_2 ebenfalls entstanden sein. Wenn 1 mol NH_3 zerfällt, werden 1,5 mol H_2 gebildet, bei 0,4 mol H_2 sind nur $0{,}2\overline{6}$ mol NH_3 zerfallen, folglich sind im Reaktionsgleichgewicht noch $0{,}7\overline{3}$ mol NH_3 vorhanden.

$$K_c = \frac{c^3(H_2) \cdot c(N_2)}{c^2(NH_3)}$$

Im Reaktionsgleichgewicht gilt:

$c(H_2) \quad = \dfrac{0{,}4 \text{ mol}}{2\,l} = 0{,}2 \text{ mol} \cdot l^{-1}$

$c(N_2) \quad = \dfrac{0{,}1\overline{3} \text{ mol}}{2\,l} = 0{,}0\overline{6} \text{ mol} \cdot l^{-1}$

$c(NH_3) = \dfrac{0{,}7\overline{3} \text{ mol}}{2\,l} = 0{,}3\overline{6} \text{ mol} \cdot l^{-1}$

$K_c = 4 \cdot 10^{-3} \text{ mol}^2 \cdot l^{-2}$

4.1-84

	$2\,SO_2\,+$	O_2	$\rightleftarrows 2\,SO_3$
Reaktionsbeginn:	10 mol	90 mol	0
Reaktionsgleichgewicht:	1 mol	85,5 mol	9 mol

$p(SO_3) = \dfrac{9 \text{ mol}}{95{,}5 \text{ mol}} \text{ bar}$

$p(SO_2) = \dfrac{1 \text{ mol}}{95{,}5 \text{ mol}} \text{ bar}$

$p(O_2) \;\, = \dfrac{85{,}5 \text{ mol}}{95{,}5 \text{ mol}} \text{ bar}$

$K_p = \dfrac{p^2(SO_3)}{p^2(SO_2) \cdot p(O_2)}$

$K_p = 90{,}5 \text{ bar}^{-1}$

4.1-85 Da die Temperatur konstant bleibt, haben auch die Dissoziationskonstanten K_c und K_p für die Gleichgewichte vor und nach der Wasserstoffzugabe jede für sich den gleichen Zahlenwert. Da auch das Volumen konstant ist und weggekürzt werden kann, bietet sich die Lösung über die Konzentrationsbeziehungen des MWG nach folgendem Schema an:

$\qquad\qquad\qquad\qquad 2\,NH_3 \rightleftarrows \quad N_2 \quad + \quad 3\,H_2$

Stoffmengen vor Reaktionsbeginn:	1 mol	0	0
1. Gleichgewicht:	0,1 mol	0,45 mol	1,35 mol
2. Gleichgewicht:	0,2 mol	0,4 mol	n_x mol

$$\frac{\frac{n_1(N_2) \cdot n_1^3(H_2)}{V \cdot V^3}}{\frac{n_1^2(NH_3)}{V^2}} = \frac{\frac{n_2(N_2) \cdot n_2^3(H_2)}{V \cdot V^3}}{\frac{n_2^2(NH_3)}{V^2}} \Rightarrow \frac{0{,}45 \cdot 1{,}35^3}{0{,}1^2} \text{ mol}^2 = \frac{0{,}4 \cdot n_x^3}{0{,}2^2} \text{ mol}^{-1}$$

$n_x = 2{,}229$ mol; $n(H_2\text{-Zusatz}) = n_x - n_1(H_2) = 1{,}029$ mol; $m(H_2) = 2{,}07$ g.

4.1-86 $CO + H_2O \rightleftharpoons H_2 + CO_2$

Da die Reaktion ohne Veränderung der Molekülanzahl abläuft, können in die Gleichgewichtsgleichung des Massenwirkungsgesetzes ($K_p = K_c$) statt der Partialdrücke oder Konzentrationen der Reaktanden auch direkt ihre Volumenanteile eingesetzt werden. Anstatt der Beziehung:

$$\frac{c(H_2) \cdot c(CO_2)}{c(CO) \cdot c(H_2O)} = 1{,}6$$

kann man dann unter Berücksichtigung der durch Temperaturerhöhung erzwungenen Gleichgewichtsverschiebung in der Reaktionsgleichung nach rechts die neue Bestimmungsgleichung:

$$\frac{(5 + \varphi_x) \cdot (3 + \varphi_x)}{(25 - \varphi_x) \cdot (10 - \varphi_x)} = 1{,}6$$

formulieren, in der φ_x den unbekannten Volumenanteil zusätzlich gebildeten Wasserstoffs und Kohlendioxids bzw. des dabei verbrauchten Kohlenmonoxids und Wassers bedeutet. Die durch Umformung erhaltene quadratische Gleichung hat die Lösung $\varphi_x = 6{,}4\%$. Daraus errechnen sich die Volumenanteile:

$\varphi(CO) = 18{,}6\%$
$\varphi(H_2) = 11{,}4\%$
$\varphi(CO_2) = 9{,}4\%$
$\varphi(H_2O) = 3{,}6\%$
$\varphi(N_2) = 57{,}0\%$

4.1-87 Die Reaktion

$4\,HCl + O_2 \rightleftharpoons 2\,H_2O + 2\,Cl_2$

läßt sich als Summe der Teilreaktion

I $4\,HCl \rightleftharpoons 2\,H_2 + 2\,Cl_2$
II $2\,H_2 + O_2 \rightleftharpoons 2\,H_2O$

auffassen.

$K_c = K_I \cdot K_{II}$
$ = 10^{-7} \cdot 10^{-7} \cdot \dfrac{1}{9{,}3 \cdot 10^{-12} \text{ mol} \cdot l^{-1}}$
$K_c = 1{,}07 \cdot 10^{-3}$ l·mol^{-1}

4.1-88

	N_2O_4	$\rightleftharpoons$	$2\,NO_2$
Reaktionsbeginn:	1 mol		0
Reaktionsgleichgewicht:	0,5 mol = $(1 - \alpha)$ mol		1 mol = (2α) mol

Partialdrücke: $\dfrac{0{,}5 \text{ mol}}{1{,}5 \text{ mol}} \cdot P$ $\dfrac{1 \text{ mol}}{1{,}5 \text{ mol}} \cdot P$

Außerdem gilt: $\Sigma n = 1{,}5$ mol, $P = 666{,}6$ mbar und $\alpha = 0{,}5$.

$$K_p = \frac{p^2(NO_2)}{p(N_2O_4)} = \frac{\left(\dfrac{2\alpha}{1+\alpha}\right)^2 \cdot P^2}{\dfrac{1-\alpha}{1+\alpha} \cdot P} = \frac{4\alpha^2 \cdot P}{1-\alpha^2}$$

$K_p = 888{,}8$ mbar

In die Gleichung $\dfrac{4\alpha^2 \cdot P}{1-\alpha^2} = 888{,}8$ mbar für $P = 250$ mbar eingesetzt, ergibt sich: $\alpha = 68{,}6\%$.

4.1-89 Lösung von 4.1-33:

$p(Cl_2) = p(PCl_3) = 0{,}327$ bar
$p(PCl_5) = 0{,}36$ bar

$PCl_5 \rightleftarrows PCl_3 + Cl_2$

$$K_p = \frac{p(PCl_3) \cdot p(Cl_2)}{p(PCl_5)} = \frac{(0{,}327 \text{ bar})^2}{0{,}36 \text{ bar}} = 0{,}297 \text{ bar}$$

$$K_c = \frac{K_p}{RT} = \frac{0{,}297 \text{ bar}}{0{,}08314 \text{ l} \cdot \text{bar} \cdot \text{mol}^{-1} \text{K}^{-1} \cdot 473 \text{ K}} = 7{,}55 \cdot 10^{-3} \text{ mol} \cdot \text{l}^{-1}$$

4.1-90 $2\,CO_2 \rightleftarrows 2\,CO + O_2$

Reaktionsbeginn: 1 mol   0   0
Reaktionsgleichgewicht: $(1-\alpha)$ mol α mol $(0{,}5\alpha)$ mol

Partialdrücke: $\dfrac{(1-\alpha) \cdot P}{1+0{,}5\alpha}$ $\dfrac{\alpha \cdot P}{1+0{,}5\alpha}$ $\dfrac{0{,}5\alpha \cdot P}{1+0{,}5\alpha}$

Es gilt $\alpha = 0{,}018$ und $\Sigma n = (1 + 0{,}5\alpha)$ mol.

$$K_p = \frac{\dfrac{\alpha^2}{(1+0{,}5\alpha)^2} \cdot P^2 \cdot \dfrac{0{,}5\alpha}{1+0{,}5\alpha} \cdot P}{\left(\dfrac{1-\alpha}{1+0{,}5\alpha}\right)^2 \cdot P^2} = 3 \cdot 10^{-6} \text{ bar}$$

$$K_c = \frac{K_p}{RT} = 1{,}6 \cdot 10^{-8} \text{ mol} \cdot \text{l}^{-1}$$

4.1-91 $2\,H_2O \rightleftarrows 2\,H_2 + O_2$

Diese Gleichung hat dieselbe Form wie im Beispiel 22 die Dissoziationsgleichung von NO_2. Folglich gilt analog:

$$K_p = \frac{\alpha^3 \cdot P}{(2+\alpha)(1-\alpha)^2} = K_c \cdot R \cdot T.$$

Bei Vernachlässigung von α im Nenner resultiert:

α = 0,145.

Die genaue Lösung der kubischen Gleichung führt zu α = 0,135.

4.1-92 1 l Luft enthält a mol O_2 und $4a$ mol N_2.

$$O_2 \;+\; N_2 \;\rightleftarrows\; 2\,NO$$

Reaktionsbeginn: a mol $4a$ mol   0
Reaktionsgleichgewicht: $(a-x)$ mol $(4a-x)$ mol $2\cdot x$ mol; $\sum n_i = 5$ mol

$$K_p = K_c = \frac{4x^2}{(4a-x)(a-x)}$$

Weil bei dieser Aufgabenstellung der Volumenanteil des entstandenen NO mit $\varphi = 0,022$ gegeben ist, kann man daraus x folgendermaßen berechnen:

Mit $\dfrac{p_i}{p} = \dfrac{n_i}{\sum n_i} = \dfrac{V_i}{V} = \varphi_i = x_i$ bzw. mit $n_i = 2\,V_x$, $\sum n_i = 5$ mol und $\varphi_i = 0,022$ folgt:

$x = 0,055$ mol.

$K_p = K_c = 3,25 \cdot 10^{-3}$

4.1-93 $3\,H_2 + N_2 \rightleftarrows 2\,NH_3$

Man berechne zuerst die Gleichgewichtskonstante K_p bei 1 bar. Beim Reaktionsgleichgewicht herrschen folgende Partialdrücke:

$p(NH_3) = 0,00011$ bar
$p(H_2)\ \ = \frac{3}{4}(1 - 0,00011)$ bar
$p(N_2)\ \ = \frac{1}{4}(1 - 0,00011)$ bar

$$K_p = \frac{p^2(NH_3)}{p^3(H_2) \cdot p(N_2)}$$

$$K_p = \frac{(1,1 \cdot 10^{-4})^2 \text{ bar}^2}{(\tfrac{3}{4})^3 \cdot (1 - 1,1 \cdot 10^{-4})^3 \text{ bar}^3 \cdot \tfrac{1}{4}(1 - 1,1 \cdot 10^{-4}) \text{ bar}}$$

$K_p = 1,15 \cdot 10^{-7}$ bar^{-2}

Da die Temperatur konstant bleibt, ändert sich die Gleichgewichtskonstante K_p nicht. Bei 200 bar haben sich x Volumenanteile NH_3 gebildet, und nach der Einstellung des Reaktionsgleichgewichtes haben die Gase folgende Partialdrücke:

$p(NH_3) = x \cdot 200$ bar
$p(H_2)\ \ = \frac{3}{4}(1 - x) \cdot 200$ bar
$p(N_2)\ \ = \frac{1}{4}(1 - x) \cdot 200$ bar

Mit gekürzten Maßeinheiten in das Massenwirkungsgesetzt eingesetzt ergibt sich:

$$K_p = \frac{200^2\, x^2}{\dfrac{3^3}{4^3}(1-x)^3 \cdot \dfrac{1}{4} \cdot (1-x) \cdot 200^4} = 1,15 \cdot 10^{-7}$$

Mit der Lösung $x = 0,021$; d.h. $\varphi(NH_3) = 2,1\%$.

4.1-94 An dieser heterogenen Reaktion, deren Gleichgewicht in der Gasphase untersucht werden soll, sind die beiden Salze als Feststoffe beteiligt. Nach den Gesetzen der Gleichgewichtslehre gelten ihre Konzentrationen oder Partialdrücke bei gleichbleibender Temperatur als konstant und werden in die Reaktionsgleichgewichtskonstante mit einbezogen (s. Beispiel 25). Man erhält dadurch die vereinfachte Massenwirkungsbeziehung

$$K \cdot \frac{p(CuSO_4)}{p(CuSO_4 \cdot H_2O)} = K_p = p(H_2O).$$

Weil nun K_p bei konstant gehaltener Gleichgewichtstemperatur einen konstanten Wert hat, gilt diese Bedingung auch für $p(H_2O)$, den Wasserdampf-Gleichgewichtsdruck über dem Salzgemisch, unabhängig von dessen Zusammensetzung.
Bei 25 °C gilt deshalb:

$p(H_2O) = K_p = 1{,}07$ mbar.

Die relative Feuchte der über dem Salzgemisch getrockneten Luft ist:

relative Luftfeuchte $= \dfrac{\text{Gleichgewichtsdampfdruck}}{\text{Sättigungsdampfdruck}} = \dfrac{1{,}07 \text{ mbar}}{31{,}7 \text{ mbar}} = 0{,}0337 = 3{,}37\%$.

4.1-95 $O=C\begin{smallmatrix}\nearrow NH_2 \\ \searrow ONH_4\end{smallmatrix} \rightleftarrows 2\,NH_3 + CO_2$

Gesamtdruck $= P$

$p(NH_3) = \dfrac{2}{3} \cdot P$

$p(CO_2) = \dfrac{P}{3}$

$K_p = p^2(NH_3) \cdot p(CO_2) = \left(\dfrac{2}{3}P\right)^2 \cdot \dfrac{P}{3}$

$K_p = \dfrac{4P^3}{27}$

4.1-96 Der Partialdruck des Sauerstoffs in der Luft beträgt

$p_1(O_2) = 0{,}2 \cdot 1{,}01325$ bar $= 0{,}20265$ bar.

Dies entspricht einer Stoffmenge

$n_1(O_2) = \dfrac{1\,\text{l} \cdot 0{,}20265 \text{ bar}}{1{,}01325 \text{ bar} \cdot 22{,}4\,\text{l} \cdot \text{mol}^{-1}} = 8{,}929$ mmol.

Im Verteilungsgleichgewicht gilt:

$n_2(O_2) = \dfrac{1\,\text{l} \cdot p_2(O_2)}{1{,}01325 \text{ bar} \cdot 22{,}4\,\text{l} \cdot \text{mol}^{-1}}$

In der flüssigen Phase ist die Stoffmenge des gelösten Sauerstoffs:

$n_3(O_2) = \dfrac{0{,}0049\,\text{l} \cdot p_2(O_2)}{1{,}01325 \text{ bar} \cdot 22{,}4\,\text{l} \cdot \text{mol}^{-1}}$

Die Stoffmenge des Sauerstoffs, die in der Gasphase zurückbleibt, ist $n_4(O_2)$:

$n_4(O_2) = n_1(O_2) - n_3(O_2)$

Mit Hilfe der Zustandsgleichung der Gase (4.12) erhält man:

$$\frac{p_2(O_2) \cdot 1\,l}{1{,}01325\,\text{bar}} = n_4(O_2) \cdot R_m \cdot T$$

Nach Einsetzen der Werte errechnet sich:

$p_2(O_2) = 195{,}6$ mbar.

In analoger Weise errechnet sich der Partialdruck des Stickstoffs:

$p_2(N_2) = 802{,}2$ mbar.

Der Gesamtdurck P ist die Summe der Partialdrücke:

$P = p_2(O_2) + p_2(N_2) + p(H_2O)$
$P = 195{,}6\text{ mbar} + 802{,}2\text{ mbar} + 6{,}1\text{ mbar}$
$P = 1\,003{,}9$ mbar.

Kapitel 4.2

4.2-1 $\quad c_1 = \dfrac{\Pi_1}{R_m T_1};\quad c_2 = \dfrac{\Pi_1}{R_m T_1 \cdot 10};$

$\Pi_2 = c_2 R_m T_2 = \dfrac{\Pi_1 R_m T_2}{R_m T_1 \cdot 10}$

$\quad = \dfrac{\Pi_1 T_2}{T_1 \cdot 10} = \dfrac{2 \cdot 288}{293 \cdot 10} = 0{,}197$ bar

4.2-2 a) $\Pi = c R_m T = 0{,}1 \cdot R_m \cdot 295 = 2{,}45$ bar

b) $M(\text{Glucose}) = 180$ g · mol^{-1}; 1 l Lösung enthält $m = 1000$ g (Dichte 1 g · ml^{-1}); der Massenanteil von 1 % $\triangleq$ 10 g Glucose; Stoffmenge Glucose ist $\dfrac{10}{180}$ mol, die Stoffmengenkonzentration beträgt $\dfrac{10}{180 \cdot 1}$ mol · l^{-1}.

$\Pi = c R_m T = \dfrac{10 \cdot R_m \cdot 283}{180 \cdot 1} = 1{,}31$ bar.

4.2-3 $M(C_{12}H_{22}O_{11}) = 342$ g · mol^{-1}; Stoffmenge $\dfrac{68{,}4}{342} = 0{,}2$ mol, in 1 l ergibt sich eine Stoffmengenkonzentration von 0,2 mol · l^{-1}.

Nach Gleichung (4.39) gilt: $R_m = \dfrac{4{,}81}{0{,}2 \cdot 294{,}8} = 0{,}08158$ l bar K^{-1} mol^{-1}.

4.2-4 Siehe dazu die Gleichungen (4.40) und (4.41): $A_1 = M^{-1}$.

Auftragen von $\dfrac{\Pi}{\varrho^*}$ (als Ordinate) gegen ϱ^* (Abszisse) und Extrapolation $\varrho^* \to 0$ ergibt graphisch $R_m T A_1$ als Ordinatenabschnitt.

$$\frac{R_m T}{\text{Ordinatenabschnitt}} = M$$

	Aceton	Dioxan
Ordinatenabschnitt $\left(\frac{M}{\varrho^*} \text{ für } \varrho^* \to 0\right)$	$1{,}91 \cdot 10^{-4}$	$1{,}96 \cdot 10^{-4}$
M	$1{,}31 \cdot 10^5$	$1{,}27 \cdot 10^5$

4.2-5 Siehe dazu Gleichung (4.46): ΔT_m von 0,56 °C ergibt $\frac{0{,}56}{1{,}86} = 0{,}3$ mol auf 1000 g Wasser. 1 ml Blutserum enthält 1 g Wasser, d.h. 0,3 mol auf 1 l Serum ($c = 0{,}3 \text{ mol} \cdot l^{-1}$). Mit Gleichung (4.39) ergibt sich: Π(bei 0°C) = 6,83 bar; Π(37°C) = 7,76 bar.

4.2-6 Nach Gleichung (4.39) mit $n = \frac{m}{M}$ gilt:

$$\Pi \cdot V = \frac{m \cdot R_m T}{M} \quad \text{und} \quad \Pi = c \cdot R_m T$$

($\Pi = 7{,}76$ bar, M(Rohrzucker) = 342 g·mol^{-1}; $T = 310$ K, $V = 1$ l)

$m = 102{,}96$ g·l^{-1}; $c = 0{,}3$ mol·l^{-1}

4.2-7 Vollständig dissoziierter Elektrolyt (NaCl): $\Pi = \Phi \cdot v \cdot c \cdot R_m \cdot T$
(Φ = osmotischer Koeffizient, v = Anzahl der bei der Dissoziation entstehenden Teilchen = 2 bei NaCl)

a) $c = \frac{7{,}76}{1 \cdot 2 \cdot R_m \cdot 310} = 0{,}1505$ mol·l^{-1} und $0{,}1505 \cdot M$(NaCl) = 8,8 g·l^{-1}.

b) $c = \frac{7{,}76}{0{,}96 \cdot 2 \cdot R_m \cdot 310} = 0{,}1568$ mol·l^{-1} und 9,17 g·l^{-1}.

4.2-8 $\Delta T_m = \Phi \cdot v \cdot K_m \cdot b$ (mit $v = 2$, b = Molalität, K_m siehe Fußnote *) 0,5 g in 100 g Wasser, d.h. 5 g in 1000 g Wasser ergeben: $b = \frac{5}{58{,}5}$ (mit 58,5 für M(NaCl))

a) $\Phi = \frac{0{,}315 \cdot 58{,}5}{2 \cdot 1{,}86 \cdot 5} = 0{,}99$;

b) $\Phi = 0{,}95$

4.2-9 M(KNO$_3$) = 101,1 g/mol; M(Na$_2$SO$_4$) = 142,04 g/mol; M(BaCl$_2$) = 208,23 g/mol; M(KAl(SO$_4$)$_2$·12H$_2$O) = 474,39 g/mol; $\Phi = 1$

a) c(KNO$_3$) $= \frac{0{,}2 \cdot 1000}{300 \cdot 101{,}1}$ $\Pi = \Phi \cdot v \cdot c \cdot R_m T$ ($v = 2$; KNO$_3$ 2 Ionen) = 0,32 bar

b) c(Na$_2$SO$_4$) = $2{,}1 \cdot 10^{-3}$ mol·l^{-1}; $v = 3$; $\Pi = 0{,}15$ bar.

c) c(BaCl$_2$) = $4{,}8 \cdot 10^{-3}$ mol·l^{-1}; $v = 3$; $\Pi = 0{,}35$ bar.

d) c(KAl(SO$_4$)$_2$·12H$_2$O = $1{,}26 \cdot 10^{-3}$ mol·l^{-1}; $v = 4$; $\Pi = 0{,}12$ bar.

4.2-10 2,563 + 38,56 = 41,123 g Lösung enthalten 2,563 g Säure. Titration ergibt: 4,69 g Lösung enthalten $2{,}436 \cdot 10^{-3}$ mol Säure, diese entsprechen $\frac{2{,}563 \cdot 4{,}69}{41{,}123}$ g; somit ist 1 mol = 120 g:

M(Säure) = 120 g·mol^{-1}; Molalität $b = \frac{2{,}563 \cdot 1000}{38{,}56 \cdot 120}$; $\Delta T_m = K_m \cdot b$

$$\Delta T_{m,a} = T_m[1 + (v-1)\alpha] \quad (\text{mit } \Delta T_{m,a} = 1{,}11 \text{ und } v = 2)$$

$$1{,}11 = \frac{1{,}86 \cdot 2{,}563 \cdot 1000}{38{,}56 \cdot 120}[1 + (2-1)\alpha];$$

$$\alpha = 7{,}8\%$$

4.2-11 $c(\text{Glucose}) = 0{,}38 \text{ mol} \cdot l^{-1}$; $\Pi(\text{Glucose}) = 0{,}38 \cdot R_m T$; $\Pi(K_4\text{Fe}(CN)_6) = \Phi \cdot v \cdot c \cdot R_m T$
Die Lösungen sind isotonisch:
$\Pi(\text{Glucose}) = \Pi(K_4\text{Fe}(CN)_6)$ mit $c(K_4\text{Fe}(CN)_6) = 0{,}1 \text{ mol} \cdot l^{-1}$ und $v = 5$
$\Phi = 0{,}76$

4.2-12 Raoultsches Gesetz: $\dfrac{p_0 - p}{p} = \dfrac{n}{n(\text{Lsm})}$ (siehe hierzu Gleichung 4.42 und 4.43).

Mit $M(\text{Harnstoff}) = 60 \text{ g} \cdot \text{mol}^{-1}$ ist $n(\text{Harnstoff}) = \dfrac{2{,}56}{60}$ mol und $n(\text{Wasser}) = \dfrac{100}{18}$ mol.

$$\frac{23{,}18 - p}{p} = \frac{2{,}56 \cdot 18}{60 \cdot 100}; \quad p = 23{,}0 \text{ mbar}$$

4.2-13 $M(\text{Diethylether}) = 74 \text{ g} \cdot \text{mol}^{-1}$; $n = \dfrac{80{,}7}{74}$ mol;

$n(\text{Salicylsäure}) = \dfrac{416}{M(\text{Salicylsäure})}$; $p_0 = 389$ mbar; $p = 377$ mbar.

Über das Raoultsche Gesetz ergibt sich: $M(\text{Salicylsäure}) = 127{,}5 \text{ g} \cdot \text{mol}^{-1}$

4.2-14 $\dfrac{p_0 - p}{p} = \dfrac{n(\text{wirksame Teilchen})}{n(\text{Lsm})}$

$p_0 = 6{,}159$ mbar; $p = 6{,}113$ mbar; $n(\text{Lsm}) = \dfrac{100}{18}$ mol; $M(\text{CaCl}_2) = 111 \text{ g} \cdot \text{mol}^{-1}$.

$n(\text{wirksame Teilchen}) = \dfrac{2{,}21 \cdot \Phi \cdot v}{111}$ (wobei $v = 3$)

$\Phi = 0{,}7$

4.2-15 Die Massenabnahme der ersten Flasche ist proportional zum Dampfdruck der Lösung, die Massenabnahme der zweiten Flasche ist proportional der Dampfdruckdifferenz beider Flüssigkeiten $p_0 - p$.

$n(\text{Ether}) = \dfrac{100}{74}$ mol; $n(\text{Anilin}) = \dfrac{7{,}74}{M(\text{Anilin})}$ mol

$\dfrac{p_0 - p}{p} = \dfrac{0{,}0966}{1{,}4785} = \dfrac{n(\text{Anilin})}{n(\text{Ether})}$; $M(\text{Anilin}) = 87{,}7 \text{ g} \cdot \text{mol}^{-1}$.

4.2-16 $\Delta T = K_m \cdot b$ mit $b = \dfrac{m(X) \cdot 1000}{m(Y) \cdot M(X)}$, wobei $m(X) =$ Masse des gelösten Stoffes (Schwefel),

$m(Y) =$ Masse des Lösungsmittels, $M(X) =$ molare Masse des Schwefels, $K_m = 2{,}4$.

$$0{,}123 = \frac{2{,}4 \cdot 0{,}562 \cdot 1000}{43{,}5 \cdot M(X)}$$

$M(X) = 252{,}09$ und $\dfrac{M(X)}{A_r(S)} = 7{,}86$, d. h. ein Schwefelmolekül enthält 8 Atome.

4.2-17 (Lösung wie 4.2-16)

$$13{,}3 = \frac{40 \cdot 15{,}2 \cdot 1000}{265{,}3 \cdot M(X)}; \quad M(X) = 172{,}3$$

4.2-18 (Lösung wie 4.2-16)
mit $K_m = 3{,}9$; $m(Y) = 14{,}74$ und
a) $m(X) = 0{,}088$ g b) $m(X) = 0{,}28$ g c) $m(X) = 0{,}765$ g
$\Delta T_m = 0{,}266$ $\Delta T_m = 0{,}755$ $\Delta T_m = 1{,}63$
ergibt
$M(X)$ 87,5 g   98,1 g   124,2 g

4.2-19 $\Delta T_m = K_m \cdot b$ mit $K_m = 1{,}86$ ergibt für die beiden Grenzwerte die molalen Konzentrationen
a) $b = \dfrac{0{,}087}{1{,}86}$ und b) $b = \dfrac{2{,}71}{1{,}86}$
Diese sind, unter der Annahme, daß 1 ml Harn 1 g Wasser enthält, auch gleich den molaren Konzentrationen c.
Mit $\Pi = c \cdot R_m T$ ist: a) $\Pi_1 = 1{,}12$ bar, b) $\Pi_2 = 34{,}4$ bar.

4.2-20 (Lösung wie 4.2-19)
Molalität $b = \dfrac{2}{1{,}86}$; Molarität $\cong$ Molalität.
$\Pi = 24{,}4$ bar.

4.2-21 Masse von 1 l Lösung = 1062 g; Masse der gelösten $H_3PO_4 = 2 \cdot 98 = 196$ g; Masse Lösungsmittel = 1062 − 196 = 866 g.
Molalität $b = \dfrac{196 \cdot 1000}{98 \cdot 866} = 2{,}31$ mol $\cdot$ kg^{-1}.
Keine Dissoziation: $\Delta T_b = K_b \cdot b = 0{,}52 \cdot 2{,}31 = 1{,}201$ °C
Berücksichtigung der Dissoziation: $\Delta T_{b,\alpha} = \Delta T_b [1 + (\nu - 1)\alpha]$
Mit $\nu = 2$ (1 Proton dissoziiert) und $\alpha = 0{,}09$ ergibt $\Delta T_{b,\alpha} = 1{,}31$ °C
Siedepunkt 100 + 1,31 = 101,31 °C.

4.2-22 Die geringe Kristallwassermenge ($\sim 0{,}05$ g) soll beim Lösevorgang die Lösungsmittelmenge nicht erhöhen.
$\Delta T_m = \Phi \cdot \nu \cdot K_m \cdot b$ mit $\nu = 3$ (BaCl$_2$); $K_m = 1{,}86$;
$\Delta T_m = 0{,}119$ und Molalität $b = \dfrac{0{,}293 \cdot 1000}{244{,}2 \cdot 50} \Rightarrow \Phi = 0{,}89$ (M(BaCl$_2$) 244,2 g $\cdot$ mol^{-1})

4.2-23 Mit $\Delta T_m = 2{,}3$ und $K_m = 3{,}9$ ergibt sich die Molalität
$b = \dfrac{2{,}3}{3{,}9}$ mol $\cdot$ kg^{-1} bzw. $\dfrac{2{,}3 \cdot 18}{3{,}9} = 10{,}62$ g Wasser auf 1000 g CH$_3$COOH.
Massenanteil $w(H_2O) = \dfrac{10{,}62}{10{,}62 + 1000} = 0{,}0105$ oder 1,05 %.

4.2-24 Massenanteile in 100 g Lösung: 2 g Harnstoff, 1 g NaCl, 1 g sonstige Spuren, 96 g Wasser (molare Massen: Harnstoff 60 g $\cdot$ mol^{-1}, NaCl 58,5 g $\cdot$ mol^{-1}, Spuren 100 g $\cdot$ mol^{-1}). Molzahlen auf 1000 g Wasser:
Harnstoff $\dfrac{2 \cdot 1000}{96 \cdot 60}$ mol; NaCl $\dfrac{1 \cdot 1000}{96 \cdot 58{,}5}$ mol; sonstige Spuren $\dfrac{1 \cdot 1000}{96 \cdot 100}$ mol.
Von diesen Reinstoffen dissoziiert außerdem einer, NaCl, vollständig in 2 Ionen:
$\Delta T_m = 1{,}86 \left(\dfrac{2 \cdot 1000}{96 \cdot 60} + \dfrac{2 \cdot 1 \cdot 1000}{96 \cdot 58{,}5} + \dfrac{1 \cdot 1000}{96 \cdot 100} \right) = 1{,}49$ °C Gefrierpunktserniedrigung.
Der Gefrierpunkt liegt bei −1,49 °C.

4.2-25 (Lösung wie 4.2-24)
Massenanteile in 100 g Lösung: a) NaCl 3,5 · 0,8 g, b) $MgCl_2$ 3,5 · 0,11 g, c) $MgSO_4$ 3,5 · 0,05 g, d) $CaSO_4$ 3,5 · 0,04 g, e) H_2O 96,5 g.

Molare Massen: NaCl 58,5 g · mol^{-1}; $MgCl_2$ 95,3 g · mol^{-1}; $MgSO_4$ 120,4 g · mol^{-1}; $CaSO_4$ 136,1 g · mol^{-1}.

Anzahl der Mole auf 1000 g H_2O (Molalität): a) NaCl 0,496; b) $MgCl_2$ 0,042; c) $MgSO_4$ 0,015; d) $CaSO_4$ 0,011
Gefrierpunktserniedrigung (vollständige Dissoziation vorausgesetzt):
$\Delta T_m = 1{,}86\,(2a + 3b + 2c + 2d) = 2{,}18\,°C$.
Der Gefrierpunkt liegt bei $-2{,}18\,°C$.

4.2-26 $\varrho = 1{,}125$ g · ml^{-1}; d.h. die Masse von 1 l Lösung ist 1125 g. In 1 l Lösung ist 1 mol = 125 g Elektrolyt (Rest 1000 g H_2O), d.h. Molalität $b = 1$ mol · kg^{-1}.
$\Delta T_m = K_m \cdot b = 1{,}86 \cdot 1*$.
$\Delta T_{m,\alpha} = \Delta T_m [1 + (\nu - 1)\alpha]$, wobei $\Delta T_{m,\alpha} = 2{,}046$;
$\Delta T_m = 1{,}86$; $\nu = 2$ ergibt sich $\alpha = 0{,}1$, d.h. 10% sind dissoziiert.
$\Pi_\alpha = c \cdot R_m \cdot T[1 + (\nu - 1)\alpha]$, wobei $c = 0{,}1$ mol · l^{-1} $T = 289$ K; $\nu = 2$; $\alpha = 0{,}1$
$\Rightarrow \Pi_\alpha = 26{,}4$ bar.

4.2-27 M(Ethylenglykol) = 62 g · mol^{-1}
Erwünschte $\Delta T_m = K_m \cdot b = 10\,°C$; $b = \dfrac{10}{1{,}86}$,

d.h. in 1000 g Wasser sind $\dfrac{10}{1{,}86}$ mol oder $\dfrac{10 \cdot 62}{1{,}86}$ g.

$V = \dfrac{m}{\varrho} = \dfrac{10 \cdot 62}{1{,}86 \cdot 1{,}11} = 300{,}3$ ml

Volumenanteil φ (Ethylenglykol) = $\dfrac{V(\text{Ethylenglykol})}{V(H_2O) + V(\text{Ethylenglykol})} = 0{,}231$ oder 23,1 %

Siedepunktserhöhung $\Delta T_b = K_b \cdot b = 2{,}8\,°C$; Siedepunkt 102,8 °C.

4.2-28 Annahme: Zunächst liegen nur Dimere vor, die dann dissoziieren.
$\Delta T_{m,\alpha} = \Delta T_m [1 + (\nu - 1)\alpha]$ mit $\Delta T_m = K_m \cdot b$
Der Massenanteil beträgt 5,83%, d.h. 5,83 g Ethanol sind in 100 g Lösung, der Massenanteil an Eisessig ist also 94,17 g.

Molalität (Ethanol) = $\dfrac{5{,}83 \cdot 1000}{94{,}17 \cdot 92}$ mol · kg^{-1} (M(Ethanol dimer) = 92 g · mol^{-1})

$\Delta T_m = \dfrac{3{,}83 \cdot 5{,}83 \cdot 1000}{94{,}17 \cdot 92}$ K = 2,58 K

$\Delta T_{m,\alpha} = \Delta T_m [1 + (\nu - 1)\alpha]$ mit $\nu = 2 \Rightarrow \alpha = 0{,}74$; d.h. 74% sind dissoziiert, 26% dimer.

Kapitel 4.3

4.3-1 $Q = 2\,A \cdot 500\,s = 1000\,A \cdot s$.

1. Zelle: Kathode $Cu^{2+} + 2\,e^- \to Cu$
   Anode $2\,Cl^- \to Cl_2 + 2\,e^-$
   Die Anodenreaktion verläuft aufgrund der Überspannung von O_2 an Kohleelektroden entgegen der Spannungsreihe!

2. Zelle: Kathode $2\,H_2O + 2\,e^- \to H_2 + 2\,OH^-$
   Anode $H_2O \to \tfrac{1}{2}O_2 + 2\,e^- + 2\,H^+$
   Nur bei hohen Ionenkonzentrationen und hoher Stromdichte erfolgt an der Anode die Oxidation von SO_4^{2-} zu $S_2O_8^{2-}$.

Die Berechnung erfolgt nach:

$$m(Cu, Cl_2, H_2, O_2) = \frac{Q \cdot M(Cu, Cl_2, H_2, O_2)}{z^* \cdot F}; \quad z^* \text{ stets} = 2$$

1. $m(Cu) = 0{,}329\,g$ \hspace{2em} $m(Cl_2) = 0{,}368\,g$
2. $m(H_2) = 0{,}0104\,g$ ($\hat{=} 0{,}093\,g\ H_2O$) \hspace{1em} $m(O_2) = 0{,}083\,g$ ($\hat{=} 0{,}093\,g\ H_2O$).

4.3-2 $Q = 10\,A \cdot 7200\,s = 72000\,C$

$$V_n(Cl_2) = \frac{7200\,C \cdot 22{,}414\,l \cdot mol^{-1} \cdot 1013\,mbar \cdot 313{,}15\,K}{2 \cdot 96500\,C \cdot mol^{-1} \cdot 1020\,mbar \cdot 273{,}15\,K} = 9{,}52\,l$$

4.3-3 $Q = 2\,A \cdot 1\,h \cdot 3600\,s \cdot h^{-1} = 7200\,C$.
Knallgas enthält H_2 und O_2 im Volumenverhältnis 2:1. Für die H_2-Entwicklung gilt:

$$V_n(H_2) = \frac{7200\,C \cdot 22414\,ml \cdot mol^{-1} \cdot 1{,}013\,bar \cdot 288{,}15\,K}{2 \cdot 96500\,C \cdot mol^{-1} \cdot 1\,bar \cdot 273{,}15\,K} = 893{,}6\,ml$$

$V_n(O_2) = \tfrac{1}{2} V_n(H_2) = 446{,}8\,ml$, d.h. $V_n(\text{Knallgas}) = 1{,}34\,l$.

4.3-4
$$V_n(\text{Knallgas}) = \frac{179\,ml \cdot 1005\,mbar \cdot 273{,}15\,K}{1013\,mbar \cdot 289{,}15\,K} = 167{,}76\,ml$$

$V_n(H_2) = \tfrac{2}{3} V_n(\text{Knallgas}) = 111{,}84\,ml\ H_2$ (Gas)

$$M_{eq}(\text{Metall}) = \frac{m(\text{Metall}) \cdot V_{m,n}(H_2)}{V_n(H_2) \cdot z^*(H_2)} = \frac{0{,}5935\,g \cdot 22414\,ml}{111{,}84\,ml \cdot 2} = 59{,}47\,g.$$

4.3-5 $Q = 25\,A \cdot 2\,h \cdot 3600\,s \cdot h^{-1} = 180000\,C$.

$$m(Ni) = \frac{Q \cdot M(Ni)}{z^* \cdot F} = \frac{180000\,C \cdot 58{,}7\,g \cdot mol^{-1}}{2 \cdot 96500\,C \cdot mol^{-1}} = 54{,}75\,g$$

Stromausbeute: $\dfrac{M(Ni)}{m(Ni)} = \dfrac{52{,}0}{54{,}75} = 0{,}9498 \hat{=} 94{,}98\%$.

4.3-6 Damit 10 g Na_2SO_4 einem Massenanteil von 40% entsprechen, müssen 85 g Wasser (Restlösung von 25 g = 10 g Na_2SO_4 + 15 g H_2O) unter Bildung von Knallgas elektrolytisch zerlegt werden.

$$m_n(\text{Knallgas}) = \tfrac{3}{2} m_n(H_2) = \frac{m(H_2O) \cdot M_n(H_2)}{M(H_2O)} = \frac{85\,g \cdot 2{,}016\,g \cdot mol^{-1}}{18{,}016\,g \cdot mol^{-1}} = 9{,}51\,g$$

$$t = \frac{Q}{A} = \frac{m_n(H_2) \cdot z^* \cdot F}{A \cdot M(H_2)} = \frac{9{,}51\,g \cdot 2 \cdot 96500\,A \cdot s \cdot mol^{-1}}{4\,A \cdot 2{,}016\,g \cdot mol^{-1}} = 227644{,}8\,s \hat{=} 63{,}23\,h.$$

4.3-7 1 kWh $\triangleq$ 1000 $U \cdot I \cdot$ h; bei $U = 5$ V ergeben sich 200 A $\cdot$ 5 V $\cdot$ h
$\Rightarrow Q$ = 200 A $\cdot$ 3600 s = 720 000 C

$$m(KClO_3) = \frac{122{,}55 \text{ g} \cdot \text{mol}^{-1} \cdot 720\,000 \text{ C}}{6 \cdot 96\,500 \text{ C} \cdot \text{mol}^{-1}} = 152{,}39 \text{ g}$$

4.3-8
$$Q = \frac{m(C_6H_5NH_2) \cdot z^* \cdot F}{M(C_6H_5NH_2)} = \frac{500 \text{ g} \cdot 6 \cdot 96\,500 \text{ C} \cdot \text{mol}^{-1}}{93{,}07 \text{ g} \cdot \text{mol}^{-1}}$$
$= 3\,110\,605{,}4$ A $\cdot$ s $\triangleq$ (bei 1 Volt) $3\,110\,605{,}4$ Ws = 0,864 kWh.

Erforderliche elektrische Arbeit (100%) $= \dfrac{0{,}864 \cdot 100}{90} = 0{,}96$ kWh.

4.3-9 $Q(80\%) = \dfrac{0{,}5 \text{ mol Cr}_2(SO_4)_3}{1 \text{ mol Cr}_2(SO_4)_3} \cdot 6 \cdot 96\,500 = 80{,}42$ A $\cdot$ h

$Q(100\%) = \dfrac{80{,}42 \cdot 100}{80} = 100{,}52$ A $\cdot$ h.

4.3-10 $m(Zn) \cdot dm^{-1} = V(Zn) \cdot cm^3 \cdot \varrho(Zn) \cdot g \cdot cm^{-3}$
$= 100 \text{ cm}^2 \cdot 0{,}002 \text{ cm} \cdot 7{,}1 \text{ g} \cdot \text{cm}^{-3} = 1{,}42 \text{ g} \cdot \text{dm}^{-1}$

$t(80\%) = \dfrac{1{,}42 \text{ g} \cdot \text{dm}^{-1} \cdot 2 \cdot 96\,500 \text{ A} \cdot \text{s}}{65{,}4 \text{ g} \cdot 2 \text{ A dm}^{-1}} = 2095{,}26$ s $\triangleq 34{,}92$ min

$t(100\%) = 43{,}65$ min

4.3-11
$$Q = \frac{m(Ag) \cdot z^* \cdot F}{M(Ag)} = \frac{100 \text{ g} \cdot 1 \text{ mol}^{-1} \cdot 96\,500 \text{ A} \cdot \text{s}}{107{,}8 \text{ g} \cdot \text{mol}^{-1}} = 89\,517{,}6 \text{ A} \cdot \text{s}$$

$R = \varrho \cdot \dfrac{l}{A} = 15 \cdot \dfrac{12}{200} = 0{,}9 \ \Omega$;

bei einer Stromdichte von 0,4 A $\cdot$ dm^{-2} ergibt sich die Spannung mit:

$U = 0{,}4 \cdot 200 \cdot 0{,}9 = 72$ V;

damit errechnet sich die elektrische Energie $U \cdot I \cdot t = U \cdot Q$ zu 89 517,6 A $\cdot$ s $\cdot$ 72 V = 6 445 269,02 Ws = 1,79 kWh. Diese Energie kostet 48,1 Pfennige.

4.3-12 Die Reaktionsgleichung besagt für $z^* = 2$ einen Umsatz von 2 mol H$_2$SO$_4$. Nach

$m(H_2SO_4) = \dfrac{Q \cdot M(H_2SO_4)}{z^* \cdot F}$ erhält man

$m(H_2SO_4) = \dfrac{2 \cdot 3600 \text{ A} \cdot \text{s} \cdot 2 \text{ mol} \cdot l^{-1}}{2 \cdot 96\,500 \text{ A} \cdot \text{s}} = 0{,}075$ mol $\cdot$ l^{-1} an verbrauchter Schwefelsäure.

Die Restmenge beträgt also $2 - 0{,}075 = 1{,}925$ mol $\cdot$ l^{-1} Schwefelsäure.

4.3-13 (Lösung wie 4.3-11)

$Q = \dfrac{1000 \text{ l (H}_2) \cdot 2 \text{ mol}^{-1} \cdot 96\,500 \text{ A} \cdot \text{s}}{22{,}414 \text{ l} \cdot \text{mol}^{-1} \text{ (H}_2) \cdot 3600 \text{ s} \cdot \text{h}^{-1}} = 2391{,}86$ A $\cdot$ h

$R = 4{,}8 \cdot \dfrac{25}{30 \cdot 30} = 0{,}133 \ \Omega \quad U = 0{,}133 \cdot 8 = 1{,}067$ V

Die elektrische Energie $U \cdot I \cdot t$ beträgt: 2391,86 A $\cdot$ h $\cdot$ 1,067 V = 2552,1 Wh $\triangleq$ 2,552 kWh.

Diese Energie kostet 69 Pfennige.

4.3-14 Nach $\varkappa = \dfrac{l}{R \cdot A}$ erhält man $\varkappa = \dfrac{0{,}7 \text{ cm}}{23\,\Omega \cdot 4 \text{ cm}^2} = 7{,}6 \cdot 10^{-3}\,\Omega^{-1} \cdot \text{cm}^{-1}$,

nach $\Lambda_{eq} = \dfrac{1}{z^*} \cdot \dfrac{\varkappa \cdot V}{n}$

ergibt sich $\Lambda_{eq} = \dfrac{1}{2} \cdot \dfrac{7{,}6 \cdot 10^{-3}\,\Omega \cdot \text{cm}^{-1} \cdot 1000 \text{ cm}^3}{0{,}1 \text{ mol (CuSO}_4 \cdot 5\,\text{H}_2\text{O)}} = 38{,}0\,\Omega^{-1} \cdot \text{cm}^2 \cdot \text{mol}^{-1}$.

4.3-15 (Lösung wie 4.3-14)

$\varkappa = 0{,}166\,\Omega^{-1} \cdot \text{cm}^{-1}$; $n(\text{CaCl}_2) = \dfrac{111 \text{ g} \cdot \text{mol}^{-1}}{1000 \text{ cm}^3 \cdot 1{,}284 \text{ g} \cdot \text{cm}^{-3} \cdot 0{,}3} = 3{,}47 \text{ mol}$

$\Lambda_{eq} = \dfrac{1}{2} \cdot \dfrac{0{,}166\,\Omega^{-1} \cdot \text{cm}^{-1} \cdot 1000 \text{ cm}^3}{3{,}47 \text{ mol}} = 23{,}9\,\Omega^{-1} \cdot \text{cm}^2 \cdot \text{mol}^{-1}$.

4.3-16 $k_\varkappa = \varkappa \cdot R = 0{,}001225\,\Omega^{-1} \cdot \text{cm}^{-1} \cdot 408\,\Omega = 0{,}5 \text{ cm}^{-1}$

$\varkappa(\text{H}_2\text{O}) = \dfrac{k_\varkappa}{R(\text{H}_2\text{O})} = \dfrac{0{,}5 \text{ cm}^{-1}}{125\,000\,\Omega} = 4 \cdot 10^{-6}\,\Omega^{-1} \cdot \text{cm}^{-1}$.

4.3-17 $k_\varkappa = 1{,}403 \cdot 10^{-3}\,\Omega^{-1} \cdot \text{cm}^{-1} \cdot 14{,}15\,\Omega = 0{,}0198 \text{ cm}^{-1}$

$\varkappa(\text{HAc}) = \dfrac{0{,}0198 \text{ cm}^{-1}}{126{,}0\,\Omega} = 1{,}57 \cdot 10^{-4}\,\Omega^{-1} \cdot \text{cm}^{-1}$

$\Lambda(\text{HAc}) = \dfrac{\varkappa(\text{HAc})}{c(\text{HAc})} = \dfrac{\varkappa \cdot V}{n} = \dfrac{1{,}57 \cdot 10^{-4}\,\Omega^{-1} \cdot \text{cm}^{-1} \cdot 1000 \text{ cm}^3}{0{,}01 \text{ mol}}$

$= 15{,}7\,\Omega^{-1} \cdot \text{cm}^2 \cdot \text{mol}^{-1}$.

4.3-18 Die spezifische Leitfähigkeit von TlI, korrigiert um die Leitfähigkeit des Wassers, beträgt $22{,}3 \cdot 10^{-6}\,\Omega^{-1} \cdot \text{cm}^{-1}$.

$\Lambda_\infty = (66{,}0 + 66{,}5)\,\Omega^{-1} \cdot \text{cm}^2 \cdot \text{mol}^{-1} = 22{,}3 \cdot 10^{-6}\,\Omega^{-1} \cdot \text{cm}^{-1} \cdot \dfrac{1000 \text{ cm}^3}{c \text{ mol}}$;

daraus ergibt sich: $c = 1{,}68 \cdot 10^{-4} \text{ mol} \cdot \text{l}^{-1}$ und $K_L(\text{TlI}) = c^2 = 2{,}83 \cdot 10^{-8} \text{ mol}^2 \cdot \text{l}^{-2}$.

4.3-19 Die Äquivalentleitfähigkeit setzt sich aus den Ionenäquivalentleitfähigkeiten der beteiligten Ionen zusammen, daher gilt:

$\begin{aligned}\Lambda(\text{LiIO}_3) &= \lambda(\text{Li}^+) + \lambda(\text{IO}_3^-) \\ &= \lambda(\text{Li}^+) + \lambda(\text{NO}_3^-) + \lambda(\text{K}^+) + \lambda(\text{IO}_3^-) - \lambda(\text{K}^+) - \lambda(\text{NO}_3^-) \\ &= \Lambda(\text{LiNO}_3) + \Lambda(\text{KIO}_3) - \Lambda(\text{KNO}_3) \\ &= 95{,}8 + 98{,}49 - 126{,}5 = 67{,}79\,\Omega^{-1} \cdot \text{cm}^2 \cdot \text{mol}^{-1}.\end{aligned}$

4.3-20 $\begin{aligned}\Lambda(\text{BaSO}_4) &= \Lambda(\text{BaCl}_2) + \Lambda(\text{K}_2\text{SO}_4) - 2 \cdot \Lambda(\text{KCl}) \\ &= 230 + 256 - 2 \cdot 122 = 242\,\Omega^{-1} \cdot \text{cm}^2 \cdot \text{mol}^{-1}\end{aligned}$

$c(\text{BaSO}_4) = \dfrac{\Lambda(\text{BaSO}_4) \cdot V_m}{\Lambda} \Rightarrow c = 9{,}96 \cdot 10^{-6} \text{ mol} \cdot \text{l}^{-1}$ d. h.

$m(\text{BaSO}_4) = c \cdot M(\text{BaSO}_4) = 2{,}339 \text{ g/l BaSO}_4$.

4.3-21 Wenn die Konzentration des dissoziierten Wassers mit x mol·l^{-1} bezeichnet wird, gilt:

$$\Lambda_{eq}(H_2O) = (\lambda(H_3O) + \lambda(OH^-)) = \Lambda_m \cdot \frac{1000 \text{ cm}^3}{x \text{ mol}}$$

$$\Rightarrow x = \frac{0{,}0384 \cdot 10^{-6} \, \Omega^{-1} \cdot \text{cm}^{-1} \cdot 1000 \text{ cm}^3}{489 \, \Omega^{-1} \cdot \text{cm}^2 \cdot \text{mol}^{-1}} = 7{,}85 \cdot 10^{-8} \text{ mol} \cdot l^{-1}$$

$$K_w = x^2 = 6{,}2 \cdot 10^{-15} \text{ mol}^2 \cdot l^{-2}.$$

4.3-22 $\Lambda(\text{HAc}) = \frac{\Lambda_m}{c} = 4{,}71 \, \Omega^{-1} \cdot \text{cm}^2 \cdot \text{mol}^{-1}$; $\Lambda(\text{NaAc}) = 78{,}1 \, \Omega^{-1} \cdot \text{cm}^2 \cdot \text{mol}^{-1}$

$\lambda(\text{Ac}^-) = \Lambda(\text{NaAc}) - \lambda(\text{Na}^+) = 78{,}1 - 44{,}4 = 33{,}7 \, \Omega^{-1} \cdot \text{cm}^2 \cdot \text{mol}^{-1}$

$\Lambda_\infty(\text{HAc}) = \lambda(H_3O^+) + \lambda(\text{Ac}^-) = 318 + 33{,}7 = 351{,}7 \, \Omega^{-1} \cdot \text{cm}^2 \cdot \text{mol}^{-1}$

$$\alpha = \frac{\Lambda_m}{\Lambda_\infty} = \frac{4{,}71}{351{,}7} = 0{,}0134$$

Nach $K_c = \frac{\alpha^2 \cdot c}{1 - \alpha}$ (Ostwaldsches Verdünnungsgesetz) ergibt sich:

$K_c = 1{,}82 \cdot 10^{-5} \text{ mol} \cdot l^{-1}$.

4.3-23 (Lösung entsprechend 4.3-22)

$\Lambda(\text{H Benz.}) = 84{,}9$; $\Lambda(\text{Na Benz.}) = 82{,}6 \, \Omega^{-1} \cdot \text{cm}^2 \cdot \text{mol}^{-1}$.

$$\alpha = \frac{84{,}9}{382{,}2} = 0{,}222; \quad K_c = 7{,}17 \cdot 10^{-5} \text{ mol} \cdot l^{-1}.$$

4.3-24 1 l Wasser enthält bei einem Luftdruck von 1 bar $0{,}827 \cdot 0{,}0005$ l CO_2. Nach dem Henryschen Gesetz gilt:

$$c = \frac{V_n \cdot T_o \cdot 1 \text{ (bar)}}{V_M \cdot T_m \cdot 1 \text{ (bar)}} \Rightarrow c = \frac{0{,}827 \cdot 0{,}0005 \text{ l} \cdot 273 \text{ K}}{22{,}414 \text{ l} \cdot \text{mol}^{-1} \cdot 298 \text{ K}} = 1{,}69 \cdot 10^{-5} \text{ mol}$$

Für die 1. Protolysestufe gilt: $CO_2 + 2 H_2O \rightleftarrows H_3O^+ + HCO_3^-$

$$K_1 = \frac{c(H_3O^+) \, c(HCO_3^-)}{c(CO_2)}$$

Grobe Berechnung: $c(H_3O^+) = \sqrt{K_1 \cdot c(CO_2)} = 2{,}685 \cdot 10^{-6} \text{ mol} \cdot l^{-1}$

Genaue Berechnung: $c(H_3O^+) = -\frac{K_1}{2} \pm \sqrt{\frac{K_1^2}{4} + K_1 \cdot c(CO_2)} = 2{,}48 \cdot 10^{-6} \text{ mol} \cdot l^{-1}$

$\varkappa = \frac{c(HCO_3^-) \cdot \Lambda_\infty}{1000} \Rightarrow \varkappa_{grob} = 1{,}058 \cdot 10^{-6} \, \Omega^{-1} \cdot \text{cm}^{-1}$ ($\varkappa_{genau} = 9{,}77 \cdot 10^{-7} \, \Omega^{-1} \cdot \text{cm}^{-1}$).

4.3-25 In Lösungen mit einem großen Überschuß an BOH wird die Stromführung von den Ionen B^+ und Cl^-, in der anderen Lösung außerdem von H_3O^+-Ionen besorgt. Die Hydrolyse erfolgt nach der Gleichung:

$BOH_2^+ + H_2O \rightleftarrows BOH + H_3O^+$

$c(BOH_2^+) + c(BOH) = 0{,}002 \text{ mol} \cdot l^{-1}$;

$c(BOH_2^+) + c(H_3O^+) = c(Cl^-) = 0{,}002 \text{ mol} \cdot l^{-1}$

$$\Lambda(BOH \cdot HCl) = \frac{1000 \text{ cm}^3 \cdot 2{,}16 \cdot 10^{-4} \, \Omega^{-1} \cdot \text{cm}^{-1}}{0{,}00208 \text{ mol}}$$

$$= \lambda(BOH) + \lambda(Cl^-) = (\lambda(BOH) + 75{,}4) \, \Omega^{-1} \cdot \text{cm}^2 \cdot \text{mol}^{-1}$$

Durch Kombination von

$$\Lambda = \varkappa \cdot \frac{1000}{c} \quad \text{und} \quad \Lambda_\infty(\text{eq}) = \Sigma \lambda_k \cdot c(K^+) + \Sigma \lambda_a \cdot c(A^-)$$

erhält man:

$1000 \text{ cm}^3 \cdot 2{,}76 \cdot 10^{-4} \, \Omega^{-1} \cdot \text{cm}^{-1} = (0{,}002 - c(H_3O^+)) \, \lambda(BOH) + 0{,}002 \, \lambda(Cl^-)$
$\qquad\qquad\qquad\qquad\qquad\qquad + c(H_3O^+) \cdot \lambda(H_3O^+).$

(Zwischenwerte sind: $\Lambda(BOH \cdot HCl) = 103{,}85 \, \Omega^{-1} \cdot \text{cm}^2 \cdot \text{mol}^{-1}$
und $\qquad\qquad\qquad \Lambda(BOH) \;\;\; = 28{,}45 \, \Omega^{-1} \cdot \text{cm}^{-1}$)

Einsetzen in den Ausdruck für die Basenkonstante ergibt:

$$K_B = \frac{c(BOH_2^+) \, c(OH^-)}{c(BOH)} = \frac{c(BOH_2^+) \cdot K_w}{c(BOH) \, c(H_3O^+)} = \frac{1{,}7846 \cdot 10^{-3} \cdot 10^{-14}}{(2{,}154 \cdot 10^{-4})^2}$$
$$= 3{,}84 \cdot 10^{-10} \, \text{mol} \cdot \text{l}^{-1}$$

4.3-26 $\quad t_a = \dfrac{\lambda_a}{\lambda_k + \lambda_a} = \dfrac{0{,}2212}{0{,}2212 + 0{,}1977} = 0{,}528; \quad t_k = 1 - t_a = 1 - 0{,}528 = 0{,}472$

4.3-27 $\quad t_a = \dfrac{0{,}057 \text{ g} \cdot 96\,500 \text{ A} \cdot \text{s} \cdot \text{mol}^{-1}}{107{,}8 \text{ g} \cdot \text{mol}^{-1} \cdot 9650 \text{ s} \cdot 0{,}01 \text{ A}} = 0{,}529; \quad t_k = 1 - 0{,}529 = 0{,}471$

4.3-28 Die analytisch bestimmte Masse an CuO ist $\dfrac{0{,}5118 \text{ g} \cdot M(CuSO_4)}{M(CuO)} = 1{,}027 \text{ g CuSO}_4$

Die Kathodenflüssigkeit bestand aus:
54,706 g Lösung $-$ 1,027 g $CuSO_4$ = 53,679 g Wasser.
Vor der Elektrolyse enthielt die gleiche Wassermenge:

$$\frac{1 \text{ g } (CuSO_4) \cdot 53{,}67 \text{ g } (H_2O)}{41{,}59 \text{ g } (H_2O)} = 1{,}291 \text{ g } (CuSO_4)$$

d. h. 1,291 $-$ 1,027 = 0,264 g $CuSO_4$ sind elektrolysiert worden.

$$t_a = \frac{0{,}264 \text{ g } (CuSO_4) \cdot 2\,(z^*) \cdot 107{,}8 \text{ g} \cdot \text{mol}^{-1} \, (M(Ag))}{159{,}5 \text{ g} \cdot \text{mol}^{-1} \, (M(CuSO_4)) \cdot 0{,}4989 \text{ g}(Ag)} = 0{,}7153$$

$t_k = 0{,}2847$

4.3-29 (Lösung entsprechend 4.3-28)
121,4 g (Lösung) $-$ 7,904 g (KCl) = 113,496 g (H_2O).
Die Ausgangslösung enthielt
7,148 % $\triangleq$ 8,737 g KCl, d. h. es wurden 8,737 $-$ 7,904 = 0,8332 g KCl verbraucht.

$$t_k = \frac{0{,}8332 \text{ g} \cdot 1 \cdot 107{,}8 \text{ g} \cdot \text{mol}^{-1}}{74{,}55 \text{ g} \cdot \text{mol}^{-1} \cdot 2{,}4835 \text{ g}} = 0{,}4851$$

$t_a = 0{,}5149$

4.3-30 $\quad \Lambda_{eq}(CuCl_2) = \dfrac{1}{2} \cdot \dfrac{11{,}49 \cdot 10^{-3} \, \Omega^{-1} \cdot \text{cm}^{-1} \cdot 1000 \text{ cm}^3}{0{,}05 \text{ mol}} = 114{,}9 \, \Omega^{-1} \cdot \text{cm}^2 \cdot \text{mol}^{-1}$

$t_a = 0{,}595$
$\lambda_k = t_k \cdot \Lambda(\text{eq}) = 0{,}405 \cdot 114{,}9 = 46{,}53 \, \Omega^{-1} \cdot \text{cm}^2 \cdot \text{mol}^{-1}$
$\lambda_a = t_a \cdot \Lambda(\text{eq}) = 0{,}595 \cdot 114{,}9 = 68{,}37 \, \Omega^{-1} \cdot \text{cm}^2 \cdot \text{mol}^{-1}$

4.3-31 Es gelten die Gleichungen

$$\varkappa = \frac{\Lambda(\text{eq}) \cdot n \cdot z^*}{1000} \quad \text{und} \quad \Lambda(\text{eq}) = \Sigma \lambda_i, \text{ also}$$

$1000 \text{ cm}^3 \cdot \varkappa = 0,001 \text{ mol} \cdot 349,7 \, \Omega^{-1} \cdot \text{cm}^2 \cdot \text{mol}^{-1} + 0,001 \text{ mol} \cdot 73,5 \, \Omega^{-1} \cdot \text{cm}^2 \cdot \text{mol}^{-1}$
$\qquad + 2 \cdot 0,001 \text{ mol} \cdot 76,3 \, \Omega^{-1} \cdot \text{cm}^2 \cdot \text{mol}^{-1}$
$\qquad = 0,5758 \, \Omega^{-1} \cdot \text{cm}^2.$

$t(\text{H}^+) = \dfrac{0,3497}{0,5758} = 0,6073; \quad t(\text{K}^+) = \dfrac{0,0735}{0,5758} = 0,1267; \quad t(\text{Cl}^-) = \dfrac{0,1526}{0,5758} = 0,2650.$

4.3-32 $EMK = E_{0,1} - E_{0,01} = 1,984 \cdot 10^{-4} \cdot T (\log 0,1 - \log 0,01)$
bei $t = 0\,°\text{C}$ ($T = 273,16$ K) $EMK = 0,0542$ V
bei $t = 20\,°\text{C}$ ($T = 293,16$ K) $EMK = 0,0582$ V

4.3-33
$$c(\text{Ag}^+) = \frac{K_L}{c(\text{Cl}^-)}$$

Für $T = 293,16$ K gilt:

$EMK = 0,344 \text{ V} = 0,058 \left(\log 0,01 - \log \dfrac{K_L}{0,01} \right)$

$- \log K_L = pK_L = 9,911 \quad \Rightarrow K_L = 1,23 \cdot 10^{-10} \text{ mol}^2 \cdot l^{-2}$

4.3-34 Die Aktivitäten der Silber- und Chloridionen in den beiden Halbzellen betragen:
$a(\text{Ag}^+) = 0,01 \cdot 0,8 = 0,08 \text{ mol} \cdot l^{-1}$ und
$a(\text{Ag}^+)_{\text{AgCl}} = \dfrac{K_L}{a(\text{Cl}^-)} = \dfrac{1,6 \cdot 10^{-10} \text{ mol}^2 \cdot l^{-2}}{0,01 \cdot 0,84 \text{ mol} \cdot l^{-1}} = 1,905 \cdot 10^{-8} \text{ mol} \cdot l^{-1}$

$EMK (22\,°\text{C}) = 0,0586 \cdot (\log 0,01 - \log 1,905 \cdot 10^{-8})$
$\qquad\qquad\qquad = 0,335 \text{ Volt}.$

4.3-35 Die zu bestimmende Gleichgewichtskonstante lautet:

$$K = \frac{c(\text{Ag}^+) \, c^2(\text{NH}_3)}{c(\text{Ag}(\text{NH}_3)_2^+)}$$

$EMK = 0,299 \text{ V} = 0,0582 \, (\log 0,05 - \log c(\text{Ag}^+))$
Durch Auflösen nach $c(\text{Ag}^+)$ erhält man:
$c(\text{Ag}^+) \qquad\qquad\qquad = 3,62 \cdot 10^{-7} \text{ mol} \cdot l^{-1}$
$c(\text{Ag}^+) + c(\text{Ag}(\text{NH}_3)_2^+) = 0,05 \text{ mol} \cdot l^{-1}$
$c(\text{NH}_3) \qquad\qquad\qquad = 0,2 - 2 \cdot c(\text{Ag}(\text{NH}_3)_2^+) \text{ mol} \cdot l^{-1}$

Da $c(\text{Ag}^+)$ gegenüber $c(\text{Ag}(\text{NH}_3)_2^+)$ sehr klein und damit zu vernachlässigen ist, ergibt sich die Gleichgewichtskonstante mit: $K = \dfrac{3,62 \cdot 10^{-7} \cdot (0,1)^2}{0,05} = 7,24 \cdot 10^{-8} \text{ mol}^2 \cdot l^{-2}$.

4.3-36 $EMK = 1,1 + \dfrac{0,0582}{2} (\log 0,001 - \log 0,4) = 1,024 \text{ V}.$

4.3-37 Wird der Reaktionsverlauf mit $n\text{Hg} \rightarrow \text{Hg}_n^{n+} + n\text{e}^-$ angenommen, so lautet die Gleichung für die EMK der Konzentrationskette:

$EMK = \dfrac{0,0582}{n} (\log 0,5 - \log 0,05) \quad \Rightarrow n = \dfrac{0,0582}{EMK} \log 10 = 2$

Die Zusammensetzung des Quecksilber(I)ions ist damit Hg_2^{2+}.

4.3-38 Für die Potentiale der beiden Halbzellen gilt:
$E(Ac^-) = 0{,}0582 \log 10^{-4{,}62} = -0{,}2689$ V; $E(L_x) = 0{,}0582 \log c(x)$
$EMK = 0{,}0865 = E(Ac^-) - E(L_x)$ ⇒ $-\log c(x) = pH = 6{,}11$

4.3-39 $EMK = E(\text{Kalomel}) - E(H_2)$;
$0{,}6644 = 0{,}2541 - 0{,}0582 \log c(x)$ ⇒ $-\log c(x) = pH = 7{,}05$.

4.3-40 Der herrschende H_2-Druck beträgt $1000 - 23{,}3 = 976{,}7$ mbar
$EMK = 0{,}6644 - 0{,}0291 \log \dfrac{976{,}7}{1013{,}3} = 0{,}6649$ V (aus 4.3-39)

4.3-41 $EMK = E(\text{Chinh.}) - E(\text{Kalomel})$
$0{,}1231 = E(\text{Chinh.}) - 0{,}3376$ ⇒ $E(\text{Chinh.}) = 0{,}4607$ V
$E(\text{Chinh.}) = E^0 + 0{,}059$ (bei $T = 298{,}16$ K) $\log c(H^+)$
$-\log c(H^+) = pH = 4{,}09$.

4.3-42 $a = f \cdot c$
$EMK = 0{,}4563 = E(\text{Kalomel}) - E(H_2)$
$= 0{,}3360 - 0{,}0582 \log f \cdot 0{,}01$ ⇒ Aktivitätskoeffizient $f = 0{,}857$

4.3-43 $EMK = E(\text{HCl}) - E(\text{NaOH})$
$0{,}584 = 0{,}0591$ ($\log 0{,}92 \cdot 0{,}01 - \log a(H^+)$) ⇒ $a(H^+)_{\text{NaOH}} = 1{,}21 \cdot 10^{-12}$ mol $\cdot$ l^{-1}
$K_w = 1{,}21 \cdot 10^{-12} \cdot 0{,}9 \cdot 0{,}01 = 1{,}089 \cdot 10^{-14}$ mol$^2 \cdot$ l^{-2}.

4.3-44 $EMK = E(\text{Kalomel}) - E(\text{KOH})$
$0{,}954 = 0{,}246 - 0{,}0591 \log a(H^+)$
$a(H^+) = 1{,}05 \cdot 10^{-12}$ mol $\cdot$ l^{-1}
$f(OH^-) = \dfrac{a(OH^-)}{c(OH^-)} = \dfrac{K_w}{a(H^+) \cdot c(OH^-)} = \dfrac{10^{-14}}{1{,}05 \cdot 10^{-12} \cdot 0{,}01} = 0{,}95$

4.3-45 $EMK = E^0(\text{Ag}) + \dfrac{0{,}0591}{2} \log c^2(Ag^+) - 0$ (Normalwasserstoffzelle)
$0{,}53 = 0{,}8 + 0{,}0591 \log c(Ag^+)$ ⇒ $c(Ag^+) = 2{,}7 \cdot 10^{-5}$ mol $\cdot$ l^{-1}
$K_L = c^2(Ag^+) \, c(CrO_4^{2-}) = (2{,}7 \cdot 10^{-5})^2 \cdot 0{,}001 = 7{,}3 \cdot 10^{-13}$ mol$^3 \cdot$ l^{-3}.

4.3-46 Die EMK wird durch die Redoxreaktion $Cu \rightleftarrows Cu^{2+} + 2e^-$ bestimmt, damit gilt:
$EMK = E^0(\text{Cu}) + \dfrac{0{,}0591}{2} \log c(Cu^{2+}) - 0$ (Normalwasserstoffzelle)
$-0{,}218 = 0{,}337 + 0{,}0295 \log c(Cu^{2+})$ ⇒ $c(Cu^{2+}) = 1{,}54 \cdot 10^{-19}$ mol $\cdot$ l^{-1}
Für die Komplexbildungskonstante gilt dann:
$K = \dfrac{c(CuY^{2-})}{c(Cu^{2+}) \, c(Y^{4-})} = \dfrac{10^{-3} \text{ mol} \cdot \text{l}^{-1}}{1{,}54 \cdot 10^{-19} \text{ mol} \cdot \text{l}^{-1} \cdot 10^{-3} \text{ mol} \cdot \text{l}^{-1}} = 6{,}5 \cdot 10^{18}$ mol$^{-1} \cdot$ l

4.3-47 Wenn die Kette arbeitet, wird Wasser gebildet:
$O_2 + 2H_2O + 4e^- \rightarrow 4OH^-$
$\underline{2H_2 + 2H_2O \rightarrow 4H_3O^+ + 4e^-}$
$2H_2 + O_2 \rightarrow 4H_3O + 4OH^- - 4H_2O \rightarrow 4H_2O$

Das Potential der Wasserstoffelektrode hat folgenden Ausdruck:
$E^1 = 0 + \dfrac{0{,}0591}{4} \log \dfrac{c^4(H_3O^+)}{c^2(H_2)}$

Für die Sauerstoffelektrode gilt:

$$E^2 = 0{,}401 + \frac{0{,}0591}{4} \log \frac{c[O_2]}{c^4[OH^-]^4}$$

$EMK = E_2 - E_1 = 0{,}401 - 0{,}0591 \log K_w = 1{,}23$ V.

4.3-48 Damit überhaupt Strom durch die Elektrolyten a und b fließen kann, muß die Kathodenspannung Φ (etwas) größer sein als das Potential E der sich ausbildenden Silber- bzw. Kupfer-Halbzelle. Sie muß außerdem entgegengesetztes Vorzeichen haben.

$$-\Phi > E = E^0 + \frac{0{,}059}{n} \log c(Me^{n+})$$

a) Anfang: $-\Phi > 0{,}8 + 0{,}059 \log 0{,}1 \triangleq 0{,}74$ V
   Ende: $\quad -\Phi > 0{,}446$ V

b) Anfang: $-\Phi > 0{,}31$ V; Ende: $-\Phi > 0{,}163$ V.

4.3-49 Zur Wasserstoffentwicklung wäre eine Badspannung von $1{,}70 + 0{,}60 = 2{,}30$ Volt erforderlich. Nach Abscheidung des Kupfers geht kein Strom mehr durch das Bad. Die Badspannung ist unter diesen Bedingungen = Anodenspannung + Kathodenspannung. Die in der Richtung Kathode → Elektrolyt gerechnete Kathodenspannung ist also $1{,}70 - 2{,}00 = -0{,}30$ Volt; d. h.
$-0{,}30 = 0{,}337 + 0{,}0295 \log c(Cu^{2+}) \Rightarrow c(Cu^{2+}) = 2{,}55 \cdot 10^{22}$ mol $\cdot$ l^{-1}

4.3-50 Die Badspannung setzt sich aus Anodenspannung, Kathodenspannung und Potentialgefälle im Elektrolyten zusammen:
Anodenspannung + [$-E$(Kathode)] + Potentialgefälle
$1{,}70 + (-0{,}34 - 0{,}0295 \log 0{,}4) + 0{,}5 \cdot 1{,}1 = 1{,}922$ Volt.

4.3-51 $E(Cu) = \quad 0{,}34 + 0{,}0295 \log 10^{-6} = \quad 0{,}163$ V
$E(Ni) = -0{,}22 + 0{,}0295 \log 0{,}01 \;\; = -0{,}279$ V
Kupfer wird zuerst abgeschieden; ist die Konzentration auf 10^{-6} mol $\cdot$ l^{-1} gesunken, beträgt die Kathodenspannung $= -E(Cu) = -0{,}163$ Volt. Dagegen beginnt die Abscheidung von Nickel bei $-E(Ni) = +0{,}279$ Volt, so daß die Trennung glatt durchführbar ist.

4.3-52 Die zur Abscheidung von Zink erforderliche Kathodenspannung muß geringer sein als diejenige für die H_2-Bildung:
$E^0(Zn) + 0{,}0295 \log c(Zn^{2+}) < E(H_2) -$ Überspannung
$-0{,}76 + (-0{,}848) \quad\quad\quad < 0{,}0591 \log c(H_3O^+) - 0{,}7$
$\Rightarrow -\log c(H_3O^+) = pH \quad > 2{,}51$.

4.3-53 Die Bruttoreaktion $Cu^{2+} + Zn \to Cu + Zn^{2+}$ steht im Gleichgewicht, wenn $E(Cu) = E(Zn)$ ist:
$E^0(Cu) + 0{,}0295 \log c(Cu^{2+}) = E^0(Zn) + 0{,}0295 \log c(Zn^{2+})$

d. h. $\quad \dfrac{E^0(Cu) - E^0(Zn)}{0{,}0295} = \log \dfrac{c(Zn^{2+})}{c(Cu^{2+})} = \log K; \quad K = 5{,}15 \cdot 10^{-38}$

4.3-54 Für die Gleichgewichtskonstante K gilt:
$$\log K = \frac{n(E^0(Fe) - E^0(Cu))}{0{,}0582} = \frac{1\,(0{,}774 - 0{,}18)}{0{,}0582} = 10{,}21; \quad K = 1{,}6 \cdot 10^{10}.$$

4.3-55 (Lösung entsprechend Aufgabe 4.3-54)
$$\log K = \frac{5\,(1{,}51 - 0{,}77)}{0{,}0591} = 62{,}6 \Rightarrow K = 4 \cdot 10^{62}.$$

4.3-56 (Lösung wie 4.3-54)
$$\log K = \frac{5\,(1{,}195 - 0{,}535)}{0{,}0591} = 55{,}84 \Rightarrow K = 6{,}9 \cdot 10^{55}.$$

4.3-57 a) $\quad K = \dfrac{c^2(\mathrm{Fe}^{2+}) \cdot c(\mathrm{Sn}^{4+})}{c^2(\mathrm{Fe}^{3+}) \cdot c(\mathrm{Sn}^{2+})}$

$\log K = \dfrac{2\,(0{,}77 - 0{,}154)}{0{,}0591} = 20{,}85 \Rightarrow K = 7 \cdot 10^{20}.$

b) $\quad K = \dfrac{c^3(\mathrm{Br}_2) \cdot c^3(\mathrm{H}_2\mathrm{O})}{c(\mathrm{BrO}_3^-) \cdot c^5(\mathrm{Br}^-) \cdot c^6(\mathrm{H}_3\mathrm{O}^+)}$; $\quad n = 6$

$\log K = 37{,}56 \Rightarrow K = 3{,}7 \cdot 10^{37}.$

4.3-58 An jedem Punkt während der Titration wird das Elektrodenpotential durch $E = E^0 - 0{,}0591 \log c(\mathrm{Cl}^-)$ bestimmt. Am Äquivalenzpunkt gilt:
$c(\mathrm{Ag}^+) = c(\mathrm{Cl}^-) = \sqrt{K_\mathrm{L}} = 10^{-5}$ mol·l^{-1}, d.h.
$E(\mathrm{eq}) = 0{,}222 - (-0{,}2955) = 0{,}5175$ Volt.

4.3-59 Bei 99%iger Fällung gilt für $c(\mathrm{Ag}^+) = 0{,}01 \cdot 0{,}01 = 10^{-4}$ mol·l^{-1}; der Überschuß an Chloridionen ergibt sich mit $\dfrac{0{,}1 \cdot 0{,}1}{100} = 10^{-4}$ mol·l^{-1}.
Aus $K_\mathrm{L} = c(\mathrm{Ag}^+)\,c(\mathrm{Cl}^-)$ erhält man: $c(\mathrm{Ag}^+) = \dfrac{10^{-10}}{10^{-4}} = 10^{-6}$ mol·l^{-1}.

Das Elektrodenpotential errechnet sich (für 25°C) nach:
$E^{1,2} = E^0(\mathrm{Ag}^+) + 0{,}0591 \log c(\mathrm{Ag}^+),$
wobei die Differenz $E^1 - E^2$ dem Potentialsprung entspricht:
$E^1 - E^2 = 0{,}0591\,(\log 10^{-4} - \log 10^{-6}) = -0{,}118$ Volt.

4.3-60 a) Für das Redoxpotential $E(\mathrm{eq})$ am Äquivalenzpunkt gilt:
$$E(\mathrm{eq}) = \frac{E^0(\mathrm{Fe}) + 5 \cdot E^0(\mathrm{Mn})}{6} + \frac{0{,}0591}{6} \log \frac{c(\mathrm{Fe}^{3+}) \cdot c(\mathrm{MnO}_4^-) \cdot c^8(\mathrm{H}^+)}{c(\mathrm{Fe}^{2+}) \cdot c(\mathrm{Mn}^{2+})}$$

Die Stöchiometrie verlangt, daß am Äquivalenzpunkt folgende Beziehungen gelten: $c(\mathrm{Fe}^{2+})/5 = c(\mathrm{MnO}_4^-)$ und $c(\mathrm{Fe}^{3+})/5 = c(\mathrm{Mn}^{2+})$; damit wird (für $E^0(\mathrm{Fe}) = 0{,}77$ und $E^0(\mathrm{Mn}) = 1{,}51$ Volt)

$$E(\mathrm{eq}) = \frac{E^0(\mathrm{Fe}) + 5 \cdot E^0(\mathrm{Mn})}{6} + \frac{0{,}0591}{6} \log c^8(\mathrm{H}^+) = 1{,}387 - 0{,}0788\,pH$$

b) Entsprechend Aufgabe a) erhält man für den Redoxprozeß das Potential am Äquivalenzpunkt mit:
$$E(\mathrm{eq}) = \frac{E^0(\mathrm{Fe}) + 6 \cdot E^0(\mathrm{Cr})}{7} + \frac{0{,}0591}{7} \log \frac{c(\mathrm{Fe}^{3+}) \cdot c(\mathrm{Cr}_2\mathrm{O}_7^{2-}) \cdot c^{14}(\mathrm{H}^+)}{c(\mathrm{Fe}^{2+}) \cdot c^2(\mathrm{Cr}^{3+})}$$

Am Äquivalenzpunkt gilt: $c(\mathrm{Fe}^{2+})/6 = c(\mathrm{Cr}_2\mathrm{O}_7^{2-})$ und $c(\mathrm{Fe}^{3+})/3 = c(\mathrm{Cr}^{3+})$.
Damit wird $E(\mathrm{eq}) = \dfrac{E^0(\mathrm{Fe}) + 6\,E^0(\mathrm{Cr})}{7} + \dfrac{0{,}0591}{7} \log \dfrac{c^{14}(\mathrm{H}^+)}{2\,c(\mathrm{Cr}^{3+})}$.

4.3-61 Vor Erreichen des Äquivalenzpunktes wird das Potential durch das Redoxpaar $\mathrm{Fe}^{2+} \rightarrow \mathrm{Fe}^{3+} + e^-$ bestimmt. Nach Überschreiten dieses Punktes ist das Redoxpaar $\mathrm{MnO}_4^- + 8\,\mathrm{H}^+ + 5\,e^- \rightarrow \mathrm{Mn}^{2+} + 4\,\mathrm{H}_2\mathrm{O}$ potentialbestimmend, und schließlich gilt am Äquivalenzpunkt der Ausdruck aus Aufgabe 4.3-60a.

Fe^{3+} (%)		9	50	99	99,9	100	$c(MnO_4^-)/c(Mn^{2+}:10^{-3}$
$c(Fe^{3+})/c(Fe^{2+})$		0,099	1	99	999	–	
E(V)			0,62	0,68	0,798	0,857	E(eq) = 1,37 1,45 V

4.3-62 $E(\text{eq}) = \dfrac{E^0(\text{Cl}) + E^0(\text{Fe})}{2} = \dfrac{1,44 + 0,68}{2} = 1,06 \text{ Volt}$

Das auf die Wasserstoffelektrode bezogene Potential ist:

$EMK = E(\text{eq}) - E(H_2) = 1,06 - 0 = 1,06$ Volt

Bezogen auf die Kalomelelektrode:

$EMK = 1,06 - 0,2814 = 0,7786$ Volt.

Vor Erreichen des Äquivalenzpunktes ist das Redoxpaar Fe^{2+}/Fe^{3+} bestimmend, also gilt:

$E = E^0(\text{Fe}) + 0,0591 \log \dfrac{999}{1} = 0,857$ Volt (s. 4.3-61)

Nach Überschreiten dieses Punktes gilt:

$E = E^0(\text{Cr}) + 0,0591 \log \dfrac{1}{999} = 1,263$ Volt

Der Potentialsprung von 0,857 bis 1,263 V beträgt ≈ 400 mV.

4.3-63 a) Für die Gleichgewichtskonstante der Redoxreaktion gilt:

$\dfrac{n(E_1^0 - E_2^0)}{0,0591} = -\log K = -\log \dfrac{c^2(Cu^+) \cdot c(I_3^-)}{c^2(Cu^{2+}) \cdot c^3(I^-)}$

$E_1^0 = 0,536$ V; $E_2^0 = 0,153$ V $\Rightarrow K = 1,1 \cdot 10^{-13}$

b) Bei einer Konzentration der Iodidionen von 0,2 mol·l^{-1} ergibt sich

$c(Cu^+) = K_L/0,2 = 5 \cdot 10^{-12}$ mol·l^{-1}.

Durch Umformen der Gleichgewichtskonstanten erhält man:

$c(Cu^{2+}) = \sqrt{\dfrac{c^2(Cu^+) \cdot c(I_3^-)}{c^3(I^-) \cdot K_L}} = \sqrt{\dfrac{(5 \cdot 10^{-12})^2 \cdot 10^{-6}}{(0,2)^3 \cdot 1,1 \cdot 10^{-13}}} = 1,685 \cdot 10^{-7}$ mol·l^{-1}.

4.3-64 Das Redoxpotential der beiden Systeme sei mit E(Hy) und E(Cr) bezeichnet.

$E(\text{Hy}) = 0,7 + \dfrac{0,0582}{2} \log \dfrac{c(C_6H_4O_2) \cdot c^2(H^+)}{c(C_6H_4(OH)_2)} = 0,7 - \dfrac{2 \cdot 0,0582}{2} pH$

$E(\text{Cr}) = 1,3 + \dfrac{0,0582}{3} \log \dfrac{c(HCrO_4^-) \cdot c^7(H^+)}{c(Cr^{3+})} = 1,3 - \dfrac{7 \cdot 0,0582}{3} pH$

Oxidation tritt ein, wenn $E(\text{Cr}) \geq E(\text{Hy})$, d.h. $pH < 7,73$.

Kapitel 4.4

4.4-1 Nach dem Gesetz von Hess gilt:
$$2\,P_{weiß} + 2{,}5\,O_2 \rightarrow P_2O_5 - 1544\ kJ$$
$$\underline{2\,P_{rot} + 2{,}5\,O_2 \rightarrow P_2O_5 - 1509\ kJ}$$
$$2\,P_{weiß} \rightarrow 2\,P_{rot} \quad - \quad 35\ kJ$$
Die molare Bildungsenthalpie $\Delta H = -17{,}5\ kJ \cdot mol^{-1}$.

4.4-2 Nach dem Gesetz von Hess gilt:
$\Delta H_1 + \Delta H_2 - \Delta H_3 = -349\ kJ + (-286)\ kJ - (-276)\ kJ = -404\ kJ$

4.4-3 Es werden $1{,}98\ g \triangleq 4{,}5 \cdot 10^{-2}$ mol CO_2 erhalten ($M(CO_2)$ 44 g·mol^{-1}), dabei werden 40 kJ frei. Bei der Bildung von 1 mol CO_2 (Verbrennung von 1 mol CH_4) werden 888,9 kJ frei. Nach dem Gesetz von Hess gilt:

$CH_4 + 2\,O_2 \rightarrow CO_2 + 2\,H_2O \quad \Delta H_1 = -888{,}9\ kJ$
$C + O_2 \quad\quad \rightarrow CO_2 \quad\quad\quad\quad \Delta H_2 = -394\ \ kJ$
$2\,H_2 + O_2 \quad \rightarrow 2\,H_2O(l) \quad\quad \Delta H_3 = 2 \cdot (-286) \ = -572\ kJ$

$\Delta H_2 + \Delta H_3 - \Delta H_1 = -394 + (-572) - (-888{,}9) = 77{,}1\ kJ$

4.4-4 $C_6H_{14} + 9{,}5\,O_2 \rightarrow 6\,CO_2 + 7\,H_2O \quad \Delta H_1 = -4159\ kJ$ (48,36 kJ/g; $M(C_6H_{14}) =$
$H_2 + 0{,}5\,O_2 \quad \rightarrow H_2O(l) \quad\quad\quad\quad \Delta H_2 = -\ 286\ kJ$ \quad\quad\quad 86 g·mol^{-1})
$C + O_2 \quad\quad \rightarrow CO_2 \quad\quad\quad\quad\quad \Delta H_3 = -\ 394\ kJ$
$7 \cdot \Delta H_2 + 6 \cdot \Delta H_3 - \Delta H_1 = -207\ kJ$

4.4-5 $\Delta H = \Delta U + \Delta n\, R_m T$ ($R_m = 8{,}315\ JK^{-1}\,mol^{-1}$; $T = 298\ K$)
$C_6H_6 + 7{,}5\,O_2 \rightarrow 6\,CO_2 + 3\,H_2O$ \quad ($\Delta U = -3268 \cdot 10^3\ J$; $\Delta n = 6 - 7{,}5 = -1{,}5$ mol)
$\Delta H = -3268 \cdot 10^3 - 1{,}5 \cdot 8{,}315 \cdot 298 = 3\,271\,717\ J\ (\sim 3272\ kJ)$

4.4-6 $C_6H_{10}O_5 + 6\,O_2 \rightarrow 6\,CO_2 + 5\,H_2O \quad \Delta H_1 = -2835\ kJ$ (Annahme $n = 1$ mol
\quad\quad\quad\quad\quad\quad\quad\quad\quad\quad\quad\quad\quad\quad\quad\quad\quad\quad M(Stärke) 162 g·mol^{-1})
$C + O_2 \quad\quad \rightarrow CO_2 \quad\quad \Delta H_2 = -\ 394\ kJ$
$H_2 + 0{,}5\,O_2 \quad \rightarrow H_2O \quad\quad \Delta H_3 = -\ 286\ kJ$
$6 \cdot \Delta H_2 + 5 \cdot \Delta H_3 - \Delta H_1 = -2364 + (-1430) - (-2835) = -959\ kJ \cdot mol^{-1}$
$\triangleq -\dfrac{959}{162} = -5{,}9\ kJ\,g^{-1}$

4.4-7 $\Delta H_1 + \Delta H_2 - \Delta H_3 = -201 + (-286) - (-55{,}6) = -431{,}4\ kJ$.

4.4-8 $Na + H_2O \rightarrow NaOH + \frac{1}{2}H_2; \quad \Delta H_1 = -180{,}8\ kJ\,mol^{-1}\ (\triangleq -39{,}3\ kJ$ pro 5 g Na)
$Na_2O + H_2O \rightarrow 2\,NaOH \quad\quad \Delta H_2 = -264{,}1\ kJ\,mol^{-1}\ (\triangleq -21{,}3\ kJ$ pro 5 g Na_2O)
$H_2 + \frac{1}{2}O_2 \quad \rightarrow H_2O; \quad\quad\quad \Delta H_3 = -286\ kJ$
$2 \cdot \Delta H_1 + \Delta H_3 - \Delta H_2 = 2(-180{,}8) + (-286) - (-264{,}1) = -383{,}5\ kJ \cdot mol^{-1}\ Na_2O$.

4.4-9 Die Lösungsenthalpie für 15 g beträgt $\dfrac{35{,}5 \cdot 15}{101} = 5{,}27\ kJ$ ($M(KNO_3) = 101\ g \cdot mol^{-1}$).

Dies entspricht einer Wärmeenergie von 1 kg · 4,184 kJ · kg^{-1} · ΔT:
$5{,}27 = 1 \cdot 4{,}184 \cdot \Delta T$;
$\Delta T = 1{,}26\ K$, d. h. die Wassertemperatur sinkt auf ca. 13,7 °C ab.

4.4-10 29,5 ml HCl ($c = 0,2$ mol · l^{-1}) ergeben eine Stoffmenge von $5,9 \cdot 10^{-3}$ mol ($\triangleq$ Stoffmenge NaOH $\triangleq$ Stoffmenge Na). Es haben also $5,9 \cdot 10^{-3}$ mol Na reagiert:
Na + H$_2$O → NaOH + $\frac{1}{2}$H$_2$.
Diese geben eine Wärmeenergie von $R = -0,228$ K · 4,59 kJ K^{-1} ab (Temperatur im Kalorimeter steigt, d.h. Wärme wird bei der Reaktion frei).

Molare Reaktionsenthalpie $\Delta H = \dfrac{-0,228 \text{ K} \cdot 4,59 \text{ kJ} \cdot \text{K}^{-1}}{5,9 \cdot 10^{-3} \text{ mol}} = -177,4$ kJ · mol^{-1}.

4.4-11 $Q_x = -74730 n_x (n_x + 1,8)$ J

$Q_1 = -\dfrac{74730 \cdot 1}{1 + 1,8} = -26689$ J; $Q_2 = -\dfrac{74730 \cdot 2}{2 + 1,8} = -39332$ J

$Q_2 - Q_1 = -39332 - (-26689) = -12643$ J.

4.4-12 Die thermodynamische Gleichung ergibt sich nach dem Gesetz von Hess aus:
$\Delta H_1 - \Delta H_3 = -110$ kJ $-(-242)$ kJ $= +132$ kJ
C + H$_2$O → CO + H$_2$ + 132 kJ
12 g benötigen 132 kJ; 1 kg dann $\dfrac{132}{12} \cdot 1000 = 11000$ kJ

(I) liefert: 12 g 110 kJ; für 11000 kJ also $\dfrac{12}{110} \cdot 11000 = 1200$ g $= 1,2$ kg

(II) liefert: 12 g 394 kJ; für 11000 kJ also $\dfrac{12}{394} \cdot 11000 = 335$ g

4.4-13 $\Delta H_1 - \Delta H_2 = \Delta H_3 = 132$ kJ für die Reaktion C + H$_2$O → CO + H$_2$.
Relevante Reaktionen:
(I)   C + $\frac{1}{2}$O$_2$ + 2N$_2$ → CO + 2N$_2$ $\Delta H_1 = -110$ kJ (N$_2$ ist nicht beteiligt)
(II) C + H$_2$O   → CO + H$_2$ $\Delta H_3 = +132$ kJ
Die beiden Reaktionen stehen im Verhältnis 75:25 = 3:1:

6C + 3O$_2$ + 12N$_2$ → 6CO + 12N$_2$ $\Delta H = 6 \cdot (-110) = -660$ kJ
2C + 2H$_2$O   → 2CO + 2H$_2$ $\Delta H = 2 \cdot 132 = 264$ kJ
───
8C + 2H$_2$O + 3O$_2$ + 12N$_2$ → 8CO + 12N$_2$ + 2H$_2$ $\Delta H = -396$ kJ

$8 \cdot 12$ g $= 96$ g Koks setzen -396 kJ frei, 1 kg dann $-\dfrac{396}{96} \cdot 1000 = -4125$ kJ.

4.4-14 Im Temperaturintervall von 727 °C bis 798 °C kann ΔH als konstant angesehen werden, d.h. das hier berechnete ΔH gilt auch für 750 °C.
K_{p1} 1,84 bar$^{-1/2}$ K_{p2} 0,943 bar$^{-1/2}$
T_1 1000 K T_2 1071 K
Nach Gleichung (4.91) gilt:

$\log \dfrac{K_{p2}}{K_{p1}} = \dfrac{\Delta H}{19,15 \text{ K}^{-1} \text{ mol}^{-1}} \left(\dfrac{T_2 - T_1}{T_1 \cdot T_2} \right)$

$\log \dfrac{0,943}{1,84} = \dfrac{\Delta H}{19,15} \left(\dfrac{1071 - 1000}{1071 \cdot 1000} \right)$

$\Delta H \quad\quad = -83860$ J $\approx -83,9$ kJ

4.4-15 $N_2 + 3H_2 \to 2NH_3$ $\Delta H = 2 \cdot (-56,4) = -112,8$ kJ

$$\log \frac{K_p(500\,°C)}{K_p(400\,°C)} = -\frac{112\,800}{19,15}\left(\frac{773-673}{773 \cdot 673}\right)$$

$$\frac{K_p(500\,°C)}{K_p(400\,°C)} = 0,074$$

$K_p(500\,°C) = 0,074\, K_p(400\,°C)$; K_p nimmt damit um 92,6 % ab.

4.4-16 $CaO + CO_2 \to CaCO_3$; $K_p = \dfrac{1}{p(CO_2)}$

	$p(CO_2)$	K_p	T
1.	340 mbar	$2{,}94 \cdot 10^{-3}$	1013 K
2.	904 mbar	$1{,}11 \cdot 10^{-3}$	1083 K

$$\log \frac{K_{p2}}{K_{p1}} = \log \frac{\frac{1}{904}}{\frac{1}{340}} = \frac{\Delta H}{19,15}\left(\frac{1083-1013}{1083 \cdot 1013}\right)$$

$\Delta H = -127\,462$ J $\approx -127,5$ kJ

4.4-17 Lösevorgang: $B(OH)_3$ (fest) $\rightleftharpoons$ $B(OH)_3$ (gelöst)

$$K_c = \frac{a(B(OH)_3\,(\text{gelöst}))}{a(B(OH)_3\,(\text{fest}))} = \frac{a(B(OH)_3\,(\text{gelöst}))}{1} \approx \frac{c(B(OH)_3\,(\text{gelöst}))}{1}$$

$K_c = c(B(OH)_3\,(\text{gelöst}))$

Die Massenangaben in g/100 ml sind den Stoffmengenkonzentrationen in mol · l^{-1} proportional; die Proportionalitätsfaktoren kürzen sich im Quotient:

	Masse (g)	T
1.	1,947	273
2.	2,920	285

$$\Rightarrow \log \frac{2,92}{1,947} = \frac{\Delta H}{19,15}\left(\frac{285-273}{285 \cdot 273}\right)$$

$\Delta H = 21\,855$ J $\approx 21,9$ kJ

4.4-18 Gleichung für die Phasenumwandlung:

$H_2O(l) \rightleftharpoons H_2O(g)$; $K_p = \dfrac{a(H_2O)(g)}{a(H_2O)(l)} = \dfrac{p(H_2O)(g)}{1}$

(Aktivität der Gasphase = Dampfdruck p; Aktivität der flüssigen Phase ist definitionsgemäß 1)

	p	Siedepunkt
1.	900 mbar	X
2.	1013,25 mbar	373 K

$\Delta H = 2250$ J/g $= 40\,500$ J/mol

$$\log \frac{1013,25}{900} = \frac{40\,500}{19,15}\left(\frac{373-X}{373 \cdot X}\right)$$

X = Siedepunkt bei 900 mbar = 369,6 K $\hat{=}$ 96,6 °C.

4.4-19

	p	Siedepunkt	
1.	1,01325 bar	34,6 °C	$\Delta H = 69\,600$ J mol^{-1}
2.	X	40 °C	

$$\log \frac{1{,}01325}{x} = \frac{69\,600}{19{,}15}\left(\frac{307{,}6 - 313}{307{,}6 \cdot 313}\right) \quad X = p = 1{,}62018 \text{ bar}$$

4.4-20

	K_S	T	
1.	$1{,}79 \cdot 10^{-5}$	283 K	Dissoziationsenthalpie ΔH_{DISS} wird innerhalb dieses
2.	$1{,}87 \cdot 10^{-5}$	313 K	Intervalls als konstant angesehen.

$$\log \frac{1{,}87 \cdot 10^{-5}}{1{,}79 \cdot 10^{-5}} = \frac{X}{19{,}15}\left(\frac{313 - 283}{313 \cdot 283}\right)$$
$$X = 1073{,}7 \text{ J}.$$

4.4-21 Dissoziation $COCl_2 \rightarrow CO + Cl_2$; $\quad K_p = \dfrac{p(CO) \cdot p(Cl_2)}{p(COCl_2)} = \dfrac{\alpha^2}{1-\alpha^2} \cdot P_{atm}$

Für die Bildungsreaktion von $COCl_2$ gilt:

$$K'_p = \frac{1}{K_p} = \frac{1-\alpha^2}{\alpha^2} \cdot \frac{1}{P_{atm}}.$$

	α	K'_p	T
1.	0,8	$0{,}5625 \cdot \dfrac{1}{P_{atm}}$	826 K
2.	0,91	$0{,}2076 \cdot \dfrac{1}{P_{atm}}$	876 K

$$\log \frac{0{,}2076}{0{,}5625} \cdot \frac{P_{atm}}{P_{atm}} = \frac{X}{19{,}15}\left(\frac{876 - 826}{876 \cdot 826}\right)$$
$$X = \Delta H = -119\,968 \text{ J} \approx -120 \text{ kJ}.$$

Ableitung von K_p:

$$COCl_2 \rightarrow CO + Cl_2$$

vor der Dissoziation: $\quad n_0 \quad\quad -\quad -$
im Gleichgewicht: $\quad (1-\alpha)n_0 \quad \alpha n_0 \quad \alpha n_0$

$$p(CO) = \frac{\text{Stoffmenge CO}}{\sum \text{aller Stoffmengen}} \cdot P_{ges} = \frac{n_0 \alpha}{n_0(1-\alpha) + n_0\alpha + n_0\alpha} \cdot P_{ges} = \frac{\alpha}{1+\alpha} P_{ges}$$

$$p(Cl_2) = \frac{\text{Stoffmenge Cl}_2}{\sum \text{aller Stoffmengen}} \cdot P_{ges} = \frac{n_0 \alpha}{n_0(1-\alpha) + n_0\alpha + n_0\alpha} \cdot P_{ges} = \frac{\alpha}{1+\alpha} P_{ges}$$

$$p(COCl_2) = \frac{\text{Stoffmenge COCl}_2}{\sum \text{aller Stoffmengen}} \cdot P_{ges} = \frac{n_0(1-\alpha)}{n_0(1-\alpha) + n_0\alpha + n_0\alpha} \cdot P_{ges} = \frac{1-\alpha}{1+\alpha} P_{ges}$$

$$K_p = \frac{\dfrac{\alpha}{1+\alpha} \cdot P_{ges} \cdot \dfrac{\alpha}{1+\alpha} P_{ges}}{\left(\dfrac{1-\alpha}{1+\alpha}\right) \cdot P_{ges}} = \frac{\alpha^2}{(1-\alpha)(1+\alpha)} P_{ges} = \frac{\alpha^2}{1-\alpha^2} P_{ges}$$

4.4-22 Thermodynamische Gleichung:

$$A \rightleftharpoons B \quad \Delta H = +26 \text{ kJ}$$
(aus Verbrennungsenthalpien)

vorher: 0,1   —
im Gleichgewicht: 0,1 − 0,776 · 0,1   0,776 · 0,1

$$K_c = \frac{c(B)}{c(A)} = \frac{0,0776}{0,0224} = 3,4643$$

	K_c	T
1.	3,4643	293 K
2.	$K_c(45°)$	318 K

$$\log \frac{3,4643}{K_c(45°)} = \frac{26\,000}{19,15}\left(\frac{293-318}{293 \cdot 318}\right); \quad K_c(45°) = 8,0151$$

$$\frac{0,1 \cdot x}{0,1 - 0,1\,x} = 8,0151 \Rightarrow x = 0,889;$$

Bei 45°C liegen 88,9 % als B und 11,1 % als A vor.

Kapitel 4.5

4.5-1 Die Konzentration des Wassers wird als konstant angenommen (großer Überschuß), deshalb handelt es sich um eine pseudomonomolekulare Reaktion erster Ordnung.
Die Zuckerkonzentrationen sind proportional der jeweiligen Drehung. Die Anfangskonzentration des Rohrzuckers entspricht der totalen Änderung des Drehwinkels $\alpha_0 - \alpha_\infty$ (α_0 Drehwinkel bei $t = 0$, α_∞ bei t_∞). Die zu einer beliebigen Zeit t vorhandene Rohrzuckermenge ist proportional $\alpha - \alpha_\infty$ (α Drehwinkel bei t).

Mit Gleichung (4.100) gilt: $k_1 = \frac{2,303}{t} \cdot \log \frac{\alpha_0 - \alpha_\infty}{\alpha - \alpha_\infty}$.

$\log(\alpha - \alpha_\infty)$ gegen t aufgetragen ergibt eine Gerade, wie für eine Reaktion erster Ordnung erwartet. Die Steigung der Geraden multipliziert mit 2,303 ergibt k_1.
k_1 kann auch durch Einsetzen entsprechender Werte in Gleichung (4.100) berechnet werden: k_1(Mittelwert) $= 5,38 \cdot 10^{-5}$ min^{-1}.

4.5-2 Der Verbrauch an Natronlauge (ml) zu den Zeiten 0, t und ∞ sei V_0, V_t und V_∞. Die Konzentration an Methylacetat bei $t = 0$ ist proportional $V_\infty - V_0$, die zu einem beliebigen Zeitpunkt t ist proportional $V_\infty - V_t$.

Wird $\log(V_\infty - V_t)$ und $\frac{1}{V_\infty - V_t}$ jeweils gegen t aufgetragen, so erhält man nur im ersten Fall eine Gerade. Die Reaktion ist also erster Ordnung. k_1 ergibt sich wie in Aufgabe 4.5-1 graphisch aus der Steigung der Geraden oder mit Gleichung (4.100)
rechnerisch:

k_1 (Mittelwert) $= 1,23 \cdot 10^{-3}$ min^{-1}.

4.5-3 Auftragen von log $(c_a - c_x)$ gegen die Zeit t (Gleichung (4.100)) bzw. $\dfrac{1}{c_1 - c_x}$ gegen t Gleichung (4.110) zeigt eindeutig, daß es sich um eine Reaktion zweiter Ordnung handelt $(c_a - c_x$ bzw. $c_1 - c_x$ ist hier gleich $c(OH^-)$).

Nur $\dfrac{1}{c_1 - c_x}$ gegen t ergibt eine Gerade, aus deren Steigung der Wert der Geschwindigkeitskonstanten $k_2 = 4{,}88$ mol^{-1} l min^{-1} erhalten wird. Durch Einsetzen entsprechender Werte kann k_2 auch nach Gleichung (4.111) berechnet werden.

4.5-4 Lösung nach Gleichung (4.111) mit $k = 4{,}88$ mol^{-1} l min^{-1}:
1. $c_x = \tfrac{1}{2} c_1$ und
    a) $c_1 = 0{,}025$ mol $\cdot$ l^{-1} ergibt $t_{1/2} = 8{,}2$ min
    b) $c_1 = 0{,}0025$ mol $\cdot$ l^{-1} ergibt $t_{1/2} = 82$ min
2. $c_x = 0{,}99 c_1$ und
    a) $c_1 = 0{,}025$ mol $\cdot$ l^{-1} ergibt $t = 811{,}5$ min
    b) $c_1 = 0{,}0025$ mol $\cdot$ l^{-1} ergibt $t = 8115$ min

4.5-5 Lösung mit Hilfe der Gleichung (4.111): $k_2 = \dfrac{2{,}303}{t(c_1 - c_2)} \log \dfrac{c_2(c_1 - c_x)}{c_1(c_2 - c_x)}$.

Zur Berechnung des logarithmischen Ausdrucks drückt man die Konzentrationen am einfachsten in ml NaOH aus. Ist c_1 die Anfangskonzentration von NaOH und c_2 diejenige des Esters, so gilt:
$c_1 = 28{,}08 - 3{,}08 = 25$ ml; $\quad c_1 - c_x = 28{,}08 - x$ ml
$c_2 = 25 - 3{,}67 = 21{,}33$ ml; $\quad c_2 - c_x = 24{,}41 - x$ ml

Der Wert von $\dfrac{1}{t} \log \dfrac{c_2(c_1 - c_x)}{c_1(c_2 - c_x)}$ läßt sich graphisch oder durch direktes Einsetzen ermitteln und ergibt $2{,}5 \cdot 10^{-3}$. Somit ist

$k = \dfrac{2{,}303}{(c_1 - c_2)} \cdot 2{,}5 \cdot 10^{-3}$; hier müssen allerdings für die Berechnung des Zahlenwertes für den Faktor $c_1 - c_2$ die Konzentrationen c_1 und c_2 in mol $\cdot$ l^{-1} angegeben werden (c_1 und c_2 treten hier, im Gegensatz zum logarithmischen Ausdruck, nur im Nenner auf. Die Proportionalitätsfaktoren kürzen sich daher nicht!):

$c_1 - c_2 = (25{,}00 - 21{,}33) \cdot \dfrac{0{,}04 \cdot 15}{28{,}05} \cdot 0{,}02$ mol $\cdot$ l^{-1}

Damit ergibt sich $k = 3{,}67$ mol^{-1} l min^{-1}.

4.5-6 Lösung wie in 4.5-5 mit Gleichung (4.108):

$\log \dfrac{c_2(c_1 - c_x)}{c_1(c_2 - c_x)}$ gegen t aufgetragen ergibt eine Gerade; die Reaktion ist also zweiter Ordnung mit $k = 1{,}64$ mol$^{-1} \cdot$ l $\cdot$ s^{-1} (Mittelwert).

Lösungsweg: Zur Berechnung des logarithmischen Ausdrucks ist es am einfachsten, die Konzentrationen in ml I$_2$-Lösung auszudrücken. Die Anfangskonzentration des $S_2O_3^{2-}$ sei c_1, die des Alkylbromids c_2 und x die Anzahl ml verbrauchter Iodlösung zum Zeitpunkt t; dann gilt:
$c_1 = 37{,}63$ ml; $c_1 - c_x = x$ ml (noch vorhandenes $S_2O_3^{2-}$ z. Zt. t)
$c_2 = 37{,}63 - x_\infty$ ml; $c_2 - c_x = x - x_\infty$ ml (noch vorhandenes $R - Br$ z. Zt. t)

Bei der Berechnung des Faktors $\dfrac{2{,}303}{t(c_1-c_2)}$ müssen c_1 und c_2 in mol·l^{-1} angegeben werden (siehe 4.5-5):

$$c_1 = 0{,}02572 \cdot \frac{37{,}63}{10{,}02}\ \text{mol}\cdot\text{l}^{-1};\quad c_2 = 0{,}02572\ \frac{37{,}63 - 22{,}24}{10{,}02}\ \text{mol}\cdot\text{l}^{-1}.$$

k kann graphisch oder nach Gleichung (4.108) rechnerisch ermittelt werden:

Graphisch: die Steigung der Geraden multipliziert mit $\dfrac{2{,}303}{(c_1-c_2)}$ ergibt k;

Rechnerisch: $k = \dfrac{2{,}303}{t(c_1-c_2)} \log \dfrac{c_2(c_1-c_x)}{c_1(c_2-c_x)}$ z. B. für $t = 5{,}05$ s

$$k = \frac{2{,}303}{5{,}05 \cdot 0{,}02572 \left(\dfrac{37{,}63}{10{,}02} - \dfrac{37{,}63-22{,}24}{10{,}02}\right)} \cdot \log \frac{(37{,}63 - 22{,}24) \cdot 29{,}86}{37{,}63\,(29{,}86 - 22{,}24)}$$

$$= 1{,}64\ \text{mol}^{-1}\,\text{l}\,\text{s}^{-1}$$

4.5-7 Die Meßwerte zu den Zeiten $t = 0$, x und ∞ seien V_0, V_x und V_∞. $\log(V_x - V_\infty)$ gegen t aufgetragen ergibt eine Gerade (Reaktion erster Ordnung, pseudomonomolekular). k kann entweder graphisch aus der Steigung der Geraden oder rechnerisch durch Mittelwertbildung nach

$$k = \frac{2{,}303}{t} \cdot \log \frac{V_0 - V_\infty}{V_x - V_\infty}$$

mit geweils zusammengehörenden Werten von t und V_x erhalten werden:
$k = 0{,}013$ min^{-1}

4.5-8 Die Geschwindigkeitskonstante der Zerfallsreaktion setzt sich zusammen aus k_0 der Spontanreaktion und der Konstante des basenkatalysierten Verlaufs: $k = k_0 + k_{Ac^-} \cdot c(Ac^-) = 3{,}8 \cdot 10^{-4} + k_{Ac^-} \cdot 0{,}00414$. Die Reaktion sei nach 1316 min beendet ($V = V_\infty = 18{,}93$ ml), dann erhält man in Anlehnung an Gleichung (4.100) mit:

$$\frac{1}{t} \log \frac{V_\infty}{V_\infty - V} = k_0 + k_{Ac^-} \cdot c(Ac^-)$$

für $t = 150$ min und $V = 10{,}91$ ml: $k_{Ac^-} = 0{,}509$
für $t = 200$ min und $V = 12{,}8$ ml: $k_{Ac^-} = 0{,}500$
Mittelwert: $k_{Ac^-} = 0{,}505$

4.5-9 Die Konzentration des Esters bei $t = 0$ sei c_a (mol·l^{-1}), die zum Zeitpunkt $t_x = c_a - c_x$ (mol·l^{-1})

	CH_3OCH_3	$\rightarrow$	CH_4	+	H_2	+	CO
t_0	c_a		—		—		—
t_x	$c_a - c_x$		c_x		c_x		c_x

Gesamtgehalt aller Stoffe bei t_x: $c_a + 2c_x$.

Der Gasdruck zu den Zeiten t_0 und t_x sei p_a und p_x.

Es gilt dann nach $\dfrac{p_i}{p} = \dfrac{n_i}{\sum n_i} : \dfrac{p_a}{p} = \dfrac{c_a}{c_a + 2c_x}$.

Hieraus ergibt sich: $\dfrac{c_a - c_x}{c_a} = \dfrac{3p_a - p}{2p_a}$ und mit Gleichung (4.103): $k = \dfrac{2{,}303}{t_2 - t_1} \log \dfrac{3p_a - p_1}{3p_a - p_2}$

$\left(p_1 = 410 \text{ mbar}, \; p_2 = 486 \text{ mbar}, \; t_2 - t_1 = 385 \text{ s}, \; p_a = \dfrac{933}{3} \text{ mbar}\right)$

$k = 4{,}08 \cdot 10^{-4} \text{ s}^{-1}$

4.5-10 $-\dfrac{dc(A_1)}{dt} = k_1 c(A_1); \quad \dfrac{dc(A_2)}{dt} = k_1 c(A_1) - k_2 c(A_2);$

$\dfrac{dc(A_3)}{dt} = k_2 c(A_2) - k_3 c(A_3) \cdots \dfrac{dc(A_s)}{dt} = k_{(s-1)} \cdot c(A_{s-1})$

Bei stationärem Gleichgewicht gilt: $\dfrac{dc(A_2)}{dt} = 0; \quad \dfrac{dc(A_3)}{dt} = 0$ usw.

Hieraus folgt: $k_1 c(A_1) = k_2 c(A_2) = k_3 c(A_3) = \cdots = k_{s-1} c(A_{s-1});$

mit $k = \dfrac{0{,}693}{t_{1/2}}$ folgt:

$\dfrac{c(A_1)}{{}_1 t_{1/2}} = \dfrac{c(A_2)}{{}_2 t_{1/2}} = \dfrac{c(A_3)}{{}_3 t_{1/2}} = \cdots \dfrac{c(A_{s-1})}{{}_{s-1} t_{1/2}}$

4.5-11 Der Gehalt an γ-Hydroxybuttersäure zur Zeit 0 sei a (in ml Alkalilauge ausgedrückt) und zur Zeit $t = a - x$; d.h. der Gehalt an γ-Butyrolacton zur Zeit t ist x.
Für die Geschwindigkeit der Lactonbildung gilt:

$\dfrac{dx}{dt} = k_1(a - x) - k_2 x = k_1 a - (k_1 + k_2)x$

(die Geschwindigkeit der Lactonbildung ist proportional $a - x$, die der Rückreaktion proportional x.)

$\dfrac{dx}{k_1 a - (k_1 + k_2)x} = dt;$

die Integration ergibt:

$-\dfrac{1}{k_1 + k_2} \ln[k_1 a - (k_1 + k_2)x] = t + C \cdots$ (I)

Bei $t = 0$ ist x = 0 und die Integrationskonstante

$C = -\dfrac{1}{k_1 + k_2} \ln k_1 a \cdots$ \quad (II)

Aus (I) und (II) erhält man nach Umformung und Einführung des dekadischen Logarithmus:

$k_1 + k_2 = \dfrac{2{,}303}{t} \log \dfrac{1}{1 - \left(1 + \dfrac{k_2}{k_1}\right)\dfrac{x}{a}}$. Mit $\dfrac{k_1}{k_2} = K = 2{,}68 \text{ mol} \cdot l^{-1}$

$k_1 + k_2 = -\dfrac{2{,}303}{t} \log\left[1 - \left(1 + \dfrac{1}{K}\right)\dfrac{x}{a}\right] = -\dfrac{2{,}303}{t} \log\left[1 - \left(1 + \dfrac{1}{2{,}68}\right)\dfrac{x}{a}\right]$

Als Mittelwert von fünf Bestimmungen ergibt sich:

$k_1 + k_2 = 9{,}36 \cdot 10^{-3}$ und mit $\dfrac{k_1}{k_2} = 2{,}68$:

$k_1 = 6{,}8 \cdot 10^{-3} \text{ min}^{-1}; \quad k_2 = 2{,}5 \cdot 10^{-3} \text{ min}^{-1}.$

4.5-12 log k gegen 1/T aufgetragen ergibt eine Gerade (Gleichung 4.116), aus deren Steigung m sich E_a $\left(m = -\dfrac{E_a}{19{,}15}\right)$ zu 103 543 J · mol^{-1} errechnet. Eingesetzt in Gleichung 4.116 (für zusammengehörende Werte von k und T) ergibt sich damit der Wert für A.
Mittelwert $A = 4{,}9 \cdot 10^{13}$ s^{-1} (Reaktion erster Ordnung)

4.5-13 (Lösung analog 4.5-12)
E_a ergibt sich zu 196 080 J mol^{-1}.
Mittelwert $A = 5 \cdot 10^{19}$ l · mol^{-1} · s^{-1} (bimolekulare Reaktion).

4.5-14 Nach Gleichung (4.116) gilt: $\log k = \log \dfrac{0{,}693}{t_{1/2}} = -\dfrac{E_a}{19{,}15 \cdot T} + \log A$

$\log \dfrac{0{,}693}{24 \cdot 3600} = -\dfrac{104\,500}{19{,}15 \cdot T} + \log 5 \cdot 10^{13}$

$T = 290{,}3$ K bzw. $t = 17{,}3\,°C$

4.5-15 Es werden die Temperaturen 295 K und 305 K angenommen.

Bedingung: $\dfrac{k_{305}}{k_{295}} = 2$ (bzw. 3 für die dreifache Reaktionsgeschwindigkeit)

$\log k_{305} = -\dfrac{E_a}{19{,}15 \cdot 305} + \log A$

$\log k_{295} = -\dfrac{E_a}{19{,}15 \cdot 295} + \log A$

$\log \dfrac{k_{305}}{k_{295}} = \log k_{305} - \log k_{295} = \log 2 = -\dfrac{E_a}{19{,}15 \cdot 305} + \dfrac{E_a}{19{,}15 \cdot 295}$

(A bleibt unverändert und fällt somit weg.)

$\log 2 = -\dfrac{E_a}{19{,}15}\left(\dfrac{1}{305} - \dfrac{1}{295}\right); \quad E_a = 51{,}9$ kJ · mol^{-1}

Für die Verdreifachung der Reaktionsgeschwindigkeit:

$\log 3 = -\dfrac{E_a}{19{,}15}\left(\dfrac{1}{305} - \dfrac{1}{295}\right); \quad E_a = 82{,}2$ kJ mol^{-1}

Kapitel 4.7

4.7-1
		Radium (Ra)	Uranblei (Pb)
	Massenzahl	$238 - 3 \cdot 4 = 226$	$238 - 8 \cdot 4 = 206$
	Kernladungszahl	$92 - 3 \cdot 2 + 2 \cdot 1 = 88$	$92 - 8 \cdot 2 + 6 \cdot 1 = 82$

4.7-2 $1{,}07 \cdot 10^{-4}$ ml Heliumgas werden in 24 h gebildet.
Teilchenzahl in 24 h: $3{,}4 \cdot 10^{10} \cdot 24 \cdot 3600$ α-Teilchen.
Teilchenzahl pro Mol: $(3{,}4 \cdot 10^{10} \cdot 24 \cdot 3600) : (1{,}07 \cdot 10^{-4}/22\,400) = 6{,}15 \cdot 10^{23}$

4.7-3   a) $^{14}N + ^4He \rightarrow ^{17}O + ^1H$ $^{14}N(\alpha, p)\,^{17}O$
        b) $^9Be + ^4He \rightarrow ^{12}C + ^1n$ $^9Be(\alpha, n)\,^{12}C$
        c) $^{27}Al + ^4He \rightarrow ^{30}P + ^1n$ $^{27}Al(\alpha, n)\,^{30}P$

4.7-4   a) $^7Li + ^1H \rightarrow ^4He + ^4He$ $^7Li(p, \alpha)\,^4He$
        b) $^2H + ^2H \rightarrow ^3He + ^1n$ $^2H(\alpha, n)\,^3He$
        c) $^3H \rightarrow ^3He + ^0e$ $^3H(-, \beta)\,^3He$

4.7-5   a) $^A_ZX + ^4_2He \rightarrow ^{A+3}_{Z+2}Y + ^1_0n$
        b) $^A_ZX + ^1_0n \rightarrow ^A_{Z-1}Y + ^1_1H$

(Um die Kernladungszahl für Y anzugeben, muß von einer Kernladungszahl Z bei X ausgegangen werden).

4.7-6   Die Teilchenzahlen N_0 bzw. N sind proportional zu den Massenanteilen. Somit können letztere in Gleichung (4.128) eingesetzt werden (bei t_0 für $N_0 = 100$). λ (Zerfallskonstante) ergibt sich nach Gleichung (4.130) aus der Halbwertszeit:

$$\lambda = \frac{0{,}693}{t_{1/2}}.$$

$$\log \frac{100}{x} = \frac{0{,}693 \cdot 600}{28{,}6 \cdot 2{,}303}; \quad x = 4{,}7 \cdot 10^{-5}\,\%$$

4.7-7   Berechnung nach Aktivität (Zerfälle/s):

$$A = -\frac{dN}{dt} = \lambda N \text{ mit } \lambda = \frac{0{,}693}{t_{1/2}}$$

a) $t_{1/2}(^{238}U) = 4{,}47 \cdot 10^9\,a \cdot 365\,d\,a^{-1} \cdot 24\,h\,d^{-1} \cdot 3600\,sh^{-1} = 1{,}41 \cdot 10^{17}\,s$
   $t_{1/2}(^{222}Rn) = 3{,}82\,d \cdot 24\,h\,d^{-1} \cdot 3600\,sh^{-1} = 330\,048\,s$

b) $\lambda(^{238}U) = 4{,}91 \cdot 10^{-18}\,s^{-1}$; $\lambda(^{222}Rn) = 2{,}1 \cdot 10^{-6}\,Bq$

c) Stoffmengen $n = \dfrac{m(X)}{M(X)}$

$$n(^{238}U) = \frac{1\,g}{238\,g \cdot mol^{-1}} = 4{,}202 \cdot 10^{-3}\,mol$$

$$n(^{222}Rn) = \frac{1\,g}{222\,g \cdot mol^{-1}} = 4{,}505 \cdot 10^{-3}\,mol$$

d) Anzahl der Atome in der Stoffmenge n:
$N = n \cdot 6{,}022 \cdot 10^{23}$; (Avogadrosche Konstante)
$N(^{238}U): 2{,}53 \cdot 10^{21}$; $N(^{222}Rn): 2{,}713 \cdot 10^{21}$

e) $A = \lambda \cdot N$
$^{238}U: 12\,422\,Bq$ $^{222}Rn: 5{,}697 \cdot 10^{15}\,Bq$.

4.7-8   1 g $RaBr_2$ enthält 0,586 g Ra = $2{,}593 \cdot 10^{-3}$ mol Ra = $1{,}562 \cdot 10^{21}$ Ra-Atome.

$$\lambda = \frac{0{,}693}{t_{1/2}} = \frac{0{,}693}{1620 \cdot 365 \cdot 24 \cdot 3600} = 1{,}356 \cdot 10^{-11}\,Bq$$

Aktivität anfangs:
$1{,}562 \cdot 10^{21} \cdot 1{,}356 \cdot 10^{-11} = 2{,}118 \cdot 10^{10}$ Bq.
Nach 10000 Jahren seien noch $N = x$ Atome vorhanden:

$$\log \frac{1{,}562 \cdot 10^{21}}{x} = \frac{1{,}356 \cdot 10^{-11} \cdot 10000 \cdot 365 \cdot 24 \cdot 3600}{2{,}303}$$

$N = 2{,}172 \cdot 10^{19}$ Ra-Atome nach 10000 Jahren noch aktiv.

Aktivität jetzt:
$R = 2{,}172 \cdot 10^{19} \cdot 1{,}356 \cdot 10^{-11} = 2{,}945 \cdot 10^8$ Bq.

4.7-9 Im radioaktiven Gleichgewicht bilden sich in der Zeiteinheit ebensoviel Ra-Atome durch Zerfall des Urans, wie Ra-Atome in die Tochterelemente weiterzerfallen.

Es gilt: $\dfrac{N(U)}{N(Ra)} = \dfrac{\lambda(Ra)}{\lambda(U)} = \dfrac{t_{1/2}(U)}{t_{1/2}(Ra)}$.

Aus dem Massenverhältnis $\dfrac{m(U)}{m(Ra)} = 2{,}91 \cdot 10^6$ ergibt sich das Stoffmengenverhältnis $\dfrac{n(U)}{n(Ra)}$ $\left(\cong \text{ dem Atomzahlenverhältnis } \dfrac{N(U)}{N(Ra)}\right)$.

$\dfrac{m(U)}{238} : \dfrac{m(Ra)}{226} = \dfrac{2{,}91 \cdot 10^6 \cdot 226}{238} = \dfrac{t_{1/2}(U)}{1620}$;

$t_{1/2}(U) = 4{,}48 \cdot 10^9$ Jahre.

4.7-10 Lösung nach $\log \dfrac{N_0}{N} = \dfrac{\lambda \cdot t}{2{,}303} = \dfrac{0{,}693 \cdot t}{t_{1/2} \cdot 2{,}303}$:

Aus dem Massenverhältnis $\dfrac{m(Pb)}{m(U)} = 0{,}155$ ergibt sich das Stoffmengen- bzw. Atomzahlenverhältnis:

$\dfrac{n(Pb)}{n(U)} = \dfrac{N(Pb)}{N(U)} = 0{,}155 \dfrac{238{,}1}{206} = 0{,}1792$

Zu der Zeit t kommt auf 1 mol U 0,1792 mol Pb; der anfängliche Urangehalt zur Zeit t_0 ist also 1,1792 mol.

$\log \dfrac{1{,}1792}{1} = \dfrac{0{,}693 \cdot t}{4{,}47 \cdot 10^9 \cdot 2{,}303}$;

t = 1063 Millionen Jahre.

4.7-11 Das Alter des Minerals sei $t = x$ Jahre. Nach x Jahren enthält 1 kg Mineral 820 g U_3O_8.
820 g $U_3O_8 = \dfrac{820}{842{,}3}$ mol U_3O_8 bzw. $\dfrac{3 \cdot 820}{842{,}3}$ mol U; $(M(U_3O_8)842{,}3)$
In x Jahren entstanden 0,8 l He = $\dfrac{0{,}8}{22{,}4}$ mol He; diese Stoffmenge ist $\dfrac{0{,}8}{8 \cdot 22{,}4}$ mol U äquivalent (beim Zerfall von U bei Pb werden insgesamt 8 α-Teilchen emittiert).

Uran zur Zeit t_0: $\dfrac{3 \cdot 820}{842{,}3} + \dfrac{0{,}8}{8 \cdot 22{,}4}$ $(\cong N_0)$

Uran zur Zeit t: $\dfrac{3 \cdot 820}{842{,}3}$ $(\cong N)$

$\log \dfrac{N_0}{N} = \dfrac{0{,}693 \cdot t}{4{,}5 \cdot 10^9 \cdot 2{,}303}$; $t = 9\,919\,943$ Jahre

4.7-12 Anstelle des Atomzahlenverhältnisses $\dfrac{N_0}{N}$ kann das Prozentverhältnis eingesetzt werden (proportional):

$\log \dfrac{100}{60{,}5} = \dfrac{0{,}693 \cdot t}{5736 \cdot 2{,}303}$;

t = 4160 Jahre.

4.7-13 Kernreaktionsgleichung der Fusion:
$6\,^1_1\text{H} + 6\,^1_0\text{n} \rightarrow \,^{12}_6\text{C}$
Massendefekt $\Delta m = (6 \cdot 1{,}007825 + 6 \cdot 1{,}008665 - 12)$
$= 0{,}09894$ u
$1\text{ u} \triangleq 1{,}493 \cdot 10^{-13}$ kJ $\triangleq 932$ MeV
Die Energie beträgt somit $1{,}48 \cdot 10^{-14}$ kJ oder 92,2 MeV.

4.7-14 a) 1 g U enthält $\dfrac{6{,}022 \cdot 10^{23}}{235}$ Atome. Bei der Spaltung von 1 g U werden

$$\dfrac{6{,}022 \cdot 10^{23} \cdot 200}{235}\text{ MeV} = \dfrac{6{,}022 \cdot 10^{23} \cdot 200 \cdot 1{,}6021 \cdot 10^{-16}}{235}\text{ kJ frei,}$$

und hierfür sind $x \cdot 33\,500$ kg Steinkohle notwendig.

$$x = \dfrac{6{,}022 \cdot 10^{23} \cdot 200 \cdot 1{,}6021 \cdot 10^{-16}}{235 \cdot 33\,500} = 2451\text{ kg} = 2{,}451\text{ t}$$

b) 1000 g U enthalten $\dfrac{1000 \cdot 6{,}022 \cdot 10^{23}}{235}$ Atome. Ein Atom liefert 200 MeV;

bei einer Ausbeute von 30% liefern 1000 g dann:

$$\dfrac{1000 \cdot 6{,}022 \cdot 10^{23} \cdot 200 \cdot 0{,}3}{235}\text{ MeV} = 1{,}54 \cdot 10^{26}\text{ MeV}$$
$$= 2{,}47 \cdot 10^{10}\text{ kJ} = 6{,}87 \cdot 10^6\text{ kWh}$$

(1 MeV $= 1{,}6021 \cdot 10^{-16}$ kJ; 1 kJ $= 2{,}78 \cdot 10^{-4}$ kWh).

4.7-15 Massendefekt bei Bildung von 1 mol He:
$4 \cdot 1{,}007825 - 4{,}002603 = 0{,}028697$ g.

Bei Bildung von 0,25 mol entspricht dies einer Energieentwicklung von:
$E = 0{,}25 \cdot 0{,}028697 \cdot 8{,}988 \cdot 10^{10}\text{ kJ} = 6{,}45 \cdot 10^8\text{ kJ}$

4.7-16
$m_A(^{27}\text{Al}) = 26{,}9815$ u $m_A(^{25}\text{Mg}) = 24{,}9859$ u
$+ m_A(^2\text{H(d)}) = 2{,}0135532$ u $+ m_A(^4\text{He}(\alpha)) = 4{,}0015061$ u
$\Delta m = 28{,}9950532$ u $-$ $28{,}9874061$ u
$= 0{,}0076471$ u $\triangleq 7{,}1$ MeV $\cdot$ u^{-1}

$\Delta m = 0{,}0076471$ g $\cdot$ mol^{-1} $\triangleq \dfrac{0{,}0076471}{26{,}9815}$ g pro g Al $\triangleq 2{,}55 \cdot 10^7$ kJ $\cdot$ g^{-1}

4.7-17 500 kt TNT $= 5 \cdot 10^{11}$ g $= \dfrac{5 \cdot 10^{11}}{227}$ mol (molare Masse $M(\text{TNT}) = 227$)

setzen bei der Explosion $\dfrac{5 \cdot 10^{11}}{227} \cdot 3432$ kJ frei.

Die Uranbombe enthalte x g ^{235}U $= \dfrac{x}{235}$ mol $= \dfrac{x}{235} \cdot N_A$ Atome ($N_A = 6{,}022 \cdot 10^{23}$).
Pro Atomkern ^{235}U werden 200 MeV $= 200 \cdot 1{,}6021 \cdot 10^{-16}$ kJ frei, insgesamt also
$\dfrac{x}{235} \cdot 6{,}023 \cdot 10^{23} \cdot 200 \cdot 1{,}6021 \cdot 10^{-16}$ kJ.

$\dfrac{x}{235} \cdot 6{,}022 \cdot 10^{23} \cdot 200 \cdot 1{,}6021 \cdot 10^{-16} = \dfrac{5 \cdot 10^{11}}{227} \cdot 3432$; $x = 92\,066$ g.

4.7-18 a) ^{3}H(d, n)^{4}He $\quad\quad\quad ^3_1\text{H} + ^2_1\text{d} = ^1_0\text{n} + ^4_2\text{He}$

$$\begin{array}{ll} 3{,}01605 & 1{,}008665 \\ +\,2{,}0135532 & +\,4{,}0026033 \\ \hline \end{array}$$

$\Delta m = \quad 5{,}0296032 \quad - \quad 5{,}0112683 = 0{,}0183349$ u

$\Delta m \cdot 932 = 17{,}1$ MeV

b) $^6\text{Li}(d, \alpha)^4$He

$$\begin{array}{ll} 6{,}01512 & 4{,}0015061 \\ +\,2{,}0135532 & 4{,}0026033 \\ \hline \end{array}$$

$\Delta m = \quad 8{,}0286732 \quad - \quad 8{,}0041094 = 0{,}0245638$ u

$\Delta m \cdot 932 = 22{,}9$ MeV

c) ^{3}H(^{3}H, 2n)^{4}He

$$\begin{array}{ll} 3{,}01605 & 2\,\text{n} = 2{,}01733 \\ +\,3{,}01605 & +\,4{,}0026033 \\ \hline \end{array}$$

$\Delta m = \quad 6{,}0321 \quad - \quad 6{,}0199333 = 0{,}0121667$ u

$\Delta m \cdot 932 = 11{,}3$ MeV

4.7-19 (s. auch Aufgaben 4.7-17 und 4.7-18)

100 kg LiD = 10^5 g = $\dfrac{10^5}{8{,}03}$ mol ($M(\text{LiD}) = 8{,}03$ g·mol^{-1})

Diese enthalten: $\dfrac{10^5}{8{,}03} \cdot N_A$ Moleküle (N_A = Avogadro-Konstante = $6{,}0022 \cdot 10^{23}$), welche bei der Explosion $\dfrac{10^5}{8{,}03} \cdot N_A \cdot 22{,}9 \cdot 1{,}6021 \cdot 10^{-16}$ kJ = $2{,}75 \cdot 10^{13}$ kJ freisetzen (s. Aufgabe 4.7-18; 1 MeV = $1{,}6021 \cdot 10^{-16}$ kJ).

Diese Energie wäre der Energie bei der Explosion von x g TNT = $\dfrac{x}{227}$ mol TNT ($M(\text{TNT}) = 227$ g·mol^{-1}) äquivalent, welche $\dfrac{x}{227} \cdot 3432$ kJ freisetzen (s. 4.7-17).

$\dfrac{x}{227} \cdot 3432 = 2{,}75 \cdot 10^{13}$; $x = 1{,}82 \cdot 10^{12}$ g = $1{,}82 \cdot 10^6$ t TNT.

4.7-20 Kernbindungsenergie pro Nukleon $\left(\dfrac{E_B}{A}\right)$

a) ^{6}Li mit Atomgewicht 6,015123

Kern aus 3 Protonen + 3 Neutronen (dies folgt aus $A = Z + N$)

Masse von 3^1_1H	$3 \cdot 1{,}0078251$	= 3,0234753 u
Masse von 3^1_0n	$3 \cdot 1{,}0086650$	= 3,025995 u
Gesamtmasse Nukleonen + Elektronenhülle		6,0494703 u
	wirkliche Masse	6,015123 u
	Δm	0,0343473 u

Dieser Massendefekt $\hat{=}$ 32,01 MeV und

pro Nukleon $\dfrac{32{,}01}{6} = 5{,}3$ MeV $\left(\dfrac{E_B}{A}\right)$

Analoge Rechengänge führen zu:

b) ^{88}Sr; $A_r(^{88}\text{Sr}) = 87{,}9056$; Kern aus 38 Protonen und 50 Neutronen
$$\frac{E_B}{A} = 8{,}7 \text{ MeV}$$

c) ^{197}Au; $A_r(^{197}\text{Au}) = 196{,}967$; Kern aus 79 Protonen und 118 Neutronen
$$\frac{E_B}{A} = 7{,}9 \text{ MeV}$$

d) ^{235}U; $A_r(^{235}\text{U}) = 235{,}044$; Kern aus 92 Protonen und 143 Neutronen
$$\frac{E_B}{A} = 7{,}6 \text{ MeV}$$

4.7-21 Stoffmenge ^{239}Pu in der Probe: $0{,}08 \cdot 0{,}45 \cdot 10^{-6}$ mol;
Anzahl der Atome $N = 0{,}08 \cdot 0{,}45 \cdot 10^{-6} \cdot 6{,}022 \cdot 10^{23}$
Registrierte Aktivität $A = 9{,}83 \cdot 10^3$ Bq ($\triangleq$ Anzahl Zerfälle /s)
Tatsächliche Aktivität $A = 2 \cdot 9{,}83 \cdot 10^3$ Bq $\triangleq 2 \cdot 9{,}83 \cdot 10^3 \cdot 60 \cdot 60 \cdot 24 \cdot 365$ Zerfälle im Jahr.

$$-\frac{\Delta N}{\Delta t} = \frac{2 \cdot 9{,}83 \cdot 10^3 \cdot 60 \cdot 60 \cdot 24 \cdot 365}{1 \text{ Jahr}} = \lambda N$$

$$\lambda = \frac{2 \cdot 9{,}83 \cdot 10^3 \cdot 60 \cdot 60 \cdot 24 \cdot 365}{0{,}08 \cdot 0{,}45 \cdot 10^{-6} \cdot 6{,}022 \cdot 10^{23}} = 2{,}8608 \cdot 10^{-5} \text{ Jahr}^{-1}$$

$$t_{1/2} = \frac{0{,}693}{\lambda} = 24\,224 \text{ Jahre}$$

Anhang

Meßfehler, Fehlerrechnung und signifikante Zahlenangaben

Fehler bei der experimentellen Bestimmung von Meßwerten

Bei der Bestimmung einer physikalischen Größe oder eines Analysenergebnisses muß man generell davon ausgehen, daß der ermittelte Wert vom wahren Meßwert abweicht. Der Grund für solche Abweichungen beruht auf Meßfehlern. Man unterscheidet drei Hauptarten solcher Meßfehler:
a) *Zufällige Fehler*, d. h. durch den Zufall bedingte Abweichungen vom wahren Meßwert, die mit gleicher Wahrscheinlichkeit positive und negative Werte annehmen. Diese Art von Fehlern läßt sich mit Hilfe der Statistik in ihrem Ausmaß beurteilen und kann in Form einer Fehlerrechnung erfaßt und zur Abschätzung der Genauigkeit und Zuverlässigkeit eines Meßergebnisses in Form einer Fehlerangabe herangezogen werden. Zufällige Fehler lassen sich nicht vermeiden. Beispielsweise ist jedes Wägeergebnis auf einer üblichen Labor-Analysenwaage mit einem zufälligen Fehler von $\pm 1 \cdot 10^{-4}$ g behaftet, der auf Temperaturschwankungen, mechanischen Erschütterungen und Luftkonvektion im Wägeraum beruht.
b) *Systematische Fehler*. Sie beruhen auf meistens sehr individuellen Mängeln der Meßmethoden und wirken sich immer im gleichen Sinne aus. Systematische Fehler sind vermeidbar. Ein systematischer Analysenfehler liegt beispielsweise vor, wenn bei einer bestimmten Art von Fällungsreaktion jedesmal unkontrolliert Fremdionen mit dem Niederschlag mitgefällt werden und dadurch das Wägeergebnis zu hoch ausfällt.
c) *Persönliche Fehler*. Sie beruhen auf Unzulänglichkeiten des Beobachters, der in eine Reihe von Meßwerten immer wieder dieselbe Abweichung vom wahren Wert einbringt. Beispielsweise begeht ein farbenblinder Analytiker, der beim Titrieren den Umschlagspunkt eines Farbindikators nicht sicher erkennen kann und deshalb jedesmal übertitriert, einen solchen persönlichen Fehler. Auch diese Art von Fehlern ist vermeidbar.

Fehlerrechnung

Zur Abschätzung des zufälligen Fehlers bei einer Meßreihe kann man den arithmetischen Mittelwert, die Standardabweichung oder den Variationskoeffizienten heranziehen.
Den *arithmetischen Mittelwert* $\bar{x}$ einer gemessenen Größe als ihren wahrscheinlichsten Wert erhält man, wenn man die ermittelten Werte x_i aller n gleichwertigen

Einzelmessungen aufsummiert und durch die Anzahl n der Einzelmessungen dividiert,

$$\bar{x} = \frac{x_1 + x_2 + x_3 + \cdots + x_n}{n} = \frac{\sum_{1}^{n} x_i}{n}.$$

Aus dem arithmetischen Mittelwert $\bar{x}$ erhält man die *Standardabweichung* s gemäß folgender Beziehung:

$$s = \pm \sqrt{\frac{d_1^2 + d_2^2 + d_3^2 + \cdots + d_n^2}{n-1}} = \sqrt{\frac{\sum_{1}^{n} d_i^2}{n-1}}$$

mit $d_i = x_i - x$, der absoluten Abweichung jedes Einzelwertes vom Mittelwert und n, der Anzahl der einzelnen Meßwerte.
Die Standardabweichung s macht eine Aussage über die Güte eines bestimmten Meßverfahrens.
Schließlich dient der *Variationskoeffizient* s_r, die relative Standardabweichung bzw. Standardabweichung bezogen auf den Mittelwert, als Maß für den relativen zufälligen Fehler.

$$s_r = \frac{s}{\bar{x}}.$$

Beispiel:
Eine Schiffsladung Titandioxid TiO_2 enthält das Weißpigment in 50-kg-Gebinden. Zur Überprüfung des Titangehaltes werden 10 Gebinde geöffnet und die entnommenen Proben analysiert. Die 10 Analysenwerte x_i werden einer Fehlerrechnung unterworfen, deren Einzelwerte in folgender schematischer Aufstellung zusammengefaßt sind:

Analysennummer	Analysenwert w(Ti)	$d_i = x_i - \bar{x}$	$10^{-8} \cdot d_i^2$
1	0,5935	+ 0,0026	676
2	0,5948	+ 0,00390	1521
3	0,5896	− 0,0013	169
4	0,5878	− 0,0031	961
5	0,5884	− 0,0025	625
6	0,5912	+ 0,0003	9
7	0,5921	+ 0,0012	144
8	0,5919	+ 0,0010	100
9	0,5890	− 0,0019	361
10	0,5907	− 0,0002	4

Anzahl der Analysenwerte $n = 10$
Mittelwert $\bar{x} = 5,9090 : 10 = 0,5909$

Standardabweichung $s = \pm \sqrt{\dfrac{45,7 \cdot 10^{-6}}{9}} = \pm 0,00225$

Massenanteil TiO$_2$ $w = 0{,}591 \pm 0{,}0023$

Variationskoeffizient $s_r = \dfrac{0{,}00225}{0{,}5909} = \pm\, 0{,}00381 = \pm\, 0{,}381\,\%.$

Die Signifikanz von Kommastellen bei Zahlenangaben

Die durch chemische und physikalische Experimente erhaltenen Meßergebnisse werden in aller Regel durch eine Aufeinanderfolge von Ziffern mit oder ohne Kommastelle wiedergegeben, in deren Anschluß das zugehörige Einheitensymbol genannt wird. Die dabei jeweils angegebene Stellenzahl enthält eine sehr wichtige Aussage über die Güte des angewandten Meßverfahrens oder der durchgeführten Messung. Nach allgemeiner Konvention werden in Meßprotokollen immer nur die Stellen angegeben, die als gesichert angesehen werden können, sowie eine einzige unsichere Stelle am Ende der Ziffernfolge, bei der eine Abweichung um den Stellenwert $\pm\,1$ erlaubt ist. Ist die Abweichung in der letzten Stelle größer als 1, dann ist üblicherweise eine zusätzliche Angabe über die Fehlerbreite erforderlich. Beispielsweise enthält die Zahlenangabe 35,36 ml die Information, daß ein Experimentator eine Volumenablesung mit vierstelliger Genauigkeit durchgeführt hat und in der Lage ist, diese Ablesung beliebig oft mit einer Reproduzierbarkeit von $\pm\,0{,}01$ ml zu wiederholen. Ein in Volumenabmessungen unsicherer Experimentator, dessen Reproduzierbarkeit $\pm\,0{,}03$ ml beträgt, wird in sein Meßprotokoll $35{,}36 \pm 0{,}03$ ml schreiben. Bei der rechnerischen Auswertung von Meßwerten kommen zumeist nur einfache Rechenoperationen zur Anwendung wie Addition, Subtraktion, Multiplikation und Division von Zahlenwerten. Es sollen kurz die Regeln vorgestellt werden, nach denen signifikante Stellen von Meßwerten bei solchen Operationen behandelt und beurteilt werden, damit der Aussagegehalt des Rechenergebnisses nicht verfälscht wird:

Regel 1:
Vor der Addition oder Subtraktion von Zahlen mit unterschiedlich vielen signifikanten Stellen rechts vom Dezimalkomma wird auf die gleiche Zahl von Nachkommastellen gerundet. Bezugszahl für die Rundung ist immer die Zahl mit der geringsten Anzahl von Nachkommastellen. Nach der Rundung erfolgt die Rechenoperation. Alternativ ist es auch gestattet, zuerst die Addition oder Subtraktion aller Zahlen durchzuführen und danach zu runden.

Regel 2:
Bei der Rundung von Zahlenkolonnen wird folgendermaßen verfahren:
Ist die Ziffer rechts neben der letzten signifikanten Stelle, die erhalten bleiben soll, < 5, so wird abgerundet. Die Ziffer kommt nebst allen nachfolgenden Ziffern zum Fortfall, und der Zahlenwert der letzten signifikanten Stelle bleibt erhalten.
Ist die Ziffer rechts neben der letzten zu erhaltenden Stelle dagegen $\geqslant 5$, dann wird aufgerundet. Die Ziffer einschließlich aller ihrer rechtsstehenden Nachbarziffern fällt dabei weg, und der Zahlenwert der signifikanten Stelle wird um eine Einheit erhöht.

Beispiel:
Addieren Sie die unten links aufgelisteten Zahlenkolonnen unter Befolgung der Regeln 1 und 2.

137,673	Vorherige Rundung ergibt:	137,6
33,9		33,9
66 749,0		66 749,0
5,86		5,9
66 926,433		66 926,4
	Nachfolgende Rundung ergibt:	66 926,4

Regel 3:
Eine Null in einer Zahlenfolge, die nur die Lage des Dezimalkommas kennzeichnet und keine von Null verschiedene Ziffern als linke Nachbarn hat, hat keine Signifikanz.
Eine Null, die nur die Lage des Dezimalkommas kennzeichnet, aber von Null verschiedene Ziffern als linke Nachbarn besitzt, liefert keine eindeutige Aussage über ihre Signifikanz. Die Unsicherheit in der Beurteilung der Signifikanz läßt sich durch Exponentialschreibweise vermeiden.

Beispiel:
Beurteilen Sie die Signifikanz der Stellen in folgenden Zahlen:
a) 0,093; b) 670; c) 0,30.

Lösung:
In der Zahl a) hat die Null keine Signifikanz, denn sie dient nur zur Kennzeichnung der Lage des Dezimalkommas. Bei der Zahl b) läßt sich ohne Fehlerangabe nicht beurteilen, ob die Null als signifikante Stelle angesehen werden kann oder nicht. Eine eindeutige Aussage liefert hier die Exponentialschreibweise, z. B. $6,7 \cdot 10^2$. Die Null rechts neben der 3 in der Zahl c) ist dagegen als signifikante Stelle anzusehen, andernfalls wäre sie nicht hingeschrieben worden.

Regel 4:
Das Ergebnis einer Multiplikation und/oder Division von Faktoren darf nur so viele signifikante Stellen aufweisen wie der Faktor mit der kleinsten Anzahl signifikanter Stellen.

Beispiel:
Wie lautet das Ergebnis der Multiplikation von $1276,85 \cdot 4,9$?

Lösung:
In diesem Falle ist die Anzahl der signifikanten Stellen des Ergebnisses durch den Faktor 4,9 bestimmt und beträgt zwei. Multiplikation unter Benutzung der normalen Zahlenschreibweise liefert $1276,85 \cdot 4,9 = 6300$. Da aus der Ergebniszahl 6300 die fehlende Signifikanz der beiden rechts stehenden Nullen nicht abgelesen werden kann, ist hier unbedingt die Exponentialschreibweise vorzuziehen, d. h. $1276,85 \cdot 4,9 = 6,3 \cdot 10^3$.

Hinweise zur Benutzung der Zahlen in diesem Buch
Alle in diesem Buch verwendeten Zahlen sollen vereinbarungsgemäß vier signifikante Stellen besitzen, auch wenn bei z. B. vierfach dezimalgenauen Zahlen mit einer

oder mehreren Nachkommastellen nicht alle Ziffern angegeben sind. Diese Vereinbarung wird aus Gründen der Vereinfachung getroffen.

Beispiele:
Die Angabe der Konzentration $0,1 \text{ mol} \cdot l^{-1}$ soll als vierstellig dezimalgenau angesehen werden und lautet $0,1000 \text{ ml} \cdot l^{-1}$. Ebenfalls gilt die Volumenangabe 12 ml als vierstellig genau und lautet in der ausführlichen Schreibweise 12,00 ml.

Literatur

1. Amt für Standardisierung, Meßwesen und Warenprüfung, DDR/Bundesamt für Eich- und Vermessungswesen, Österreich/Eidgenössisches Amt für Maß und Gewicht, Schweiz/Physikalisch Techn. Bundesanstalt, BRD (Hrsg.) (1982) SI – Das Internationale Einheitensystem, 2. Aufl. Vieweg, Braunschweig
2. Dickerson RE, Gray HB, Darensbourg MY, Darensbourg DJ (1988) Prinzipien der Chemie, 2. Aufl. De Gruyter, Berlin New York
3. Fluck E, Becke-Goehring M (1990) Einführung in die Theorie der quantitativen Analyse, 7. Aufl. Steinkopff, Darmstadt
4. Holleman AF, Wiberg E, Wiberg N (1985) Lehrbuch der Anorganischen Chemie, 91.–100. Aufl. De Gruyter, Berlin New York
5. Homann KH (1975) Reaktionskinetik. Steinkopff, Darmstadt
6. Huisgen R (1955) Ausführung kinetischer Versuche. In: Houben-Weyl, Methoden der Organischen Chemie, Bd III, Tl 1. Thieme, Stuttgart
7. IUPAC (International Union of Pure and Applied Chemistry), (1984), Commission on Atomic Weights. Pure Appl Chem 56: 653
8. IUPAC (1987) Abbreviated List of Quantities, Units and Symbols in Physical Chemistry. Blackwell, Oxford
9. Jander G, Jahr KF (1985) Maßanalyse, 14. Aufl. De Gruyter, Berlin New York
10. Kischio W (1969) Rechnen in der Chemie mit Größengleichungen. Berufskundliche Reihe zur Fachzeitschrift Chemie für Labor und Betrieb, Bd 11. Umschau, Frankfurt
11. Kober F (1983) Quantitative Analyse. Leuchtturm, Alsbach
12. Kortüm G (1960) Einführung in die chemischen Thermodynamik, 3. Aufl. Vandenhoek und Ruprecht, Göttingen, und Verlag Chemie, Weinheim
13. Küster FW, Thiel A (1985) Rechentafeln für die chemische Analytik, 103. Aufl. De Gruyter, Berlin New York
15. Kunze UR (1986) Grundlagen der quantitativen Analyse, 2. Aufl. Thieme, Stuttgart New York
16. Lieser KH (1980) Einführung in die Kernchemie, 2. Aufl. Verlag Chemie, Weinheim Deerfield Beach Basel
17. Merkel E (1980) Die SI-Einheiten in der chemischen Praxis. Aulis, Köln
18. Mortimer CE (1987) Chemie – Das Basiswissen der Chemie, 5. Aufl. Thieme, Stuttgart New York
19. Stockhausen M (1995) Mathematik für Chemiker; Eine Einführung in die mathematische Behandlung naturwissenschaftlicher Probleme, 3. Aufl. Steinkopff, Darmstadt
20. Wulfsberg G (1987) Principles of Descriptive Inorganic Chemistry. Brooks/Cole, Monterey

Verzeichnis chemischer Verbindungen

8-Hydroxychinolin 186

A

Acetation 55, 93
Aceton 55, 167, 252
Acetylen 235
aktiver Wasserstoff 200
Aluminiumcarbid 222
Aluminiumhydroxid 36
Aluminiumoxid 58
Aluminiumperchloratlösung 126
Aluminiumphosphat, tertiäres 85
Aluminiumsulfat 36, 85
–, kristallwasserhaltiges 85, 185
Ameisensäure 46, 63, 142, 169, 194, 199, 301
Ameisensäuremethylester 63
Aminogruppe 160, 202
Ammoniak 20, 50, 54, 83, 93 f., 116, 125, 170, 183, 188, 201, 202, 229 f., 235, 303
Ammoniakgas 193
Ammoniumcarbamat 235, 240
Ammoniumcarbonat 65
Ammoniumchlorid 77, 107, 116, 126, 164, 188, 203, 297
Ammoniumion 93, 125
Ammoniummolybdat 164
Ammoniummolybdatophosphat 164
Ammoniumrhodanid 162
Ammoniumsulfat 65, 193, 203
Anilin 55, 107, 253, 280
Anilinhydrochlorid 107
Aniliniumion 107
Anthracen 45
Anthrachinon 45
Apatit 65
Arsenationen 167
arsenige Säure 60

Arsenitionen 167
Arsenkies 34
Arsensulfid 60
Arsenwasserstoff (Monoarsan) 167
Ascorbinsäure 156
Autoreparaturlack 74
Azoverbindungen 193

B

β-Zinnsäure 170
Bariumcarbonat 164, 202 f.
Bariumchlorid 85, 164, 185 f., 202, 252 f.
Bariumhydroxid 64, 202 f.
Bariumnitrat 187
Bariumsulfat 176, 182, 185 ff., 193 f., 201 f.
Bariumsulfid 187
Barytwasser 164
Benzin 236
Benzoesäure 51, 120, 128, 282
Benzol 38, 128, 234, 243, 248, 301
Berylliumacetat, basisches 20
Bismutnitratlösung 169
Bleiazid 238
Bleicarbonat 186
–, basisches 186
Bleichromat 186
Bleihydroxid 186
Bleimennige 34, 187
Bleinitratlösung 170
Bleioxid 34
Bleisulfat 182
Bleiweiß 186
Borat-Puffer 96
Borationen 55
Borax 19, 59
–, kristallwasserhaltiger 34
Borsäure 59, 303
Bortrichlorid 11
Braunstein 65 f., 165, 221
Brom 11
Bromationen 149
Bromidionen 121, 149

Bromiod 199
Brommethan (Methylbromid) 199
Bromsäure 310
Bromsilber 12
Bromwasser 54
Bromwasserstoff 54, 199
Bromwasserstoffsäure 12, 310
Butan 294
Butanal (Butyraldehyd) 55
Butanol 315

C

Cadmiumsulfat 34
Cadmiumsulfid 189
Calciumcarbonat 24, 59 f., 65, 119, 235, 237
Calciumchlorid 59, 170, 185, 253, 281
Calciumdihydrogenphosphat 65
Calciumfluorid 114
Calciumhydrid 237
Calciumhydrogencarbonat 162, 171, 235
Calciumnitrid 237
Calciumoxalat 165, 188
Calciumoxid 24, 65
Calciumphosphat 34
–, tertiäres 65
Calciumsilikat 54
Calciumsulfat 65, 171
Campher 201, 243, 253
Carbonation 93
Carboxylgruppe 160
Carotin 238
Cellulose 236
Cellulosedinitrat 34
Cer(IV)-sulfatlösung 169, 287
Cerion 168
Chilesalpeter 34, 64
Chinin 9, 19
Chininsulfat 35
Chinon 287
Chloridionen 21, 42, 84, 94, 121, 152

448

Chloroform 11, 219
Chlorokomplex des Zinks 161
Chlorophyll 19
Chlorwasserstoff 11, 65, 84, 89, 172, 232, 296
Chlorwasserstoffgas 232
Chlorwasserstoffsäure 89
Chrom(III)-sulfat 33
Chromationen 152, 161
Chromeisenstein 168
Chromoxid 33
Chromsäure 280
Chromtrioxid 64
Citrat-Puffer 96
Cleveit 342
Cyangruppen 33

D

Diacetyldioximlösung 186
Diammoniumhydrogen-phosphatlösung 174
Diantimontrisulfid 64
Dichromation 55, 146, 260
Diethylether 245, 252f., 303
Dihydrogenphosphation 93
Diiodpentoxid 191
Dimethylaminogruppe 160
Dimethylether 316
Dinatriumhydrogen-phosphat 34, 65, 85
Dioxan 198, 252
Diphenylaminsulfonsäure 148
Distickstoffoxid 20
Distickstoffpentoxid 317
Distickstofftetroxid 220, 317
Dodekamolybdatophos-phation 54
Dowex-Anionenaustauscher 161

E

EDTA 285
Eisen(II)-ammoniumsulfat 25
Eisen(II)-ion 44, 73
Eisen(II)-oxid 35
Eisen(II)-sulfat 44, 65, 165, 287
Eisen(II)-sulfid 31, 238
Eisen(III)-chlorid 64, 89, 125, 237

Eisen(III)-ion 41, 44, 161
Eisen(III)-oxid 39
Eisen(III)-sulfat 44, 65, 165
Eisenammoniumsulfat 19
Eisenerzprobe 165
Eisensulfid 60
Eisessig 15, 19, 82, 201, 253f.
Epistilbit 34
Essigsäure 46, 55, 63, 93f., 100, 124f., 188, 249, 253, 281, 303
Essigsäureanhydrid 199
Ethan 217, 223
Ethanol 46, 55, 63, 84, 124, 198, 236, 238, 246, 248, 254, 293
Ethen 239
Ethin 238
Ethylacetat 124
Ethylbenzol 51
Ethylen 223
Ethylenglykol 193, 254
Ethylgruppe 9

F

Fettsäureanionen 171
Fettsäuren, ungesättigte 167
Fluorwasserstoffsäure 65
Flußspat 65
Fruktose 313

G

γ-Butyrolacton 316
γ-Hydroxybuttersäure 316
Generatorgas 236, 302
Glimmer 19
Glucose 19, 23, 76, 251, 313
Glycerintrinitrat (Nitroglycerin) 34, 55
Glyceroltrinitrat 238, 295
Graphit 290
Grauspießglanzerz 64
Grignard-Verbindungen 200, 238
Grossular 34

H

Halogenidionen 256
Hämoglobin 22
Harn 253
–, acetonhaltiger 167

Harnstoff 34, 253
Heptamolybdation 54
Hexamethylentetramin (Urotropin) 169
Hexan 237
Hexaquoaluminiumion 125, 126
Hexaquoeisen(III)-ion 125
Hydrazin 55
Hydrochinon 287
Hydrogencarbonation 93
Hydrogensulfation 93
Hydrogensulfition 93
Hydroxidion 93, 95, 125
Hypochloritionen 169
Hypoioditionen 146

I

Indikatorpuffertablette 156
Iod-Einlagerungs-verbindung 149
Iodationen 53, 55, 146
Iodidionen 53, 55
Iodmethan (Methyliodid) 199
Iodoform 55, 167
Iodsalz 167
Iodsäure 54, 167, 194, 199
Iodstärkeverbindung 200
Iodwasserstoff 54, 199, 227, 235, 239, 317

K

Kalialaun 19
Kalifeldspat (Orthoklas) 33
Kalilauge 61, 84, 190
Kalisalpeter 237, 302
Kaliumnatriumtartrat 156
Kaliumaluminiumsulfat 252
Kaliumbenzoat 55
Kaliumbromatlösung 168
Kaliumbromid 21, 65, 186
Kaliumchlorat 19f., 65, 221, 236, 280
Kaliumchlorid 20, 34, 65, 84, 221, 280, 282, 287
Kaliumchromat 47, 167, 172
Kaliumcyanid 170, 188f.
Kaliumdichromat 19, 34, 48, 55, 166, 186, 236
Kaliumhexachloroplatinat 54
Kaliumhexacyanoferrat 252

449

Kaliumhexacyanoferrat(II)
  10, 169
Kaliumhydrogenphthalat
  163
Kaliumhydrogensulfat 58,
  164
Kaliumhydroxid 81, 84,
  301
Kaliumiodat 167
Kaliumiodid 127, 166 f.,
  199 f.
–, iodatfreies 166
Kaliumion 45
Kaliumnitrat 58, 64, 237,
  252
Kaliumnitrit 64
Kaliumperchlorat 19 f.
Kaliumpermanganat 20, 44,
  51, 55, 147, 165, 193
Kaliumsulfat 9, 18, 27 f.,
  33, 186
Kalk 171
Kalksalpeter,
  norwegischer 34
Knallgas 235
Kochsalz 65, 252
Kochsalzlösung 81, 84, 176
–, isotonische 252
Kohle 66
Kohlendioxid 24, 51, 55,
  61, 64 f., 163 f., 190, 199,
  203, 217, 223, 225, 231 ff.,
  235 ff., 239, 290, 301 ff.,
  342
Kohlenmonoxid 54, 223,
  225, 230 f., 235 ff., 239,
  292, 302, 316
Kohlensäure 93, 119
Kokain 19
Koks 236, 302
Königswasser 86
Kreide 65
Kristallsoda 19, 30, 34
Kristallwasser 186, 202
Kryolith 23
Kupfer(I)-chlorid 239
Kupfer(II)-chlorid 117, 254
Kupfer(II)-ionen 43
Kupferchloridlösung 267,
  280, 283
Kupferionen 161
Kupfernitrat 9, 43 f., 186
Kupferoxid 20, 192
Kupfersulfat 240 f., 260,
  274, 282 f., 285
–, kristallwasserhaltiges 19,
  65, 85

Kupfersulfid 34
Kupfertetramminkomplex
  161, 170

L

Leitungswasser 171
Lithiumaluminiumhydrid
  237
Lithiumdeuterid 343
Lithiumhydrid 237
Luft 218, 223

M

Magnesia alba 66
Magnesium-Kationen 42
Magnesiumammonium-
  phosphat 187
Magnesiumcarbonat 237
Magnesiumchlorid 41, 42,
  116
Magnesiumdiphosphat 34,
  187
Magnesiumhydrogen-
  carbonat 162
Magnesiumhydroxid 116
Magnesiumphosphat,
  tertiäres 187
Magnesiumsulfat 89, 186
–, kristallwasserhaltiges 66
Magnetit 169
Malachit 29
Mangan(II)-chlorid 117
Mangan(II)-ion 44
Mangan(II)-salz 44
Mangandioxid 65, 146, 165
Mangansulfat 85
Messing 168, 170, 186
Metaphosphat,
  hochpolymeres 85
Metavanadationen 55
Metawolframsäure 54
Methan 200, 217, 222 f.,
  235, 301, 316
Methanol 46, 63
Methoxylgruppen 198
Methylacetat 200, 314
Methylchlorid 11
Methylmagnesiumiodid 200
Methylorange 149
Methylrot 163
Methylthymolblau 170
Mohrsches Salz 28, 165
Molybdation 54
Monocarbonsäuren,
  gesättigte 171

N

n-Butanol 55
n-Heptan 236
n-Hexan 301
n-Oktan 236
n-Propylbromid 315
Naphthalin 55
Natriumacetat 94, 106, 126,
  188, 282
Natriumarsenit 165
Natriumborhydrid 55
Natriumcarbonat 61, 64,
  163 f., 235
Natriumchlorid 20 f., 34,
  37, 65, 84, 172, 186
Natriumchromat 64, 168
Natriumdichromat 45
Natriumdiphosphatlösung
  85
Natriumhydrogencarbonat
  61, 112, 167, 235, 237
Natriumhydrogensulfat 164
Natriumhydroxid 65, 164
Natriumionen 94
Natriummetaphosphat 65
Natriumnitrat 79
Natriumoxalat 165
Natriumoxid 302
Natriumperoxid 168
Natriumphosphat,
  tertiäres 164
Natriumpyrophosphat 37
Natriumsalze gesättigter
  Monocarbonsäuren 171
Natriumsulfat 85, 186 f.,
  252, 280
Natriumsulfid 189
Natriumtetraphenylborat-
  lösung 186
Natriumtetrathioantimonat
  (Schlippesches Salz) 37
Natriumtetrathionat 146
Natriumthiosulfat 146, 166,
  172, 194, 315
–, kristallwasserhaltiges 78
Natrolith 159
Natronasbest 190
Natronlauge 37, 72, 84,
  201
Natronseife 171
Nickelmünzen,
  alte deutsche 186
Nitramid 315
Nitration 43, 50
Nitrobenzol 55, 246, 280
Nitrogruppe 202

450

Nitrosoverbindungen 193
Nitroverbindungen 193

O

Oktacyanowolframat(IV)-
   ion 54
Oleum 85
Orthoperiodsäure 54
Orthophenanthrolin 148 f.,
   169
Orthophosphat 85
Orthophosphorsäure 54,
   93, 164
Osmiumtetroxid als
   Katalysator 165
Osmiumtetroxidlösung 169
Oxalation 147
Oxalsäure 52, 147, 235, 239
–, kristallwasserhaltige 164
Oxidion 93
Oxin 186
Oxoniumion 93, 95

P

Pechblende 342
Perchlorsäure 92, 193
Permanganation 44, 46, 73,
   146
Phenol 167, 199
Phenolphthalein 163
Phosgen 230, 303
Phosphat, primäres 96
–, sekundäres 96
Phosphor, roter 199
phosphorige Säure 253
Phosphoritmineral 66
Phosphorpentachlorid 37,
   228, 234
Phosphorpentoxid 301
Phosphorsalz 65
Phosphorsäure 187, 194,
   253
Phosphortrichlorid 11, 234
Phthalsäureanhydrid 55
Platinkathode 186
Platinkontakt 54
Plexiglas 252
Poly(methacrylsäure-
   methylester) 252
Polyphosphat 85
Polystyrol-divinylbenzol-po-
   lysulfonation 160
Polystyrolharz, sulfonierter
   171
Propan 238

Propen 232
Propionsäureethylester 314
Pyrogallollösung 239
Pyrophosphation 9, 19

Q

Quarzsand (Siliciumdioxid)
   54, 65 f.

R

Rauchgas 236
Rauchgasgemische 225
Rhodanidionen 153
Rohrzucker 9, 18 f., 52, 65,
   247, 313
Rohrzuckerlösung,
   isotonische 252
Rohuranat 187
Rosesches Metall 170
roter Phosphor 199

S

Saccharoselösung 251
Safranin T 148
Salicylsäure 252
Salmiak 164
Salpetersäure 20, 43 f., 49,
   52, 54, 58, 64 f., 84, 86,
   188, 202
Salpetersäure, rauchende
   170
Salzsäure 37, 55, 59, 64, 84,
   86, 188, 193, 201 f., 235,
   302
Schönit 186
Schwefeldioxid 39, 168, 185,
   194, 222, 227, 232, 237
Schwefelkies 34, 39, 237
Schwefelkohlenstoff 127,
   253
Schwefelmolekül 253
Schwefelsäure 34, 36, 44 f.,
   51, 58, 64 f., 72, 76, 83 f.,
   133, 136, 194, 199, 222,
   235, 281, 302
–, rauchende 163
Schwefeltrioxid 28, 194,
   222, 227, 239
Schwefelwasserstoff 60,
   117, 148, 188
schweflige Säure 93, 146,
   167
Schwerspat 64
Seife 171

Silberbromid 121
Silberchlorid 20 f., 115, 121,
   174, 182 f., 202, 283
Silberchromat 12, 172, 252,
   285
Silberiodid 167, 188
Silberionen 121
Silbernitrat 21, 152, 167,
   172, 185, 188, 193, 202,
   282 f., 285, 287
Silberpermanganat 21
Silberphosphat 127
Silicagelaustauscher 161
Soda 171
–, kalzinierte 30
–, kristallwasserhaltige 65
–, wasserfreie 163
Spinell 32
Spiritus 19
Stadtgas 223, 233
Stahl, phosphorhaltiger
   164
Stärke 149, 166, 199, 301
Steinkohle 224, 236
Stickstoffdioxid 52, 65,
   220, 317
Stickstoffoxid 20
Stilbit 25
Sulfation 45, 93
Sulfidionen 117, 188
Sulfidmineral 185
Sulfition 47, 93, 146
Superphosphat 65
Synthesegas 233

T

Tetraboration 48
Tetrachlorkohlenstoff 11,
   127
Tetrahydroxoaluminationen
   50
Tetrahydroxochromat(III)-
   ionen 47
Tetraphosphordekaoxid 8,
   19
Thallium(I)-iodid 281
Thalliumchlorid 188
Thalliumrhodanid 188
Thioharnstoff 169 f.
Thiosulfatlösung 167, 199 f.
Thymol-Indophenol 148
Tischsalz, iodhaltiges 167
Titandioxidpigment 74
Titanmonoxid 35
Titriplex I = Nitrilotriessig-
   säure 154

Titriplex II = Ethylendinitrilotetraessigsäure EDTA 154
Titriplex III = Dinatriumsalz von EDTA 154
Titriplex IV = Cyclohexylen-(1,2)-dinitrilotetraessigsäure 154
Titriplex V = Diethylentriaminpentaessigsäure 154
Titriplex VI = Bis(aminoethyl-)glycolether-N,N,N,N,-tetraessigsäure 154
Toluol 55, 234
Traubenzucker 75
Tricalciumphosphat 54, 66
Trichlorethylen 30
Triiodidionenkonzentration 172
Trimethylammoniumgruppe 160

Trinatriumphosphat 107
Trinitroglycerin 19
Trinitrotoluol 19, 343

U

Uranerz 187

V

Vanadiumpentoxid 55
Vanadylionen 55

W

Wasser 19, 43, 55, 75, 93, 190, 198
Wassergas 302
Wasserstoff, aktiver 200
Wasserstoffperoxid 14, 46, 165f., 194
Weißpigment 186

X

Xylenolorange 170
Xylol 234

Z

Zink(II)-ionen 161
Zinkammoniumphosphat 186
Zinkdiphosphat 174, 186
Zinknitrat 186
Zinkoxid 166
Zinksulfat 63, 65, 267, 274, 283
Zinn(II)-chlorid 145
Zinn(II)-ionen 41
Zinn(IV)-chlorid 202
Zuckerlösung 247, 251

Sachwortverzeichnis

A

absolute Masse der Atome 17
absolute Masse einer einfachsten Formel 18
absolute Masse eines Moleküls 18
Absolutmasse 328
– eines Atoms 327
Absorption, dekadische 322
Absorptionsgerät 190
Absorptionskoeffizient, molarer dekadischer 322
Absorptionsphotometrie 318
Acidimetrie 135
acidimetrische Titration 162
Adsorptionsindikatormethode nach Fajans 153
Äquivalent 133
–, molare Leitfähigkeit 263
–, Stoffmenge 136
Äquivalentkonzentration 72, 133
–, dezimale 129
Äquivalentleitfähigkeit 263
–, molare 263
Äquivalentmasse, molare 134, 135
–, relative 10
Äquivalentmenge 136
Äquivalentzahl 72, 133, 258
Äquivalenzpunkt 129
Aktivierungsenergie 313
Aktivität 175
– in Elektrolytlösungen 87
Aktivitätskoeffizient 88, 175, 251
Aktivitätskonstante 88
Alkalimetrie 135
Alkene, Doppelbindungen 198
Ammoniaksynthese 229
Ampholyt 92, 95
Analysenlösung 129
analytischer Faktor 57, 174

Anionbasen 92
Anionenaustauscher, OH-Form 162
Anionsäuren 92
Ankergruppen 157
Anode 254
Anodenvorgänge 256
Apparatur von Victor Meyer 201
Arbeitsumsatz 289
Arrhenius-Beziehung 264
Arrhenius-Gleichung 313
Assoziation 248
Assoziationsgrad 248
Atom, Absolutmasse 327
Atomabsorptionsspektrometrie 326
–, flammenlose 327
Atomabsorptionsspektroskopie 185
Atomanzahl 328
atomare Masseneinheit 17, 337
atomare Zusammensetzung 22
Atommasse, relative 8, 328
Atomnummer 327
Atomtheorie 6
Ausbeute 63
Ausgangsgröße 15
Austauscherharz, Belegungskapazität 161
Auswaage 173
Autoprotolysegleichgewicht 95
Autoprotolysereaktion des Wassers 95
Avogadro-Konstante 16, 22
Avogadrosches Gesetz 206
Azotometer 192

B

Basekonstante 98
Basen, Titerstellungen 130
Becquerel 2, 334
Belegungskapazität eines Austauscherharzes 161
Benetzungsfehler 132

Berthollid 30, 35
Bezugselektrode konstanten Potentials 139
Bezugsgröße 15
Bildungsenthalpie, molare 293
Bildungswärme 292
–, molare 292
Bindungen, chemische 17
Bindungsenergie 288
Blaufärbung, Lackmuspapier 105
–, Stärkelösung 149
Bleiakkumulator 281
Blutserum 252
Boyle-Mariottesches Gesetz 204
Bromtitration 198
Brönsted 91
Bürette 129

C

C-H-Bestimmung 190
Carius, Methode zur Schwefelbestimmung 194
Celsiustemperatur 204
Cerimetrie, Titerstellungen 130
Chelatliganden 153
chemische Bindungen 17
chemische Formel 22
chemische Kinetik 304
Chinhydronelektrode 139, 284
Chloridbestimmung nach Mohr 152
Clausius-Clapeyronsche Gleichung 299
Coulomb 2
Coulometer 259
Curie 334
Cyanidbestimmung nach Liebig 151

D

Daltons Gesetz vom Partialdruck 210

Dampfdruckerniedrigung 244
–, relative 245
Daniell-Element 270, 274
Dehydrierung 43
dekadische Absorption 322
Deuterium 341
deutscher Härtegrad 162
Dichte 15, 17, 206
Diffusion 241
Diffusionspotential 269
Diodenarray-Geräte 325
Dissoziation, elektrolytische 94, 249
–, thermische 213, 214
Dissoziationsgrad 214, 250
Dissoziationskonstanten 121
Dissoziationstheorie, elektrolytische 249
Doppelbindungen in Alkenen, Bestimmung 198
Druck 15
–, osmotischer 241, 250
Dumas, Methode von 219
Dumas, volumetrische Methode 191

E

Ebullioskopie 248
Edukte 35
Effekt des gleichionigen Zusatzes 115
Einheit mit einfachster Formel 250
Einstabmeßketten 139
Einsteinsche Masse-Energie-Beziehung 337
Einsteinsche Relativitätstheorie 337
Einwaage 174
elektrische Ladungsmenge 257
elektrische Leitfähigkeit 262
–, –, Meßmethode 250
–, –, Metalle 254
elektrischer Leitwert 261
elektrochemisches Normalpotential 40
Elektroden 254
Elektrodenpotential 267, 268
Elektrodenreaktionen 255
Elektrogravimetrie 173
Elektrolyse 254

–, Faradaysche Gesetze 257
Elektrolyt 254
Elektrolyte, starke 250
elektrolytische Dissoziation 94, 249
elektrolytische Dissoziationstheorie 249
elektrolytische Leitfähigkeit 103
Elektrolytlösungen, Aktivitäten 87
elektromotorische Kraft 270
Elektronen 17
Elektronenakzeptor 49
Elektronendonator 49
Elektronengas 254
Elektronengleichung 42
Elektronensprung, Übergangswahrscheinlichkeit 322
Elektronentheorie der Valenz 10
Elektroneutralitätsbedingung 100
Elektronvolt 335
elektrostatische Umladung der Oberfläche 153
Elementaranalyse organischer Verbindungen 189
Elementarprozesse der Strahlungsabsorption und -emission 318
Elementarteilchen 327
Eluat 157
Elutionslösung 157
Emissionsphotometrie 318
Emissionsspektrometrie 325
EMK-Messungen 185
empirische Formel 6, 7, 22
endotherm 288
Endpunktsindikation, instrumentelle 131
–, potentiometrische 139
Energie gleich Produkt aus Kraft und Weg 209
Energie, innere 288
Energieäquivalent für eine Substanzprobe 337
Energieprinzip 289
Energieumwandlungen 288
Enthalpie 290
Enthärtung von Wasser 162
Erhaltungssätze 330
exotherm 288
Extinktion 322

F

Fajans 153
Fajans-Russell-Soddysche Verschiebungssätze 330 f.
Fällungsmittel 173
Fällungstitration 135, 149
Farad 2
Faraday-Konstante 257
Faradaysche Gesetze 257 f.
Farbindikator 131
Farbintensität 138
fission 336
flammenlose Atomabsorptionsspektrometrie 327
Flammenphotometrie 325
Fluoreszenz 319
Formel, chemische 22
–, einfachste 7
–, empirische 6, 7, 22
Formelindex 6, 328
Formelindizes 22
Fourier-Transform-Spektrometer 325
Fremdionenzusätze, Einfluß auf die Löslichkeit 175
Frequenz 319
funktionelle Molekülgruppen 17

G

galvanische Kette 269
Gas, Volumen im Normzustand 206
Gasdichte 213
Gasdichteverhältnis, relatives 12, 213
Gase, allgemeine Zustandsgleichung 205
gasförmige Systeme, Gleichgewichte 226
Gasgesetz, ideales 205
Gaskonstante, molare 15, 207
Gasreduktionsfaktor 192
Gasvolumina bei chemischen Umsetzungen 220
Gay-Lussac 151
Gay-Lussacsches Gesetz 204
Gefrierpunktsemiedrigung 189, 244, 247, 250
–, molale 247
Gegenionen 157
Gehalt einer Maßlösung 133

Gehaltsfehler der verwendeten Maßlösung 132
Gehaltsgrößen 67
–, Umrechnung 76
Generatorgas 233
Gesetz der konstanten Proportionen 6
Gesetz von der Erhaltung der Masse 5
Gesetz von der Unveränderlichkeit der Grundstoffe 5
Gesetz von Hess 292
Gewichtskraft, flächenbezogene 15
Gewichtsprozent 67 f.
Gitterfehlordnungen 31
Glaselektrode 139
Gleichgewicht, radioaktives 333
Gleichgewichte in gasförmigen Systemen 226
Gleichgewichtskonstante 87
– bei konstantem Druck 298
– bei konstantem Volumen 298
Gleichionenzusätze, Einfluß auf die Löslichkeit 176
gleichioniger Zusatz, Effekt 115
Gleichung der Osmose 242
Grammatom 14
Grammion 14
Grammolekül 14
Gravimetrie 173
Grote-Krekeler, Methode zur Schwefelbestimmung 194
Grundgesetz der Reaktionskinetik 333
Grundgleichung der Kolorimetrie 323
Gundgesetz der chemischen Kinetik 304

H

Halbwertszeit 333
Halbzelle, Normalpotential 268
Halogenbestimmung 193
–, Methode nach Leipert-Münster 194
–, Methode nach Wurtzschmitt 193
Härte, permanente 162
–, temporäre 162

Härtegrade, deutsche 162
Hauptsatz der chemischen Thermodynamik 289
Henry-Daltonsches Absorptionsgesetz 124
Hertz 2
Hess, Gesetz von 292
Heterolyse 48
Hittorf 265
homogene Mischphase 67
Homogenitätsbereich 31
Homogenitätsgrenzen 31
Homolyse 48
Hydrierung, katalytische 198
Hydrierzahl 198
Hydroniumion 92
Hydroxidionenaktivität 97

I

Indikator 129
Indikatorauswahl, Einschränkungen 142
Indikatorbase 137
Indikatorfehler 132
Indikatorsäure 137
innere Energie 288
instrumentelle Endpunktsindikation 131
Iodometrie 146
–, Titerstellungen 130
iodometrische Titration 199
Iodtitration 198
Ionenäquivalent 72
–, molare Masse 258
Ionenäquivalentzahl 133
Ionenaustauscher 157
Ionenaustauschexperiment 157
Ionengitter 31
Ionenladungszahl 328
Ionenleitfähigkeit, molare, der Anionen 264
–, –, der Kationen 264
Ionenprodukt des Wassers 95
Ionenprodukt, stöchiometrisches 96
–, thermodynamisches 95
Ionenstärke 88, 176
Ionenwertigkeit 10
isomorphe Reihen 32
isomorphe Substitution 31
Isotop 8, 329
Isotopengemisch 329
Isotopentrennung 329

J

Joule 2, 209, 288

K

Kalomelelektrode 139, 284
Kalorie, thermochemische 3
Kalorimeter, Wasserwert 302
katalytische Hydrierung 198
Kathetometer 315
Kathode 254
Kathodenvorgänge 255
Kation 10
Kationbasen 92
Kationenaustauscher, H-Form 162
Kationsäuren 92
Kelvin 204
Kern-Kettenreaktion 336
Kernbausteine 327
Kernbindungsenergie 337
Kerneigenschaften 329
Kernladungszahl 327 f.
Kernphotoreaktionen 335
Kernreaktionsgleichung 332
Kernsplitterung 336
Kernumwandlungen, künstliche 334
Kernzersplitterung 336
Kinetik reversibler Reaktionen 311
Kinetik, chemische 304
Kippscher Apparat 199
Kjeldahl, acidimetrische Methode 191
Kjeldahl-Apparatur 202
Kjeldahl-Aufschluß 201
Klemmenspannung 277
Knallgascoulometer 259
Knallgaskette 285
Koagulatstrukturen 151
Koeffizienten, osmotische 251
–, stöchiometrische 36
kolligative Eigenschaften 248
Kolloidbildung 151
Kolorimetrie 318
–, Grundgleichung 323
Komplexbildner 153
–, Beeinflussung der Löslichkeit 183

455

Komplexbildungs-
  konstanten 121
Komplexgleichgewichte 121
Komplexometrie 162
komplexometrische
  Titration 135, 153
Konduktometrie 131
konduktometrische
  Titration 140
Konzentration 71, 175
Konzentrationsbestimmun-
  gen, kolorimetrische 323
–, photometrische 323
Konzentrationsbilanz-
  bedingung 100
Konzentrationskette 272
Konzentrationskonstante
  88
Koordinationspolyeder des
  Zentralions 153
Korrosionsschutzpigment
  187
Kristallgitter 31
kristalline Phasen,
  homogene 30
Kryoskopie 248
Kupfercoulometer 259

L

Lackmuspapier,
  Blaufärbung 105
Ladungsmenge, elektrische
  257
Ladungsneutralität 31
Lambert-Beersches Gesetz
  321
Le Chateliersches Prinzip des
  kleinsten Zwanges 298
Lebensdauer des angeregten
  Zustandes 319
Leblanc, Sodaverfahren
  nach 65
Leerstellen 31
Leipert-Münster,
  Methode zur Halogen-
  bestimmung 194
Leitelement 37
Leitfähigkeit,
  elektrische 262
–, –, Meßmethode 250
–, –, Metalle 254
–, elektrolytische 103
–, molare 263 f.
–, spezifische 262
Leitfähigkeitsmeßzellen 262
Leitwert, elektrischer 261

Liebig,
  Cyanidbestimmung 151
Liebig, Verbrennungs-
  methode 190
Ligand 121
Liganden, sechszähnige 153
Löslichkeit 118, 174
–, Abhängigkeit vom
  pH-Wert 178
–, Beeinflussung durch
  Komplexbildung 183
–, Einfluß von Fremdionen-
  zusätzen 175
–, Einfluß von
  Gleichionenzusätzen 176
Löslichkeitsprodukt 113,
  174
–, experimentelle
  Bestimmung 185
–, stöchiometrisches 114,
  175
–, thermodynamisches 114,
  175
Lösungswärme 292, 296
–, molare 296
Lowry 91

M

Manganometrie, Titer-
  stellungen 130
Maßanalyse 129
Masse 14 f.
–, absolute, der Atome 17
–, –, einer einfachsten
  Formel 18
–, –, eines Moleküls 18
–, molare 7, 243, 328
–, scheinbare molare 244
–, stoffmengenbezogene 15
–, volumenbezogene 15
Massenanteil 7, 68
Massenanteile der Isotope im
  natürlichen Isotopen-
  gemisch 329
Massenbruch 68
Massendefekt 337
Masseneinheit, atomare 17
Massenkonzentration 71
Massenverhältnis 74
–, stöchiometrisches 26
Massenwirkungsgesetz 86
Massenzahl 327
Maßlösung 129
–, Gehalt 133
Membran 241
Membranosmometrie 244

Meßkolben 129
Metall, angreifbares 257
–, indifferentes 256
–, elektrische Leitfähigkeit
  254
–, Spannungsreihe 270
Metallmangel 31
Methode nach Rast 201
Methoxylgruppen-
  bestimmung 198
Meyer, Victor, Apparatur
  201
Mineralanalyse 25
Mischelemente 329
Mischindikatoren 138
Mischphase 58
–, homogene 67
Mischungsgleichung 80
Mischungskreuz 82
Mischungsrechnen 80
Mohr, Chloridbestimmung
  152
molale Gefrierpunkts-
  erniedrigung 247
molale Siedepunkts-
  erhöhung 246
Molalität 75, 246
molare Äquivalentleit-
  fähigkeit 263
– – bei unendlicher
  Verdünnung 263
molare Äquivalentmasse
  134, 135
molare Bildungsenthalpie
  293
molare Bildungswärme 292
molare Gaskonstante 15,
  207
molare Ionenleitfähigkeit der
  Anionen 264
molare Ionenleitfähigkeit der
  Kationen 264
molare Leitfähigkeit 263 f.
– – von Äquivalenten 263
molare Lösungswärme 296
molare Masse 7, 15, 328
– – eines Ionenäquivalents
  258
molare Teilchenanzahl 16
molare Verbrennungs-
  wärme 292
molarer dekadischer Absorptionskoeffizient 322
molares Volumen 15 f., 207
Molarität 71
Molbegriff 13
Molekularformel 6, 7

Molekülgruppen,
 funktionelle 17
Molekülmasse, relative 9
Molenbruch 69
monochromatisch 323
Multiplex-Geräte 325

N

Nachlauffehler 132
Nernstsche Gleichung 267, 268
Nernstscher Verteilungssatz 124
Neutralisation 93
Neutralisationsäquivalent 72
Neutralisationsenthalpie 291
Neutralisationwärme 292
Neutronen 327
Neutronenzahl 327
Newton 2
Newton durch Quadratmeter 208
nichtdaltonide Verbindungen 30
nichtideales Verhalten 207
Nichtmetalle, Spannungsreihe 272
Nichtmetallmangel 31
nichtstöchiometrische Verbindungen 30
Normal-Wasserstoffelektrode 269
Normalfaktor 130
Normalität 72
Normalpotential, elektrochemisches 40
–, Halbzelle 268
Normdruck 206
Normtemperatur 206
Normzustand 14, 16, 206
Nukleonen 327
Nukleonenzahl 327 f.f
Nuklide mit verschiedenen Nukleonenzahlen 329
Nuklidmasse 327
nullte Ordnung 305

O

Ohm 2
Ohmsches Gesetz 261
Okklusion 187
Operator 97
Ordnungszahl 327

organische Verbindungen, Elementaranalyse 189
Osmose 241
–, Gleichung 242
osmotische Koeffizienten 251
osmotischer Druck 241, 250
Ostwaldsches Verdünnungsgesetz 102
Oxidation 39
Oxidationsmittel 39
Oxidationszahl 47
Oxoniumion 91
Oxoniumionenaktivität 96
Oxoniumionenkonzentration 96, 100, 108

P

Pascal 2, 208
Peläusball 130
Periodensystem der Elemente 327
Permanentgase 223
pH-Wert 100
Phasen, homogene kristalline 30
Phosphorbestimmung 194
Phosphoreszenz 319
Phosphorsäure, Titrationskurve 145
Photometrie 318
physikalische Atmosphäre 208
Pigmentvolumenkonzentration 74
Pipette 130
Plancksches Wirkungsquantum 319
Platinbleche als Elektroden 262
Platinmohr 262
Polarographie 185
polychromatisch 323
Potentiometrie 131
potentiometrische Endpunktsindikation 139
präexponentieller Faktor 313
Prinzip des kleinsten Zwanges 298
Produkte 35
Protolyse 91
– mehrbasiger Säuren 103
Protolysegleichgewicht 95

Protolysekonstante 97
Protonen 327
Protonenakzeptor 95
Protonendonator 95
Protonenzahl 327
Prozentgehalt 68
Pufferlösungen 108
Pyknometer 234

Q

quantitative Zusammensetzung 26
Quecksilberbarometer 208

R

radioaktive Zerfallsgeschwindigkeit 333
radioaktive Zerfallskonstante 333
radioaktive Zerfallsreihe 331
radioaktiver Zerfall 330
radioaktives Gleichgewicht 333
Radioaktivität 330
–, künstliche 335
Radionuklide, neutronenreiche 331
Raoultsches Gesetz 244
Rast, Methode 201
Reaktion erster Ordnung 306
–, höherer Ordnung 311
–, irreversible 305
–, pseudoerster Ordnung 309
–, reversible, Kinetik 311
–, zweiter Ordnung 308
Reaktionsenergie 298
Reaktionsenthalpie 298
Reaktionsgeschwindigkeit 304
–, Temperaturabhängigkeit 312
Reaktionsgeschwindigkeitskonstante 305
Reaktionsgleichung, chemische 35
–, molekulare 44
–, stöchiometrische 44
Reaktionskinetik, Grundgesetz 333
Reaktionsordnung 305
Reaktionswärme 291

Rechnen mit
  Größengleichungen 3
Redox-Disproportionierung
  53
Redoxäquivalent 72, 258
Redoxäquivalentzahl 133
Redoxelektroden 272
Redoxindikatoren 148
Redoxpaar,
  korrespondierendes 40
Redoxreaktion 39
Redoxtitration 135
Reduktion 39
Reduktionsmittel 39
Reihen, isomorphe 32
Reinelemente 330
relative Äquivalentmasse
  10
relative Atommasse 8, 328
relative Molekülmasse 9
relatives Gasdichte-
  verhältnis 12, 213
Rohrzuckerinversion 313
Rotationsenergie 288
Rücktitration 156

S

Salzbrücke 270
Salzkristall 94
Salzprotolyse 94, 105
Sättigungskonzentration
  118
Sauerstoffbestimmung 191
Säure, einbasige 135
–, mehrbasige 135
–, –, Protolyse 103
–, Titerstellungen 130
Säure-Base-Begriff nach
  Brönsted und Lowry 91
Säure-Base-Indikatoren
  137
Säure-Base-Paar 91
Säure-Base-Titration 135
Säurekonstante 98, 100
scheinbare molare Masse
  244
Schwefelbestimmung 194
  – nach Carius 194
  – nach Grote-Krekeler
  194
Schwingungsenergie 288
semipermeabel 241
Siedepunktserhöhung 189,
  244, 246, 250
–, molale 246
Siemens 2

Silber/Silberchlorid-
  Elektrode 139
Silberbestimmung nach
  Gay-Lussac 151
Silberbestimmung nach
  Volhard-Wolff 152
Silbercoulometer 259
Sodaverfahren nach
  Leblanc 65
spallation 336
Spannungsreihe der Metalle
  270
Spannungsreihe der
  Nichtmetalle 272
Spektrometrie 318
spezifische Leitfähigkeit
  262
spezifische Wärmekapazität
  12
spezifischer Widerstand 262
spezifisches Volumen 15
Spontanspaltung 331
Stabilitätskonstanten 121
Standardatmosphäre 3
Stickstoffbestimmung 191
–, acidimetrische Methode
  nach Kjeldahl 191
–, volumetrische Methode
  nach Dumas 191
stöchiometrische
  Koeffizienten 36
stöchiometrische
  Reaktionsgleichung 44
stöchiometrischer Faktor
  57
stöchiometrisches
  Ionenprodukt 96
stöchiometrisches
  Löslichkeitsprodukt 114
stöchiometrisches
  Massenverhältnis 26
stöchiometrisches
  Stoffmengenverhältnis 56
Stoffe, makromolekulare
  243
Stoffmenge 14 f., 206
– von Äquivalenten 136
Stoffmengenanteil 69
Stoffmengenkonzentration
  71
Stoffmengenverhältnis 22,
  75
–, stöchiometrisches 56
Stoffportion 14 f.
Stoßzahl 313
Strahlungsabsorption 318
Strahlungsemission 318

Substitution,
  isomorphe 31
Symproportionierung 53
Symproportionierungs-
  reaktion 149
Szintillationszähler 341

T

Targetmaterial 334
technische Atmosphäre 208
Teilchenanzahl 14, 16, 206
–, molare 16
Temperatur,
  thermodynamische 204
Temperaturabhängigkeit der
  Reaktionsgeschwindig-
  keit 312
Temperaturfehler 132
thermische Dissoziation
  213, 214
thermochemische Kalorie
  288
thermodynamische
  Temperatur 204
thermodynamisches
  Ionenprodukt 95
thermodynamisches
  Löslichkeitsprodukt 114
Titer 73, 130
Titerstellungen für die
  Cerimetrie 130
Titerstellungen für die
  Iodometrie 130
Titerstellungen für die
  Manganometrie 130
Titerstellungen für Säuren
  und Basen 130
Titration 129
–, acidimetrische 162
–, direkte 156
–, indirekte 157
–, iodometrische 199
–, komplexometrische 135,
  153
–, konduktometrische 140
Titrationsfehler 132
Titrationskurve 140, 142 f.
–, Berechnung 144
–, Phosphorsäure 145
–, potentiometrische
  Bestimmung 185
Titratorlösung 129
Torr 3, 208
Translationsenergie 288
Transmission 322
Tritium 341

Tschugaeff 238
–, Methode zur Bestimmung des aktiven Wasserstoffs 200
Tschugaeff-Zerewitinoff-Reaktion 238

U

Überführungszahl 265
Übergangswahrscheinlichkeit des quantenmechanisch erlaubten Elektronensprungs 322
Umrechnung, Gehaltsgrößen 76
Umsatz 62
Umschlagspunkt 129
Urtitersubstanz 129, 163

V

Vakuumlichtgeschwindigkeit 337
Valenz 10
van't Hoffsche Gleichungen 298
van't Hoffsche Reaktionsisobare 298
van't Hoffsche Reaktionsisochore 298
Verbindungen, nichtstöchiometrische 6, 30
–, organische, Elementaranalyse 189
Verbrennungsmethode von Liebig 190
Verbrennungsprozeß 38
Verbrennungswärme 292
–, molare 292, 293
Verdrängungstitration 156
Verteilungskoeffizient 124
Virialkoeffizient 244
Volhard-Wolff, Silberbestimmung 152
Volt 2
Volumen 14, 16
–, Gas im Normzustand 206
–, molares 15 f., 207
–, spezifisches 15
Volumenanteil 70, 211
Volumenarbeit 289
Volumenkonzentration 73
Volumenprozent 67
Volumenverhältnis 75
Volumina, falsche 132
Volumprozent 211

W

Wahrscheinlichkeitsfaktor eines wirksamen Stoßes 313
Wärmekapazität 291
–, spezifische 12
Wärmeumsatz 289
Wasser, Autoprotolysereaktion 95
–, Enthärtung 162
–, Ionenprodukt 95
Wasserkalorimeter 291
Wasserstoff, aktiver, Bestimmung nach Tschugaeff und Zerewitinoff 200
Wasserstoffelektrode 139
Wasserstoffionenkonzentration 97
Wasserwert des Kalorimeters 291, 302
Wechselwirkung, interionische 175
Wellenlänge 319
Wellenzahl 319
Wertigkeit 10
Wheatstonesche Brücke 281
Wheatstonesche Wechselstrommeßbrücken 262
Widerstand, spezifischer 262
Wiederstandszahl 262
Wurtzschmitt, Methode zur Halogenbestimmung 193
Wurtzschmitt-Bombe 194

Z

Zellenkonstante 262
Zellenmodell 158
Zentralion, Koordinationspolyeder 153
Zerewitinoff 238
–, Methode zur Bestimmung des aktiven Wasserstoffs 200
Zerfall, radioaktiver 330
Zerfallsgeschwindigkeit 333
Zerfallskonstante 121
–, radioaktive 333
Zerfallsreihe, radioaktive 331
Zusammenhang zwischen K_c und K_p 226
Zusammensetzung, atomare 22
–, quantitative 26
Zwischengitterplätze 31, 254

M. Stockhausen, Universität Münster

**Mathematik
für Chemiker**

Eine Einführung
in die
mathematische Behandlung
naturwissenschaftlicher Probleme

3., überarbeitete und erweiterte Auflage 1995. 455 S.
Brosch. DM 62,–; öS 452,60; sFr. 60,–.
ISBN 3-7985-1025-3.

MATHEMATIK FÜR CHEMIKER ist eine gut verständliche, didaktisch klare Einführung in die mathematische Behandlung naturwissenschaftlicher Probleme. Das Buch bietet das mathematische Basisrepertoire für den Studenten der Chemie und anderer naturwissenschaftlicher Fachrichtungen. Es vermittelt das für sein Fach nötige mathematische Grundwissen und geht auf die Rolle ein, die die Mathematik in der Begriffs- und Theorienbildung spielt. Auf strenge mathematische Herleitungen wird dabei weitgehend verzichtet, die anschauliche Begründung vorgezogen.

Erhältlich im Buchhandel.

Additional material from *Einführung in die Stöchiometrie,*
ISBN 978-3-7985-1052-4, is available at http://extras.springer.com

Additional material from Einführung in die Stochastik,
ISBN 978-3-7985-1022-4, is available at http://extras.springer.com

MIX
Papier aus verantwortungsvollen Quellen
Paper from responsible sources
FSC® C105338

If you have any concerns about our products,
you can contact us on
ProductSafety@springernature.com

In case Publisher is established outside the EU,
the EU authorized representative is:
**Springer Nature Customer Service Center GmbH
Europaplatz 3, 69115 Heidelberg, Germany**

Printed by Libri Plureos GmbH
in Hamburg, Germany